동물생리학

(경제동물편)

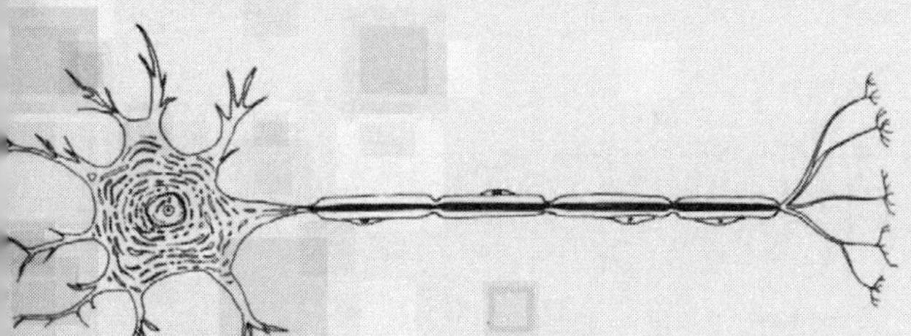

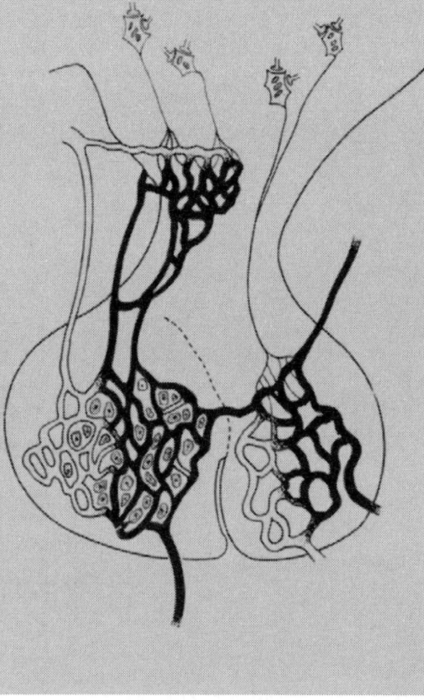

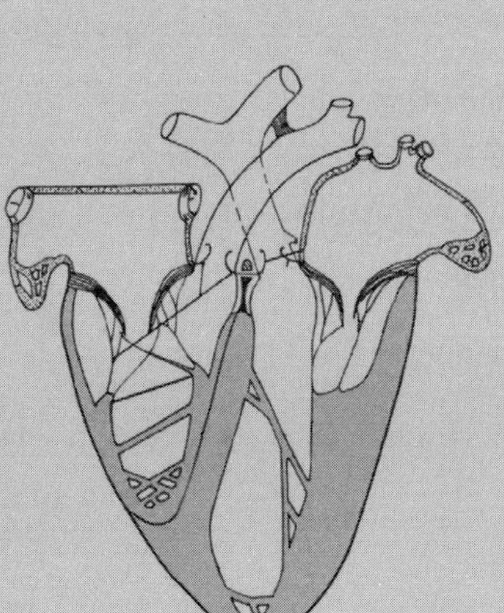

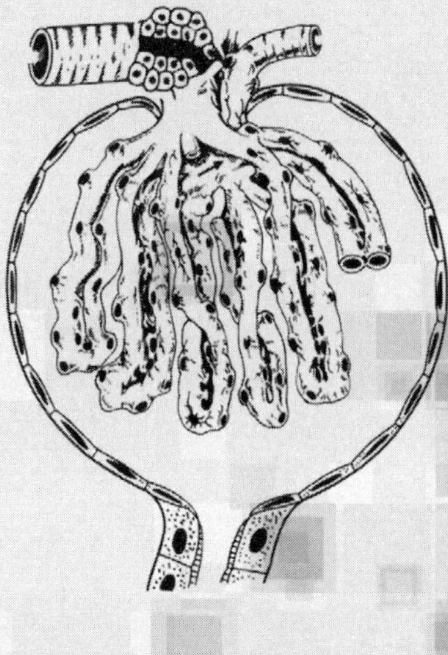

월드사이언스
worldscience.co.kr

動물생리학

2011년 12월 20일 인쇄
2011년 12월 30일 발행

역 자 이상락 · 남기택 · 이홍구
발행인 박선진
발행처 도서출판 월드사이언스

서울특별시 서초구 방배4동 864-31 1층
등록일자 1988년 2월 12일
등록번호 제 16-1601
TEL (02) 581-5811~3
FAX (02) 521-6418
E-mail : worldscience@hanmail.net
URL : http://www.worldscience.co.kr

정가 18,000원

ISBN 978-89-5881-156-5

이 도서의 국립중앙도서관 출판시도서목록(CIP)은 e-CIP 홈페이지(http://www.nl.go.kr/ecip)와 국가자료공동목록 시스템(http://www.nl.go.kr/kolisnet)에서 이용하실 수 있습니다.(CIP제어번호 : CIP2011005593)

동물생리학

집필분담

서론	津田恒之
제1장 생체의 기능조절기구와 세포의 정보전달기구	加籐和雄
제2장 신경계의 기능	加籐和雄
제3장 혈액	小原嘉昭
제4장 내분비	加籐和雄
제5장 근육의 기능	加籐和雄
제6장 호흡	小原嘉昭
제7장 순환	小原嘉昭
제8장 소화및 흡수	加籐和雄
제9장 신장의 기능	加籐和雄
제10장 대사	小原嘉昭 · 萩野
제11장 체온조절 및 적응	加籐和雄
제12장 번식및 비유	小原嘉昭 · 佐木
제13장 감각	加籐和雄

역자서문

동물생리학은 가축의 생명현상에 대하여 연구하는 생리학(physiology)의 한분야로 특수생리학으로 분류되어지는 학문이다. 이러한 생리학은 가축의 생산에 있어 기초가 되는 학문으로 가축이 인류의 복지에 기여한다는 측면에서 대상 가축에 대한 자세한 생리학적 고찰은 가축의 생산은 물론 복지적 측면에서 중요한 학문 분야이다. 따라서 가축에 대한 생리학적 관점에서의 고찰과 응용이 모든 가축을 대상으로 하는 학문과 기술에 기초가 되어야한다고 생각된다.

가축이 일반 야생의 동물과는 생리적으로 다른 부분이 있고 목적으로 하는 관점이 다름에도 불구하고 그 특수성을 고려하지 않고 일반 동물 생리학적 관점에서 다루고 있는 서적을 기본으로 학생들을 가르쳐 오고 있는 것이 현실이다. 실제로 가축을 대상으로 하는 생리학을 가르쳐온 가축생리학 전공 교수님의 경우 가축을 중심으로 하는 전문 서적에 대한 필요성을 한번쯤은 느끼셨을 거라 생각된다.

본 역서의 원서는 일본의 저명한 가축생리학교실인 동부대학 교수진을 중심으로 쓰인 책으로 그간 가축생리학 분야에서 활약하셨던 동북대학 津田 명예교수님의 원저를 기초로, 보다 심도 있고 객관적 실증자료를 보완하여 보다 새롭게 개정된 일본 양현당 가축생리학의 제2 개정증보판이다.

그간 가축생리학분야의 전공 강의분야에서 제한된 서적으로 학생들에게 특별히 선정을 권유하기 어려웠던 아픔을 거울삼아 부족하나마 본 역서를 완성하게 되어 기쁘게 생각한다. 본 역서는 건국대 이상락 교수, 한경대 남기택 교수와 부산대 이홍구 교수가 공동으로 조금은 긴 시간동안 시간을 쪼개가며 가능한 한 원서의 내용과 의미를 그대로 전달하고자 한 문장 한 문장 심여를 기울여 번역하여 완성하게 된 것이다.

아무쪼록 본 역서를 통하여 이 분야 학생, 전문가는 물론 관련 종사자들에게 가축을 이해하고 이를 통해 목적한 분야에서 도움이 되는 서적으로 활용되었으면 하는 마음 간절하다. 지난학창시절 한권의 전공서적이 인생에 가야할바를 정하는 이정표가 되었던 소중한 추억이 본 역서를 통하여 후학들에게 재현되기를 설레는 마음으로 기대해 본다.

2011년 11월

역자 이상락, 남기택, 이홍구

제 2차 개정 증보서

생리학이 생물을 이해하기 위한 가장 기초가 되는 학문으로 그 중요성은 새로운 학문의 출현과 진보가 있다 하더라도 변함이 없을 것이다. 생리학 분야에서도 끊임없이 새로운 사실과 해석이 행하여지고 있는데 이러한 노력은 생명현상의 보다 차원 높은 해석에 공헌하고 있음은 부정할 수 없는 사실이다. 이러한 생명현상의 해석에 대한 노력은 관련된 여러 분야 학문에서 행하여지고 있는데 가축을 대상으로 연구하는 가축생리학에 대해서도 예외는 아니다.

가축생리학을 축산학 또는 수의학의 한 분야로 인식하거나 비교 생리학의 한 분야로 간주하는 등 그 위치 매김은 각각 다르지만 본서는 그 범위를 제한하지 않고 축산계, 수의계 전공학생은 물론 가축 생리학에 관심을 가지고 있는 연구자, 농업기술자 등에 기초적으로 중요하다고 생각되는 내용을 정리하여 개념 중심으로 설명하는 것에 중점을 두고 개정을 진행하였다.

금회의 개성에서는 먼저 "생리 기능조절 기구와 세포의 정보전달 기구"를 새롭게 제 1장에 배치하여 생체의 생명 유지 기구의 전체적인 현상을 포괄적으로 설명하였다. 그 다음 장의 배치는 전 판의 배치와 동일하게 하였다. 생체의 총체적인 유지와 기능을 수행하는 "신경계"와 "체액계" (혈액과 내분비)의 장을 전반부에 배치하였고 이하 순차적으로 동물의 기관별 형태와 기능에 관하여 서술하였다. 가축의 사양관리 측면에서 필요성이 높다고 생각되는 "소화와 흡수"의 장에서는 많은 항목을 배려하여 최신 정보를 추가하려 노력하였다. 그와 더불어 체내에서 일어나는 화학 반응에 관해서는 "대사"장에서 새로운 정보와 지식을 가미하였다. 또한 가축생산에 절대적으로 중요하다고 생각되는 "번식 및 비유"의 장에서는 많은 새로운 정보를 추가하였다. 그 외의 장에서도 심여를 기울여 내용을 보완하였다고 자부한다.

가축의 감각에 대한 기초적인 지식을 얻기 위해서 가축의 사양관리와 치료적인 측면등이 중요하지만 금번 개정판에서는 충분히 고려되지 않았다. 또한 가금은 축산분야에 중요한 가축이지만 포유류 등에 속하는 가축과는 생리적으로 다른 점이 많기 때문에 본 개정판에서는 거의 다루지 않았다.

본서의 초판 "가축생리학"이 출판된 것은 1982년 이지만 이후 20년이 경과했다. 그간 수회의 보완 개정을 시행하였으나 1994년 개정 증보판을 발행에 그쳤다. 이후 구판과 내용상 크게 다르지 않은 개정을 진행하였으나 금회 제 2차 개정 증보판에서는 보다 새롭고 많은 내용을 보완하여 개정판을 발간하게 되었다.

원저자이신 津田선생님은 이미 연구 제 1선에서 물러나셨고 공저자인 安保박사 (이와데 대학 명예교수) 와 正木박사 (동북대학교 명예교수)역시 모두 은퇴하셨기 때문에 금회의 개정은 동북대학교 小原교수와 加籐교수가 참여하였다.

특히 "대사" 의 장에서는 萩野박사(동북대학교 조교수)와 "번식 및 비유" 의 장에서는 사사키박사(동북대학 조교수)의 협력이 있었다. 이 두분께 깊은 감사를 표한다. 그러나 동물체의 생리적인 각종 현상의 이해와 기술 등은 아직 불충분한 점이 많다고 생각되어진다. 따라서 부디 본 학문의 동일 분야 학자 분들의 애정 어린 관심을 진심으로 바라는 바이다.

본서의 개정은 기획부터 어언 2년간이 경과했다. 개정에 협조해 주신 일본 양현당(養賢堂)사장 및 川淸선생 그리고 본서의 교정, 제판 및 출판에 이르기까지 노고를 아끼지 않으신 동사편집부 天野선생 및 제작부장 池上선생에 진심으로 감사를 표한다.

2004년 3월　　　　저자대표 津田恒文

본서의 용어에 관해서는 신판축산용어사전(일본축산학회, 양현당, 2001) 생화학사전(동경화학 同人, 1992) 의학대사전(남산당, 1964) 신 번식학 사전(각축번식학회, 문영당, 1992), 신판 가축비교 해부 도설, 상,하 (加籐와 山內, 양현당, 2003)를 참고하였다.

목 차

서 론

생리학 : 생명이라고 하는 것은 생물이 가지고 있는 특성으로 생물이 나타내는 그들의 생명현상에 대하여 연구하는 학문이 생리학(physiology)이다. 생명이라고 하는 것은 일종의 개념이고 신학과 철학 등의 연구대상으로 인식되어왔으나, 비로소 자연과학의 한분야로서 생리학이 그 체계를 정리한 것은 18세기 중엽경 이다.

생물이 나타내는 특성은 1) 성장, 2) 자기증식, 3) 자극에 반응, 4) 환경에 적응, 5) 에너지 전환을 수행, 6) 단백질을 보유, 7) 운동 하는 것 등으로 열거된다. 이 이외에도 생물의 특성은 더 있을 수 있지만, 역으로 이들 모두의 성질을 가지는 무생물은 없을 것이다. 예를 들면, 어느 무생물 기계의 기능은 자극에 반응해서 에너지전환을 하고 운동할지도 모르겠지만 자기증식을 할 수 없다. 또한 바이러스는 핵단백질을 가지고 있어 자기 증식을 할 수 있다는 점을 볼 때 생물의 어느 정도의 조건을 만족하고 있다고 할 수 있지만 에너지 전환 능력을 가지고 있지 않기 때문에 숙주세포의 시스템을 이용하지 않으면 안 된다. 따라서 무생물계에서는 배양할 수 없다. 따라서 생물이라고 할 수 없으며 오히려 생물과 무생물의 중간위치라 정의 내릴 수 있다.

무생물계에 존재하는 법칙성을 발견하거나 해석하고 때로는 응용하기도 하기 위하여 우리는 생물학, 화학 또는 수학과 같은 법칙을 이용하고 있다. 생물이라고 말하는 것은 그 구성요소는 무생물계에 존재하는 20종의 원소로부터 되고 그중 주요 구성원소는 C, H, O, N 또는 S, Ca정도로 고작해야 5~6종의 원소에 지나지 않는다.

무기물도 생물과 원소로 구성되어있기 때문에 원소가 복잡하게 결합되어 있는 유기물에 포함되어 있는 생물에 있어서도 무생물계에서 보이는 법칙성은 당연히 적용 가능할 수밖에 없다.

사실 무생물계에서 보여지는 법칙으로 생물에 일치하는 법칙은 하나에 해당하지는 않는다. 생리학은 생물을 유물론적관점에서 물리 또는 화학과 같은 무생물을 이해하기위하여 이용되어지는 방법으로 생명현상을 해석하려는 것이 최종 목표이다. 즉, 생물을 일종의 기계로 간주하여 설명하고자 하는 기계론(mechanism)의 입장에서 설명하는 것이다. 최근 유전자의 물리적, 화학적구조의 해명과 더불어 이를 이용한 연구의 발전은 생명현상의 이해에 크게 공헌되어지고 있다. 그러나 생명현상은 대단히 복잡하고 생물을 단순히 기계로 간주하는 것은 대단히 위험한 결과를 초래할 수도 있다. 물리, 화학의 방법으로는 해명하기 어려운 신비로운 현상들 적지 않게 생물에서 보이고 있는 것은 부인 할 수 없는 사실이다. 예를 들어, 동물에 있는 특징적인 기능 중에서 정신활동과 같은 현상은 물리, 화학적인 방법으로 완전히 설명하는 것은 어렵다. 따라서 생물에는 특징적으로 자율적 기능이 있다고 생각되는 생기론(vitalism)적 입장을 무시할 수 없다. 아마도 우리는 기계론적 입장에 서있으면서도 생기론의 존재를 인정하지 않으면 안 될 입장에 서있을지도 모른다.

생물을 해석하고 작은 부분으로 해석하려는 것은 조건을 단순화하는 것으로부터 생명현상의 이면을 확실하게 밝히고자 하는 것은 당연한 일이지만, 개체(individual)라는 조화가 깨지는 결과가 발생하기 때문에 그 생물의 생리적 의미를 부여하는데 있어서 개체의 수준에서 총합적으로 생각하지 않으면 안 된다.

이러한 경우에는 때로는 생물에서 보이는 모든 생리적 현상의 의미를 생각하는 경우 생물은 생명을 유지하는 것이 목적이기 때문에 그 결과가 생명을 유지하기에 어느 정도의 역할을 하기위한 설명이 되지 않으면 안 된다.

즉, 총체적 목적성으로 해석을 하지 않으면 안 되는 것이다. 그러나 생물은 죽음을 향해 가고 있기 때문에 체내에서 발생하는 생명현상이 모두 생명유지의 방향으로 진행하는 것으로만 생각해서는 안 된다. 이와 같이 생물에 있어서 총체적 목적성을 단순히 생각해서는 안 된다.

생리학이 생명현상을 분명하게 밝히고자하는 목적을 향해 진보하기위해서는 생물에 일어나는 현상을 관찰하고 그 원인과 결과를 추리함과 더불어 이들을 실험에 의해 확인해야 하는 것이다. 실험에 있어서는 생물에 있어서도 무생물에 있어서도 동일하여 원인과 조건이 일정하면 얻어지는 결과도 일정하다는 원칙 아래 행하여지지 않으면 안 된다. 현재 우리는 생물에 대하여 대부분 모르고 있기 때문에 실험에 의해서 얻어지는 사실도 절대적으로 사실은 아니고 상대적사실로서 인정하지 않으면 안 된다. 생리학 실험을 행할 때에는 실험조건을 첨가하지 않은것을 대조(對照)로 놓고 그 결과를 조건을 가한 것과 비교하는 방식을 행하는데 이는 생물에 대하여 알지 못하는 부분은 그대로 놓고 부여한 조건 만에 대한 인과관계를 판단하려는 것이다.

생리학의 위치: 생리학은 생물학의 한분야로 동일한 한 분야로 알려져 있는 형태학(morphology)과 함께 생명현상을 이해하기위한 기초학으로 보여지는 학문이다. 예를들면 어느 특정세포와 조직 또는 기관은 그 특유의 형태를 갖고 있기 때문에 특징 있는 기능을 발휘할 수 있어 기능면에서 고찰하는 생리학과 함께 형태학은 겉과 속을 하나로 생명현상을 연계하려 노력하고 있다. 한편, 이것과는 별도로 생태학을 생리학에 비추어서 생물을 이해하기위한 기초로 간주하려는 입장도 있다. 생리학은 생명 그 자체에 대하여 고찰하는 학문이고 생태학(ecology)은 생명그것이 생활하고 있는 양식에 대하여 고찰하려는 학문으로 생명그것이 생활하고 있다는 것은 처음으로 생물로써 존재하여 얻는다는 관점에서 생리학과 생태학은 기초학으로 분류되어질 수 있다. 어차피 생리학은 생물을 배우기 위한 기초가 되는 학문으로 “King of science”라 불린다.

각각의 생물은 그 각각의 특징을 가지고 있는 동시에 공통으로 가지고 있는 현상이 있다. 그와 같은 현상을 밝히고 정리하여 전반적인 법칙성에 대하여 연구하는 생리학을 일반생리학(general physiology)라 한다. 일반생리학에는 흥분, 수축, 수용, 운반 등의 생물의 일반적 현상이라 생각되어지는 것들을 다루는 경우가 많다. 생물을 분석하고 공통성을 추구하여 가면 세포의 단위가 된다. 더 나아가 세포의 구성입자 또는 분자 수준이 되게 된다. 따라서 일반생리학이라고 하는 것은, 세포생리학(cell physiology)이기도하고 분자생물학(molecular biology)이라고도 생각되어진다.

그러나 생물은 단순한 세포의 집합이 아니라 유기체로써 세포, 조직, 기관이 상호 연계되어 일종의 협조, 통제아래 개체로서 존재하고 있다. 개체로부터 분리된 세포에 대하여 연구하는 것만으로는 생물이 가지고 있는 일반적 현상이 모두 해명되어질 수 있다는 생각은 모순이다. 일반생리학에 대응해서 각 생물과 각기관을 대상으로 그 특징에 대해 고찰하는 경우 이것을 특수생리학(special physiology)라 한다. 가축생리학, 식물생리학등의 대상 생물별 분류와 호흡기관, 순환기관등의 기관에 의한 분류법등이 있다. 또한 유전적으로 매우 다른 생물이 매우 다른 성질과 반응을 보이는 경우가 있으면 유사 생물이 전혀 다른 현상을 보이는 경우도 있다. 넓은 범위의 생물에 대해서 서로의 기능적인 다른 점에 관하여 연구하는 생리학을 비교생리학(comparative physiology)라고 한다. 또한 신경, 운동, 감각과 같은 동물에 빈번히 보이는 기능에 관하여 고찰하는 생리학을 동물성생리학, 소화, 분비, 호흡, 번식등의 동식물 공통적인 현상에 대하여 고찰하는 생리학을 식물성 생리학으로 분류하고 있다.

가축생리학: 가축생리학은 농학중에서 가축을 대상으로 하는 학문(축산학, 수의학)중 한분야로 농학을 생물의 생산및 생산물의 이용을 통해서 인류의 복지에 공헌하는 학문이라 정의한다면, 가축생리학은 가축의 생산 및 생산물의 이용을 위한 기초가 되는 학문으로서 가축의 생명현상에 대하여 고찰하려는 학문을 일컫는다.

가축은 야생의 동물을 인간이 장기간 걸쳐 각각의 용도에 맞게 적응시켜 육종, 개량시켜 사양 할 수 있게 한 것으로 원종과는 생리적으로 다른 점이 많다. 예를 들면 비유초기에 생산하는 우유량은 약20두의 송아지를 포유하기에 충분한 분량이지만 유우의 1회산자수는 보통 한마리라는 것을 생각하면 얼마나 인간의 개량의 손길이 가미되어졌는지 알 수 있다. 이와 같이 가축으로서도 생리적 특징을 가지고 있기 때문에 가축생리학은 특수생리학의 일부임과 동시에 비교생리학의 일부가 되기도 한다.

제1장 생체의 기능조절기구와 세포의 정보전달기구

I. 생체의 기능조절기구

생체에서 모든 기관의 기능을 조절하는 기구로, 신경계, 내분비계 및 면역계가 있다. 이러한 기구는 서로 협조하면서 기관(구성하고 있는 세포집단)의 기능을 조절하고 있다. 구체적인 조절기구에 대해서는 각 장을 참조하기 바란다.

신경계의 기능에 대해서는 19세기에 이미 알려져 있었다. 예를 들어, 영국의 C.BELL(1774-1841)과 프랑스의 F.MAGENDIE(1783-1855)는 척수(脊髓)의 전근(前根)에서는 운동신경이 나오고, 후근(後根)에서는 감각신경이 들어간다는 "벨.마젠디"법칙을 확립하고 있다. 마젠디의 제자인 C.BERNARD(1813-1878)와 독일의 J.MULLER(1801-1858)는 신경, 소화, 대사 나아가 해부학과 병리학에 이르기까지 광범위한 분야에서 활약했다. 한편, 내분비계의 발견은 20세기 초까지는 두드러지지지 않았다. 영국의 W.M.BAYLISS(1860-1924)와 E.H.STARLING(1866-1927)은 1905년에 소화관 호르몬인 secretin을 발견하여, "호르몬"이라는 개념을 확립시켰다.

II. 세포의 정보전달기구

최근의 세포생리학, 생화학 및 분자생물학의 발전에 따라, 세포에 있어서의 정보정달기구(signal transduction system)의 연구가 비약적으로 진행되고 있다.

1. 세포간 정보전달(Intercellular signal transduction)기구

내분비형(endocrine), 방분비형(paracrine), 자기분비형(autocrine) 및 시냅스형(synaptic)정보전달로 분류된다. 내분비형은 제4장을 참고하기 바란다. 내분비형은 전체적인 조절기구인데 비해, 나머지 3종류는 국소적인 조절기구이다. 즉, 방분비형에서는 정보전달물질(signal transduction substance/molecule)을 분비하는 세포가 근방에 있는 세포의 기능을 조절한다. 자기분비형에서는 정보전달물질을 분비한 세포가 자신의 분비기능을 조절한다. 시냅스형에서는 신경종말부위에서 분비된 전달물질이 후막(後膜)의 기능을 조절하지만 전달물질 자체가 종말부위에서의 분비를 조절하는 경우도 있다.

2. 세포내 정보 전달기구

세포전달기구가 정상적으로 작동하기 위해서는, 먼저 리간드인 전달물질이 특이적인 수용체(receptor)와 결합하지 않으면 안 된다. 수용체는 단백질로, 세포막과 세포 내에 존재한다. 단백질, 펩타이드, 아미노산 및 카테콜라민의 수용체는 전자에, 지용성인 스테로이드호르몬과 갑상선호르몬 수용체는 후자에 속한다.

세포막 수용체에는 G단백질 공역형, 이온채널공역형, 티로신키나제(tyrosinekinase)형 등이 있다. G단백질공역형수용체의 기본구조는, α, β, γ의 세 개의 세포내 서브유니트와 공역하고, 세포막을 7회 관통하는 단백질이다. α서브유니트에 GTP가 결합하면 활성형이 되어 α서브유니트에서 β와 γ서브유니트가 유리하고, adenylate cyclase, guanylate cyclate 또는 phospholipase C 등의 효소의 활성화를 일으킨다. 그 결과, 3′,5′−cyclicAMP($_C$AMP), $_C$GMP 또는 inositol1,4,5−triphosphate(IP_3 및 Ca^{2+}와 DAG)등의 세포내 메신저의 농도를 변화시키게 된다.

이온채널 공역형수용체에는, 니코틴수용체와 글루타민산 수용체 등 많은 신경전달물질 수용체가 포함되어 있다. 글루타민 수용체는 복잡해서 활성화되면 비선택적 cation channel이 열리지만, 동시에 G단백질 공역형수용체도 활성화된다.

티로신키나제형수용체는, 인슐린과 세포증식인자 등에 의해 활성화되는 1회막 관통형단백질이다. 세포내 도메인의 티로신키나제가, 자극에 의해 티로신잔기를 인산화하는 것에 의해 일련의 세포내정보전달계의 활성화가 개시된다.

스테로이드와 갑상선호르몬은 지용성이고, 인지질인 세포막을 통과할 수 있기 때문에, 세포내 또는 핵내수용체와 결합하여 구조적인 변화를 일으키고, 최종적으로는 DNA상의 결합부위와 결합하여 작용을 발현한다.

제 2 장 신경계의 기능

I. 내외상관과 내부통제

1. 내부환경과 외부환경

생물의 단위를 세포라고 하면, 세포가 살아 있는 것으로서 존재하기 위해서는 세포의 내부에 존재하는 각종의 조건으로 된 내부환경과 세포의 외부를 둘러싼 각종의 조건으로 구성된 외부환경 사이에 동적인 평형관계가 성립하는 것이 필요하다. 가축과 같은 고등동물은 개체를 구성하나, 개체는 세포군이 유기적으로 결합한 조직(tissue), 기관(organ), 계(system)로 이루어져 있다. 따라서 가축도 또한 고정된 내부환경과 외부환경의 상관관계하에 존재하고 있는 것이 된다. 모든 동물은 외부환경의 변화에 대응하고, 이것을 정확하게 받아들여, 적응, 대처하기위한 특수한 내부환경조정기구를 구비하고 있다. 그 하나는 수송적(체액적) 조정기구이며, 다른 하나는 전도적(신경적) 조정기구이다.

CLAUDE BERNARD(1813-1878)는 생물에만 있는 유기적 내부환경이 무기적 외부환경 사이에 물리화학적 법칙에 기초한, 일정의 조화관계를 유지할 때에 생명현상이 발현된다고 하여, 생물에서의 내부환경의 중요성을 강조했다.

2. 신경계의 발달

하나의 세포의 흥분을 다른 세포에 전하는 기능이 특히 발달해 있는 세포를 신경세포라고 한다. 하등동물에서는 신경세포는 보이지 않지만, 강장동물이 되면 원시신경세포가 보이게 된다. 척수동물에서는, 특수한 기능계인 신경계로 구성된 뇌, 척수와 같은 기관이 분화하여 개체의 내부통제를 담당하게 된다.

II. 신경세포의 성질

1. 뉴 런

신경세포(뉴런, neuron, 神経元)는 세포체(cell body, soma), 수상돌기(dendrite) 및 가늘고 길게 뻗은 돌기인 축색(軸索, axon)으로 이루어진다. 축색은 또한, 신경섬유(nerve fiber)로도 불린다(그림 2 · 1, 운동뉴런의 일례). 세포체에는 통상의 세포구성요소 외에, 닛슬물질 등이 포함되어 있다.

축색은 축색소구(軸索小丘, axon hillock)로 불리는 부분에서 나와, 세포체를 약간 벗어난 부분에서 수초(髓鞘, myelin sheath)로 둘러싸여 있다. 이것을 유수섬유(myelinated fiber)라고 한다. 수초는 축색의 말단부위에는 존재하지 않는다. 말초신경에 있어서는 수초는 Schwann cell(鞘細胞)가 변형해서 축색을

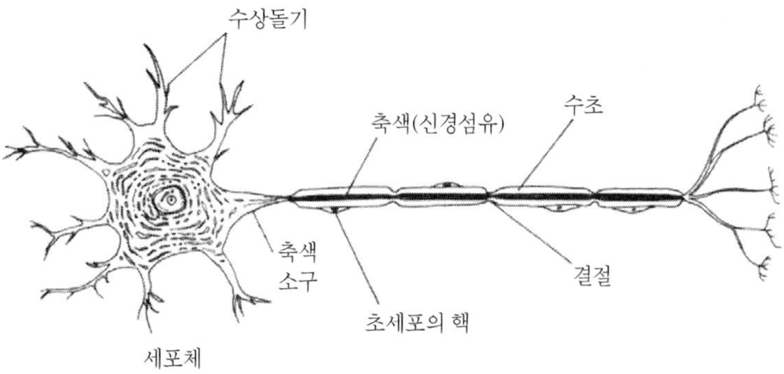

그림 2 · 1

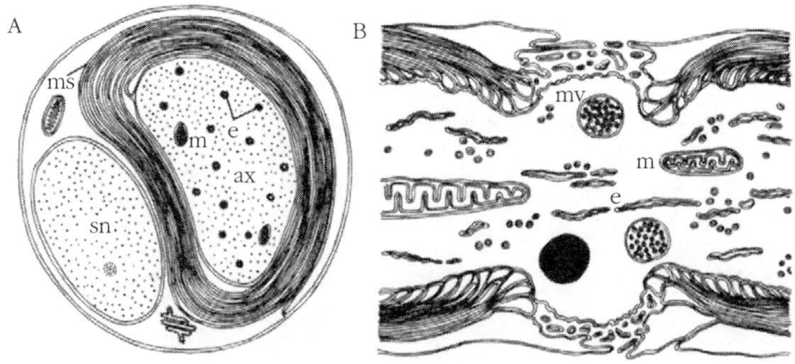

그림 2 · 2

A: 횡단면 B: 교륜부의 종단면 ax: 축색 e: 소포체 m: 미토콘드리아
ms: 수초 sn: 초세포의 핵 mv: 다포체
(커다란 검은 구는 고정시의 인공산물) (ROBERTSON)

몇 겹으로 둘러싸고 있는 것이 전자현미경 사진으로 명확해졌다(그림 2 · 2). 수초가 없는 경우에는 무수섬유(unmyelinated fiber)로 불린다. 유수섬유에서는 수초는 일정한 간격을 갖고 규칙적으로 끊어져 있다. 이 부분을 Ranvier 결절(node of Ranvier)이라고 한다.

신경계는 뉴런과 그 지지세포로 구성되어 있으나, 말초신경에서는 세포체를 위성세포(satellite cell)가, 축색을 Schwann cell가 지지하고, 중추신경내에서는 신경교세포(neuroglial cell)가 지지하고 있다.

신경섬유가 생체내에서 절단되면, 말초측의 섬유가 변성하여 소실한다. 이것을 월러의 변성(Wallerian degeneration)이라 한다. 그러나, 이런 경우, 초세포는 증식하면 중강의 鞘(초)가 된다. 한편 세포체측(중추측)의 신경섬유절단의 말단부에서는 다수의 싹이 자라고, 그 안의 하나가 중강의 초세포의 초 안으로 진입해가서, 신경섬유의 재생이 일어난다. 때로는 절단된 말단부에서 세포체측에도 변성이 일어나며, 신경섬유에 더해진 세포체의 변성, 소실이 일어나는 경우가 있다. 이것을 역행변성(retrograde degeneration)이라 한다. 이런 경우 뉴런은 완전히 소실되어 버린다. 소실된 뉴런이 재생되는 경우는 없다.

2. 정지전위와 활동전위

외부환경에 있는 조건이 생체에 작용해서 그 기능을 발휘시킬 경우, 그 작용을 자극(stimulus)이라 한다. 자극에 대한 생체의 기능발휘를 흥분(excitation)이라 한다. 뉴런내에서 흥분이 계속해서 야기되어 가는 것을 흥분이 전도(conduction)한다고 한다. 뉴런의 기능적 특징의 하나는 자극에 대한 흥분이 전기적으로 전도되는 것이다.

1) 정지전위(静止電位)

뉴런뿐만아니라, 일반적으로 세포는 흥분하지 않는 정지상태 하에 있어도, 세포의 어느 부위와 다른 부위와의 사이에 전위차를 보일 수 있다. 이런 전위차를 정지전위(resting potential)라고 한다. 정지전위에는 세포막의 안쪽과 바깥쪽 사이에 존재하는 정지막전위(resting membrane potential)와 정상부위와 부상부위 사이에서 볼 수 있는 부상전위(injury potential)등이 있다.

정지막전위발생의 구조는 다음과 같이 설명된다. 세포막은 어떤 물질은 통과시키지만, 어떤 물질은 통과시키지 못하는 생물적인 반투막(半透膜, semipermeable membrane)이다. 세포막은 세포내에 존재하는 단백질과 그 외의 유기이온에 대해 실제로는 불투과이나, K^+와 Cl^-는 상당히 잘 투과하고, 또한 Na^+는 어느 정도 투과할 수 있다.

지금, 그림 2 · 3(a)에 있어서 A 및 B의 2실은 막M에서 차단되고, 막M은 K^+와 Cl^-는 통과하나, 단백질(Pr^-)은 통과할 수 없다고 한자.

(a)의 A실에 Pr^-과 K^+, B실에 K^+와 Cl^-가 있을 경우, Cl^-는 B→A로 이동하지만, 이온의 균형을 유지하기 위해, 음.양이온이 함께 움직이므로, K^+또한 B→A로 움직인다. A, B양실내에도 음.양이온의 각 총합이 같아졌을 때에, 이동은 잠시 평형상태에 달한다(그림 2 · 3(b)). 이런 경우, 막의 양쪽에 K^+와 Cl^-는 불평등하게 분포하게 된다. 이온의 분포상태는 다음 식과 같이 나타낼 수 있다.

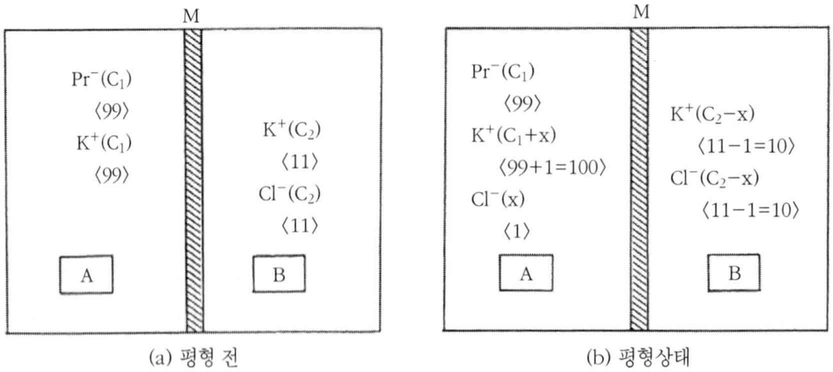

그림 2 · 3

C_1, C_2는 각각의 이온의 농도라한다 지금(a)에 있어서 B에서 A로 K^+ 와 Cl^-가 x〈1〉 만큼 이동했다면 평형상태시에는(b)가 된다. 막M을 경계로 K^+와 Cl^-가 불평등한 분포를 나타낸다(수정〈〉는 한 예를 나타낸다).

$$[K^+]_A[Cl^-]_A = [K^+]_B[Cl^-]_B \text{ 또는 } \frac{[K^+]_A}{[K^+]_B} = \frac{[Cl^-]_B}{[Cl^-]_A}$$

[ ]안은 각 이온의 농도이다. 이런 상태를 도난 막평형(Donnan's membrane equilibrium)이라고 한다. 세포막에는 또한 Na^+를 세포막 밖으로 밀어내고, K^+를 농도균배에 역으로 세포내로 끌어들이는 Na^+-K^+펌프가 있어, Na^+가 3개 나가고 K^+가 2개 들어온다. 이 펌프는 ATP를 ADP로 가수분해하는 일종의 효소이므로, Na^+-K^+ATPase라고도 불린다.

K^+는 세포내 농도가 높으므로, 농도균배에 따라 세포내에서 세포밖으로 확산하려고 하지만 세포내는 전위이므로 전위균배는 K^+를 세포내로 끌어들이려고 작용한다. 이 K^+을 이동시키려고하는 내부를 향하는 힘과 외부를 향하는 힘이 평형했을 때, K^+에 대해서 세포막을 경계로 발생하는 전위를 K^+의 평형전위 E_K(equilibrium potential for K^+)라고 한다. 평형전위는 Nernst의 식에서 다음과 같이 계산할 수 있다.

$$E_K = \frac{RT}{FZ_K} \ln \frac{[K^+]_0}{[K^+]_i}$$

(단, E_K : K^+의 평형전위, R: 기체상수, T: 절대온도, F:페르디의 상수, Z_K:K^+의 전가(+1), $[K^+]_0$=K^+의 세포외농도, $[K^+]_i$=K^+의 세포내농도)

위 식에 각 식을 넣으면 37℃로

$$E_K = 61\log_{10}\frac{[K^+]_0}{[K^+]_i} \text{ mV} = -88\text{mV}$$

가 된다(표 2 · 1).

Na^+의 투과성은 현저히 낮으나, 세포외 농도가 세포내 농도보다 높은 동시에 세포내는 부전위이므로, Na^+은 농도의존적으로 세포내로 이동하려고 한다. 또한 Cl^-는 농도균배에서는 세포외 농도가 높으므로, 세포내로 확산하려고 하는 한편, 전위균배에 의해서는 세포외로 이동하려고 한다.

이러한 관계를 통합해서 Goldmann은 정지막전위를 다음 식으로 나타낼 수 있다.

$$E = \frac{RT}{F} \ln \frac{P_K[K^+]_0 + P_{Na}[Na^+]_0 + P_{Cl}[Cl^-]_i}{P_K[K^+]_i + P_{Na}[Na^+]_i + P_{Cl}[Cl^-]_0}$$

(단, E: 정지전위, P: 각 이온의 투과계수) [$]_0$, [$]_i$:각 이온의 세포외 및 세포내농도. 또한 Cl^-의 세포내외농도가, Na^+와 다르게 역전하고 있는 것은 Cl^-의 전위값을 -1로 하여 계산하기 때문이다. 또한, 투과계수(permeability coefficient)란 일정 조건하에 막의 면적$1cm^2$를 확산하는 물질의 당량수(当量數)

표 2 · 1 운동 뉴런의 이온농도와 평행전위

이온	세포내농도(mM)	세포외농도(mM)	평형전위(mV)
Na^+	15.0	150.0	+60
K^+	150.0	5.5	−90
Cl^-	9.0	125.0	−70

이다.

정지막전위가 성립하려면 이온의 막투과성이 서로 다르거나, Na^+– K^+펌프의 존재, 단백질 등의 거대음이온이 세포내에 존재하는 것이 필요하다. 신경섬유의 정지막전위의 크기는 약 −70mV이며, 주로 K^+의 세포내외농도차에 의한 것이다.

신경과 근육의 세포내액과 세포외액의 무기이온조성은 현저하게 다르다(그림 2·4). 세포내액에는 K^+이 많고, Na^+와 Cl^-는 적으나, PO_4^{3-}와 단백질이온이 많은 한편, 세포외액에는 Na^+와 Cl^-가 많고, K^+는 적다.

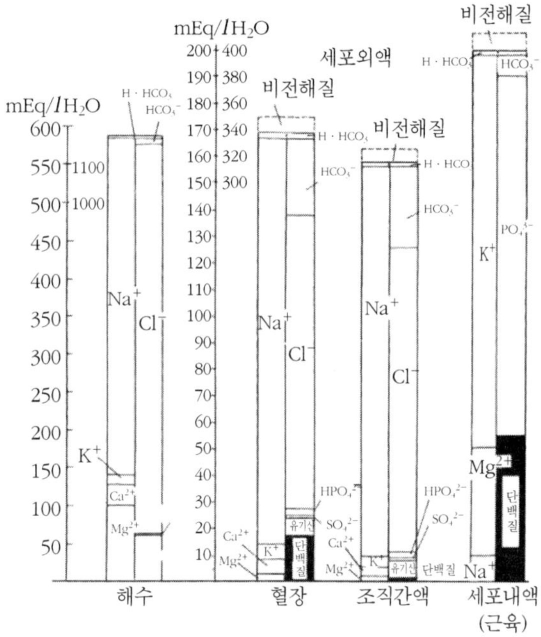

그림 2·4 체액의 전해질 조성과 해수와의 비교

세로축의 눈금으로 좌측은 양, 음각이온의 성분치 우측은 좌우 양 기둥 값의 합이다.

2) 활동전위

세포가 정지하고 있는 경우, 세포의 표면은 모든 점에서 등전위(等電位)이나, 세포의 일부가 흥분할 경우, 그 흥분부위와 정지부위 사이에는 흥분부위가 정지 부위에 대하여 음으로 하는 전위차가 생긴다. 이 전위차를 활동전위(action potential)라고 한다. 활동전위는 자극에 의해 정지막전위가 감소하는 방향, 즉 탈분극(脫分極, depolarization)하는 과정에서 어떤 전위에서 급격히 탈분극이 진행되고, 스파이크전위(spike potential)를 일으켜 다시 한번 원래의 막전위로 돌아가려고 하는 과정을 찾아간다(그림 2·5). 활동전위는 신경세포뿐만 아니라, 근육, 심근, 내분비선 등의 세포에서도 얻을 수 있다. 이들을 흥분성세포라고 한다.

단일뉴런과 단일근세포, 혹은 심근에 있어서 일단 흥분이 일어나 활동전위가 발생하면, 이 전위의 크기는 더 강한 자극(탈분극성전류)을 가해도 결코 커지지 않는다. 이것을 [실무율(悉無律)] 또는 혹은 無의 법칙](all or none low)에 따른다고 한다. 심근은 근섬유가 특수한 결합을 하고 있으며, 하나의 섬유에서 일어난 흥분은 다른 섬유에도 전해지므로 이 법칙에 따르나, 다수의 뉴런의 집합인 신경다발과 다수의 근섬유의 집합인 근육다발에서는 이 법칙이 꼭 들어맞진 않는다. 이것을 자극의 크기에 의해 흥분하는 세포의 수와 각 세포의 역치(閾値) 반응의 크기가 다르기 때문이다. 그러나 어느 정도 이상으로 자극이 커지

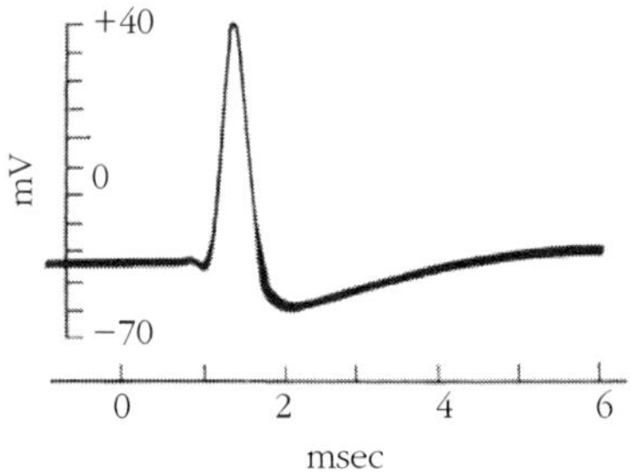

그림 2·5 종축의 전위 0는 전극이 세포외에 있을때로서 전극을 세포내로 삽입하면 −45mV의 전위를 나타낸다. 이것이 정지막전위이다. 흥분에 의해 전위는 역전하여 +40mV로 된다.(本川, 일반생리학)

면, 반응은 일정하게 되며, 이것 이상으로 커지게 되는 일은 없다.

활동전위발생의 구조에 대해서는 지금까지 J.Bernstein의 막가설(membrane theory)이 제창되었다. 이 가설에 의하면, 세포막은 양이온은 투과시키지만 음이온은 투과시키기 어려운 성질을 가지며, K^+가 막외에 Cl^-가 막내에 존재한다는 전기적 이중층 구조가 존재한다고 가정하면, 전기적인 활동변화를 설명할 수 있다고 생각했다. 그러면서도 세포막은 인지질의 이중구조로 되어있고, 각종 이온은 세포막에 있는 작은 채널을 통해 이동하며, 세포내는 K^+농도가 높고 세포외는 Na^+농도가 높은 현상, 아울러 활동전위발생시에는 세포내 전위가 양성이 된다는 것 등에서 나트륨설(sodium theory)이 옳다고 생각되어져 왔다(A.L.HODGKIN). 이 가설로부터 흥분시에 Na^+가 복어독(tetrodotoxin, TTX)감수성의 전위 의존성 Na^+채널을 통과한 단시간(약 1 msec)내에 세포내로 한번에 유입하고, 세포내의 전위가 Na^+의 평형전위에 가까워지기 위해 세포내전위가 양성이 되는 것을 설명할 수 있다.

정지 시에 있어서의 K^+, Na^+, Cl^-의 투과계수의 비는 1:0.04:0.45이나, 흥분시에는 이 수치는 1:20:0.23이 되며, Na^+의 투과성은 500배까지 된다. 따라서 골드만식에 있어서 P_K와P_{Cl}은 무시해도 되며, Na^+의 농도차에 의존하게 된다.

이런 경우, Na^+은 세포내로 들어오고, K^+는 세포외로 나오려고 하나, 양자 모두 세포에 의존하는 이온의 총수(總數)에 비교한다면, 그 수는 그다지 크지 않다. Na^+-K^+펌프가 작동하기 위해 양이온에 유의(有意)적인 농도차는 보이지 않는다. 유의적인 농도차가 보이는 것은 장시간에 걸쳐 자극을 반복한 경우이다.

3. 흥분전도의 기전

1) 흥분의 전도

신경섬유의 일부에 가한 자극이 역치(閾値, threshold, 흥분을 발생시키는데 필요한 최소의 자극)를 초월하면, 그 부분은 흥분하여 활동전위를 일으킨다. 이 흥분부에서는 막 전위는 역전하고, 세포내부가 외부에 대해 양성이 된다. 그 결과 세포외부에서는 인접한 정지부위에서 흥분부위로, 세포내부에서는 흥분부위에서 인접정지부위로 향하는 전류가 흐르게 된다. 따라서 흥분부위 바로 옆 부위에서는 밖으로 향하는 전류가 막을 관통하여 흐르며, 막을 탈분극하게 된다. 한편, 신경섬유는 저항이 높은 원형질막에 저항이 낮은 원형질이 둘러싸여 있고, 세포외액이라 하는 도체(導体) 안에 침범하므로, 마치 절연성(絶緣性)의 불완전한 피복

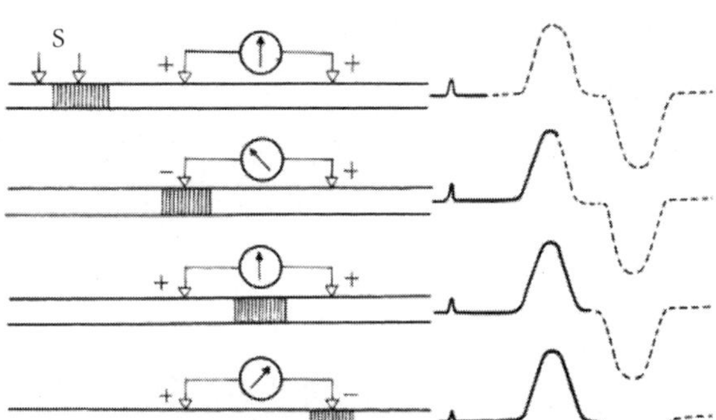

그림 2·6 흥분전도에 다른 이상성 전류 S자극, 줄무늬는 흥분전도를 나타낸다.(田崎 등, 생물학통론 I)

(被覆)에 둘러싸인 해저케이블과 비슷하다. 이런 경우 흥분부위와 비흥분부위에 흐르는 국소전류(local current)는 거리가 길어짐에 따라 감쇠(減衰)된다. 이것을 전기긴장성 전파(electrotonic spread)라고 한다. 흥분부위에 가까운 비흥분부위를 흐르는 국소전류는 충분히 크기 때문에 새로운 활동전위를 일으킬 수 있다. 이와 같은 신경섬유는 일단 흥분하면 그 인접부위에 차례로 활동전위를 일으키게 되며, 흥분은 전기적으로 전도된다. 하나의 신경섬유의 한쪽 면에서 전기자극을 하고, 다른 면에서 두 개의 전극을 사용하여 세포외부의 전위변화를 기록하면, 그림 2 · 6과 같은 이상성의 전위변화를 기록할 수 있다. 두 개의 전극 사이에서 흥분이 전도되지 않도록 하면, 일상성의 전위변화만이 보여진다. 이와 같은 조건하에서 전도속도가 다른 신경섬유를 포함한 좌골신경과 같은 신경줄기를 자극하면, 속도가 다르므로 전위의 최고조가 세 개 이상 분리될 수 있다. 이런 현상을 봉별(峰別)이라고 부른다.

2) 흥분전도의 특징

a) 유수섬유의 도약전도

무수섬유의 경우는 어느 부위에 발생한 흥분은 섬유를 따라 차례로 활동전위가 일어나, 흥분이 전도되나 유수섬유의 경우는 사정이 다르다. 지금, 신경섬유질부위에 흥분이 일어났다고 하면, 유수섬유에서는 저항이 높은 수초가 축색을 덮고 있기 때문에 국소전류는 수초가 없고, 저항이 적은 인접한 신경섬유질부위를 지나 밖으로 향해 흐르며, 그 부위를 새롭게 흥분시킨다(그림 2 · 7). 이와 같은 흥분이 연속적으로 전도하는 것이 아니라 띄엄 띄엄 전도하는 것을 도약전도(saltatory conduction)라고 한다. 이 방법에 의한 흥분의 전도속도는 현저히 빨라진다. 오징어의 직경 20μm의 무수섬유의 전도속도는 4m/sec로 계산되나, 같은 굵기의 신경을 유수로 한 경우 그 속도는 40m/sec로 10배가 된다. 또한, 활동전위의 발생에 따른 이온의 출입도 무수섬유의 경우에 비해 적어지므로 필요로 하는 에너지양도 적어도 된다는 이점이 있다.

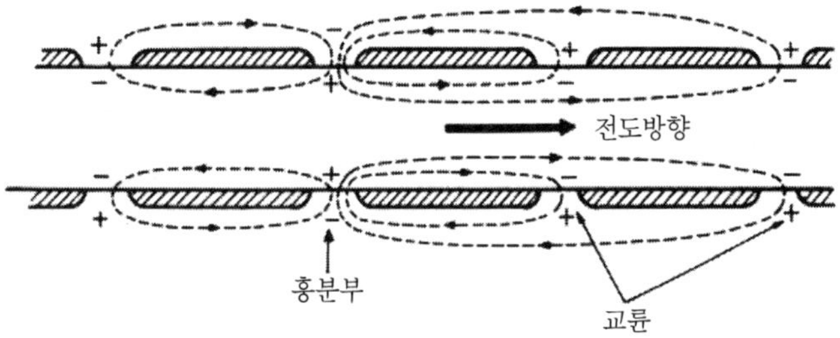

그림 2 · 7 흥분의 도약전도

b) 절연전도

신경섬유 다발에는 다수의 섬유가 함유되어 있어, 때로는 원심성 및 구심성섬유 등 목적이 다른 섬유가 섞여 있을 때도 있다. 이와 같은 섬유다발 가운데 하나인 섬유에 흥분이 일어났어도, 이 흥분은 인접한 섬유에 전달되는 경우가 적다. 이것을 절연전도(isolated conduction)라고 한다. 어떤 섬유에 일어난 국소전류는 인접섬유에도 흘러 그 흥분성에 영향을 주지만, 새로운 흥분을 일으키는데는 이르지 못한다고 여겨지고 있다. 만일 이러한 성질이 없다고 하면 신경계의 생체조절기능은 잃어버리고 말 것이다.

c) 양방향전도와 한방향전도

신경섬유의 어느 부위에 인공적으로 흥분을 일으키면, 국소전류는 흥분부위의 양쪽에서 흘러 들어오고, 그 부위에 인접하는 양방향으로 흥분을 일으켜 전도해 간다. 즉, 섬유의 말단부위에도 세포체부위에도 전도해 간다. 그러나, 생체내에서는 흥분은 섬유의 말단을 넘어, 다음의 뉴런에는 전달되어 가지만, 역방향으로 세포체를 넘어 전달되는 경우는 없다. 즉, 한 방향으로만 전도되는 것이다. 이것은 뉴런과 뉴런의 접속부위에 특수한 기구(시냅스)가 갖추어져 있기 때문이다. 흥분이 신경섬유에서 자연의 방향으로 나아갈 때를 정전도(orthodromic conduction)라고 하고, 그 역방향으로 나아갈 때는 역전도(antidromic conduction)라고 한다.

III. 시냅스

1. 시냅스의 성질

신경계에서는 무수의 뉴런이 상호간에 연결되어 있지만, 하나의 뉴런의 섬유말단과 다음의 뉴런과의 접속부위를 시냅스(synapse)라고 한다. 신경근접합부위와 신경과 분비세포의 접합부위에도 비슷한 구조가 존재하기 때문에, 그러한 부위도 포함해서 시냅스라고 하는 경우도 있다. 흥분이 하나의 세포에서 인접한 세포에 전달되는 것을 전달(transmission)이라고 한다.

시냅스의 구조는 전자현미경의 발달에 의해 점차 명확해졌다. 하나의 뉴런의 섬유말단은 시냅스 소두부(synaptic knob)를 만들고, 다른 뉴런의 수상돌기 또는 시냅스 간극(synaptic cleft)이라 불리는 20~30nm의 공간이 있고, 단지 액상물질을 채우는 것이 아니라, 어떤 종류의 분자구조가 존재한다고 사료되고 있다. 시냅스 소두부(小頭部)는 직경 0.5~0.9μm정도로, 그 내부에는 미토콘드리아와 다수의 시냅스 소포(synaptic vesicle)가 존재하고 있다. 이 소포 내에는 흥분의 전달에 필요한 화학전달물질이 포함되어 있다(그림 2 · 8). 흥분을 받아 전달하는 쪽의 소두부는 시냅스 전요소(presynaptic element), 받은 쪽의 수상돌기와 세포체는 시냅스 후요소(post-synaptic element)라고 불린다.

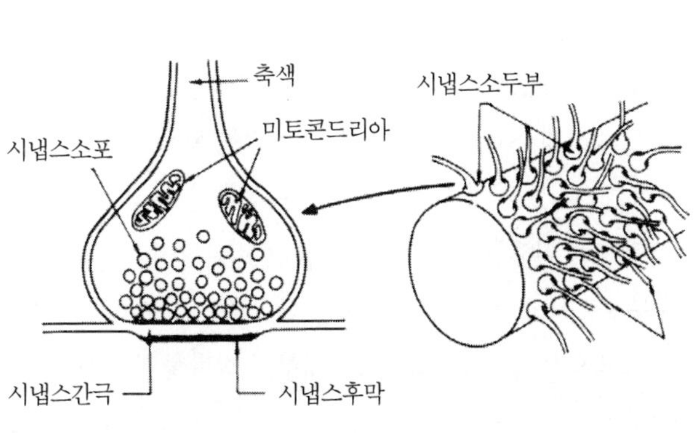

그림 2 · 8 시냅스의 모식적 미세구조
(SCHMIDT-NIELSEN, Animal Physiology)

하나의 시냅스 전섬유(前線維)가 다수의 옆가지로 갈라져 다수의 뉴런과 접속할 경우에는 이것을 발산(divergence)이라 하고, 반대로, 다수의 뉴런에 하나의

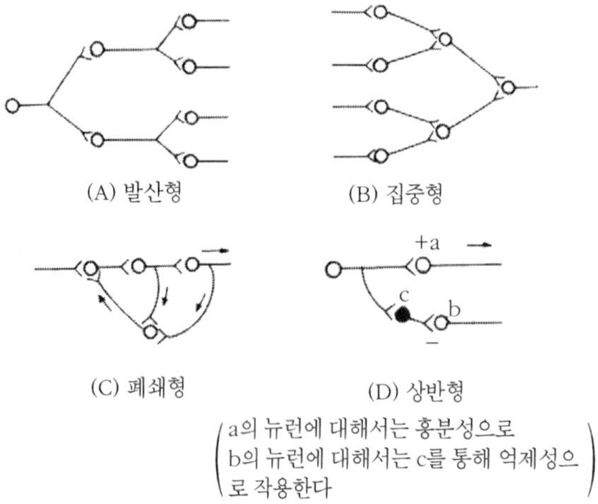

그림 2 · 9 뉴런 결합 양식의 예

뉴런이 접속하여 시냅스를 만드는 경우는 집중(convergence)이라고 한다. 이것을 두 개의 기본형으로 해서 그림 2 · 9와 같이 복잡한 회로망이 중추신경계 안에는 형성되어 있다.

시냅스 전요소에서 시냅스 후요소로의 흥분의 전달이 화학물질에 의해 일어나는 시냅스를 화학적 시냅스(chemical synapse)라 하고, 다시 이것은 흥분성 시냅스(excitatory synapse)와 억제성 시냅스(inhibitory synapse)로 분류된다. 흥분성 시냅스에서는 시냅스 전요소에 온 신경충격에 의해 화학전달물질이 방출되어, 시냅스 후요소의 흥분을 일으키나, 억제성 시냅스에서는 역으로 시냅스 후요소의 흥분은 억제된다.

흥분의 전달이 전기적(電氣的)으로 일어나는 시냅스를 전기적 시냅스(electrical synapse)라고 한다. 형태적인 특징은 시냅스 소포가 보이지 않고, 오히려 시냅스 간극이 좁은 특별한 구조이다. 전기적 시냅스의 예는 중추신경계 내부와 심근섬유 등에서 볼 수 있다.

2. 화학전달과 전달물질

시냅스에 있어서 흥분의 전달은 신경섬유 내부의 흥분의 전도와 현저하게 모양이 다르다. 즉, 1) 한 방향성 전달일 것, 2) 시냅스 지연이라고 하는 시냅스를 통과할 때에 0.5~5.0msec의 지연이 있을것, 3) 시냅스 전요소의 흥분이 시간적 · 공간적으로 가중될것, 시간적 가중이란 시냅스 전요소에 제 1회의 자극을 가해, 그 후요소에 대한 효과가 없어지기전에 제 2회의 자극을 가하면, 두 개의 자극 효과는 가중되어 후요소의 흥분이 일어난다. 이와 같은 시냅스 부위에서는 실무율(悉無律)이 성립되지 않는다. 또한 공간적 가중이란 시냅스 후요소에는 다수의 시냅스 전요소가 와 있으므로 이러한 전요소의 흥분이 동시에 후요소에 이르면, 큰 흥분이 후요소에 일어나는 경우를 말한다. 4) 시냅스 전요소의 일회의 흥분에 대해 후요소에 수회의 방전이 일어날 것, 5) 산소부족과 약물의 영향을 받기 쉽고 피로하기 쉽다는 특징을 나타낸다. 이러한 사실은 흥분이 전기적으로 전달되는 것으로는 설명할 수 없고, 무엇인가의 화학물질에 의한 흥분이 전달된다고 하는 것에 의해 이해할 수 있다. 이와 같은 전달방법을 화학전달(chemical transmission)이라고 한다.

흥분성 시냅스에 있어서 흥분이 신경섬유 내부로 전해져 시냅스 소두부까지 오면, 시냅스 소포는 시냅스 간극 방향으로 이동하고, 소포내부의 화학물질을 분비한다. 시냅스 후요소의 세포막은 이 분비물에 의해 탈분극되고, 흥분성 시냅스 후부전위(excitatory postsynaptic potential, EPSP)를 발생한다(그림 2 · 10(a)). 이 EPSP에 의해 새로운 활동전위가 발생하고 뉴런 내를 전도한다. 한편, 시냅스에 소포에서 방출

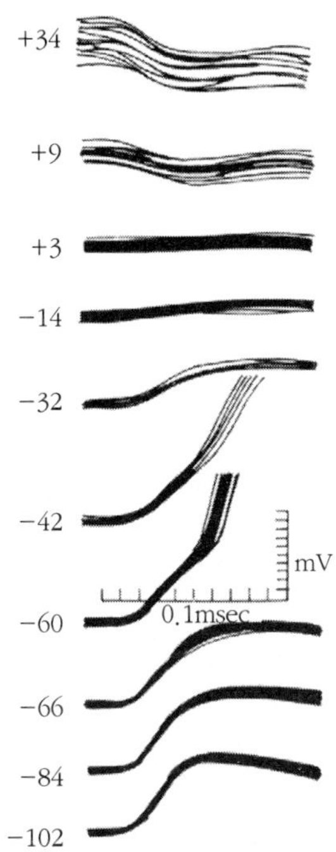

그림 2 · 10(a) 정지전위와 흥분성 시냅스 후부전위(EPSP)와의 관계

좌측의 숫자는 세포내 통전에 의해 변화시킨 정지막 전위의 크기. 세포내 전극에 의해 얻어진 EPSP는 막전위의 크기에 의해 변화된다. −66mV 이상으로 과분극되면 EPSP는 임계 탈분극에 달하지 않기 때문에 스파이크 전위는 발생하지 않지만, −42mV와 −60mV에서는 스파이크 전위가 나타난다. 막전위가 거의 0일때는 EPSP도 0이되어 이 이상이 되면 (−)가 된다. 곡선은 수십회의 실험 예를 함께 나타낸 것이다.(COOMBS et al, J. Physiol.)

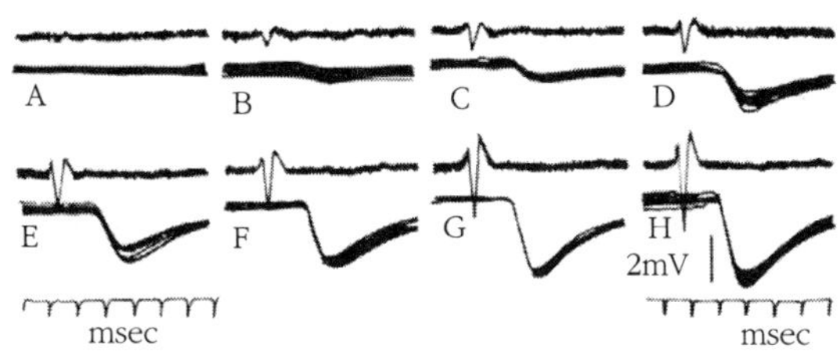

그림 2 · 10(b) 억제성 시냅스 투부전위(IPSP)

위의 기록은 사두구조에서의 구심신경을 자극했을 때에 제6요추의 후근에서 얻어진 전위변화. 아래의 기록은 상기의 근의 길항근인 사두 반건양근(semite dinous)의 운동뉴런의 세포내 전위(IPSP). A부터 H로 자극을 강하게 함에 따라 IPSP도 크게 된다. 이 그림은 약 40회의 기록을 함께 나타낸 것이다.(ECCLES, Handbook of physcology)

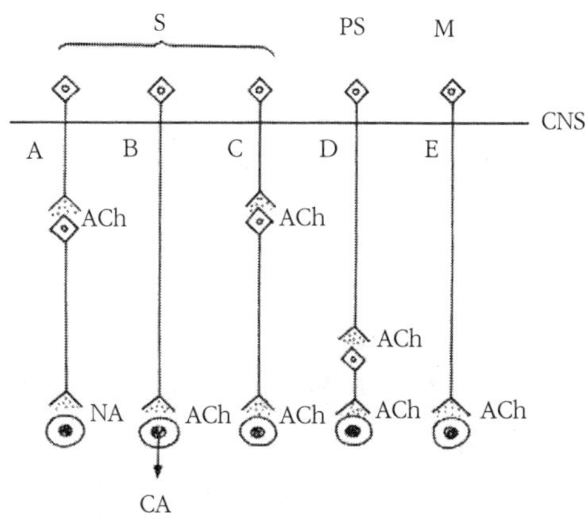

그림 2 · 11 자율신경 및 운동신경 말단에 있어서 화학전달물질

CNS: 중추신경계 S: 교감신경 PS: 부교감신경
M: 운동신경 Aeh: Acetylcholine
NA: Noradrenaline
CA: calecholamine Adrenaline와 Noradrendine
A: 일반교감신경 절전섬유말단에서 ACh가 직접작용하여 CA를 분비시킨다
C: 사람이나 고양이의 땀선에의 교감신경 절투섬유말단에서 ACh가 분비된다.
D: 부교감 신경 절전 및 전후 섬유 말단에서 Aeh가 분비된다.
E: 신경, 근접합부에서 Ach가 분비된다.

된 화학물질은 분해효소에 의해 분해되어 소실한다.

억제성 시냅스에서는 화학물질이 시냅스 후요소의 막에 이르면 그곳에 일과성의 과분극이 일어난다. 과분극이 일어나면 막전위는 활동전위를 일으켜야 할 역치전위에서 멀어지게 되어 흥분의 전달이 억제된다. 이것을 억제성 시냅스 후부전위(inhibitory postsynaptic potential, IPSP)라고 한다(그림 2 · 10(b)).

EPSP는 탈분극성의 전위변화, IPSP는 과분극성의 전위변화가 있어 전혀 다르나, 기타 성질은 공통이다.

화학전달을 하는 물질로서 몇 가지가 알려져 있다. 자율신경의 절전섬유와 절후섬유 사이의 시냅스, 운동신경과 근접합부, 부교감신경의 절후섬유종말, 어떤 종류의 교감신경절후섬유종말에 있어서의 전달물질은 아세틸콜린이다(그림 2 · 11). 아세틸콜린을 유리하는 뉴런을 콜린작동성(cholinergic)신경이라고

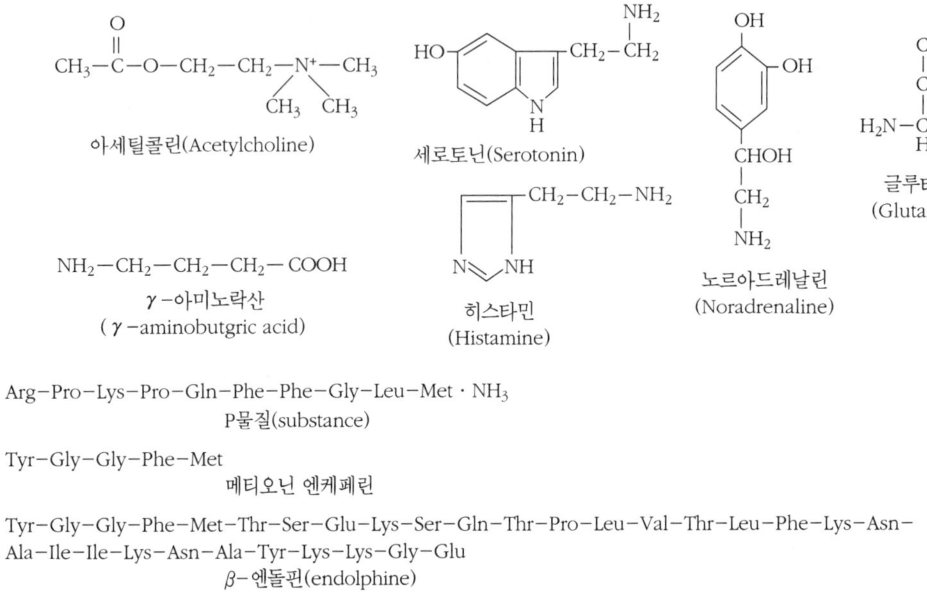

그림 2 · 12 화학전달물질

한다. 콜린작동성신경의 종말의 세포막에는 아세틸콜린을 분해하는 아세틸콜린에스테레이즈(acetylcholine esterase)가 다량으로 존재하고 있다. 또한 세포질 내부에는 아세틸CoA와 콜린에서 아세틸콜린을 합성하는 효소인 콜린아세티레이즈(choline acetylase)가 고농도로 존재하고 있다.

많은 교감신경절후섬유의 말단에서의 전달물질은 카테콜라민(catecholamine)의 일종인 노르아드레날린이다. 노르아드레날린을 유리하는 뉴런을 아드레날린 작동성(adrenergic)신경이라고 한다. 유리한 노르아드레날린은 아드레날린작동성 뉴런의 종말부위에 존재하는 monoamine oxidase에 의해 분해된다. 또한 동일한 종말부위에 있는 시냅스 소포는 도파민(dopamine)으로부터 dopamine-β-oxidase에 의해 노르아드레날린을 합성할 뿐 아니라 순환혈중과 흥분에 의해 유리한 노르아드레날린을 분해시켜 소실시킬 수 있다.

그 밖의 화학전달물질에는, 5-하이드록시트립타민(세로토닌)(5-hydroxytryptamine, serotonin), 히스타민(histamine), γ-아미노락산(γ-aminobutyric acid, GABA), 글리신, 그루타민산, polypeptide인 P물질, opioid peptide인 엔케파린과 엔돌핀 등이 있다(그림 2 · 12). 이러한 물질은 중추신경 내부의 화학전달물질이라고 생각되지만, 그 작용의 구성과 중요성 등에 대해서는 오히려 명확하지 않은 점이 많다.

EPSP와 IPSP 모두 전달물질의 작용에 의해 시냅스 후요소막의 이온에 대한 투과성이 늘어나는 것에 따른 것이지만, EPSP의 경우는 특히 Na^+에 대한 화학적의존성통로(chemically gated channel)가 선택적으로 열리나 IPSP의 경우는 Cl^-에 대한 통로가 열린다고 한다.

전기적 시냅스에서는 시냅스 간극은 좁고 (2~3nm), 시냅스 전요소와 시냅스 후요소의 세포막 사이에는 gap junction이라 불리는 특별한 구조(그림 2 · 13)가 있으며, 커넥션(connexon)이라 불리는 직경 1~2nm의 소관으로 연결되어 있다. 시냅스 전요소 말단에 도달한 국소전류는 커넥션을 지나 직접 시냅스 후요소에 유입하고, 탈분극시킨 활동전류를 일으킨다. 커넥션은 또한, 당, 아미노산 등의 소물질(분자량 약 1, 000까지)을 통과시킨다. 그러나 이 통로의 직경은 세포내부의 Ca^{2+}농도가 상승하면 좁아진다고 한다.

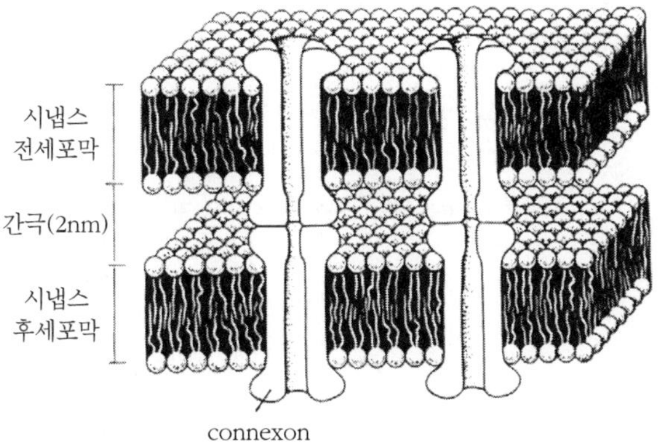

그림 2 · 13 Gap junction의 모식도
(山本 · 岩間, 표준생리학 I)

IV. 신경계

신경계는 중추신경계(central nervous system, CNS)와 말초신경계(peripheral nervous system)으로 크게 나뉜다. 중추신경계는 뇌와 척수로 되어 있다. 중추신경계에서 나온 뉴런으로 구성된 신경계를 말초신경계라고 한다. 말초신경계의 가운데 운동과 감각 등의 동물성기능을 담당하는 신경계를 체성신경계(somatic nervous system)이라고 한다. 호흡, 순환, 흡수 등의 식물성 기능을 담당하는 신경계를 자율신경계(autonomic nervous system)라고 한다.

말초신경섬유 가운데, 감각기관에 있는 수용기에 연결하거나, 그 부위에 일어난 흥분을 중추신경계 방향으로 전도하는 신경섬유를 구심성(afferent, centripetal 또는 수입) 신경섬유라고 한다. 이것에 반해 효과기관에 연결되어 있고, 중추에서의 흥분을 전달하는 신경섬유를 원심성(efferent, centrifugal 또는 수출)신경섬유라고 한다. 감각기관에 있는 수용기에서 일어난 흥분을 중추신경계에 전하는 구심성신경을 지각신경(sensory nerve)이라 한다. 원심성신경 가운데, 흥분을 근육에 전하는 신경을 운동신경(motor nerve), 분비기관에 전하는 것을 분비신경(secretory nerve)이라고 한다.

1. 중추신경계

1) 뇌

뇌는 연수(medulla oblongata), 뇌교(pons), 중뇌(mesencephalon), 간뇌(diencephalon), 시상(thalamus), 시상하부(hypothalamus), 종뇌(telencephalon, 대뇌피질(cerebral cortex), 대뇌기저핵(cerebral basal ganglia), 소뇌(cerebellum)로 이루어진다(그림 2 · 14). 연수, 뇌교, 중뇌, 간뇌를 총칭하여 뇌간(brain stem)이라고 한다.

- 뇌 encephalon
  - 전뇌 prosencephalon
    - 종뇌 telencephalon (대뇌피질 cerebral cortex, 대뇌기저핵 cerebral basal ganglia)
    - 간뇌 diencephalon (시상 thalamus, 시상하부 hypothalamus)
  - 중뇌 mesencephalon (중뇌개 tectum mesencephali, 피개 tegmentum, 대뇌각 crus cerebri)
  - 능뇌 rhombencephalon
    - 후뇌 metencephalon (뇌교 pons, 소뇌 cerebellum)
    - 수뇌 myelencephalon (연수 medulla oblogata)
- 척수 medulla spinalis

뇌간(소뇌는 제외) (brain stem): 간뇌, 중뇌, 후뇌, 수뇌

그림 2 · 14 중추신경계의 해부학적 구분

생체가 어떤 기능을 발휘하기 위해서 필요한 신경세포, 또는 세포군에 존재하는 부위를 그 기능의 중추(centrum, center)라고 한다.

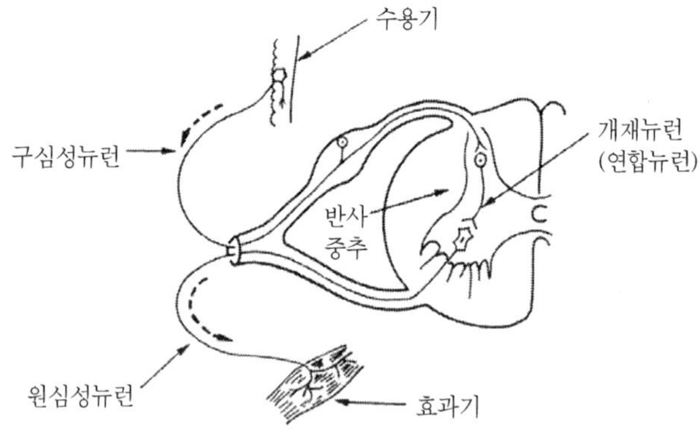

그림 2 · 15 척수반사궁의 일례

수용기에 발생한 구심성 흥분이 뇌까지 전해지지 않거나, 혹은 뇌에 전해진 감각을 일으켜도 의지와 관계없이 뇌간과 척수를 지나 원심성 뉴런에 전해져, 효과기의 흥분을 일으키는 것을 반사(reflex)라고 한다. 또한 중추신경계 내부에서의 흥분의 전환부위를 반사중추(reflex center)라고 한다. 따라서 반사궁(反射弓)은 수용기, 구심성 경로, 반사중추, 원심성 경로 및 효과기로 이루어진 것이 된다(그림 2 · 15). 반사에는 무조건반사(unconditioned reflex)와 조건반사(conditioned reflex)가 있다. 전자의 무조건반사는 태어나면서 유전적으로 결정되어 있는 것으로 환경에 관계없이 안정화되어 있다. 후자의 조건반사는 생후에 획득된 것으로 필요가 없게 되면 비교적 빨리 소실된다.

a) 연수(延髓)

연수는 순환 호흡 등의 생명 유지에 중요한 중추를 포함하고 있기 때문에 생명중추(vital center)라고도 불린다. 순환기에 관한 중추에는 1) 혈관운동중추 2) 심장억제중추 호흡에 관한 중추에는 1) 기침 및 재채기 중추 2) 발성(發聲)중추 3) 호흡중추, 소화기에 관한 중추에는 1) 흡인(吸引) 및 저작(詛嚼)중추 2) 타액분비중추 3) 연하(嚥下)중추 4) 구토(嘔吐)중추, 눈에 관한 중추에는 1) 안검폐쇄(眼瞼閉鎖)중추 2) 눈물분비중추가 있다. 이러한 중추에는 경동맥동(頸動脈洞), 경동맥소체(頸動脈小体) 등의 내장수용기에서

의 구심성섬유가 분포하는 것에 한정되지 않고, 연수자체에도 수용기가 존재하는 것으로 알려져 있다. 연수는 대뇌, 소뇌 및 척수 사이에 있기 때문에, 이러한 각 부위 사이의 전도로가 된다. 복측(腹側)에는 추체로(錐体路)에 의한 추체, 올리브 핵, 배측(背側)에는 설상속(楔狀束), 박속(薄束) 등이 있다.

b) 뇌교(腦橋)

배부에는 뇌신경의 핵(중추신경계 내부의 회백질괴로, 신경세포를 포함한 부위를 말함)과 상행. 하행전도로가 있고 교의 저부(底部)에는 교핵(橋核)이 있어 추체로가 지나가고 있다. 뇌교의 양측은 중소뇌각(中小腦脚)으로 되어 소뇌와 연락하고 있다.

c) 중뇌

중뇌는 중뇌개, 피개와 대뇌각으로 구분된다. 또한 중뇌수도(中腦水道)가 있어 제4뇌실로 연결되어 척수의 중심관으로 이어진다.

모든 고등동물은 정상의 체위를 유지하고 두부를 똑바로 유지하려고 바로 서는 반사를 한다. 이러한 반사의 대부분은 중뇌의 핵에서 총합되는 일련의 반응으로 되어 있다. 중뇌에는 안근의 운동에 관계하는 동안신경핵(動眼神経核)과 골차신경핵(滑車神経核)이 존재한다. 또한, 동공괄약근을 지배하는 부교감신경 섬유가 동안신경 가운데를 지나 모양체신경절에서 뉴런을 대체하여, 동공근, 모양체근에 분포하고 있다. 동공반사의 구심성경로는 중뇌개전구로 들어와, 에딩거-웨스트팔(Edinger-Westphal)핵에서 끝나고 있다. 또한 연수와 중앙복측부의 넓은 범위에 다수의 뉴런이 복잡하게 조직이 존재한다. 이러한 세포군은 망양체(reticular formation)라고 총칭한다. 망양체는 많은 시냅스성의 전도로로, 시상하부와 연락해서 자율기능의 조정을 행한다. 또한 상행성감각과 척수반사의 조정 학습과 의식의 형성에 관해서 대뇌피질과 밀접하게 연락해서 그 활동수준의 유지와 조절을 하고 있다.

d) 간뇌

간뇌는 윗부분부터 종뇌(終腦)에 의해 완전하게 덮여있고, 뒤쪽 아랫부분은 중뇌에 이어지고 있다. 간뇌의 좌우양반분(左右兩半分)의 중앙에는 제3뇌실이 있고, 측뇌실과 중뇌수도에 연락하고 있다. 간뇌는 시상과 시상하부로 이루어진다.

시상은 크고 둥근 모양의, 핵무리 덩어리로, 후각 이외의 모든 감각성 입력 및 그 이외의 피질 아래의 흥분을 대뇌피질로 중계하는 부위로서의 기능을 하고 있다.

시상하부는 간뇌의 기저부위에 있는 비교적 좁은 부분을 차지하는데 지나지 않지만, 자율기능의 총합중추로서 중요한 모

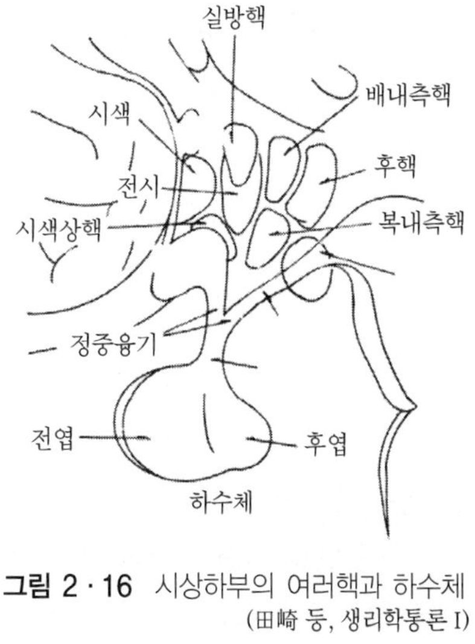

그림 2 · 16 시상하부의 여러핵과 하수체
(田崎 등, 생리학통론 I)

든 핵(그림 2 · 16)을 포함하고 있다.

① **체온조절**: 대뇌피질을 제거한 동물은 체온을 유지할 수 있지만, 간뇌를 제거하면 체온유지를 할 수 없는 것을 볼때 간뇌에는 체온조절기능이 있는 것을 알 수 있다. 시상사부에는 방열중추로 불리는 체온상승을 막는 중추가 있어, 그 부위의 자극에 의해, 혈관확장, 호흡촉진, 발한증가 등이 일어나고, 체온의 발산이 왕성해진다. 따라서 이 부분이 파괴되면 환경온도가 낮은 경우는 이상이 없지만, 고온에 노출되면 체온이 높아져 죽을 수도 있다. 한편, 후시상하부에는 열생산 유지중추(heat generating and conserving center)라고 불리는 체온을 떨어뜨리지 않는 중추가 있다. 동물이 한랭한 곳에 노출되면 떨림(shivering)이 일어나고, 피부의 혈관이 수축하며, 털이 서고, 아드레날린 등의 분비가 증가해 화학적 열산생이 왕성해진다. 이 중추가 파괴되면, 이러한 작용을 잃게 되므로, 동물은 저온환경에 견디지 못하게 된다. 그러나 이 부위에는 온도변화에 예민한 방전현상이 나타나지 않기 때문에, 오히려 이 부위는 전시상하부의 온도수용기의 지배 하에 있다고 볼 수 있다.

② **수분조절**: 시색상핵(視索上核) 부근에는 혈액의 삼투압수용기(osmorecepter)가 있어, 혈액의 삼투압이 상승하면, 이 수용기가 작동하여 항이뇨호르몬이 하수체후엽의 신경섬유말단에서 분비된다. 항이뇨호르몬은 뇨분비량을 억제하므로 수분이 체내에 저류하게 된다. 한편, 시색상핵 부근이 파괴되면, 다음(polydipsia)과 다뇨(polyuria)가 일어나고, 요붕증(diabetes insipidus)이 된다. 또한 쥐의 경우는 외측핵, 개와 산양인 경우는 실방핵부근에 섭수중추(攝水中樞, drinking center)가 있어, 고장식염수의 주입과 전기자극에 의해 동물의 음수량이 증가하는 것으로 알려져 있다.

③ **채식조절**: 시상하부의 복내측핵에는 만복중추가 있고 이 부위의 흥분에 의해 채식은 중지된다. 그러나 이 중추가 파괴되면 동물은 많이 먹게 되어 비만이 된다. 한편, 외측핵에는 섭식중추(feeding center)가 있어, 이 부위에 아드레날린과 같은 물질을 주입하거나 전기자극을 행하면, 섭식을 개시하나, 파괴하면 무식증(無食症, aphagia)이 일어나 결국에는 죽고 만다. 만복중추는 섭식중추를 억제하려고 하는 작용으로 채식량의 조절을 한다고 생각된다.

식욕이 어떻게 조절되는 가에 대해서는 많은 가설이 있다. 당항상설(glucostatic theory)이란, 혈당치가 내려가면 섭식중추가 자극되고, 올라가면 만복중추가 자극되어 식욕이 조절된다는 가설이다. 혹은 혈당의 동정맥차가 작아지면 섭식중추가 자극되고, 커지면 만복중추가 자극된다고도 한다. 즉 만복중추에 있는 세포의 글루코스의 이용도가 낮아, 그곳을 흐르는 혈액의 글루코스의 동정맥차가 작을 때는 섭식중추는 억제되지 않지만, 글루코스의 이용도가 크고 동정맥차가 클 때는 섭식중추는 억제되고, 만복감을 얻는다고 설명할 수 있다. 체온항상설(thermostatic theory)이란 체온이 내려가려고 하면 섭식을 시작하고, 체온이 올라가려고 하면 섭식을 중지한다는 설이다. 또한 지방항상설(lipostatic theory)이란 혈액중의 지방함량이 식욕을 조절한다는 설이다. 그러나 식욕의 조절은 극히 복잡하므로 각 동물에 따라서 서로 달라서 일괄적으로 설명할 수 없다.

채식조절에 관여하는 인자로는 자극인자로서 위에서 분비되는 그레린(ghrelin), 억제인자로서 지방세포

등에서 분비되는 렙틴(leptin)과 소화관에서 분비되는 Cholecystoknin(CCK) 등이 알려져 있다. 결국에는 시상하부의 궁상핵에 작용하여, neuropeptid Y(NPY)를 도와주는 작용을 하는 것으로 생각된다.

④ **내분비조절**: 하수체전엽호르몬인 갑상선자극호르몬, 부신피질자극호르몬, 난포자극호르몬, 간질세포자극호르몬(황체형성호르몬)의 분비를 촉진하는 방출호르몬이 시상하부에서 분비된다. 이러한 방출호르몬의 분비는 각 전엽호르몬의 표적기관에서 분비되는 호르몬에 의해서 피이드백(feed back)된다. 한편, 표적기관에서의 호르몬 분비가 없는 하수체호르몬인 성장호르몬과 최유호르몬(황체자극호르몬, 프로락틴)에 대해서는, 시상하부에 그 방출 및 억제호르몬이 존재하고 있어 전엽에서의 호르몬의 분비를 억제하고 있다. 이러한 방출호르몬은 시상하부의 정중융기에서 분비되고, 하수체 문맥계의 혈류에 의해 전엽세포에 도달한다. 시상하부에는 또한, 하수체중엽호르몬의 분비를 촉진 및 억제하는 호르몬도 분비되고 있다. 또한 전술한 항이뇨호르몬에 부가해서 실방핵에서는 oxytocin이 생산되고, 하수체후엽에 보내진 신경섬유의 말단에서 분비된다.

⑤ **정서행동의 조절**: 진정한 감정을 일으키기 위해서는 대뇌피질의 존재가 필요하지만, 대뇌피질을 제거한 고양이에게 미세한 자극을 주거나 주지 않더라도 자발적으로 성내는 행동을 보인다. 이런 성내는 반응을 가장한 분노(sham rage)라고 한다. 분노를 보이는 행동에는, 달려들어 물거나, 울부짖음, 발톱을 세우는 등의 체성신경계의 작용 외에, 동공의 확대, 혈압의 상승 등의 자율신경계의 작용이 포함된다. 시상하부 후부를 제거하면 이러한 반응이 보이지 않으므로, 이 부위에 정서 행동(emotional behavior)에 관계하는 총합중추가 존재한다고 보여진다. 그러나 정서적 행동의 전체는 대뇌변연계에 의해 제어되고 있으므로 시상하부는 보다 상위의 변연계의 지배를 받는 것 같다.

⑥ **성행동의 조절**: 내측시색전야(內側視索前野)를 자극하면, 승가 등의 성행동이 유발되지만, 이 부위를 파괴하면 이성에 대해 무관심해져 성행동이 불능하게 된다.

⑦ **자율기능의 조절**: 시상하부의 전부 및 후부의 자극으로 혈압의 하강 혹은 상승, 심박수의 변화가 일어난다. 같은 소화관에 있어서도, 위액분비가 높아 지거나, 장기간의 자극에 의해서는 소화관의 궤양과 출혈이 일어난다.

e) 대뇌피질

피질은 계통발생적으로 구피질, 고피질, 신피질로 분류되지만, 조직학적으로는 구피질, 고피질을 모아 이피질(異皮質), 신피질을 등피질(等皮質)이라고 한다. 또한 기능적으로 구피질, 고피질 및 이들 피질 아래에 있는 제핵(諸核)을 포함해서 변연계(辺緣系, limbic system)라고 한다(그림 2 · 17).

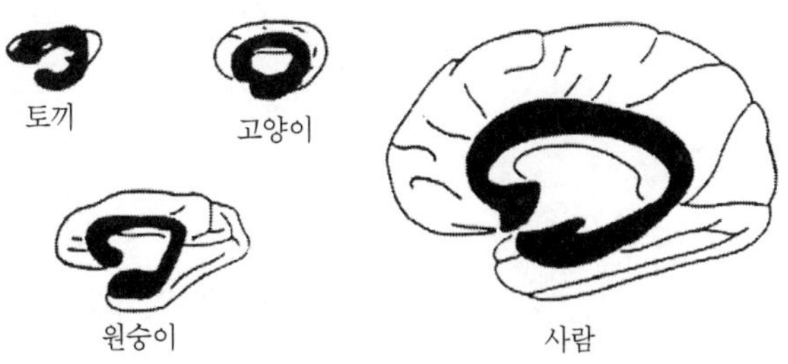

그림 2 · 17 대뇌에 점하는 변연 피질의 비율

흑색부분: 변연피질
동물에 따라 변연피질의 넓이는 거의 같지만 신피질의 넓이는 크게 다르다는 것을 나타낸다.(時刻實, 눈으로 본 뇌)

① **변연계**: 변연계란 대뇌반구(大腦半球)의 내측면에서 뇌간의 문측단(吻側端)과 뇌량(腦梁)의 단면을 바퀴모양으로 둘러싼 이상엽(梨狀葉)과 해마체 등을 포함한 변연피질과, 이들과 연관한 심부의 조직인 편도체, 중격핵(中隔核) 및 시상하부 등으로 이루어진다. 지금까지는 후각중추라고 여겨졌기 때문에 후뇌(嗅腦)라고 불려졌으나, 현재는 변연계의 기능은 후각외에 자율성 반응, 섭식행동, 성행동, 정서행동 및 생체리듬의 발현에 관계가 있다는 것이 판명되고 있다.

동물이 사료, 이성 등이 한정된 엄격한 환경에서 생존하고, 개체를 유지하고, 종족을 번영시키기 위해서는 식욕, 성욕 등의 본능이 필요하다. 시상하부에 있는 수용기에서 감수된 자극은, 거기에서 다시 변연피질로 보내져 본능행동이 개시되거나 정지하는 기구가 작동된다. 따라서 변연피질을 파괴하거나 자극하면, 성욕이 이상하게 높아지거나, 분노와 공포의 반응을 보이기도 한다. 이와 함께 자궁운동, 위운동, 혈압, 호흡운동 등의 자율성 반응의 변화가 나타난다. 이와 같이 이성과 지성의 제어가 없어도, 소위 본능에 의해 개체와 종족의 유지가 도모된다고 생각된다. 해마체의 기능은 학습과의 관련에서 중요하다. 이 부위에 있어서의 신경전달물질의 특징으로는 글루타민산이 알려져 있다. 글루타민산 수용체에는, G단백질결합형과 이온채널형 등 다 수가 알려져 있다.

② **신피질**: 신피질은 고등동물일수록 발달이 현저하게 넓고 세포수가 증가한다. 피질은 세포의 종류와 그 비율과 배열법에서 6층으로 나눌 수 있다(그림 2 · 18). 피질표면에서 헤아려 제 1층에서 제3층은 주로 총합작용을, 제4층은 시상을 지나 주로 구심성섬유의 종지부를 이루어 감각작용을 담당하고, 제5.6층은 주로 원심성섬유의 기시부(起始部)를 이루어 운동작용에 관여한다고 생각된다. 이러한 세포군은 보다 상

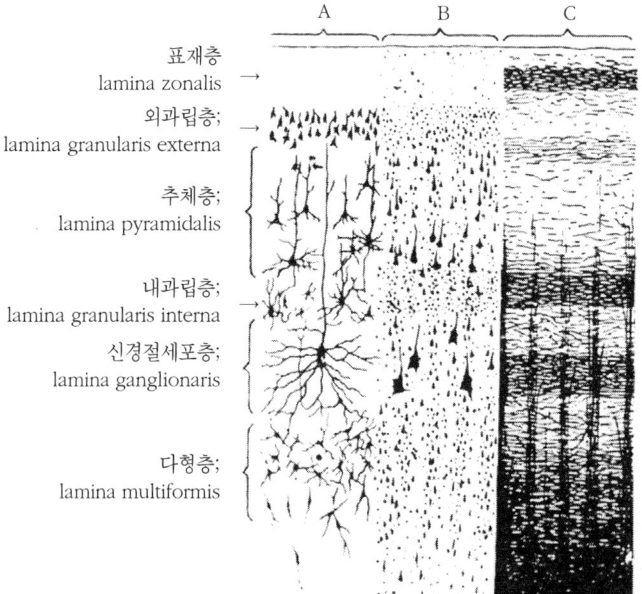

그림 2 · 18 신피질의 세포구축
A: 신경세포 돌기 B: 신경세포 C: 신경 섬유망

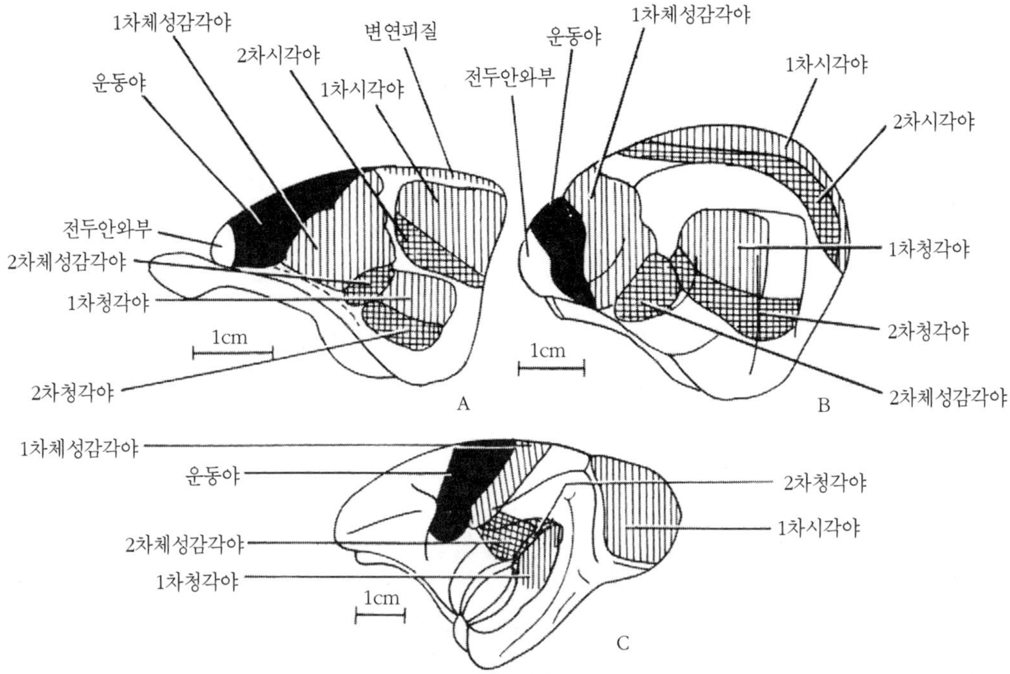

그림 2 · 19 신피질에 있어서 각 기능 중추의 존재부위
A: 토끼 B: 고양이 C: 원숭이 (ROSE & WOOLSEY, Elecłroenceph. Clin. Neurophysiol.)

호적으로 연락하면서 활동을 영위한다.

신피질의 특정 부위의 세포군은 전기자극실험 등에 의해 특유의 기능을 한다는 사실이 밝혀졌다(그림 2 · 19).

운동야(motor area)는 중심구의 앞쪽 대상(帶狀)부분에 존재하며, 신체 각 부위의 운동을 지배하는 implus를 내보내는 세포군으로 이루어진다. 운동신경계에는 추체로계(錐体路系, pyramidal system)와 추체외로계(extrapyramidal system)가 있다. 추체로계는 운동영역의 세포에서 시작하여, 대부분은 연수의 추체교차(錐体交叉)에서 교차하는 추체측색로가 되지만, 일부는 교차하지 않고 척수 가운데서 처음으로 교차하는 추체전색로가 된다. 추체로계는 골격근의 수의운동에 관계한다. 추체외로계는 주로 운동전야(運動前野)의 세포에서 나온다. 불수의운동과 근육긴장의 조절을 하고 있어, 자세의 유지에 관해서도 무의식적으로 조절을 하고 있다.

체성감각야(somatic sensory area)는 주로 체성감각(피부감각과 심부감각)을 담당한다. 온도감각(온각(Ruffini's corpuscle), 냉각(크라우스소체), 통각(자유신경종말))의 전도로는 척수배각(脊髓背角)에서 뉴런을 바꿔 대측(對側)의 외측척수시상로(外側脊髓視床路)를 상행한다. 촉각, 압각, 심부감각도 각각의 전도로를 지나 중심후회(中心後回)의 체성감각영역에서 끝난다.

청각야(auditory area)은 사람에서는 외측대뇌열(外側大腦裂)에 접한 부분에 존재하나, 가축에서는 연

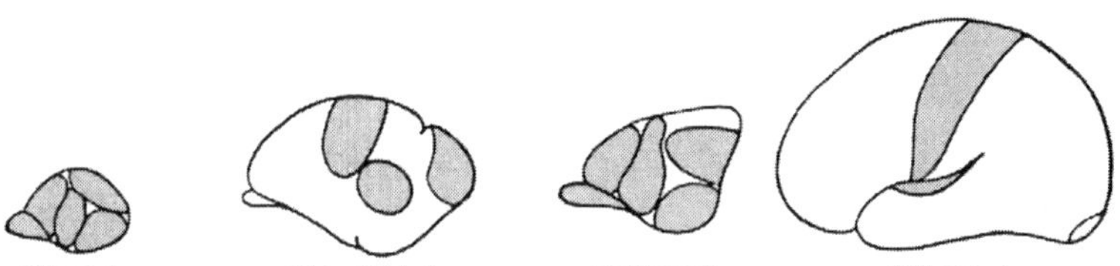

그림 2 · 20 피부에 있어서 연합야(백색부분)의 운동야 및 감각야(흑백부분)에 대한 면적비율
(田崎 등, 생리학 통론 I)

구가 적어, 일괄적으로는 설명되지 않는다. 소리의 진동이 귀의 안쪽에 있는 corti기관에 전달되어, 그 흥분은 청신경(와우신경)을 지나 청각야에 전달된다.

미각야(taete area)는 사람에서 체성감각야의 안면감각야에 접하는 부분에 있다. 미각은 이전에는 후각에 가까운 것으로 생각되었으나, 오히려 피부각에 가깝다. 미뢰에서의 지각섬유는 안면신경, 설인신경 및 미주신경에 들어가 뇌간에서 고속(孤束)이 되어 시상을 지나 상행하고, 미각영역에서 끝난다.

시각야(visual area)는 후두엽의 유선야에 존재하고, 망막의 수용세포(추체세포와 간체세포)의 흥분은 시신경에 들어가며, 시교차를 지나 외측슬상체(外側膝狀体)에 도달하여 다시 시각영역에 들어간다.

후각야(olfactory area)는 전이상피질(前梨狀皮質)과 편도핵주위피질에 있다. 이전에는 이 근방의 신경핵군은 후각만을 느낀다고 여겼으나, 후각은 극히 일부에 지나지 않는다는 것이 판명되어, 현재, 이 부분은 변연계라고 한다. 비점막(鼻粘膜)에 있는 후상피(嗅上皮)에서 수용된 흥분은 후구(嗅球)를 지나 후각영역에 전달된다.

연합야(association area)는 학습, 기억, 판단, 언어, 선견 등 고도의 신경활동을 담당하는 부분이다. 하등한 동물일수록 변연피질, 운동영역, 감각영역의 발달이 두드러지고, 연합영역을 차지하는 부분은 적지만, 고등 동물일수록 넓은 부분을 차지하고 있으며, 사람에서는 특히 전두(前頭)연합영역이 발달되어 있다(그림 2 · 20).

f) 소뇌(cerebellum)

소뇌는 뇌교와 연수의 뒤쪽에 있다. 그 기능은 운동의 협조와 자세의 조절이다. 소뇌손상운동은 안정하게 있으면 이상은 없으나, 평상시처럼 움직일 수 없다. 모든 운동이 속도, 범위, 강약과 방향이 다르기 때문에, 근육활동의 협조없이 운동실조를 나타낸다. 또한 종뇌에 포함된 대뇌기저핵도 운동의 발현에 관계하고, 그 파괴는 불수운동(不隋運動)을 일으킨다.

g) 뇌파

대뇌피질의 신경세포의 전기적 활동과 함께 발생하는 집합적 전위변동(시냅스후 전위의 총화)을 두피위로 전극을 두는 것에 의해 도출할 수 있다. 이것을 뇌파(electroencephalogram, EEG)라고 한다. 진폭,

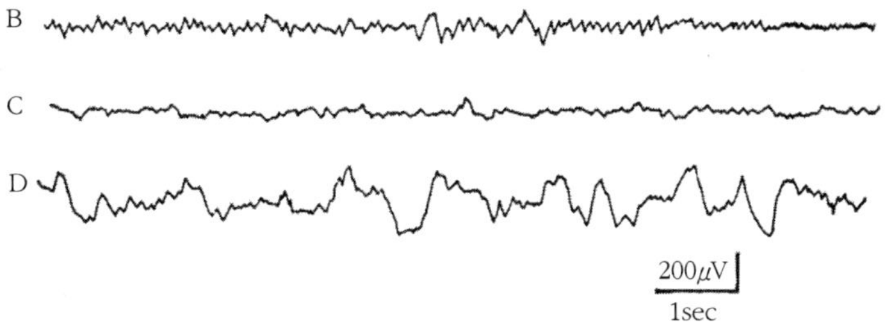

그림 2 · 21 산양의 뇌파

A) aroused pattern 저진폭의 불규칙한파
B) watching pattern 조용히 한점을 응시한다. 8~13Hz의 규칙적인 파
C) drowsy pattern A)에서 D)에 이르는 경과
D) sleeping pattern 고진폭으로 여유있는 파

주파수의 점에서 뇌파를 보면, 사람은 30~60μV의 진폭으로 8~13Hz의 α파, 50μV보다 작은 진폭에서 14~25Hz의 β파, 4~7Hz의 θ파, 진폭이 큰 4Hz 미만의 δ파 등으로 분류되며, 각각 각성 및 수면 등의 의식수준에 대응하여 출현하는 것을 알 수 있다. 그러나 가축에서는 지금까지 일정한 파형구별법(波刑區別法)은 알려져 있지 않고 있다. 닭, 소, 면양, 산양, 돼지 등의 가축에 대해서는 연구가 이루어져 대략 종류가 비슷한 모양을 얻을 수 있다. 그림 2 · 21에 산양의 예를 표시했다. 각성반응시 볼 수 있는 EEG는 저진폭의 속파(束波)이며 이 상태를 탈동기화(desynchronization)라고 한다. 이 상태는 동물에게 소리 등의 감각자극을 주면 발생한다.

동물의 수면시 등에는, EEG는 고진폭의 주파수의 낮은 파형(서파)을 나타낸다. 이 상태를 동기화(synchronization)라고 한다. 하지만 동기화, 탈동기화는 모두 뇌파의 발생기구에 기초로 한 명칭이 아닌 편의상 불리어 지는 것이다. 서파수면(徐波睡眠, slow wave sleep, SWS)상태의 동물의 근육의 긴장은 저하되고 자율성기능도 억제되고 있다. 선잠인 경우도 진폭은 다소 작으나, 서파수면과 비슷한 형태를 나타낸다. 그러나, 반추가축에서 고진폭의 서파가 나타날 경우, 사람과 돼지 등의 단위동물과 같이 반드시 외관상 깊은 수면자세를 나타낸다고는 할 수 없다. 즉 고진폭서파(高振幅徐波)는 조용히 선 채로 눈을 뜬 상태에서도 나타나며 반추중에도 자주 볼 수 있다.

서파수면기에 이어 진폭이 낮고, 주파수가 높더라도 각성시에 볼 수 있는 것과 같은 EEG가 때때로 나타난다. 이런 경우 동물은 행동상은 계속 잠을 자는 것 같지만, 안구가 급속하게 움직이므로 렘수면(rapid eye movement(REM) sleep)또는 역설수면(paradoxical sleep)이라고 불린다. 렘수면의 다른 특징으로 감각자극에 대한 역치가 높아지는 것과 경근(頸筋)의 긴장성이 저하한다든가, 이개(耳介)를 조금씩 움직이는 것을 들 수 있으며, 뇌파를 기록하지 않아도 그 상태를 관찰할 수 있다. 사람의 경우 꿈을 꾸는 일이 많아 자율신경지배하의 기능은 여러 가지로 변화하고 있다. 반추가축에서는 호흡수는 줄어들고 혈압은 변화가 없으나, 제1 · 2위운동은 감소한다.

뇌파는 여러 가지 중추신경의 구조 및 기능의 이상에 대응해서 그 파형을 바꾸는 특징을 가지고 있어, 임상진단법의 유력한 수단이 되고 있다. 일정한 감각자극을 동물에 가하는 경우 이것에 대응해서 뇌파상에 나타나는 전위변화를 유발전위(誘發電位, evoked potential)라고 하나, 이것도 신경기능의 이상에 대응해서 여러 가지로 변화한다.

2) 척수

척수(spinal cord)는 척추관 속에 들어 있는 척주(脊柱)의 각 부위에 대응해서 각각 경수(頸髓, cervical cord), 뇌수(腦髓, thoracic cord), 요수(腰髓, lumbar cord) 및 선수(仙髓, sacral cord)로 구분된다. 경수의 분절수(分節數)는 각 가축 모두 8이나, 흉수(胸髓) 이하의 분절수는 가축에 따라 다르다. 척수는 척수연막(脊髓軟膜)으로 둘러싸여 그 횡단면은 외부는 백질, 중간부는 회백질로 이루어져 그 중앙을 좁은 중심관이 지나간다. 회백질은 H자 모양을 이루어 그 중앙은 연결되어 있어 양측에 2개의 배각(背角) 및 2개의 복각(腹角)이 있다. 이들 각각의 각에서 신경근속이 나오고 있다(그림 2 · 22). 척수의 주된 기능은 반사와 전도로 크게 나눌 수 있다.

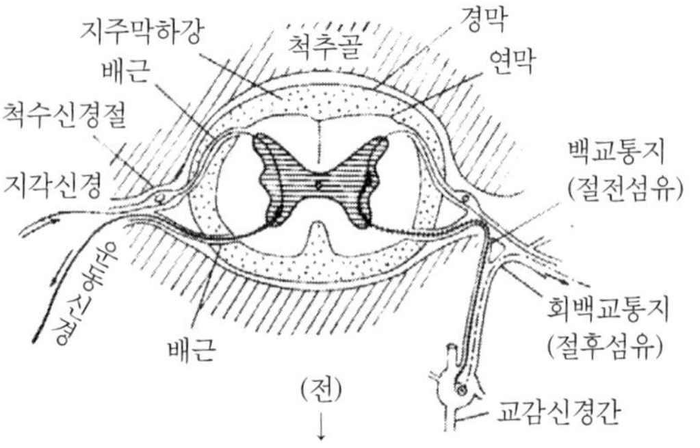

그림 2 · 22 척수에 출입하는 신경의 주행

a) 반사

척수배근(脊髓背根)에는 지각신경이 들어가고, 복근에서는 운동신경이 나오고 있다(BELL-MAGENDIE의 법칙). 또한 복근에서는 자율신경섬유도 나오고 있다. 척수반사에는 지각신경에서 발생한 흥분을 척수내부에서 하나의 시냅스만을 거쳐 운동신경에 전달하는 가장 간단한 반사에서, 다수의 뉴런이 관여한 복잡한 것도 있다. 척수반사 가운데, 운동성 반사에는 피부반사, 슬개건(膝蓋腱)반사, 회피(回避)반사 등이 있다. 자율성 기능에 있어서도, 척수에는 각종의 반사중추가 존재하나, 그 대부분은 고위중추의 지배를 받고 있다. 척수의 넓은 범위에 걸쳐 존재하는 교감신경성 중추에는 혈관운동중추, 땀분비중추가 있고, 좁은 부위에 국한되는 중추에는 모양중추(동공확대중추)와 부교감신경성의 배변중추, 배뇨중추 및 생식에 관련하는 모든중추가 존재한다.

b) 흥분의 전도

흥분의 전도는 척수의 주요기능 중 하나로서, 척수백질부위는 신경섬유의 전도로이다. 지각에 의해 발생한 흥분을 상위중추에 전달하는 구심로(상행로)와 상위의 신경세포의 흥분을 하부에 전달하는 원심로(하행부)로 이루어진다. 주요한 전도로의 소재를 모식적으로 그림 2 · 23에 나타냈다. 이 그림에 의하면 상행부는 주로 척수의 배색(背索) 및 측색(側索)부근에, 하행부는 복색(腹索) 및 측색(側索)부근에 위치하는 것을 알 수 있다. 각각의 주요한 기능을 정리해서 표 2 · 2에 나타냈다.

2. 말초신경계

뇌 및 척수에 출입하는 신경섬유군을 말초신경계라고 부르며, 기능적으로 크게 구별하면 체성신경계와 자율신경계로 나눈다. 말초신경계는 또한 그 시작되는 부위에 의해 형태적으로 뇌신경과 척수신경으로 나뉜다. 각각의 신경은 체성신경에 속하는 섬유와 자율신경에 속하는 섬유 모두를 포함하는 경우가 많다.

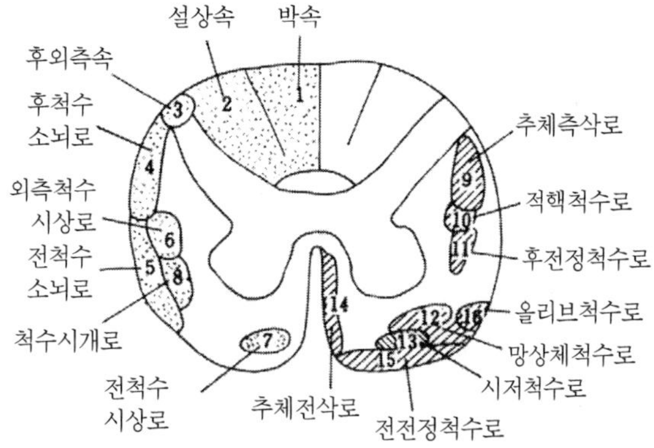

그림 2 · 23 척수전도로의 소재를 나타낸 모식도
좌측은 상행로, 우측은 하행로를 나타낸다.

1) 뇌신경

뇌간과 말초를 연락하는 신경의 총칭으로 12종류가 있다(그림 2 · 24 칼라도판).

I. 후신경 : 후각을 담당한다.

II. 시신경 : 시각을 담당한다.

III. 동안신경 : 안구근육운동을 담당한다. 그 안에 포함된 자율신경섬유는 동공괄약근과 모양체근의 운동을 지배한다.

IV. 활차신경 : 상사근(上斜筋)의 운동을 지배한다. 눈을 외하방으로 움직인다.

V. 삼차신경 : 운동 및 지각섬유를 포함하며, 운동섬유는 교근(咬筋)을 지배하고, 지각섬유는 안면, 두부(頭部), 귀 등의 지각을 담당한다.

VI. 외전신경 : 눈의 외전운동을 한다.

VII. 안면신경 : 주로 운동신경이나, 지각섬유도 포함한다. 자율신경섬유는 일부는 눈물샘 등의 혈관에, 일부는 침샘과 하악(下顎)샘에 분포한다.

VIII. 청신경 : 몸의 평형 및 청각에 관여한다.

IX. 설인신경 : 혀 및 인두(咽頭)의 미각, 지각 및 운동에 관여한다. 이하선(耳下腺)으로 가는 자율신경섬유가 포함된다.

X. 미주신경 : 몸의 각 부위에 분포하며, 지각, 운동, 자율기능에 관여하고, 지배분야가 매우 넓다.

XI. 부신경 : 어깨 부위의 운동을 담당한다.

XII. 설하신경 : 혀의 운동을 담당한다.

2) 척수신경

척수에는 운동신경, 지각신경 및 자율신경이 출입한다(그림 2 · 22, 표 2 · 2).

척수 각 절의 배근(背根)으로 들어오는 지각신경은 피부의 일정부위에 분포해 있으며, 척수 각 절에 대응하는 피부영역을 피부절(dermatome)이라고 한다(그림 2 · 25). 복근에서 나오는 운동신경과 몸의 각 부위의 힘줄 사이에도 지배관계가 있어서 이것을 근절(myotome)이라고 하는데, 피부절에 비해 매우 복잡하다.

3) 자율신경계

뇌간 및 척수에서 나와 몸의 각 부위에 분포하고 호흡, 순환, 소화, 분비, 배설, 체온유지, 생식 등의 의지와는 관계없이, 생존과 종족유지에 필요한 식물적 제기능을 통제하고 있는 신경계를 자율신경계(autonomic nervous system)라고 한다. 자율신경계는 교감신경계(sympathetic nervous system)와 부교감신경계(parasympathetic nervous system)로 크게 구별한다.

이 두 신경계의 각각 해부적 특징 및 기능적 특징을 살펴보면 다음과 같다.

해부적 특징으로는 중추신경에 존재하는 신경세포의 존재부위와 신경섬유의 주행방법이다. 그 모식도를 그림 2 · 26(칼라도판)에 나타냈다. 교감신경인 경우 흉수와 상부요수(上部腰髓)의 복근에서 나와, 백교통지(白交通枝, 그림 2 · 22)를 지나, 척수의 양측을 종주하는 교감신경간(交感神經幹)으로 들어간다. 이 신경간을 구성하는 척추신경절(vertebral ganglion)에서 대부분의 신경섬유는 뉴런을 대신해 지배부

표 2 · 2 척수전도로의 주요 기능

전도로	기능	
A. 상행로		
1. 薄束 2. 楔狀束	背索路…深部感覺 및 壓覺의 통로	
3. 後外側束	知覺神經이 背角으로 들어갈 때까지의 傳導路. 痛 및 溫度感覺에 관여한다.	
4. 後脊髓小胸路 5. 前脊髓小胸路	脊髓小胸路…筋의 협동과 筋의 緊張의 反射的 調節에 관여하고, 小胸과 連結한다.	
6. 外側脊髓視床路 7. 前脊髓視床路	脊髓視床路…痛覺, 溫度感覺, 혹은 觸覺을 전달한다.	
8. 脊髓視蓋路	視覺反射에 關與한다.	
B. 하행로		
9. 錐体側索路 14. 錐前側索路	錐体路…大胸의 運動領에서 시작 脊髓의 腹角細胞에서 끝난다. 隨意運動에 關與한다.	
10. 赤核脊髓路	中胸赤核으로부터의 Implus를 전달한다.	錐体外路…身体의 平衡, 運動, 姿勢 등의 無意識的 調節을 한다.
11. 後前庭脊髓路 15. 前前庭脊髓路	前庭核으로부터의 Implus를 전달한다.	
12. 網樣体脊髓路	線条体, 小胸, 胸幹網樣体로부터의 Implus를 전달한다.	
13. 視蓋脊髓路	上丘에서 발하여, 視覺, 脊髓反射에 관여한다.	
16. 올리브脊髓路	中胸被蓋部, 視床과 連結한다.	
C. 固有束과 콘마狀束	背髓의 神經細胞間의 連結. 上行性의 것과 下行性의 것도 있다.	

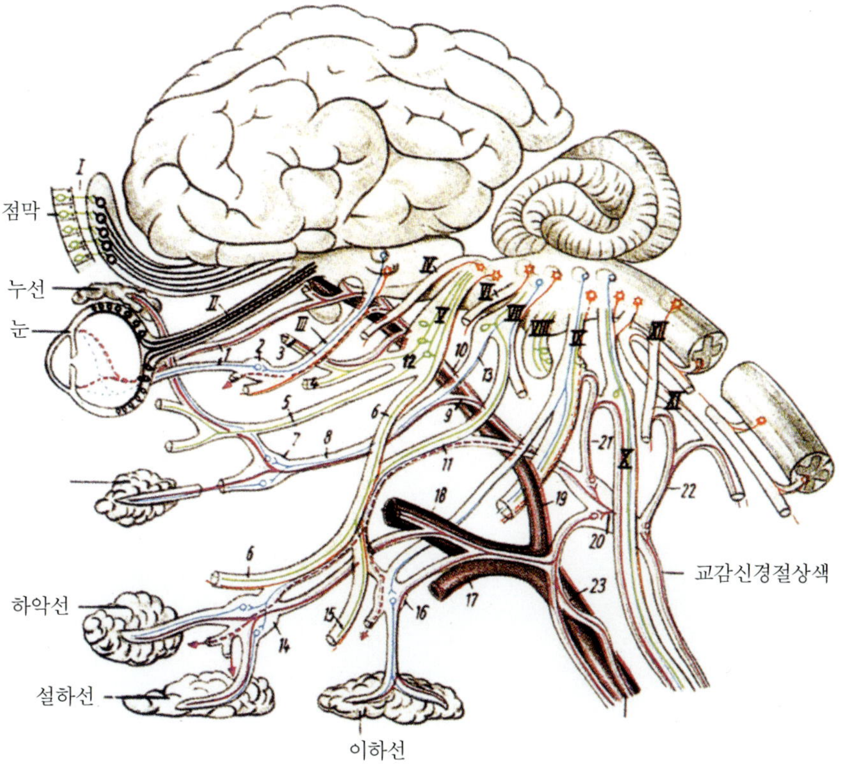

그림 2 · 24 뇌신경과 그 섬유의 분포

적: 운동신경섬유　녹: 감각신경섬유　청: 부교감신경섬유　흑: 뇌전도로　자: 동맥

Ⅰ: 후신경, Ⅱ: 시신경, Ⅲ: 동안신경, Ⅳ: 활차신경, Ⅴ: 三叉신경, Ⅵ: 외전신경(外戰神經),

Ⅶ, 안면신경, Ⅷ: 內耳신경, Ⅸ: 설인신경, Ⅹ: 미주신경, Ⅺ: 부신경, Ⅻ: 설하신경

1. 모양체 신경　2. 모양체 신경절　3. 누선신경　4. 안신경　5. 상악신경　6. 하악신경
7. 익개구신경절　8. 돌관신경　9. 신대추신경　10. 내경동맥신경　11. 고색신경　12. 三叉신경
13. 천대추체신경　14. 설신경절　15. 익돌근신경　16. 耳신경절　17. 외악동맥　18. 뇌악신경
19. 내경동맥　20. 전경신경절　21. 경정맥신경
22. XI 및 XII 뇌신경으로의 교감신경섬유　23. 총경동맥주위의 교감신경총

(KOLB, Lehrbuch der Physiologie der Haustiere)

위로 주행한다. 즉, 어떤 것은 그곳에서 직접 두부, 경부, 흉부의 장기에 분포하고, 또한 어떤 것은 회백교통지(灰白交通枝)를 지나 체성신경과 함께 입모근, 피부혈관, 땀샘에 분포한다. 아울러 어떤 것은 교감신경간 안에서는 뉴런을 바꾸지 않고, 복강신경절 및 후장간막동맥신경절에 이르며, 이곳에서 뉴런을 바꿔 복부의 모든장기에 분포한다.

부교감신경은 중뇌, 연수, 선수에서만 나오므로, 교감신경과 시작되는 부위가 다르다.

중뇌에서 나온 섬유는 동안신경 안에 포함되어 있고, 모양체신경절에서 뉴런을 바꿔 모양체근, 동공괄약근에 분포한다. 연수에서 나온 섬유는 안면신경에 포함되는 익구개(翼口蓋)신경절에서 뉴런을 바꿔 눈물샘에 분포하는 것, 또한 하악신경절에서 뉴런을 바꿔 침샘에 분포하는 것, 하악선으로 가는 것, 설인신경에 포함된 귀신경절을 지나 이하선에 이르는 것, 미주신경에 포함되어 그 각 지배장기의 근방에서 뉴런을 바꾸는 것이 있다.

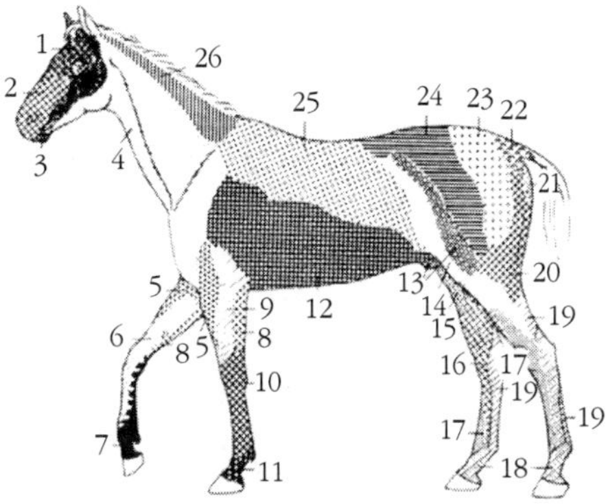

그림 2 · 25 말의 피부에의 신경지배

1. 안신경 2. 안하와신경 3. 하악신경 4. 부신경의 복측지 5. 액와신경 6. 피지신경 7. 정중신경 8. 척골신경 9. 요골신경 10. 척골신경(수배신경) 11. 7과 10의 혼합부 12. 흉부신경복측지(늑간신경) 13. 장골서경신경 14. 장골하복신경 15. 외측대퇴지신경 16. 복재신경 17. 비골신경 18. 17과 19의 혼합부 19. 경골신경 20. 후대퇴지신경(후전지신경) 21. 후치신경 22. 미신경 23. 중전지신경 24. 전전지신경 25. 흉부신경배측지 26. 경부신경배측지

(KOLB, Lehrbuch der Physiologie der Haustiere)

선수에서 나오는 것은 골반신경을 만들어 지배장기의 가까이에서 뉴런을 바꿔 대장, 방광, 생식기에 분포한다.

중추신경계를 나와 시냅스를 만드는 신경절까지의 자율신경섬유를 절전섬유(preganglionic fiber), 뉴런을 바꿔서 효과기에 이르기까지의 섬유를 절후섬유(postganalionic fiber)라고 한다. 절전섬유는 유수로 백색이며, 절후섬유는 무수로 회백질이다. 일반적으로 교감신경의 절전섬유는 짧고, 절후섬유는 길지만, 부교감신경은 그와는 반대이다.

기능적 특징의 하나로 흥분의 화학적 전달이 있다. 교감, 부교감 두 신경의 절전 및 절후섬유 사이, 부교감신경절후섬유말단, 어떤 종류의 땀샘을 지배하는 교감신경절후섬유말단 및 교감신경성혈관확장신경말단에서는 아세틸콜린이 분비된다. 교감신경절후섬유말단에서는 노르아드레날린이 분비된다(그림 2 · 11). 아세틸콜린에는 무스카린성 작용과 니코틴성 작용이 있어, 절전 및 절후섬유 사이의 흥분전달은 그 니코틴성 작용에, 후섬유말단에서 분비된 수용체에 작용하는 경우는 그 무스카린성의 작용에 의한다(골격근의 신경 · 근접합부에서의 아세틸콜린의 효과는 니코틴 작용에 의한다). 니코틴작용은 큐라레(curare)에 의해 억제되고, 무스카린작용은 아트로핀(atropine)에 의해 저해된다.

노르아드레날린의 작용은, α와 β의 서브타입으로 나뉘어 진다.

기능적 특징의 제 2는 자율신경계의 생체에 미치는 효과이다(표 2 · 3). 자율신경은 기관에 대해 일반적

표 2 · 3 자율신경계의 기능

기관	교감신경계		부교감신경계	
	지배신경	기능	지배신경	기능
누선	경부교감신경	혈관수축	두부부교감신경	분비증가
동공		산대(α)		축소
모양채근		원시적(렌즈평판화)(β)		근시적(렌즈평방화)
식도근		농후, 점조액 분비(α) (β)		다량, 희박
심박근	흉부교감신경	촉신(심실수축증가)(β_1)	미주신경	억제
심방		수축력 · 전도속도증가(β_1)		수축력감소
관상혈관		확장(β_2), 수축(α)		확장
기관지근		이완(β_2)		수축
식도근		이완(?)		수축
장운동	내장신경	억제(α, β_2)		촉진
위 · 장의 분비		억제(?)		증가
췌장의 분비; 선도		억제(α)		증가
		억제(α) 증가(β_2)		증가
간장glycogen		분해(α, β_2)		–
부신수질		분비촉진		–
비장		수축(α), 이완(β_2)		–
위 · 장 괄약근		수축(α)		이완
방광 배뇨근		이완(β)	골반신경	수축
웅성 생식기		사정(α)		발기
자궁		부정(α, β_2)*		부정
체순환정맥	척수신경	수축(α) 확장(β)		–
한선		경도, 국소적 분비( ) 전반적 분비(콜린작동성)		–
입모근		수축(α)		–

( )내는 관여하는 수용기를 나타낸다.
* 발정주기, estrogen이나 progesterone의 혈중함량, 임신 등에 의해 달라진다.

으로 교감 · 부교감신경의 양쪽이 이중지배(double innervation)를 하고 있다. 그러나, 예외도 있어, 입모근, 땀샘, 비장, 부신 등은 교감신경에서만 지배되고 있다. 이 두 신경의 작용은 길항적이어서, 한쪽이 어느 기능을 높이려고 하면, 다른 쪽은 낮추려고 한다. 여기에도 예외는 있는데 예를 들면, 침샘에서는 부교감신경의 자극에 의해 묽은 타액이 대량으로 분비되나, 교감신경의 자극에 의해서는 진한 타액이 소량 분비된다. 또한 괄약근에 대해서는 교감신경의 경우 수축근을 지배하고, 부교감신경은 확장근을 지배하고 있다.

대부분 순환혈중에는 아세틸콜린은 존재하지 않고, 신경섬유에 있어서 아세틸콜린이 분비될 때도 그 작용은 국소적이며 단시간내 일어난다. 이것에 비해 노르아드레날린은 미량이나 혈중에 항상 존재하며, 그 작용은 광범위하고 작용하는 시간도 길다.

교감신경계의 작용은 동공을 확대하여 심박수를 늘리고, 혈압을 상승시키며, 혈당과 유리지방산농도를 높이는 등, 마치 긴급사태에 대응해 생체를 방위하는 것과 같은 반응을 한다. 따라서 교감신경계는 이화적

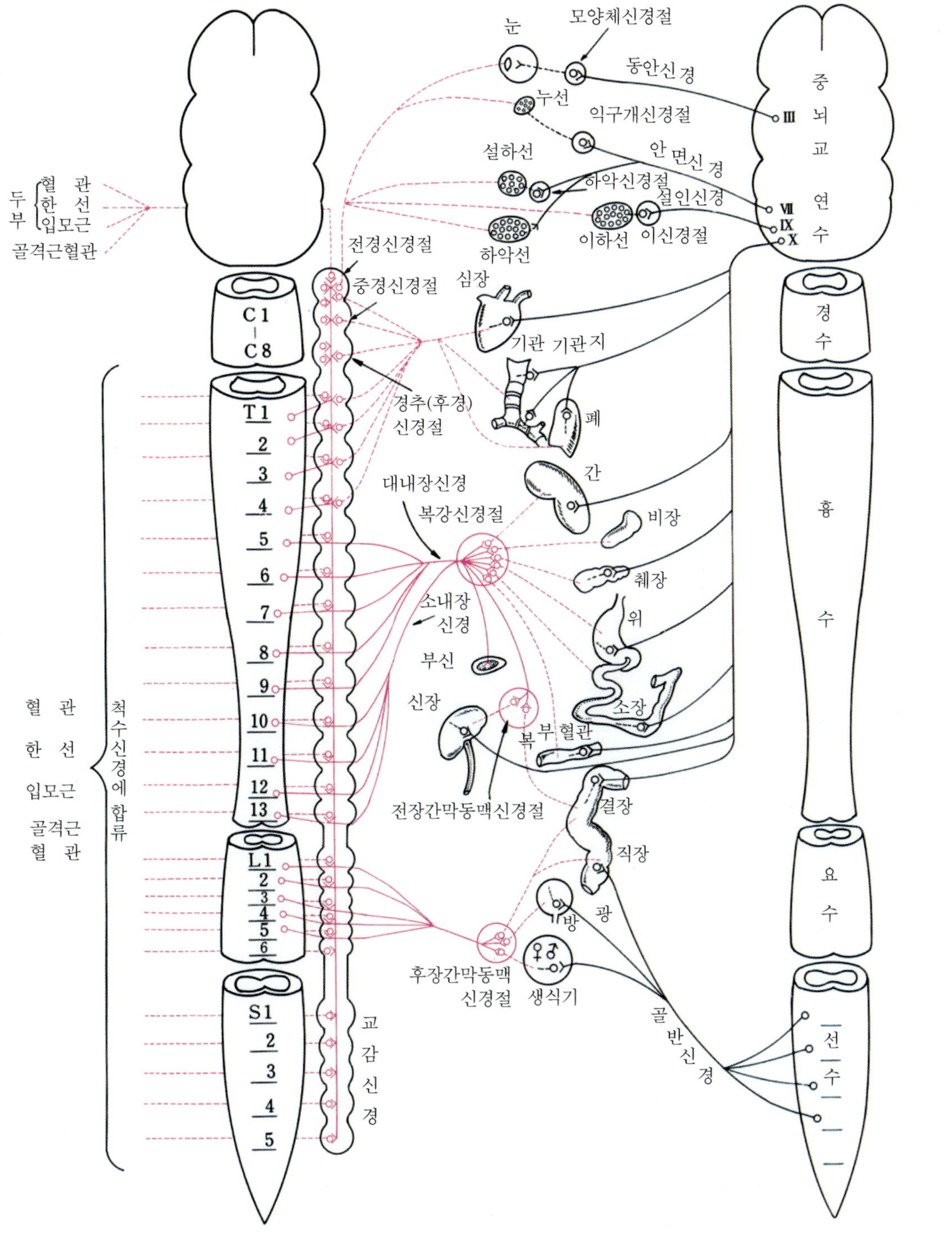

그림 2 · 26 자율신경계의 분포 모식도

교감신경계는 적색으로 부교감신경계는 흑색으로 표시하여 좌우에 걸쳐 나타내었다. 실선은 절전섬유를 점선은 절후섬유를 나타내었다.

작용을 중심으로 한다. 그러나 그것뿐만 아니라 세동맥에 작용하여 동맥혈압을 유지하는 등 생체의 항상성의 유지 역할도 하고 있다.

부교감신경계의 작용은 소화액의 분비증가 등 식물성기능의 증대에 의한 일상의 생명활동유지에 공헌하고 있다. 즉, 부교감신경계는 동화적작용을 중심으로 하고 있는 것이다.

제3장 혈 액

I. 체액의 구성

1. 체수분

가축은 모두 다세포동물로 각각의 세포, 조직 및 기관은 세포외액(extracellular fluid, ECF)라 불리는 액체에 잠겨있다. 세포 그 자신은 세포내액(intracellular fluid, ICF)이라 부르는 액체를 포함하고 있으며 세포외액과의 물질교환을 통하여 그 기능을 유지하고 있다. 체수분은 간질액(interstitial fluid; 조직액, tissue fluid라고도 한다)과 순환혈장(circulating blood plasma) 및 세포통과액(transcellular fluid)으로 구분된다. 간질액은 세포의 간극을 채우는 액체로 그 일부는 림프관계에 들어가 림프(lymph)가 된다. 순환혈장은 혈관계 내에 있는 모든 혈액으로부터 혈구성분을 제거한 부분을 말하고 세포통과액으로는 뇌척수액, 소화액, 관절강액 등과 같은 특별한 체강내액을 말한다.

이들 각 액체에 포함된 수분비율을 표 3 · 1에 나타냈다. 단, 이 비율은 몸의 지방함량에 의해 좌우되며 또한 성장 시기에 따라 일정하지 않아 태아기에는 전체수분이 체중의 90%이상을 차지하나, 성장하면서 점차 감소한다(그림 3 · 2).

표 3 · 1 체액의 구분

	체중에 대한%	총수분에 대한%
세포내액	41	63
세포외액	24	37
┌ 간질액	18	27
│ 혈장	4	7
└ 세포통과액	2	3
합계	65	100

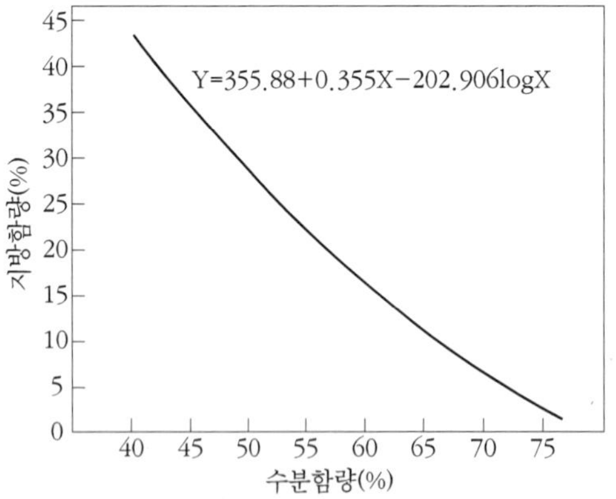

그림 3 · 1 소의 수분함량과 지방함량의 관계
X : 수분함량(%), Y : 지방함량(%) (내장은불포함) (REID)

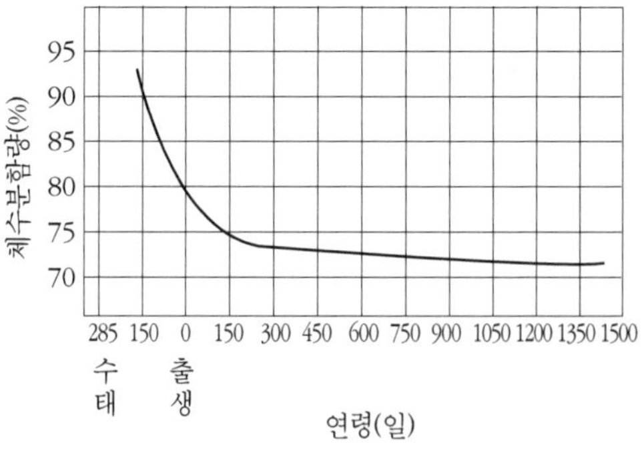

그림 3 · 2 소의 연령(일)과 체수분함량의 관계
(ARMSBY)

2. 체액의 조성

체액의 전해질 조성은 세포내액과 외액이 서로 다르다. 일반적으로 K^+, PO_4^{3-}단백질은 세포내액에 많고 Na와 Cl^-는 세포외액에 많다.

혈장의 Na^+, K^+, Ca^{2+} 농도비율이 바닷물과 매우 비슷한 것은 흥미로운 일이다. 이것은 육지에 사는 동물의 선조가 바다 속에서 발생했다는 것을 의미한다. 절대농도는 해수 쪽이 높은데, 이것은 하수(강물)등으로 염류가 바다로 옮겨져 원시대양(캄브리안기)의 해수보다 농도가 높아졌기 때문이다. 또한, Mg^{2+}가 해수 중에 많은 것은 Mg^{2+}가 바닷속생물에 의해 대부분 소비되지 않았기 때문이라고 생각된다.

체액의 주요 성분은 전하를 띠고 있어, 각각의 체액은 전기적 중성을 유지할 필요가 있기 때문에 전해질량을 표시하는 데는 전기당량(electrical equivalent)을 이용한다. 전기당량 Eq는 이온1M양을 그 이온 원자가로 나눈 값이다. M당량 mEq는 1/1000Eq이다. 예를 들어 Na^+의 1Eq는 23/1 =23g, Ca^{2+}의 Eq는 40/2=20g이 된다.

II. 체액의 일반성상

혈액은, 1) 폐와 조직의 호흡, 2) 영양물과 호르몬 등의 운반, 3) 노폐물의 배설, 4) 체수분과 수소이온 농도의 유지, 5) 항체 등에 의한 생체방어작용, 6) 체온유지 등의 기능을 가지고 있다.

혈액은 표 3 · 2와 같이 구분할 수 있다. 혈액으로서 유형성분인 적혈구, 백혈구, 혈소판을 없앤 것이 혈장(plasma)이며, 특히 혈장 가운데 섬유소원(fbrinogen)을 없앤 것이 혈청(serum)이다. 혈액이 응고하면 혈청이 분리되고, 그 응고물을 혈병(blood clot)이라고 한다.

표 3 · 2 혈액의 구분

- 혈액
  - 혈구
    - 적혈구
    - 백혈구
    - 혈소판
  - 혈장
    - 섬유소원
    - 혈청

1. 혈액의 물리화학적 성상

1) 비중

혈액의 비중은 표 3 · 3에 표시한 것처럼 대략 1.040~1.060 사이이다. 비중의 측정으로는 i) Hammerschlag법(크로로포름과 벤젠을 섞어 비중 약 1.055액을 조제하여 이것에 혈액 한 방울을 가해 그 혈액적(血液滴)이 혼합액의 거의 중앙에 정지하도록, 벤젠 또는 크로로포름을 가해, 정지시점에 다다를 때, 그 혼액의 비중을 계산한다.), ii) 유산동법(유산동액

표 3 · 3 혈액의 비중과 점도

	비중	상대점도(물=1)
말	1.053(1.046−1.059)	4.1
소	1.052(1.046−1.061)	4.6
양	1.051(1.041−1.061)	4.3
산양	1.042(1.036−1.051)	4.0
돼지	1.045(1.035−1.055)	5.9
개	1.056(1.051−1.062)	4.7
고양이	1.050(1.045−1.057)	4.2
토끼	1.050(1.048−1.052)	3.4
사람	1.056(1.052−1.061)	4.7

이 혈액단백질을 응고시키는 것을 이용하여, 각각 서로 다른 비중을 가지고 유산동액을 1.006~1.075 까지 70종류를 만들어 이것에 혈액을 응고시켜 혈액구가 10초 이내에 떠오르지 않고 중앙에 정지한 동안의 비중을 가지고 그 혈액의 비중으로 한다)이 있으나, 후자를 취하는 경우가 많다. 혈액의 비중은 혈구수와 혈장단백질 정도에 의해 규정짓는 게 좋다. 따라서 혈구수와 혈장단백질 정도의 증가 또는 감소는 동일한 비중의 증가 또는 감소를 초래한다.

2) 수소이온농도(pH)

혈액의 pH는 대략 7.4(7~7.8)로 좁은 범위에서 일정하게 유지되고 있다. 혈액의 pH가 변할 때는 혈액 자신, 폐 및 비장의 완충작용에 의해 조정된다. 정맥혈은 동맥혈보다 산성을 나타낸다. 혈액의 순환작용에 대해서는 제6장 III-5에서 서술되어 있다.

3) 점도

혈액이 흐를 때는 혈액구성물질간의 마찰에 의해 점도가 생긴다. 통상, 일정량의 혈액이 일정한 크기 및 길이의 유리관내를 통과할 때 필요한 시간, 또는 일정한 시간내에 통과하는 거리를 증류수와 비교하여 나타낸다. 점도 역시, 혈구수, 혈장단백질의 농도에 비례하여 변화한다.

4) 삼투압

혈장은 많은 물질의 혼합액체이므로, 혈장이 나타내는 삼투압은 그러한 물질의 총몰농도에 비례한다. 그 중에서도 중요한 이온인 Na^+와 Cl^-이 나타내는 삼투압이 전삼투압의 약 90%를 차지한다(표 3 · 4). 혈장의 삼투압은, 가축에서는 약 290mOsm/l · H_2O 부근이다. 혈구의 삼투압도 거의 같으며, 혈액의 삼투압은 혈장의 삼투압과 동일한 수준이다. 혈액과 같은 삼투압을 나타내는 용액을 등장성용액(isotonic solution), 높은 용액을 고장성용액(hypertonic solution), 낮은 용액을 저장성용액(hypotonic solution)이라고 한다.

표 3 · 4 혈장각성분의 농도와 삼투압

	농도(mEq/l)	삼투압(mOsm/l · H_2O)
Glucose	4.4	4.4
단백질	16	1.5
Na^+와 Cl^-	265	250
기타 이온	49	38.5
계	334.4	294.4

어떤 용액이 그 가운데 함유된 용질을 통과하지 않는 반투막을 가지고 용매와 사이를 분리해 놓았을 때, 용매는 막을 통과하여 용액쪽으로 삼투(osmosis)하지만, 어느 시점에서 이동이 멈춰 평형에 이른다. 이런

경우, 용액측에 용매가 침투하지 않도록 압력을 가하여 용매의 이동을 제지시킬 수 있다. 이때 가해진 압력을 그 용액이 가진 삼투압(osmotic pressur)이라고 한다. 침투압 P에는, 온도, 용질입자의 농도 및 용액의 부피사이에서 다음과 같은 관계식이 성립된다.

$$P = \frac{nRT}{V}$$

여기에서 n은 용질입자의 몰농도, R은 기체상수, T는 절대온도, V는 용액의 체적이다. 이 식은 P. V를 각각 기체의 압력. 용적으로 생각하면, 보일의 기체의 법칙과 동일하다. n/V는 단위체적중의 용질입자의 농도를 나타낸다. 이것을 C로 한다면,

$$P = CRT$$

즉, 삼투압은 용질의 농도에 비례하고, 용질이 종류에는 관계하지 않는다. 그러나, 온도에는 영향을 받는다. 현재 290mmol/l용액의 삼투압은 0℃일 경우

$$P = 0.290 \times 22.4/273 \times (273+0) \fallingdotseq 6.5\text{기압} \fallingdotseq 4900\text{mmHg}$$

이지만, 37℃에서는 (273+37)로 되어, P=7.4기압≒5600mmHg이 된다.

그리고, 용액이 빙점강하도 역시 용질의 농도에 비례하지만, RAOULT식에 의해 영향을 받는다. Δ를 용액의 빙점강하도, M을 용질의 분자량, W를 용매 1kg 중의 용질의 g수라고 한다면,

$$\Delta = \kappa \frac{W}{M}$$

κ는 용매에 특유한 상수로 분자빙점강하도라고 한다. 물의 경우는 −1.86℃이다. 또한 W/M은 용질의 농도를 나타내므로, 용액의 빙점강하도는 그 삼투압에 비례하게 된다. 용액의 삼투압은, 빙점강하도에서 계산되는 경우가 많고, 삼투압의 크기는 삼투압 농도(osmolar concentration, osmolality)로 나타낼 수 있다.

삼투압 농도로는 중량삼투압온도에서 물 1kg에 녹아있는 용질의 삼투압농도를 표시하며, Osm/kg · H_2O로 나타낸다. 이것은 용액 1L에 녹아있는 용질의 삼투압농도를 용량 삼투압농도, Osm/l와 비교하면 온도에 의해 수치가 변하지 않는다는 이점이 있다. 따라서 피검액의 빙점강하도를 측정하여, 그것을 1.86℃로 나누면 Osm/kg · H_2O를 얻을수 있다. 본 책에서는 물의 밀도를 1로해서 Osm/L · H_2O로 정의하였다. 보통의 경우에는 그 1/1000농도인 mOsm/L · H_2O를 이용하는 경우가 많다.

비전해질(예:글루코스)에서는 삼투압은 용질의 농도에 비례하나, 전해질(예:NaCl)에서는 수용액중에서 이온(Na^+와 Cl^-)에 해리하여, 각각의 이온입자가 삼투압효과를 나타내므로, NaCl의 1mol은 마치 2mol처럼 행동한다. Na_2SO_4의 1mol은 2Na+와 $1SO_4^{-2}$로 해리되므로 3mol로 간주할 수 있다. 그러나 실제로는 용액중의 음 및 양이온의 상호간섭, 및 이온의 수분자의 간섭에 의해 각이온 입자의 실제농도는

감소한다. 예를 들면, NaCl의 1mol/l용액은 1.86℃×2=3.72℃의 빙점강하를 나타내지만 실제는 −3.38℃에서 결빙한다. 3.38/3.73=0.91를 삼투압 계수(osmotic coefficient)라고 한다. 침투압계수는 전해질이 종류와 농도에 따라 다르다. 표 3 · 4에서 혈장성분농도의 총량보다 삼투압이 적은 것은 이런 이유 때문이다. 예를 들면 글루코스의 등장용액은 180g(글루코스 1mol 분자량)×0.29(혈액의 Osm/L . H_2O)=52.2g/L 5.2%용액으로, NaCl에서는 58.5g(NaCl 1mol의 분자량) ÷ (2 × 0.91) × 0.29=9.3g/l ≒0.9%용액이 된다.

혈장에 포함된 고형성분은 8~9%이지만, 그 안에 단백질을 7% 포함하고 있다. 그러나 단백질은 분자량이 크므로 삼투압중에 차지하는 비율은 낮다. 그러나 모세관벽을 통과하지 않고 단백질과 같은 큰 분자물질에 의해 형성된 교질삼투압의 생리적 의미는 크다(p. 52).

실험 이외의 목적으로 혈액의 대용액으로 사용하는 경우가 있다. 그러한 경우에 대용액을 만족시키기에 적절한 조건으로는 i) 등장성일 것 ii) 적당한 이온조성을 갖출 것, iii) 적당한 pH치를 갖출 것, 기타 영양소, 교질삼투압이 필요하다.

가장 간단한 대용액은 생리식염수(physiological saline solution, 0.9% Nacl)이다. 링거액(Ringer's solution), 타이로드액(Tyrode's solution) 등 각종 대용액이 목적에 따라 만들어지고 있다. 중탄산염과 인산염은 pH를 일정하게 유지하는데 종종 이용되고 있다. 대용액의 조성은 동물과 조직의 종류에 따라 다르다. 조직의 활성유지를 목적으로 할 때는 그 동물의 체액조성에 가까운 것이 유효할 때가 많다.

5) 헤마토크리트치

혈액중에 차지하는 혈구의 용적비율(%)을 헤마토크리트치(hematocrit, Ht)로 나타낸다. 또한 혈구용적(packed cell volumn, PCV)라고도 한다.

각 동물이 헤마토크리트치를 표 3 · 5에 표시했다. 모세혈관법으로 좁은 유리관에 항응고 처리된 혈액을 채취하여 12,000회/분에 5분정도 원심분리하여 얻은 값으로 나타낸다. 혈액이 원심분리되면 백혈구는 적혈구의 표면에 극히 얇은 층을 형성하여 미량 존재하기 때문에, 혈액용적은 적혈구용적을 의미한다. 대부분, 혈구용적은 적혈구수와 혈색소에 비례하여 증감한다.

2. 혈액량

체내에 있는 혈액 전량을 전혈액량이라고 하는데, 체중의 1/13(7~8%)정도이다. 혈액량의 체중에 대한 비율은 체수분과 함께 성장하므로 생후일수에 따라 감소하여, 나중엔 거의 일정하게 된다. 예를 들어, 그 밖의 생리적 조건은 비육에 따른 지방의 증가와 함께 혈액량의 체중비는 감소한다. 개는 체중의 2%, 또는 전혈액량의 25%를 급속하게 실혈하더라도 생리적으로 중대한 영향을 받지 않는다. 실험에 의하면 개가 전혈액량의 45~67%의 혈액을 잃는다해도 전체 실험에 사용한 개의 15%는 아무런 처치 없이도 생존할 수 있음이 확인 되었다. 그러나 일반적으로 전체혈액량의 1/3이상의 급속한 실혈은 생명에 위험을 가져올

표 3 · 5 각동물의 헤마토크리트치와 헤모글로빈함량 및 혈액량

동물종	헤나토크리토치 (%)	헤모글로빈함량 (g/100ml)	순환혈장량 (ml/kg · 체중)	전혈량 (ml/kg · 체중)
말	42.0	11.1(8–14)	43–63	61–110
소	40.0	11.5(9–14)	38(36–41)	57(52–60)
면양	32.0	12.6(10–15)	45–62	57–66
산양	34.0	10.6(7–14)	54–56	70–79
돼지	41.5	13.3(10–16)	35–59	52–69
개	45.5	14.8(11–18)	42–54	79–94
고양이	40.0	11.2(7–15)	47(34–65	67
토끼	41.5	11.9(8–15)	29–51	53
닭	32.0	11.2	46	65
렛트	46.0	14.8(12–17)	33–50	52–83
사람	44.5	14.4(12–17)	50	77

수 있다.

혈액량을 측정하는 데는 직접법과 간접법이 있다. 직접법은 경동맥을 방혈시킨 후 혈관내에 남은 혈액을 생리식염수를 주입하여 모두 씻어내고 조직내에 남은 혈액도 생리식염수로 추출한 방법이다. 사용한 생리식염수량과 혈색소양 그리고 최초에 얻은 혈액량으로부터 전체혈액량을 산출한다.

간접법은 어떤 물질의 일정한 양을 혈관내에 주사하여 일정한 시간이 흐른 뒤 채혈해, 그 물질의 혈액내 농도를 측정하여 희석농도에서 혈액량을 구하는 희석법이 이용된다. 주입물질로는 청색색소인 Evans' blue가 많이 사용된다. 이 물질은 혈액 중에서 혈장단백질, 특히 알부민에 결합하여 혈액과 잘 섞이기 때문에 혈액을 소실시키는 일이 드물 뿐 아니라 농도의 측정도 용이하다. 또한, ^{131}I 표식된 알부민, ^{32}P, ^{59}Fe, 또는 ^{51}Gr로 표식된 적혈구를 혈액속에 주입하여 그것들의 희석정도를 계산하여 산출하는 방법도 이용되고 있다. 간접법에서는 주입한 색소 등은, 비장의 정맥동 등의 혈액과는 즉시 섞이지 않으므로 얻게 된 결과는 순환혈장량(circulating blood plasma volume)또는 순환혈액량(circulating blood volume)을 나타내게 된다.

III. 적혈구

1. 일반성상

적혈구는 모든 척추동물과 무척추동물의 일부에서 볼 수 있다. 적혈구는 혈액내에 있는 O_2와 CO_2의 운반에 중요한 역할을 담당하는 세포이다. 포유류의 적혈구 형태는 구형으로 중앙부분의 양면이 오목하게 들어가 있다(그림 3 · 3(a)). 크기는 동물의 종류에 따라 다르나, 직경 4~7.5㎛, 두께 1.5~2.2㎛이다. 핵도 미토콘드리아도 없기 때문에 단백질 합성도 호흡에 의한 에너지 생성도 없고, 자발적인 운동도 하지 않

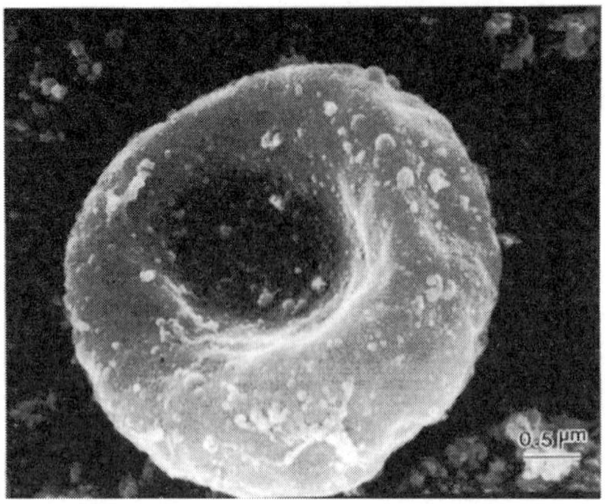

그림 3 · 3(a) Rat의 적혈구(×25,000)

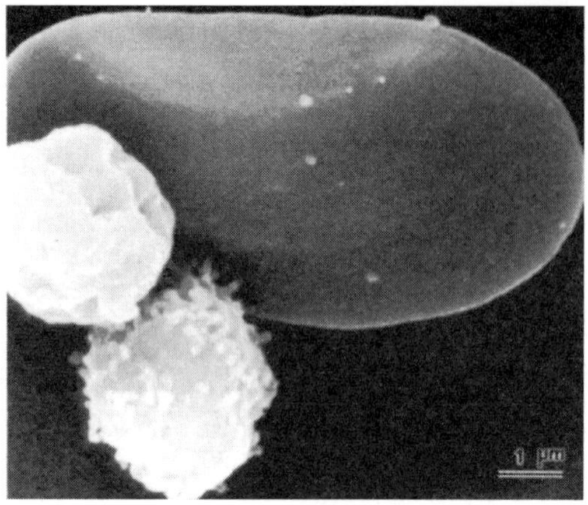

그림 3 · 3(b) 닭의 적혈구(×13,000)
작은것은 두개의 림파구, 이중 하나는 미융모가 있다.

는다. 그러나 해당 작용에 의한 에너지 생성은 가능하다. 조류의 적혈구는 타원형으로 핵이 있으며, 중앙부분은 양면이 높은 럭비공 형태이며(그림 3 · 3(b)), 크기도 포유류보다 크다.(직경 10.7~15.8㎛, 단경 6.1~10.2㎛)

적혈구의 성분은 수분 65~68%, 고형물 32~35%로, 고형물 중 95%는 혈색소이며 나머지부분은 지질, 단백질, 염류 등이다. 무기염중 K^+는 주요한 이온이나, 개, 고양이, 소, 산양, 면양에서는 일반적으로 Na^+이 K^+보다 많다. 예를 들어 K^+와 Na^+함량(mmole/1000g적혈구)을 비교해 보면, 개(8.7과 107), 고양이(5.9와 103.7), 소(21.8과 79.8), 산양(18.4와 93.2), 면양(18.49와 83.5)에서 Na^+함량이 많았지만, 돼지(99.5와 10.8), 닭(97.3과 7.1)은 K^+함량이 많았다.

표 3 · 6 각종동물의 적혈구수와 적혈구 침강속도

동물종	적혈구수()	적혈구침강속도(mm, 1시간)
말	7.5(6–9)	15~38(20분)
소	6 (5–7)	2.4(2시간)
물소	7 (6–8)	24~117
양	10 (8–13)	0.5~0.75
산양	14 (13–17)	0.5
돼지	6.5(5–8)	1~14
개	6 (5.5–8)	6~10
고양이	8.5(7.2–10)	0.5~51
토끼	5 (4–6)	1.5~2.5
닭	3.5(3–4.5)	1~3
렛트	8 (5.5–10)	0.7~1.8
사람	5 (4–5.5)	1~10

표 3·7 소의 연령과 적혈구수

적혈구수(만)	검사두수	연령(년)						
		2	3	4	5	6	7	8
	367	668	643	634	622	587	600	602

적혈구수는 동물의 종류에 따라 상당한 차이가 있다(표 3·6). 더구나 성, 연령, 운동, 영양상태, 비유, 임신, 환경(기압. 온도) 등 각각의 조건에 의해서도 변화한다(표 3·7). 질병이 있을 때에도 변화하는 경우가 있는데, 소의 피로플라스병, 말의 전염성빈혈 등의 경우는 적혈구의 감소가 중요한 원인이 된다. 적혈구수가 현저히 감소하는(적혈구의 파괴증진, 또는 적혈구의 생성불량 등) 상태를 빈혈증이라 한다. 적혈구의 체적과 혈액중의 총수를 알면 적혈구를 차지하는 전표면적을 산출할 수 있다. 포유동물일 경우 체중 1kg당 전표면적은 56~68m^2범위로 비교적 일정하다. 닭은 44m^2로 포유동물보다 작다. 적혈구의 전표면적이 클수록 혈액의 가스교환능력이 높아진다.

적혈구막이 파괴되거나 혹은 파괴되지 않아도 막의 투과성이 비정상적으로 항진하면 혈색소가 방출한다. 혈색소가 혈구 밖으로 나오는 것을 용혈(hemolysis)이라 한다. 적혈구를 저장액에 담그면 용혈을 일으키나 용혈하기 시작할 때의 저장액(식염수를 이용함)농도는 가장 약한 적혈구의 삼투압 저항(최소저항)이고, 모든 적혈구가 용혈해 버리릴 때의 식염수농도는 가장 강한 적혈구의 삼투압저항(최대저항)이다(표 3·8).가축의 종류에 따라 그 수치는 다르게 된다. 그림 3·4에 나타낸 삼투압저항곡선이 왼쪽방향으로 이동할수록 적혈구는 파괴되기 쉽다. 간장질환, 영양의 저하 등으로 적혈구의 허약증상이 증가하고 있는 것으로 알려져 있다.

적혈구 침강속도(erythrocyte sedimentation) : 항응고 처리한 혈액을 일정한 유리관에 담아 세워두면, 적혈구가 응집하여 침전해서 상층부분에 혈장이 분리된다. 일정시간 후(보통 1시간 또는 2시간) 상층의 혈장부분의 길이를 계산하면 이를 적혈구 침강속도라고 한다. 적혈구 침강속도는 적혈구의 응집정도와 관계가 있으며, 혈장의 비중, 점도, 적혈구의 크기 등과는 관계없다고 할 수 있

표 3·8 적혈구의 침투압저항(% 식염수)

동물종	최소저항	최대저항
말	0.59	0.39
소	0.59	0.42
양	0.60	0.45
산양	0.62	0.48
돼지	0.74	0.45
개	0.46	0.33
고양이	0.69	0.50
토끼	0.57	0.45
닭	0.40	0.32
랫트	0.48	0.38
사람	0.45	0.34

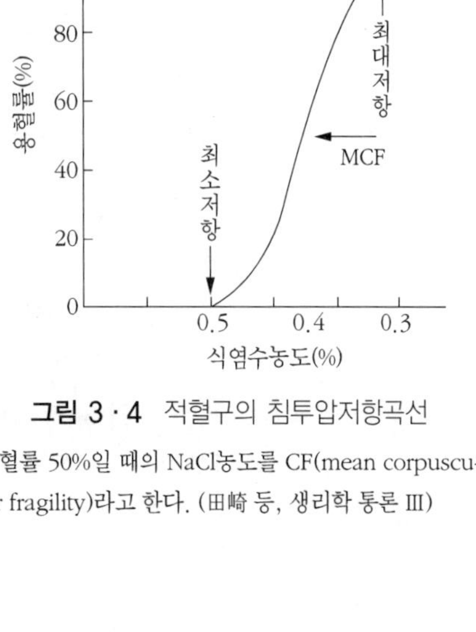

그림 3·4 적혈구의 침투압저항곡선

용혈률 50%일 때의 NaCl농도를 CF(mean corpuscular fragility)라고 한다. (田崎 등, 생리학 통론 III)

다. 응집정도는 적혈구의 음성하전이 약해지면 강해지나, 혈장글로블린의 증가는 음성하전을 약하게 하므로 응집이 강하게 일어나 침강속도를 크게 한다. 적혈구 침강속도는 동물 종류에 따라 크게 달라, 말은 빠르고 소는 느리다(표 3 · 6). 이 원인에 대해서는 명확하게 밝혀진바는 없지만, 신생가축의 혈액은 종종 커다란 침강속도를 나타내지만, 철의 공급에 의해 치료할 수 있다. 적혈구 침강속도의 변화는 동물의 건강상태를 알기 위해서는 도움이 되나, 특유의 질병을 진단하는 데는 효과가 없다.

2. 혈색소

적혈구의 성분은 대부분은 헤모글로빈이다. 헤모글로빈은 철을 포함하여 피롤색소인 헴과 히스톤속의 단백질인 글로빈으로 구성된다(그림 3 · 5).

헴은 프로토포르피린에 Fe^{2+}가 결합한 색소이다. 글로빈은 아미노산 141개로 이루어진 알파사슬과 같은 146개로 이루어진 베타사슬이 있으며, 헤모글로빈 1분자는 4개의 헴과 2개의 알파사슬과 2개의 베타사슬이 그림 3 · 7과 같이 결합하고 있다.

따라서 분자량은 약 68,000(17,000 × 4)이 된다. 그러나 동물의 종류에 따라 헤모글로빈의 분자량은 65,000~69,000으로 다르다. 헴의 분자구조는 어떤 동물이라도 동일하기 때문에 헤모글로빈의 분자량 차이는 글로빈이 분자구조에 따라 달라진다. 헤모글로빈은 결정화가 용이하나, 그 형태 또한 동물의 종류에 따라 다르다고 알려져 있다. 철의 배위수는 6개이며, 그 중 4개는 프로토포르피린의 N(질소)에 결합하고, 나머지 2개중 1개는 α-사슬에서 글로빈 87번째의 히스티딘에, β-사슬에서는 92번째 히스티딘에 결합한다. 최후의 제 6배위좌에 O_2가 결합한다. 그 부위는 α-사슬의 경우 58, β-사슬의 경우 63번째 히스티딘 근처가 된다. 헤모글로빈이 O_2와 결합했을 때에는 산소화(oxygenation)되었다고 하며, 발생한 물질을 옥

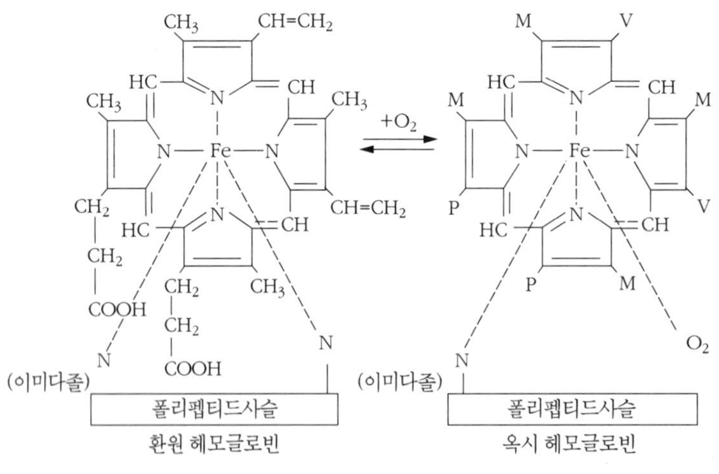

그림 3 · 5 헤모글로빈의 화학구조(헴과 O_2의 반응)

헤모글로빈 분자는 그림에 나타낸것 바와 같은 구조 단위(subunit) 4개로 되어있다.

M: 메틸 V: 비닐 P: 프로피온산

α 鎖

H2N-V L S P A D K T N V K A A W G K V G A H A G E Y G A E A L E R M F L S F
10 20 30
H A V A N T L A D A V K K G H G K V Q A S G H S L D F H P F Y T K T T P
70 60 50 40
V D D M P N A L S A L S D L H A H K L R V D P V N F K L L S H C L L V T
80 90 100
HOOC-R Y K S T L V T S V S A L F K D L S A H V A P T F E A P L H A A L
140 130 120 110

β 鎖

H2N-V H L T P E E K S A V T A L W G K V N V D E V G G E A L G R L L V V Y P W
10 20 30
G D S F A G L V K K G H A K V K P N G M V A D P T S L D G F S E F F R Q T
70 60 50 40
L A H L D N L K G T F A T L S E L H C D K L H V D P E N F R L L G N V L V
80 90 100 110
HOOC-H Y K H A L A N A V G A V V K Q Y A A Q V P P T F E K G F H H A L V C
140 130 120

A=Alanine	G=Glycine	M=Methionine	S=Serine
C=Cysteine	H=Histidine	N=Asparagine	T=Threonine
D=Aspartic acid	I=Isoleucine	P=Proline	V=Valine
E=Glutamic acid	K=Lysine	Q=Glutamine	W=Tryptophan
F=Phenylalanine	L=Leucine	R=Arginine	Y=Tyrosine

아미노산의 1문자 약기호

그림 3 · 6 사람의 헤모글로빈의 α-사슬 및 β-사슬의 아미노산 배열

그림 3 · 7 헤모글로빈의 분자모형
α chain과 β chain과 Heme(원판)의 결합 양식.

시헤모글로빈(산소화 또는 산화헤모글로빈, oxyhemoglobin, oxy-Hb) 이라고 한다.

산소를 떨어뜨린 헤모글로빈은 환원헤모글로빈(reduced hemoglobin, red-Hb, Hb) 또는 데옥시헤모글로빈(deoxyhemoglobin)으로 불린다. 헴에 포함된 철은 2가이지만, 산화되어 3가의 철이 되면, 수산화 페리프로토포르피린인 헤마틴(hematin)을 만들어낸다. 헤모글로빈을 소량의 식염과 빙초산으로 처리하면 헤마틴의 염화물인 헤민(hemin)을 만들어내 갈색의 결정으로서 현미경으로 용이하게 관찰할 수 있다(그림 3 · 8).

혈액이 O_2에 충분히 접속하면, 혈색소 1g당 1.36ml의 O_2를 결합한다. 만약, 혈액 100ml중 혈색소량을 15g으로 한다면, 이 혈액에 포함할 수 있는 O_2량은 20ml이 된다.

헤모글로빈이 아황산염과 적혈염 등으로 산화되어, 헴의 철이 2가부터 3가가 되면, 메트헤모글로빈(methemoglobin)을 만들어낸다. 메트헤모글로빈은 암갈색을 띤다. 메트헤모글로빈 그 자체는 무독이나, 헤모글로빈처럼 O_2를 운반할 능력이 없으므로 혈액중에 대량 존재한다면, 동물은 무산소증에 걸리게 된다. 반추동물이 질산염함량이 높은 사료를 섭취하면 제 1위내에서 환원되어 아초산을 만들어내, 이것이 혈중에 흡수되어 메트헤모글로빈을 형성하고, 아초산중독에 걸리게 된다.

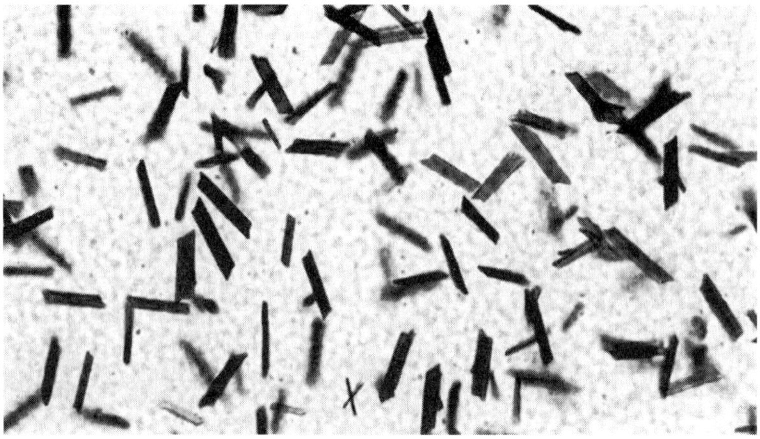

그림 3 · 8 헤민의 결정(×100) (米谷(定))

헤모글로빈은 일산화탄소와 결합하여 일산화탄소헤모글로빈(carboxyhemoglobin, HbCO)을 만들어 낸다. 일산화탄소의 헴과의 결합력은 O_2의 200배나 강하므로 공기중의 일산화탄소함량이 0.1%에 달하면 혈중 헤모글로빈의 약 20%는 일산화탄소헤모글로빈이 되어 조직에 O_2공급량은 현저히 감소한다. 일산화탄소헤모글로빈은 앵두색을 띠며 동맥혈의 색깔과 비슷하다.

근육안에 존재하는 헴과 근육글로빈의 화합물은 미오글로빈(myoglobin)이라 불린다. 미오글로빈은 1개의 헴만 함유하기 때문에, 그 분자량은 약 16,700이다. 미오글로빈의 아미노산조성은 동물의 종류에 따라 다르다. 미오글로빈은 혈액 헤모글로빈보다 높은 O_2결합능력을 가지고 있으며, 근육 수축시에는 급속히 산소를 방출한다.

태아의 헤모글로빈 중 글로빈의 아미노산 조성은 성숙한 동물의 아미노산조성과 다르므로 산소해리곡선과 용해도 등도 다르다. 태아의 헤모글로빈을 HbF라고 하며, 성숙한 동물의 헤모글로빈은 HbA로 불린다. 소의 경우, HbF는 생후 2~3개월에 완전하게 소실된다고 한다.

헤모글로빈농도는 사리(Sahli)의 혈색소계에 의해 측정할 수 있다. 이것은 일정량의 혈액에 염산을 더해 헤모글로빈을 헤마틴으로 하여, 그 색조를 100ml중에 16g의 Hb을 함유한 혈액의 1%희석액을 섞은 헤마틴색조와 배색한다. 최근에는 시안메테모글로빈법이 이용되고 있다.

헤모글로빈농도는 많은 가축에서 10~15g/100ml의 범위에 있다(표 3 · 5). 동물에게 스트레스를 가하면 혈구수가 증가하고 그에 따라서 혈색소량도 증가한다. 이것은 카테콜아민이 혈압을 상승시킴과 동시에, 비장이 수축하여 비장 내에 저장되어 있는 적혈구를 유혈속으로 증가시키기 때문이다.

헤모글로빈 및 헤모글로빈 유도체 용액을 분광기를 통하여 보면 각각의 물질에 특유한 파장이 흡수되어, 흡광도가 분광스팩트럼에 나타난다. 흡광 스펙트럼의 측정에 의해서 헤모글로빈 유도체를 측정할 수 있다.

3. 적혈구의 신생과 파괴

신 생 : 적혈구는 태아기에는 난황낭, 간장, 비장, 임파절에서 만들어지나, 출생후에는 골수가 유일한 조혈장소가 된다. 골수내에는 혈구의 기원세포인 간세포가 있으며, 정적아구를 지나, 적혈구로 분화된다 (그림 3 · 9). 혈중의 적혈구수는 대개 일정하게 유지되나 이것은 파괴된 적혈구수에 균형을 맞추어 신생

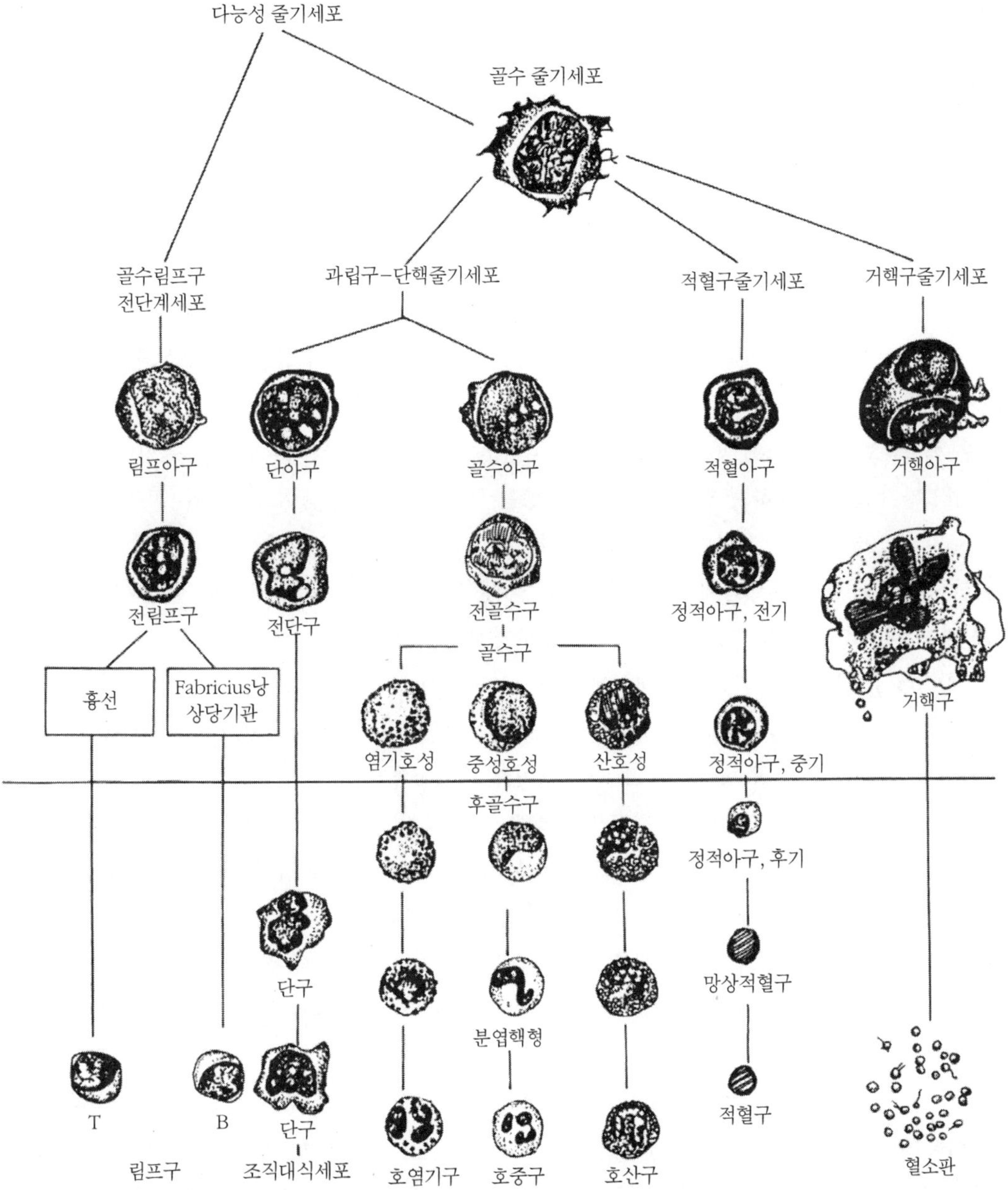

그림 3 · 9 각종의 혈액유형성분이 골수의 세포로부터 발육하는 계통을 나타낸다. 수평선이하의 세포(후기정적아구를 제거)는 정상말초혈액중에 존재한다. (松田 등, 의과생리학 전망)(일부개조)

적혈구가 방출되기 때문이다. 동물을 저산소 상태로 두면 적혈구의 생성량과 방출량이 증가한다. 이것은 순환혈중에 존재하는 적혈구 조혈인자(erythropoietin)의 작용에 의한 것이다. 적혈구조혈인자는 분자량이 약 40,000의 당단백질로서 신장(85%)과 간장(15%)에서 생성된다. 신조직의 산소요구성과 적혈구조혈인자의 생성량은 비례한다. 따라서 높은 곳이라든지, 오랜 기간 운동 등으로 체내에 저산소상태가 발생하면 적혈구수는 증가하고, 더 나아가 혈액과 조직의 산소농도가 증가하면, 적혈구조혈인자의 생산이 감소하고 적혈구의 생성은 저하된다. 이와 같은 기구로 여러 환경 하에 있는 동물의 적혈구수는 일정하게 유지되고 있다.

비타민 B_{12}도 적혈구의 성숙에 필요한 인자이다. 이것이 부족하면 인간에게는 유혈 중에 커다란 원시형의 적아세포가 나타난다. 비타민B_{12}의 장에서의 흡수는 위벽에서 분비되는 캡슐형태의 내성인자(intrinsic factor)라고 불리는 당단백질(분자량 45,000)과 결합함으로서 이루어진다. 따라서 비타민 B_{12}나 내성인자의 어느 것이라도 결핍되면 동물은 악성빈혈이 일어난다.

수 명 : 순환혈중의 적혈구의 수명을 결정하는 것에는 여러 가지 방법이 있으나, 보통 이용되는 방법은 적혈구를 ^{15}N, ^{59}Fe, ^{14}C, ^{51}Cr과 같은 동위원소로 표식하여, 그 적혈구가 혈중에서 소실되는 일수를 측정하는 것이다. N, Fe, C는 표식된 적혈구가 붕괴한 후, 다시 적혈구의 신생에 사용되므로 측정이 복잡하다. ^{51}Cr은 헤모글로빈에 강하게 흡착하여, 재 이용 되지 않는 특징이 있어, 적혈구 수명 결정에 자주 이용된다. 여러 가지 방법을 통하여 얻은 적혈구의 수명은 사람90~140일, 생쥐20~30일, 토끼45~50일, 쥐45~50일, 개105~122일, 고양이68~77일, 돼지62~71일, 면양46~55일, 소50~60일, 말140~150일이다. 조류의 적혈구는 핵이 있음에도 불구하고, 그 수명은 짧아, 오리39~42일, 닭35~45일이다.

파 괴 : 적혈구의 수명에 영향을 미치는 요인으로는 대사가 쇠퇴하여 적혈구 세포막이 약해져 간장, 비장 및 골수내 조직등의 대식세포계의 대식세포(macrophage)에 의해 파괴한다.

조직 대식세포계(tissue macrophage system 또는 단핵성식세포계, mononuclear phagosytic system)는 일명 세포내피계 (reticuloendothelial system)이라고 하는 식세포계를 말한다. 이는 단구, 폐의 폐포식세포, 간장의 성상세포, 중추신경계의 소교세포, 골수, 임파절, 비장 등에 있는 세망세포를 포함한다.

헤모글로빈은 먼저, 포르피린환이 열려 글로빈분자와 철을 잃는다. 철은 헤모시데린(hemosiderin)과 페리틴(ferritin)의 형태로 세망내피계에 저장되어, 헤모글로빈의 합성에 재이용된다. 페리틴의 철은 헤모시데린의 철보다 이용되기 쉽기 때문에 헤모시데린은 페리틴보다 길게 조직내에 머물 수 있다. 또한, 철은 베타글로블린의 일종인 트랜스페린(transferrin)으로부터 조혈부위에 운반되어, 적혈구 신생에 이용된다.

페리틴은 수산화인산 제2철의 미셀을 아포페리틴(apoferritin)이라 칭하는 구상단백질이 둘러싸인 형태의 화합물이다. 헤모시데린은 과립상단백질과 철의 복합체로서, 말의 전염성빈혈의 진단에 이용된다.

헴의 포르피린환이 파괴되어, 직선형 철구조로 된 물질을 빌리베르딘(biliverdin)이라 한다. 이것은 초식동물의 녹색담즙에 많이 들어 있다. 빌리베르딘이 세망내피계에서 환원되면 적황색 빌리루빈(bilirubin)이 된다. 빌리루빈은 혈액내에서는 알부민과 결합하고 있지만, 간장에 운반되면 글루쿠론산과 결합해 콜레빌리루빈(cholebilirubin)이 되어, 담즙에 함유되어 장관에 들어간다. 장관내에서는 콜레빌리루빈은 세균의 작용에 의해 환원되어 메소빌리루비노겐(mesobilirunogen)과 스테르코빌리노겐(stercobilinogen)을 만들고 이것은 자가산화를 하여 스테르코빌린을 만들어낸다. 스테르코빌린은 갈색색소로 분(糞)색의 주성분이 된다. 한편, 일부의 스테르코빌리노겐 등은 장에서 흡수되어 간장으로 되돌아와, 다시 간장으로부터 배출되나, 그 일부는 혈액중에 들어가 우로빌리노겐(urobilinogen)으로서 뇨중에 배출된 후 산화되어 우로빌린이 된다.(그림 3 · 10)

일단, 장관내로 나온 빌리루빈유도체가 다시 흡수되어 간장으로 되돌아가, 또다시 담즙에 배설되는 과정을 간장순환이라 한다. 보통 혈청은 담즙색소 때문에 담황색을 띠지만, 담즙색소가 어떤 원인으로 이상 증가하여 혈청이 더욱 황색화되면, 점막과 각막, 때로는 피부까지도 황색화한다. 이것을 황달(jaundice)이라 한다. 황달은 담즙의 배출장해에 의한 간장내의 증량, 적혈구파괴의 증가, 간장기능이상에 의한 빌리루빈의 글루쿠론산과의 결합력의 저하 등이 원인이다. 개, 소, 면양, 돼지의 혈중 빌리루빈농도는 극히 낮지만, 말에서는 비교적 높다. 조류는 빌리베르딘을 담즙중으로 배출한다.

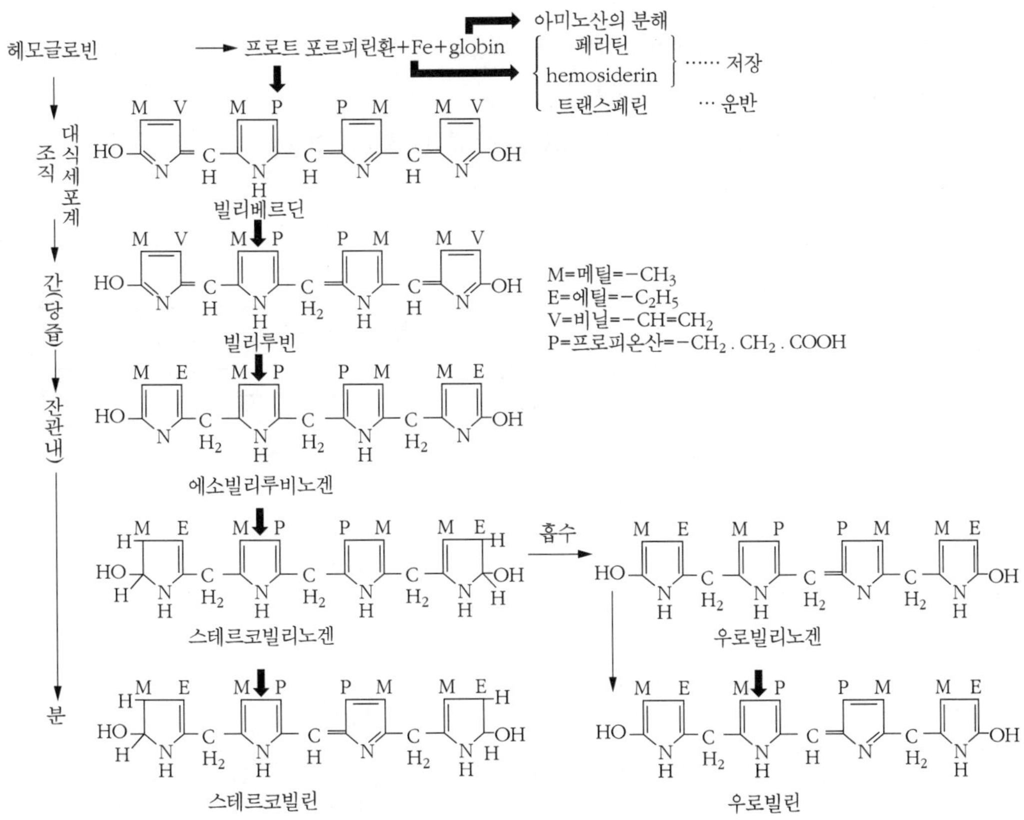

그림 3 · 10 헤모글로빈의 분해

IV. 백혈구

1. 일반성상

백혈구세포는 1개 또는 수개의 핵을 가진 세포질내에 과립을 포함한 과립세포(granulocyte)와 과립을 포함하지 않은 무과립세포(agranulocyte)로 분류한다. 과립세포에는 중성색소에 염색되는 과립을 가진 중성호성구(neutrophil), 산성색소에 염색되는 과립을 가진 산호성구(eosinophil) 및 염기성색소에 염색되는 염기성호구(basophil)라는 3종류가 있다. 또한 무과립세포에는 크고 작은 임파구와 커다란 형태로 세포질내에 과립을 가진 단구가 있다(그림 3 · 9). 크기는 소임파구의 직경 7~10um부터 단구 12~22um 정도까지 있다. 임파구는 기능적으로 T 및 B임파구와 자연살해세포(natural killer cell)로 분류된다. 백혈구 수는 시각, 운동, 채식, 에피네피린(epinephrine) 수치, 에테르 마취, 방사선 조사, 기타 긴장상태 등에 따라 다르다. 출생후 동물의 백혈구수는 성숙동물과 거의 같거나 조금 적다. 신생돈의 백혈구수는 성돈의 거의 1/2에 불과하나, 5~6주 후에는 성돈과 같은 수에 이른다. 신생우의 백혈구 수는 성우와 거의 같으나, 갓 태어난 병아리는 성계보다 현저히 낮다. 백혈구수가 정상범위를 넘어 증가했을 때는 백혈구증가증(leukocytosis), 감소했을 때는 백혈구감소증(leukopenia)이라 한다. 백혈구의 종류를 구분하여 백혈구 총수에 대한 각각의 백혈구수의 백분율을 계산한 것을 백혈구감별계수(differential leukocyte counts)라고 한다(표 3 · 9).

화농성질환, 급성전염병으로 백혈구가 증가하는 일이 많다. 골수나 임프절이 침해되면 백혈구수가 매우 증가하여 백혈병(leukemia)이 된다.

표 3 · 9 각종동물의 백혈구수와 백혈구상

동물종	총수(개/μl)	백혈구의 퍼센트(%)				
		중성호성구	림프구	단구	산호성구	염기호성구
말	8,000~11,000	50~60	30~40	5~6	2~5	<1
소	7,000~10,000	25~30	60~65	5	2~5	<1
양	7,000~10,000	25~30	60~65	5	2~5	<1
산양	8,000~12,000	35~40	50~55	5	2~5	<1
돼지1주	10,000~12,000	50	40	5~6	2~5	<1
돼지6주	15,000~22,000	30~35	55~60	5~6	2~5	<1
개	9,000~13,000	65~70	20~25	5	2~5	<1
고양이	10,000~15,000	55~60	30~35	5	2~5	<1
닭	20,000~30,000	25~30	55~60	10	3~8	1~4
사람	4,000~11,000	50~70	20~40	2~8	1~4	<1
식작용		왕성		왕성		
운동성		왕성			왕성	

2. 백혈구와 기능

백혈구는 종류에 따라 각각 특유의 기능을 보이며, 다음과 같이 크게 구별할 수 있다.

1) 식작용

중성호성구와 단구는 세균과 죽은 조직파편 등의 이물에 접근하여 세포막으로 둘러싸서 세포내에 끌어들인다. 이물을 둘러싼 세포막은 소포를 형성하여 용해소체(lysosome)와 융합하고, 다음으로 용해소체내의 가수분해효소가 이물을 소화시킨다. 이런 과정을 세포의 식작용(phagocytosis)이라 한다. 급성전염병과 체내에 화농된 부위가 있으면 중성호성구가 증가한다. 염증은 대부분 백혈구의 사체이다. 단구는 골수에서 혈액으로 들어간 후 조직으로 이동하여 조직마크로파지(Machrophage, 대식세포)가 된다. 그 수명이 비교적 길기 때문에 만성적 염증질환시에 유용하다. 또 면역반응에 따라 역할이 다르다.

2) 운동성

백혈구는 운동성을 가지고 있어 염증부에 생긴 화학주성(chemotaxis)으로 인하여 세정맥의 내피세포를 빠져나와 혈관외로 나온다. 운동성은 중성호성구가 가장 왕성하며, 산호성구가 다음이고 염기호성구와 단구는 약간 있으며, 임파구에는 거의 없다.

3) 효소생성

백혈구는 단백질 분해효소, 지방분해효소, 산화효소, 과산화효소, 리소자임(무코다당류분해효소)을 함유하고 있으며, 이러한 효소를 분비하거나 백혈구가 파괴될 때 혈액중에 방출된다. 과립구는 모두 염증과 알레르기 반응에 관여하는 생리활성물질을 함유한 과립을 가지고 있다. 산호성구는 알레르기성 질환과 기생충병이 있을 때 증가한다. 염기성호구에는 IgE의 수용체가 있으며, 항원에서부터 활성화되면 히스타민과 헤파린을 방출하여 알레르기반응을 유발시킨다.

4) 면역반응

태생기에 난황낭, 간장, 비장, 골수에서 만들어진 임파구의 일부는 흉선으로 들어가 T임파구가 되며, 또 일부는 조류에서는 파브리시우스낭(bursa of Fabricius)으로, 포유류에서는 회장의 점막고유층에 있는 파이어스패치(Peyer's patch), 또는 파브리시우스낭 상동기관에서 B임파구가 된다. T 및 B임파구는 형태적으로는 구별하기 어렵다. T임파구에는 사이토톡식(세포장해성) T세포(cytotoxic T cell, 킬러T세포라고도 함), 헬퍼 T세포(helper T cell), 서프레서 T세포(suppressor T cell)가 있다. 이러한 세포가 항원으로부터 활성화 되었을 때 일부는 메모리 T세포(memory T cell)가 된다. 또 세포표면에 있는 당단백 표식의 종류에서 사이토톡식 및 서프레서 T세포를 CD8 T세포, 헬퍼 T세포를 CD4 T세포라고 한다.

모든 세포표면에는 주조직적합 복합체(major histocompatibility complex, MHC)에 유래한 자기와 비자기를 구별하는 항원이 존재한다. MHC의 Class I항원은 대부분의 유핵세포이다. Class II항원은 마크로파지, B임파구, 활성화헬퍼-T세포내에 존재한다.

바이러스나 어떤 종류의 세균 등의 항원(antigene)이 체내에 들어오면, 감염된 체세포와 마이크로파지계의 세포가 이들의 비자기항원을 인식하여 Class I-MHC와 함께 세포표면으로 제시된다. 이 항원제시세포(antigen-presenting cell)는 사이토톡식 T세포를 자극하여 증식되고 이들이 분비되는 세포장해물질에 의해 파괴된다. 이 경우 함께 증식하는 헬퍼-T세포는 세포간의 상호작용과 반응의 방향성을 결정하는 데에 중요한 화학전달물질인 인터루킨(interleukin)을 분비하여 사이토톡식 T세포의 작용을 도와준다. 동시에 서프레서-T세포와 B세포의 활성화도 촉진시킨다. 한편, 서프레서-T세포는 사이토톡식 T세포와 헬퍼T세포에 작용하여 과잉 면역반응을 억제시킨다. 이를 둘러싼 반응을 세포성면역(cellular immuniyt)이라고 한다. 세포성면역은 이식된 이종조직에 대한 거부반응과 자가손상 세포에 대한 방어에도 유용하다.

또한 마이크로파지는 항원에 접속하면 세포표면의 Clss II-MHC와 함께 항원제시세포가 되어 헬퍼T세포에 접속하여 이를 활성화시킨다. 활성화된 헬퍼T세포는 B임파구와의 접속을 통하여 분비하는 인터루킨에 의하여 B임파구를 활성화시키며 플라즈마 세포(palsma cell, 형질세포)와 메모리B세포를 분화시킨다. 플라즈마 세포는 혈장의 글로블린 분획에 속하는 항체(antibody)를 분비하여 이물을 응집, 침전, 중화함과 동시에 보체계 및 식세포에 의한 용해, 소화분해반응을 활성화시킨다. B임파구는 직접항원과 접속해서도 활성화 되지만 그 경우도 헬퍼T세포의 작용을 필요로 한다. 이들 일련의 반응을 체액성면역(humoral immunity)이라 한다(그림3 · 11).

또한 메모리T 및 B세포는 최초의 항원접촉에 의해 반응하지 않지만, 동일한 항원에 거듭 해서 접촉하

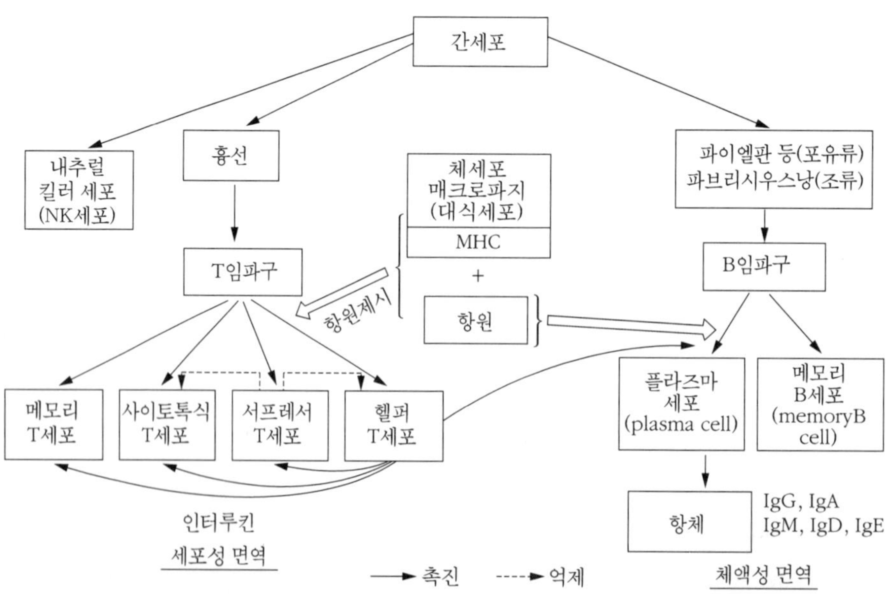

그림 3 · 11 세포성 및 체액성면역반응의 개요 (MHC: 주요조직적합유전자 복합체)

면 급속하게 면역반응을 나타낸다. 이들의 임파구는 세포분열 하지 않고 수개월에서부터 수년에 걸쳐 체내에 존재한다고 한다.

면역반응에 관여하는 제3의 임파구 내츄럴 킬러세포(natural killer cell, NK세포)가 있다. NK세포는 B, T세포의 어느쪽에도 속하지 않으며, 악성변화를 계속 일으키는 어떤 세포를 파괴하여 종양화를 막거나, 바이러스감염에 대한 방어 작용을 한다.

3. 백혈구의 신생과 파괴

과립세포인 중성호성구, 산호성구, 염기호성구 모두 골수내에서 생성된다. 단구 역시 골수에서 만들어진다. 임파구는 골수기원의 전구세포에서, 뇌선 또는 파브리시우스낭상당기관에서 분화한 후, 임파절, 비장 등에서 성숙한다. 과립세포의 유혈중에서의 수명은 조건에 따라 수분에서부터 30시간에 달하나 평균적으로 6~8시간 정도이다. 말초혈중의 단구는 수개월, 임파구에서는 수년에 걸쳐서 존재하는 것도 있다고 한다. 백혈구는 조직마이크로파지계, 비장, 골수에서 자연파괴된다. 그러나, 세균이나 이물과 싸우거나 해독작용을 해서 사멸한 세포는 농즙중과 염증을 일으킨 조직중에 존재한다.

V. 면 역

1. 자연면역과 획득면역

동물체내에 미생물이 침입하면, 여러 가지 감염양식에 대응해서 생체는 광범위한 면역계를 움직인다. 즉 생체는 외래물질에 대해 인식, 그것은 배제하기 위한 반응 등의 면역응답이 필요하다. 면역계는 그 기능으로 보면 자연(선천성)면역과 획득(후천성)면역으로 나뉘어진다. 자연면역은 감염에 대한 최소의 방어기구이며, 감염이 성립하기 전에 감염원을 제거하려고 한다. 자연면역은 비특이적인 생체감염방어기구이며 피부, 소화기관점막, 유선상피 등은 유효한 방어벽으로 되어있다. 감염의 초기에는 비특이적인 생체방어에 관련해 급성기반응물질이 생산된다. 이 시점에서, 자연면역계에서 감염방어가 생기지 않을 경우에는 획득면역이 작동하게 된다. 획득면역을 특정한 병원체에 대해 그 특이성이 강한 물질을 제거할 뿐 아니라, 그것을 기억하는 것이 특징이다. 한번 면역반응이 일어나면 면역계 전체가 변화해 동일한 외래성 이물에 대해 처음보다 신속해져 강력한 면역반응을 나타낸다. 이런 모양의 획득성 면역을 획득면역이라고 한다. 이 두가지 면역에는 백혈구 세포 등의 면역관련세포와 항체, 사이토카인(cytokine), 염증매개물질(inflammatory mediator), 인터페론(interferon)등이 관여한다.

2. 면역담당세포

면역반응에는 여러 종류의 세포와 이 세포들로부터 분비된 가용성 분자가 연관되어 있다. 백혈구는 면역반응에 의한 중심적인 역할을 하는 세포지만, 조직중의 다른 세포도 임파구로의 정보전달과 T세포와 마크로파지로부터 분비되는 사이토카인에 응답하는 등, 면역반응에 관계하고 있다.

1) 식세포

장기간 생존하는 가장 중요한 식세포는 골수간세포에 유래하는 단핵 식세포계에 속하며, 감염인자를 포함한 입자를 세포내에서 분해한다. 식세포는 간장의 쿠퍼세포, 관절공에 존재하는 관절A세포, 혈액중의 단구 등과 같이 그 기능적 특성에서부터 이물질을 포식하거나 조기에 접근하기 용이한 곳에 존재한다. 단구는 무엇인가에 의한 접촉이 있으면 조직마크로파지가 된다. 또 하나 중요한 식세포는 다형핵백혈구이며, 단구와 동일한 모양의 자극에 의해 조직중에 이행하여 이물을 포식하여 분해해 국소적으로 사멸한다.

2) 임파구

임파구는 특이적 면역인지기구에 의해 병원성 미생물에 응답하고, 획득면역기능을 작용시킨다. T세포는 뇌선에서, B세포는 조류에서는 퍼브리키우스낭, 포유류에서는 파이엘판과 골수에서 성숙한다.

3. 면역에 관여하는 물질

B임파구에서 생산되는 면역글로불린인 항체, 면역담당세포로 생산되는 사이토카인, 혈청성분인 보체, 혈청중의 여러종류의 물질 등, 많은 가용성 물질이 면역기능의 반응에 관여하고 있다. 감염중 급격하게 그 농도가 상승하는 단백질을 급성상단백질(acute phase protein)이라고 부른다. 그 중에서 C반응성 단백질(C-reactive protein: CRP)은 폐염구균의 C당단백질에 결합하는 성질에 유래하고 있으며, 세균에 결합한 CRP는 보체와 결합을 촉진하여 식세포의 세균포식을 증가시키는 작용을 갖고 있다. 식작용을 촉진하는 이 단백질피복의 과정을 오프소닝작용이라고 한다.

VI. 혈소판

혈소판은 또 전구(thrombocyte)라고도 불린다. 불규칙한 세포의 파편과 같은 형태를 하고 있으며, 핵은 없고 크기는 대체로 3㎛이다. 조류의 혈소판에는 핵이 있으며, 크기도 4 × 8㎛정도이다. 혈소판수는 비장과 간장 등에도 존재하여 정확하게 결정하기 어려우나, 순환혈중에는 200,000~300,000개/㎕이다. 혈액을 혈관밖으로 꺼내면 혈소판은 파괴되어버리기 때문에, 특별한 방법으로 채혈해 계산해야 한다.

혈소판의 계수는 14% $MgSO_4$의 2, 3적을 파라핀을 도포한 용기에 취해 1,2적의 혈액을 떨어뜨려 그 혼합액을 슬라이드글라스 위에 도말, 건조, 염색 후 그 수를 센다.

혈소판의 단백질과 지질은 혈액의 응고와 지혈에 필요한 인자를 많이 함유하고 있다.

혈소판은 대부분이 골수의 거핵세포(megakaryocyte)에서 만들어지고, 일부는 폐와 비장에서도 만들어진다(그림 3 · 9). 수명은 비교적 짧고, 2~3일 전후이다.

소가 고사리를 과식하면 고사리 중독이 관찰되는 경우가 있다. 골수에서의 혈소판 생성이 억제되어, 순환혈중의 혈소판수가 줄어들어 혈액응고부전이 일어난다. 또 골수에서의 조혈기능이 동시에 침해되기 때문에 과립성백혈구와 적혈구도 감소한다. 이 원인은 고사리에 함유된 Plaguiloside(norsesguiterpene glucoside)에 의한 것이다. 말이 고사리를 과식했을 경우에 발생하기 쉬운 질병으로 고사리에 함유된 비타민 B_1분해효소의 작용에 의한 비타민 B_1 결핍증이 있다.

VII. 혈 장

혈장은 약 0.8%의 무기질, 약 9.2%의 유기질과 수분(90%)으로 이루어져 있다.

1. 무기질

무기질함량은 그림 2 · 4와 같이 가축에 따른 농도의 차이는 크지 않다. Na^+ Cl^-는 혈액삼투압을 만드는 주요한 인자이다. 그 밖의 K^+, Ca^{2+}, Mg^{2+}와 HCO_3^-, HPO_4^- 이온들은 혈액 중 주요한 음, 양이온이다. 이러한 각 이온에는 각각에 생리적인 작용이 있다는 것이 알려져 있다. 미량원소로는 철, 망간, 코발트, 동, 아연, 요오드 등이 있다.

2. 유기질

유기질은 탄수화물, 단백질, 지질, 비단백질소화합물, 유기산, 호르몬, 비타민, 색소 등이 있다. 혈장은 무색 또는 약간의 황색을 띠는데 이것은 주로 빌리루빈 함량에 의한 것이다.

1) 탄수화물

혈액중에 함유된 탄수화물을 총칭해서 혈당(blood sugar)이라고 한다. 그 중 주요성분은 글루코스(glucose, 포도당)이며, 보통은 혈액 글루코스를 가리키는 말이다.

혈당농도는 영양상태에 따라 달라, 흡수된 탄수화물이 유입되면 혈당치가 오르고, 절식하면 혈당치가 내려간다. 반추가축에서는 사료중의 가소화탄수화물의 대부분이 제 1위내에서 미생물의 작용에 의해 휘발성 지방산으로 변환되어 버리기 때문에 식이성고혈당(alimentary hyperglycemia)은 생기지 않는다. 혈당치는 여러 가지 호르몬이 간, 신장, 근육 등의 기관에 작용해서 일정하게 유지되고 있다.

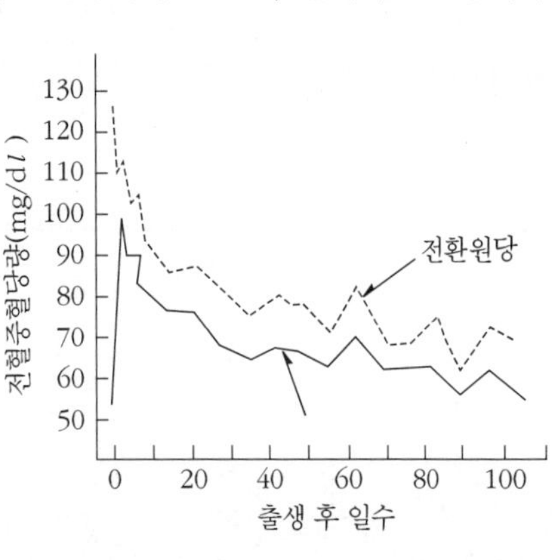

그림 3 · 12 송아지의 일령(日齡)과 혈당량의 변화 (YOUNG 등, J. Nutr.)

반추가축의 혈당치는 출생직후는 현저하게 높다(그림 3 · 12). 이것은 혈중에 과당(fructose)을 함유하기 때문이며 이 과당은 생후 약 10시간에 혈중에서 소실되고 대신에 포도당이 증가한다. 이후 점차 감소하여 생후 약 3개월이면

성숙한 동물의 혈중 수치에 달하게 된다.

2) 단백질

혈장중에는 6~8%의 단백질이 함유되어 있다. 이 단백질은 알부민(albumin), 글로불린(globulin) 및 섬유소원(fibrinogen)의 3종으로 크게 구분된다. 글로불린은 다시 한번 알파(α), 베타(β), 감마(γ) 등으로 분화된다(표 3 · 10). 혈장단백질의 상대적 크기는 그림 3 · 13에 나타내고 있다.

혈장단백질의 분별법에는 염석법, 알콜에 의한 분별침전법, 초원심법, 전기영동법 등이 있다. 황산암모늄의 약 1/4포화로 침전하여 구분되는 것을 섬유소원, 1/2포화로 침전하여 구분되는 것을 글로불린, 동일하게 전포화로 침전하여 구분되는 것을 알부민이라고 한다.

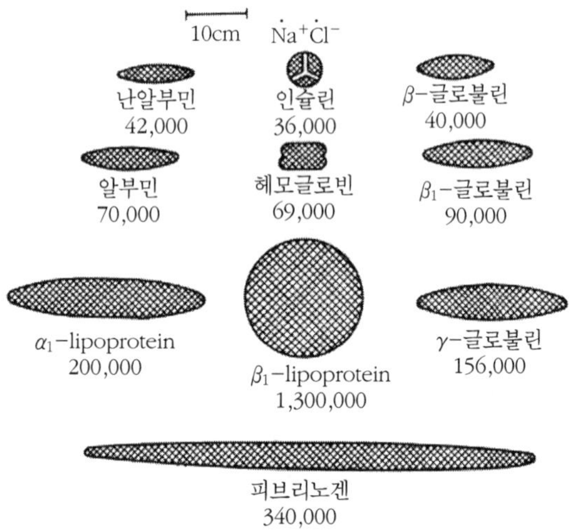

그림 3 · 13 혈장단백질의 상대적 크기
(수자는 분자량)

전기침전법은 혈장단백질을 적당한 완충용액에 녹여 전극을 삽입하여 전극을 가하면, 각각의 단백입자가 하전 성질에 따라 양극 또는 음극 쪽으로 이동하는 것을 이용하여 분리하는 방법으로, 치세리우스(A.TISELIUS)에 의해 개발되었다. 최근에는 조작이 간단한 방법부터 파지, 셀루로스 아세테토막 또는 겔 전기영동법 등이 많이 이용된다(그림 3 · 14).

초원심법은 분당 수만번 회전하는 초원심기를 이용하여, 20~30만G의 가속도를 가하여 분석하는 방법으로 스베드베리(T.SVEDBERG)에 의해 개발되었다. 각 분획의 농도와 2, 3의 성질을 표 3 · 11에 나

표 3 · 10 각종동물의 혈청단백질 함량의 비율(%)

동물종	알부민	글로불린								
		$α_0$	$α_1$	$α_2$	$α_3$	$β_1$	$β_2$	$β_3$	$γ$	$γ_2$
말	39		4	12		13	10		22	
소	44		4	6	3	3	9		12	19
면양	42	3	5	10		9			23	8
산양	54		9	3	8	4	4		18	
돼지	45		4	13		6	12		20	
개	55	4	4	5		3	5	12	12	
고양이	55		4	11		5	8		16	
닭	25~32		4	16	10	10	15		11	5

표 3 · 11 혈장단백질(사람)의 성질

			분자량	염부농도	등전점
피브리노겐		0.37(5)	40만	0.71M$(NH_4)_2SO_4$	5.2~5.6
알부민		4.6 (65)	6.8만	2.57M$(NH_4)_2SO_4$	4.64
글로블린	α	0.46(7)	20~30만	2.05M$(NH_4)_2SO_4$	5.96
	β	0.86(12)	9~130만	1.64M$(NH_4)_2SO_4$	5.12
	γ	0.75(11)	15~30만	1.34M$(NH_4)_2SO_4$	6.85~7.3

타냈다.

a) 혈장단백질의 기능

① 교질삼투압의 유지

혈장단백질의 혈장중 함량은 6~8%이나, 분자량이 커서 혈장삼투압 중에 차지하는 비율은 총 삼투압 290mOsm/L · H_2O의 약 0.5%에 달하는 1.5mOsm/l · H_2O정도이다.

혈장단백질 중 알부민함량은 약 50%이나, 분자량이 작아서 단백질을 만드는 삼투압의 약 70%를 형성한다. 혈장단백질은 교질이므로 이 단백질이 나타내는 삼투압을 교질삼투압(colloid osmotic pressure)이라고 한다. 모세혈관벽을 물이나 작은 분자인 무기질은 쉽게 통과하나, 단백질은 통과할 수 없다. 따라서 혈관내에 수분을 유지하는 역할을 함과 동시에 혈관내외의 물질교환의 역할도 한다.

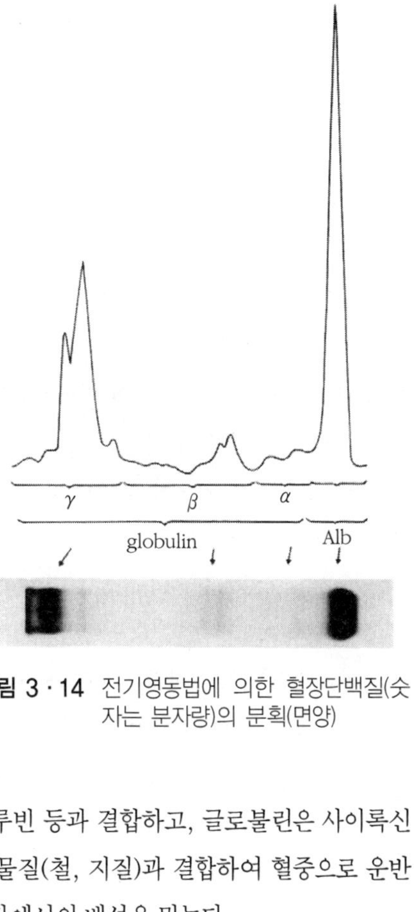

그림 3 · 14 전기영동법에 의한 혈장단백질(숫자는 분자량)의 분획(면양)

② 물질의 운반

알부민은 칼슘과 인 등의 금속이온, 지방산, 아미노산, 빌리루빈 등과 결합하고, 글로불린은 사이록신(thyroxine), 스테로이드호르몬, 인슐린 등의 호르몬, 그 밖의 물질(철, 지질)과 결합하여 혈중으로 운반하며, 필요로 하는 작용부위에 그런 물질을 전달함과 동시에 신장에서의 배설을 막는다.

③ 완충작용

혈장단백질의 등전점은 혈장의 pH7.4부근보다 산성측에 있으므로, 혈장단백질의 대부분은 H · protein ↔ H^+ + protein의 형태로 음이온으로서 작용하고 있다.

④ 영양물질

기아동물의 질소요구는 혈장단백질을 정맥내에 주입하여 공급할 수 있으므로, 조직단백질에 질소의 급원이 될 수 있는 것은 명백하나, 어떤 성상의 질소화합물이 가장 유효한가에 대해서는 충분히 알려진 바가 없다.

⑤ 혈액의 응고

피브리노겐, 프로트롬빈, 그 밖의 혈장응고에 관계하는 인자의 대부분이 혈장단백질에 함유되어 있다.

⑥ 항 체형성

혈장중의 γ−글로불린 전부 및 β−글로불린의 일부는 항원에 대한 항체를 형성하여, 체액성 면역의 주체가 된다. 이러한 글로불린을 총칭하여 면역 글로불린(immuno−globulin)이라 하며, 물리화학적 성상에서 5종류(IgG, IgA, IgM, IgD, IgE)로 나뉘어진다. 각각의 중요한 기능은 다음과 같다. IgG: 혈액, 체액 중에 가장 많으며, 감염방어 항체의 주역, 세균이나 세균독소와 결합하여 그것들의 침입을 막는다. IgA: 분비액에 많으며, 국소면역의 주체, 점막표면의 보호에 관여한다. IgM: 면역 초기에 높아지며, 자연항체를 함유하고 있어 혈액중 감염방어에 관여한다. IgD: B세포표면의 Ig, 가축에서는 닭에서 관찰되며, 임파구의 기능에 관여한다. IgE: 아나피라키시 반응에 관여하며 소화관내의 기생충감염방어에 관여한다. 각 가축에서의 면역글로불린의 혈중농도를 표 3 · 12에 나타냈다.

표 3 · 12 각가축의 혈청중 면역글로블린의 함량

	면역글로블린농도(mg/100ml)			
	IgG	IgM	IgA	IgE
말	5−20	0.8−2	0.6−3.5	−
소	17−27	2.5−4	0.1−0.5	−
면양	17−20	1.5−2.5	0.1−0.5	−
돼지	17−29	1 −5	0.5−5	−
개	5−17	0.7−2.7	0.2−1.2	0.2−2.4
닭	3− 7	1.2−2.5	0.3−0.6	−
사람	8−16	0.5−2	1.5−4	20−500ng

(Scheunert & Trarutmann, Lehrbuch der veterinär-physologie)

면역글로불린의 기본적 구조는 Y자 구조를 한 폴리펩타이드의 2개의 긴 H사슬(heavy chain)과 2개의 짧은 L사슬(light chain)로 되어 있다(그림 3 · 15).

이들 사슬은 각각 이황화 결합(S−S결합)으로 연결된 단량체를 형성한다. 양사슬에는 특정항원과 결합하는 부분(antigen binding fragment, Fab)과 식세포나 보체분자 등 면역계 외의 요소와 결합하는 부분(crystallizable fragment, Fc)이 있다. 그림 3 · 15에서 사선부분은 구성 아미노산 배열이 변화하는 V 세그먼트(segment)로, 그 선두에 항원이 결합한다. 하얀 상태의 C세그먼트의 아미노산 배열은 거의 일정하다. 또한 혈장중에는 보체계(complement system)로 불리는 한 군의 효소계가 존재하고 있어, 항원과 결합한 면역글로불린과

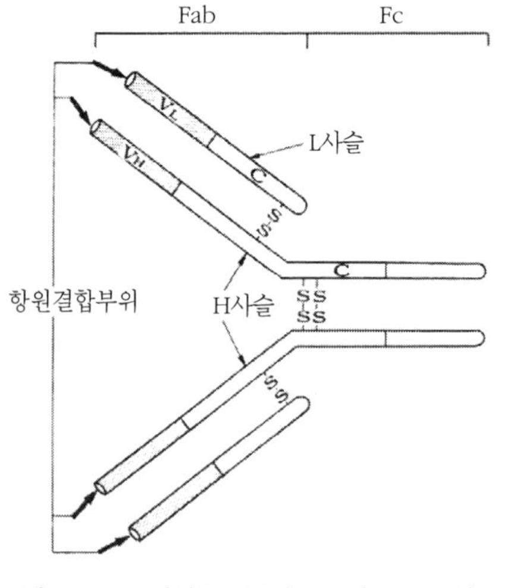

그림 3 · 15 면역글로블린 IgG의 구조모식도

크고 작은 2개의 polypeptide chain 2개씩으로 되는 대칭적 구조를 갖는다.

접속하는 것에 따라 계속 활성화되어 항원제거작용을 도와주고 있다.

⑦ 면역에 관여하는 액성물질

면역에 관여하는 액성물질로는 면역글로불린 외에 보체계, 사이토카인계종류가 있다.

보체 : 보체는 특이항원과 함께 작용하여 용균작용을 일으키는 혈청성분이다. 보체계는 염증을 제어하는 약 20종류의 혈청단백질로 구성된다. 보체의 몇 개는 급성단백질(acute phase protein)이다. 체내에 침입한 미생물의 대부분은 제2경로를 통해 보체계를 활성화한다. 이 반응은 미생물의 표면을 보체로 덮어 식세포에 의한 포식을 촉진한다. 보체계는 또 항원항체복합체에 의해서도 활성화한다. 보체활성화경로에는 만노스결합 단백질(mannose-binding lectin)이 관여하는 만노스결합 단백질경로가 있다.

사이토카인 : 사이토카인(cytokin)은 그 작용에서 보면 호르몬에 흡사한 펩타이드 또는 당펩타이드이며, 면역계에서의 정보전달물질이다.

종래, 임파구로부터 방출된 면역정보전달물질을 림포카인(lymphokine), 단구계의 세포에서 분비된 물질을 모노카인(monokine), 백혈구간의 정보전달물질을 인터루킨(interleukin)이라고 하나, 작용이나 세포에 관계없이 세포간의 시그널을 고려하여 사이토카인이라 총칭한다. 사이토카인은 생체내에서는 단독으로 작용하지 않으며, 면역계의 응답에 의해 많은 종류의 사이토카인이 동시에 작용하여 그 효과가 상승적으로 나타나거나, 길항적으로 작용하기도 한다.

⑧ 혈액의 점성보유

교질로서의 점성에 의해 혈압의 유지와 혈구의 현탁상태(懸濁狀態)에 영향을 준다.

b) 혈장단백질의 생성

혈액의 응고에 관계하는 단백질과 알부민은 간에서 생성된다. 면역글로불린은 플라즈마세포로부터 만들어지고, 그 외의 글로불린은 간장에서 생성된다. 글로불린 함량비율을 'A/G비' (albumin-globulin ratio 또는 단백질상)라고 하며 동물의 종류에 따라 거의 일정하다(표 3 · 13). 간장 단백질 대사장해나 영

표 3 · 13 각종동물의 혈액단백질 농도(g/dL)

동물종	혈장단백	피브리노겐	혈청단백	알부민	글로블린	A/G
말	6.84	0.34	6.50	3.25	3.25	1.00
소	8.32	0.72	7.60	3.63	3.97	0.91
양	5.74	0.36	5.38	3.07	2.31	1.33
산양	7.27	0.60	6.67	3.96	2.71	1.46
돼지			6.30	2.03	3.27	0.62
개	6.72	0.52	6.20	3.57	2.63	1.35
고양이			7.58	4.01	3.57	1.12
닭			4.62	1.82	2.80	0.65
사람	7.37	0.37	7.0	4.5	2.5	1.80

양실조시에는 알부민이 줄어들기 때문에 A/G비는 내려가고, 세균성질환에서는 γ–글로불린이 증가하기 때문에 A/G비가 내려간다.

3) 지질

혈장중에는 트리글리세이드(triglyceride), 콜레스테롤(cholesterol), 인지질(phospholipid), 유리지방상(free fatty acid, FFA; nonesterified fatty acid, NEFA)등이 함유되어 있다(표 3 · 14).

이것들의 함량은 동물의 종류, 사료, 채식 후의 시간 등에 따라 크게 변동한다. 반추가축의 혈장중에 함유된 휘발성지방산(volatile fatty acid, VFA 또는 단쇄지방산, short chain fatty acid, SCFA)의 영양적 의의는 크다(표 3 · 15). 이들은 조직에서 초산을 글루코스처럼 소비한다. 또한, 이런 지질의 대부분은 혈장중의 단백질에 결합해 있다. 결합하는 방법에 따라, 각각의 복합체의 밀도는 달라서 지질이 많고 단백질이 적을수록 밀도는 작고, 그와 반대일 경우 밀도는 커진다. 이러한 밀도의 대소에 따라 초저밀도(VLDL), 저밀도(LDL), 고밀도(HDL) 등의 지질단백질로 구분된다.

표 3 · 14 소 및 고양이의 혈중지질

	소	고양이
총지질	348	376
중성지방*	105	108
인지질	84	132

* TG, cholesterol ester 등을 포함

표 3 · 15 면양의 성장에 따른 혈장성분의 변화

주	1일	1	4	9	11	14	17
글로코스(mg/*l*)	384	1,076	969	892	823	775	724
휘발성지방산(μmol/*l*)		200	660	1,000	1,330	1,650	2,000
유리지방산(μmol/*l*)	992	280	316	250	254	283	217

표 3 · 16 각종동물의 혈당, 유산, 비단백질질소 및 콜레스테롤 농도

동물종	전혈(mg/d*l*)							혈청(mg/d*l*)
	혈당	총비단백질소	요소질소	요산	크레아틴	아미노질소	유산	총콜레스테롤
말	55~ 95	20~40	10~20	0.9 ~1	1~2	5~7	10~16	75~150
소	40~ 70	20~40	6~27	0.05~2	1~2	4~8	5~20	50~230
면양	30~ 50	20~38	8~20	0.05~2	1~2	5~8	9~12	100~150
산양	45~ 60	30~44	13~28	0.3 ~1	1~2			55~200
돼지	80~120	20~45	8~24	0.05~2	1~2	8		100~250
개	80~120	17~38	10~20	0.0 ~0.5	1~2	7~8	8~20	125~250
고양이	80~120		20~30	0.0 ~1	1~2			90~110
닭	130~260	23~36	0.4~1	2	1~2	5~10	47~56	125~200
사람	80~120	27~47	8~25	1.9 ~4.4	0.6	4.5~8	5~16	150~280

4) 비단백질소화합물

단밸질 이외의 질소화합물로는 요소, 크레아틴(creatine), 아미노산, 요산 등이 혈중에 존재한다(표 3 · 16). 열성질환이나 기아상태에서 혈중요소 등이 단백질의 소모(消耗)로 인하여 증가한다. 따라서 혈중요소농도는 단백질섭취량을 반영하여 증감하는 것으로 알려져 있다.

5) 기타

유기산으로는 유산, 케톤체(ketone body)등의 함량이 많다. 효소에는 일련의 hydrolase, tramshydrogenase, transaminase 등이 들어있다.

VIII. 혈액의 응고

혈액을 혈관외로 꺼내서, 가만히 두면 혈액은 유동성을 잃어버린다. 이것을 혈액의 응고(coagulation)라고 한다. 응고한 혈액내 혈구부분은 응괴(혈병)를 형성하여 점차적으로 퇴축하여 주위에 혈청이 침출해 온다. 혈병도 장시간이 흐르면 용해하여 다시한번 유동성을 갖게 된다. 혈액의 응고는 생명유지에 매우 중요한 혈액의 체외유출을 방지하는 기구로서 그 생리적 의의는 크다. 그러나 무언가의 이유로 혈관내에서 혈액이 응고하면 혈행을 상실하게 되어 동물은 사망에 이르게 된다.

1. 응고의 기구

혈액응고의 큰 요인은 프로트롬빈(prothrombin)이 효소의 작용에 의해서 트롬빈(thrombin)으로 바뀌고 이 트롬빈이 피브리노겐(섬유소원)에 작용하여 피브린(fibrin, 섬유소)을 만들고 이 피브린이 혈구를 휘감아서 응괴를 만드는 것이다. 그러나, 여기에 달하는 과정에는 혈중과 조직에 있는 대부분의 인자가 복잡하게 관여하고 있다는 것이 명백해지고 있다(그림 3 · 16).

조직의 손상을 될 수 있는 한 적게 하여, 채취한 혈액이 시험관 글라스 등의 이물에 접촉하게 되면, XII인자(Hageman factor)가 활성화된다. 생체내에서는 혈액이 혈관내피의 콜라겐섬유에 접촉하게 되면 키니노겐의 존재하에 프리칼리크레인이 칼리크레인이 되어 XII인자를 활성화한다. 이 활성화된 XII인자는 동일한 키니노겐의 존재하에 XI인자(plasma thromboplastin antecedant)를 활성화하여 활성화한 XI인자는 Ca2^{+}(IV인자)의 존재하에 IX인자(christmas factor)를 활성화하고, 활성화한 IX인자는 Ca^{2+}와 인지질과 VIII인자(antithemophilic factor)의 존재하에 X인자(Stuart factor)를 활성화한다. 사람의 경우 이 VIII인자가 결여된 혈우병이 생긴다. 활성화 X인자는 Ca^{2+}와 인지질과 V인자(procaccelerin)의 존재하에 II인자(prothrombin)를 트롬빈으로 하여, 트롬빈은 I인자(피브리노겐)를 피브린으로 변화시킨다. 이 응고경로를 내부경로(intrinsic path way)라고 한다.

만일, 조직의 손상결과, 조직 트롬보프라스틴(III인자)이 유리되면, 이 물질은 VII인자(proconvertin)를 활성화 시키고, 이 활성화된 인자는 X인자에 작용하여 활성화시키는 과정을 거치게 되지만 그 이후에

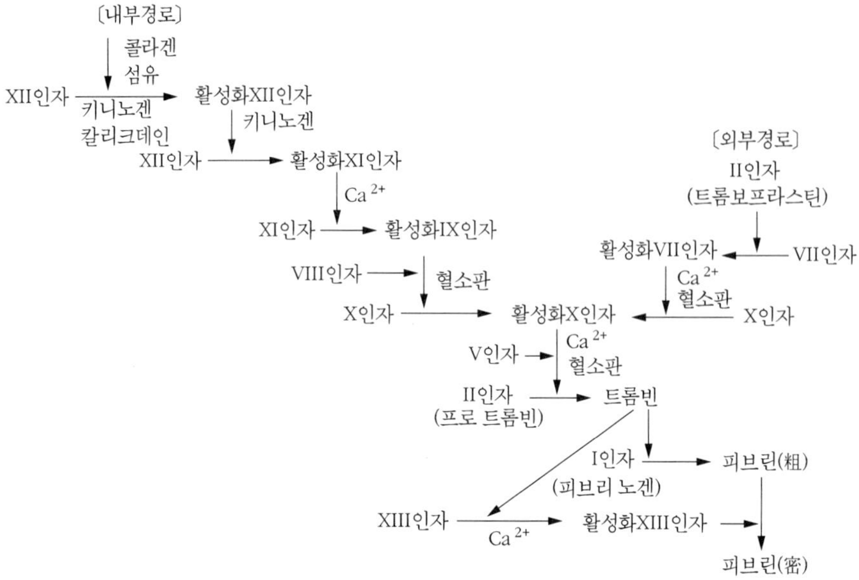

그림 3·16 혈액의 응고과정

는 내부경로와 같은 경로를 거쳐 최종적으로는 피브린을 형성한다. 이 경로를 외부경로(extrinsic path way)라고 하며 반응은 매우 빨리 진행된다.

트롬빈이 작용하여 피브리노겐으로부터 발생한 피브린은 섬유가 느슨하게 얽힌 상태로 아직 유동성을 가지고 있으나, 이것에 XIII인자(fibrin stabilizing factor)가 작용하면, 완전한 피브린의 응괴를 형성한다. 생성된 피브린(섬유소)응괴는 혈소판에 들어있는 혈소판퇴축인자(platelet thrombostenin)에 의해 더욱 수축한다. 그러나 이들 응괴는 혈장중에 존재하는 플라스미노겐(plasminogen)이 주의조직에서 유리된 조직 플라스미노겐활성체(tissue plasminogen activator)에 의해 활성화되어 발생한 플라스민에 의해 결국은 다시 용해되어 버린다. 이 현상을 섬유소용해(fibrinolysis)라고 한다.

2. 응고인자의 생성부위

조직 트롬보프라스틴은 혈관벽과 그 밖의 조직에 채워진 단백 · 지질복합체이나, 이것을 제거한 I~XIII 인자는 모두 간에서 만들어진 α 또는 β 글로불린에 속해있는 단백질이다. 그러나 XIII인자는 혈소판 중에도 있다. II, VII, IX, X인자는 비타민K의 존재하에 형성되기 때문에, 이 비타민이 부족하거나 작용이 저해하게 되면 출혈성질환이 발생한다.

지혈 : 혈소판에는 어느 정도의 혈액응고에 관계하는 인자가 들어있다. 거기에 혈소판은 혈관으로부터의 혈액의 유혈을 지혈(hemostasis)하는 작용이 있다. 혈소판은 혈관이 상처를 입어 노출한 콜라겐이 유입되어 혈관내피에 흡착한다. 혈소판은 과립에서 방출된 세로토닌에 의하여 혈관에 흡착되는 동시에 방출

된 ADP는 혈소판을 한층더 상호적으로 흡착시켜 일과성(一過性) 지혈혈전을 만든다. 이 혈전은 다시 한 번 응고혈액과 함께 혈관의 손상부위를 막아 지혈을 완성시킨다.

3. 응고시간

동물의 종류와 여러 가지 조건에 따라 혈액의 응고시간은 다르다. 새는 1~2분, 개와 면양은 4~8분, 사람 6~8분, 소 8~10분, 돼지 10~15분, 말 15~30분 등으로 어느정도 표준화 되어 있다. 상처부위를 막으면 지혈이 빨리 되며, 높은 온도와 부드러운 진탕, 혹은 트롬빈등의 효소를 첨가하는 것은 응고시간을 단축시킨다.

4. 응고방지

혈액에 다음과 같은 처리를 가하는 것에 따라, 응고를 방지하거나 또는 늦추는 것이 가능하다.

1) 혈액의 냉각 – 효소반응의 억제

2) 파라핀(paraffin)과 실리콘(silicone)으로 내면을 평활하게한 용기에 채혈 – XII인자의 활성화 억제

3) 섬유소 제거 – 응고과정 중에 혈액을 우모(羽毛) 등으로 끊임없이 휘저음으로서 피브린(섬유소)을 휘감아 제거할 수 있다. 이러한 혈액을 탈 섬유소혈(脫線維素血)이라고 한다.

4) 수산염(oxalate), 구연산염(citrate), 불화소다(sodiumfluoride), EDTA (ethylenediaminetetraacetic acid) – Ca^{2+}의 제거

5) NaCl, $MgSO_4$, Na_2SO_4등의 고농도 염류용액 – 응고인자의 불용화

6) 쿠마린(cumarin)과 그 유도체 – 비타민K의 작용저해에 따른 응고인자의 생성억제, 스위트클로버(sweet clover) 중에는 디쿠마롤(cumarin 유도체)이 들어 있어서, 소나 면양이 중독증상을 보일 수 있다.

7) 헤파린(heparin)– IX, X, XI및 XII 인자의 활성화 저해와 트롬빈의 작용억제, 해파린은 유산기를 함유한 무코다당류로서 강산성을 띈다. 간에서 만들어져 배출되었다하여 이름이 유래되었으나, 개를 제외하고는 간에는 함량이 많지 않다. 유혈중에는 염기호성구와 결합조직중에 많은 비만세포의 과립이 많이 들어있다.

IX. 혈액형

사람의 혈액형과 마찬가지로 모든 가축에 혈액형의 존재가 인정되고 있다. 그러나, 가축에서는 동종정상항체(동종속에서 태어나면서 보유하고 있는 항체)는 두서너 가지의 예를 제외하면 대부분이 인정되지 않으므로 사람처럼 적혈구에 대한 동종정상항체와의 반응에 의해 혈액형이 분류되는 것은 아니며, 주로 동종 또는 이종면역항체에 의해 분류된다.

각 가축의 혈액형의 종류를 표 3 · 17에 나타냈다. 소의 혈액형 시스템(동일 유전자에 속하는 대립유전자에 의해 결정되는 혈액형)은 현재 10종류로 분류되어, 약 76가지의 혈액형인자가 검출되어 있다. 말에

서는 7종 26가지의 혈액형인자, 돼지에서는 15종 약74가지의 혈액형인자로 분류되어 있다. 소, 면양, 산양의 혈구는 항체를 가해도 응집이 명료하지 않으므로, 모든 용혈반응이 일어나지만, 말, 돼지, 닭에서는 응집반응도 일어난다.

표 3·17 가축의 혈액형

동물종	
소	A(5), B(39), C(12), F(5), J(1), L(1), M(3), S(8), Z(1), T(1)
면양	A(2), B(9), C(2), D(2), M(3), R(2), X(2)
돼지	A(2), B(2), C(1), D(2), E(16), F(4), G(3), H(5), I(2), J(2), K(7), L(12), M(11), N(3), O(2)
말	A(7), C(1), D(11), K(1), P(2), Q(3), U(1)
닭	A, B, C, D, E, H, I, J, K, L, P, R

가축의 혈액형은 혈통등록, 친자감별, 난성진단(쌍자의 경우), 근친교잡도의 추정 등에 이용된다. 즉, 적혈구를 가진 혈액형인자는 모두 독립유전자에 의해 지배되며, 일정한 유전법칙에 따라 자손에 유전되기 때문이다.

가축간에 있어서 수혈이 넓게 행해지고 있지 않다. 이것은 사람처럼 용이하게 적합성을 판별할 수 있는 교차시험법이 없고, 또 경제동물이므로 다루기 쉬운 인공대용혈액이나 건조혈장을 가지고 수혈에 대신하는 일이 많기 때문이다. 그러나, 가축은 동종정상항체가 적으므로, 일반적으로 제1회의 수혈은 위험하지 않다. 그러나, 일단 동종면역항체가 체내에 형성되면, 다음 회부터의 수혈에는 항원-항체반응이 일어날 가능성이 있다. 반응 정도는 수혈의 간격과 혈액의 여러 가지 성질에 좌우되지만, 주로 항체량에 좌우된다. 부모의 혈액형 부적합에 의해 신생동물에서 황달이 일어나기도 한다. 이러한 현상은 주로 말과 돼지에서 나타난다. 이 원인은 교배에서부터 혈액형 부적합이 모자간에 발생하여 태아가 모친과 다른 적혈구 항원을 가진 경우, 분만시에 이 적혈구가 모체에 잠입하여 모체내에 항체를 생성한다. 제2산 이하의 말과 돼지에서는 이것들의 항체는 태반을 통과할 수 없으므로, 태아는 임신기간 중에는 보호되나, 출생 후 초유를 신생아의 혈중으로 이행(移行)하여, 신생아의 적혈구를 다량으로 용혈 시킨다. 이로 인해 신생아는 황달 증상을 보이며, 경우에 따라서는 죽음에 이르기도 한다.

최근, 동물의 게놈에 산재해 있는 마이트로세터라이트DNA에 대한 반복수(n)의 다형을 이용하여 개체식별이나 유량, 산육형질에 영향을 주는 양적형질유전자지도작성이 이루어지고 있다.

제 4 장 내분비

Ⅰ. 내분비 일반

고등동물은 여러 환경변화에 대응해서 내부환경을 조절하고 적응하는 구조를 갖추고 있는데 그 하나는 전도적(신경적) 조정기구이고 다른 하나는 운송적(체액적) 조정기구이다. 그 중 후자의 조정기구중 중요하게 역할을 수행하는 것이 내분비(endocrine)라 하고 그것을 중개하는 화학물질을 호르몬(hormone)이라 부른다.

호르몬이란 특정 조직과 세포에서 만들어져 직접 또는 림프를 통하여 혈액으로 유입, 이동하여 표적조직에 작용하고 그 조직의 기능에 영향을 미치는 화학물질을 일컫는다. 호르몬을 만드는 선을 내분비선(endocrine gland), 호르몬을 분비하는 것을 내분비(internal 또는 endocrine secretion)이라고 한다. 하지만 최근에는 호르몬은 특정 세포에서만이 아니고 여러 종류의 조직(소화관, 신경조직등)으로부터 분비되어지는 것으로 인식되고 있다.

1. 호르몬의 종류

현재, 호르몬라 불리우는 물질의 화학구조는 크게 나누어서 3가지로 나누어질 수 있다. 1) 아미노산유도체(사이록신, 카테콜라민등), 2) 펩타이드(뇌하수체 호르몬, 부갑상선호르몬, 인슐린, 글루카곤 등), 3) 스테로이드(부신피질 호르몬, 성 호르몬 등)이 있다. 또한 분비되어지는 조직에 따라 선성호르몬(뇌하수체, 갑상선, 상피소체, 췌장, 부신, 난소, 정소에서 분비되는 호르몬, 아울러 신장피질, 송과선으로부터 분비되는 호르몬도 포함되기도 한다)과 비선성호르몬(시상하부, 소관점막, 태반등에서 분비되는 호르몬)으로 분류 되어질 수 있다. 이들 중 췌장과 성선은 외분비도 동시에 행한다.

2. 호르몬의 특징

화학구조와 분비장기가 다르더라도 호르몬은 공통적인 특징을 가지고 있다.

1) 생체내에 생성되는, 극히 미량(혈장농도 10^{-12}~10^{-6}M)으로 작용한다. 비타민도 미량으로 생리활성을 갖는 물질이지만 생체내에서 모든 비타민이 생성되지는 않는다.

2) 특정조직 또는 기관에서 만들어지고, 특정장기나 조직에서 일어나는 반응을 조절할 수 있지만 새로운 기능을 만들어내지는 않는다.

3) 호르몬의 분비는 여러 조건에 의해 변화되고 일정하진 않지만 일장(日長), 성주기, 사료의 종류, 기후환경, 스트레스 등에 의해 그 분비율이 변한다. 호르몬에 의한 생체내 환경조절기구는 신경계에 의한 조절

기구와 상호 독립적으로 작용하지 않고 매우 연관성 깊게 기능을 수행하고 있다. 예를들면 외부정보와 신경을 매개로 하여 뇌에 전달되고 자율신경계가 분비하는 아세틸콜린, 노르아드레날린등의 전달물질의 작용에 의하거나 호르몬(부신으로부터 카테콜라민, 췌장에서 인슐린 등)을 분비시켜 각 지배부위의 기능을 변화 시키고 있다. 또는 뇌에 있어서 흥분은 시상하부를 경유해서 하수체에 전달하고 뇌하수체 전엽호르몬이 뇌하수체 전엽호르몬 방출호르몬에 의해서 전엽으로부터 분비되거나 시상하부에서 만들어진 호르몬이 후엽에 직접 전달되어 분비 되기도 한다. 그러한 결과는 거듭하여 뇌로 피드백되어 호르몬분비가 조절되어진다. 즉 생체내에서는 한종류의 신경-내분계조절기구 만이 존재하고 있다고 간주하여도 무방하다.

4) 호르몬은 끊임없이 생성되어지고 있지만 다른 한편으로는 끊임없이 배출되고 결국 분해 되어지고 있다. 이들 일련의 과정이 일어나는 이유는 호르몬이 필요에 따라 반응하고 그 작용을 보이기 위해 중요한 것이라 할 수 있다. 그러나 모든 호르몬이 동일한 속도로 합성, 분해되는 것은 아니다. 노르아드레날린은 신경 말단부로부터 매우 빠르게(0.5ms) 분비 되고 인슐린의 분비도 빠르지만 사이록신은 느리다. 혈중으로 분비되는 호르몬은 반감기도 각각 다른데, 아드레날린과 바소프레신은 2~3분, 인슐린, 글루카곤등은 폴리펩타이드은 30분, 사이록신의 경우는 1주간 정도를 요구한다. 이들의 반감기 차이는 각각의 호르몬이 그 특유의 조절작용을 보이기 위해 필요로 하는 시간이 다르기 때문이다.

3. 호르몬의 작용기구

자세한 내용은 제1장을 참조하기 바람.

II. 뇌하수체

뇌하수체(hypophysis, pituitary gland)는 구강의 일부인 라트케낭(Rathke's pouch) 배측에서 발달된 전엽 (anterior lobe, 선하수체 (adenohypophysis)의 일부), 제3뇌실의 저부가 발달한 후엽(posterior lobe, 신경하수체(neurohypophysis)의 일부) 및 발생적으로는 선하수체이지만 해부학으로는 후엽의 밀착해있는 중간엽(intermediate lobe)으로 되어 있다. 더욱이 신경하수체에는 누두(infundibulum)가 선하수체에는 융기부(pars tuberalis)가 포함되어있다(그림 4 · 1). 누두와 융기부를 포함해서 경부(stalk)라 한다. 하수체는 이와같이 발생학적으로 매우 다른 두가지의 기관이 합해져서 형성된 하나의 내분비 기관이다.

1. 전엽호르몬

뇌하수체 전엽의 세포는 색소에 염색되기 어려운 세포와 염색되기 쉬운 세포로 분류된다. Hematoxylin · eosin으로 염색할 경우 전자의 염색이 잘되지 않는 세포(chromophobe)는 비분비성 세포이고 분비세포로 분화될 가능성이 있는 세포이다. 후자의 염색이 잘되는 세포(chromophil)는 산성에 의해 붉게 염색되는 산호성 세포(acidophil)와 염기성에 의해 푸르게 염색되는 염기호성 세포(basophil)로 구분되어진다. 에즈린(Ezrin)의 염색으로 산호성세포는 α세포와 ε세포로 염기호성세포는 β세포와 δ세포로 분류되어진다. 염색이 잘되는 세포중 75%가 산호성 세포이고 25%가 염기호성 세포이다. 이들 세포는 성장 호르몬 (α세포), 프로락틴(ε세포), 난포자극호르몬(δ세포), 황체형성호르몬(δ세포), 갑상선자극호르몬(β세포)을 분비한다. 부신피질자극호르몬은 염기호성이 약한 과립이 많지 않은 대형세포(corticotrops)로부터 분비된다. 최근 조직학적 기술에 의해 이들 호르몬의 분비세포를 구분하는 것이 가능하게 되었다(그림 4 · 2).

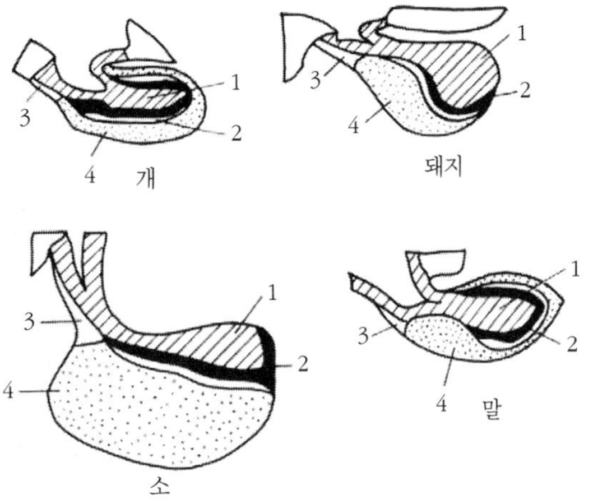

그림 4 · 1 각 동물의 하수체절단면의 모식도

신경 하수체… 1. 누두와 신경엽(후엽)

선하수체 { 2. 중간부…(중간엽) / 3. 융기부 / 4. 주부…(전엽)

(星野(忠))

전엽부위의 동맥은 내경동맥으로부터 나누어져 상하수체동맥이되고 하수체 경부를 지나 전엽으로 들어가 모세혈관망(동양혈관, 洞樣血管)이 된다. 이것은 전엽에 영양소를 공급하는 영양혈관이다. 또한 하수체에는 별도의 혈관분포를 가지고 있다. 즉, 앞에서 말한 상하수체동맥은 별도로 나뉘어져서 정중융기(median eminence)에서 모세혈관망이 되고 다시 모여져서 하수체 문맥계(hypophyseal-portal system)가 되어 동양혈관에 이어지게 된다. 동양혈관의 정맥혈관은 뇌기저부의 해면정맥동(海線靜脈洞)

그림 4 · 2 하수체호르몬의 분비세포상(돼지)

A : 산호성세포(GH, prolactin) B : δ세포(FSH, LH)

C : β세포(TSH)

(山口(高))

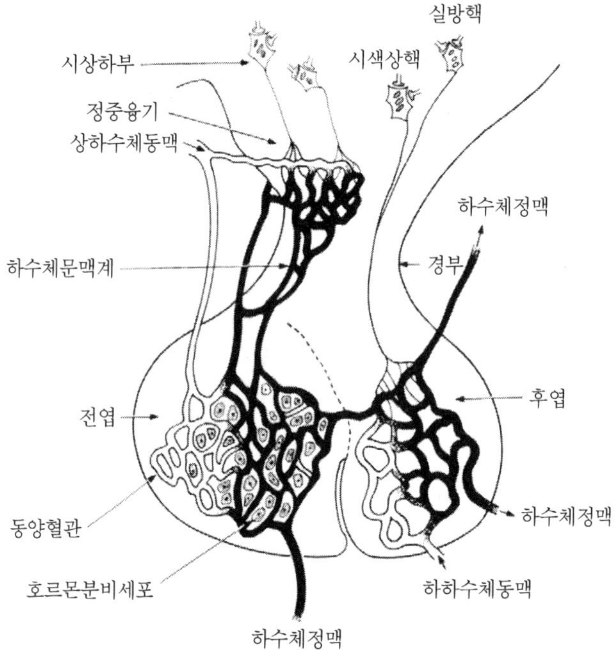

그림 4 · 3 하수체의 Hormone 분비양식 모식도

에 들어가게 된다(그림 4 · 3). 정중융기부의 모세혈관망과 시상하부의 뉴론말단과는 밀접하게 서로 접촉해 있기 때문에 뉴론말단에서 유리된 방출 호르몬(releasing hormone)은 모세혈관망에 들어가 하수체문맥계를 지나 전엽에 도달하여 분비세포로부터 호르몬분비를 촉진한다. 분비된 호르몬은 동양혈관의 혈액으로 유입되고 신속히 표적기관으로 운반되어져 작용을 나타내게 된다.

전엽호르몬의 분비는 시상하부의 신경세포내에서 합성된 방출 호르몬에 의해 제어되어지고 있다. 중엽호르몬 역시 방출호르몬의 제어를 받게 된다. 펩타이드호르몬은 먼저 프리프로호르몬으로써 합성되고 프로호르몬으로 된 후 최종적으로 골지체에서 호르몬이 되어 세포내과립에 저장되어진다.

1) 성장호르몬

성장호르몬(growth hormone, GH, somatotropic hormone, somatotropin, ST)은 펩타이드계 호르몬으로 소, 면양, 돼지, 말, 사람으로부터 얻어지는 것은 모두 191개의 아미노산으로 구성되어 있고 분자량은 약21,500이다(그림 4 · 4). 사람으로부터 얻어진 호르몬은 고양이, 쥐등에 작용한다. 일반적으로 계통 발생학적으로 상위에 있는 동물로부터 얻어진 호르몬은 하위동물에게 작용하지만 그 반대의 경우는 작용하지 않는다.

펩타이드의 아미노산 구성은 그림 4 · 5와 같이 약기호로 표시한다. 뇌하수체로 부터 분비되는 6종류의 호르몬 중 5종은 특정작용을 하는 표적기관을 가지고 있지만 GH의 경우는 서로 다른 수많은 장기의 대사

H–Ala–Phe–Pro–Ala–Met–Ser–Leu–Ser–Gly–Leu–Phe–Ala–Asn–Ala–Val–Leu–Arg–Ala–Gln–His–Leu–
(10: Leu, 20: His)

His–Gln–Leu–Ala–Ala–Asp–Thr–Phe–Lys–Glu–Phe–Glu–Arg–Thr–Tyr–Ile–Pro–Glu–Gly–Gln–Arg–Tyr–
(30: Lys, 40: Gly)

Ser–X–Ile–Gln–Asn–Thr–Gln–Val–Ala–Phe–Cys–Phe–Ser–Glu–Thr–Ilu–Pro–Ala–Pro–Thr–Gly–Lys–
(50: Val, 60: Ala)

Asn–Glu–Ala–Gln–Gln–Lys–Ser–Asp–Leu–Glu–Leu–Leu–Arg–Ile–Ser–Leu–Leu–Leu–Ile–Gln–Ser–Trp–
(70: Lys, 80: Leu)

Leu–Gly–Pro–Leu–Gln–Phe–Leu–Ser–Arg–Val–Phe–Thr–Asn–Ser–Leu–Val–Phe–Gly–Thr–Ser–Asp–
(90: Leu, 100: Ser)

Arg–Val–Tyr–Glu–Lys–Leu–Lys–Asp–Leu–GLu–GLu–Gly–Ile–Leu–ALa–Leu–Met–Arg–Glu–Val/Leu–Glu–Asp–
(110: Val, 120: Ile)

Gly–Thr–Pro–Arg–Ala–Gly–Gln–Ile–Leu–Lys–Gln–Thr–Tyr–Asp–Lys–Phe–Asp–Thr–Asn–Met–Arg–Ser–
(130: Gly, 140: Gln, 150: Arg)

Asp–Asp–Ala–Leu–Leu–Lys–Asn–Tyr–Gly–Leu–Leu–Ser–Cys–Phe–Arg–Lys–Asp–Leu–His–Lys–Thr–Glu–
(160: Gly, 170: His)

Thr–Tyr–Leu–Arg–Val–Met–Lys–Cys–Arg–Arg–Phe–Gly–Glu–Ala–Ser–Cys–Ala–Phe–OH
(180: Cys, 190: Ala)

그림 4·4 소의 성장호르몬의 아미노산배열
S-S 결합이 53과 164, 181과 189 사이에 있다.

Ala	alanine	Gly	glycine	Pro	proline
Arg	arginine	His	histidine	Ser	serine
Asn	asparagine	Ile	isoleucine	Thr	threonine
Asp	aspartic acid	Leu	leucine	Try	tryptophan
Cys	Cysteine	Lys	lysine	(Trp)	
Gln	glutamine	Met	methionine	Tyr	tyrosine
Glu	glutamic acid	Phe	phenylalanine	Val	valine

그림 4·5 아미노산의 명칭의 약기호

에 영향을 준다. GH는 근육과 내장기관을 성장시킴은 물론 골단에 융합하고 있지 않은 장골의 골단판의 폭을 넓게하거나 연골의 증식을 촉진시킨다. GH의 생물검정법으로서 하수체 적출쥐의 경골골단판의 폭의 증대를 계측하는 것이 행해져 왔다.

또한 GH는 단백질 합성작용이 있고, 혈중 아미노산 함량이 감소하고 세포내로의 아미노산유입을 증가시켜 질소의 축적량을 증가시키는 작용을 하기도 한다. 광물질 대사에 있어서는 Ca의 흡수가 증가되고 P의 혈중농도를 증가시키는 작용을 한다.

GH의 골성장, 단백질 합성작용은 직접작용과 GH에 의해서 간장에서 합성된 소마토메딘C (somatomedin C)을 매개로하는 것이 있다. 소마토메딘 C는 분자량이 약 8,000의 폴리펩타이드로써 인슐린양성장인자 I(insulin–like growth factor I, IGF–I)로 알려져 있다. 동물이 성장하여 장골단이 패쇄되면 골의 신장은 일어나기 어렵게 된다. 탄수화물과 지방대사에서 GH는 IGF–I을 매개로 하지 않고 직접 간장의 글루코스의 방출을 촉진하여 인슐린의 작용를 억제하는 것으로 당뇨병유발작용이 있다. 또한 축적지방을 분해해서 혈중 유리지방산 농도를 증가시킨다. 이들의 작용으로부터 GH는 케톤체 생합성을 증가시키게 된다.

아울러 GH의 비유촉진 작용이 소에서 확인되었다. 이는 GH가 직접 또는 IGF-I을 매개로 해서 유선에서의 각 영양소 대사를 증대시키는 방향으로 작용하는 homeorhesis(p. 89)의 결과라 추측되어진다(그림 4 · 6).

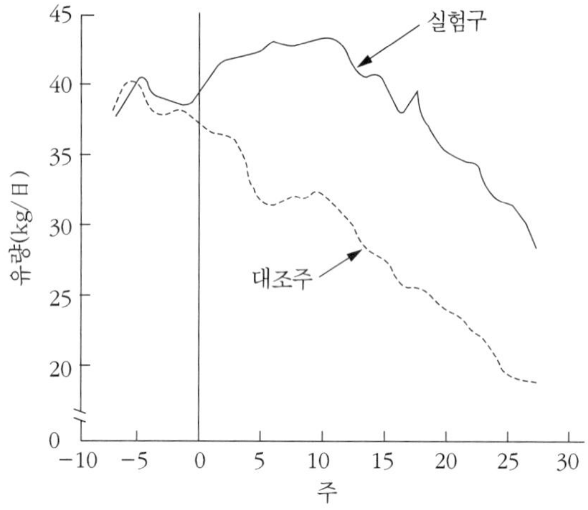

그림 4 · 6

하수체적출 흰쥐에 있어서 GH는 테스토스테론과 함께 부생식기의 성장을, 에스트로겐과는 유선포의 성장을, ACTH와는 부신피질의 성장을, 사이록신과는 열량생산작용을 촉진시킨다. 가축의 성장은 많은 외적 내적 요인과 유전적인 요인에 의해서 좌우 되지만, 호르몬의 관점에서 보더라도 단순히 GH만으로 가축의 성장에 영향을 끼치는 것이 아니고 위에서 말한 것과 같이 여러 가지의 호르몬의 상호작용에 의해서 가능하게 되는 것이라 할 수 있다.

GH의 혈중 농도는 신생아에서 가장 높지만, 그 후 일정수준으로 분비를 지속하게 된다. 이것은 GH가 단순히 성장뿐만아니라 각종 물질대사에 필요한 것을 의미한다.

성장호르몬 방출호르몬(GRH, GHRH)(소)
Tyr−Ala−Asp−Ala−Ile−Phe−Thr−Asn−Ser−Tyr−Arg−Lys−Leu−Gly−Gln−Leu−
10
Ser−Ala−Arg−Lys−Leu−Leu−Gln−Asp−Ile−Met−Asn−Arg−Gln−Gln−Gly−Glu−Arg−
20 30
Asn−Gln−Glu−Gln−Gly−Ala−Lys−Val−Arg−Leu−NH_2
40

Somatostatin(SRIF)(가축일반)
S ————————— S
Ala−Gly−Cys−Lys−Asn−Phe−Phe−Trp−Lys−Thr−Phe−Thr−Ser−Cys

갑상선자극호르몬 방출호르몬(TRH)(사람, 돼지, 소)
(pyro) Glu−His−Pro−NH_2

Corticotropin 방출호르몬(CRH)(면양)
H−Ser−Gln−Glu−Pro−Pro−Ile−Ser−Leu−Asp−Leu−Thr−Phe−His−Leu−Leu−Arg−Glu−Val−Leu−Glu−
10 20
Met−Thr−Lys−Ala−Asp−Gln−Leu−Ala−Gln−Gln−Ala−His−Ser−Asn−Arg−Lys−Leu−Leu−Asp−Ile−Ala−NH_2
30 40

성선자극호르몬 방출호르몬(GnRH)(가축 일반)
(pyro) Glu−His−Trp−Ser−Tyr−Gly−Leu−Arg−Pro−Gly−NH_2

그림 4 · 7 시상하부 Hormone

하수체 호르몬의 분비는 피드백기구에 의한다. GH의 경우는 시상하부로부터 분비되는 성장호르몬 방출호르몬(growth hormone-releasing hormone, GRH, GHRH)와 소마토스타틴(somatostatin, SST, somatotropin release inhibition factor, SRIF)(그림 4 · 7)에 의해 억제되어 진다. GRH는 하수체 전엽에 작용하여 GH를 분비시키고, 이들 GH는 IGF-I을 매개하거나, 혹은 직접적으로 각 조직에 작용한다. 한편 IGF-I은 하수체에 작용해서 GH의 분비를 억제하거나, 혹은 SST의 분비를 자극하는 것에 의해 GH의 분비를 억제한다. 또한 GH자체도 SST의 분비를 촉진하거나, 혹은 GRH의 분비를 억제하는 것에 의해 GH분비를 조절한다(그림 4 · 8). GH는 저혈당, 어떤 종의 아미노산(아르기닌등)의 혈중 농도증가, 강한 스트레스, 수면등에 의해서 분비가 증가하기도 하며 일중 맥동적 리듬으로 분비되는 것으로 알려져 있다.

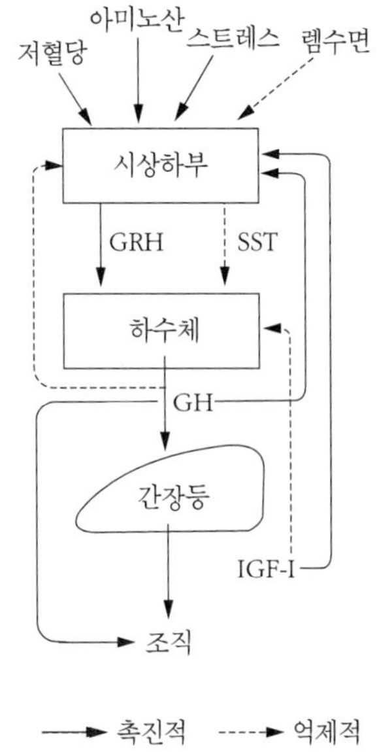

그림 4 · 8 성장호르몬의 분비조절

아미노산자극에 의한 GH분비효과는 종간의 차이를 보이고 있어 아르기닌은 소와 면양에서는 인슐린 분비를 자극하지만 GH분비는 그다지 자극하지 않는다.

최근 사람과 흰쥐를 비롯 많은 동물의 위점막으로부터 그레린(ghrelin)이라 불리우는 28개(반추동물에서는 27개)의 펩타이드 호르몬이 분리되어 하수체 GH분비를 자극하고 채식을 자극하는 것이 알려지고 있다 (KOJIMA 등, 1999). 이 펩타이드는 GHS(GH secretagogues)라 불리는 페미리에 속하며 GRH 결합수용체와 다른 수용체에 결합하여 GH분비를 자극한다.

2) 갑상선 자극 호르몬

갑상선 자극 호르몬 (thyroid-stimulating hormone, TSH; thyrotripin)은 당 단백질로 펩타이드 부분의 분자량은 소;28,000, 면양: 35,000, 사람: 28,000이다. TSH는 α와 β의 두가지 단위 구조로 되어있고, 생리적 활성이 최대가 되기 위해서는 양자가 결합해서 작용해야 한다(그림 4 · 9).

갑상선 자극호르몬의 작용은 갑상선에 이동해서 싸이로신(T_4)와 트리요오드싸이로닌(T_3)의 분비를 촉진한다. 하수체 적출 동물 실험에 의하면 TSH가 없더라도 갑상선 호르몬은 조금씩 분비되는 것으로 알려져 있다. 그러나 TSH를 주입하면 곧바로 갑상선의 혈류, O_2 및 글루코스의 소비도 증가하고 선세포내의 분비 과립의 생성도 증가된다. 한편 선세포의 단백질 분해효소가 활성화 되어 thyroglobulin 사이의 펩타이드결합을 제거함으로서 갑상선 호르몬이 유리된다. 장기간에 걸쳐 이 호르몬을 주사하면 갑상선이 비대해지고 중량이 증가되며, 기초대사량도 증가하게 된다. TSH의 기본적인 작용은 아데닐 레이트 사이클라제(adenyl late cyclase)를 활성화 시켜 cAMP를 증가시키는 것이다. TSH의 분비조절의 첫째는 시상하부

TSH-α

NH$_2$- Phe-Pro-Asp-Gly-Glu-Phe-Thr-Met-Glx-Gly-Cys-Pro-Glx-Cys-Lys-Leu-Lys-Glu-Asn-Lys-
5 10 15 20

Tyr-Phe-Ser-Lys-Pro-Asx-Ala-Pro-Ile-Tyr-Gln-Cys-Met-Gly-Cys-Cys-Phe-Ser-Arg-Ala-
25 30 35 40

CHO (Asn 56)

Tyr-Pro-Thr-Pro-Ala-Arg-Ser-Lys-Lys-Thr-Met-Leu-Val-Pro-Lys-Asn-Ile-Thr-Ser-Glx-
45 50 55 60

Ala-Thr-Cys-Cys-Val-Ala-Lys-Ala-Phe-Thr-Lys-Ala-Thr-Val-Met-Gly-Asn-Val-Arg-Val-
65 70 75 80

CHO (Asn 82)

Glx-Asn-His-Thr-Glu-Cys-His-Cys-Ser-Thr-Cys-Tyr-Tyr-His-Lys-Ser-COOH
85 90 95

TSH-β

NH$_2$- Phe-Cys-Ile-Pro-Thr-Glu-Tyr-Met-Met-His-Val-Glu-Arg-Lys-Glu-Cys-Ala-Tyr-Cys-Leu-
5 10 15 20

CHO (Asn 23)

Thr-Ile-Asn-Thr-Thr-Val-Cys-Ala-Gly-Tyr-Cys-Met-Thr-Arg-Asx-Val-Asx-Gly-Lys-Leu-
25 30 35 40

Phe-Leu-Pro-Lys-Tyr-Ala-Leu-Ser-Gln-Asp-Val-Cys-Thr-Tyr-Arg-Asp-phe-Met-Tyr-Lys-
45 50 55 60

Thr-Ala-Glu-Ile-Pro-Gly-Cys-Pro-Arg-His-Val-Thr-Pro-Tyr-Phe-Ser-Tyr-Pro-Val-Ala-
65 70 75 80

Ile-Ser-Cys-Lys-Cys-Gly-Lys-Cys-Asx-Thr-Asx-Tyr-Ser-Asx-Cys-Ile-His-Glu-Ala-Ile-
85 90 95 100

Lys-Thr-Asn-Tyr-Cys-Thr-Lys-Pro-Gln-Lys-Ser-Tyr-Met-COOH
105 110

(Glx는 Glu인지 Gln인지 알 수 없는 것. Asx는 Asp인지 Asn인지 알 수 없는 것을 나타낸다.)

그림 4 · 9 소의 TSH-α, TSH-β의 아미노산배열

로부터 분비된 3개의 아미노산으로 이루어진 갑상선 자극호르몬 방출호르몬 (thyrotropin-releasing hormone, TRH) (그림 4 · 7)이 하수체문맥을 경유해서 전엽에 도달해 TSH를 분비시키게 된다. 둘째는 순환혈중의 갑상선호르몬에 의한 네거티브 피드백(negative feed back)기전에 의한 것이다(그림 4 · 17). 갑상선 호르몬 농도의 증가는 직접, 전엽 및 시상하부에 작용해서 TSH와 TRH의 분비를 억제한다. 한랭 및 온열 자극에 의한 갑상선 호르몬의 증감은 시상하부를 매개로 TRH의 증감에 의한 것이다. 스트레스도 당질 코르티코이드를 분비시켜 이것이 TSH의 분비를 억제하지만 그 효과는 그다지 중요하지 않다.

3) 부신피질 자극호르몬

부신피질 자극호르몬(adrenocorticotropic hormone, ACTH; adrenocorticotropin)은 39개의 아미노산으로 구성되었고, 분자량은 4,500이다(그림 4 · 10). 전구물질이 되는 POMC(pro-opiomelanocortin)으로부터 β-엔돌핀 등과 함께 생성되어진다. 1~24번과 34~39번 아미노산배열은 모든 동물에서 동일하지만 25~33번의 아미노산구성은 동물종에 따라 다르다(그림 4 · 11). 지금까지 분리된 ACTH는 다른 종

Ser–Tyr–Ser–Met–Glu–His–Phe–Arg–Trp–Gly–Lys–Pro–Val–Gly–Lys–Lys–Arg–Arg–Pro–Val–
5 10 15 20
Lys–Val–Tyr–Pro–Asn–Gly–Ala–Glu–Asp–Glu–Ser–Ala–Glu–Ala–Phe–Pro–Leu–Glu–Phe
25 30 35

그림 4 · 10 사람의 ACTH의 아미노산배열

소	–Asn–	Gly–	Ala–	Glu–	Asp–	Glu–	Ser–	Ala–	Gln–
돼지	–Asn–	Gly–	Ala–	Glu–	Asp–	Glu–	Leu–	Ala–	Gln–
면양	–Asp–	Gly–	Ala–	Glu–	Asp–	Glu–	Ser–	Ala–	Gln–
	25	26	27	28	29	30	31	32	33

그림 4 · 11 ACTH 아미노산배열의 동물 종에 따라 다른 부분

의 동물에서도 모두 작용하는 것로보여 그 작용부위는 공통아미노산 배열에 있다는 것을 알 수 있다. ACTH는 부신피질에 작용해서 당질 코르티코이드를 분비시킨다. 동시에 글루코스 대사와 단백질 합성을 증가시켜 부신피질내 아스코빅산(ascorbic acid)과 콜레스테롤의 감소가 일어나게 된다. 또한 혈중 림파구와 호산구(eosinophil)수의 감소가 일어난다. ACTH의 주사를 지속하면 부신피질의 속상대(束狀帶)와 망상대(綱狀帶)는 비대해지고 세포수는 증가하지만 구상대(球狀帶)에 대해서는 생리적 수준에서는 효과가 없다. ACTH는 부신피질 세포의 adenyl late cyclase와 protein kinase에 작용해서 유리 콜레스테롤을 생성한다. 콜레스테롤은 미토콘드리아에 들어가 pregnenolone으로 변하였다가 다시 glucocorticoid로 전환되어서 세포밖으로 방출된다. 아스코빅산(ascorbic acid)은 코르티코이드의 생성을 돕는다.

또한 ACTH는 유리지방산과 간지방을 증가시켜 케토시스(ketosis)를 일으키는 작용을 한다.

ACTH의 분비에 일주성이 있는 것은 많은 포유동물에서 밝혀졌다. 사람에서는 이른 아침에 높고 저녁에는 낮다. 야행성 동물의 경우에는 저녁에 높다. 이와같이 일주성은 대뇌변연계나 시상하부의 활동에 영향을 받고 있는 것이다.

ACTH의 분비는 시상하부로부터 분비되는 코르티코트로빈 방출호르몬(corticotropin–releasing hormone, CRH)에 의해서 촉진되어진다(그림 4 · 7). 이호르몬은 시상하부의 내측융기내에서 분비되어 하수체 문맥을 통해서 전엽의 염기호성 세포에 도달해 ACTH의 분비를 자극한다. ACTH분비를 자극하는 인자에는 종간의 차이가 인정된다. 반추동물의 경우 CRH은 ACTH분비를 자극하지 않고 AVP(그림 4 · 12)를 자극하는 쪽이 효과가 훨씬 현저하다.

또한 하수체 문맥혈중의 AVP농도도 CRH보다 고농도라는 것이 면양에서 확인되었다 (ENGLER 등, 1999).

대뇌를 경유하는 공포, 불안 등의 정동 스트레스, 또는 망양체를 통한 외상 스트레스, 아울러 일주 변동을 일으키는 요인 등이 CRH와 AVP의 분비를 촉진 시키고, 이들은 ACTH의 분비를 증가시킨다. ACTH에 의해 혈중 농도가 증가한 당질 코르티코이드가 시상하부를 자극하여 CRH와 AVP분비를 억제하거나 뇌하수체 전엽에 작용해서 ACTH 그 자체의 분비를 억제한다. 이와 같이 네거티브 피드백기구를 통하여 ACTH의 분비가 조절되어진다.

4) 난포자극호르몬

난포자극호르몬 (follicle-stimulating hormone, FSH)은 황체형성호르몬과 함께 성선자극호르몬 (gonadotropic hormone, GTH; gonadotropin)이라고도 불린다. 프로락틴이 황체자극호르몬으로써 성선자극호르몬에 포함되는 경우도 있다.

FSH은 당단백으로 분자량은 약 30,000이다. 암컷의 경우 난포의 초기발육을 자극하기도 하고 황체형성 호르몬과 함께 난포의 성숙을 완성하기도 한다.

난포가 발육해 난자를 많은 층의 세포가 둘러싸게 되면 FSH는 난포액을 분비시켜 과립층을 발달시킨다. FSH는 수컷에서는 정자 형성을 유지하게 한다.

5) 황체형성호르몬

황체형성 호르몬 (luteinizing hormone, LH; interstitial cell stimulating hormone, ICSH)은 FSH와 동일하게 당단백으로 분자량이 30,000이다.

LH은 FSH과 함께 난포발육을 작극함과 동시에 에스트로겐의 분비를 개시시킨다. LH의 급격한 분비량 증가는 배란을 유도하고 황체의 형성을 개시시킨다. 아울러 황체로부터 프로게스테론의 분비를 촉진 시킨다. 수컷의 경우 간질세포자극호르몬 (ICSH)라고 불리고 있는데 이는 정소의 간질세포(Leydig세포)에 작용해서 테스토스테론의 분비를 촉진하기 때문이다.

6) 프로락틴

프로락틴(prolactin, luteotropin, lactogenic hormone, PRL)은 성장 호르몬과 유사한 구조를 가지고 있고 면양의 프로락틴은 198개의 아미노산으로 되어 있다. 프로락틴은 에스트로겐과 프로게스테론이 미리작용해서 발육된 유선에 작용하여 유즙을 분비시킨다. 프로락틴은 비둘기와 다른 조류의 소낭발육 및 소낭유의 분비를 촉진하는 작용을 하기 때문에 이전에는 이러한 작용이 프로락틴의 생물학적 검정에 이용되었다.

프로락틴은 마우스와 rat 등의 설치류의 황체의 기능을 유지하는 작용이 있기 때문에 황체자극 호르몬 (luteotropic hormone; LTH)라고도 불리었다. 그러나 이러한 작용은 토끼, 소, 사람등 다른 동물에서는 일어나지 않는다.

성선자극호르몬의 분비조절도 다른 전엽호르몬과 동일하게 성선 호르몬과 시상하부 방출 호르몬들 사이의 피드백 기전에 의한다. 생식선을 제거하면 FSH와 LH의 분비가 증가되고, 시상하부를 파괴하면 이러한 증가가 억제 된다. 소량의 에스트로겐을 시상하부내에 넣으면 난소의 위축이 일어나게 된다. 이들의 사실로부터 난포자극 호르몬 방출 호르몬 (follicle-stimulating hormone-releasing hormone, FRH)의 존재가 확인 되었다. FRH는 FSH의 분비를 촉진하고 성숙한 난포로부터 분비된 에스트로겐은 FRH의 분비를 억제한다. 동일하게 시상하부에는 황체형성 호르몬방출 호르몬(luteinizing hormone-releasing hormone, LRH)이 존재하고 이들은 LH의 분비를 촉진 하지만 프로게트테론 또는 테스토스테론에 의해서 억제 되는 것이 알려져 있다. FRH와 LRH는 동일한 물질이라는 것이 확인되어 성선 자극 호르몬 방출 호르몬(gonadotropin-releasing hormone, GnRH)라고 불린다(그림 4 · 7).

프로락틴의 분비도 시상하부에 의해서 제어 되어지고 있다. 지금까지는 갑상선자극호르몬(TRH)에 프로락틴 방출 자극효과가 있는 것이 알려져 있지만, 최근 프로락틴 방출 호르몬(prolactin-releasing hormone, PrRH)의 유전자가 동정되어 31개의 펩타이드(분자량 3,664)가 자극효과를 가지는 것이 보고되어 있다 (HINUMA등, 1998). 한편 프로락틴 방출억제인자는 설치류에서는 도파민(그림 4 · 3)이라 생각되어지지만 반추동물에서는 분명하지 않다. 흡유 자극은 시상하부를 매개로하는 프로락틴을 함유한 하수체 호르몬의 분비를 촉진하는 것이 알려져 있다. 성선자극호르몬의 작용에 대해서는 제12장에서 서술하기로 한다.

2. 중엽호르몬

중엽은 라트케낭(Rathke's pouch)의 일부로부터 형성되어졌지만 후엽에 밀착되어 있어 전엽과는 잔류구(residual cleft)로 구분되어져 있다. 중엽세포의 대부분은 과립을 가지고 있지 않지만, 경우에 따라서는 전엽의 염기호성세포와 동일한 과립이 관찰되기도 한다.

멜라닌 세포자극 호르몬 (melanocyte-stimulating hormone, MSH)은 폴리펩타이드호르몬으로서 중엽으로부터 α 및 β-MSH, 전엽과 중엽으로부터 γ-MSH의 3종이 분비된다. α-MSH의 전구체는 ACTH이기 때문에 그 구조를 보면 ACTH의 1~13번째 아미노산 배열과 정확히 일치하고 모든 포유동물에서 동일하다. 그렇지만 ACTH는 MSH에 비하여 약한 MSH 작용을 보인다. 또한 β-MSH의 전구체는 리포트로핀(lipotropin)이라고 하는 호르몬으로 β-MSH의 아미노산 배열은 동물종에 따라 매우 다르게 나타난다. γ-MSH의 효과는 다른 MSH와 유사하다.

어류, 파충류, 양서류에는 멜라닌 과립을 함유하고 있는 멜라노포어(melanophore)라고 불리는 세포와 이리도포어(iridophore)라 불리는 빛을 반사하는 작은 판(소판)을 가진 세포도 존재한다. MSH가 분비되면 멜라노포어의 멜라닌 과립이 세포주변에 분산되고 이리도포어안의 반사성소판은 응집되어 피부색이 검게된다. MSH 분비가 억제되면 메라닌 과립은 응집되어 반사성 소판은 분산되어 피부색이 하얗게 된다. 환경이 어두워지면 망막(retina)은 신경자극을 시상하부에 보내고 이로부터 MSH방출 호르몬 (MSH releasing-hormone, MSH)이 분비되고 하수체로부터 MSH가 유리한다. 환경이 밝아지면 MSH억제 호르몬(MSH inhibition-hormone, MIH)이 분비되고 MSH의 유리는 억제되어진다고 믿고 있다.

포유동물과 조류의 하수체에도 MSH는 함유되어 있지만, 메라노포어 및 이리도포어는 가지고 있지 않기 때문에 환경에 대한 피부 색을 변화시키는 것은 가능하지 않다. 포유류에 대한 MSH는 시험관내 지방 분화 작용을 나타내는 것이 알려져 있지만, 생체 내에서의 작용은 분명하지 않다.

3. 후엽호르몬

하수체 후엽은 발생학적으로 제3뇌실의 저부로부터 생성된 것으로 성숙한 동물이 되더라도 신경성 성질을 가지게 된다. 후엽에는 시상하부의 시소상핵 (supraoptic nuclei)와 실방핵(paraventricular nuclei)에 세포체를 가진 다수의 무수 신경섬유가 분포되어져 있고 선세포는 없다. 신경섬유의 말단은 혈관에 밀착 되어져 있다(그림 4 · 3).이러한 신경세포와 섬유에는 Gomori염색으로 염색되는 과립이 포함되어져 있다. 이러한 과립은 단백질과 결합한 호르몬으로 신경섬유내를 통과하여 후엽으로 이동되어 신경섬유의 말단에 저류되었다가 필요에 따라 전구체 분자의 일부에 단백질 (neurophysin)과 함께 혈중에 방출된다. 혈중에 있어서 neurophysin의 생리적 작용은 아직 분명하지는 않다. 뉴론 말단으로 호르몬분비를 신경분비 (neurosecretion)라고 말한다. 그러나 현재에는 거의 대부분의 뉴론말단으로부터 화학물질이 분리되고 전달 물질로써 시냅스사이 또는 신경과 근육 사이등의 흥분 전달이 행하여 지는 것이라 믿고있기 때문에 광의적으로는 거의 대부분의 신경이 신경분비를 행하는 것으로 여겨지지만, 협의의 개념에서는 원격의 세포에 작용하는 화학물질이 신경섬유 말단에서 체액주변으로 분비되는 것을 신경분비라 정의할 수 있다.

1) 항이뇨 호르몬

항이뇨 호르몬 (antidiuretic hormone, ADH)는 바소프레신 (vasopressin)이라 불리며 아미노산수가 8개 분자량이 약 1,000의 폴리펩타이드이다. 바소프레신은 그 아미노산구성의 차이로부터 아르기닌 · 바소프레신(AVP, 거의 대부분의 포유류)와 아르기닌이 라이신으로 치환된 라이신 · 바소프레신(돼지와 하마)가 있다. 또한 조류, 파충류, 양서류, 어류는 아르기닌 · 바소토신(arginine vasotocin)을 가지고 있다(그림 4 · 12).

아르기닌 · 바소프레신 (ADH, AVP)	Cys–Tyr–Phe–Gln–Asn–Cys–Pro–Arg–Gly–NH_2 (S–S: Cys¹–Cys⁶)
아르기닌 · 바소토신	Cys–Tyr–Ile–Gln–Asn–Cys–Pro–Arg–Gly–NH_2 (S–S: Cys¹–Cys⁶)
옥시토신	Cys–Tyr–Ile–Gln–Asn–Cys–Pro–Leu–Gly–NH_2 (S–S: Cys¹–Cys⁶)

그림 4 · 12 바소프레신라 옥시토신의 아미노산배열

ADH는 신장의 세뇨관에 작용해서 원뇨로부터 물의 재흡수를 촉진하고 수분을 체내 보존하도록 하는 기능을 가진다. 생체내 수분이 부족하면 혈액의 삼추압이 상승하게되어 시상하부에있는 삼투압수용체가 작동하게 되어 ADH를 분비시킴으로 삼투압을 정상으로 유지한다. 또한 출혈 등으로 동맥혈압이 낮아지

게 되면 ADH가 분비되지만, 혈압을 충분히 상승시키기에는 부족하다. 이와 같은 경우에는 카테콜라민도 동시에 분비되어 혈압을 상승시킨다.

세포외액량의 감소로 인한 혈액 용적의 감소는 ADH분비를 촉진하다. 순환계안에서 폐의 혈관과 좌우의 심방에 있는 신장(伸張)수용기에 가해지는 압력이 낮아지면 ADH의 분비가 시작된다. 그 결과 신장에 있어서 수분의 움직임이 변화되어 혈액량이 조절된다.

ADH는 신장의 원위세뇨관과 집합관의 세포에 작용하여 세포내의 cAMP를 증가시키고 proteinkinase를 활성화 시켜 물의 투과성을 높이게 된다.

시상하부의 일부를 파괴하거나 하수체 질환등에 의해 ADH가 분비되지 않으면 뇨붕증(尿崩症, diabetes insipidus)이 발생한다. 이와 같은 질병의 특징은 뇨량이 급격히 증가하는 것이다. 만약 이러한 경우 뇌하수체 전엽이 동시에 제거되면 뇨붕증의 증상이 소실된다. 이것은 전엽의 ACTH, TSH 및 GH가 소실되는 결과 신장의 수분대사 양식이 변화하기 때문인 것으로 설명할 수 있다.

2) 옥시토신

옥시토신(oxytocin)은 8개의 아미노산으로 구성되어 있으며 ADH와 매우 유사한 구조를 보이고 있다(그림 4 · 12). 분자량은 1,000이다.

옥시토신의 작용은 크게 나누면 자궁수축작용과 사유작용(milk ejection)으로 구분되어진다. 임신중의 자궁은 프로게스테론우위의 상태에 있기 때문에 옥시토신에 반응하지 않지만, 임신 말기에는 에스트로겐우위가 되어 자궁근육층중의 옥시토신 수용체수가 백배이상으로 증가하기 때문에 옥시토신은 자궁근을 강하게 수축시키게 된다. 분만시 자궁경관이 확대되면 옥시토신은 충분량이 분비되어 분만을 돕게 된다. 발정주기의 난포기에도 에스트로겐이 우위에 있기 때문에 옥시토신은 자궁을 수축시키고 계속해서 배란과 함께 정자의 난관으로의 운송을 돕게 된다. 교미시 옥시토신이 분비되어 자궁운동을 자극하는 것으로 여겨진다.

옥시토신은 유선포와 유관에 있는 근상피세포를 수축시켜 사유(milk ejection)을 일으킨다. 이러한 사유반사를 일으키는 자극은 흡유작용이기도 하다. 시상하부의 시색상핵과 실방핵을 전기적으로 자극하면 사유가 일어나게 되는 것으로부터 유두부근의 촉수용기에 분포되어있는 신경 implus는 상행하여 시상하부를 지나 후엽에 도달하는 반사궁이 형성되는 것이 알려져 있다. 이러한 반사궁은 감정적인 스트레스 와 마취제로 용이하게 억제된다. 각종동물에서 흡유자극후 약 30초에서 유방내압이 상승한다고 한다.

Ⅲ. 송과선

송과선(pineal gland 또는 epiphysis)은 제3뇌실의 위쪽 부분으로, 시상의 후방, 중뇌엽의 전상방에 위치한다. 송과선 세포는 신경교세포 및 분비세포와 비슷한 세포로 이루어져 있다.

송과선의 기능은 일주성과 계절성의 조절에 있다. 송과선 추출액에는 부신피질에 작용하는 알도스테론

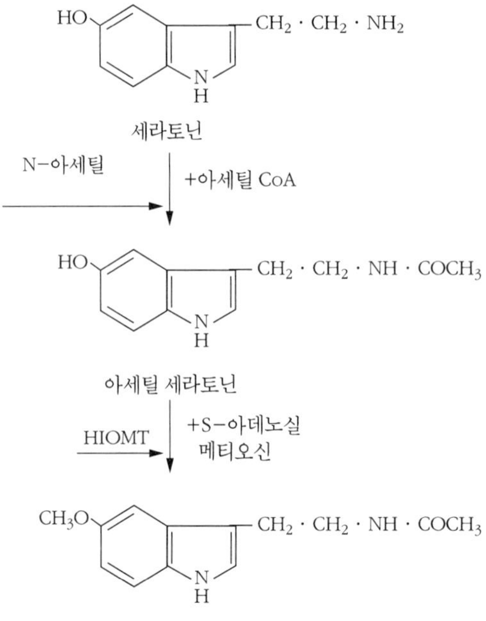

그림 4 · 13 멜라토닌의 생합성

HIOMT: Hydroxy · Inositol-o-methyltransferase

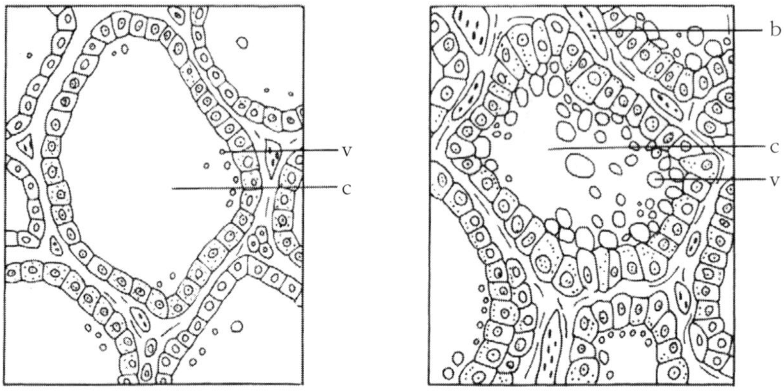

A: 정상시
여포상피세포는 편평~입방형
콜로이드(c)가 충만

B: 활동시(TSH 주사)
여포상피세포의 비대 입방~원주화,
흡수공포(v)의 증가, 콜로이드 감소,
b. 모세혈관

그림 4 · 14 갑상선의 조직상

(aldosterone)의 분비를 촉진시키는 glomerulotropin이 함유되어 있다. 또한 올챙이의 melanotrophore에 작용하여 멜라닌세포 자극호르몬(MSH)의 작용과는 반대로 피부색을 퇴색 시키는 멜라토닌을 함유하고 있다. 멜라토닌(melatonin, N-acetyl-5methoxy tryptamine)은 세로토닌(serotonin, 5-hydroxy tryptamine; 5-HT)으로부터 생성된다(그림 4 · 13). 포유동물의 송과선내에도 멜라토닌은 포함되어져

있다. 송과선은 광수용체(photoreceptor)로 작용하고 광주기(photoperiod)에 반응하여 멜라토닌의 합성과 분비가 이루어진다. 송과선은 광수용체로 작용하여 광주기(photoperiod)에 동조하여 멜라토닌의 합성과 분비가 행해지고 있다. 송과선에는 교감신경이 분포되어 있어 광자극에 의해 신경 말단에서 노르아드레날린의 분비를 억제하고 N-acetyltransferase의 활성을 저하시켜 멜라닌 합성을 감소시킨다. 반대로 어둡게 하면 이러한 현상은 역전되어 일주 변화가 생긴다.

계절번식성이 있는 동물(면양, 산양, 말, 고양이)의 발정은 광주기에 의존하고 있는 것으로 알려져 있다.

Ⅳ. 갑상선

많은 포유동물에서 갑상선(thyroid gland)은 후두의 바로 아래, 제 1 혹은 제2 기관륜(tracheal ring)에 덮여있고 좁은 소엽에 의해 연결되어 있는 나비모양의 분비선이다. 조류에서 갑상선은 흉곽의 바로 외측에서 기관의 양측에 위치하고 있다. 갑상선은 다수의 구형 또는 난형의 여포(follicle)가 결합하여 만들어져 있고, 각 여포의 벽에는 선세포가 한층으로 배열되어 있다. 그리고 여포내에는 요오드를 함유한 단백질로 된 교질(colloid)이 가득 차 있다. 여포내 교질이 적고, 선세포가 입방형으로 혈관이 잘 보일때는 갑상선이 활동하고 있는 상태이고, 여포내의 교질이 많고, 선세포가 압박되어 평평한 상태 일때는 갑상선

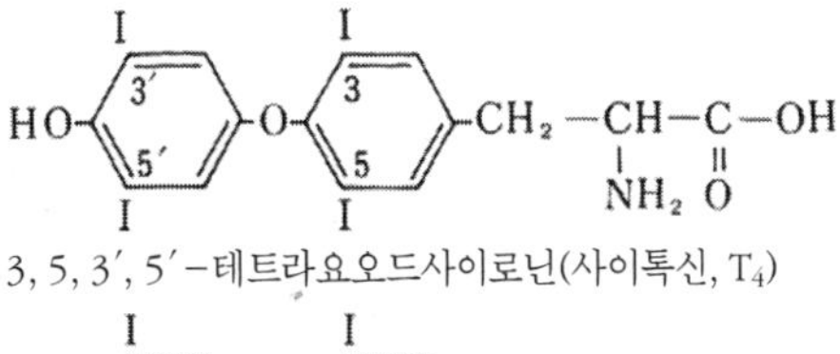

3, 5, 3′, 5′-테트라요오드사이로닌(사이톡신, T_4)

3, 5, 3′-트리요오드사이로닌(T_3)

그림 4 · 15

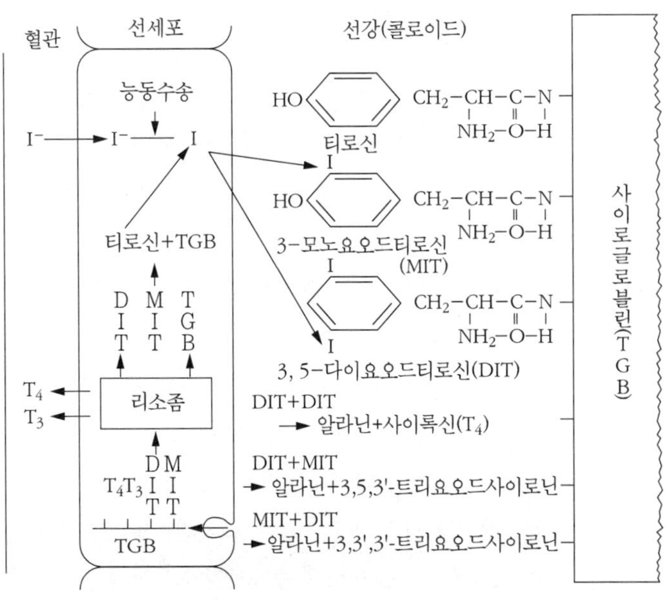

그림 4 · 16 갑상선 Hormone의 합성과 분비

이 휴지상태를 나타낸다(그림 4 · 14). 각 여포내 혈관분포는 풍부하고 동정맥몰합(arteriovenous anastomosis)과 임파관도 볼 수 있다.

합성과 분비 : 갑상선이 분비하는 주된 호르몬은 사이로신(thyroxine, T4)와 소량의 트리요오드사이로닌(triiodothyronine, T3)과 역 트리요오드 싸이로닌(3, 5, 3′−triiodothyronine, T3 및 3, 3′, 5′−triiodothyronine, RT3)(그림 4 · 15)이다. 이들 호르몬은 교질내 사이로글로블린(thyroglobulin)에 결합해서 존재하고 있다. 사이로 글로블린은 분자량 약 66만의 당단백질이다.

사료로부터 섭취된 요오드는 요오드화물의 형태로 혈중에 흡수되어 일부는 신장을 거쳐 요중으로 배설되지만, 갑상선에 의해 매우 효과적으로 보충되어진다. 요오드 이온은 활성흡수에 의해서 갑상선 세포에 들어가기 때문에 그러한 기전을 요트화물트랩 또는 펌프(iodide trap, 또는 iodide pump)라고 부른다. 이러한 기전은 TSH의 존재하에 촉진된다. 세포내 유입된 요드화합물은 산화되어 요오드로 된다. 이러한 산화반응에는 peroxidase가 관여하고 있다. 요오드는 사이로글로블린(thyroglobulin)에 펩타이드결합을 하고 있는 티로신의 3의 위치에 결합해서 모노요오드티로신(monoiodotyrosin(MIT))이 되고 제5의 위치에 결합해서 디요오드 티로신(diiodotyrosine(DIT))이 된다. 2개의 DIT분자가 산화적으로 축합하면 thyroxine(T4)이, 1분자씩의 MIT와 DIT가 결합하면 트리요오드싸이로닌(triiodothyronine, T3)이 생성된다. 이러한 경우 알아닌 1분자가 방출된다. 생성된 T4와 T3는 사이로글로블린분자에 결합한 채로 여포내에 저장된다(그림 4 · 16).

여포중의 갑상선호르몬과 결합한 사이로글로블린은 여포벽의 선세포중에 세포의 식작용(pinocytosis)에 의해서 흡수되고, 선세포중의 리소좀안의 단백질 분해효소에 의해서 사이로글로블린과 호르몬사이의 펩타이드 사슬이 잘리게 되어 MIT, DIT, T3, T4가 세포질중에 유리된다. 모노 및 디요오드티로신은 iodotyrosindehydrogenase의 작용에 의해 요오드가 분리되고 요오드는 재이용되어지지만, T4와 T3는 이러한 효소가 작용하지 않기 때문에 환원형형태로 혈중으로 배출되게 된다(그림 4 · 16).

보통은 갑상선내의 요오드의 약 30%가 T4형태로 존재하고 10%이하가 T3형태로 존재한다. 따라서 갑상선 세포는 요오드를 흡수 축적하여 갑상선 호르몬을 생성하고, 여포내로 분비하는 작용과 다시 세포내로 끌어들인 후 혈중으로 방출하는 작용을 가지고 있다.

혈중에 방출된 갑상선 호르몬은 즉시 혈장 단백질과 가볍게 결합한다. 혈장 단백질은 결합한 요오드(protein bound iodine, PBI)의 대부분은 갑상선 호르몬의 요오드이기 때문에 이것을 측정하는것에 의해 환원형 혈중 갑상선 호르몬 농도를 추정할 수 있다. 돼지 소, 면양, 말에서는 대부분이 α−글로블린에 결합하고 알부민에 결합하는 것도 일부 있다. 조류에서는 알부민과 프리알부민에 결합하여 있다. 사람은 글로블린과 프리알부민에 결합하고 있지만 소와 돼지에는 갑상선 호르몬결합 프리 알부민은 없다.

작용 : 대사량 증가효과는 갑상선 호르몬의 작용중 가장 두드러진 것으로, 갑상선 호르몬은 일부 기관(뇌, 정소, 자궁등)을 제거시, 모든 조직에서 O_2소비량을 증가시켜 열생산량을 증대시킨다. 갑상선 호르몬의 투여에 의한 효과는 수시간후에 시작되고 수일간 지속된다. 그러나 갑상선호르몬의 작용기전은 아직

충분히 알려져 있지 않다.

T4의 대부분은 순환혈중에서 T3로 변하게 되는데, T3는 세포핵에 있는 T3수용체에 결합하고, 그 결과 생성된 mRNA의 작용에 의해서 Na^+/K^+ATPase의 활성화가 진행된다. Na^+/K^+ATPase는 Na^+의 운송을 촉진하고 산소의 소비량을 증대시킨다. 또한 열생산에 깊은 관계가 있는 미토콘드리아에도 T3 수용체가 존재한다.

갑상선호르몬은 소장으로부터 글루코스의 흡수를 촉진하고 간장의 글리코겐의 글루코스로의 변환과 당신생을 자극한다. 단백질을 분해하여 부(−)의 질소 평형을 초래한다. 그러나 이들 작용은 단순하지 않아 갑상선 호르몬 양에 의해 그 반대의 경우도 일어날 수 있다.

갑상선 호르몬은 혈중 콜레스테롤을 저하시키지만, 이는 저밀도지단백(VLDL)에 의해 유입된 것이다.

갑상선 호르몬은 정상적인 성장과 발육에 필수적인 호르몬으로 성장호르몬과 협동작용을 통하여 그 효과를 증대시키게 된다. 양서류의 변태에 미치는 효과는 분명해서 과거 올챙이에 대한 변태 촉진효과가 갑상선 호르몬의 생물학적 검정법으로 이용되기도 하였다.

갑상선호르몬과 카테콜라민의 작용은 매우 유사하여 상호 연관되어져 있다. 교감신경계를 손상시키면 갑상선 호르몬 대사량 증가 효과가 나타나지 않아 갑상성호르몬의 작용의 발현에는 카테콜라민이 필요하다는 것을 알 수 있다.

T3의 생리적작용은 T4보다 빠르게 나타나고 강하게 나타나지만 작용기간은 짧다.

분비조절 : 갑상선 호르몬의 분비조절은 첫째로 TSH의 작용에 의한 것으로, TSH의 분비는 순환 혈중의 유리 T4와 T3의 증감에 의해 감소 또는 증가한다. 바소프레신과 아드레날린과 같은 혈관수축성 호르몬 또는 혈중의 요오드함량, 한냉환경의 폭로등도 갑상선 호르몬의 분비에 영향을 미친다(그림 4 · 17).

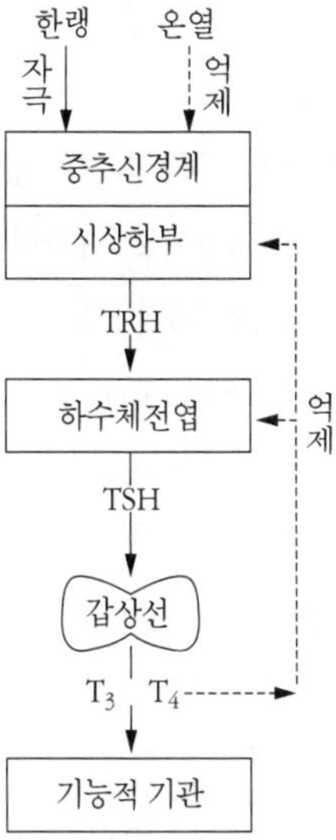

그림 4 · 17 갑상선호르몬분비조절

세계의 각지에는 요오드 결핍지역이 존재하여 요오드 결핍성 갑상선종(iodine deficiency goiter)이 발생하지만 일본에서는 보이고 있지 않다. 갑상선을 제거한 소와 면양의 피부엔 종창(점액수종, myxedema)이 생기고, 피모는 얇아지거나, 건조하고 거칠어져 딱딱해진다. 이와 같은 탈모증(alopecia)은 사람, 개, 돼지에서도 나타난다. 갑상선 기능의 저하는 생식기능에도 크게 영향을 미친다. 유산, 사산, 허약한 새끼 출산등이 유발될수 있다. 또한 수컷의 정자 형성부전, 성욕감퇴등이 유발될 수 있다.

갑상선을 제거하면 닭의 환우가 저해되고 수탉에서는 닭벼슬의 발육이 억제되지만, 갑상선 호르몬의 주사에 의해 회복된다.

갑상선 호르몬은 성스테로이드 호르몬과 협동작용을 하는 것으로 알려져 있다.

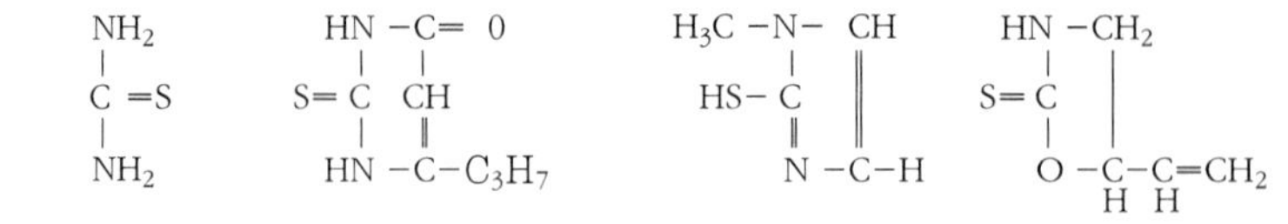

Thiocarbamide prophylthiouraeil methimazole goitorin

그림 4 · 18 항갑상선물질

Cys–Ser–Asn–Leu–Ser–Thr–Cys–Val–Leu–Ser–Ala–Tyr–Trp–Lys–Asp–Leu–Asn– (10)
Asn–Tyr–His–Arg–Phe–Ser–Gly–Met–Gly–Phe–Gly–Pro–Glu–Thr–Pro–NH_2 (20, 30)

그림 4 · 19 소의 calcitonine 아미노산 배열

갑상선 호르몬은 강한 유즙생성작용이 있기 때문에 갑상선 호르몬 유사물질은 유우에 급여하여 유량의 증가를 기대할 수 있다. 그러나 실제로 요오드화카제인을 유우에 급여했을때 10~30%의 유량이 증가하였지만, 동시에 채식량이 증가하고 체중은 오히려 감소하는 결과를 보여 긍정적인 효과는 적었다. 한편 어린 닭에 갑상선 호르몬을 투여하면 식욕은 억제된다. 식물중에 항갑상선 물질이 함유되어 있는데 이들 중 아브라나속의 식물(양배추, 순무등)에는 프로고이트린(progoitorin)이 함유되어, 섭취되면 장내에서 고이토린(goitorin)으로 변화하여 갑상선종을 형성한다. 티오요소(thiocarbamide)에 관련된 물질인 prophylthiouracil이나, 메티마졸(methimazole)은 갑상선에 의한 요오드 흡수는 보통 일어나지만, 모노요오드티로신(monoiodotyrosine)에 요오드를 결합하는 반응을 저해하는 것으로 알려져 있다(그림 4 · 18). 항갑상선제를 가축에 투여하는 것에 의해 지방축적에 의한 육질의 개량과 증체효율의 증가의 시도는 대부분 성공하지 못하였다.

칼시토닌 : 포유동물의 갑상선여포에는 방여포세포(parafollicular cell) 혹은 C세포라 불리는 세포가 존재하여 칼시토닌(calcitonine)이 분비된다. 칼시토닌은 32개의 아미노산 조성(분자량 3,600)으로 그 아미노산 조성은 동물에 따라 다르다(그림 4 · 19). 칼시토닌은 갑상선 뿐만 아니라 사람의 흉선등에도 존재한다. 칼시토닌은 뼈의 Ca흡수(resorption), 즉 뼈로부터 Ca의 유리를 억제하는 것에 의해 혈액의 Ca농도를 저하시킨다. 갑상선을 고농도의 Ca용액에 넣으면 칼시토닌의 분비가 증가한다. 칼시토닌은 상피소체 호르몬과 협동하여 작용하고 혈중 Ca의 농도를 일정하게 유지시킨다. 칼시토닌은 P의 세포외액으로부터 뼈로의 이동을 촉진시킨다. 이와 같이 칼시토닌의 기본적인 작용은 세포내외에 걸쳐 Ca과 P을 운송하는 것으로 보인다.

V. 상피소체

상피소체(parathyroid gland)는 좌우 한쌍 또는 두쌍이 있는데 말의 경우 상부의 한쌍은 갑상선의 상부에 배외측에, 하부의 한쌍은 총경동맥의 분지부 근처에 위치하고 있다. 반추동물에서는 내측의 한쌍은 갑

H_2N－Ala－Val－Ser－Glu－Ile－Gln－Phe－Met－His－Asn－Leu－Gly－Lys－His－Leu－Ser－Ser－
10
Met－Glu－Arg－Val－Glu－Trp－Leu－Arg－Lys－Lys－Leu－Gln－Asp－Val－His－Asn－Phe－
20 30
Val－Ala－Leu－Gly－Ala－Ser－Ile－Ala－Tyr－Arg－Asp－Gly－Ser－Ser－Gln－Arg－Pro－
40 50
Arg－Lys－Lys－Glu－Asp－Asn－Val－Leu－Val－Glu－Ser－His－Gln－Lys－Ser－Leu－Gly－
60
Glu－Ala－Asp－Lys－Ala－Asp－Val－Asp－Val－Leu－Ile－Lys－Ala－Lys－Pro－Gln－C(=O)OH
70 80

그림 4 · 20 소의 parathormone의 아미노산 배열

상선에 약간 파묻혀 있고 외측의 한쌍은 총경동맥의 갈라지는 부위에 있다. 돼지의 경우는 한 쌍만 있고, 갑상선위 혹은 총경동맥 분기점 부위에 있다. 닭에서는 보통 4개가 한쌍에 2개씩 융합되어 갑상선 후부에 위치해 있다. 상피소체는 2종류의 세포로 되어있다. 주세포(chief cell)는 과립이 없고 투명한 세포질을 가지고 수가 많다. 상피소체 호르몬은 주세포로부터 분비된다. 제2세포인 산호성세포(oxypil cell)는 산호성의 과립을 갖고, 소에서는 뚜렷이 나타난다. 이 세포에 관한 기능은 아직 분명하게 알려지고 있지 않다.

상피소체 호르몬 또는 파라소르몬(parathormone, RTH)은 84개의 아미노산으로 되어있는 폴리펩타이드(그림 4 · 20)로 분자량은 9,500이다. 동물종에 따라 약간 구성이 다르다.

작용 : PTH의 가장 뚜렷한 작용은 혈중 Ca농도의 유지에 있다. 혈장 중 Ca농도가 정상치 이하로 되면 1) 뼈로부터 Ca의 유리를 증가시키고, 2) 장으로부터 Ca의 흡수를 촉진시키며, 3) 신장에 있어서 Ca의 재흡수 증가에 의해서 Ca의 혈장농도를 유지한다. 한편 Ca의 혈장농도가 높으면, PTH의 분비는 감소하고 위에서 서술한 3가지 작용은 반대로 되어 Ca농도는 저하된다.

PTH는 Ca을 동원함과 동시에 혈장 인산농도를 감소시키고 요중 배설량을 증가시킨다. 따라서 혈장 Ca 농도와 인산 농도는 반비례적으로 변화한다.

이 PTH의 작용은 뼈, 신장의 세포에 있어서 cAMP의 생성 증가에 유래하는 것이다.

장으로부터 Ca의 흡수증가는 PTH에 의해서 생성이 촉진된 비타민 D의 대사산물인 생리활성이 높은 1, 25－dihydroxycholecalciferol (1, 25－$(OH)_2D_3$의 작용에 의한 것이다. 1,25－$(OH)_2D_3$는 신장의 근위세뇨관에서 생성되고, 신장으로부터 Ca의 재흡수를 촉진하고, 또한 파골세포수를 증가시켜 뼈의 흡수도 촉진한다.

분비조절 : PTH의 분비는 혈장중 Ca이온 농도에 의해 좌우된다. 일반적으로 혈장 Ca농도는 약 10mg/dl 이고, 상피소체를 제거하더라도 5mg/dl 이하로는 되지 않는다. 이러한 함량은 뼈에 있어서 변환이 용이한 Ca에 의해서 유지되고 있다. 따라서 PTH는 Ca농도가 5～10mg/dl의 범위에서 분비가 조절되고 Ca의 혈장농도를 일정하게 유지되고 있다.

상피소체의 제거에 의해 테타니(tetany)가 발생한다. 테타니는 혈장중 Ca이 저하되는 것에 의하여 발생하는 신경과 근육의 흥분성의 증가에 의한것으로 사지와 후두근의 경련이 특징적이다. 아울러 Ca농도가 감소하더라도 전신적인 경련이 일어나게 된다.

분만성 기립불능증(parturient paresis, 유열, milk fever)은 유우에서 분만시 혹은 수일내에 일어나는 것으로 혈중 Ca과 무기 인산농도의 감소가 원인이다. 유우가 비유를 시작하면 다량의 Ca이 필요하게 되어 혈장 Ca농도가 감소하기 때문에 PTH가 분비되지만, 뼈로부터 Ca의 동원이 이를 충족하지 못하게 된다. 또한 Ca함량의 높은 사료가 분만전에 급여될 시에는 칼시토닌의 분비증가가 초래되어 양의 호르몬 균형에 의해서 Ca농도가 저하되어 저Ca혈증(hypocalcemia)이 된다. 분만성 기립불능증의 예방으로는 분만전 Ca함량이 낮은 사료를 급여하는 것이 좋다. 또한 그 치료에는 Ca제, 예방에는 비타민 D_3와 그 대사산물 1, 25-$(OH)_2D_3$의 투여가 유효한 처방이다. PTH의 투여는 작용이 빨리 소실되고, 또한 반복투여하더라도 효과가 차차 약해진다. 상피소체의 기능이 항진되면, 고Ca혈, 고Ca뇨, Ca을 함유한 신장결석의 생성, 뼈의 탈회(脫灰)등이 나타난다.

Ⅵ. 췌장

췌장(pancreas)에는 소화효소를 포함한 췌장액을 분비하는 외분비선세포(99%)와 더불어 구형 또는 난형의 랑게르한스섬(islets of Langerhans, 췌도)가 존재(1%)한다. 가축의 랑게르한스섬의 크기는 평균 폭이 0.04~0.075mm, 평균길이 0.06~0.12mm이고, 크기는 소, 다음으로 면양, 산양, 돼지, 고양이, 개순으로 작아 진다. 가축의 랑게르한스섬의 평균수는 0.35개/mm^2이다.

랑게르한스섬을 구성하는 세포는 각가축에 의해서 그 배열과 크기가 다르다지만, 세포내 과립의 형태도 염색성에 따라 A, B, D (α, β, δ) 및 F세포의 4종류로 분류된다. 마로리 아잔 염색으로 A세포는 적색으로 염색되고 글루카곤을 분비하고, B세포는 오랜지색으로 염색되고 인슐린을 분비하며, D세포는 청색으로 염색되고 소마토스타틴을 분비, F세포는 췌장 폴리펩타이드(pancreatic polypeptide)를 분비한다(그림 4 · 21).

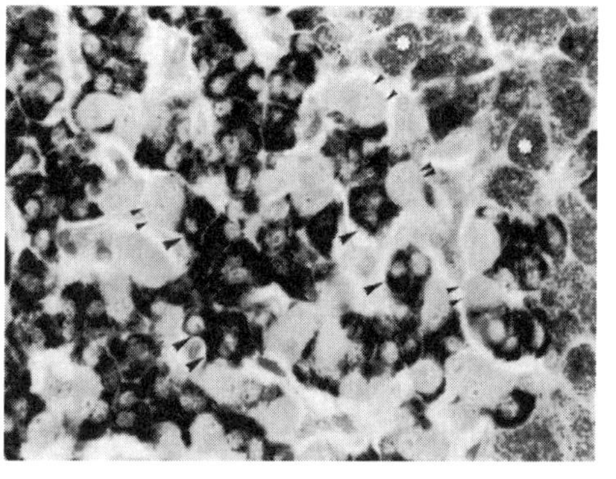

그림 4 · 21 돼지의 췌장

Aldehyde fuchsin 염색
작은화살표는 A세포, 큰화살표는 B세포를 나타낸다.
* 표는 선방세포(또한 A, B, C, D, F 세포를 동시에 염색하여 분별하는 것은 불가능하다).

닭에서는 포유류와 달리 주로 A세포의 집합체인 A섬과 B세포의 집합체인 B섬이 있고 B섬은 제3엽과 비엽에 분포되어 있다.

1. 인슐린

인슐린(insulin)은 분자량약 6,000의 폴리펩타이드(그림 4 · 22)로 A사슬(아미노산 21개)와 B사슬(아미노산 30개)가 2개소의 S-S결합으로 연결되어 있다. 동물의 종류에 따라 그 아미노산구성이 조금씩 다르지만 생물학적 활성에 영향을 미칠 정도는 아니다. 그러나 다른 동물에 주사했을 때 항원과의 반응이 다

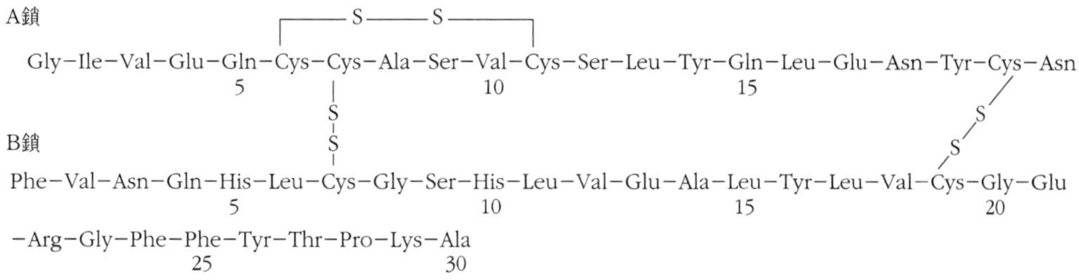

A鎖	8	9	10	B鎖	30
소, 산양	Ala	Ser	Val		Ala
돼지, 개	Thr	Ser	Ile		Ala
면양	Ala	Gly	Val		Ala
말	Thr	Gly	Ile		Ala
토끼	Thr	Ser	Ile		Ser
사람	Thr	Ser	Ile		Thr

그림 4 · 22 소의 인슐린 아미노산 배열(上)과 동물 종에 따른 차이(下)

르기 때문에 장기간 사용하면 항체가가 높아지게 된다. 인슐린은 프로인슐린(분자량 9,000)이라 불리는 그 자체로는 인슐린 효과가 없는 접힌 형태의 겹쳐진 분자로써 B세포내 분비과립으로 존재하며, 물에 용해되면 A, B사슬 및 결합 펩타이드(C펩타이드)라고 하는 3개의 폴리 펩타이드가 된다. A, B사슬은 S−S 결합을 하여 인슐린을 만들게 된다.

작용 : 인슐린은 1) 당대사, 2) 지방대사, 3) 단백질 대사에 영향을 미친다. 체내의 다양한 세포에 인슐린 수용체가 존재한다는 것이 알려져 있다.

골격근, 평활근, 심근, 지방조직등의 세포막을 글루코스가 통과하는 기작은 당운반체(GLUT1~12)를 매개로 하는 촉진확산(facilitated diffusion)에 의해 이루어진다. 인슐린에 의해 활성화되는 운반체로써 GLUT4가 알려져 있다. 인슐린이 고농도로 존재하면 운반체의 활성이 증가되어 글루코스의 확산속도는 정상치의 5배가 되고, 인슐린이 없으면 1/4로 감소한다. 따라서 인슐린은 글루코스 확산속도를 20배정도 높게 한다. 적혈구, 뇌 및 간장세포에 있어서 글루코스의 세포내 유입에는 인슐린이 효과를 미치지 않는다. 세포에 들어간 글루코스는 빠르게 인산화 되어 대사된다. 그러나 그 과정에 인슐린은 영향을 미치지 않는다. 인슐린은 간장에 있어서 글리코겐 합성을 촉진 시키고 글루코스 방출을 저하시킨다. 이 경우 글리코겐 합성효소와 글루코키네이즈 활성이 증대된다.

인슐린은 글루코스의 이용을 증대시키고 그 결과 발생하는 아세틸 CoA와 글리세롤−3−인산으로부터 지방산 합성을 촉진한다. 또한 리포프로테인 라이페이즈(LPL)의 활성을 증가시키고, 지방합성을 증가시키는 동시에 지방조직에 있어서 지방분해를 억제한다. 단백질 대사에 있어서 간장은 예외로 많은 조직에서 아미노산의 세포내 유입을 증가시키고 단백질의 합성을 촉진시키고 분해는 억제시킨다.

인슐린이 결핍되면 사람에서는 당뇨병(diabetes mellitus)이 발병된다. 가축에서는 개, 고양이에서 발생하고 소를 포함한 가축에서도 나타난다. 인슐린의 부족에 의해 세포로의 글루코스 유입이 감소되고, 간장으로 부터의 글루코스 방출을 증가시킨다. 그 결과 혈장 글루코스농도는 증대하고 신장에서의 글루코스

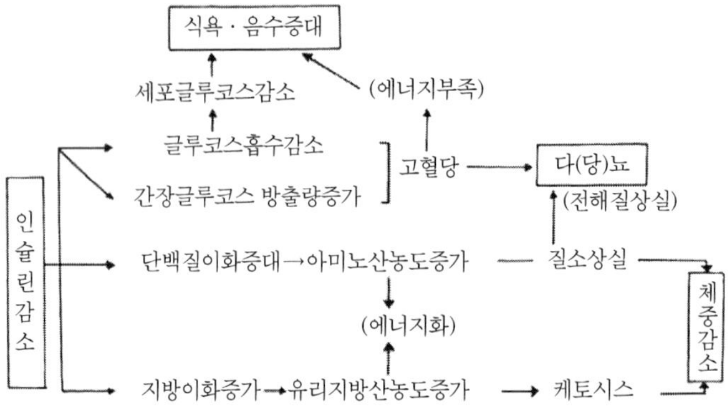

그림 4 · 23 인슐린 결핍과 체내 대사 모식도

재흡수의 역치를 넘기 때문에 당뇨로 되어 배설된다. 혈장의 삼투압농도가 높아지기 때문에 체수분은 혈중으로 들어감에 따라 다음(多飮), 다뇨(多尿)가 되는 동시에 전해질도 소실된다. 또한 단백질합성작용이 저하되기 때문에 아미노산의 혈장농도가 증가하고, 당신생의 재료로 사용되어지는 한편, 분해되어 에너지원으로도 이용된다. 인슐린의 부족은 혈장중 유리지방산 농도를 증가시켜 그 분해에 의해 아세틸CoA가 생성된다. 생성된 아세틸CoA의 일부는 구연산회로(TCA 회로)에서 대사되어 에너지원이되고, 여분의 아세틸CoA는 acetoacetyl CoA로부터 acetoacetic acid가 된다. acetoacetic acid와 그유도체인 β-hydrobutyric acid 및 acetone을 총칭하는 케톤체(ketone body)가 혈중에 증가하여 케토시스(ketosis)를 초래한다. 케톤체는 산성이기 때문에 동시에 산성혈증(acidosis)을 초래하기도 한다. 이 경우 단백질, 지방의 분해에 의해 체중은 감소한다(그림 4 · 23). 소에도 케토시스가 보이지만 인슐린의 부족에 의한 당뇨병성 케토시스는 드물다.

분비조절 : 인슐린의 분비는 혈중 글루코스, 아미노산, 지방산등의 영양소 농도에 의존하고 있다. 혈중 글루코스에 의한 인슐린 분비자극 기전은 다음과 같이 설명된다. 혈중 글루코스 농도가 높게되면 GLUT2를 매개로 B세포내로 유입하는 글루코스양이 증가하게 되며, 세포내에서의 ATP생산량이 증가하여 ATP 감수성 K^+채널을 닫게 된다. 그 결과 막전위는 탈분극되고, 막전위 의존성 Ca^{2+}채널이 열리고 Ca^{2+}가 세포내로 유입된다. 세포내 Ca^{2+}농도의 증가는 개구방출(exocytosis, 그림 8 · 27)에 의한 인슐린 분비를 유발한다. 한편 세포내의 cAMP농도가 증가되어도 Ca^{2+}를 매개로 하여 인슐린분비가 증대된다. 아르기닌은 반추동물에 있어서 강력한 인슐린 분비 자극효과를 보인다. 지방산의 단독자극에 의한 인슐린 분비를 볼 때 반추동물에서는 단쇄지방산, 흰쥐에 있어서는 장쇄지방산의 자극효과가 각각 강하지만, 글루코스에 의한 자극효과는 억제한다.

인슐린분비는 자율신경에 의해서 조절된다. 미주신경을 자극하면 인슐린의 분비가 증대되고, 아트로핀(atropine)은 이것을 억제한다. 교감신경자극은 인슐린 분비를 억제한다. 이들은 노르아드레날린의 효과에 의한 것이기 때문에 아드레날린에 관하여서도 동일하다. 면양에 있어서는 그 억제효과는 α-아드레날린 수용체 차단제에 의해서 저해되지만 β-차단제에 의해서는 저해되지 않는다. 이러한 사실로부터 카테콜라민의 인슈린 분비 억제효과는 α수용체를 매개로하는 cAMP의 감소에 의한 것이다.

소화관호르몬의 일종인 GLP-1(glucagon-like peptide 1), GIP(glucose-dependent insulinotropic peptide), 글루카곤 및 소마토스타틴 등도 인슐린분비를 조절한다. 채식에 따른 신경반사와 소화관에 도달한 사료중 영양소가 이들의 소화관호르몬의 분비를 촉진한다. GLP-1은 포유동물에서 좀더 강력한 인슐린 분비자극효과를 보이고, D세포로부터 분비된 소마토스타틴은 인슐린 분비를 억제한다. 면양과 소에서 초산, 프로피오산, 낙산, 발린산, 카프론산(capron acid)을 정맥내 주입하면 인슐린 분비량이 증가하고(표 4 · 1), 그 증가정도는 탄소수가 증가함에 따라 증가하지만, 카프로닉산(caproic acid, 탄소수8)이 되면 감소한다. 이러한 분비증가에는 미주신경이 관여하고 있을 것으로 추측된다.

표 4 · 1 면양에 대한 각종 지방산 및 Glucose(1.25mmol/kg)의 정맥내 주입이 혈당 및 혈청 Insulin 농도 증가에 미치는 영향(Glucose 주입시를 100으로한 수치)

물질(탄소수)	혈당증가(%)	혈청 증가(%)
Glucose(6)	100	100
젖산(3)	6	80
초산(2)	8	130
프로피온산(3)	28	180
락산(4)	32	380
발레리안산(5)	52	2000
카프론산(6)	49	3120
카프릴산(8)	20	350

(安保(佳))

2. 글루카곤

글루카곤(glucagon)은 29개의 아미노산으로 분자량이 3,500의 폴리 펩타이드이다(그림 4 · 24). 사람과 가축의 글루카곤은 동일한 구조를 가지고 있다.

His-Ser-Gln-Gly-Thr-Phe-Thr-Ser-Asp-Tyr-Ser-Lys-Tyr-Leu-Asp
5 10 15
-Ser-Arg-Arg-Ala-Gln-Asp-Phe-Val-Gln-Trp-Leu-Met-Asn-Thr
20 25

그림 4 · 24 Glueagon의 아미노산 배열

작용 : 글루카곤은 간장에 있어서 글리코겐 분해와 아미노산으로 부터의 당신생을 촉진하는 것에 의해 혈당치를 상승시킨다. 글루카곤은 간장의 cAMP를 증가시키는 것에 의하여 phospholase활성을 증가시켜 글리코겐을 분해 한다. 이러한 점은 아드레날린의 작용과 동일하지만 글루카곤은 근육의 글리코겐에는 작용하지 않는다. 따라서 글루카곤의 주입에 의해서 아드레날린과 같이 혈중 젖산이 증가되는 것은 아니다. 한편 증가한 cAMP는 간장의 transferase의 활성을 증가시켜 아미노산으로 부터 당신생을 촉진시킨다.

분비조절 : 글루카곤의 분비는 낮은 혈당치가 직접 A세포에 작용해서 발생되거나, 당생성관련 아미노산의 섭취에 의해 분비가 증가된다. 췌장에 분포된 교감신경의 자극에 의해서도 분비되어지지만 보통 α-

아드레날린수용체의 자극에 의한다. 미주신경 자극에 의해서도 글루카곤 분비는 상승한다. 소마토스타틴 역시 글리코겐의 분비를 억제한다.

면양에 낙산을 정맥내 주입하면 혈당치가 상승하는데, 이것은 낙산이 글루카곤을 분비시키기 때문이다. 동시에 인슐린의 분비도 촉진하지만, 양자의 균형으로 혈당치가 변화하는 것으로 보여진다. 글루카곤은 A세포만 분비되는 것만 아니라 위와 장점에서도 분비된다.

F세포로부터 분비된 췌장 폴리펩타이드의 생리적 기능은 아직 분명하지 않다.

Ⅶ. 부신

부신(adrenal gland)은 피질(cortex)과 수질(meculla)로 되어있고, 발생학적으로는 중배엽성의 피질안에 외배엽성 수질이 내재되어진 것이다. 피질은 외측으로부터 구상대(zona glomerulosa), 속상대(zona fasciculate) 및 망상대(zona reticularis)의 3층으로 되어 있다. 피질세포는 지방이 풍부하고 탄수화물 및 단백질 대사에 작용하는 당질 코르티코이드(glucocorticoid)와 전해질 및 수분대사에 영향을 미치는 전해질코르티코이드(mineralocorticoids), 아울러 소량의 성호르몬을 분비한다. 수질은 교감신경의 절후섬유가 축색을 잃고 분비세포가 된 것으로 여기에는 교감신경의 절전섬유가 피질을 거쳐 뻗어져 있다. 수질세포는 크롬에 의해서 잘 염색되는 과립을 가지는 크롬 친화성세포로 되어있다. 수질에서 분비되는 아미노산 유도체 호르몬인 아드레날린과 노르아드레날린과 같은 카테콜(그림 4 · 25)을 가진 아민류를 카테콜라민(catecholamine)으로 총칭한다.

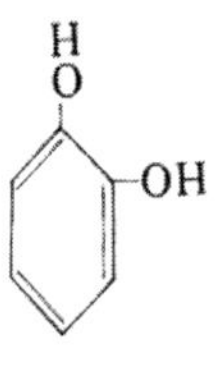

그림 4 · 25
catechol

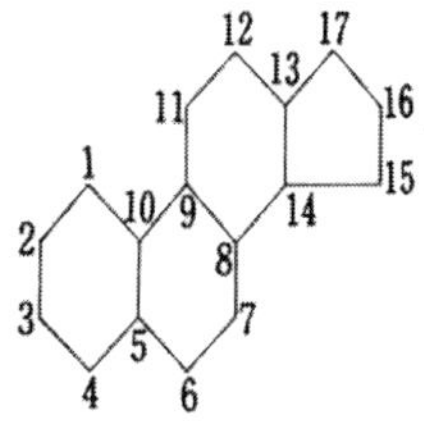

그림 4 · 26
cyclopentano perhydrophenan threne핵

1. 피질호르몬

부신피질 호르몬은 모두 콜레스테롤의 유도체로 cyclopentano perhydrophenan threne핵(그림 4 · 26)을 가지고 있는 스테로이드로 총칭된다. 전해질 코르티코이드(mineralcorticoid)에는 C−11의 위치에 =O 또는 −OH가 없지만, 예외적으로 알도스테론(aldosterone)에는 −OH기가 붙어 있다. 당질 코르티코이드는 C−11의 위치에=O또는 −OH기가 붙어있다. 또한 성호르몬의 17 번째 C에 =O가 붙은 것을 17−ketosteroid라 부른다. 지금까지 약 50가지 이상의 호르몬이 부신피질에서 분리되었으나, 모든 동물에서 분비되는 스테로이드는 전해질 코르티코이드로서 알도스테론이 있고, 당질코르티코이드로서 코티졸과 코르티코스테론 그리고 성호르몬인 안드로겐이 있다(그림 4 · 27). 개는 코티졸과 코르티코 스테론의 분비량은 대략 동일하지만 고양이, 소, 면양에서는 코티졸의 분비량이 더 많다.

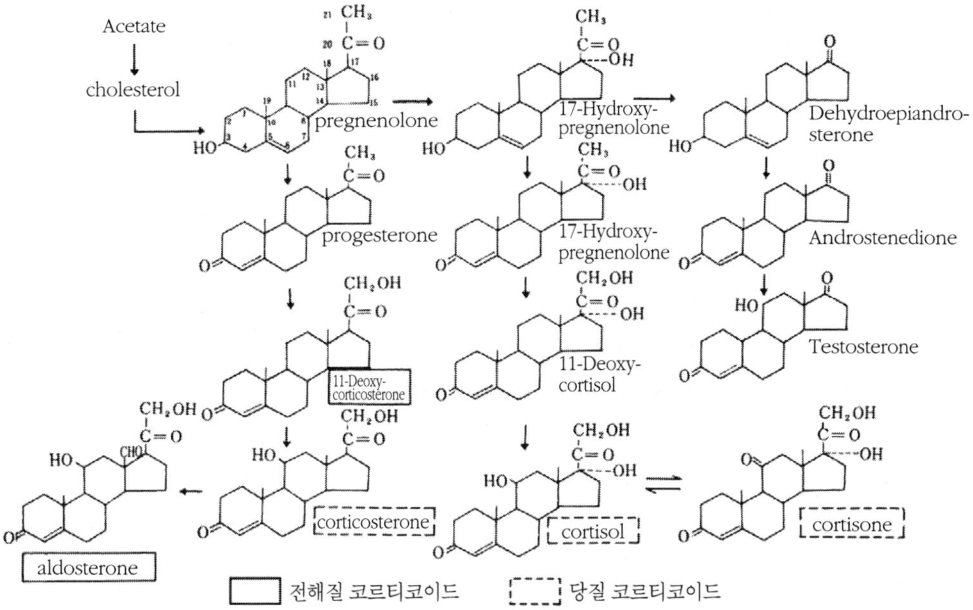

그림 4·27 부신피질 호르몬 생합성 경로

1) 전해질 코르티코이드

알도스테론(aldosterone)은 구상대로부터 분비되고 전해질 코르티코이드의 주된 호르몬이다. 데옥시콜티코스테론(Deoxycorticosterone)도 전해질 코르티코이드에 속하나 그 작용 강도는 알도스테론의 3%에 불과하다.

작용 : 알도스테론은 세뇨관, 땀선, 타액선 및 소화관으로 부터의 Na^+의 재흡수를 촉진하는 동시에 K^+나 H^+이 교환되어 K^+의 배설이 증가하고 분비물은 산성화된다. 알도스테론이 존재하면 원위세뇨관내의 Na^+은 주위의 뇨세관 상피로 확산에 의해 유입되고, 이어 간질액중으로 능동수송에 의해 이행한다. 알도스테론은 다른 스테로이드 호르몬과 동일한 mRNA의 합성을 증대시켜 단백질 합성을 증가시킨다. 합성량이 증가한 단백질이 산화될 때 ATP를 생성하고 Na^+/K^+ ATPase의 활성이 증가하여 Na^+의 능동수송을 위하여 이용된다. 그 결과 세포로부터 간질액으로의 Na^+운송이 증가하고 세포내 Na^+농도가 감소하면 세뇨관강내의 뇨로부터 세포내로의 Na^+의 확산을 증가시킨다.

사구체로부터 여과된 Na^+의 99%는 재흡수되지만, 알도스테론에 의해 재흡수된 양은 그중 3%정도에 불과하다. 부신 제거에 의한 알도스테론의 결핍증상은 혈중 Na^+의 감소 K^+의 증가와 함께 혈장량의 감소, 혈압저하, 순환장애등이 있다.

분비조절 : 혈중 Na^+이나 K^+의 농도변화는 직접적으로 부신피질에 작용하여 알도스테론 분비를 증가시킨다. 그러나 주된 분비조절 요인은 Na^+의 감소에 의한 혈액량 또는 세포외액량의 감소이다. 이들이 감소하면, 혈압도 저하되고 신장의 방사구체장치(juxtaglomerular apparatus)에 있는 세포에 작용해서 레

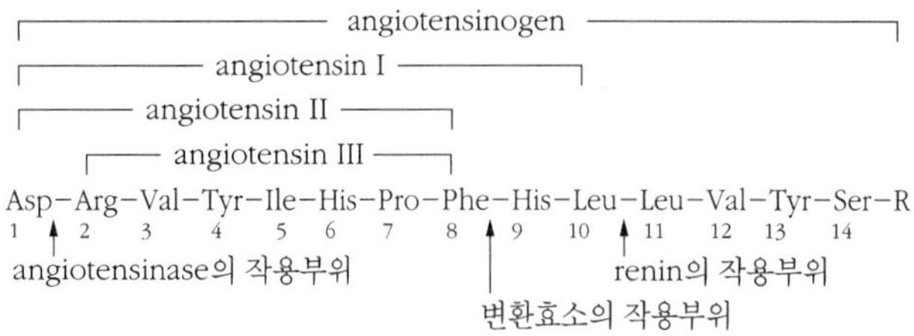

그림 4 · 28

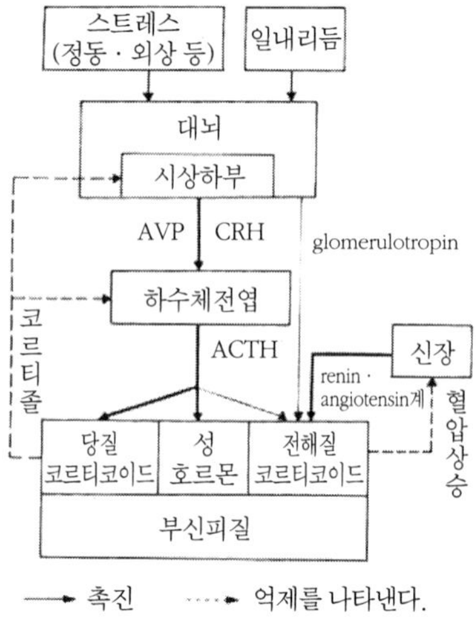

그림 4 · 29 부신피질호르몬의 분비조절

닌(renin)의 분비가 촉진된다. 레닌은 일종의 단백질 분해효소(분자량약 40,000)로서 이것이 혈액중의 α_2–글로불린에 속하는 일종의 당단백질인 안지오텐시노겐(angiotensinogen)에 작용하여 안지오텐신 I 이 된다. 안지오텐신 I 은 폐와 혈액중에 존재하는 변환효소(angiotensin converting enzyme, ACE)에 의해서 안지오텐신II로 된다. 안지오텐신II는 angiotensinase에 의하여 안지오텐신III가 된다(그림 4 · 28). 안지오 텐신II는 부신피질에 작용하여 알도스테론을 분비시키고, 혈관을 수축시켜 혈압을 상승시킨다. 그러나 안지오텐신II는 체내에서 급속히 분해된다. 안지오텐신III에도 알도스테론 분비작용, 승압작용이 있다. 알도스테론이 작용하여 감소된 혈중 Na^+와 혈액량이 회복되면 레닌의 분비자극인자가 없어지게 되기 때문에 결과적으로 알도스테론분비도 감소된다(그림 4 · 29).

ACTH도 알도스테론 분비를 촉진하지만, 당질 코르티코이드 분비를 증가시키는 양보다는 상당히 높은 양을 필요로 한다.

2) 당질 코르티코이드

코르티코스테론(corticosterone)은 구상대, 속상대, 망상대의 3층으로부터 분비되지만, 코르티졸(cortisol)과 성호르몬은 속상대 및 망상대로부터 분비된다. 코르티졸은 간장에서 환원되어 코르티존(cortisone)이 된다 (그림 4 · 27)

작용 : 당질 코르티코이드는 유리상태로 표적세포내로 들어가, 세포내 특정 수용단백질과 결합하여 복합체를 형성하고, 이것은 핵내의 DNA와 가역적으로 결합하게 된다. 그 결과 관련하는 mRNA의 합성이 촉진되고 특별한 기능을 가진 효소의 합성도 촉진된다. 이러한 기능으로부터 당질 코르티코이드가 다양한 효과를 가지게 되는 것이다.

당질 코르티코이드는 탄수화물대사에 영향을 미쳐, 간장 글리코겐 합성, 또는 당신생(gluconeogenesis)을 증가시킨다. 당신생이라고 하는 것은 글루코스 이외의 물질로부터 글루코스를 생성하는 것을 말한다. 당질 코르티코이드는 단백질 분해를 증가시키고, 이렇게 생성된 아미노산을 탈아미노작용을 받아 글루코스 전구물질로 된다. 지방대사도 영향을 미쳐 유리지방산이 동원되면 간장에서 중성지방과 케톤체로 변화된다. 또한 부신을 제거한 동물에서는 과잉의 수분을 제거할 수 없지만, 당질 코르티코이드에 의해 회복시킬 수 있다. 아마도 신장에서 당질 코르티코이드가 물의 사구체여과량에 영향을 미칠 수 있기 때문일 것이다.

당질 코르티코이드는 순환혈중의 임파구와 산호성구를 각각 50% 및 90%까지도 감소시킬 수 있다. 이것은 백혈구가 비장이나 폐에 정체하는 것을 돕기 때문이다. 염기호성구도 감소하지만, 적혁구나 혈소판, 중성호성구는 증가한다. 이러한 이유는 분명하지는 않다.

분비조절 : 당질 코르티코이드의 분비는 주로 ACTH에 의해서 지배된다. ACTH는 부신피질의 발육, 구조, 기능유지에도 필요하다. ACTH에 의해서 증가한 당질 코르티코이드는 시상하부와 하수체 전엽에 작용하여 AVP, CRH 및 ACTH의 분비를 억제한다(그림 4 · 29). 당질 코르티코이드를 장기간 투여한 후 중지하면, 부신은 위축되고, ACTH에 대한 반응성도 소실되며, ACTH 자신의 합성능력도 저하되는 것을 알 수 있다. 당질 코르티코이드는 하루내 일정한 수준으로 분비되지는 않는데, 주행성 동물은 야간에 낮고 이른 아침에 높아지는 리듬을 가지고 변동한다.

스트레스와 부신피질 호르몬 : 한냉, 외상, 감염, 정신적 부하 등 생체에 무엇인가의 나쁜영향(스트레스, stress)을 주는 자극(stressor)이 가해지면 생체는 자극의 종류와는 무관한 일련의 비특이적반응을 보이게 되고 새로운 사태에 적응하여 생체의 기능을 유지하려 한다. 세리에(H. SELYE, 1936)는 그러한 반응에 대해서 범적응증후군(general adaptation syndrome)이라 일컫고 이른바 스트레스 학설을 제창하였다.

스트레스 상태하에서는 시상하부－뇌하수체전엽－부신피질계가 활성화 되어, 당질 코르티코이드의 분비가 증가된다. 또한 전해질코르티코이드의 분비도 증가한다. 이 경우 교감신경－부신수질계도 활성화되어 카테콜라민의 분비도 증가된다. 당질 코르티코이드는 카테콜라민의 각종 작용을 나타내기 위해 필요한 허용작용을 가지고 있다.

대량의 당질 코르티코이드에는 염증을 억제하는 효과가 있다. 섬유아세포의 활성은 억제되고, 종창과 충혈은 감소하며, 히스타민과 키닌의 방출은 억제된다. 당질 코르티코이드는 세포내의 리소좀의 막을 안정화하고, 그 붕괴를 막는 작용이 있다. 세균 감염증에 대해서 당질 코르티코이드는 매우 유효하지만, 동시에 항생물질을 투여하지 않으면, 세균이 몸전체에 퍼지게 되는 위험성이 있기 때문에 주의해야 한다. 한편, 전해질 코르티코이드에는 염증을 촉진시키는 효과가 있는 것이 알려져 있다.

3) 성 호르몬

부신피질로부터 분비되는 성호르몬은 안드로겐이 주된 것이지만, 에스트로겐과 프로게스테론도 미량 분비되고 있다. 정소에서 분비되는 안드로겐에 비하여 그 활성은 현저하게 낮다. 부신안드로겐의 분비는 ACTH에 의해 조절되고, 성선자극호르몬에 의해서는 조절되지 않는다. 에스트로겐은 미량이기 때문에 정

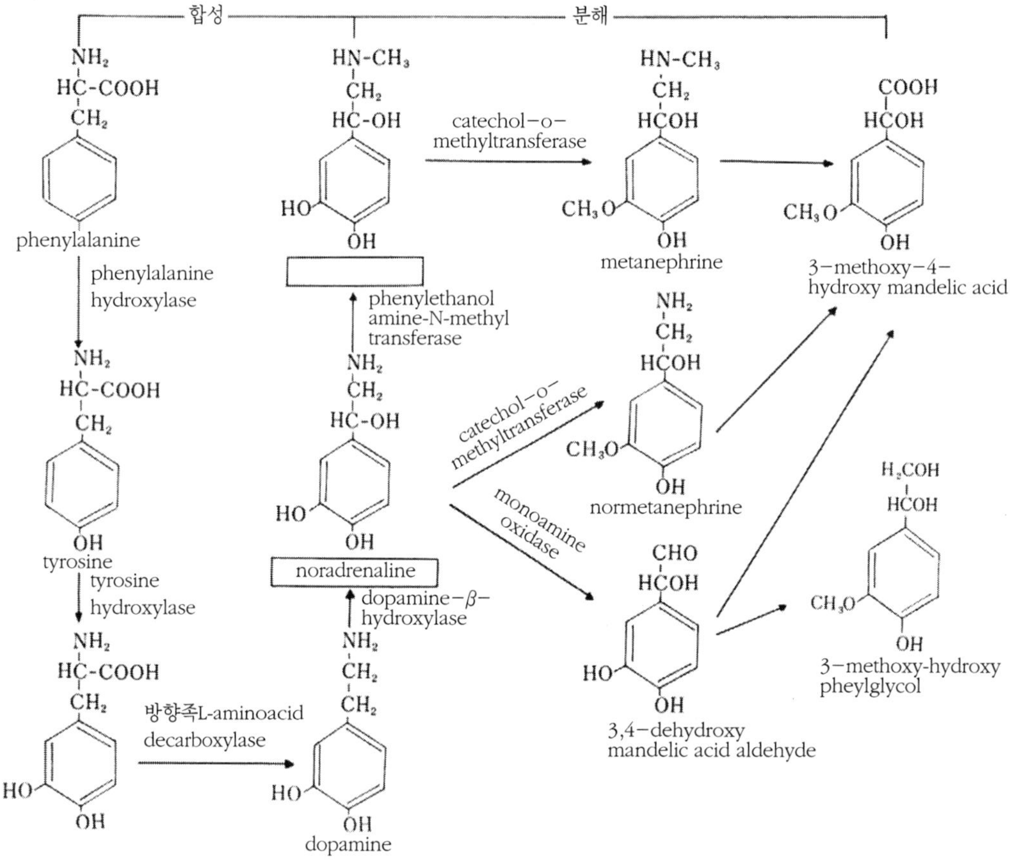

그림 4 · 30 Adrenaline과 noradrenaline의 생합성과 분해

상상태에서는 생리적 작용을 나타내기에는 부족하다. 사람의 안드로겐 분비량에 비하면 가축의 분비량은 아주 적고, 그 종류도 사람과는 달리 11 β-hydroxyandrostenedion과 17 α-hydroxyprogesterone이 주로 분비된다.

2. 수질(髓質)호르몬

수질에서 분비되는 아드레날린(adrenaline, epinephrine)과 노르아드레날린(noradrenaline, norepinephrine)은 모두 아미노산인 페닐알아닌과 티로신으로부터 생합성된다. 교감신경말단 부위에서는 노르아드레날린을 아드레날린으로 변환하는 효소가 존재하고 있지 않기 때문에 아드레날린이 합성되는 경우는 없다.

노르아드레날린의 노르라고 하는 접두어는 N에 메틸기($-CH_3$)가 없다는 N ohne Radikal의 머릿글자를 취해 nor라고 한 것이다.

분비된 아드레날린과 노르아드레날린 중 일부는 그 상태로, 또는 유산(硫酸), glucuronic acid과 연합해서 배설되지만, 대부분은 간장 또는 위장 등에서 대사되어, 메타네프린(metanephrine)과 노르메타네프린(normetanephrine)이되고, 또한 3−methoxy−hydroxymandelic acid이 되어 뇨중에 배설된다. 교감신경 말단부위에서 분비된 노르아드레날린은 우선, monoamine oxydase에 의해 산화된 다음, 3,4−dihydroxymandelic acid aldehyde가 되고 이어서 3−methoxy−4−hydroxymandelic acid와 3−methoxy−4−hydroxyphenylglycol이 되는 것으로 알려져 있다(그림 4 · 30).

부신에 포함되는 카테콜라민은 일반적으로 아드레날린이 노르아드레날린보다 많으나, 그 비율은 동물의 종류에 따라 상당히 다르다(표 4 · 2). 고래인 경우는 반대로 노르아드레날린이 80%를 차지한다. 또한 같은 종류의 동물에서도 어린 동물의 노르아드레날린 함량은 높다.

표 4 · 2 각종 성숙동물의 부신중 catecholamine함량

동물종	Noradrenaline(%)	총catecholamine mg/g(전부신)
돼지	49	2.2
고양이	41	1.0
면양	33	0.75
소	29	1.80
개	27	1.50
말	20	0.84
사람	17	0.60
토끼	2	0.48

(West, Q.Rev. Bid)

분비량도 부신함량과 같은 비율이라고 생각되나 자극의 종류와 세기에 의해 변화가 있는지는 확실히 밝혀진 바가 없다. 뇨중 배설량을 측정해 보면, 교감신경 말단부위에서 분비되는 노르아드레날린도 포함되므로, 면양의 경우도 노르아드레날린의 배설량이 아드레날린의 약 7∼10배에 이른다(표 4 · 3).

표 4 · 3 각 종물의 혈중 및 뇨중 catecholamine 농도

동물종	adrenaline		Noradrenaline	
	혈중 ng/ml	뇨중 Mg/일	혈중 ng/ml	뇨중 Mg/일
사람	0.05		0.3	
개	0.41		1.05	
면양	0.27	2.15	0.52	14.03
소	0.76		1.00	

작 용 : 부신피질호르몬은 교감신경 말단부위에서 분비되는 노르아드레날린과 협동하여 아드레날린 수용체를 가진 효과기에 작용한다. 이 수용체에는 두 종류가 있고, 주로 혈관수축 등의 자극적 기능을 담당하는 α수용체와, 혈관확장과 기관지근이완 등 억제적 기능을 담당하는 β수용체로 나뉜다(표 2 · 3).

아드레날린과 노르아드레날린의 작용은 비슷해 보이지만, 반드시 같다고는 할 수 없다(표 4 · 4). 양쪽 모두 α 및 β수용체에 작용하지만 아드레날린은 α수용체에 커다란 친화성을 가지고 있다. 노르

표 4 · 4 adrenalin과 Noradrenaline의 작용비교

작용		
심박출량증가	+++	±
혈압상승	+	+++
피부혈관 수축	+	+++
근 · 내장 혈관 수축	−	+++
장관 평활근 수축	−	−
혈당 상승	+++	+
유리지방산 방출	+	++
열산생량 증가	+++	++

아드레날린은 심박출량을 늘리고 혈압을 상승시키지만, 경동맥동(頸動脈洞)과 대동맥궁(大動脈弓)에 있는 압수용기가 작용해서 반사성으로 서맥(徐脈)이 일어나고, 결과적으로 심박출량은 오히려 감소시킨다. 아드레날린에서는 맥압은 증가하지만, 평균혈압은 거의 변화가 없다. 그러나 심박출량은 증가한다.

호흡작용에 대해서는 호흡의 깊이가 증가하고, 매분 호흡기량이 많아지기 때문에 호기CO_2함량은 감소한다. 장관평활근에 대해서는 그 운동과 긴장을 저하시키려고 하지만, 괄약근에서는 긴장이 증가한다. 중추신경계에도 작용하여, 뇌파와 행동을 각성형으로 하는 동시에 불안감을 일으킨다.

아드레날린은 포스포릴레이즈(phospholylase)의 활성을 증가시켜 간장과 골격근의 글리코겐을 분해한다. 간장에 일어난 글루코스-6-인산은, 대부분은 글루코스-6-포스파테이즈(phosphatase)의 작용에 의해 글루코스가 되어 혈당치를 상승시킨다. 근육에 일어난 글루코스-6-인산은 그 상태로 해당계로 들어가 젖산을 생성한다. 노르아드레날린의 글리코겐 분해작용은 아드레날린에 비하면 작다.

아드레날린과 노르아드레날린은 모두 지방조직 안의 호르몬 감수성 리파제를 활성화하고, 혈중의 유리지방산함량을 증가시킨다.

이러한 글리코겐 분해촉진작용과 유리지방산 증가작용은 카테콜라민의 adenyl cyclase 활성증가 작용에 의한다고 생각된다. 활성화된 Adenyl cyclase는 ATP로 부터 cAMP를 생성하고, cAMP는 A kinase를 활성화하며, 이 A kinase는 phosphorylase를 활성화 하거나, 혹은 호르몬 감수성리파제(hormone sensitive lipase)를 활성화한다. 이러한 카테콜라민의 작용은 β수용체를 의해서 일어나나 반대로 α수용체를 통한 경우는 cAMP의 감소를 초래한다.

카테콜라민에는 열생산량 증가작용이 있다. 카테콜라민에 의해 증가한 글루코스와 유리지방산 등의 에너지원의 산화 및 젖산의 변화에 의해 생기는 열이 주된 것이다. 더우기 혈관의 수축이나 털을 세우는 것에 의한 열방산량의 감소도 체온의 유지에 효과가 있다. 부신피질에서는 소량이라고는 하나, 예를 들어 카테콜라민이 분비되고 있어, 교감신경 말단부위에서 분비되는 노르아드레날린과 함께 혈압의 유지 등 생체의 항상성 유지에 역할을 하고 있다.

캐논(W.B.CANNON)은 부신수질은 교감신경계와 함께 외적 및 내적 긴급사태에 대처해 생체를 방위하는 작용을 담당하는 호르몬을 분비한다는 긴급반응학설(emergency theory)을 발표했다. 교감신경-부신수질계에서 분비된 호르몬은 몸의 각 기관을 활성화해 투쟁(fight) 혹은 도피(flight)의 목적으로 행동하고 생체를 위험에서 지킨다. 앞에서 말한 세리에의 하수체-부신피질계의 호르몬에 중점을 두고 스트레스 학설과 함께 부신을 차지하는 생체방위에 대한 역할을 나타내는데 의의가 깊다.

고도로 진화한 조류나 포유류와 같은 항온동물은 기후에 따라 활동의 제한에서 해방되어, 1년중 활동을 계속할 수 있다. 무엇인가의 원인으로 생체에 변형이 생겨 어떤 기능이 멈추거나, 어떤 부위가 장해를 받으려고 할 때, 효과적이고, 자동적으로 그것을 방지하는 보상기능을 생체는 가지고 있다. 예를 들면, 외부의 기온이 상승하면 피부혈관의 확장과 발한이 일어나 체열산량이 증가하고, 기온이 저하하면, 반대로 혈관이 수축하고 방산량은 줄어든다. 이렇게 하여 체온은 일정하게 유지된다. 또한 생체 내에, 어떤 이유에서 동맥계의 저항이 증가할 것 같을 때에는 좌심실은 박출량(拍出量)을 높이고, 혈액의 매분 박출량을 유지하도록 조절한다.

그 기구는 신경계를 비롯하여 각종의 계가 복잡하게 서로 관련해서 작동하고, 생체 내를 변화시키긴 하지만 상대적으로 정상적인 상태로 유지시키고 있다. 이 상태를 캐논(1929)은 항상상태(恒常狀態, homeostasis)라고 했다. "호메오"는 [동일의], "스타시스"는 [상태]를 의미하는 그리스어이다. 한편, 호메오스타시스가 비교적 단기간의 생체 항상성에 대해 설명하는 것에 비해 장기간(성장, 임신, 비유 등을 포함)에 걸쳐 신경 · 내분비계의 합목적적(合目的的) 조절기구를 호메오레시스(homeorhesis)라고 하는 경우가 있다.

분비조절 : 부신수질에서의 카테콜아민의 분비는 수질세포에 분포하는 교감신경 절전섬유의 말단에서 분비되는 아세틸콜린에 의해 자극된다. 아세틸콜린 · 니코틴 수용체 자극은 수질세포막의 Ca^{2+}체널이 열리는 것에 의해 세포내의 Ca^{2+}농도를 증가하고, 개구방출에 의해 카테콜라민 분비를 촉진한다. 교감신경을 흥분시키는 자극에는 외상, 정동, 질식, 운동, 저혈압, 한랭폭로 등 종류가 많지만, 이러한 자극과 분비된 카테콜라민 사이에 반드시 네거티브 피드백의 관계가 있는 것은 아니다. 그러나, 저혈당의 경우, 직접 수질에서 카테콜아민이 분비되어 글리코겐 분비를 통해 혈당이 상승하여, 네거티브 피드백계가 성립한다. 이런 경우는 카테콜라민이 글루카곤 분비에 의해 혈당을 유지하는 경로라고 생각된다.

신경말단에서 분비된 노르아드레날린의 일부 및 순환혈액 중의 카테콜라민도 소량이긴 하지만, 교감신경성 뉴런 말단에 있어서, 능동적으로 다시 재흡수 된다. 이것은 부교감신경성 뉴런에 있어 분비된 아세틸콜린은 대부분 재흡수 되지 않고, 일단 콜린과 초산으로 분해되고, 생산된 콜린이 다시 뉴런말단부위에 재흡수 되어 아세틸콜린으로 재합성되는 기구와는 다른 점이 있다.

돼지는 도살될 때, 주로 수송 등에 의한 영향이 더해져, 카테콜라민이 대량으로 분비되고 해당이 촉진되어 젖산이 생성되면서, pH가 저하되어 육질이 나빠지는(pale soft exudative pig, PSE돈) 경우가 있다고 한다.

제 5 장 근육의 기능

근육은 동물체의 지지, 사지(四肢), 호흡, 심장, 소화관 등의 운동, 또는 체열의 발생원 등의 기능을 가지고 있다. 또한 근육은 동물체의 40%를 차지하며 축산에 있어서는 식육으로서의 중요한 의의가 있다.

I. 근육의 구조

근육은 조직학적으로 횡문근(striated muscle)과 평활근(smooth muscle)의 두 종류로 분류된다. 횡문근에는 골격근(skeletal muscle)과 심근(heart muscle)이 포함되어 있다. 기능적으로는 골격근은 운동신경에 의해 지배되는 수의근(voluntary muscle)이다. 평활근은 주로 내장근을 구성하며, 심장과 함께 자율신경에 의해 지배되는 불수의근(involuntary muscle)이다. 근육은 근세포가 있는 곳인 근섬유와 간질로 이루어진다. 근섬유는 근섬유소에 둘러싸여 무수의 근원섬유(myofibril)와 근장(sarcoplasma)으로 이루어진다. 근섬유는 다시 근필라멘트(myofilament)로 구성된다. 근필라멘트는 수축성 단백질이다.

1. 횡문근

횡문근섬유를 현미경으로 관찰하면 희고 어두운 직물 모양이 보인다(그림 5 · 1). 이것은 근섬유의 각부분에서 빛의 굴절률 차이 때문에 생긴 것으로 이것을 횡문(cross striation)이라고 한다.

횡문은 밝은 부분인 I대(isotropic band)와 어두운 부분인 A대(anisotropic band)로 나뉘며, 다시 A대의 중앙에는 약간 밝은 H대(Hen-sen band)가 있다. I대의 중앙은 Z대(Z band), H대의 중앙은 M선(M line)이 가로로 잘려 있다. Z대와 주변 Z대의 사이를 근절(sarcomere)이라고 한다. 근절이 근육의 구조상 단위이다(그림 5 · 2).

그림 5 · 1 면양의 복거근(신장시) (×23,000)

A: A대 I: I대 Z: Z대 H: H대
M: M선 Mt: 미토콘드리아 T: 삼연구조
G: 미세입자는 글리코겐 (鈴木 淳)

근원섬유는 소포체(endoplasmic reticulum)의 일종으로 근소포체(sarcoplasmic reticulum)와 근섬유초가 함몰해서 발생한 T소관(transverse tubule)에 의해 둘러싸여 있다. 근소포체는 T소관에 인접한 부분으로 둘러싸여 종말조(terminal cisterns)가 되어 T소관을 양측에서

좁혀 3연구조(traid)를 구성한다(그림 5 · 3).

A대는 굵은 필라멘트인 미오신분자를 가는 필라멘트인 트로포미오신과 트로포닌을 포함한 액틴분자가 교차적으로 배열되어 형성된 것을 말하며, 액틴만이 낮은 밀도로 정렬해 있는 부분은 I대를 형성한다. 미오신부에 액틴이 밀고 들어가지 않은 A대의 부분은 H대가 되며, M선은 미오신 중앙부의 부풀어져 있는 부분을 말하며, Z대는 근원섬유를 횡으로 잘라 액틴 필라멘트에 달라붙어 있는 밀도의 높은 막구조를 지칭한다.

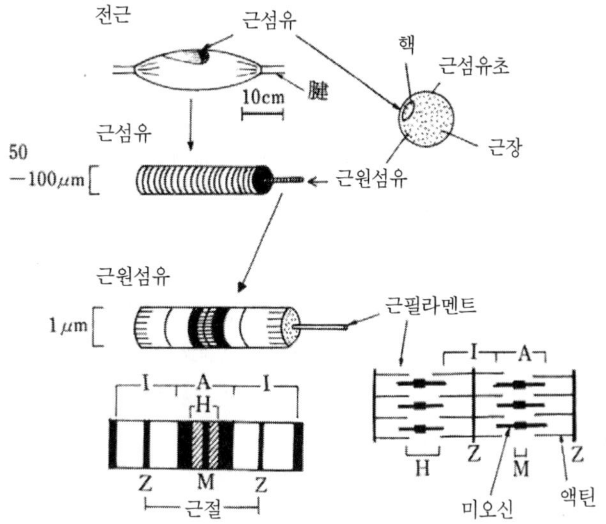

그림 5 · 2 골격근섬유의 구조모식도

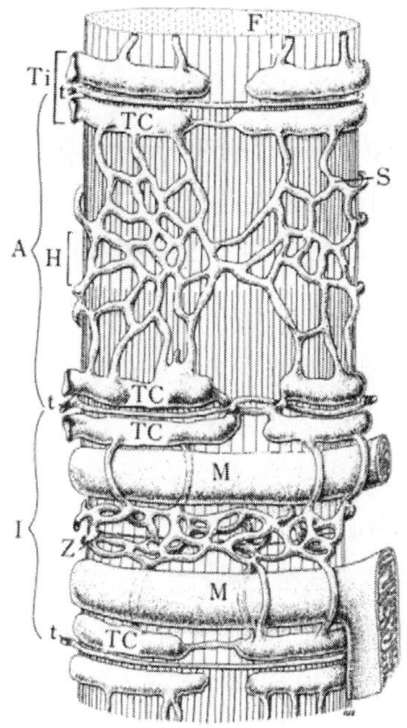

그림 5 · 3 적색근섬유의 미세구조

F: 근원섬유 A: A대 I: I대 Z: Z대 H: H대
S: **근소선체** TC: 종말조(終末槽) M: 미토콘드리아
t: T소관 Ti: **삼연구조** (Rambourg & Segretain, Anat. Record)

2. 평활근

평활근에는 횡문이 없고, T소관도 없다. 근소포체 발달도 좋지 못하다. 그러나 불규칙적이긴 하나 두터운 필라멘트와 가는 필라멘트는 있으며, 이들은 각각 미오신 및 액틴과 트로포미오신에 상당한 것으로 여겨진다. 평활근에는 2종류인 내장평활근(visceral smooth muscle)과 다원평활근(multi−unit smooth muscle)으로 나누어진다. 다원평활근은 홍채, 모양체, 혈관 등에 분포하며, 근섬유 상호간에 흥분을 전도하진 않는다. 기능적으로는 횡문근과 비슷한 성질을 가지고 있다. 횡문근에서는 하나의 운동뉴런이 여러개의 근섬유를 지배하여 운동단위를 구성하고 있으나, 다원평활근에서는 그 이름처럼, 다수의 운동단위로 구성되고, 또한 2개 이상의 자율신경섬유로부터 지배되고 있다.

3. 심근

심근의 근섬유는 분기(分岐)하기도, 다른 근섬유를 접합하기도, 또는 교차하기도 한다. 2개의 심근섬유는 경계판(intercalated disk)부분에서 접합하고, 굴곡지면서 평행하여 있고, 섬유와 섬유를 강하게 결합시키고 있다. 이들 성질은 하나의 심근섬유의 수축을 인접한 섬유에 용이하게 전달시키는데 편리하며, 자극에 대해 마치 1개의 세포처럼 반응한다. 심근에는 횡문이 나타난다.

II. 수 축

근육은 적당한 자극이 가해지면, 신경세포에 의해서도 동일한 근세포막이 탈분극(depolarization)하여 활동전위를 발생하며, 그 결과 근육은 수축하고, 이어서 이완한다. 이 수축, 이완현상에 의해 근육의 주요한 기능인 운동이 발생한다.

1. 수축의 종류

1) 단수축 (twitch)

다른 명칭으로 연축이라고도 한다. 골격근을 직접, 또는 신경을 매개로 일회만 자극했을 때, 자극이 유효할 때는 활동전위의 발생에 따라 근육은 수축하고, 이어서 이완한다. 단수축에 필요한 시간은 동물의 종류, 온도 등에 의해, 또한 빠른 근육과 느린 근육에서 다르지만, 자극을 가해 수축이 시작될 때까지의 시간인 잠시(latent period)는 약 0.01초, 수축기는 약 0.04초, 이완기는 약 0.05초, 총 걸리는 시간은 약 0.1초이다(그림 5 · 4).

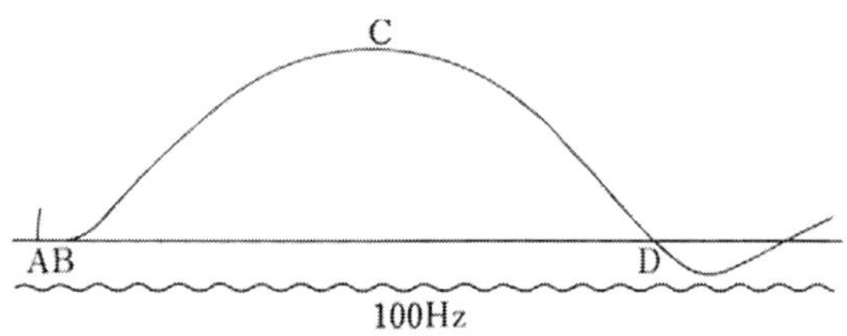

그림 5 · 4 연축곡선(攣縮曲線)

A: 자극의 시점 AB: 잠복기 BC: 수축기 CD: 이완기
D:이후의 진동은 장치의 특성에 따른 것
아래의 파형(波形)은 음차(音叉)의 진동

2) 강축 (tetanus)

골격근에 대한 자극이 선행하는 단수축이 끝나지 않은 사이에 점점 가해지면, 수축이 가중돼서 지속했던 수축을 얻을 수 있다. 이것을 강축이라고 한다. 자극의 빈도를 늘려 가면, 근육의 이완을 전혀 볼 수 없게 되어, 수축했던 그대로의 상태가 계속된다. 이 경우의 수축을 완전강축이라고 한다. 이때 수축의 정도는 단수축의 경우보다 더욱더 커진다. 자격빈도가 적어서 약간이라도 이완이 보일 때에는 이것을 불완전강축이라고 한다. 완전강축을 얻기 위한 자격간격은 단수축시간의 1/2이하가 필요하다(그림 5 · 5). 강축을 일으킨 자극빈

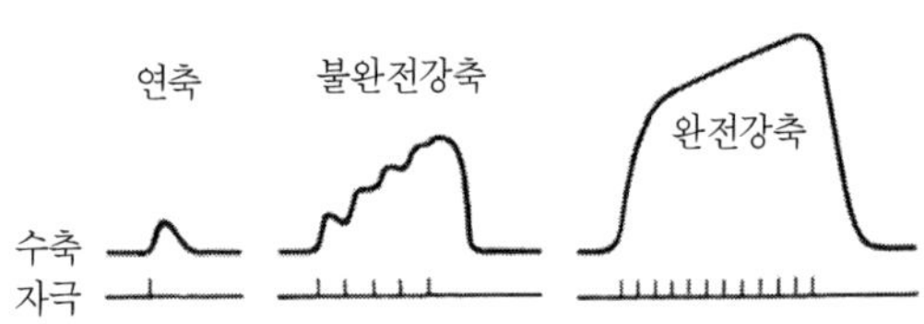

그림 5 · 5 연축과 강축

도 이하로 최대강도의 자극을 연속적으로 가하면, 매회 단수축의 장력이 계속 증가해서 결국 일정하게 된다. 이것을 계단현상(staircase phenomenon 또는 Treppe)이라고 한다. 이 현상은 아마 트로포닌 C에 Ca^{2+}의 결합이 증대함에 따른 장력발생능력 증가에 의한 것으로 추측되어진다.

3) 경직(rigor)

근육이 불가역으로 경화하는 것을 경직이라고 한다. 사후경직, 열경직, 산경직 등이 있다. 사후경직(rigormortis)은 동물이 도살된 후 근육이 단축, 경화되어 신장성을 현저히 줄이는 현상을 말한다. 사후경직의 개시 또는 완료에 필요한 시간은 온도등의 조건에 의해 크게 다르다.

사후 근육내에 존재하는 크레아틴인산(creatine phosphate)과 글리코겐이 감소하여, ATP의 재합성이 이루어지지 않으므로 ATP함량은 감소함에 따라 액틴과 미오신 사이의 결합은 해제되지 않고 경직이 일어난다. 보통의 경우는 글리코겐의 분해로 젖산이 생성되어 축적되므로 근육의 pH는 산성이 된다. 경직된 근육은 결국 경직이 풀어져 다시 유연해진다. 경직이 풀릴 때는 액틴과 미오신 사이의 결합이 다시 약해지기 때문이라고 설명할 수 있다.

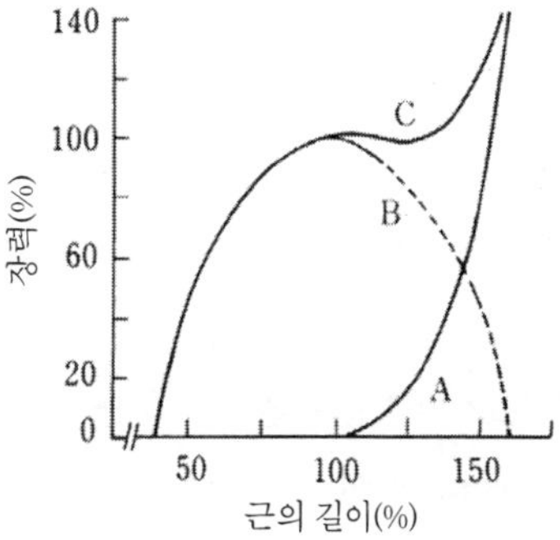

그림 5 · 6 근육의 길이-장력곡선

A:정지시장력 B:활동시장력
C:등척성장력(전장력)
근을 잡아당기지 않고 정지시 장력(A)이 0의 상태시, 등척성수축을 일으키면 활동시 장력이 최대로 된다. 생체장시 (관절을 가동범위의 중심부에 고정시켜두고 근육의 길이를 생체내의 평균길이를 취함) 활동시장력을 100%로한다.

2. 수축의 형태

골격근의 양끝을 고정시켜 두고 자극을 가하면 근육이 단축되지 않아 외부에 대한 일을 행할 수 없으나, 근육은 에너지를 소비하여 장력을 발생한다. 이와 같은 수축을 등척성수축(isometric contraction)이라고 한다. 등척성수축에 의한 장력은 근육의 길이에 따라 다르다. 관절이 가동범위의 중심부에 고정되고, 근육의 길이가 생체내의 평균길이를 취했을 때, 이것을 100%로 해서 근육길이와 등척성장력과의 관계를 구하면, 등척성장력곡선을 얻을 수 있다(그림 5 · 6c).

등척성장력은 근육의 길이가 40%에서부터 나타나며, 차츰 증대하여 근육의 길이 100%를 넘어서 일단 저하하고 이후에 급격하게 증대한다. 이것은 자극에 의한 장력 그 자체가 커졌기 때문이 아니라, 근육이 생체장에서 수동적으로 신장되었을 때에 발생하는 정지시 장력(A)이 가해졌기 때문이다. 따라서 근육이 능동적으로 발생한 장력은 C-A로 나타내며, 활동시 장력(B)이라고 한다. 이상에서, 생체장이 장력발생에는 최적의 길이라는 것을 알 수 있다. 이것은 심근에 있어서도 적용되어 과도하게 확장한 심장의 박

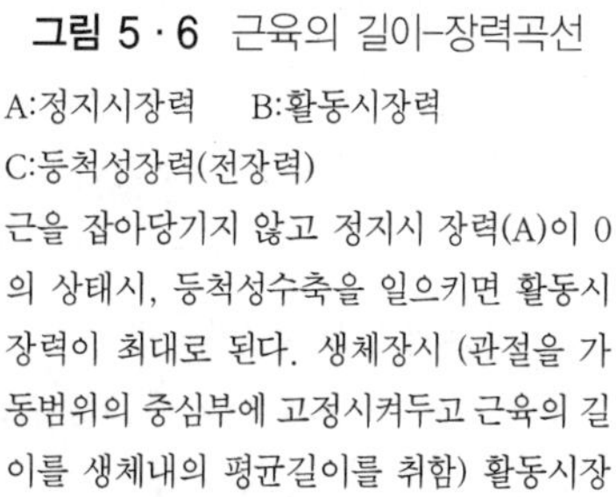

그림 5 · 7 골격근의 부하-속도곡선

출량은 오히려 감소한다.

골격근의 한쪽 끝을 고정하여, 적당한 부하를 가한 후 근육을 자극하면 근육은 부하를 들어올려 단축한다. 이것을 등장성수축이라고 한다. 생체내에는 등장성수축과 등척성수축의 중간형이 근육의 수축양식이다. 등장성 수축의 경우 근수축의 속도는 가해진 부하량에 반비례해서 저하하여 직각 쌍곡선이 된다(그림 5 · 7).

3. 수축의 기구

골격근의 화학적 조성은 동물의 종류, 영양상태 등에 따라 다르지만, 일반적으로 수분 70%, 단백질 20%, 지방8%, 탄수화물 1%, 무기물질 1%정도이다.

지방은 세포간질에 축적지방으로 침착한 것이 많으며 그 양은 영양상태에 따라 변화한다. 탄수화물로는 글리코겐(glycogen)이 가장 많으며, 그 양은 근육운동의 정도에 따라 다르다. 글리코겐 이외에는 그 분해산물로서 덱스트린(dextrin), 말토스(maltose), 글루코스(glucose) 등이 존재한다. 무기물질로는 근섬유내에 들어있는 K가 가장 많고, 다음으로 Mg, Na, Cl, Ca등이 존재한다. 이런 무기질은 막전위의 유지, 흥분, 효소의 활성화 등에 중요한 역할을 차지하고 있다. 단백질은 1) 기질단백질(stroma protein), 2) 비수축성 단백질, 3) 수축성 단백질 등의 3가지로 구분할 수 있다. 이것들은 각각 전 근육 단백질의 약 20%, 20%, 60%를 차지한다.

기질단백질은 완전한 불용성으로 근육조직을 유지하기 위한 불활성 단백질이다. 콜라겐과 앨라스틴(elastin)이 여기에 속하며 근섬유를 서로 결합시키거나, 건(tendon)에 고정하는 역할을 한다. 비수축성 단백질은 근장내에 존재하는 단백질로 많은 효소류를 함유하며, 근섬유내에서의 화학반응을 수행하는 역할을 하고 있다. 미오글로빈(myoglobin)이 들어 있고, 식육으로서의 육색에 관여하고 있다. 미오글로빈은 헤모글로빈과 닮은 색소단백질로 1개의 헴을 가지고 있다.

1) 근육의 수축성 단백질

근섬유에는 근의 수축에 관계하는 특수한 단백질이 들어 있다. 미오신(myosin)은 수축성 단백질의 약 70%를 차지하며, 분자량은 약 500,000이다. 미오신분자가 다수 모여 근원섬유의 굵은 필라멘트를 형성하고 있다. 미오신은 섬유상(길이 약 160nm)을 하고 있지만, 트립신(trypsin)으로 처리하면 분자량이 큰 H-메로미오신(heavy meromyosin)과 분자량이 작은 L-메로미오신(light meromyosin)으로 나뉜다. H-메로미오신의 구분은 미오신분자의 두부와 경부에 해당한다. 두부는 2부분으로 나뉘어 여기에 4개의 경쇄(輕鎖)가 부착해 있다. 이 두부에는 ATPase의 활성화와 actin의 결합능력이 있다. 경쇄는 ATPase활성을 조절하고 있는 것으로 추측되어진다. L-메로미오신은 헤릭스(helix)상을 하고, 미오신분자의 미부가 된다(그림 5 · 8).

액틴(actin)은 구형(직경 5.5nm)단백질로 분자량은 약 50,000이다. G-액틴(globular acitin)은 중성염으로서 중합하여 이중나선구조를 가진 F-액틴(fibrous action)이 된다. 근원섬유내의 가는 필라멘트는

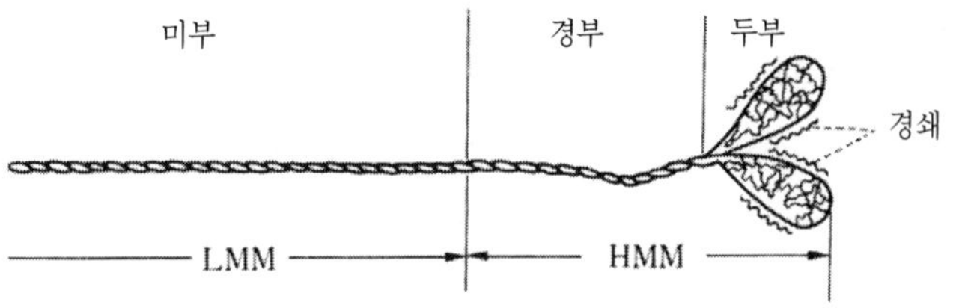

그림 5 · 8 미오신분자의 구조
(LMM…L메로미오신, HMM…H메로미오신)

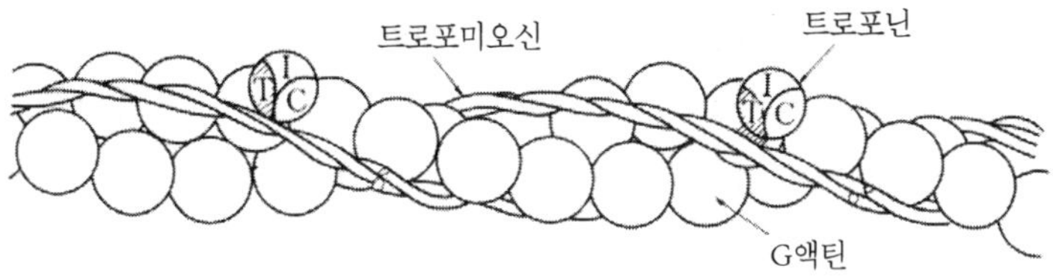

그림 5 · 9 액틴, 트로포미오신, 트로포닌의 배열
G−actin(小球)는 중합하여 섬유상의 F−actin으로 되어있다.

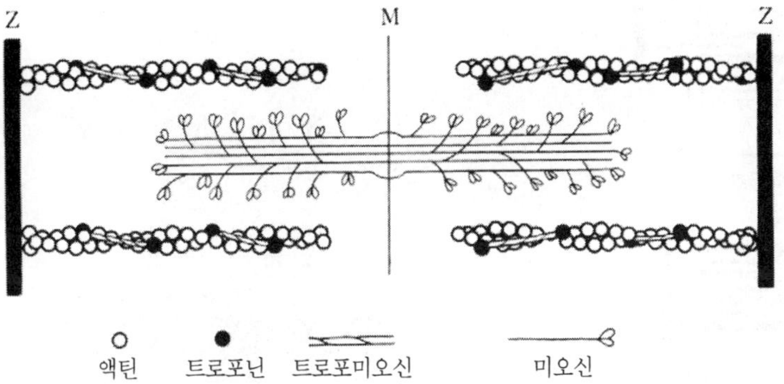

그림 5 · 10 근절 구성 모식도

F−액틴으로부터 된다.

수축성단백질의 주요부분은 미오신과 액틴이지만, 이 밖에 양은 적으나 근원섬유 형태의 유지와 근육수축의 조절에 필요한 단백질이 존재한다. 트로포미오신(tropomyosin)은 분자량 53,000으로 가늘고 긴 형태를 하고 있으며, F−actin과 병렬하여 결합하고 있다. 트로포닌(troponin)은 분자량 약 80,000의 구상 단백질로 트로포미오신의 어떤 특정부위에만 결합하고 있다. 트로포닌은 C, I 및 T로 구성되며, C에는 Ca^{2+}의 수용체가 있으며, I는 액틴과 미오신의 상호작용을 억제하고 있다. 트로포닌 T는 C와 I를 트로포미오신에 결합시키는 역할을 담당하고 있다(그림 5 · 9). 미오신, 액틴, 트로포닌, 트로포미오신은 근절중에서 그림 5 · 10과 같이 배열되어 있다. (또 액틴을 구성하는 미량 단백질이 존재하고 α−actin은 F−actin을 Z대에 결합시키는 작용을 β−actin은 F−actin의 구조를 유지하는 조절단백질이라고 생각된다.)

2) 수축의 메카니즘

자극에 의해 근섬유가 흥분하면 발생한 활동전위는 T소관에 존재하는 막전위 의존성 Ca^{2+} 채널을 통해 근소포체내에 있는 Ca^{2+}를 유리시킨다. 유리된 Ca^{2+}는 트로포닌C에 부착된다. 한편, 트로포닌 I의 작용은 억제된다. 그 결과, 트로포미오신은 옆쪽으로 움직일 수 있게 되어 미오신의 액틴과의 결합부위가 노출된다. 전자현미경에 의해 근섬유의 수축시의 모습을 조사해 보면 두터운 필라멘트의 길이는 변하지 않지만, Z대와 Z대 사이(근절)의 길이가 짧아져 있는 것을 알 수 있다. 이것으로 볼 때 흥분시에는 액틴, 미오신 사이의 배치가 이동하여 수축현상을 일으킨다고 생각된다(그림 5 11). 즉, ATP-ase를 함유한 미오신 두부에 결합한 ATP는 ADP와 무기인산(Pi)으로 가수분해된다(a). Ca^{2+}의 유리에 의해 미오신두부와 액틴 사이에 연결다리가 형성되어(b), 액틴과 미오신의 상호작용으로 에너지를 방출하여 두부를 회전시키는 것에 의해 액틴을 이동시킨다(c). 다음으로 에너지를 잃은 두부는 원래의 상태로 돌아가고, 다시 ATP를 결합한다(d)(그림 5 · 12).

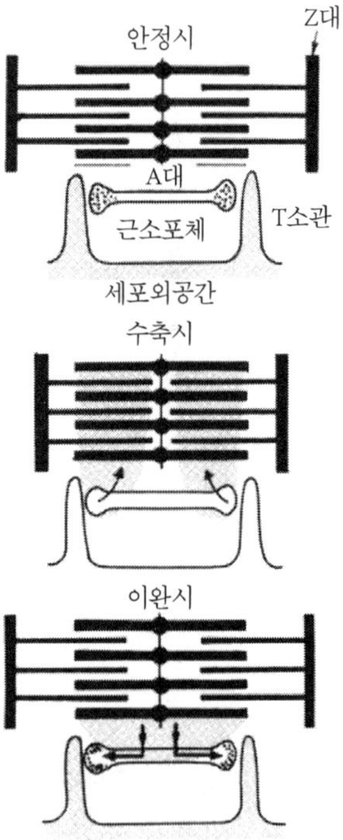

그림 5 · 11 근수축,이완의 모식도

Ca^{2+}는 검은 점으로 표시되어있다. 근소포체의 종말층에서 유리한 Ca^{2+}는 다시 흡수되어 근육은 이완한다.(松田등, 의과생리학 전망)

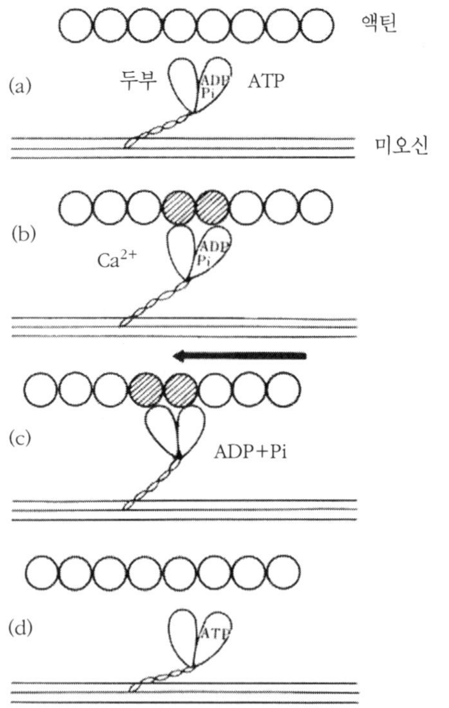

그림 5 · 12 미오신과의 연결다리형성에 의한 액틴의 이동

(a) 미오신두부에서 ATP는 ADP+Pi로 가수분해된다. 액틴과의 친화성은 낮다.
(b) Ca^{2+}의 유리에 의해 구조가 변해 미오신과 액틴과의 친화성이 극히 높아진다
(c) ATP는 완전히 가수분해되어 ADP와 Pi를 유리한다. 미오신 두부는 굴절하여 액틴을 이동시킨다.
(d) 미오신두부는 다시 ATP와 결합하여 액틴과 분리된다. 이 반응이 반복된다.

이 반응이 반복되어 근육이 수축한다. 이것을 활주설(sliding theory)이라고 한다. 다시한번 상세하게 설명하면, 이완시 근육의 두꺼운 필라맨트 길이는 근절의 약 60%를 차지하기 때문에 활주설에 의하면 수축시의 길이는 이완시의 60%이하로는 되지 않지만, 실제로 최대수축시에는 40%정도로 된다. 이 경우, 미오신필라맨트의 선단의 Z대에 접하는 부분이 두꺼워졌기 때문에 미오신 말단부는 변형될 수 있음을 알 수 있다.

근육의 이완은 트로포닌에 붙어있던 Ca^{2+}가 다시 근소포체 속으로 들어가서 필라맨트 내의 Ca^{2+}농도가 저하되면, 액틴과 미오신 사이의 연결다리는 끊어지고 근육은 스스로의 탄성에 의해 이완한다(그림 5 · 11). Ca^{2+}이온의 근소포체로의 유입은 능동수송으로서, ATP에서 발생하는 에너지를 필요로 한다.

3) 수축시의 화학적 현상

근육의 수축에 직접적으로 필요한 에너지는 ATP에 의해 공급된다. 그러나 근육에 들어있는 ATP는 소량이기 때문에 여러 차례 단수축을 반복함으로써 소모해버린다.

감소한 ATP는 포스포크레아틴(phosphocreatin)으로부터 보충된다(포스포크레아틴+ADP ↔ 크레아틴+ATP). 포스포크레아틴과 ATP의 재합성을 위해 필요한 에너지는 글리코겐과 글리코스의 호기적 및 혐기적 해당에 의해 발생하는 ATP에서 얻을 수 있다(그림 5 · 13). 또한 유리지방산이 산화되어 생기는 에너지도 관여한다. 이들 반응의 개요는 10장에서 기술하기로 하겠다.

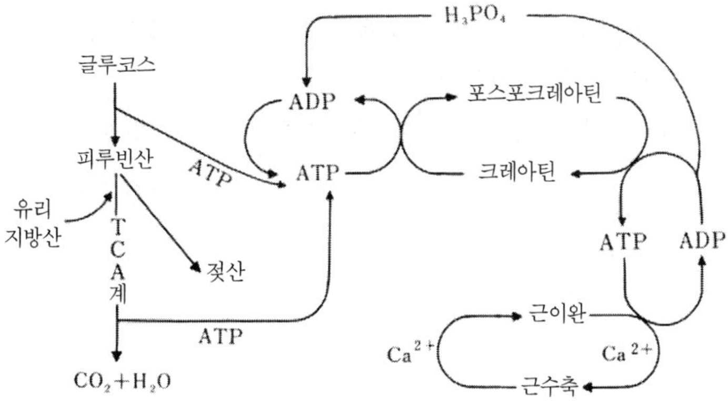

그림 5 · 13 근수축, 이완시의 화학적변화

골격근은 구성근섬유의 종류를 수축속도, 혐기적 해당능, 호기적 산화능의 관점에서 3종류로 분류할 수 있다. 근섬유에는 빠른 수축을 하고, 해당능력이 풍부하지만 피로해지기 쉬운 근섬유(fast−twitch−glycolytic, FG), 수축이 빠르고 호기적 및 혐기적 대사능력이 높은 동시에 피로해지기 어려운 근섬유(fast−twitch−oxydative,−glycolytic, FOG), 수축은 늦지만 호기적 대사능력이 높지만 피로해지기 어려운 근섬유(slow−twitch−oxydative, SO)가 있다(그림 5 · 14).

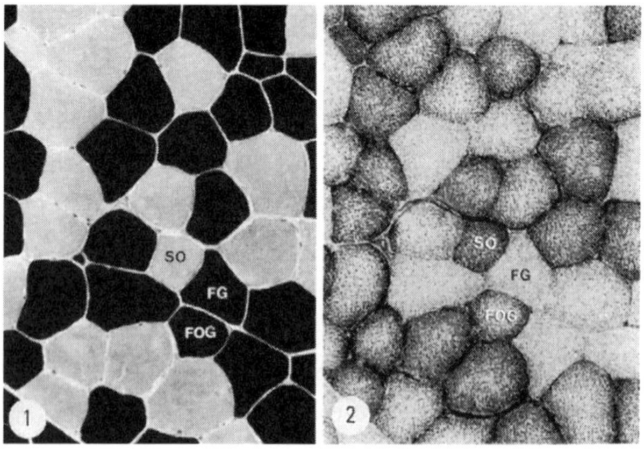

그림 5 · 14 소의 심흉근(深胸筋)의 근섬유형

1. 미오신ATPase 반응(알카리 처리후)
   강음성의 근섬유(FOG 및 FG)와 음성 근섬유(SO)가 있음. FOG 및 FG근섬유는 수축이 빠르고, SO근섬유의 수축은 느리다.
2. NADH탈수소효소활성(미토콘드리아에 존재)
   SO 및 FOG근섬유의 효소활성은 높고 FG근섬유의 활성은 낮다. (鈴木)

백색근에는 FG근섬유가 많고, 적색근은 FOG근섬유가 많은 것과 SO근섬유가 많은 것으로 분류된다. SO근섬유는 자세의 유지에, FOG, FG근섬유는 운동에 주로 관여한다고 생각된다.

근육은 무산소중 또는 격렬한 운동으로 에너지의 소비에 대한 산소의 공급이 충분하지 않은 경우라도 어느 정도까지는 운동이 가능하다. 그러나 이 경우에는 혐기적 해당의 결과 발생한 젖산이 축적된다. 이 젖산을 제거하고 포스포크레아틴과 ATP를 보충하거나 미오글로빈에 산소를 공급하기 위해 운동이 끝난 후에 여분의 산소를 소비하지 않으면 안 된다. 이 여분으로 소비되는 산소량을 산소부채(oxygen debt)라고 한다.

4) 근육의 열발생

근육의 운동은 체열의 중요한 생산원이 된다. 근육은 정지시에도 호기적 대사의 결과로서 열을 발생한다. 이 열을 정지열(resting heat)이라고 한다. 근수축시에는 열의 생산이 증가한다. 이것을 초기열(initial heat)이라고 한다. 초기열은 근육이 수축과정에 들어갔을 때에 발생하며, 근육이 등척성 단수축을 반복함에 따라 발생하는 활동화열(activation heat)과 등장성수축의 경우에는 그 단축의 정도에 의해 발생하는 단축열(shortening heat) 그리고 수축한 근육이 이완할 때 근육의 점성저항에 의해 발생하는 이완열(relaxation heat)로 구분된다. 근육이 이완한 후, 글리코겐의 산화를 포함한 많은 화학적 반응이 근육을 높은 에너지 물질을 가진 정지시의 상태로 돌아가기 위해 일어나며 그 결과 열을 발생한다. 이것을 회복열(recovery heat)이라고 한다. 회복열은 수축중에 발생한 열과 거의 같다. 근수축에 의한 열발생량은 근육 1g당 1회 수축에 대하여 2~3mcal정도로 실측되고 있다.

5) 근육의 피로

근육은 장시간에 걸쳐 활동을 계속하면 점점 수축하는 능력을 잃어버리고, 결국 전혀 수축할 수 없게 된다(그림 5 · 15). 이 현상을 근육의 피로라고 한다. 근육이 생체내에 있을 때, 신경을 매개로하는 자극에 대해 반응하지 않을 때는 근육-신경접합부의 기능이 저하되어서라고 생각한다. 그러나 산소공급이 충분할 때는 전달물질인 아세틸콜린(acetylcholine)공급 부족은 일어나지 않을 것이다. 지금까지는 근육 중에 축적한 젖산이 피로의 원인이라고 생각되지만, 피로와 젖산과의 함량 사이에는 아무런 관계도 없다. 사람에서는 실제로 수행한 일의 양이 아닌 산소 소비량에 상관을 나타낸다. 근육의 피로는 에너지원의 고갈, 막의 흥분성의 저하 등 많은 요인이 복잡하게 관여하여 일어나는 것이다.

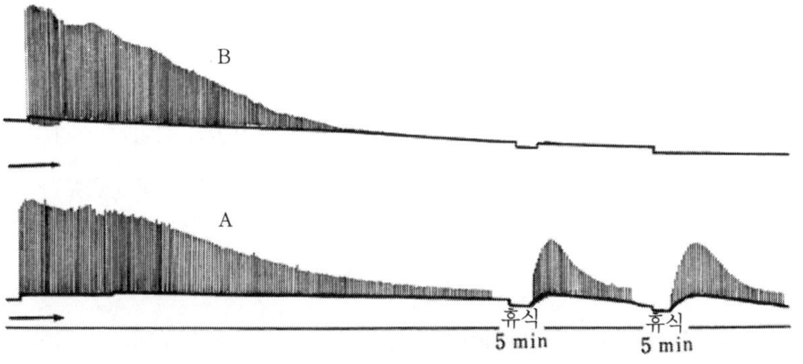

그림 5 · 15 근육의 피로곡선

위: 산소가 없는 경우에 휴식시켜도 회복하지 않는다.
아래: 산소가 있는 경우에, 쉬게 되면 회복한다.

III. 평활근

평활근에는 교감 및 부교감신경의 이중지배를 받는 것과(예: 장관) 교감신경만의 지배를 받는 것(예: 입모근)이 있다. 자율신경절후섬유가 평활근섬유위를 흐를 때는 많은 가지로 나뉘고 동시에 가지마다 다수의 섬유종말(varicosity)을 가지고 있다. 섬유종말에서는 노르아드레날린과 아세틸콜린이 유리되고, 근섬유의 표면막에 직접 작용한다. 평활근에는 골격근의 종판에 상당하는 구조는 보이지 않는다.

근섬유에 생긴 활동전위는 전위의존성 Ca^{2+}채널을 통해 세포질내 Ca^{2+}농도의 상승을 일으키며, Ca^{2+}는 미오신 경쇄에 존재하는 미오신을 인산화하는 효소를 활성화한다. 그 결과 미오신과 액틴은 반응할 수 있게 되며, ATPase에 의한 분해와 함께 필라멘트의 활주가 일어난다. Ca^{2+}농도의 저하와 함께 근육은 이완한다. 활동전위에 의한 Ca^{2+}의 동원은 서서히 일어나계속해서 일어나는 수축도 완만하게 된다. 그 수축 전파속도는 골격근과 비교해서 다소 느리다(표 5 · 1).

평활근의 노르아드레날린 및 아세틸콜린에 대한 반응은 장기에 따라 다르지만 소화관에서는 전자에 따른 과분극에 의해 근육이 이완하고 후자에 의해 수축한다.

내장평활근은 자발성수축을 한다. 이러한 특징은 특히 수뇨관과 위 · 장관 등과 같이 내용물을 일정한 방향으로 이동시킬 필요가 있는 평활 근에서 분명하게 나타난다. 신경에 의한 흥분전달이 없어도 근세포자체가 흥분성을 가지고 있어서 활동전위를 발생하며, 수축(강축)을 반복한다. 세포간은 갭접합(gap-junction)(그림 2 · 14 참조)으로 연결되어 있기 때문에 전류의 흐름 용이하며, 많은 세포가 같이 수축을 한다. 자발성 흥분을 하는 세포를 자극시발세포(pacemaker cell)라고 하며, 특수한 세포가 분화하기 때문이 아니라, 계속해서 교대하는 것이 알려져 있다. 자율신경은 이 자발성 활동전위의 발생을 증감시키는 것에 의해 근육운동을 조절하고 있다.

표 5 · 1 수축전파속도의 비교

	근의 종류	
횡문근	개구리 근	3~6m/sec
	토끼의 적색근	3
	토끼의 백색근	4~11
	사람의 근	10~15
평활근	포유류	
	장 · 난관	5~20mm/sec
	뇨관	30
	정관	50~300

다원평활근에는 근세포간의 갭접합은 없으며, 그것을 위한 활동전위가 인접하는 세포에 전파하는 일은 없다. 또, 자동능력도 없으며 지배신경의 작용하에 있다. 그러나 수축속도는 횡문근보다 10배나 빠르다.

IV. 심 근

심근에 있어서는 동방결절(sinoatrial node)과 방실결절이 흥분의 발생부위로 특별하게 나누어져 있으나, 심근의 어느 부위라도 작은 절편으로 적출해내면 고유의 율동을 나타낸다. 이 때 발생하는 활동전위는 골격근과 같이 급속히 탈분극하여 오버슛하지만 재분극은 느린 과정으로 일어난다(그림 5 · 16). 활동전위의 고편평기(plateau period)가 긴 것은, 심근 세포막의 K^+와 Na^+, 특히 Ca^{2+}의 투과성증가가 오래 지속되기 때문이다. 세포의 Ca^{2+}가 느린 채널(slow Ca^{2+} channel)을 통과해 심근세포에 들어오면 근소포체내에서의 Ca^{2+}유리를 유발해 액틴 · 미오신 다리를 형성하여 심근의 수축을 일으킨다. 이 Ca^{2+}채널은 골격근의 경우에 비해 100배 이상이나 길게 개방되어 있다. 그러므로 탈분극의 지속시간은 약 2m sec이나, 재분극에는 200~400m sec를 필요로 한다.

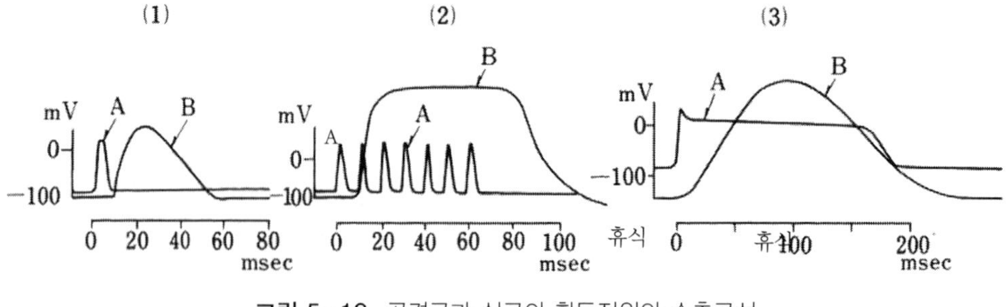

그림 5 · 16 골격근과 심근의 활동전위와 수축곡선

(1) 골격근의 단수축 (2) 골격근의 강축 (3) 심근의 수축

A: 활동전위 B: 수축곡선

근육에 자극을 가하는 경우, 제 1의 자극 후에 제 2의 자극을 아무리 강하게 해도 근육수축 반응이 일어나지 않는 시기가 있다. 이 기간을 절대불응기(absolute refractory period)라고 한다. 이 시기는 활동전위 발생 직후로서, 다시 탈분극하지 않는다. 따라서 그에 따른 수축도 일어나지 않는다. 이 시기를 지난 후에 강한 자극에만 반응하는 시기가 있고, 점차 흥분성을 회복하여 결국엔 정지시의 역치로 돌아간다. 이 기간을 상대적불응기(relative refractpry period)라고 한다. 골격근의 절대불응기는 약 1.5m sec이지만 심근에서는 매우 길기 때문에 약 150m sec이상에 달한다. 이 시간중에 심근의 수축은 반이상을 경과하기 때문에 심근에는 골격근에서 볼 수 있는 것과 같은 강축은 일어나지 않는다. 이 특징은 혈액순환이 지속적으로 일어나기에 좋다. 심근은 자극이 유효한 경우에는 그 강함에 관계없이 최대의 수축을 한다. 즉, 실무율 법칙(all or none theory)에 잘 따른 것이다. 이러한 성질역시 혈액순환이 규칙적으로 일어나기에 적합한 것이다.

V. 근전도

횡문근의 수축은 운동뉴런에 발생한 자극이 그 지배하는 근섬유에 도달하여, 각 근섬유를 흥분시키는 것에 의해 시작된다. 활동시 근육이 나타내는 전위변화를 기록한 것을 근전도(electromyogram, EMG)라고 한다.

기록방법에는 2가지가 있다. 그 중 하나는 주사침 속에 가늘게 절연한 2개의 금속선을 넣은 것을 피부

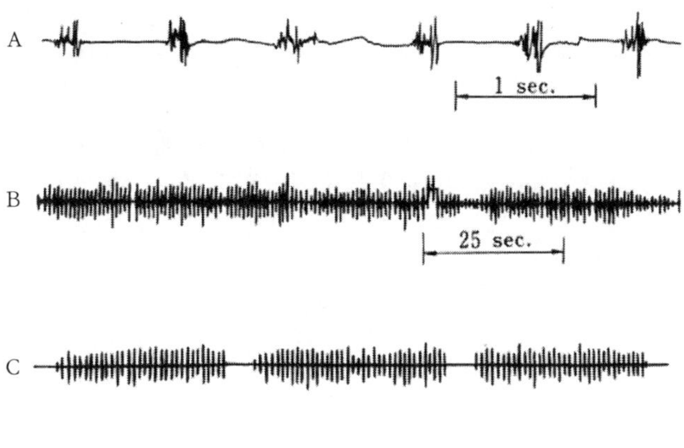

그림 5 · 17 소의 횡문근 근전도의 일례

A: 방목우의 채식시의 교근(咬筋)의 근전도
B: 위와 같은 상태를 느리게 기록한 것
C: 반추시의 교근의 근전도
D: 동시에 기록한 전지근군의 근전도
이것에서 반추는 기립하고 있다는 것을 알 수 있다. (大田(實))

를 통해 근육 속으로 찔러 넣는 것으로서, 이것에 의해 하나의 운동신경세포에 지배되는 한 무리의 근섬유를 나타내어 같은 시간의 활동전위를 기록할 수 있다. 두 번째는 근육의 표면에 전극을 두는 것으로 근전도는 복잡한 전위변동을 나타낸다(그림 5 · 17).

평활근에 있어서도 골격근과 같은 형태로 흥분시에는 활동전위가 발생하고, 이것을 기록할 수 있다. 이것을 평활근 근전도라고 한다(그림 5 · 18). 그러한 시간경과는 평활근의 종류에 따르지만 일반적으로 골격근에 비해 느리다.

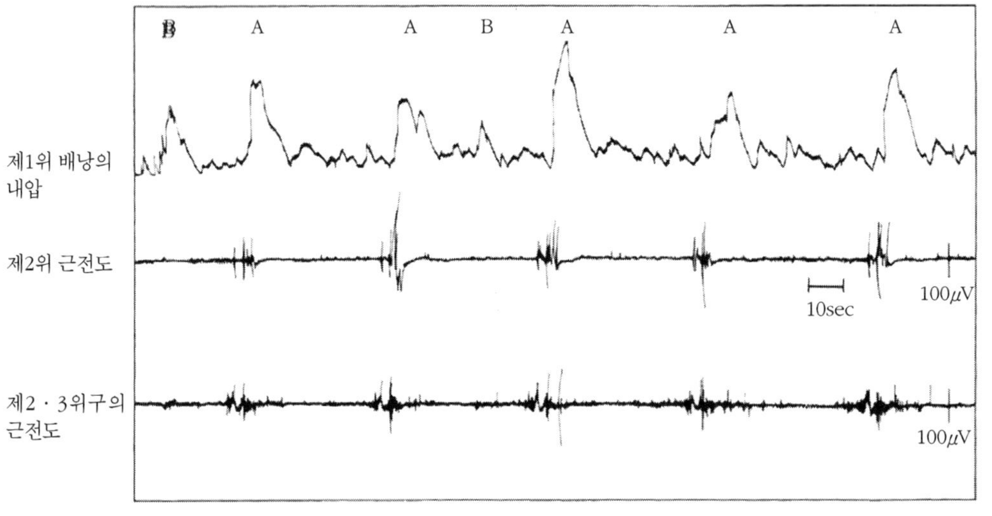

그림 5 · 18 소의 평활근 근전도의 일례

위의 내압변화와 근전도에 의해 위운동의 상호관계 등을 알 수 있다. A,B는 제1위의 A(제2위운동에 이어서 발생) 및 B운동을 가리킨다.(浅井(豊))

제6장 호 흡

동물은 생명을 유지하는데 필요한 에너지를 물질의 산화에 의해 얻는다. 이 물질의 산화에 필요한 산소(O_2)를 체내로 받아들여, 산화의 결과 발생한 최종산물인 이산화탄소(CO_2)를 배출하는 것을 호흡이라고 한다. 고등동물에 있어서 호흡은 2가지의 과정으로 이루어진다. 그 하나는 외부세계와 혈액사이에서 산소와 이산화탄소를 교환하는 과정이며, 이것을 외호흡이라고 한다. 또 다른 하나는 혈액에서 조직으로 산소를 공급하여 탄소화합물의 산화 결과 발생한 이산화탄소를 다시 혈중으로 내보내는 과정으로, 이것을 내호흡이라고 한다. 생리학에서 일반적으로 호흡이라고 할 때는 외호흡을 의미하는 것으로, 본문에서는 외호흡에 대해 언급한다. 호흡에 관계하는 기체를 '가스' 라고 지칭하는 경우가 많다.

I. 호흡운동

폐에 있어서 가스교환을 하기 위해 관여하는 모든 기관을 총칭해서 호흡기관이라고 한다. 포유류의 호흡기계는 폐와 기도, 흉곽, 흉막, 호흡근, 횡격막으로 이루어진다(그림 6 · 1). 기도는 비강, 인두, 후두, 기관, 좌우기관지로 구성되며 기관지는 상세하게 분류되어 폐포관으로 구성되고, 폐포가 여기에 연결된다(그림 6 · 2).

조류의 호흡기는 포유류와는 약간 다르다. 기관은 길고, 기관지가 분기하는 곳에 명기(鳴器)가 있다. 폐

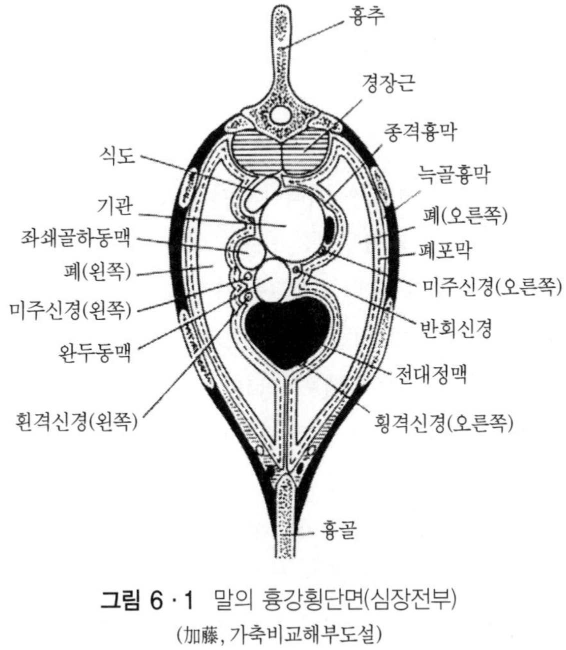

그림 6 · 1 말의 흉강횡단면(심장전부)
(加藤, 가축비교해부도설)

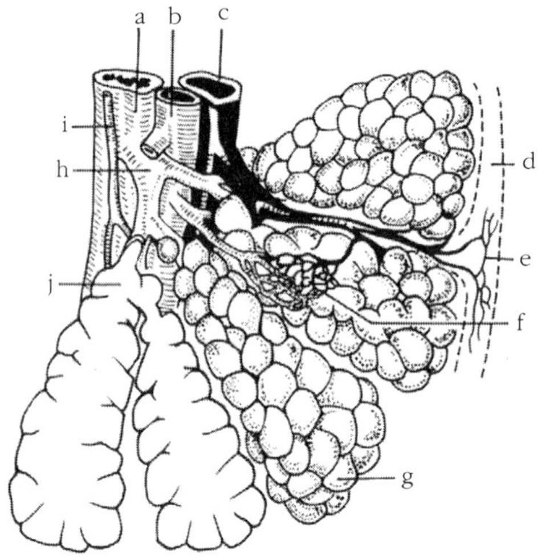

그림 6 · 2 폐소엽

a: 종말세기관지 b: 폐동맥의 가지
c: 폐정맥의 가지 d: 흉막
e: 흉막하모세혈관망 f: 호흡세기관지
g: 폐포낭 h: 호흡세기관지
i: 기관지동맥 j: 폐포관 (Kolb, Lehrbuch der Physilogie der Haustiere)

에서는 기낭이 있다. 기낭은 얇은 막으로 되어 있어서 보통 좌우오대(左右五對)로, 내장부분 이외의 체강을 가득 채워 뼈속과 피하에까지 들어가 있다. 기낭의 내부는 공기로 채워져서 새의 몸체를 가볍게 하여, 하늘을 날기에 적합하다. 조류에는 포유류와 같은 횡격막은 없으며, 폐는 호흡에 의한 확장은 하지 않으나, 늑골과 흉골의 운동에 의해 폐내의 공기는 잘 교환된다.

1. 호흡의 메카니즘

폐는 탄력성이 있는 조직이므로 신체 내부에 빽빽이 들어차 있다. 흉벽 역시 탄력성 있는 조직으로 외부로 팽창하려 한다. 따라서 안정 시의 폐와 흉벽과의 관계는 이 서로의 힘이 평형인 상태로 있는 것으로 볼 수 있다. 폐와 흉벽 사이에는 얇은 층의 체액이 있으며, 폐가 흉벽에서 떨어져 나가는 것을 방지한다. 또한, 폐포의 내면에는 지질성의 표면장력을 약하게 하는 표면활성물질(surfactant)이 존재하여 흡식 시에 폐포가 넓어지는 것을 도와준다. 폐와 흉벽 사이에는 약 2.5~6mmHg의 흉강내압(intrapleural pressure)이 존재한다(표 6 · 1).

표 6 · 1 각종동물의 흉강내음압(평균치)

동물종	흉강내 음압(mmHg)	
	흡식개시시	흡식종료시
말	6	10
소	6	9
면양, 산양	5	9
토끼	2.5	4
인간	3	6

흡식(inspiration)시에는 전후의 늑골 사이에 있는 외늑골간근(外肋骨間筋)과 늑연골(肋軟骨) 사이에 있는 늑골간근(肋骨間筋)의 수축에 의해 , 흉벽이 좌우 및 상하방향으로 넓

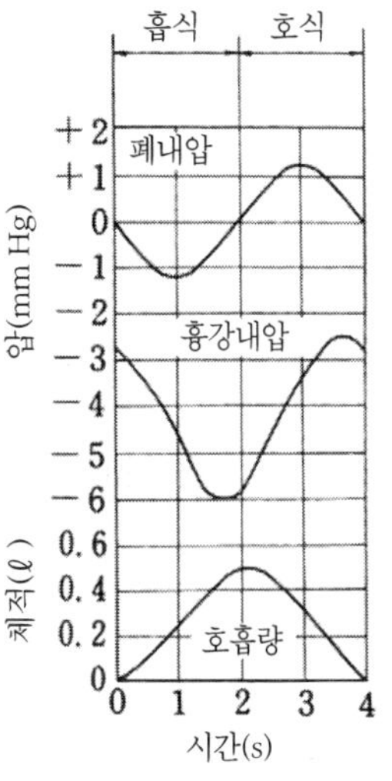

그림 6 · 3 호흡에 따른 흉강 및 폐내압의 변화(사람)

어진다. 횡격막은 흉강을 향하여 활모양으로 흉강 뒷부분 주변에 부착되어 있으나, 흡식 시에는 횡격막이 수축해서 복강을 향해 내려가기 때문에 흉강전후의 직경도 증대한다. 이 결과 흉강내 음압은 한층 더 증가한다. 이 압력에 끌려 폐의 용적이 증가하고, 폐포내압은 대기압보다 낮게 되므로 대기가 폐포에 유입된다(그림 6 · 3). 흡식근의 활동이 종료했을 때에는, 폐는 스스로의 탄성에 의해 다시 줄어들기 때문에 폐내의 공기는 외부로 밀려나, 압력이 다소 상승한다.

호식(expiration)은 수축한 근육의 이완, 횡격막의 원위치로의 복귀, 흡식시에 압박된 복강내장기의 반발력 등에 의해, 수동적으로 흉강내 음압을 감소시키고, 그 차압은 폐에 가해져 폐내의 공기를 외부로 배출시킨다.

이상은 안정한 호흡시에 일어나는 재현상이지만, 깊은 흡식을 할 경우에는 호흡운동 이외의 작용을 가진 여러근(예: 斜角筋, 늑골거근 등)도 호흡운동과 더불어 흉부의 확대에 가담한다. 깊은 호식을 할 경우에는 근섬유의 주행방향이 외늑간(外肋間)과는 약간 반대로 되어 있는 내늑간(內肋間)이 수축해서 늑골을 후하방(뒤아래쪽)으로 움직이게 한다. 다시 한번 복근도 작동하여 복압을 높여 황격막을 앞방향으로 누른다. 이들 여러근의 협동작용에 의해 흉부는 크게 축소한다. 비익(鼻翼)은 동물의 종류에 따라서는 안정호흡시에도 운동을 하고 있다. 그러나 강호흡시에는 비익운동은 한층 더 격해져 성문(聲門)도 넓어지고 또 입을 열어 호흡하게 된다.

호흡형: 안정적인 호흡이 주로 늑골운동에 의해 일어나는 경우에는 흉식호흡, 횡격막운동에 의한 경우는 복식호흡이라고 한다. 양자가 거의 같은 정도로 일어날 때는 흉복식호흡이라고 한다. 흉복식호흡은 많은 포유동물에서 볼 수 있는 호흡형이지만, 횡격막운동의 강도에 의해 복식호흡인지 흉식호흡인지 분류할 수 있다. 개나 육식동물의 호흡형은 본래 흉식이지만, 말이나 반추동물 등의 초식동물은 본래 복식호흡이다. 사람의 호흡형은 초식동물의 경우와 비슷하다.

신생아의 호흡: 태아기에는 폐에 공기는 없고, 흉강내압은 대기압과 같다. 그러나 출생시에는 제대에 의한 혈액순환이 끊어지고, 혈중에 이산화탄소가 증가하기 때문에 호흡중추가 자극되어 호흡이 시작된다. 호흡근이 긴장성(tonus)을 늘려 흉곽이 넓어지기 때문에 흉강내에 음압이 발생한다. 이 음압은 성장에 따라 점차 커져서 일정치에 도달한다.

2. 호흡음

호흡마다 몸의 외부로부터 소리를 들을 수 있다. 호흡음에는 폐포음과 기관지음이 있다. 폐포음은 폐가 접해 있는 흉벽부분에서 흡식시에 들을 수 있다. 이것은 기관지에서 호흡기지를 통해 폐포로 공기가 퍼지면서 일어난다. 기관지음은 공기가 성문을 지나갈 때에 소용돌이 치는 것에 의해 일어나는 소리로, 후두,

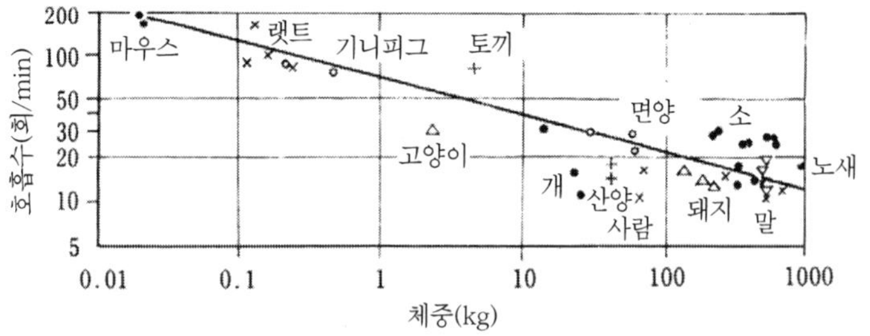

그림 6 · 4 각종동물의 휴식시호흡수와 체중과의 관계(호흡수=70 · 체중(kg)$^{-0.25}$)

HÖRNICKE, Lehrbuch der Veterinär-physiologie

기관, 기관지에 전달된다.

3. 호흡수

호흡수는 동물의 종류에 따라 큰 차이가 있다(그림 6 · 4). 또한 각각의 생리적 조건(운동, 비유, 임신, 외기온, 발열 등)에 따라 많이 변동한다. 개, 고양이, 면양, 소 등에서는 높은 온도일 때에 호흡수를 증가시켜 체열의 발산을 촉진시켜, 체온을 유지하려 하지만 말의 경우는 발산능력이 높기 때문에 호흡수는 증가하지 않는다.

4. 호흡기량

1회의 호흡에 의해 호흡기에 들어오거나 나가는 공기량을 1회호흡량이라고 한다(그림 6 · 5). 호흡의 깊이가 변화하면 당연히 일회호흡기량은 변하지만, 보통은 안정시 1회호흡기량을 말한다. 흡식 후 더 깊은 흡식에 의해 호흡기내로 들어온 공기량을 예비흡기량(inspiratory reserve volume), 호식 후 더 깊은

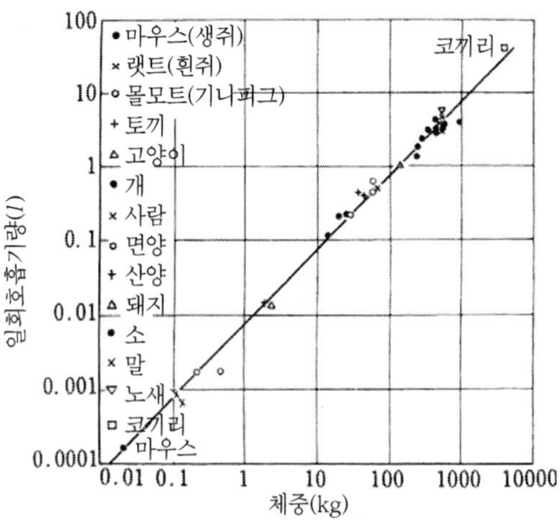

그림 6 · 5 각종동물의 휴식시에서의 1회호흡기량과 체중의 관계
1회 호흡기량(ℓ)=0.0076×체중(kg)$^{1.0}$

HÖRNICKE, Lehrbuch der Veterinär-physiologie

호식 의해 체외로 나간 공기량을 비호기량(expiratory reserve volume)이라고 한다. 최대호식 후에도 호흡기에는 여전히 공기가 남아있다. 이것을 잔기량(residual volume)이라고 한다. 표 6 · 2에 각 동물의 이러한 수치를 나타냈다.

위 4개의 호흡기량을 조합한 것에 의해 호흡기내에 차지한 공기의 용량을 알 수 있다. 예비흡기량, 일회호흡기량, 예비호흡량, 잔기량의 총합계는 전체폐기량(total lung capacity)이 되며, 앞 3개의 합계는 폐활량(vital capacity)(그림 6 · 6), 뒤 2개의 합계는 기능적 잔기량(functional residual capacity, 기잔량)이 된다. 표 6 · 12에서 볼 수 있듯이 일회의 호흡에서 출입하는 공기량은 전폐기량의 약 1/6~1/10에 지나지 않는다. 폐에서 가스교환이 일어나는 장소는 폐포뿐이며, 기도 가운데에 있는 공기는 관여하지 않는다. 이 부분을 해부학적 사강(anatomical dead space)이라고 한다. 일회 호흡기량의 약 30%가 이 사강(dead space)에 해당한다. 또, 병변 그 외의 이유로 가스교환이 일어나지 않는 폐포가 있으면, 마찬가지로 사강이 된다. 가스교환이라는 기능적 입장에서 사강을 정의할 경우에는 생리학적 사강이라고 한다. 기체의 용적을 나타낼 경우에는 온도, 기압, 수증기압을 고려하지 않을 수 없다. 호흡계에서 계산한 가스용적은 그 시기의 환경온도, 기압, 그 온도에 의한 포화수증기압에 영향을 받은 ATPS(ambient temperature and pressur, saturated water vapor)로 표시되어 있다.

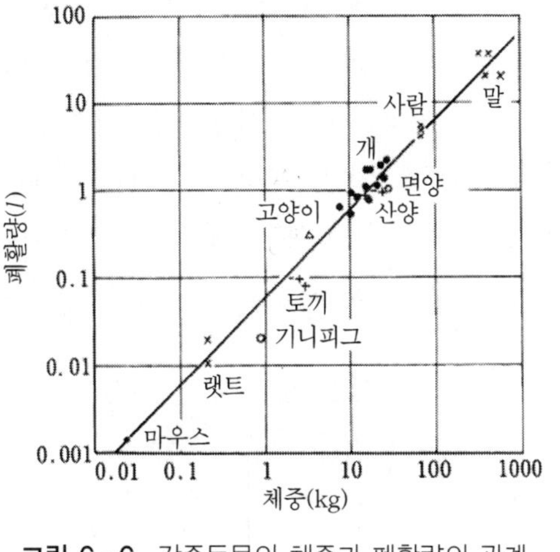

그림 6 · 6 각종동물의 체중과 폐활량의 관계
폐활량(ℓ)=0.0565×체중(kg)$^{1.02}$
HÖRNICKE, Lehrbuch der Veterinär-physiologie

표 6 · 2 호흡기량(ℓ)

			인간	말	소	양	돼지
전 폐기량	폐활량	예비흡기량	2.7	6		0.7	
		1회 호흡기량	0.5	6	3.8	0.3	0.3
	기능적 잔기량	예비 호기량	1.0	12		0.2	0.7
		잔기량	1.5	12		–	

폐기량과 같이 폐의 용적에 관계하는 양은, BTPS(body temperature and pressur, saturated with water vapdr)로 환산하여 나타낸다. BTPS는 체온, 측정시 대기압, 체온에 의한 포화수증기압을 이용하여 계산한다. 얻은 수치는 가스가 폐내에 있을 때의 상태를 표시한다. 산소섭취량과 이산화탄소 배출량은 STPD(standard yemperature and pressur, dry)로 표시한다. 이것은 0℃, 760mmHg, 수증기를 포함하지 않은 상태였을 때의 가스량을 나타내고 있다.

II. 호흡운동의 조절

호흡운동은 호흡에 관여하는 수의근의 운동에 의해 일어나지만, 이러한 제근(諸筋)은 수의적으로 조절할 수 있음과 동시에 자율적으로 조절되어지기도 한다.

1. 호흡중추

연수(延髓) 및 교(橋)에 각각 호흡운동을 자율적으로 제어하는 호흡중추(respiratory center)가 있다. 연수에 있는 고속핵(孤束核)의 복측방향에는 배측호흡중추군(dorsal respiratory group)이 있고, 주로 흡식운동과 관계하고 있다, 폐의 확장에 의한 흡식의 종지(終止) 경우에도 큰 역할을 담당하고 있다.

연수에 있는 의핵(疑核)에서 후의핵(後疑核)에 걸친 부분에는 복측호흡중추군(ventral respiratory group)이 있으며, 흡식과 흡식에 관여하느 뉴런을 포함하고 있다. 배측군에 의해 발생하는 흡식운동을 돕고, 또한 호식호흡도 돕는다. 그러나 안정호흡시에 호식은 수동적이며, 호식뉴런이 활동하는 것은 환기가 좋을 경우 가능하다. 교(橋)의 배측에는 호흡조절중추(pneumotaxic center)(그림 6 · 7)가 존재하며, 흡식에도 호식에도 관여하는 뉴런을 포함하고 있다. 아마도 흡식과 호식의 전환에 관여할 것이다.

이들 중추는 협동하여 작동하며, 자동적으로 주기적으로 흥분하여 호흡리듬을 만들어낸다. 또한, 각각

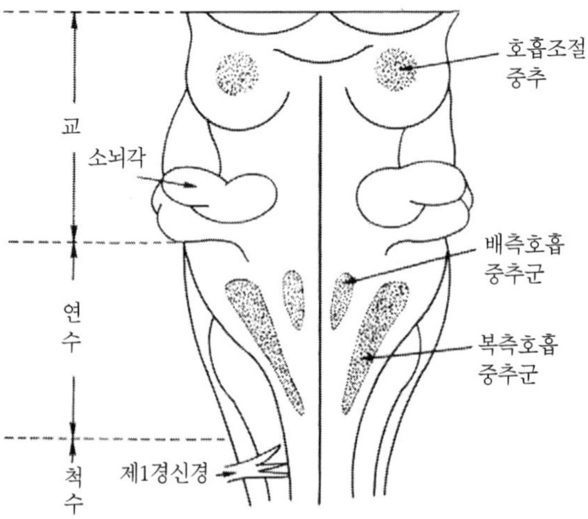

그림 6 · 7 호흡중추의 국재부위(局在部位)

의 구심성입력을 받아들이고, 호흡리듬을 환경변화에 알맞게 변화시킨다. 수정된 원심성 자극(impulse)은 호흡운동에 관여하는 근육을 지배하는 운동뉴런에 전달해 호흡운동의 회수와 깊이를 조절하고 있다. 호흡중추에서의 원심성 자극(impulse)은, 흉벽부에서는 늑간신경, 횡격막에서는 횡격신경, 비익(鼻翼)에는 용면신경, 성문(聲門)에서는 하후두신경(下喉頭神經), 기관 및 기관지에서는 미주신경을 매개로 전달된다.

2. 화학적 조절

호흡은 혈액의 CO_2장력(PCO_2), O_2장력(PO_2) 및 pH에 의해 변화한다. 흡기중의 CO_2농도가 증가하면 환기량이 증가한다(표 6 · 3). 혈액의 CO_2함량이 늘면 pH는 현저히 감소하지만, 환기량은 매우 증가한다. 이 경우, 호기 CO_2농도가 증가하여, 될 수 있는한 혈액CO_2함량이 증가하지 않도록 깊은 호흡을 하는 것을 알 수 있다. 혈액 pH는 PCO_2의 상승에 의한 혈중의 유기산(젖산 및 케톤체 등)의 증가에 의해서도 저하되며 이렇게 낮아진 혈액 pH는 호흡운동을 활발하게 한다. 또한, 흡기중의 O_2함량이 저하해서 혈중 PO_2가 70~80mmHg이하로 저하하면 환기량은 증가한다. 이러한 반응은 혈액의 PO_2, PCO_2, pH를 일정한 수준으로 유지하려는 반응이다. 좌우의 경동맥분기부의 옆에는 화학수용기인 경동맥소체(carotid body), 대동맥궁의 옆에는 대동맥체(aortic body)가 있으며, 전자에는 경동맥신경, 후자에는 대동맥신경이 분포하고 있다(그림 6 · 8). 혈액의 PO_2, PCO_2, pH에 변화가 생기면, 그러한 변화는 경동맥소체, 대동맥체를 지나 호흡중추에 전달된다. 또, 연수의 복외측에도 따로 화학수용기가 존재하고 있다. 이 수용기는 뇌척수액중에 담겨져 있어, 뇌척수액에 들어간 CO_2는 수화반응에 의해 H_2CO_3가 되고, 해리(解離)하여 H^+를 증가시켜 수용기를 자극하여 호흡운동을 조절한다.

경동맥소체는 총경동맥의 내측에서 내외경동맥의 분기부에 각각 한개 존재한다. 풍부한 혈액망에 들어있는 주세포와 이것을 둘러싼 지지세포와 신경섬유의 분포가 보인다(그림 6 · 9). 주세포는 뉴런성세포(파라뉴런)로서 도파민의 존재가 증명되는 한편, 코린작동신경종말에서 볼 수 있는 시냅스 소포성과립의 존재도 볼 수 있다. 주세포에 분포하는 신경종말은 산소분압을 감지하는 화학수용체라고 할 수 있다.

표 6 · 3 대기중CO_2농도와 호흡능의 변화(면양, 환경온도 20℃)

	대기중 CO_2농도(%)			
	0.03	1~2	2~3	6~8
호흡수(회/min)	42	38	36	40
호흡기량(*l*/min)	4.77	13.08	12.35	25.95
호기 CO_2농도(%)	1.44	2.78	4.05	6.45
동맥혈 CO_2농도(%)	44.1	44.3	44.8	50.8
동맥혈 pH	7.55	7.52	7.53	7.48

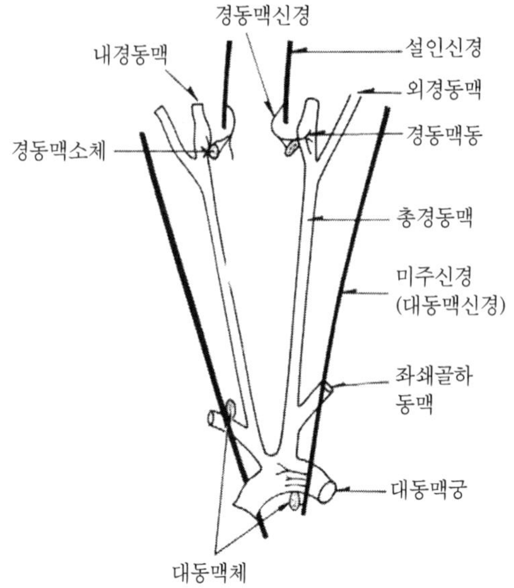

그림 6 · 8 화학수용기와 기계수용기의 위치와 구심성신경

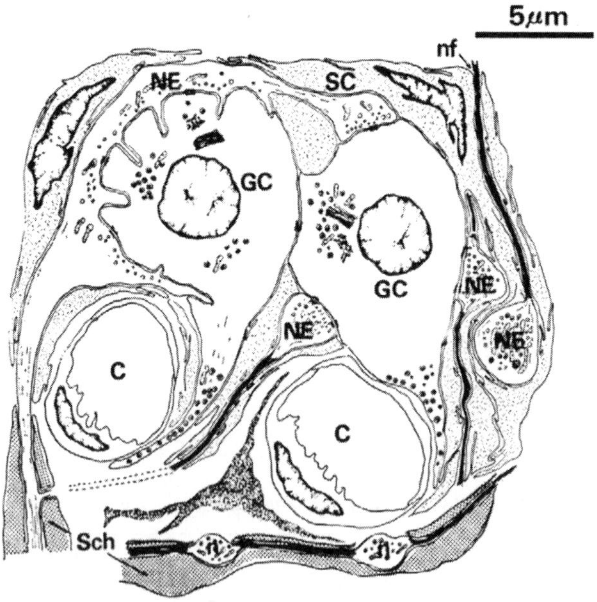

그림 6 · 9 경동맥소체의 미세구조모식도

GC: 주세포　C: 모세혈관　NE: 신경종말　SC: 지지세포　Sch: 슈완세포
n: 교감신경종말　nf:신경선유
주세포는 상호접속 접합하여 그 일부모세혈관의 옆까지 신장되어져 있다. 그 세포가 혈액중 가스장력변화를 감지하고 여기에 접속된 구심성신경말단에 흥분을 전달 (西, 종합임상)

3. 기계적 조절

폐가 과도하게 확장하면, 폐포와 세기관기에 존재하는 신장수용기(stretch receptor)로부터의 원심성 자극(impulse)이 미주신경을 사이에 두고 연수에 전달되어 배측호흡중추군을 자극하여, 흡식을 억제함과 동시에 복측호흡중추군을 자극하여 호식을 촉진한다.

한편, 폐가 과도하게 수축하면, 흡식이 촉진되는 반사작용이 일어날 수 있다. 이 흡식 · 호식의 반사를 폐미주신경반사, 또는 헤링 · 브로이엘반사(Hering−Breuer reflex)라고 한다. 또한 대동맥궁과 경동맥동에 있는 압수용기(baroreceptor)가 혈압상승에 의해 자극되면, 반사적인 호흡 억제가 일어난다. 호흡의 억제는 혈액의 심장으로의 환류를 감소시켜 혈압의 저하를 가져올수 있다.

4. 그 밖의 조절

1) 온도에 의해 호흡은 변화한다. 시상하부의 체온조절중추는 전시상하부에 있는 온감수성세포 및 피부온도 수용기에서의 원심성 자극(impulse)에 의해 작동한다. 체온이 높아지려고 하면, 체온조절중추에서의 원심성 자극(impulse)에 의해 호흡중추는 흥분하고 호흡은 빨라진다. 그러나 체온조절중추를 제거한 후에도, 호흡중추 자신과 그곳을 흐르는 혈액을 따뜻하게 하면 호흡은 빨라지고 반면에 차가워지면 호흡은 느려진다. 근육운동은 체온과 혈압을 높이고 혈액의 화학적 변화를 가져오기 때문에 호흡이 빨라지게 하지만, 근육과 관절에 있는 수용기에서의 원심성 자극(impulse)도 호흡촉진에 깊은 관계가 있을 것으로 추측되어진다.

2) 핵은 기관과 기관지벽의 자극에 의해 일어난다. 이러한 기관에 분포하는 설인신경과 미주신경이 자극되어 먼저 강한 흡식이 있은 뒤, 호식이 일어나고 성문이 닫혀 그 결과 호흡은 바뀌게 된다.

3) 자극성 가스(암모니아, 에테르, 크로로포름)에 노출되면 호식 상태로 일시적으로 호흡을 멈춘다. 이것은 비점막에 분포하는 삼차신경(三叉神經)을 사이에 둔 반사이다.

4) 피부가 차가워지거나 따뜻해지면 정지했던 호흡이 재개하거나 호흡운동이 변화하기도 한다. 또 피부가 기계적으로 자극되면 호흡의 깊이와 빠르기가 변화한다.

5) 사료를 줄 때는 설인신경을 매개로하는 충동이 중추에 전달되고, 성문이 닫히기 때문에 호흡운동은 반사적으로 정지한다. 구토와 반추의 경우에도 성문이 닫히므로 호흡운동은 억제된다. 연하는 호식시에 일어나지만, 구토와 반추는 흡식시에 일어난다.

5. 호흡의 이상

조직의 산소가 부족하게 되면 저산소증(hypoxia)이 되어 호흡상태가 변해간다. 동물이 노력해서 호흡을 하는 상태를 호흡곤란(dyspnea)이라고 한다. 폐나 심장의 질병, 출혈, 전염병, 영양불량시 또는 높은 지대 등에서는 호흡곤란이 일어나기 쉽다. 순환이나 호흡의 장해로 혈액중에 데옥시헤모글로빈이 증가하면, 이 색은 암자색이므로 가시점액부가 검은 청색으로 변하게 된다. 이러한 상태를 시아노시스(cyanosis)

라고 한다. 뇌나 심장질환 등으로 호흡이 일시 멈추지만, 다시 정상 이상으로 되었다가 또다시 멈추는 것으로 비정상적 호흡 주기를 보일경우 이것을 체엔−스토크스(Cheyen−Stokes)형 호흡이라고 한다. 뇌질환에서는 동맥혈의 P_{CO_2}의 약간의 저하가 호흡을 정지시켜, 그 결과에서 오는 P_{CO_2}의 상승에 대해, 호흡은 과대하게 반응하여 거듭 P_{CO_2}를 저하시켜, 같은 양상을 반복한다. 또한 심장질환에서는 폐에서 뇌까지의 혈액순환시간을 연장하여, 혈액 가스 분압농도가 크게 변동하는 것에 의해, 주기적으로 호흡촉진 또는 정지가 일어난다고 생각된다.

기도가 폐쇄되면 혈중 산소가 줄어들고 이산화탄소가 늘어난다. 이 상태를 질식(aspyxia)이라고 한다. 질식상태가 되면 먼저 호흡은 강해지고 노력호흡을 한다. 혈압, 심박수는 급상승하지만, 점차 저하되어 결국 호흡은 약해져 정지하게 된다.

일산화탄소(CO)는 헤모글로빈(Hb)과 결합하여 HbCO가 되면, CO를 분리하지 못하는 것만으로도 Hb 해리곡선이 왼쪽방향으로 이동하기 때문에, HbO_2의 O_2도 떨어지기 어려워져 저산소증이 된다. 이 경우, 혈액의 PO_2는 저하하지 않기 때문에 경동맥소체와 대동맥체가 자극을 받지 않아 호흡의 촉진은 일어나지 않는다. 새는 CO에 민감해서 사람의 1/10의 단시간에 중독증상을 나타낸다. CO_2 역시 조직의 싸이토크롬의 작용을 저해하지만, 그 양이 치사량의 1,000배에 달하는 경우에만 인정된다.

III. 호흡에 의한 가스의 운반과 교환

1. 폐에서의 가스교환

공기중의 가스조성은 O_2; 20.79%, CO_2; 0.04%, N_2; 78.42%(단, 수증기함량을 0.75%로 함)로 되어 있고, 이 조성은 동시에 흡기(inspred air)의 조성이다. 폐포, 폐포관 및 호흡세기관지로 되어 있고, 이것을 둘러싼 모세혈관 중의 혈액과의 사이에서 가스교환에 보관된 공기는 폐포기라 부른다. 폐포기는 호흡운동에 의해 흡입되어 신선한 흡기와 혼합되는 한편, 일부는 호기(expired air)로 배출된다. 그 사이에 가스교환이 이루어지기 때문에, 폐포기의 가스조성은 끊임없이 변동하게 된다. 일회의 호흡에 의해 갱신되는 폐포기량은 근소하기 때문에 그다지 큰 변화는 보이지 않는다.

폐포기의 가스조성은 O_2; 13.1%, CO_2; 5.3%, N_2; 75.4%로 되어 있다. 게다가 폐포기의 온도는 거의 체온과 같고, 체수분의 증산에 의해 발생한 수증기로 포화해 있기 때문에 그 양 6.2%를 더해야 한다. 따라서 각 가스 압력의 총합은 대기압(760mmHg)과 동일해지게 된다(그림 6 · 10).

호기는 흡기와 폐포기가 혼합된 후 배출되기 때문에, 그 가스조성은 O_2; 15.3%, CO_2; 4.2%, N_2; 74.3, H_2O; 6.2%로 되어 있다. N_2의 퍼센트가 흡기와 비교해 저하된 것은 N_2가 혈중에 흡수, 이용될 뿐만 아니라, 수증기량의 증가와 배출된 CO_2량이 소비된 O_2량보다 일반적으로 적게 되는 차이 등의 총합된 결과라 할 수 있다. 호기 가스 조성은 일정하지 않으며, 동물의 상태와 종류에 따라 다르다(표 6 · 4). 폐포에 있어서 폐포공기와 혈액 사이의 가스교환은 확산에 의해 이루어진다.

확산이란 어떤 물질의 농도가 장소에 따라 달라, 농도균배가 발생할 때 농도가 높은 곳에서 낮은 곳으로 물질이 이동하는 것을 말한다. x가 되는 장소에서 이 물질의 농도균배를 dc/dx로 하고, 단위면적 A를 통해 단위시간에 이동하는 물질의 양을 M이라고 하면, M=−DA dc/dx가 된다. 여기에 D는 물질에 특유한 상수로 확산계수가로 불린다. 음의 부호는 시간의 경과와 함께 농도구배는 감소하는 방향이 되는 것을 의미한다. 이 식을 Fick확산법칙이라고 한다.

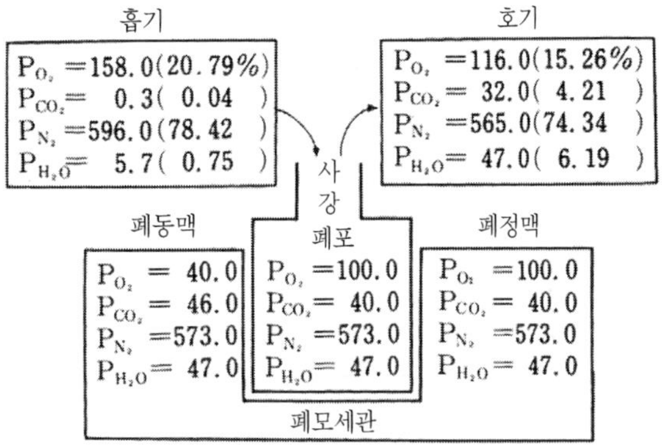

그림 6 · 10 폐에서의 호흡가스의 분압(mmHg)

폐동맥의 가스 분압의 총합은 헤모글로빈이 O_2와 강하게 결합해져 있기 때문에 760mmHg이 되지는 않는다.

(PHILLIS, Veterinary Physiology)

폐포기의 O_2분압은 100mmHg로서, 폐동맥중의 정맥혈의 분압은 40mmHg이기 때문에, O_2는 폐포기중에서 혈중으로 확산한다. 폐포의 전표면적을 계산하는 것은 곤란하기 때문에 Fick의 법칙을 그 상태로 적용할 수 없다. 그곳에서 폐포기와 폐모세혈관의 O_2분압차 1mmHg당 1분간으로 확산하는 O_2량을 가지고 O_2확산능(diffusion capacity)이라고 한다. 사람에 있어 폐에서의 확산기능은 15~35㎖/min이다. CO_2에 대해서는 폐포기내가 40mmHg이며, 정맥혈내가 46mmHg이기 때문에, 이 농도구배에 따라 혈액에서 폐포기중으로 이동한다. CO_2의 확산능은 O_2의 20배나 크다.

표 6 · 4 각종동물의 휴식시의 호기가스 성분(%)

	O_2	CO_2	N_2
흡기	20.9	0.04	79
호기			
말	15.9	4.74	79
산양	17.8	2.9	79
개	16.2	3.2	79

(N_2함량을 일정하게 해서 계산한것임)

2. 혈액중의 산소

혈액을 진공으로 두면, 그 속에 포함되었던 가스가 방출된다. N_2는 물리적으로 그 분압의 크기에 따라 용해되는 것에 불과하지만, O_2와 CO_2는 물리적 및 화학적으로 용해되어 있어, 이들 모두는 체외로 방출된다. 물리적 용해라는 것은 가스가 분자상태 그대로 액체중에 분산해서 존재하는 것을 말하며, 그 양은 가스분압과 액체의 용해도계수(또는 Bunsen)의 곱에 비례한다. 용해도계수는 용액의 성질과 온도에 따라 좌우된다(표 6 · 5). 물리적으로 액체중에 녹아있는 가스의 압력이 외기의 가스분압과 평균일 때, 이 압력을 특히 가스의 장력(tension)이라고 한다. 지금, 폐포기의 PO_2를 100mmHg, 온도 39℃, 용해도계수를 0.024라고 하면, 혈액 100㎖중에 물리적으로 들어있는 O_2량은, 100/760×100×0.024≒0.3㎖에 불과하다. 그러나 혈액 100㎖중에 들어있는 O_2총량은 약 19㎖이기 때문에, O_2의 대부분은 화학적으로 용해하게

표 6 · 5 가스용해도계수

	온도(℃)	O_2	CO_2	N_2
물	10	0.0380	1.194	0.0196
	38	0.0239	0.567	0.0123
혈액	10	0.031	0.937	0.016
	38	0.024	0.488	0.012
혈장	10	0.033	0.994	0.017
	38	0.023	0.541	0.012

(1기압, 1.0mL중에 흡수된가스량(mL))

표 6 · 6 혈액가스량 (mL/100mL)

혈액가스	동맥혈		혼합정맥혈	
	전량	물리적흡수량	전량	물리적흡수량
O_2	19	0.3	13	0.1
CO_2	50	3	54	3
N_2	1	1	1	1

된다(표 6 · 6). 즉, O_2는 헤모글로빈과 결합하고, 산소 헤모글로빈(HbO_2)로서 존재한다. Hb의 1.36㎖의 O_2를 결합하기 때문에, Hb농도를 알면, Hb에 의한 O_2의 최대운반량을 알 수 있게 된다. 이 양은 산소용량(oxygen capacity)이라고 한다. Hb와 O_2와의 결합은, PO_2에 의해 좌우된다. Hb와 결합한 O_2량의 산소용량과의 비를 %로 나타낸 것을 산소포화도(oxygen saturation)라 한다. 혈액을 압력이 다른 O_2에 접촉시켜, 산소포화도를 측정하여 이를 그래프상에 표시하면 그림 6 · 11과 같은 곡선이 얻어진다. 이를 산소해리곡선(oxygen dissociation curve) 또는 산소포화곡선(oxygen saturation curve)라고 한다. 아 곡선은 특징 있는 S자 형태를 나타낸다. S자 형을 나타내는 이유는 Hb 1분자 중에 있는 4개의 햄에 차례차례로 O_2가 부가됨에 따라 Hb분자의 입체구조가 변해 O_2에 대한 친화성을 증가하기 때문이라 설명된다. 산소해리곡선은 동물의 종류에 따라 다르다. 일반적으로 작은

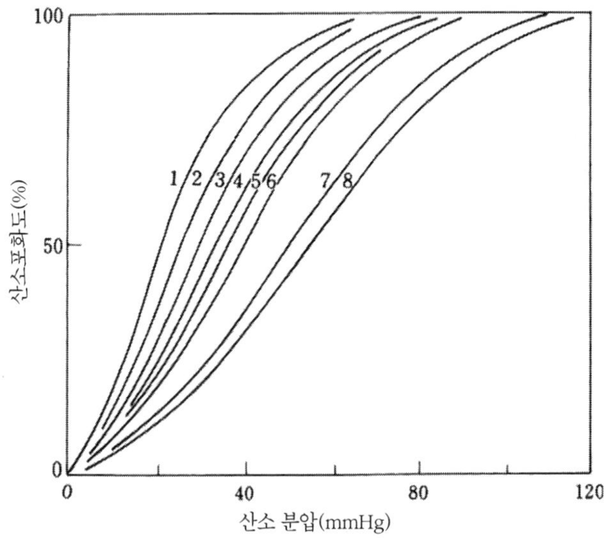

그림 6 · 11 각종동물의 산소해리곡선

1: 코끼리 2: 말 3: 사람 4: 면양 5: 여우
6: 고양이 7: 흰쥐 8: 생쥐

(SCHMIDT-NIELSEN, Animal physiology)

동물일수록 높은 대사율을 유지하기 위해, 충분히 산소를 분리하므로 곡선의 경사가 작아진다. 면양에서 폐포기의 산소분압(PO_2) 100mmHg으로, Hb는 거의 100% O_2와 결합하고, O_2분압이 50mmHg이 되어도 90%로 저하하는 것에 불과하지만, 조직의 O_2분압이 40mmHg정도가 되면 극히 효율을 충분히 O_2를 유리하는 것을 나타내고 있다.

산소해리곡선은 공존하는 여러 종류의 조건(예로 pH나 P_{co2})에 의해 조금씩 위치가 내려가고 있다.

i) pH 또는 이산화탄소분압(P_{CO2})의 영향

혈액의 pH가 저하하면 Hb는 O_2를 해리하기 쉬워진다(그림 6 · 12). 이것을 보어효과(Bohr effect)라고 한다. 혈액의 P_{CO2}가 증가하면 혈액의 pH는 저하하기 때문에, 동일한 산소해리곡선은 우측으로 이동한다(그림 6 · 13). 젖산과 같은 유기산이 늘어나 pH가 저하할 때도 같은 모양이다. 이것은 H^+와 Hb가 HbO_2에 비해 오히려 강하게 결합하는 것과 관계가 있다. 이 반응은 생체 내에서의 가스교환을 고려할 경우 이상적인 반응이라 할 수 있다. 조직에서는 O_2가 유리된 후, 대사되어 대사산물로 나온 CO_2가 다시 혈중에 흡수되어, P_{CO2}가 높아지면, 한층 더 O_2가 유리되기가 쉬워진다. 즉, P_{CO2}상승에 따른 일정한 O_2분압하에, Hb의 산소포화도는 감소한다.

폐에서는 반대로 CO_2는 폐포기 중에 확산하기 때문에 P_{CO2}는 저하하고, 곡선은 좌측으로 이동하기 때문에 용이하게 Hb에 결합하게 된다.

ii) 온도의 영향

혈액 온도의 상승은 산소해리곡선을 우측으로 움직인다. 조직의 온도는 높기 때문에, O_2의 해리를 용이

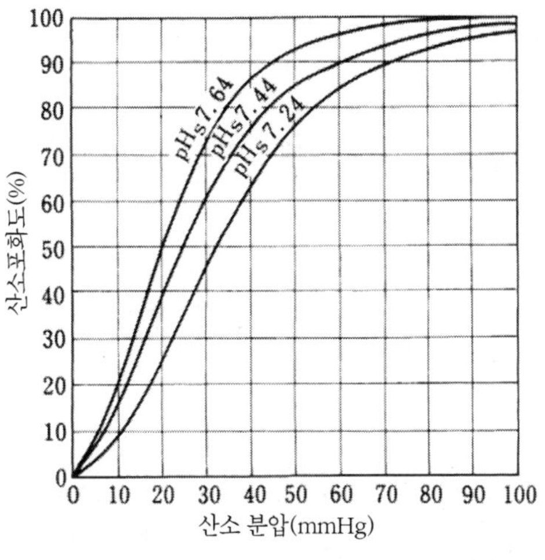

그림 6 · 12 산소해리곡선과 혈청pH(pHs, S:혈청)의 관계

(VAN SLYKE & Peters, Lehrbuch der Vererinär-Physiologie)

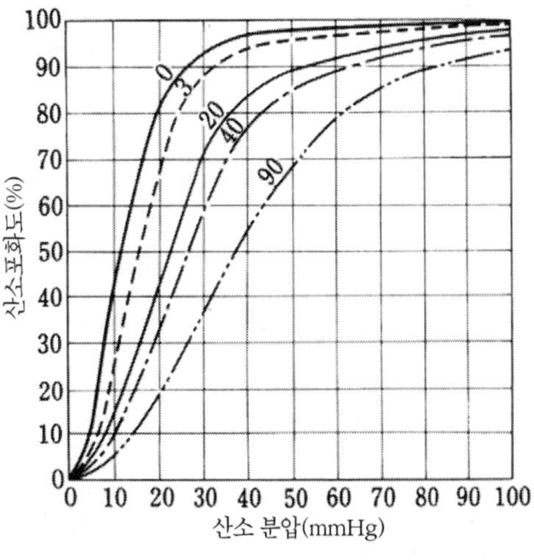

그림 6 · 13 산소해리곡선과 이산화탄소분압(0, 3, 20, 40, 90 mmHg)의 관계

하게 한다(그림 6 · 14). 한편, 폐에서는 온도가 낮기 때문에 O_2는 해리하기 어렵고, 이것도 생체에 있어 O_2의 운반에 유리한 현상 중의 하나다.

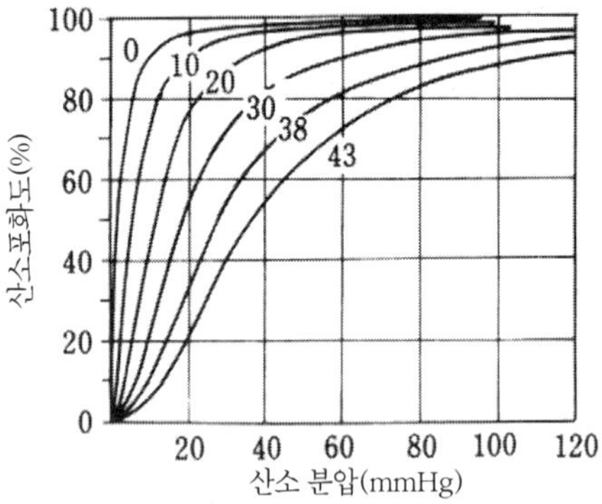

그림 6 · 14 산소해리곡선과 온도(℃)의 관계
(Scheunert & Trautmann, Lehrbuch der Veterinär-Physiologie)

iii) 2,3-다이포스포글리세린 산염(2,3-DPG)의 영향

2,3-DPG는 해당의 과정으로 3-다이포스포글리세린 알데히드에서 발생한다. 이 물질은 적혈구 중에 다량으로 존재하고 있어, 운동과 고산지역, pH의 저하, 갑상선호르몬으로 증가한다. 2,3-DPG는 Hb와 결합해 O_2를 유리시킨다. 따라서, 2,3-DPG농도의 상승은 산소해리곡선을 우측으로 이동시켜, 이것도 생체에 있어 유리한 반응이다.

3. 혈액중의 이산화탄소

혈액 100㎖중 CO_2함량은 약 50㎖이지만, 물리적으로 용해해 있는 양은 약 3㎖이다(표 6 · 6, 6 · 7). 이 양은 O_2의 경우와 같이 CO_2의 총함량에 비교하면, 역시 매우 적은 양이다. 즉, CO_2 또한 대부분은 화학적으로 용해되어 함유되어 있다. 표 6 · 7에서 총 CO_2의 63%는 혈장 중에, 37%는 혈구 중에 들어있다. 그리고, 그 대부분은 중탄산 이온(HCO_3^-)으로서 존재하고 있다. 혈액이 P_{CO2}가 높은 부위를 흐르면, CO_2는 물리적으로 혈중에 녹는다. 이 CO_2의 일부는 천천히 혈장내에서 천천히 탄산(H_2CO_3)을 만들어, 다시 한번 H^+와 HCO_3^-로 해리되지만, 대부분은 혈구 중으로 들어가, 탄산탈수효소(carbonic anhydrase)의 작용으로 급속하게 H_2CO_3를 만들고, 다시 한번 H^+와 HCO_3^-로 해리한다.

$$CO_2 + H_2O \underset{}{\overset{\text{탄산탈수효소}}{\rightleftharpoons}} H_2CO_3 \rightleftharpoons H^+ + HCO_3^-$$

동시에 발생한 H^+는 산소헤모글로빈에 작용해 O_2의 해리를 용이하게 한다.

CO_2는 또 칼바미노 화합물(carbamino compound)로서 존재한다. 혈구 중에 들어온 CO_2는 헤모글로

표 6 · 7 혈액중의 이산화탄소의 함유형태

	CO_2분압 (mmHg)	전혈 (ml/dl)	혈장(ml/dl)			혈구(ml/dl)		
			물리적흡수량	HCO_3^-	칼바미노화합물	물리적흡수량	HCO_3^-	칼바미노화합물
동맥혈	40	48.3	1.6	33.1	1.0	0.8	9.8	2.0
정맥혈	45.4	52.1	1.8	35.2	1.1	0.9	10.5	2.6
차		3.8	0.2	2.1	0.1	0.1	0.7	0.6

빈의 NH_2기에 결합하여 칼바미노화합물이 된다.

$$Hb \cdot NH_2 + CO_2 \rightleftharpoons Hb \cdot NH \cdot COO^- + H^+$$

약간 CO_2는 혈장중의 단백질과도 결합하여 칼바미노화합물(caramino compound)이 된다. 전 혈액 중에서 칼바미노화합물의 형태로 존재하는 CO_2양은 전체량의 약 7%이다.

CO_2역시, O_2와 마찬가지로 pH나 온도의 조건에 따라 혈액 내에서의 함유량이 다르다. P_{CO2}와 혈액이 CO_2 함량과의 관계를 표시한 곡선을 CO_2의 해리곡선이라고 한다. 그림 6 · 15의 윗부분의 실선은 환원헤모글로빈, 아랫부분의 실선은 산소헤모글로빈만을 포함한 혈액의 P_{CO2}에 대한 CO_2함량을 나타내고 있다. 산소헤모글로빈과 환원헤모글로빈도 pH가 6~8사이에서는 이온으로 해리 되지 않지만, 이들의 해리 상황이 달라져 있어서, 산소헤모글로빈은 환원헤모글로빈보다 강한 산성을 나타낸다(그림 6 · 17). 그러므로 산소헤모글로빈을 함유한 혈액은 환원헤모글로빈을 함유한 혈액보다, 동일 P_{CO2}에 대한 CO_2를 함유하는 능력이 약하다. 이것을 할덴효과(Haldone effect)라고 한다. 이것은 앞서 서술했던 산소해리곡선에 있어서의 보어효과를 CO_2를 중심으로 잘 나타낸 것이다. 혈액이 조직을 흐를 때는 O_2를 분리하기 때문에 정맥혈은 보다 많은 CO_2양을 함유할 수 있고, 폐를 흐를 때는 O_2와 결합하기 때문에, 동일한 CO_2 장력하에 보다 용이하게 CO_2를 방출할 수 있다. 동맥혈 및 혼합정맥혈의 P_{CO2}는 각각 약 40mmHg, 46mmHg이며, 정맥혈의 O_2포화도를 70%라고 하면, 생체내에서는 그림 6 · 15의 A−V점 사이에서 CO_2의 혈액에서의 배출 및 흡수가 이루어지게 된다.

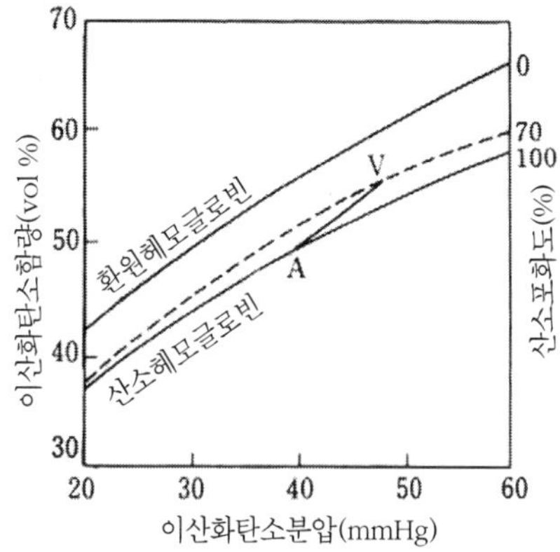

그림 6 · 15 이산화탄소해리곡선
A: 동맥혈(HbO_2 100%), V: 정맥혈(HbO_2 70%)
(점선은 안정시 정맥혈을 표시한 해리곡선)

4. 산소 · 이산화탄소의 운반

정맥혈이 폐에 도착하면, 그 산소장력은 폐포기의 PO_2보다 낮기 때문에, O_2는 혈장을 지나 혈구내로 확산하여, H · Hb의 H^+를 떼어서, HbO_2를 만든다. H^+는 탄산탈수효소의 작용으로 HCO_3^-와 반응하여 H_2CO_3를 만들며, 다시한번 CO_2와 H_2O로 되어, CO_2는 분압이 낮은 폐포기 안으로 확산한다. HCO_3^-의 적혈구내로의 이동에 따라 적혈구내로 축적했던 Cl^-는 혈장중으로 이동한다. 삼투압 활성입자의 감소에 따라 혈구용적은 작아진다. 칼바미노화합물에서도 CO_2가 유리되어, 폐포기 안으로 확산한다. 표 6 · 7의 예에서 약 4㎖/dℓ의 CO_2를 폐포기중에 잃어버리게 되면, 물리적 용해량에서 10%, 칼바미노화합물에서 20%, 중탄산염에서 70%를 잃게 된다. 동맥혈이 조직에 도착하면, 낮은 O_2, 높은 P_{CO2}, 높은 온도, 낮은 pH의 영향으로, HbO_2를 조직으로 방출한다. 한편, 조직에서의 CO_2분압은 높기 때문에 CO_2는 용이하게 혈액내로 확산하여, 적혈구내로 들어온 CO_2는 탄산탈수효소의 작용으로 H_2CO_3가 되어, 다시 한번 H^+와 HCO_3^-로 해리한다. HCO_3^-의 혈구 내 농도가 혈장중의 농도보다 높아지면, 혈장중으로 확산하고, 혈장

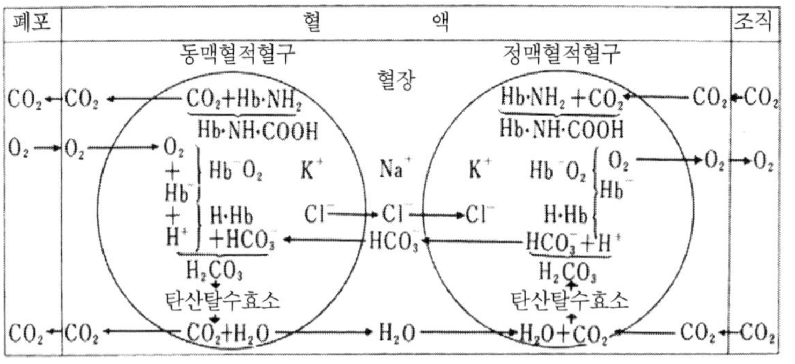

그림 6 · 16 폐포 및 조직에서의 혈액가스의 이동

에서는 이온 평형을 유지하기 위하여 Cl^-이 혈구내로 이동한다. 이 현상을 염화이온 이동(chloride shift)이라고 한다. 그래서 정맥혈 중의 적혈구의 Cl^-농도는 동맥혈의 Cl^-농도보다 높아진다. H^+는 음하전을 가진 Hb^-에 포착되어, H · Hb로 된다. 정맥혈의 적혈구는 삼투압 활성입자가 많기 때문에 물을 흡수하여 용적이 크게 된다. 정맥혈의 헤마트크리트치가 동맥혈보다 높은 것은 이런 이유 때문이다. CO_2의 일부는 칼바미노화합물로서도 운반된다(그림 6 · 16).

5. 혈액의 완충작용

혈액의 pH는 항상 대략 7.4부근에서 일정하게 유지되고 있으며, 이것은 생체의 항상성(homeostasis)을 나타내는 하나의 예이다.

어떤 용액의 H^+가 증가 또는 감소하려고 할 때 그 정도를 완화시키려고 하는 움직임을 완충작용(buffer action)이라고 한다.

완충작용을 나타내는 화학반응의 일반식은

$$HA \rightleftharpoons H^+ + A^-$$

HA는 미해리산으로, H^+, A^-는 각각 해리된 이온이다. 여기에 강산(强酸)이 가하져, H^+가 증가하려고 하면, 위 식은 좌측으로 진행하여, HA가 증가하게 되므로, H^+의 증가는 적어진다. 한편, 강알카리가 가해져 OH^-가 증가하려고 하면, H^+와 화합해서 H_2O가 되므로, 위 식은 우측으로 진행하여 H^+의 감소분을 보충한다.

질량작용의 법칙에 의해 위 식의 HA는 일정한 해리정수 k를 갖는다.

$$k = \frac{[H^+][A^-]}{[HA]}$$

[ ]는 각각의 물질의 농도를 나타낸다. 위 식을 변형해서 양변의 대수를 취하면

$$\log \frac{1}{[H^+]} = \log \frac{1}{k} + \log \frac{[A^-]}{[HA]}$$

$$pH = pk + \log \frac{[A^-]}{[HA]}$$

단, log 1/[H⁺] = pH ; log 1/k = pk 로 한다. 이 식은 Henderson–Hasselbalch식으로 불린다.

혈액에는 몇 가지의 완충계가 존재하고 있으나, 가장 중요한 것은 탄산(H_2CO_3)–중탄산(HCO_3^-)의 완충계이다($H_2CO_3 \leftrightarrow H^+ + HCO_3^-$). 이것을 Henderson–Hasselbalch식에 적용시켜보면

$$pH = 6.1 + \log \frac{[HCO_3^-]}{[H_2CO_3]}$$

단, 6.1은 37.C에 있어서의 H_2CO_3의 pk이다.

위 식에서 혈액의 pH가 7.4일 경우, HCO_3^-, H_2CO_3의 혈장농도는 각각 24mM, 1.2mM로 되면 좋은 상태가 된다(log(24/1.2)=1.3). 이제 이 혈액에 1mM의 HCl(pH=3.0)이 가해졌다고 하면, (HCO_3^-)가 1mM감소하고, (H_2CO_3)가 1mM 증가 때문에, pH의 변화는

$$pH = 6.1 + \log \frac{24-1}{1.2+1} \fallingdotseq 7.1$$

이며, 그다지 큰 변화는 일어나지 않는다. 또한, [H_2CO_3]는 직접 측정하기 곤란하기 때문에, 혈액이 나타내는 이산화탄소분압(P_{CO2})과 [H_2CO_3]은 비례한다는 것을 이용해서 계산한다. [HCO_3^-]도 직접 측정할 수 없으므로, [전CO_2]–0.03P_{CO2}로 해서 계산한다.

$$pH = 6.1 + \log \frac{[\text{전}CO_2] - 0.03P_{CO_2}}{0.03P_{CO_2}}$$

단, 0.03은 CO_2의 용해도로 온도 37℃일 때, 분압 1mmHg당 용액 1L에 녹는 양(mM)이다.

완충액의 완충능력은 [A^-]/[HA]가 1에 가까울수록 (log1=0), 또는 pk가 용액의 pH에 가까울수록, 또한 완충계의 농도가 높을수록 높은 수치를 나타낸다. 탄산–중탄산계의 pk는 혈액의 pH에 가깝다고 할 수는 없으나, 완충액 농도가 높은 것과, 산의 증가에 의해 증가하는 [H_2CO_3]는 폐에서 CO_2로 되어 호기 중에 배출되기 때문에, 실제로 그렇게 증가

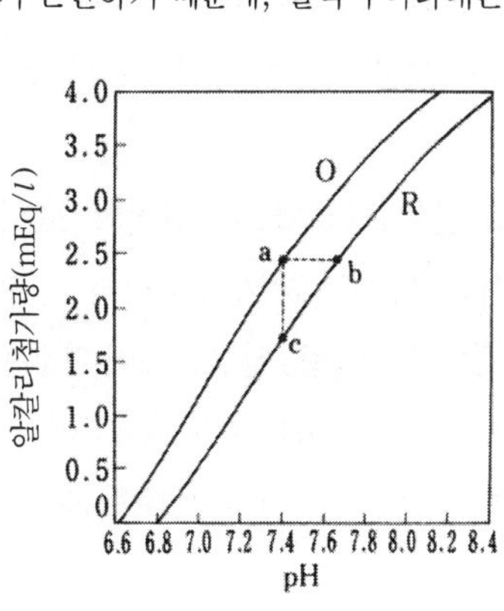

그림 6·17 효소헤모글로빈 및 환원헤모글로빈의 적정곡선

O: 산소헤모글로빈 R: 환원헤모글로빈
산소헤모글로빈이 환원헤모글로빈으로 되면, a는 b로 이동하여 더욱 알칼리성으로 된다.
일정 pH에서서는 a는 c보다 많은 알칼리량을 필요로 하고, 산소헤모글로빈이 환원헤모글로빈 보다 강한 산이라는 것을 나타낸다.

하지 않는 것에 의해 중요한 완충계가 되는 것이다.

탄산-중탄산계 이외의 완충계는 혈장단백질, 헤모글로빈, 인산이 있다. 혈장 단백질은 카르복시기와 아미노기로 해리할 수 있는 것이, 양성전해질로서의 성질을 나타내어 완충작용을 한다(H Prot ↔ H^+ + $Prot^-$). 그러나, 단백질량의 비율에서 그 힘은 별로 크지 않다.

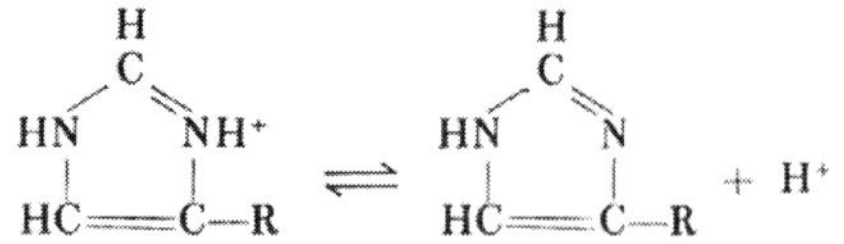

환원 헤모글로빈　　　산소헤모글로빈

그림 6 · 18 환원헤모글로빈과 산소헤모글로빈의 관계

헤모글로빈도 단백질로서, 그 등전점이 산성측(pH=4.5~4.7)에 있으므로 혈중(pH 7.2~7.4)에서는 음이온의 형태로 해리되어 있어, 단백질로서의 완충능을 나타내며 그 가치는 혈장단백질보다 크다. 또한 헤모글로빈은 특수한 완충작용을 나타낸다. 환원헤모글로빈과 산소헤모글로빈을 알칼리로 적정하면, 일정한 pH에 이르는데, 산소헤모글로빈이 알칼리를 많이 필요로 한다. 즉, 산소헤모글로빈은 환원헤모글로빈보다 강한 산성이다(그림 6 · 17). 다시말하면, 같은 pH에서는 산소헤모글로빈은 보다 많은 H^+를 방출하게 된다. 이를 위해 환원헤모글로빈이 O_2와 결합하여 산소헤모글로빈이 되면, 헤모글로빈 분자중 몇 개의 H^+가 방출되며, 반대로 산소헤모글로빈이 환원헤모글로빈이 되면 몇 개의 H^+를 헤모글로빈 분자내로 거두어 들인다(HHb↔H^++Hb^-)(그림 6 · 18). 이것은 글로빈 부분에 있는 히스티딘의 이미다졸기(imidazol기)의 H^+의 해리도가 환원헤모글로빈에서는 산소헤모글로빈에 비해 훨씬 낮기 때문이다.

이 성질은 체내에서 발생하는 CO_2의 처리에 알맞다. 헤모글로빈분자는 38개의 히스티딘(histidine)을 가지고 있으며, 이 이미다졸기는 헤모글로빈이 혈장단백질보다도 큰 완충능을 나타내는 원인이 된다.

혈중의 인산은 $H_2PO_4^-$ ↔ H^++HPO_4^{2-}로 해리하여, 그 *pk*도 6.8로 혈액의 pH와 가깝기 때문에 유효한 완충계이기는 하나, 양적으로 적기 때문에 별로 중요하지 않다.

6. 산독증(acidosis)와 알칼로시스(alkalosis)

혈액의 pH는 각 가축에 따라 그 정상범위는 약간 다르지만, 정상치(동맥혈 pH 7.4)보다 산성측에 기우는 경우를 산독증, 알칼리측에 기우는 경우를 알칼로시스라고 한다.

Henderson-Hasselbalch식에서 알게 된 것처럼, 혈액의 pH는 주로 $[HCO_3^-]/[H_2CO_3]$의 수치로 결정되며, 이 수치가 정상치보다 낮아지면 산독증, 높아지면 알칼로시스가 된다.

1) 호흡성 산독증(respiratory acidosis)

고농도의 CO_2를 흡입하거나, 또는 폐의 환기부전이 있을 경우, P_{CO2}가 증가하여 그에 따른 $[H_2CO_2]$가 증가한다. 이것에 평형하여 $[HCO_3^-]$도 증가하는데, $[HCO_3^-]/[H_2CO_3]$의 수치는 저하한다.

2) 대사성 산독증(metabolic acidosis)

근운동이나 대사 이상에 의한 젖산, 케톤체 등의 증가, NH_4Cl과 $CaCl_2$의 섭취 등으로, 산이 체내에 늘어나 그 결과 혈액중의 [HCO_3^-]가 감소하고, [HCO_3^-]/[H_2CO_3]가 저하할 경우 이것을 대사성 산독증이라고 한다. 반추가축에서는 채식시에 다량의 타액을 분비하여, 그 중에 들어있는 [HCO_3^-]를 일시적으로 혈중에서 잃게 되기 때문에, 채시직후 일시적 대사성 산독증을 나타낸다. 또한 탄수화물의 과식에 따른 반추위 산독증(rumen acidosis)을 일으키는 경우가 있다.

신장의 기능부전에 따른 산의 배설저하, 설사에 의한 알칼리의 배설과다의 경우에도 대사성 산독증이 된다.

3) 호흡성 알칼로시스(respiratory alkalosis)

체온조절을 위해, 혹은 O_2결핍 등의 이유 때문에, 호흡이 촉진되어, 과도한 환기가 이루어져 혈액중 [H_2CO_3]의 감소가 있을 때, [HCO_3^-]/[H_2CO_3]는 증가하여 호흡성 알칼로시스가 된다.

4) 대사성 알칼로시스(metabolic alkalosis)

중탄산염 등의 알칼리를 다량으로 섭취하거나, 구토에 의해 위염산을 체외로 잃을 때 등, 혈액중의 [HCO_3^-]가 증가하여, 대사성 알칼로시스가 된다. 반추가축의 제 4위변위의 경우, 제4위에 염산이 축적해서 대사성 알칼로시스를 나타낸다고 한다.

5) 대상작용(compensation)

위에서 언급한 것처럼 혈액의 pH가 변화하려고 할 때, 폐나 신장은 대사적으로 가능한 한 pH가 변화되지 않도록 작용한다. 예를 들면, 대사성 산독증이나 알칼로시스일 때, 폐의 환기기능은, 혈액 pH의 변화에 의해 촉진 혹은 억제되기 때문에 결과적으로 [HCO_3^-]/[H_2CO_3]의 비는 별로 변화하지 않으며, 혈액 pH도 변화하지 않게 된다. 대사성 산독증일 때는 신장의 H^+분비도 증가한다. 또한, 호흡성 산독증이나 알칼로시스일 때, 신장의 H^+분비는 증가하거나 저하하며, 그에 따라 HCO_3^-의 재흡수가 증가 또는 저하하므로 혈액 pH는 별로 변하지 않는다.

혈장을 채취하여, 이것을 40mmHg의 압력을 가진 CO_2에 접촉시켜 평형 시켰을 경우에 이 혈장중에 들어있는 HCO_3^-량을 알칼리예비(alkali reserve)라고 한다. 이 혈장중에서 얻어진 CO_2양의 대부분(90%이상)이 HCO_3^-이며, 이 양은 체내에 생긴 탄산 이외의 산을 중화할 수 있는 예비능력을 나타낸다. 알칼리예비는 대사성 산독증, 호흡성 알칼로시스의 경우에 감소하고, 호흡성 산독증, 대사성 알칼로시스인 경우에는 증가해서, pH의 변화를 원상태로 되돌린다.

또한 동맥혈이 산과 결합할 수 있는 완충음이온의 총량을 완충염기(buffer base)라고 하며, 40mmHg의 CO_2하에서 pH 7.4로 되돌리는 데 필요한 산 또는 염기를 과잉염기(base excess)혹은 염기결핍(base deficit)이라고 하기도 한다.

제7장 순환

척추동물은 심장(heart), 동맥(artery), 모세혈관(capillary), 정맥(vein)으로 이루어진 혈액순환계(circulatory system of blood)가 갖추어져 있어 이 계를 혈액이 순환(circulation)하며, O_2나 영양물의 운반, CO_2나 노폐물의 제거 등이 행해진다. 이들 물질의 교환은 모세 혈관벽을 통해 혈액과 조직액 사이에서 이루어지고, 혈액이 혈관밖으로 나오는 일은 없다. 즉 폐쇄순환(closed circulation)을 행하고 있다(그림 7 · 1).

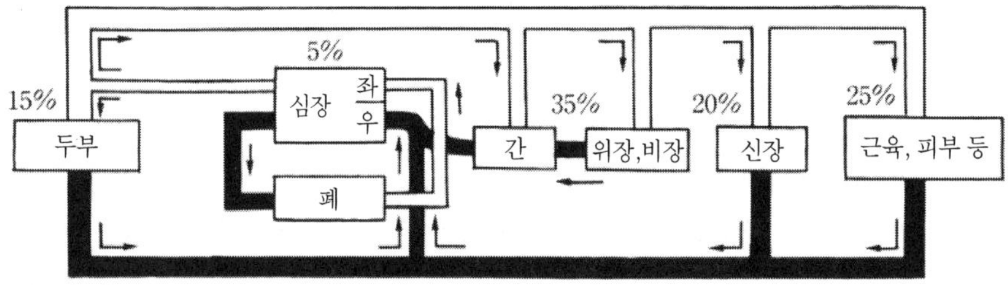

그림 7 · 1 포유동물의 혈액순환

수치는 각 부위를 흐르는혈액량, 백색은 동맥혈, 흑색은 정맥혈을 표시함.

순환이라는 것이 실제로 입증된 것은 1628년, W. HARVEY가 "동물의 심장과 혈액의 운동에 관한 해부학적 연구"를 발표한 이후 시작되었다. 그때까지는 맥박과 호흡은 오로지 동일한 목적을 가지며, 동맥은 확장기간에 외기를 공방에 흡수하고, 수축기간에 근육 및 피부사이에 있는 공간으로부터 연기형태로 배출되는 것으로 생각하고 있었다.

또한 척추동물의 폐쇄순환계 사이에도 어류, 양서류, 파충류 등, 동물에 따라 각각 구조가 다르다. 조류, 포유류는 다소 다른 점도 있지만, 대체로 같다고 생각해도 좋다. 절족동물, 연체동물 등에서는 심장에서 혈관으로 들어간 혈액은 혈관의 말단으로부터 조직내를 환류(環流)하고 혈관을 통과하지 않고 심장으로 돌아온다. 즉 개방순환(open circulation)을 행한다.

또한 혈액순환외에 간질액의 일부는 림프순환(lymphatic circulation)으로 들어가 정맥계로 돌아온다.

심장의 좌심방에서 박출된 혈액은 동맥을 거쳐 각조직에 이르고, 모세혈관부에서 물질교환을 행한 후, 정맥혈이 되어 우심방으로 돌아온다. 이를 체순환(systemic circulation) 또는 대순환(major circulation)이라 한다. 우심방으로 돌아온 혈액은 우심방에서 나가서 폐동맥, 폐모세혈관, 폐정맥을 거쳐 좌심방으로 돌아온다. 이를 폐순환(pulmonary circulation) 또는 소순환(lessor circulation)이라 한다.

혈액은 동맥→모세혈관→정맥 순으로 순환하는 것이 원칙이지만, 몇가지 예외가 있다. 복부내장(신장, 부신제외)을 환류하고 모세혈관을 거쳐 정맥으로 들어온 혈액은 문맥(portal vein)으로 집합하고, 간장으로 들어와 다시 모세혈관망을 거쳐 간정맥혈이 된다. 즉 2회, 모세혈관망을 통과한다. 같은 구조는 하수체 문맥계에도 나타난다. 한편 신장에서 동맥은 사구체포 중에서 모세혈관구가 되어 사구체를 구성하지만, 이를 나와 다시 모세관벽에서 모세혈관을 만든다. 따라서 사구체와 세뇨관사이의 동맥은 일종의 문맥적 구조로 간주할 수 있다.

I. 심장의 운동

1. 심장의 구조와 자동성

포유류 및 조류의 심장은 좌우의 심방(atrium)과 좌우의 심실(ventricle)의 2심방 2심실로 이루어져 있다. 심방과 심실사이에는 방실판(atrioventricular valve)이 있고, 좌쪽의 것은 좌방실판(left atrioventricular valve 또는 이첨판), 오른쪽의 것은 우방실판(right atrioventricular valve 또는 삼천판)이라 한다. 심실과 동맥간(動脈幹) 환사이에는 반월판(semilunar valve)이 있어 폐동맥구와 대동맥구에 있는 반월판을 각각 폐동맥판, 대동맥판이라 한다(그림 7 · 2). 심방과 정맥의 사이에 판은 없다. 심근은 횡문근의 일종이지만, 특유의 구조를 취하고 있다. 심근은 자극에 의해 흥분하지만, 흥분의 전파는 특수한 자극 전도계(impulse condudting system, 흥분전도계라고도 함)에 의해 행해진다. 이 전도계는 고유 심근과는 달리 마치 신경과 같은 역할을 하는 특수한 심근 세포군으로 되어 있다. 이 흥분 전도계는 다음과 같이 구성되어 있다(그림 7 · 3).

a) 동방결절(sinoatrial node): 동방결절은 전대정맥이 우심방으로 개구하는 부분의 앞위부분에 있는

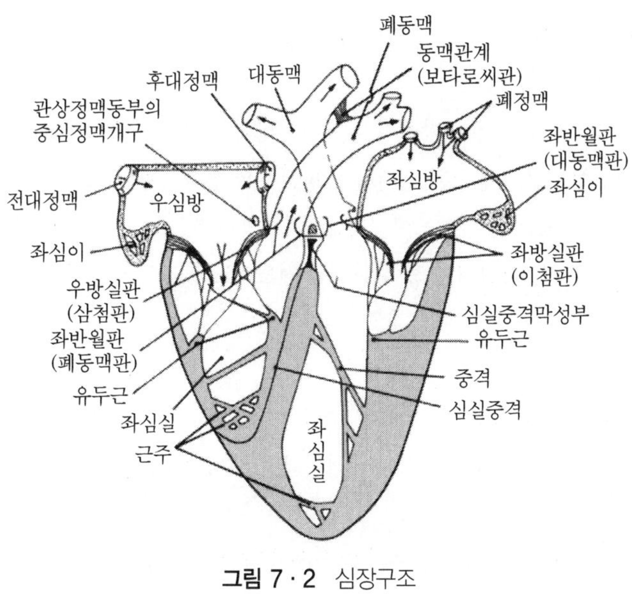

그림 7 · 2 심장구조

(Ackerknecht, Lehrbuch der Veterinä r-physiol gie)

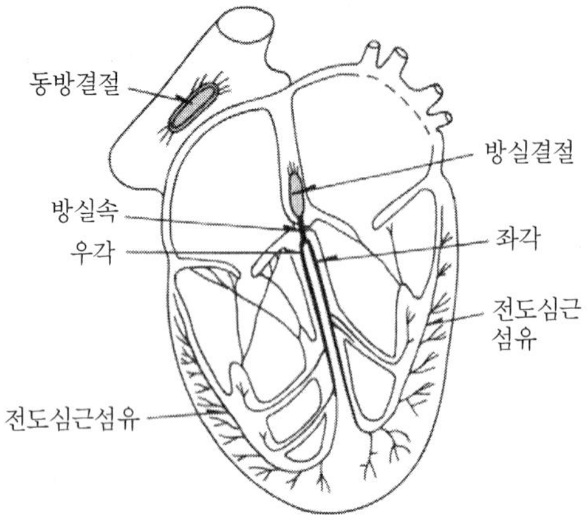

그림 7 · 3 심장의 흥분전도계

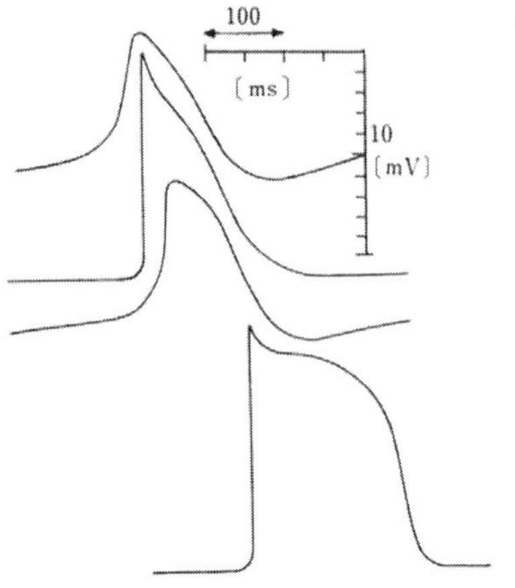

그림 7 · 4 심장 각 부위의 활동전위

위에서부터 동방결설, 심방근, 방실결절 및 심실근의 활동전위. 동방결절(또는 방실결절에서도)에서는 스파이크 전위의 발사후, 악전위가 정지전위의 위치로 돌아오지 않고 재차 탈분극(서서히 우방향으로 올라간다)하고 보조 전위를 발생시킨다.

특수 심근세포군이다. 동방결절의 세포는 자동적으로 흥분하고, 그 탈분극도 주위의 심방의 세포로 전해져, 심방전체를 곧바로 흥분시키는 동시에 심방내 전도로를 거쳐 방실결절에 모인다. 심근은 어느 부분이나 자동적으로 흥분하는 능력을 갖고 있어 특히 흥분 전도계에서 보다 발달해 있지만, 동방결절은 흥분의 빈도가 가장 높기 때문에 심장운동의 페이스메이커(pacemaker)를 하고 있다. 동방결절이 자동적으로 흥분하는 것은 일단 탈분극하여 활동전위가 발생하면 이어 재분극하여 정지전위의 수준으로까지 돌아오지만, 이 상태에서 머무르지 않고 다시 천천히 자동적으로 탈분극을 시작한다. 이 특유한 전위를 페이스메이커 전위(pacemaker potential)라 부르고 있다(그림 7 · 4).

b) 방실결절(atrioventricular node): 방실결절은 우심실의 내부에서 관상정맥동의 개구부 부근에 위치한다. 이 결절에서는 상방향으로 심방근과 연락하는 방사상의 섬유가 달리고 하방향은 방실속으로 이어진다. 동방결절에 생긴 흥분은 방실결절로 모이지만, 여기에서의 전도속도는 늦기 때문에 일정시간 지연을 발생시켜 방실속으로 전파한다. 심실의 수축이 심방의 전도속도의 지연에 의해 시간적으로 늦어지는 것은 이 때문이다.

c) 방실속(atrioventricular bundle): 방실속은 두꺼운 근속으로 방실결절에서 시작하여 심실중격의 상부에서 좌각, 우각으로 나뉘어 지고 심실중격의 내막아래를 심첨(心尖)의 방향으로 향해 달린다.

d) 전도근섬유(purkinje fiber): 전도근섬유는 방실속의 말단이 가늘게 망상으로 분산한 것으로 그 말단은 심실의 고유 심근으로 이행한다. 방실속의 양각(兩脚)이나 전도 심근섬유중의 전도속도는 빠르기 때문

에 심실근은 대체각부가 동시에 수축할 수 있다.

심근은 체외로 적출해도 박동을 지속하여 자동성을 가지고 있다. 동방결절이나 방실결절의 근처에는 미주신경의 신경세포가 많지만, 이들의 세포군을 마비시켜도, 심장은 박동하기 때문에 이들의 신경세포가 자동성의 기원은 아니라는 것을 알 수 있다.

동방결절은 자동적으로 흥분하여 페이스메이커 전위를 발생하고 이것이 심방근, 방실결절, 방실속, 그 좌우양각, 전도심근섬유의 순으로 전달하고, 각각의 부위에 있어서 특유의 전위발생을 계속 행하여 최후로 심실근으로 흥분을 전달한다. 심실근 세포도 골격근 세포와 같이 활동전위를 발생한다(그림 5 · 16). 심근은 기능적으로 하나의 세포로서 작동하여 활동전위의 발생에 따라 all or none 법칙에 따라 최대의 수축을 한다.

2. 심전도

심전도에 있어서 흥분의 전파에 따라 발생하는 심방 및 심실근의 탈분극과 재분극의 양상을 체표에 있어서 2개의 전극간의 전위차로서 기록할 수 있다. 이같은 심근의 수축 · 이완에 따른 전위변화를 기록한 것을 심전도(electrocardiogram, ECG)라 한다.

심전도의 기본적 파형을 그림 7 · 5에 나타내었다. P파의 시작후 다음의 QRS군(QRS group)의 시작까지의 간격을 PQ간격(PQ interval)이라 한다. 심방의 흥분의 시작부터 심실의 흥분의 시작까지의 시간, 즉 동방결절의 흥분이 방실결절을 통과할 때 까지의 시간을 나타낸다. Q는 종종 불명료하여 Q와 R은 접근해 있기 때문에 PR간격을 취하는 경우가 많다. QRS군은 방실결절을 거쳐 흥분이 방실속, 전도심근 섬유로 들어가, 심실근으로 퍼지는 과정에 발생한다. 심장이 흥분해 있지 않을 때에는 심장 전체가 등전위이기 때문에 체표에 있어서도 전위차가 나타나지 않는 것은 당연하지만, 심장의 각부가 똑같이 흥분해 있을 때도 전위변화는 나타나지 않는다. QRS군의 끝으로부터 T파의 시작까지의 평탄한 부분을 ST부(ST segment)라 하지만, 이것은 전심실근이 똑같이 흥분하여 있는 상태를 나타낸다. T파는 심실근이 재분극하여 흥분 소실의 과정을 나타낸 것이다. QT간격은 심실의 흥분개시부터 소실까지의 시간을 나타내는 것으로 이 길이는 심박수에 비례하고, 심박수가 많으면 당연 QT간격은 짧게 된다.

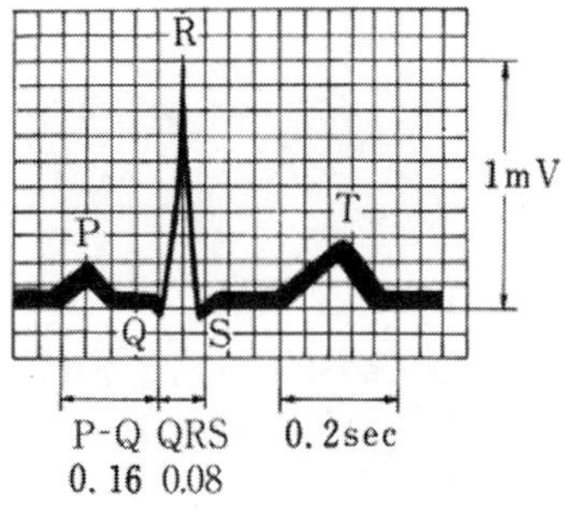

그림 7 · 5 정상심전도의 파형
(田埼 등, 생리학통론 III)

심전도로부터 얻어지는 정보는, 심박수, 박동의 리듬, 각파의 간격, 형상, 진폭, 위치관계, 심운동에 따른 전위의 방향과 크기 등이다. 이들 정보로부터 흥분전도계의 이상, 심근의 비대, 변성, 질병이나 약물이 심장에 미치는 영향 등을 알 수가 있다(그림 7 · 6).

생체의 표면에서 얻어지는 심장의 활동에 기초한 전위의 분포는 그 위치에 의해 각각 다르기 때문에 전극의 부착 장소에 따라 유도법(lead)이 결정된다. 유도법에는 (1) 체표의 2개 점에 전극을 부착하는 방법

A
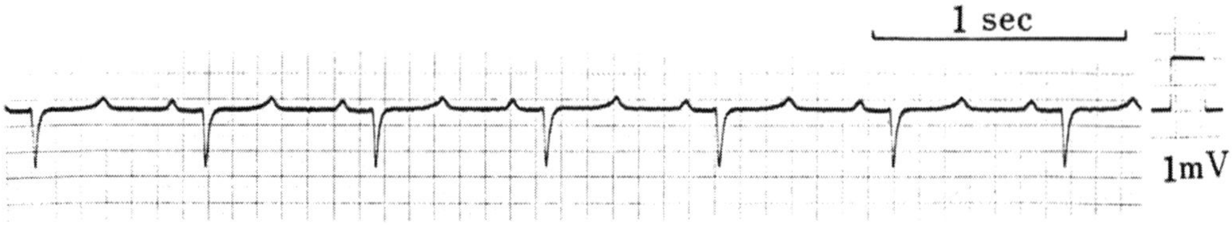

건강한 심전도 : P파와 T파는 양성, QRS군은 QS형 또는 rS형을 취함, 안정시 심박수는 70~80/min 이 경우는 80/min이다.

B
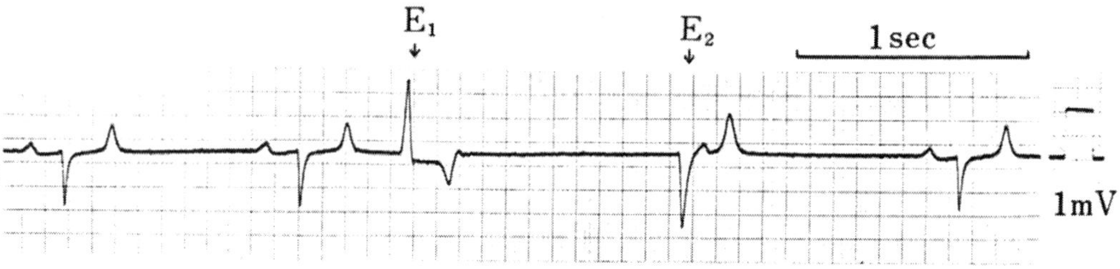

아드레나린 5μg/kg을 정맥내투여시 출현하는 심실성 기외수축(E_1)과 방실결절성 기외수축(E_2).
E_1에서는 선행하는 P파가 없고, QRS군은 R형으로 또는 T파는 음성으로 변해져 있다. E_2에서는 선행하는 P파가 없고, QRS 군은 동성수축시간과 비교시 다르지 않지만 T파와의 사이에 역전도에 의한 역행성 P파가 출현한다.

C
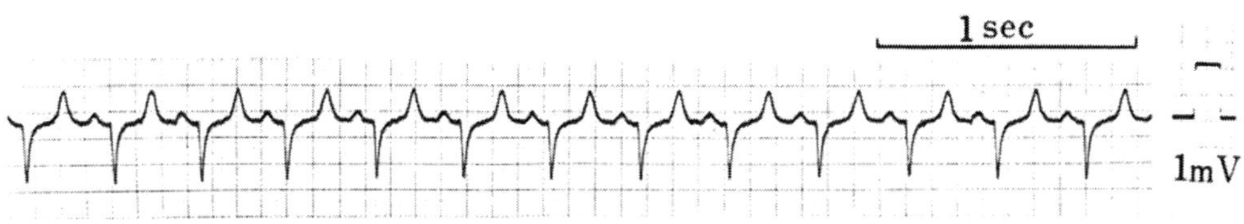

이소프로테놀 0.1μg/kg을 정맥내투여에 의해 출현한 동성빈맥. P, QRS, T의 파형은 건강한 사람과 다르지 않고 심박간격만이 단축된다. 이 경우 심박수는 180/분이다.

D
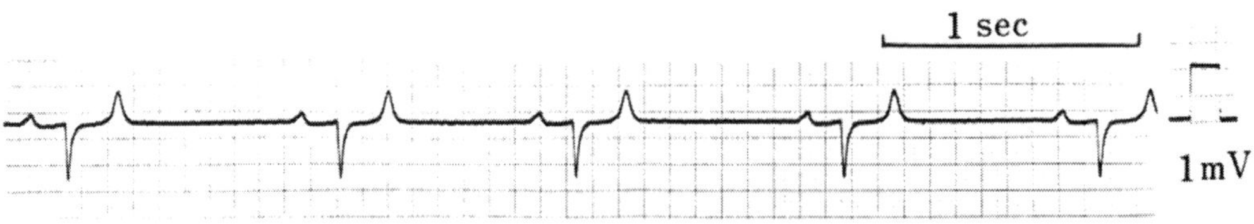

노르아드레날린 5μg/kg을 정맥내투여시 출현하는 동성서맥. 동성빈맥과 같이 각 파형의 출현 상황에 이상은 없고 심박간격만이 연장되어 있다. 이러한 예의 심박수는 65/min이다.

그림 7·6 소의 전도

(흑모화종, 7개월령 ♂, 체중 184kg, 주립위에 있어서 A-B유도심전도)

(쌍극유도법 bipolar lead), (2) 하나의 전극은 체표상에, 다른 전극은 심장의 박동에 의한 전위 변동을 받지 않도록 한 전극(wilson의 중심전극)을 이용하는 방법(단극유도법 unipolar lead)이 있다.

일본의 경우 각 가축의 유도법에 대하여 하나의 결정(가축심전도 연구회에 의함)이 있다. 소에서는 쌍극유도로서 A−B유도(A:심첨부, B:좌견갑골의 전록중앙)과 지유도(우전지−좌전지, 우전지−좌후지, 좌

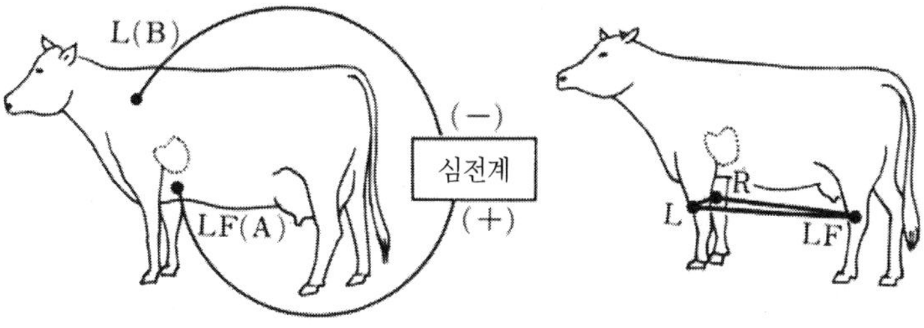

그림 7 · 7 소의 심전도 유도법

좌: 소의 A-B유도, 우: 소의 쌍극지 유도 및 증고단극지 유도

(中材 등, 소의 임상검사법)

전지−좌후지) 및 단극유도로서 증고단극지유도(增高單極肢 誘導)가 이용된다(그림 7 · 7).

3. 심장주기

심방의 탈분극으로 시작, 심실의 탈분극, 재분극을 거쳐 다시 심방의 탈분극에 이르기 까지의 기간을 심장주기(cardiac cycle)라 한다(그림 7 · 8). 심장주기를 2가지로 나누어 수축기(systole)와 이완기(diastole)로 한다. 수축기, 이완기란 보통은 심실의 수축기, 이완기(ventricular systole, diastole)를 가리킨다.

심실수축기는 등용성수축기(isovolumetric ralaxation)와 심실박출기(ventricular ejection)으로 나눌 수 있다. 등용성수축기에서는 심실근이 수축하고, 심실내압은 상승하지만, 방실판은 닫혀 있고, 대동맥과 폐동맥 혈압은 심실내압보다 높기 때문에 반월판은 닫혀진 채로 있다. 따라서 심실내 혈액량에는 변화가 없다. 계속해서 심실근의 수축이 증가하고 대동맥 및 폐동맥 혈압을 이겨내면 반월판은 열린다. 여기까지를 등용성수축기라 한다. 이어 실내 혈액은 급속하게 대동맥 및 폐동맥내로 흘러들어 간다. 동시에 이들의 동맥내압은 상승하지만, 심실용적은 급속하게 감소한다. 심실내 혈액량이 감소하기 때문에 박출량은 저하하고 동맥압보다 낮게된 시점에서 반월판이 폐쇄한다. 여기까지의 기간을 심실박출기라 한다.

심실이완기는 등용성이완기(isovolumetric ralaxation), 심실유입기(ventricular filling) 및 심방수축기(atrial systole)로 나누어 진다.

등용성이완기에서는 반월판은 닫혀져 있고 심실근의 이완에 의해 심실내압은 감소를 계속하지만, 이 사이에 심방내에는 혈액이 유입하여 내압이 계속해서 높아지기 때문에 결국은 양내압이 같게 된다. 이 시점에서 방실판이 열린다. 이 기간은 심실의 용적이 변하지 않고 이완한다. 심실유입기에서는 방실판의 개방과 동시에 심방내의 혈액이 심실내로 유입하고 심실의 용적은 급속히 증가하지만, 시간의 경과와 함께 느려지게 된다. 심방수축기는 유입기 종료시에 시작된다. 심방의 수축은 심방압과 함께 심실압, 정맥혈압의 상승, 심실용적의 증가를 초래한다. 심방수축은 혈액을 심실내로 보내지만, 반드시 혈액의 심실내 유입에 필수적인 것은 아니다. 그러나 빈맥과 같은 경우, 심실내로의 혈액의 유입이 충분히 행해지지 않을 경우에는 의미가 있다.

심전도의 P파는 심방수축기에 R파는 등용성수축기의 개시기에 T파는 박출기의 후반 완박출기에 나타난다.

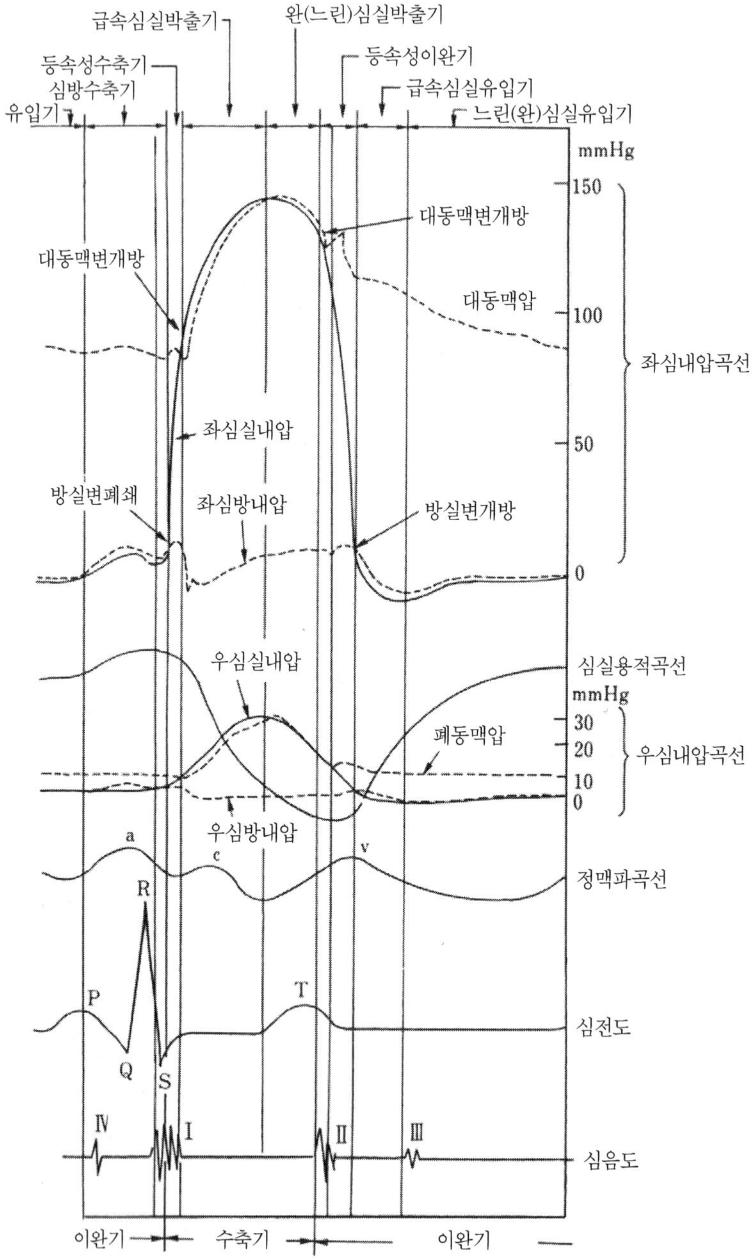

그림 7·8 심장주기중에 보이는 일련의 현상

a: 심장수축에 의한 경우, c: 심실수축에 의한 심방의 압박, v: 삼첨변의 개방전 심방압의 상승에 의한 경우

4. 심음

심박동에 따라 발생하는 진동을 흉벽에서 심음(heart sounds)으로서 포착할 수 있다. 심음에는 제 I , 제 II , 제 III , 제 IV 음이 있다. 사람이 음으로서 들을 수 있는 진동수는 16~20,000Hz이지만, 심음의 진동수는 20~150Hz 정도의 저음역에 있어 제 I , 제 II 음은 귀로 들을 수 있지만, 제 III , 제 IV 음은 청진계(phonocardiograph)에 의하지 않으면 들을 수 없다.

제 I 음은 심실의 수축개시 시에 들리는 낮고 둔한 음으로 방실판의 폐쇄와 반월판의 개방에 의해 생긴다. 더욱이 심근의 긴장증가에 따른 진동, 혈액의 박출에 따른 동백간부 벽의 진동 등에 유래한다.

제 II 음은 심실의 등용성이완기에 발생하고, 제 I 음에 비해 약간 높고 예리한 음이다. 반월판이 급하게 닫힐 때에 발생하는 진동음이 주된 것이다.

제 III 음은 방실판이 열리고, 심방으로부터 심실로의 혈액의 유입이 심실근의 이완에 의해 급하게 감소될 때 발생한다. 일반적으로 들을 수 없지만, 말에서는 청취가 가능하고, 개에서도 때때로 들을 수 있다고 한다.

제 IV 음은 심방이 수축하고 심실이 혈액으로 충만하고, 확장될 때에 발생한다. 말에서는 청취 할 수 있다.

정상적인 심음과는 다른 심음이 청취되는 경우, 이를 심잡음(heart murmurs)라 한다. 심장판막에 협착이 있다든지, 혹은 폐쇄부전이 있거나 하면 판입구를 통과하는 혈액이 소용돌이 치거나 혹은 혈액이 역류하거나 하여 이상한 심음을 발생한다.

5. 심박출량

좌심실로부터 체순환계로, 혹은 우심실로부터 폐순환계로 박출되는 혈액량은 거의 같다. 좌(혹은 우)심실로부터 박출되는 혈액량을 심박출량(cardiac output)이라 한다. 일회의 박동으로 박출되는 양을 1회박출량(stroke volume), 1분간에 박출되는 량을 매분 박출량(minute volume)이라 한다(표 7 · 1).

심박출량의 측정법에는 크게 나누어 2가지가 있다. 하나는 표식물질 희석법으로서, 표식물질에는 종종 색소(evans blue 등)가 이용된다. 색소의 일정량(A)를 0시간에 정맥 내에 주입하여 동맥으로부터 채혈하

표 7 · 1 각 가축의 심박수, 일회 및 매분 박출량

	체중(kg)	심박수	일회박출량(ml)	매분박출량(l)
말	500	34	852	29.00
소	500	50	696	34.80
면양	50	75	53	3.98
산양	24	70	43	3.02
개	10	100	14	1.45
닭	2	342	0.8	0.29
사람	70	70	73	5.07

면 색소는 곧 동맥내에 출현, 그림 7 · 9와 같은 곡선은 그리며 감소한다. 재순환에 의한 색소의 출현의 항을 제거하기 위해 좌측의 선을 횡축에 외삽하고, 색소가 혈중에 존재하고 있던 시간(t)를 잰다. 곡선으로 둘러 싸여진 면적으로부터 색소의 평균농도(c)를 측정하면 단위시간당 혈액류량(F)는 다음 식으로 얻어진다.

$$F = \frac{A}{ct}$$

F의 단위를 ℓ/sec로 하면 F치의 60배가 매분 박출량, 이수치를 심박수로 나누면, 1회박출량이 얻어진다. 면양에서 A=125mg, c=102mg/ℓ, t=22초, 심박수를 71회/분이라면 1회 박출량은 47㎖가 된다.

다른 방법은 Fick의 원리를 응용한 것이다. 이것은 O_2 혹은 특수 가스(acetylene 등)을 이용한다. 동맥혈, 및 정맥혈의 O_2량과 1분간의 O_2소비량이 얻어 졌다고 하면 매분 박출량은

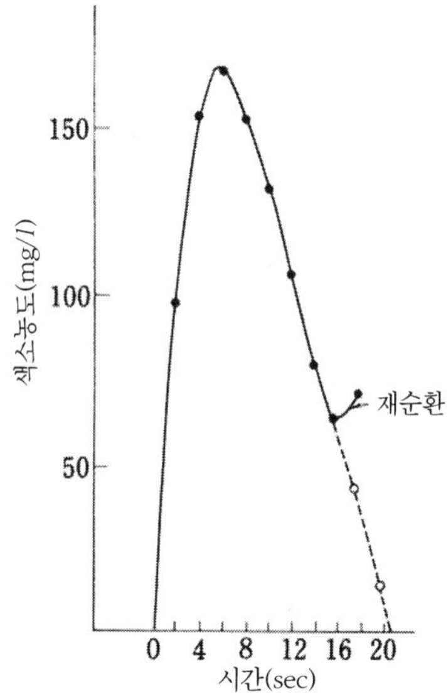

그림 7 · 9 색소희석곡선
(면양, 32.0kg) (山岸(規))

$$\text{매분박출량(㎖/min)} = \frac{\text{매분}O_2\text{소비량}}{\text{동맥혈}O_2\text{용적\%}-\text{혼합정맥혈}O_2\text{용적\%}} \times 100$$

1분간의 O_2소비량을 200㎖, 동맥혈 및 혼합정맥혈의 O_2함량을 각각 19 및 14%로 하면 매분박출량은 4ℓ가 된다.

6. 심장의 일량

1회의 박출마다 심장은 에너지를 소비하고 혈액을 혈압을 넘어 좌우의 심실에서 동맥내로 밀어내고 또한 그 혈액으로 속도를 부여하는 일을 하고 있다. 이 심장이 행하는 일의 량은 다음 식으로 나타낼 수 있다.

$$W = QR + MV^2/2g$$

W : 일의 량, Q : 1회 박출량, R : 동맥혈압, M : Q의 질량, V : 혈액속도, g : 중력상수

좌우의 심실로 부터의 혈액박출량은 같지만, 대동맥압을 120mmHg, 폐동맥압 20mmHg로 하면 좌심실의 박출에 요하는 일은 좌심실의 1/6이 된다. 혈류속도는 양동맥에서 같다고 하면, 양심실이 하는 일량은

$$W = 7/6QR + MV^2/g$$

소에서 대동맥압 R : 120mmHg, Q : 35ℓ/min, M : 1.06(혈액비중)×35, V : 1.5meter/sec, g : 9.8meter/sec^2으로하여 계산하면 W=75.2kg · meter/min이 된다. 1일에 하는 일은 108,288kg · meter이 된다. 1kg · meter=0.0023kcal, 에너지효율을 25%로 하여 계산하면 1일에 약 1,000kcal(4.184J)가 심장의 일량으로 사용된다.

7. 심박수

심박수는 심장의 1분간의 맥동수이다. 심박수와 맥박수는 보통은 일치하기 때문에 같은 의미로 사용되는 경우가 많다. 그러나 심박출량이 너무 작으면 맥박을 잴 수 없는 경우도 있기 때문에 반드시 일치한다고는 할 수 없다(표 7 · 1).

심박수는 운동, 채식, 정신적 긴장, 체온상승등에 의해 증가한다.

II. 혈관계

1. 혈관

혈관벽은 내막, 중막, 외막으로 된다. 큰 동맥에서는 혈관벽이 두껍고, 중막에는 윤상의 평활근과 탄성섬유가 있다. 동맥은 차례로 분지하여 소동맥(arteriole)이 된다. 소동맥의 탄성섬유는 적고, 평활근섬유가 많고 수축성이 풍부하다. 소동맥은 더욱 나뉘어져 모세혈관으로 되든지, 혹은 메타소동맥(metarteriole)을 거쳐 모세혈관상(capillary bed)로 연결된다. 모세혈관상에의 입구에 전모세혈관괄약근(precapillary sphincter)이 있어 모세혈관상으로의 혈류를 조정하고 있다. 또한 소동맥으로부터 소정맥(venule)으로의 단경로(A−V shunt, 혹은 anastomosis, 吻合)가 존재하는 경우도 있다(그림 7 · 10). 모세혈관벽은 극히 얇은 내피세포로 되어 있고, 많은 부위에서 내피의 자극을 통해 작은 분자를 통과시킬 수 있다. 기관에 따라 모세혈관의 수, 직경, 길이는 각각 다르다. 모세혈관에서 세정맥으로 이어지고, 이것이 모여 정맥이 된다. 정맥벽도 3층으로 되어 있지만 동맥벽보다 얇고 일반적으로 결합조직이 많고, 평활근세포는 적다. 사지의 굵은 정맥에는 반월형의 판이 붙어 있어 혈액의 역류를 막고 있다.

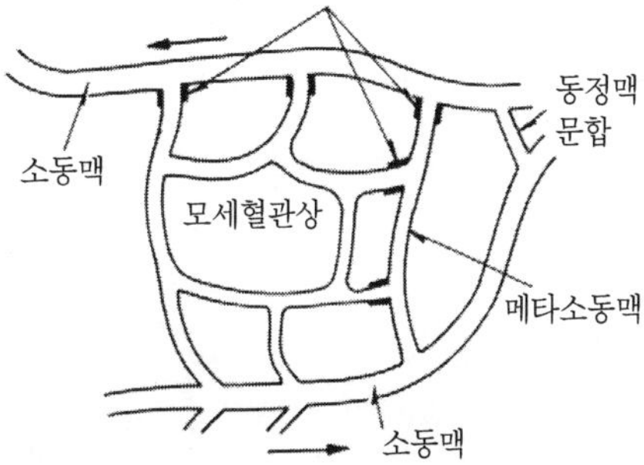

그림 7 · 10 모세혈관의 모식도
(Phillis, Veferinary physiology)

2. 혈압

1) 혈압의 발생원인

혈관내의 혈액이 나타내는 압을 혈압(blood pressure)이라 한다. 혈압에는 동맥혈압, 정맥혈압, 모세혈관 혈압 등이 있지만, 보통은 동맥혈압을 가리키는 경우가 많다. 심실의 수축에 의해 혈액은 동맥내로 밀어내어져 동맥벽과 동맥내 혈액에 압을 가한다. 동맥벽에는 탄성섬유가 많이 함유되어 있기 때문에 확장하여 압이 급격하게 높아지는 것을 완화하지만, 확장된 관벽에는 장력을 발생하고, 심실의 이완기에는 반동적으로 혈액에 압을 가한다. 이것은 동맥계 전체에 걸쳐 행해진다. 심장의 운동에 의해 동맥내의 혈액에 압이 가해지는 것은 심실의 수축기뿐이기 때문에 혈관이 탄성이 없는 관이라면 수축기이외는 혈압은 나타나지 않게 될 것이지만, 실제는 심실 이완기에 있어서도 상당한 혈압을 가지고 있다. 따라서 혈류도 끊어지는 경우가 없다. 이들은 모두 동맥혈관의 탄성에 유래하는 것이다.

심실의 운동계를 그림 7 · 11과 같이 모식적으로 나타내면 심실 수축에 따른 혈액은 동맥의 제1의 부분으로 흘러들어가고, 이부분을 확장시켜 압을 높인다. 이어 심실이 이완하여 그 내압이 0으로 되어도 동맥 내압은 혈관벽의 반동력으로 유지된다. 이 힘은 반월판을 폐쇄시킴과 동시에 혈액을 동맥의 제2부분으로 보낸다. 이 제2부분은 똑같이 확장, 반동하여 혈액을 제3의 부분으로 보내고, 이 파동은 계속 이어져 세동맥으로 부터 모세혈관상으로 파동성을 잃어가며 전달된다. 동맥의 탄성에 의해 발생하는 혈류의 역학은 공기실설(windkessel theory)로 설명할 수 있다.

심실의 수축기에 나타나는 혈압을 최대 수축기압 또는 최고혈압(systolic pressure 또는 maximal pressure)라고 한다. 이완기의 혈압은 최소 이완기압 또는 최저혈압(diastolic pressure 또는 minimal pressure)라고 한다. 양자의 차는 맥압(pulse pressure)이라 말한다(표 7 · 2). 평균혈압(mean pressure)

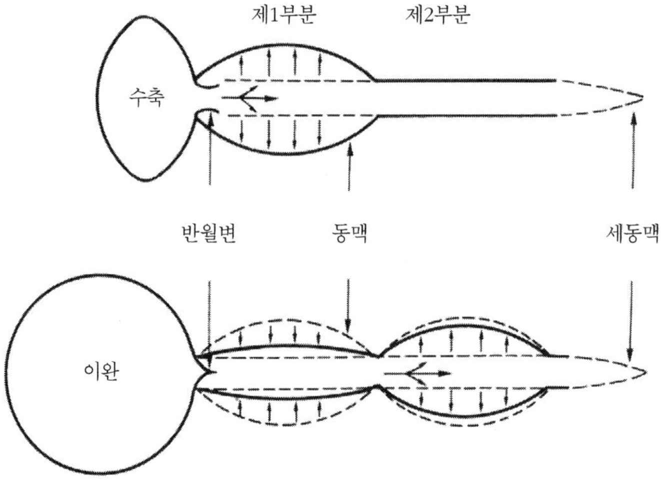

그림 7 · 11 심장주기에 따른 대동맥의 확장과 순환

표 7 · 2 각 동물의 평균 혈압

동물종	수축기간	강완기압	맥압	동물종	수축기간	강완기압	맥압
말	140	90	50	개	130	90	40
소	145	90	55	고양이	125	75	50
면양	135	90	45	토끼	110	65	45
산양	130	85	45	마우스	110	70	40
기린	300	230	70	닭	150	120	30
돼지	130	90	40				

총경동맥압, 심장위로 환산
기린의 뇌에 있어서 혈압은 수축기압 130mmHg, 이완기압70mHg

이란 수축기 및 이완기압의 산술평균치가 아니라 시간적 평균치를 말한다(그림 7 · 12). 수축기는 이완기보다 짧기 때문에 평균혈압은 수축기압과 이완기압의 평균보다 낮게 된다. 보통은 맥압의 1/2~1/3을 최저혈압에 더한 값이 평균혈압에 상당한다.

혈압의 측정법에는 직접법과 간접법이 있다. 직접법은 혈압을 측정해야할 혈관내에 catheter를 삽입하고, 적당한 압력계(수운압력계 등)에 연결하여 기록한다. Catheter의 선단을 동맥의 절단 끝에 연결하여 혈압을 측정한다. 혈류는 멈추고, 혈류의 운동에너지는 이미 압에너지로 변하기 때문에 전압(end-pressure)을 측정하는 것으로 되고, 일반적으로 높은 값이 얻어진다. 만약 동맥에 T자 관을 삽입하여 그 측관에 압력계를 연결할 때는 혈류는 멈추지 않고 전에너지로부터 운동에너지를 제한압에너지(측압, side-pressure)을 측정할 수 있다.

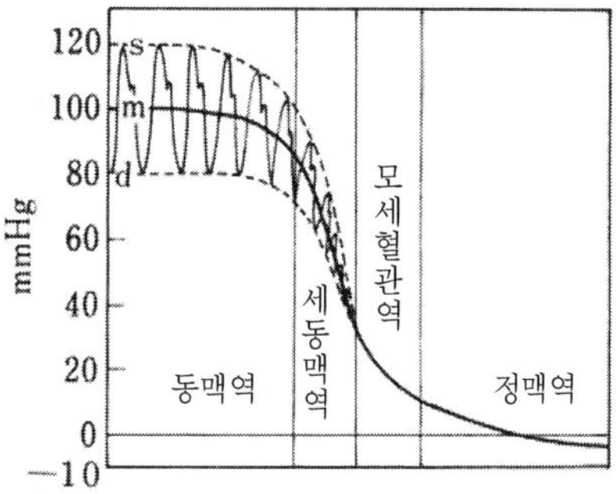

그림 7 · 12 혈관계의 각 영역에 있어서 혈압의 변동
s: 최고혈압, d: 최저혈압, m: 평균혈압

간접법은 혈관을 압박하여 혈류를 정시키고 개방했을때의 혈류음을 여러방법(청진, 전기적 등)으로 측정한다.

2) 혈압의 변동

혈압을 증가 혹은 감소시키는 요인으로서 혈액의 양과 혈관의 저항성의 변화가 있다.

혈류는 당연, 압이 높은 곳으로부터 낮은 곳으로 향하여 흐른다. 혈압, 혈류 및 흐름에 대한 저항의 사이에는 마치 전압, 전류, 전기저항에 관한 옴의 법칙과 똑같은 관계가 있다.

$$P = RV$$

단 P는 혈압차(전위차), R은 혈류(전류)에 대한 저항, V는 혈류(전류)량으로 한다.

또한 POISEUILLE(1842)는 어느 액체가 내경이 일정한 관을 흐를 때 액의 어느 2점간의 압력차와 저항을 형성하는 여러 요인과의 사이에는 다음의 관계가 있다는 것을 도출하였다.

$$P = \frac{8\eta\ell}{\pi\gamma^4}V$$

단 P는 어느 2점간의 압차, γ는 관의 반경, η는 관의 점도, ℓ은 2점간의 길이, V는 유량이다. 생체내의 혈유에는 더욱 복잡한 요인이 포함되기 때문에 이식은 엄밀하게는 맞지 않지만, 근사적으로 성립된다고 봐도 좋다.

a) 심박출량과 심박수의 영향: 심박출량과 심박수의 증가는 수축기압, 이완기압을 증가시키지만, 맥압은 심박출량 증가의 경우는 증가하고, 심박수 증가의 경우는 감소한다. 1회박축량보다도 매분 박출량이

혈압에 크게 영향을 미친다. 운동, 채식, 분만시와 같이 심장활동이 증가하는 경우는 혈압은 상승하고, 휴식, 수면시와 같이 심장활동이 저하하는 경우에는 혈압은 저하한다.

b) 혈액량의 영향: 혈액량이 증가하면 일반적으로 동맥혈압은 증가한다. 한편, 대량 출혈시에서는 혈압은 저하한다. 손실된 혈액량이 그다지 많지 않은 경우에는 혈관축소, 혈액저장기관으로부터의 혈액의 유출, 조직액의 혈관내로의 유입등에 의해 혈압의 저하가 억제된다.

c) 혈관내경의 영향: 혈관이 수축할 때 혈류량이 변하지 않으면, 저항이 증가하기 때문에 심장은 보다 높은 압으로 혈액을 밀어내지 않으면 안된다. 따라서 수축기압 및 이완기압도 상승한다. 혈류에 대한 저항은 평활근이 많이 둘러싸고 있는 세동맥에서 가장 높고 모세혈관이 다음이다. 혈관의 내경은 혈관운동신경이나 혈액내 물질(CO_2, 산성물질, 호르몬 등)에 의해서 변화한다.

d) 혈관탄성의 영향: 동맥경화증이나 혈관운동신경의 긴장증가 등에 의한 혈관 탄성의 감소는 혈압, 특히 수축기압을 상승시키고, 또한 이완기압을 저하시킨다. 따라서 맥압은 증가하지만, 평균혈압에는 변화가 없다.

e) 혈액점도의 영향: 혈액점도가 증감하면, 말초혈관의 혈류에 대한 저항이 증감하고, 만약 매분 박출량이 변화하지 않으면, 수축기압, 이완기압이 함께 증감하게 된다. 혈액의 점도는 혈구수, 혈장단백질량에 의해 변화한다.

3) 혈압의 동요

혈압은 심실의 수축 · 이완에 따른 맥박성 동요(pulsatory fluctuation) 이외에도 동요한다. 하나는 호흡작용에 따른 것으로, 흡기운동에서는 흉벽내압이 감소하기 때문에 혈액은 복부정맥등의 저류장소로부터 흡입되고, 또한 횡격막운동이 복부를 압박하는 것도 더해져 혈액은 흉강내로 보다 다량으로 유입된다. 한편, 호기의 경우에는 흉강내로 들어오는 혈액량은 오히려 감소한다. 즉 흉강내로 환류하는 혈액량의 증감이 주된 이유로 혈압이 변동한다. 이것을 호흡성 동요(respiratory fluctuation)이라 한다. 일반적으로 흡기시에 혈압은 높게 되고, 호기시에는 저하한다. 또한 20−40초의 주기로 반복하는 느슨한 파가 나타나는 경우가 있다. 이것은 혈관운동 중추의 긴장성의 변화와 흉강내압의 변화에 의한 것으로 Traube-Hering-Mayer wave라 부르고, 출혈 후 등에서 자주 일어난다.

3. 혈류속도

혈관의 총횡단면적은 심실을 나온 부분에서 가장 작고, 모세혈관부에서 가장 크게 된다. 혈액은 이와같은 혈관계를 흐르기 때문에 좁은 장소를 흐른 물이 넓은 수조에 들어가면 흐름이 느려지게 되는 것과 같이 혈관의 총횡단면적의 작은 부위에서 혈류속도는 빠르게 되고, 큰 부위에서는 느려지게 된다(그림 7 · 13). 동맥계로부터 모세혈관계로 들어옴에 따라, 속도는 차차 느려지게 되지만, 정맥계로 들어오면, 다시 빨라진다. 그러나 정맥의 구경은 대응하는 동맥의 것보다 크기 때문에 유속은 동맥혈보다 늦다. 혈류속도는 단위시간내에 흐르는 혈류량을 그 혈관의 단면적으로 나누면 얻을 수 있다(표 7 · 3). 혈류속도는 각 가축에서 커다란 차이는 없다.

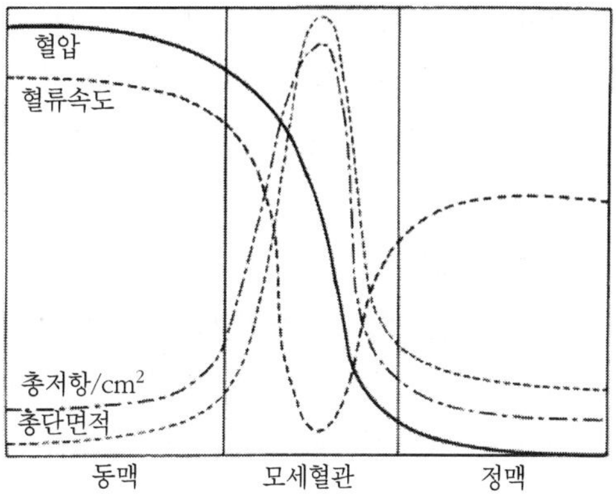

그림 7 · 13

(혈관총단면적, 총저항, 혈류속도 및 혈압의 관계)

혈류량을 측정하는 방법에는 혈관벽의 일부를 따뜻하게 하여 혈관벽의 2점간의 온도차를 측정하는 열희석법, 혈관을 전자석의 자장내에 두고 혈류에 의해 생성되는 기전력을 측정하는 전자류량법, Fick의 원리를 응용하는 방법, 색소희석법등이 있다. 직접법으로서 혈관에 canula를 삽입하여 유출하는 혈액을 측정하는 법이나, 혈류 중에 저항을 만들어 그 전후에 생기는 압차가 유량에 비례하는 것을 이용하는 압차측정법 등이 있다.

상기의 방법으로 측정할수 있는 혈류속도는 평균혈류속도로서, 혈관중의 혈류속도는 반드시 똑같은 것은 아니고, 혈관벽에 가까운 부위에서 느리고, 중추부에서 가장 빠르다. 이것을 층류(laminar flow)라 한다(그림 7 · 14). 이 경향은 가는 동맥에서 확실하지만, 모세혈관, 소정맥, 정맥에서도 나타난다.

혈액이 순환계 중의 어느 부분을 통과하고나서, 같은 장소를 다시 통과할 때까지 요하는 시간을 순환시간(circulation time)이라 한다. 순환시간은 동물의 종류나 몸의 대소, 혹은 측정부위 등에 따라 다르다(말 32초, 소 25초, 개 13초, 고양이 6초, 토끼 6초, 사람 18초).

전혈액이 전신을 순환하는데 요하는 시간을 전신순환시간, 예로 좌심실을 나온 혈액이 체순환, 폐순환

표 7 · 3 각 혈관에 있어서 혈류속도(개)

혈관	평균혈류속도(cm/sec)		
	수축기	이완기	전 박동수
대동맥			50
총경동맥	37	9.7	12.4
고동맥	33.3	5.0	7.8
모세혈관			0.05~0.08
대정맥			33

(Scheunert & Trautmann, Veterinär-physiologie)

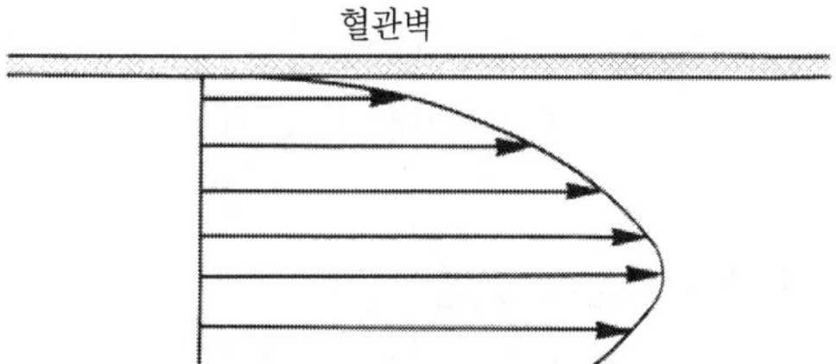

그림 7 · 14 혈관내의 혈류속도의 분포(層流)

을 거쳐 다시 좌심실로 돌아올 때까지 요하는 시간을 전신순환시간이라 한다. 사람에서는 안정시에 약 50~60초를 요한다. 순환혈액량÷매분박출량×60초로 표현된다.

심장의 기능장해가 있는 경우에는 순환시간은 늘어나고, 근운동시나 대사항진시에는 짧아진다.

4. 맥박혈압

탄력성이 있는 동맥이 심실박동에 따라 확장하고 수축하는 운동을 잠재성의 동맥에 접촉되는 것에 의해 느낄 수 있다. 이것을 맥박(pulse)이라 한다. 맥박은 동맥계를 말초로 향해 전파하지만, 모세혈관이나 정맥계에는 전달하지 않는다. 따라서 정맥에는 맥박은 나타나지 않지만, 심장에 가까운 정맥에서는 심방의 내압변화가 전해져 맥박을 취할 수 있다. 이것을 정맥맥박이라 한다. 그림 7 · 8의 정맥파 곡선에 나타나는 a는 심방내압의 상승, c는 심실의 수축, v는 심방으로 혈액의 유입, 심실의 이완에 의한 심방내압의 상승에 의해 얻어지는 것이다.

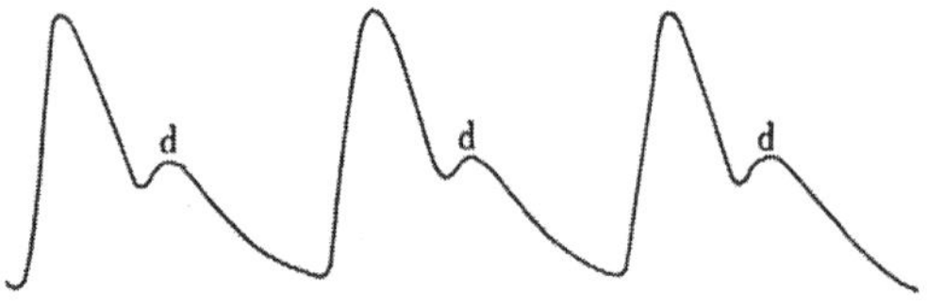

그림 7 · 15 동맥맥파곡선
(혈관총단면적, 총저항, 혈류속도 및 혈압의 관계)

동맥맥박의 움직임을 기록하면 맥파곡선(sphygmogram)이 얻어진다. 곡선의 형상은 기록하는 부위에 따라 다소 다르지만, 심실내압의 변화에 의해 생성되는 주파(primary wave)와 대동맥변의 폐쇄에 의해 생성되는 혈관내압의 변화에 의한 중박융기(dicrotic elevation, 또는 wave)로부터 구성된다(그림 7 · 15).

맥파의 전파속도는 혈관벽의 탄성이 작을수록 크다. 말초로 감에 따라 탄성은 감소하기 때문에 그 속도는 느려진다. 대동맥에서는 3~6m/sec, 소동맥에서는 12~15m/sec이다.

III. 순환기능의 조정

심장이나 혈관계는 생체 내외에 있어서 상황의 변화에 의해 그 항상성을 유지하도록 조절된다. 예를 들면 출혈의 경우에는 혈압을 유지하고 뇌나 심장으로의 혈액공급이 유지되도록, 혹은 외부 환경온도의 변화에 따라 체온을 유지하도록 심장의 활동변화나 혈관의 수축 이완이 행해지는 것이 알려져 있다.

심장기능의 조절은 심근자체가 갖는 성질에 의한 내인성 조절과, 신경이나 호르몬 등에 의한 외인성 조절이 있다. 혈관계도 같지만, 주로 외인성 조절기구가 작용하고 있다.

1. 심장기능의 조절

1) 심장의 내인성 조절

이완기에 있어서 혈액의 유입에 의해 심근섬유가 신장되고, 장력이 증가됨에 따라 심근은 이것에 대응하여 수축력을 증가시키고, 1회 박출량이 증가한다. 이 현상은 스타링법칙(low of Staring)이라 부르고 있다. 그러나 과도하게 심근이 신장되면, 오히려 심장의 박출력은 감퇴한다. 이 심근의 성질은 골격근에 있어서 길이, 장력의 관계와 비슷하다. 심실은 동맥의 저항증가나 정맥으로 부터의 혈액 환류량의 증가와 더불어 심장내로 혈액이 남지 않도록 박출력을 조절시키고 있다.

2) 심장의 외인성 조절

심장에는 자율신경이 분포해 있고, 상황 변화에 대응한 신경 홍분의 결과가 심근으로 전달되어 조절이 행해진다. 또한 몇가지 호르몬도 심장활동의 조절에 관여한다. 이들의 인자에 의해 행해지는 조절을 외인성 조절이라 한다.

심장은 교감신경과 부교감신경의 이중지배를 받고 있어, 상호 길항적으로 조절되고 있다.

교감신경의 심장지(心臟枝)는 흉수 상부에서 나와 주로 뇌신경절에서 synapse를 교체, 심장에 도달하고, 심장의 기부에서 관상혈관을 따라 심방 및 심실에 분포한다. 동방결절 및 방실결절의 부근에서는 β-수용체가 많다. 심장활동에 미치는 자율신경의 홍분 효과를 다음 4가지로 분류할 수 있다. 심박수가 변화할 때는 변시작용(chronotropic action), 수축력이 변화할 때는 변력작용(inotropic action)이라 하고, 어느 것이나 증가할 때를 양성(positive), 감소할 때를 음성(negative)이라 한다. 더욱이 홍분시의 역치 변화를 변역작용(bathmotropic action)이라 하고, 저하할 때를 양성, 상승할 때를 음성이라 한다. 또한 홍분 전도속도의 변화를 변전도작용(dromotropic action)이라 하고 빠르게 될 때를 양성, 느리게 될 때를 음성이라 하고, 교감신경의 홍분에 의해 이들 4가지 작용은 어느 것이나 양성으로 변화한다.

부교감신경의 심장지는 연수로 발달하고, 절전섬유군은 심장억제중추를 형성한다. 이후 동방결절 부근에서 synapse를 교체, 절후섬유가 되고, 심방근이나 방실전도계에 분포한다. 미주신경을 자극하면, 동성서맥(洞性徐脈)이나 방실억제가 일어나고, 상기의 4작용은 어느것이나 음성으로 향한다. 한편 연수에는 확실히 독립된 심장촉진중추는 존재하지 않고, 혈관운동중추가 존재한다.

심장의 신경성 조절은 교감신경 혹은 미주신경의 어느 한쪽의 홍분의 정도가 증가, 혹은 감소되는 것만으로도 가능하고, 건강한 보통 동물의 경우는 미주신경이 우세하게, 또한 지속적으로 작용하고 있다고 생각된다. 그러나 심장운동은 각종의 수용기 및 대뇌피질이나 간뇌에 있는 상위중추로 부터의 impulse에 의해 용이하게 심박수나 수축력을 변화시킨다.

생체 내외에서 일어나는 환경의 변화를 자극으로서 받아들여, 이를 전기적 변화로 교환하는 부위를 수용기(receptor)라고 한다. 수용기에 생긴 전기적 변화는 수용기 전위(receptor potential)라 부른다. 수용기 전위는 수용기와 나란히 하는 구심성 신경섬유내에 impluse를 발생시키고 이 impluse는 섬유를 따라 중추로 전달된다.

심장반사 : 심장활동에 관여하는 수용기에는 기계수용기(Mechanoreceptor)와 화학수용기(chemoreceptor)가 있고 기계수용기에는 압수용기나 신장수용기가 있다. 이들의 수용기에 생긴 홍분에 의해 심장신경의 중추홍분성이 변화하고, 심장활동에 변화가 발생한다. 이를 심장반사(heart reflex)라 한다.

대동맥동이나 경동맥동에는 압수용기가 있어, 감각신경의 종말이 조밀하게 분포하고 있다. 혈압의 상승에 의해 혈관벽이 신전(伸展)되면 압수용기는 그 흥분을 설인신경의 한 가지인 경동맥동 신경 또는 미주신경의 구심지인 대동맥신경(감압신경이라고도 함)을 거쳐 중추로 보낸다(그림 6 · 8 참조). 그 결과, 미주신경의 원심지가 흥분하고, 교감신경의 활동은 억제되어, 혈압 하강, 심박수 감소가 초래된다. 한편, 출혈 등에 의해 박출량이 감소하면, 압수용기로 부터의 impulse는 감소하고 심박수나 심근수축성은 증가한다.

대동맥체나 경동맥 소체에는 화학수용기가 있어 혈중 O_2장력의 저하, CO_2장력의 증가에 반응하고 호흡의 수나 깊이를 증가시키고, 동시에 혈압 상승, 심박수의 증가를 초래한다. 더욱이 혈관수축이나 저장혈액의 유출도 나타난다. 호흡운동의 증가과 함께 심장활동도 활발하게 하는 것은 gas교환능력에 있어서 유익한 협력기구이다.

정맥내의 혈압이 상승하면, 심방에 있는 압수용기가 자극되어 심박수가 증가하고, 또한 교감신경 긴장의 결과, 방실결절의 활성을 증가시켜 빈맥을 초래하는 경우가 있다. 이것을 Bain-bridge reflex라 한다.

폐의 극도의 확장은 미주신경을 거쳐 심박수를 감소시킨다. 호흡-순환작용이 일치하여 동일 방향으로 작동하는 것은, 이들의 연수 주변에 중추가 위치하는 것과 관련성이 있을 것이다.

호르몬에 의한 조절 : 심장활동은 호르몬에 의해서도 조절된다. 부신수질로부터 분비되는 adrenalin이나 noradrenalin의 심장활동 작용은 교감신경에 의해 조절되어진다. 갑상선호르몬도 직접 혹은 간접적으로 심장활동에 영향을 준다. Renin · angiotensin계의 호르몬은 혈압이 저하하고, 신혈류량이 감소하면, 부신으로부터 분비되어 Aldosterone의 분비를 증가시킨다. Aldosterone은 Na^+의 재흡수를 촉진하고, 순환혈액량을 증가시켜, 심박출량을 증대시킴으로 혈압이 증가한다. 또한 vasopressin도 혈관수축작용을 통해 혈압을 상승시킨다.

2. 혈관계의 조절

혈관계, 특히 말초 혈관계는 주로 신경계나, 혈관을 둘러싼 주위의 상황에 따라 그 순환기능이 조절되고 있다.

1) 혈관의 내인성 조절

혈관은 혈압 상승시 혈관이 확장되면, 혈관벽의 평활근이 수축하고, 혈류를 일정하게 유지하려는 성질이 있다. 또한 조직내에서 생성되는 일종의 물질이 혈행을 변화시키는 것으로 알려져 있다. 그 예로 혈중의 유산이나 칼륨 농도의 상승등은 혈관확장성에 작용한다. 대사성 변화에서는 O_2분압의 감소와 pH의 저하는 혈관을 확장시킨다.

2) 혈관의 외인성 조절

심장에 대한 것과 같이 혈관계에도 자율신경계가 분포하여 그 지배를 받고, 상황에 따라 혈행 상태가 변화한다. 그러나 심장의 경우와 달리 길항성의 이중지배는 일부의 혈관을 제외하고, 거의 나타나지 않고, 대부분의 혈관은 교감신경의 단일 지배를 받는다.

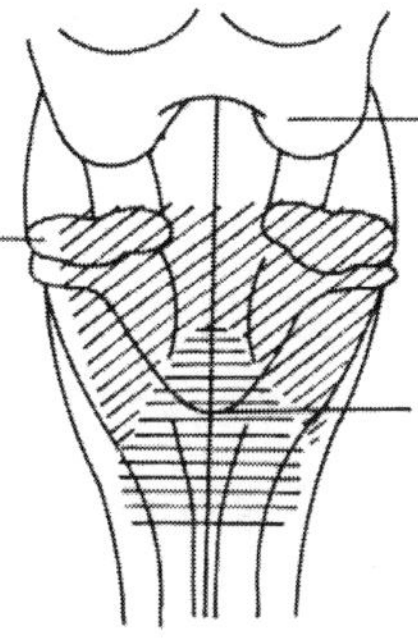

그림 7 · 16 혈관운동중추
사선부: 승압부, 횡선부: 강압부

혈관계에 분포하는 혈관수축작용을 갖는 교감신경은 연수의 망상체에 있는 혈관운동중추(그림 7 · 16)에 함유되는 혈관수축중추(昇壓野)에 시작하여 그 섬유는 척수의 요추부를 달리고, 측각(側角)을 거쳐 교감신경간으로 들어가 절후섬유가 되어 각 혈관에 분포한다. 이 신경은 혈관수축중추의 지속적 긴장에 의한 흥분을 끊임없이 각 혈관으로 보내고, 혈관수축신경(vasoconstrictor nerve)이라 한다. 혈관수축신경은 동맥, 특히 소동맥의 평활근을 지배하지만, 모세혈관벽에는 분포하지 않거나 극히 적다. 정맥이나 문맥도 또한 지배를 받는다. 흥분의 혈관평활근으로의 전달은 catecholamine의 α-수용체를 통해 행해진다. 동맥혈압이 상승하면 경동맥동 혹은 대동맥동의 압수용기가 흥분하여 혈관운동중추의 승압부는 억제되고, 강압부는 자극된다. 그 결과 혈관 확장이 일어난다. 반대로 혈압이 떨어졌을 때는 승압부의 억제가 감소되고 혈관수축이 일어난다.

부교감신경성의 혈관확장신경(vasodilator nerve)은 뇌신경 및 선수에서 나오지만, 타액선을 지배하는 신경이나, 골반내장신경에 함유되는 것 등에 한한다. 혈관확장신경의 자극에 의해 타액선으로의 혈류가 증가하고, 타액량이 증가한다. 혹은 음경해면체에 있는 동맥이 확장하여 발기가 일어난다. 부교감신경에 속하는 확장신경의 말단으로부터는 acetylcholine이 유리한다. 그러나 이 신경의 자극효과가 atropin에 의해 억제되기 어려운 것은 혈관확장시에 bradykinin(9개의 아미노산으로 되는 혈관확장물질, Arg-Pro-Pro-Gly-Phe-Ser-Pro-Phe-Arg)과 같은 대사산물이 생성되고, 이 물질의 작용에 의한다고 설명되고 있다. 교감신경에 속하는 혈관확장신경은 골격근중의 세동맥에 분포한다. 이 신경은 신경말단으로부터 acetylcholine을 분비하여 혈관을 확장시키지만 직접 대뇌피질에 의해 지배되고, 혈관운동중추와는 관계가 없다. 골격근의 경우에는 이 신경섬유의 흥분도 혈관확장의 원인이 될 수 있다. 그러나 혈관 확장신경은 혈관수축신경과 같이 지속적으로 활동하고 있지 않다.

혈관반사 : 심장에 있어서 심장반사와 같이 몸의 각부에 있는 수용기에 생긴 흥분은 혈관운동중추에 전달되고, 혈관수축신경을 거쳐 혈관을 수축 혹은 확장시켜, 혈압이 상승 혹은 하강한다. 이같은 반사를 혈관반사(vascular reflex)라 한다. 대동맥동이나 경동맥동에 있는 압수용기가 고혈압에 의해 신전되면, 혈관수축중추는 억제되고, 말초혈관은 이완하여 혈압은 하강한다. 심장에 대한 미주신경의 중추와, 혈관수축중추와는 인접하고 있기 때문에 상호 그 흥분을 서로 억제하고 있다.

대동맥체나 경동맥소체에 있는 화학수용기는 혈액의 O_2장력의 저하, CO_2장력의 증가, pH의 저하에 의해 흥분하고, 혈압의 상승을 초래한다. 심장반사와 혈관반사는 상호 밀접하게 연관하여, 종합적으로 기능을 하고 있기 때문에 양자를 구별하지 않고, 심장혈관반사라고 하는 경우가 있다.

혈관운동과 관련된 상위의 중추가, 시상하부나 대뇌피질에 존재하여, 체온조절을 위한 피부혈관의 수축이나 확장이 행해진다. 또한 폐의 확장, 수축도 혈관의 확장, 수축을 초래한다. 피부를 자극하면 그 부근의 피부에 반응이 일어나는 경우가 있다. 이는 피부에 분포하는 지각신경의 말단에 생긴 흥분이 축색을 통해 역행성으로 혈관에 전달, 혈관을 확장시키는 것으로 생각되고 있다. 이것을 축색반사(axon reflex)라 한다(그림 7 · 17)

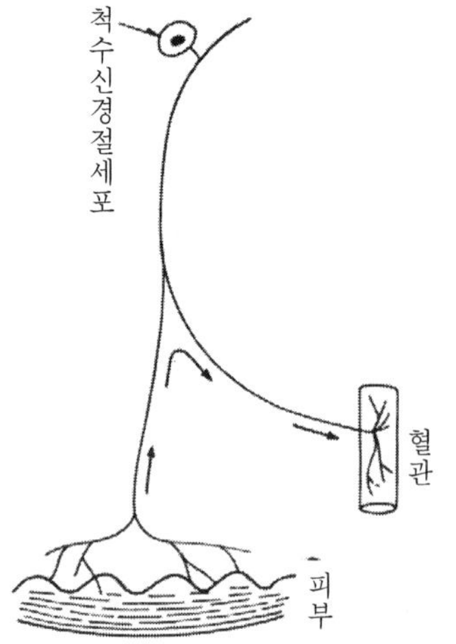

그림 7 · 17 축색반사

피부에서 발생된 흥분은 화살표를 따라 혈관으로 간다

화학물질에 의한 조절 : 혈관수축성물질로서 noradrenalin, adrenalin, angiotensin II, vasopressin(항이뇨호르몬), serotonin 등이 있다. 이들의 물질은 어느것이나 혈액중에 존재한다. 또한 혈관확장성물질호서는 kinine류인 bradykinin과 ridylbradykinin이 있다. 전자는 혈장중에서, 후자는 활동하고 있는 선조직, 그중에서도 타액선, 췌장, 간장등에서 만들어진다. 이것은 단백질분해효소(calicrenin)가 globuline에 작용하여 생성된다. 피부혈관의 고온에 의한 혈관확장도 이물질에 의한 것으로 생각된다. 그러나 이들의 화학물질의 순환에 미치는 조절의 정도나 기구는 각각 다르다.

Ⅳ. 각종 장기에 있어서 순환

1. 뇌의 순환

1) 뇌의 혈관

뇌에 있어서 혈액의 공급은, 경동맥(carotid artery)과 추골동맥(vertebral aertery)에 의해 행해진다. 2개의 추골동맥은 합해져 1개의 뇌저동맥(腦底動脈)으로 되어 이것은 다시 2개의 경동맥과 함께 뇌저에서 willis의 동맥윤(circle of Willis)를 만든다. 이 동맥윤으로 부터는 다시 다수의 동맥이 나와 뇌내에 분포한다. 그러나 개개의 동맥분포상에 대해서는 가축에 따라 상당히 다르다. 소, 면양등에서는 추골동맥의 발달이 열악하고, 경동맥이 뇌에 대한 혈액공급의 대부분을 담당한다. 말에서는 역으로 추골동맥이 발달하고, 사람에서는 양자가 거의 비슷하게 발달되어 있다. 더욱이 내경동맥과 외경동맥이 역할의 중요성이 달라, 사람에서는 전자가 커다란 역할을 갖는다. 반추가축에서는 내경동맥이 없고, 악동맹이 그 대행을 하고 있다.

2) 혈류의 조정

뇌의 중요성으로부터 보면, 혈액이 지속적으로 공급되지 않으면 안되고, 또한 몸의 상태가 변화한다 하더라도 거의 일정하게 공급될 필요가 있다. 혈액의 공급이 4–5초간 멈추게 되면 의식이 상실되고, 4–5분간에 달하면 성숙동물에서도 회복이 곤란하게 된다.

뇌의 혈류는 두부에 있어서 혈압의 동/정맥차에 의해 유지된다. 경동맥동이나 대동맥궁에 있는 압수용기가 두부의 비교적 가깝게 있어, 일반의 혈압저장을 담당함과 동시에 뇌의 혈압조절까지도 행하고 있다. 뇌혈관에는 adrenalin 작동성 신경과 choline 작동성 신경의 모두가 분포하고 있다고 생각되지만, 뇌의 혈류조절에 미치는 영향은 극히 작다고 생각된다. 국소의 뇌혈관의 저항성은 주로 내인성물질에 의해 조절된다. 국소를 흐르는 혈액의 CO_2분압이 상승(저하)하면 저항은 감소(증가)하고, 혈류는 증가(감소)한다. O_2분압도 영향을 미치지만, 그효과는 CO_2분압보다 작다.

3) 뇌액 · 뇌관문

혈액중에 trypan blue와 같은 색소를 주입하면 전신이 염색되는데, 뇌만이 염색되지 않든가, 혹은 sodium ferricyanide를 혈중에 주입해도 아무런 변화가 없는데, 뇌척수액중에 주입하면 중독된다는 사실로부터 혈액과 뇌와의 사이에는 혈액 · 뇌관문(blood brain barrier)으로 불리는 특수한 구조가 있어 어떤 종의 물질이 뇌로의 통과를 억제하고 있다고 생각되고 있다. 그리고 그 구조는 뇌모세혈관의 내피세포와 맥락총의 상피세포에 있다는 것이 밝혀졌다. 일반적으로 분자량이 작은 물질, 지용성물질은 이 관문을 용이하게 통과하지만, 그 외의 물질은 저지된다. 투과성에 관한 이와같은 현상은 대부분의 세포막에 대해서 일반적으로 일어나는 사실이지만, 뇌의 모세혈관벽은 그 특이성이 높다. 물, CO_2, O_2는 용이하게 통과하지만 Na^+, K^+, Cl^-, Ca^{2+}, Mg^{2+}, HPO_4^{2-}, HCO_3^- 등의 혈액으로부터 뇌로의 통과속도는 극히 느리다. 혈액뇌관문에 있어서 glucose의 수동적 투과성은 낮고, glucose는 glucose수송체 GLU1에 의해 뇌모세혈관벽을 통과한다. 뇌모세혈관에는 ET−1과 ET−2로 자극되는 $Na^+- K^+- 2Cl^-$ 공수송체도 존재한다. 신경세포의 흥분성이 외액이온 농도에 좌우되는 것을 고려하면 이기구는 뇌의 세포외액의 항상성 유지에 있어서 중요하다.

2. 심장의 순환

심장은 그 박동에 의해 혈액을 전신으로 공급하는 큰 일을 하고 있다. 따라서 대량의 O_2와 영양물질을 필요로 한다(표 7 · 4). 심장을 환류하는 좌우의 관상동맥(coronary artery)은 대동맥의 기시부(起始部)에서 대동맥판의 직후에 있는 대동맥동에서 시작한다. 우관상동맥은 주로 우심실, 우심방을 흘러, 전신정맥을 거쳐 우심방으로 돌아온다. 우 및 좌관상동맥은 심장에 있어서 전혈류량의 각각 15%, 85%를 운반한다고 한다. 그러나 동물의 종류에 따라 혈관분포

표 7 · 4 각 장기의 산소소비량(사람)

장기	O_2소비량 (ml/100g 조직 · min)	중량(kg)
간	2.0	2.6
신장	6.0	0.3
뇌	3.3	1.4
피부	0.3	3.6
골격근	0.2	31.0
심근	9.7	0.3
기타	0.2	23.8
전신	0.4	63.0

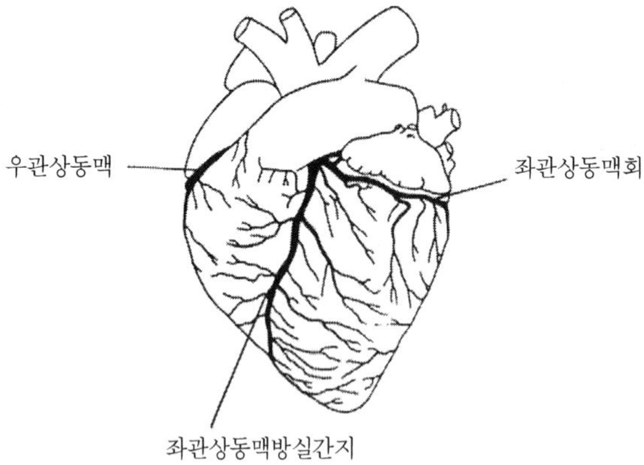

그림 7 · 18 말의 관상동맥 분포

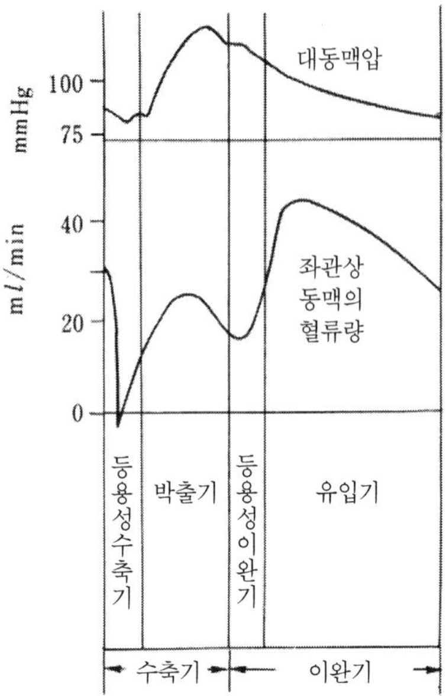

그림 7 · 19 심박동과 좌관상동맥의 혈류량

의 상태, 좌우관상동맥의 혈류운반의 비율, 정맥으로 돌아오는 경로 등은 상당히 다르다(그림 7 · 18)

심실 수축기에 있어서는 심근의 장력이 증가하여 관상동맥 모세혈관이나 정맥은 압박되기 때문에 혈류는 일단, 크게 감소한다. 심실이완기에 있어서는 심근의 장력은 최저이기 때문에 혈관순환량은 최대가 된다. 따라서 심장의 기능을 유지하는데 필요한 충분량의 혈액을 보내는데 필요한 혈압은 이완기에 있어서 동맥혈압에 의해 처리되게 된다(그림 7 · 19). 관상 동맥의 혈류량은 혈압외에 심장신경, 화학적 물질에 의해 지배된다. 심장교감신경의 흥분, 또는 catecholamine의 주사에 의해 혈류량은 증가하지만, 이것은 catecholamine이 혈관확장적으로 작용한 것은 아니고, 심근의 활동성이 높아진 결과에서 생긴 대사성의 2차적 변화에 의한 것이다. 미주신경의 자극에 의해 혈류량이 감소되는 것도 직접효과에 의한 것은 아니다. 그러나 미주신경의 자극이나 acetylcholine은 일차적으로는 관상혈관을 확장시키는 작용이 있다.

질식이나 저산소 환경 등에 의한 혈액중의 O_2의 부족에는 민감하게 반응하여 혈류량을 증가시킨다. 이 반응은 적출심장에서도 나타나기 때문에 신경성의 반응이 아니라 O_2 결핍에 의해 생긴 대사산물(adenosine 등)에 의한 것일 것이다. 혈중 CO_2나 유산의 증가, pH의 저하도 관상혈관을 확장시키지만, 그 정도는 크지는 않다.

3. 간장의 순환

간장은 간동맥과 문맥으로부터 혈액의 공급을 받고, 간장내에서 간소엽으로 분포되어 모세혈관망을 만들고 다시모여 간정맥이 된다. 문맥에는 복부내장의 대부분과 골반내장 일부의 정맥혈이 모인다. 단 신장이나 부신으로 부터는 들어오지 않는다.

간장(표 7 · 5)은 혈액이 풍부한 기관으로서 심박출량의 30−40%가 간장으로 유입하고, 개나 면양에서

35−45ml/kg체중 · min으로 계산된다. 이 중 2/3는 문맥으로부터, 1/3은 간동맥으로부터 공급된다. 개에서 문맥압 및 간정맥압은 각각 8 및 2mmHg이고, 그 압차는 6mmHg로 극히 작지만 비교적 다량의 혈액을 간장내를 순환시키는데 충분하다. 이것은 간장내에 있어서 혈류에 대한 저항이 작기 때문이다. 간장내의 혈류저항의 주된 것은 소엽간정맥과 동양혈관(sinusoid)에 유래하는 것이다. 간류동(hepatic sinus)의 관공은 넓고, 기저막은 없고, 내피세포로 거칠게 둘러싸여져 있기 때문에 단백질등의 투과성은 크다. 문맥혈류량은 주로 문맥에 들어오기 전의 내장혈관의 저항에 좌우되고, 이 저항이 낮으면, 혈류량은 증가하여 간장내의 혈류량은 증가한다.

표 7 · 5 각 장기의 산소소비량(사람)

동물종	체중당 중량(%)	
	간	심장
말	1.2~1.5	0.5~1.1
소	1.0~1.7	0.5~0.7
면양	1.2~1.6	
산양	1.2~1.6	0.38
돼지	1.6~2.4	0.45
개	1.4~5.9	0.85
고양이	2.4~3.4	
토끼	2.6~3.4	0.77
생쥐	6~8	0.7
닭	2.6~3.0	
사람	4	10.5

간동맥의 혈압은 타 동맥과 같고, 약 90mmHg이지만, 유동(sinus)에 이르면, 문맥으로부터의 혈액과 같은 수준(2−6mmHg)까지 저하한다. 이것은 세동맥 괄약근의 작용등에 의해 혈압이 저하시키게 되는 것에 의한다고 생각된다. 간동맥은 간세포에 O_2나 담즙의 원료 및 영양소를 급여한다. 그러나, 간동맥을 제거해도 반드시 사망하지는 않고, 개나 원숭이에서는 명백한 병적증상은 발현하지 않는다.

4. 태아의 순환

태반에 있어서 모체측 혈액은 혈동(blood sinus)을 형성하여 있고, 그중에 태아 측의 모세혈관이 침투해 있다. 제동맥(臍動脈)으로부터 보내져온 혈액은 태반에서 가스, 노폐물, 영양물의 교환을 행하고, 제정맥(臍靜脈)으로 태아에 돌아온다. 제정맥혈의 O_2포화도는 80%에 지나지 않지만 태아의 혈색소(HbF)는 성축의 혈색소보다 O_2운반능력이 높다. 제정맥혈은 정맥관(*ductus venosus*, Arantius)을 거쳐 간정맥혈이나 후반신으로부터의 정맥혈과 함께 후대정맥에 이어진다. 후대정맥혈은 우심방으로 들어가고, 난원공(foramen ovale)를 통해 좌심방으로 들어간다. 폐는 아직 기능을 하고 있지 않기 때문에 폐정맥으로부터의 약간의 혈액을 섞어서 좌심실로 들어가고, 이어 대동맥으로 나와 전신을 돈다. 일부의 혈액은 우심방으로부터 우심실을 거쳐 폐동맥으로 나오고, 동맥관(폐동맥−대동맥연락로)(*dusctus arteriosus*, Botallo)를 통해 직접 대동맥으로 들어간다. 대동맥혈은 몸의 각부위로 가지만, 일부(약55%)는 제동맥을 거쳐 태반으로 돌아온다(그림 7 · 20). 제동맥혈의 O_2포화도는 60%정도이다. 출생과 함께 난원공, 동맥관, 제동맥, 제정맥, 정맥관은 모두 닫혀지고, 성숙동물의 순환과 같게 된다.

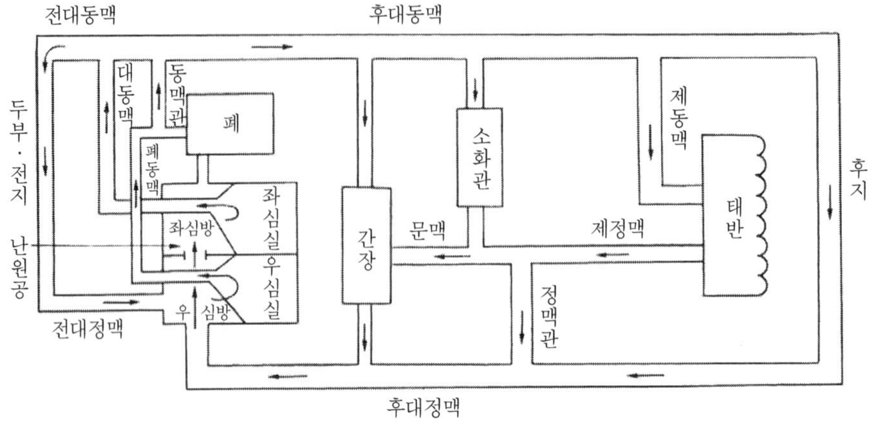

그림 7 · 20 태아의 순환(모식도)

V. 림프

세포는 일반적으로 모세혈관과 직접 접하는 일은 없고 간질액을 거쳐 혈액에서 O_2나 영양물질을 받아들이고 노폐물을 혈중으로 보낸다. 간질액의 일부는 림프계(lymphatic system)에 들어가 림프(lymph)가 되고, 정맥계로 돌아온다.

폐포, 간장, 비장 등에서는 세포와 모세혈관이 긴밀하게 연락하고 있다. 폐포에서는 모세혈관압이 혈장의 교질삼투압보다 높아지는 경우는 없다. 따라서 혈액성분이 혈관외로 투과하는일은 없고, 폐포 부근에서는 림프의 생성은 일어나지 않고, 또한 림파관도 없다. 그러나 폐포의 개구부(opening)에는 림프관이 존재한다.

간장의 동양혈관주위에는 림프관이 존재하고 있다. 동양혈관벽의 간격이 크기 때문에 혈장 단백질은 잘 통과할 수 있어 간임림프의 단백질함량은 높다. 또한 림프의 생성량도 많고, 흉관림프의 30−50%를 달하는 것으로 알려져 있다. 비장은 림프절과 비슷한 구조를 갖고 있다. 또한 골수나 뇌에는 림프관은 없다.

1. 림프관계

림프관은 먼저 림프모세관(lymphatic capillary)에서 시작하고, 모여서 림프관(lymphatic vessel)이 되고, 이것이 여러개씩 림프절(lymphatic node)로 들어간다. 림프절에서 나온 림프관은 다시 모여 굵은 림프관인 흉관(thoracic duct)과 우림프관(right lymphatic duct)으로 되고 각각 내경정맥과 쇄골하정맥의 합류점인 좌우의 정맥각(靜脈角) 부근에서 정맥으로 들어간다.

림프모세관의 선단은 맹관에서 끝나는 부위가 있고, 또한 분지하거나 문합(吻合)하거나 하여 모세관망을 만들고 있다. 관경은 모세혈관보다 두껍지만, 관을 구성하는 내피세포는 얇고, 기저막은 없고, 세포간극도 넓다.

림프관의 구조는 정맥과 비슷하지만, 그 관벽은 현저하게 얇다. 굵은 림프관에는 변막(弁膜)이 있고, 림프의 역류를 방지하고 있다. 흉관에는 후반신의 전부와 좌전지 및 좌두경부, 흉부의 좌전지의 림프가 모이고, 우림파본간에는 우전지(右前肢) 및 우두경부, 흉부의 右半分의 림프가 모인다.

림프절은 주로 교원섬유로 되는 피막으로 덮여져 있고, 피막으로부터는 내부로 향해 지주가 나와 있다. 이 지주중에서 세망세포와 세망섬유가 망안(網眼)을 만들고, 망안중에는 림파구가 존재한다(그림 7 · 21).

림프절의 주된 작용은 2가지가 있고, 그 첫째는 정화작용이다. 이 물질이 림파절에 달하면 조직 microphage계의 식작용에 의해 포착되거나 혹은 기계적 여과작용에 의해 정화된다. 적혈구나 세균은 림프절을 통과할 수 없다. 그러나 virus는 잘 통과할 수 있다. 둘째는 림프구의 생산이다. 림프관은 적어도 한번은 림프절을 통과하지만, 림프절 통과전의 림프관내 림프구는 현저하게 적다. 림프절에서 림프구의 분열증식이 있다는 것을 알 수 있다.

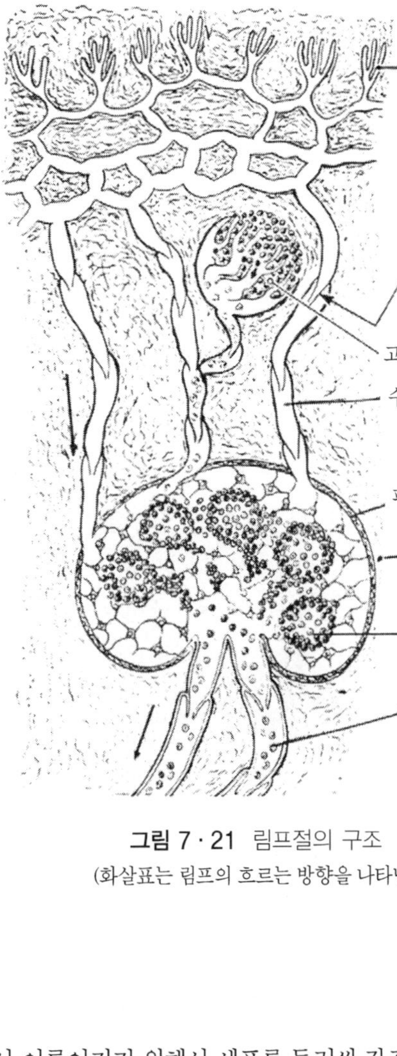

그림 7 · 21 림프절의 구조
(화살표는 림프의 흐르는 방향을 나타냄)

2. 림프의 생성

세포가 영양성분이나 노폐물의 교환을 혈액 사이에서 이루어지기 위해서 세포를 둘러싼 간질액과 혈액과의 사이에서 이들 물질 교환이 먼저 행해진다.

물질교환이 행해지는 부위는 모세혈관부이며, 이 모세혈관은 반투막성을 갖고 있다. 보통 동맥성 모세혈관의 혈압은 약 30mmHg이고, 이압(정수압)에서 혈액성분은 간질액측으로 여과되어 나온다. 또한 혈액은 약 290mOsm/ℓ · H_2O의 삼투압을 갖고 있고, 이중 1.5mOsm/ℓ · H_2O(37℃에서 약 30mmHg)는 혈장 단백질이 나타내는 교질삼투압이다. 혈장중 전해질이나 소분자 물질은 용이하게 모세혈관벽을 통과하기 때문에 간질액의 이들 물질이 나타내는 삼투압은 거의 혈장과 같다. 단백질은 모세혈관벽을 통과하기 어렵기 때문에 교질삼투압은 혈장에서 30mmHg, 간질액에서 15mmHg이기 때문에 혈장쪽이 약 15mmHg높다. 즉 이압(유효 삼투압)에 상당하는 힘으로 간질액은 혈장측으로 흡수 되도록 하기 때문에 혈장측으로부터 간질액으로 액체를 여과하여 내보내려는 유효여과압은 혈압 30mmHg과는 그 차이가

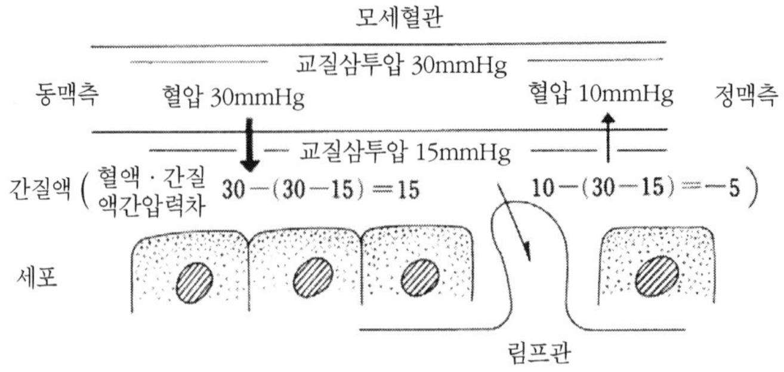

그림 7 · 22 임파절의 구조(시인은 임파의 흐르는 방향)

15mmHg가 된다. 모세혈관의 동맥측에서는 이압으로 전해질을 포함한 혈장성분이 침투하여, 간질액을 형성한다. 모세혈관의 중앙부에서는 혈압이 15mmHg로 저하하여 유효교질삼투압은 혈액 수분이 소실되는 결과, 상승하기 때문에 액체의 이동은 적다. 모세혈관의 정맥측에서는 혈압이 약 10mmHg로 저하하기 때문에 유효교질삼투압과의 차는 −5mmHg 이상으로 되어 간질액은 정맥측으로 흡수된다(그림 7 · 22). 생성된 조직액량이 혈중으로 흡수된 양보다 많은 경우는 그 여분은 모세 림프관내로 이동한다.

3. 림프의 성질

1) 성분

림프는 원래 혈장에서 유래하는 것이기 때문에 성분적으로는 혈장과 큰 차는 없다. 그러나 모세 혈관벽은 거의 투과할 수 없는 단백질등에는 차이가 나타난다(표 7 · 6). 또한 간질액과 함께 비슷한 성분을 갖는다고 생각되지만, 반드시 농도적으로 일치하지는 않고 특히 단백질에서 그 차이가 뚜렷하다. 안정시 전신에 있어 혈관으로부터 여과되어 나오는 액, 간질액 및 림프의 단백질 농도는 각각, 0.2~0.4, 0.7~2.1 및 1.3~3.3g/dl이라 한다. 이것은 림프관은 단백질등의 혈관으로부터 흡수할 수 없는 물질을 투과시킬 수 있기 때문에 이들 물질의 림프농도는 높아진다고 설명된다. 림프의 성분은 그 림프가 흐르는 조직에 따라 다

표 7 · 6 혈장과 뇌관검파에 있어서 각 성분의 비교(개)

성분		혈장	림파
단백질	g/dl	6.9	2.6
혈당	mg/dl	123	124
비단백태질소	mg/dl	27.2	27
요소	mg/dl	22	23.5
아미노산	mgN/dl	4.9	4.8
Ca	mg/dl	10.4	9.2
Cl	mg/dl	392	413

표 7 · 7 혈청과 림프 단백질 함량의 비교(개)

부위	단백질 함량(%)	
	혈청	림파
뇌관림파	6.25	4.00
경림파	6.25	3.63
각림파	6.46	1.91
장림파	6.23	3.98
간림파	6.34	5.32

르고, 간 림프의 단백질 함량(5g/dL)은 다른 조직의 것보다 높다(표 7 · 6).

2) 림프의 흐름

림프의 순환량은 보통 개, 고양이, 말, 면양의 흉관에서 체중 1kg의 경우, 1시간당 2~3ml, 산양, 소에서 4~5ml로 보여진다.

개구리등은 림프를 내보내기 위한 림프심장이 존재하지만, 포유류에는 없다. 포유류의 림프관을 구성하는 평활근에는 수축성이 있고, 그 운동에 의해 림프의 흐름을 돕고 있다. 호흡운동이나 몸의 이동 등의 경우에 생기는 림프관으로의 가압도 중요하다. 더욱이 림프관의 판은 림프의 역류를 방지한다. 이들의 기구는 정맥혈이 흐르는 경우와 유사하다. 또한 림프관 내압은 약 10cmH_2O정도의 양압이고, 림프가 유입하는 정맥각부근의 정맥 혈압보다도 높은 것도 하나의 원인이 되고 있다.

3) 림프의 의의

정상적인 혈관으로부터도 혈장 단백질은 불과 얼마 안되지만 여과되어 나온다. 이 단백질을 림프를 통해 다시 혈액으로 되돌리는 것이 림프의 중요성 중의 하나이다. 실험에 의하면 혈장단백질량의 25~50%에 상당하는 양이 림프를 거쳐 혈중으로 환류하고 있고, 그 의의는 크다. 또한 림프는 수분을 정맥으로 환원하는 것에 의해 혈액량이나 간질액량의 조절을 담당하고 있다. 정상의 경우, 24시간에 혈중으로 환류하는 수분량은 흉관만으로도 거의 전혈량과 같게 된다.

장관에 있어서 지방의 흡수가 행해질 때에는 장쇄지방산의 일부는 다시 triglyceride로 재합성되고, 인지질, cholesterol, lipoprotein층으로 둘러 싸여진 유상지질(chylomicron)의 형태로 림프관내로 흡수되고, 흉관을 거쳐 정맥 혈중으로 들어간다(표 7 · 8). 이 경우 림프는 백색의 혼탁한 상태의 림프를 유액상(chyle)라 한다. 림프관으로부터 흡수되는 지방량은 전 흡수지방의 60%를 차지한다고 한다.

더욱이 림프에는 느리지만 응고하는 성질이 있다. 이것은 림프중 양적으로는 적지만 fibrinogen이 함유되어 있기 때문이다. 또한 protrobin형성에 필요한 비타민 K가 주로 림파관계로부터 흡수되는 것이 알려져 있다.

표 7 · 8 림프 및 혈장 지질 함량(산양)

	총지방농도 (%)	중성지방	인지질	콜레스테롤 에스테르	유리지방산	콜레스테롤
		(%)				
뇌관림프	1.45	83.1	11.7	2.0	1.8	2.2
우림파본간림프	0.08	86.3	8.7	1.2	2.6	1.3
혈장	0.19	36.9	31.0	11.4	14.2	6.5

4) 부종(edema)

보통, 간질액량은 어느 일정 수준으로 유지되고 있지만, 무언가의 원인으로 증가한 경우를 부종(edema)라 한다. 모세혈관압의 상승, 모세 혈관의 투과성의 증가, 모세혈관의 확장, 혈장 단백질 농도의 저하, 림파순환의 장해등이 주된 원인이다. 정맥혈압의 상승도 동맥혈압과의 차를 없애고 여과압을 증가시켜, 재흡수를 방해하기 때문에, 심장질환, 간장순환 이상등의 경우에 부종의 원인이 된다.

5) 뇌척수액(cerebrospinal fluid, CSF)

뇌척수액는 주로 뇌실의 맥락총에서 만들어져, kumo막하강, 뇌실 및 척수 중심관을 채운다(그림 7 · 23). 그 성분은 거의 혈장과 같지만, 단백질이나 분자가 큰 것의 농도는 작다(표 7 · 9). 무색투명이고 알칼리성으로 세포성분은 거의 포함되어 있지 않고, 또한 응고성도 없다.

혈액 · 뇌관문 및 혈액 · 뇌척수액 관문의 존재에 의해 뇌내로의 물질투과는 다른 조직에 비해 극히 느리다. CSF의 양은 말에서 170~300ml에 달린다. Kumo막하강에 침을 꽂아 측정한 CSF의 압은 마취한 개, 송아지, 돼지에서 각각 110~120, 80~150, 80~145mm 수주(水柱)라 하는 수치가 얻어지고 있다. 이압은 동물의 자세에 따라 크게 변한다. 예로 수평시에 120mm 수주(水柱)를 나타내는 압은 머리를 30cm아래로 하여 몸을 기울이는 것에 의해 49mm로 증가한다. 정맥압의 상승도 또한 CSF압을 상승시킨다.

CSF는 끊임없이 생성되고 있기 때문에 일정량을 유지하기 위해서는 동시에 끊임없이 흡수되지 않으면 않된다. Kumo막하강의 CSF는 KUMO막 융모에도 달하고 여기에서 정맥동으로 흡수된다. 이것은 kumo막하강의 CSF가 나타내는 압과 정맥동 내압의 차 및 혈중의 교질삼투압에 의한 것이다.

CSF 기능의 첫째는 중추신경계의 역할을 하고 있다는 점이다. 다시말하면 CSF가 뇌(비중 1.040)나 척수(비중 1.007)중으로 들어가 그 부력에 의해 이들을 외부의 충격으로부터 보호한다는 것이다. 또한 중추신경계에 대한 영양물의 보급, 대사산물의 제거의 역할을 하고 있다. 또한 두개(頭蓋) 내의 혈액량이 CSF

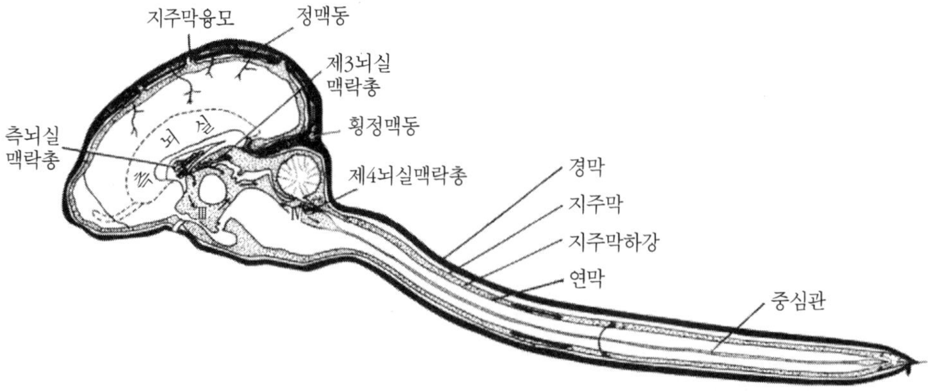

그림 7 · 23 뇌척수액의 생성, 흡수와 존재 부위
(점으로 나타낸부분은 뇌척수액이 있는 것을 나타냄, 화살표는 흐르는 방향)

표 7·9 뇌척수액 및 혈장의 조성비교

조성	동물	단위	뇌척수액	혈장
pH	면양		7.436	7.524
P_{CO_2}	〃	mmHg	35.3	34.6
삼투압	〃	mOsm/*l* · H_2O	282.2	282.0
Na	〃	mEq/l	140.7	136.7
K	〃	〃	3.19	4.31
Mg	〃	〃	1.90	1.89
Ca	〃	〃	2.39	4.57
Cl^-	산양	〃	131	114
HCO_3^-	면양	〃	23.5	28.4
단백질	산양	g/d*l*	0.04	6.45
포도당	면양	mg/d*l*	50.6	76.4
유리지방산	〃	μEq/*l*	33.8	126.4
인슐린	〃	μU/m*l*	1.7	4.3

(大谷(文))

량의 변화에 의해 조절되고 있는 것도 알려져 있다.

제8장 소화 및 흡수

가축이 생명을 유지하고 생산을 지속하기 위해서는 끊임없는 영양소의 공급(ingestion)이 필요하다. 가축에 대한 영양은 사료의 형태로 급여되지만, 사료의 성분은 일반적으로 고분자 화합물이 많아 그 형태로는 가축의 영양소가 되지 않는다. 가축의 소화관내에서는 고분자화합물을 보다 저분자의 물질로 분해하기 위해, 물리적 혹은 화학적인 방법으로 소화(digestion)가 행해진다. 소화된 물질이 가축의 영양소가 되기 위해서는 그물질이 혈액 혹은 림프 내로 흡수되어야 하지만, 소화관벽을 통해 생체 내부로 물질이 수송되는 것을 흡수(absorption)라 한다.

Ⅰ. 소화관의 형태와 식성

동물이 주로 무엇을 먹이로 하고 있는가를 식성이라 부르고, 간편하게 육식 · 초식 · 잡식으로 분류한

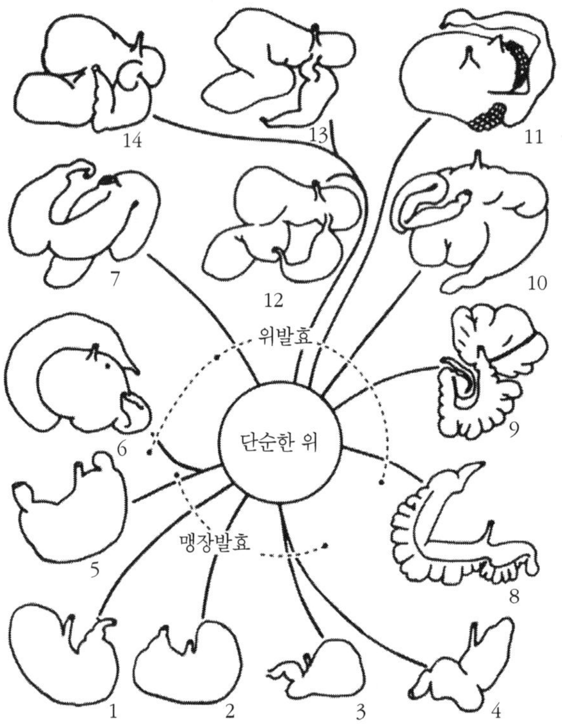

그림 8 · 1 위 형태의 다양성

(1) 말 (2) 토끼 (3) 캥거루 쥐 (4) 사막 쥐 (5) 돼지 (6) 멧돼지 (7) 하마 (8) 캥거루류 (9) 야생 원숭이 (10) 나무늘보 (11) 낙타 (12) 마메사슴 (13) 영양 (14) 양

(R. J. Moir, Handbook of Physiology)

다. 소화관의 형태는 식성에 부합되도록 진화하여 왔지만, 풀을 섭취하는 동물일수록 복잡하게 되어 있다. 그림 8 · 1에 나타낸바와 같이 위의 형태도 단순한 장관의 팽창으로부터 많은 가지를 거쳐 진화하여 왔다. 또한 같은 초식동물 중에서도 단순한 형태를 유지하여온 말(1)이나 토끼(2)와 같은 동물과, 전위(前胃)의 발달을 동반한 복잡한 형태를 갖게 된 낙타(11)나 반추동물(12, 13, 14)처럼 두 가지 방향의 진화 전략이 있는 것을 알 수 있다. 말이나 토끼는 위의 형태는 단순하지만, 커다란 용적을 갖는 대장(결장이나 맹장)을 갖도록 진화하여 왔다.

복잡한 위의 형태를 갖는 반추동물이라도 식물성 섬유를 적극적으로 섭취하고 세포벽 성분을 전위 내의 미생물발효에 위해 소화 · 이용하는 동물(예로 소나 양등)과, 전위에 의한 식물성 섬유이용을 하면서 소장에 의한 영양소의 소화와 흡수에도 의존하는 동물로 진화하여 왔다고 생각된다(R.R.Hofmann).

II. 소 화

사료가 구강내로 섭취되어, 분으로서 배출되기까지 소화관내에서는 1) 소화관 운동에 의한 음식물의 파쇄, 교반, 운송 등의 기계적 작용, 2) 소화액 혹은 미생물이 분비하는 효소에 의한 분해 등의 화학적 작용에 의해 소화가 행해진다. 사료의 소화과정은 가축에 따라 각각 특징을 가지고 있어 소화관의 형태도 가축에 따라 상당히 다르다. 예를 들면, 같은 초식가축이라도 말은 단위동물이고 사료의 소화의 주요부분은 거대한 맹장 및 결장에 의한 미생물 발효에 의존하지만, 소나 면양은 복수의 위를 갖는 동물로서 사료의 소화는 주로 제1위의 미생물에 의한 발효에 의존하고 있다. 또한 본래 육식동물인 개나 고양이는 소화액에 함유된 효소에 의한 소화가 주된 것으로 미생물의 작용은 적다. 따라서 위나 장의 용적도 상대적으로 작은 것이다. 돼지는 잡식동물로 인정되지만, 가축화된 단계에서는 오리려 초식동물이고 대장에 있어서 미생물에 의한 소화가 점하는 비율은 상당히 크다. 닭은 맹장에서 미생물에 의해 조섬유의 소화가 행해질 수 있다는 것이 알려져 있다.

1. 구강내 소화

1) 섭식(포착, prehension)

각 가축에 따라 사료의 구강내로의 섭취방법, 즉 섭식 혹은 포착(捕捉) 방법이 각각 다르다. 말은 잘 움직이고, 또한 감각이 풍부한 입술로 사료를 섭취하거나 혹은 입술을 늘여 절치를 노출시켜 풀을 잘라 섭취한다. 면양이나 산양등도 이와 비슷한 방법을 취하지만, 혀를 말보다 더 잘 이용한다. 소에서는 혀가 길어서 잘 이용하는데 초원에서 풀을 혀로 말아 머리를 후방으로 움직이면서 섭취하거나 사조(飼槽)로부터는 입술과 함께 움직여 사료를 구강내로 섭취한다. 돼지는 코로 파면서 아래 입술을 사용하여 사료를 구강내로 넣는다. 개나 고양이등의 육식동물에서는 앞발을 사용하여 사료를 누르고 견치나 절치로 섭취하고 다음으로 혀와 머리를 이용함으로 사료를 입안으로 넣는다.

음수를 할 때는 초식동물에서는 혀와 턱의 운동으로 구강내로 음압을 형성하여 물을 마시지만, 육식동물에서는 혀끝을 말아 물을 퍼 입안으로 나른다. 닭은 혀로 물을 마실 수 없기 때문에 두부를 들어 올려 유입시킨다.

2) 저작(mastication)

구강내로 들어온 사료는 치아로 씹어 부수고, 또는 갈아 으깨어 타액과 혼합되어 기계적 소화가 행해진다. 이를 저작(mastication)이라 한다. 저작에 의해 사료는 작은 절편으로 되고, 타액에 의해 윤활성이 증가하고 연하(deglutition, swallowing)가 용이하게 된다. 말은 사료를 삼키기 전에 충분히 저작을 하지만, 반추가축은 채식시의 저작과 더불어 반추 시에 재저작을 한다. 육식동물은 연하에 필요한 만큼만 저작하고 타액과의 혼합도 적다.

초식가축의 저작에 요하는 시간은 가축의 종류나 개체 및 사료의 성질 등에 의해 크게 다르다. 한가지 예를 들면 말에서는 3kg의 건초를 저작하는 데에 약 70분을 요하고, 30−50회의 턱 운동을 30−45초에 걸쳐 행하여 1식괴를 삼킨다. 소에서는 15−30회의 턱운동을 15−25초에 걸쳐 행한다. 면양에서는 건초 600g, 농후사료 400g을 채식하는 데에 160분을 필요로 한다. 그러나 이들 시간은 급여 방법에 의해서도 다르다.

가축의 치아에는 유치와 영구치가 있어서, 유치는 일정 연령이 되면 탈락하고, 영구치가 다음으로 발생된다. 그러나 치아에 따라 처음부터 영구치인 것도 있다. 치아는 끊임 없이 마모되고 있지만, 동시에 성장도 하고 있다. 초식동물의 구치(臼齒)에는 단단한 에나멜질과 조금 연한 상아질이 적당하게 배열되어 있어 상악과 하악치를 밀착시켜 있고, 사료를 마쇄하기 위한 충분한 넓이의 표면이 형성되어 있다. 초식동물의 상악은 하악보다 넓고, 하악이 한 방향으로 수평으로 운동하는 것에 의해 사료가 마쇄된다. 사료가 충분히 마쇄되는 것은 특히 반추가축에 있어서 미생물에 의한 발효를 보다 용이하게 하고 사료식물 자신에 의한 자기 소화를 돕는다. 치아가 불균일하게 마쇄되거나 빠지게 되면 채식이 곤란하게 되어 사료의 소화성도 저하한다.

육식동물에서는 절치 뒤에 커다란 견치가 있어, 포획물을 잡는데 도움을 준다. 구치와 소구치는 에나멜질로 덮여있어 사료를 자르고 부수고, 또한 갈아 으깨는데 좋다. 하악골은 측두골과 관절을 만들어 강한 상하 운동만을 행한다.

3) 타액분비

a) 타액선의 구조 : 타액선(salivary glands)은 보통, 이하선(parotid gland), 하악선(maxillary gland, 사람의 경우는 악하선이라고 하지만 가축에서는 선의 위치 때문에 하악선이라 한다), 설하선(sublingual gland)의 3대 타액선을 말한다. 이들은 어느 것이나 모두 쌍을 이루어 존재하고, 다수의 소엽으로 구성되

어 있다. 이외에 구순선, 협선, 구개선 등의 소타액선이 있다.

타액선에는 각각 점액세포, 장액세포로 구성되는 점액선, 장액선 및 이들의 세포가 혼합하여 구성된 혼합선이 있다. 설하선은 사람에서는 점액선이지만, 타 동물에서는 혼합선이다. 그러나 점액성이 높은 경우가 많다.

장액선에서의 분비액은 수분이 풍부하고, 효소나 이온류를 함유하는 뮤신(mucin)을 함유하지 않는다. 점액선의 분비액은 뮤신을 함유하여 점조성이 높다. 또한 타액선은 외분비선이고, 누출분비선(eccrine gland)로서 분비양식을 나타낸다.

세포가 그 생산물을 세포외로 배출하는 것을 분비(secretion)이라 한다. 보통은 생산물이 생체에 있어 유용한 것의 경우에는 분비라고 하고, 생체에 유용하지 않은 것은 배설(excretion, 또는 배출)이라 하여 구별한다.

명확한 분비기능을 갖는 세포를 선세포라고 한다. 선세포, 또는 이들이 모여된 선조직에서 분비물이 도관을 통해 체표나 소화관등의 상피표면에 분비되는 것을 외분비(external 혹은 exocrine secretion)라 한다.

외분비선은 세포나 지방입자를 분비하는 경우와 단백질이나 이온액을 분비하는 경우등, 분비양식에 따라 다음 세 가지로 분류된다.

(1) Holocrine gland(전분비선) : 세포가 변성하고, 붕괴하여 분비물로 되어 일회의 분비로 세포는 사멸한다(皮脂腺 등).

(2) Apocrine gland (이출분비선) : 세포표면에 커다란 돌기가 있어가 세포내의 분비과립이 용해되고 돌기가 분리되어 분비물로 된다(위선, 유선 등).

(3) Eccrine gland(누출분비선) : 고분자의 단백질은 분비과립막과 세포막이 융합하여 된 소공으로부터 방출된다(exocytosis, 그림 8 · 28). 세포질의 손실을 거의 동반하지 않지만, 세포막의 일시적

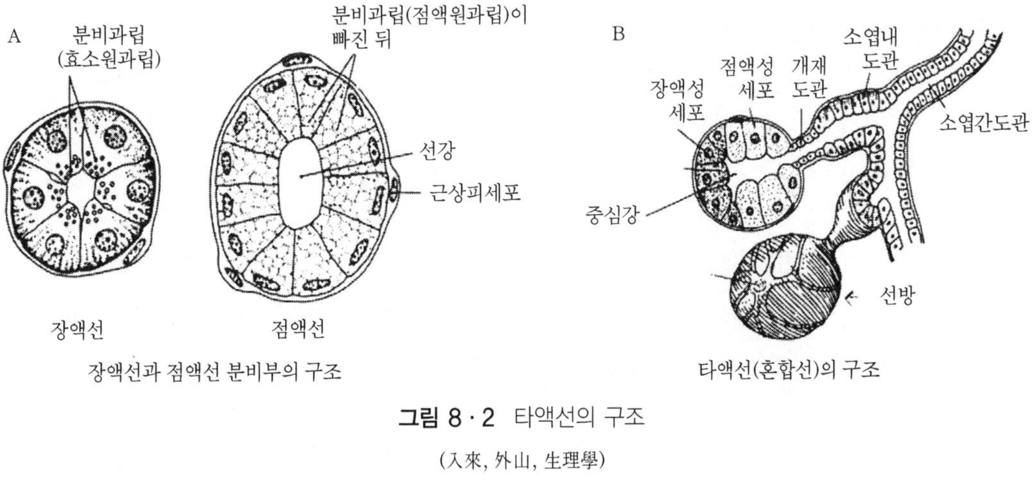

그림 8 · 2 타액선의 구조

(入來, 外山, 生理學)

증대가 막용량을 측정하는 것으로 관찰할 수 있다 (간선, 췌외분비선 등). 내분비선의 분비양식도 같다. 이온 등의 소분자의 수송은 각종 pump, 운송체(교환체) 및 channel에 의해 행해진다(위선벽세포의 HCl분비, 그림 8 · 11).

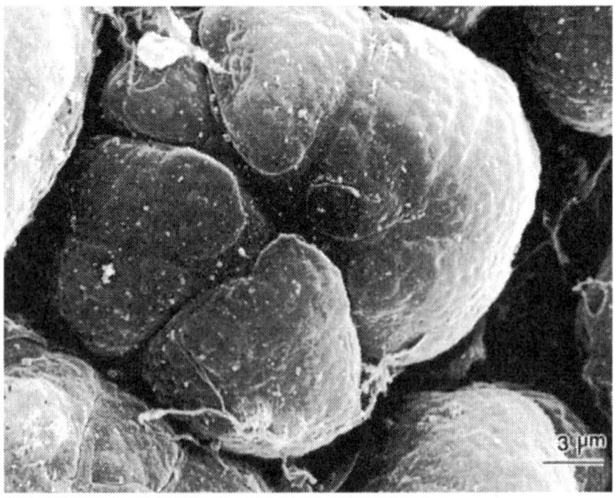
그림 8 · 3 원숭이의 악하선의 선방(浜崎(正))

타액선의 조직학적 구조는 원추형의 선세포가 중심강(central lumen)을 둘러싸고 모여 선방(acinus)을 형성한다. 선방의 중심강은 입방상피로 된 개재도관 (intercalated duct)으로 이어지고, 이어서 공간이 보다 넓은 소엽내 도관 (intralobular duct, 또는 선조도관(striated duct))을 거쳐 소엽간 도관 (interlobular duct)으로 연결된다. 소엽을 구성하는 세포뿐만 아니라 도관을 형성하는 세포도 분비 또는 흡수의 기능을 갖추어 타액의 생성에 역할을 한다(그림 8 · 2, 3).

타액채취법 : 타액의 성분이나 분비량을 측정하기 위해 타액을 채취할 필요가 있다. 혼합타액을 채취할 때는 구강내를 세정후, 탈지면을 구강내에 넣고, 흡수된 타액을 짜낸다. 혹은 식도 fistula를 외과적으로 제작하여 유출하는 타액을 모은다. 반추가축의 경우 식도 내에 채취용 누두를 비강에서 삽입하여 그 선단(先端)을 제1위 fistula로 나오게 하여 취한다. 또는 개개의 선의 도관에 cannula를 삽입하든가 혹은 그 도관의 구강내 개구부를 근접한 피부에 봉합하여 영구 타액선 fistula를 만든다. 이하선 타액은 양이 많고 이하선관은 제3~5상악구치 부근(가축에 따라 위치가 다르다)의 이하선 유두에 각각 1개 개구하는 것뿐이기 때문에 타액선의 대표로서 실험에 이용되는 경우가 많다.

b) 타액량 : 1일 타액량은 사람:1~1.5lℓ, 돼지:15ℓ, 면양:6~16ℓ, 소:100~180ℓ이다. 사료의 성질에 따라 분비량은 달라 소의 예를 표 8 · 1에 나타내었다. 또한 면양에서 채식중의 한쪽 이하선에서의 분비량은 사료 건물 1g당 생초 및 건초 4~5ml, 농후사료 2ml이고, 반추시에는 추가적으로 증가한다. 분비량은 저작측이 반대측보다도 많다는 것이 알려져 있다.

이하선, 하악선과 설하선의 크기는 일반적으로 이하선이 가장 크고 설하선이 가장 작다. 그러나 좌우의 선의 크기는 반드시 동일하지는 않아 이하선의 경우 50%의 중량차가 인정된다고 보고되어 있다. 또한 각 선의 단위중량당 분비능력도 이하선이 가장 크고, 설하선이 가장 작다. 반추가축에서는 이하선 타액분비량이 전 타액분비량의 1/2~2/3을 차지하고 협선(頰腺)에서의 분비량도 상당히 많아 이하선 타액과 거의 같은 정도라 한다.

c) 타액성분 : 이하선, 설하선, 하악선에서 분비되는 각 타액의 양 및 성분은 각각 다르다(표 8 · 1~8 ·

표 8 · 1 사료의 종류와 소의 타액분비량

사료의 종류	사료량 (건물kg)	타액분비량(ℓ/日)				추정반추 시간
		채식	반추	휴식	총량	
알팔파 사일리지	7.7	21	44	45	110	7
중급건초	5.5	26	70	53	149	8
건초+데이리 · 큐브	7.7	17	42	64	123	5
건초+압편옥수수+땅콩케익	6.4	12	18	78	108	2
생 초	5.5	38	57	83	178	5

(Bailey, Brit. J. Nutr.)

표 8 · 2 소의 이하선, 하악선 및 설하선의 타액 성분(mEq/l)

	Na^+	K^+	HCO_3^-	HPO_4^{2-}	Cl^-
이하선 타액	137	14	108	21	15
하악선 타액	14	14	16	1	31
설하선 타액	110	17	98	20	49

표 8 · 3 각종 동물의 혼합 타액성분

		사람	소	면양
고형물	(mg/dl)	581 (386~860)	1,020	1,100
Na	(mEq/l)	10.1 (0.3~24)	120~161	161~201
K	(mEq/l)	20 (13~24)	6.2	4~12
Ca	(mEq/l)	1.4 (0.9~2.3)	3.3~7.1	0.8~1.5
Cl-	(mEq/l)	11.8 (8.7~17.7)	4.3~7.1	7.0~12.1
총 P	(mM/l)	6.6	26	37~72
HCO_3^-	(mEq/l)	15.7 (8.1~19.4)	92~126	52~164
단백질	(mg/dl)	242 (140~527)	9~183	9.4~23.8
요소	(mg/dl)	8.8 (01~14.3)	13.5	13~32
pH		5.6~7.6	8.1~8.8	8.4~8.7

사람 : 파라핀법으로 채취한 것

3). 혼합타액으로서 얻어지는 것은 그들의 각선에서 타액의 혼합물이다. 타액은 수분이 풍부하고, 건물함량은 1%에 지나지 않는다(표 8 · 3). 유기물로는 단백질, 효소, 비단백질소등을 함유한다. 단백질에는 알부민, α-, β-, γ-글로부린, 뮤신이 주된 것이다. 뮤신은 glucosamine을 함유하는 당단백질이고, 하악선이나 설하선 타액에 많다. 효소로서는 탄수화물 분해효소인 ptyalin(타액 α-amylase)이 있고, 사람의 것은 작용이 강하지만, 돼지의 것은 약하다. 초식 및 육식동물에는 거의 함유되어 있지 않다.

Ptyalin은 전분에 작용하여 1, 4-α glucoside 결합을 분해하여 이당류인 maltose, 3당류인 maltotriose 및 glucose 약 8개의 분지성 중합체인 α-limit dextrin을 생성한다. 최적 pH는 6.9부근으로 Cl^-

표 8·4 사람과 면양의 이하선 타액 및 혈장성분의 비교(mEq/l)

		Na	K	Ca	Mg	무기 P	Cl	CO_2
면양	이하선 타액	180	10	0.2	0.3	27.0	17	98
	혈 장	150	9	2.5	1.5	1.6	105	25
사람	이하선 타액	2.5	36.7	1.5	0.2	6.1	24.8	0.9
	혈 장	143	4	5	2	1.7	102	25

의 존재를 필요로 한다.

비단백 질소로는 아미노산, 요소 등이 있다. 반추가축에서는 타액중의 요소는 제1위의 세균에 의해 이용되고, 단백질로 교환될 수 있다. 요소의 혈장중 함량이 높으면, 타액중 함량도 높다.

무기물에는 Na, K, Ca, Mg, Cl, 중탄산염, 인산염, 약간의 황산염, 초산염, 암모니아 등이 함유되어 있다. 이들 성분은 어느 것이나 혈장에서 유래된 것이지만, 사람이나 면양에서 혈장성분은 거의 같음에도 불구하고 타액성분이 크게 다른 것으로 볼 때 단순한 확산에 의한 것이 아니라는 것을 쉽게 알 수 있다(표 8·4). 사람에서는 도관부에서 이온의 재흡수나 분비가 일어나는 것이 알려져 있다.

pH는 반추가축에서는 알칼리성을 나타내지만, 다른 동물에서는 거의 중성이다. 반추가축에서는 Na^+, HCO_3^-, P의 함량이 많다는 것이 특징이고, Na^+는 $NaHCO_3$로서 존재하는 부분이 많기 때문에 알칼리성을 나타낸다.

타액의 성분에는 분비속도가 변화하면 그 농도가 변할 수 있다. 사람에서 분비속도가 증가하면 Na^+농도는 증가하고 K^+농도는 감소하는데 그것은 이들 이온의 재흡수(Na^+)나 분비(K^+)의 정도가 작아지기 때문이다. 이외 타액성분을 변화시키는 요인으로서 일내 변동, 연령, 사료, 혈액성분 등이 있다.

d) 타액의 작용 : 타액은 사료에 수분을 공급하고, 뮤신의 작용과 더불어 저작이나 연하를 용이하게 한다. 사료중의 유미성분을 용출하여 미뢰를 자극한다. 아울러 구강 내를 세척하고, 항균작용을 나타낸다. Ptyalin을 갖는 타액에서는 어느 정도 전분을 소화한다. 어느 종의 동물(낙타 등)에서는 타액수분을 증산시키는 것에 의해 체열 방산 작용을 나타낸다.

e) 타액분비기구

① **신경지배** : 타액선은 어느 선이나 교감신경과 부교감신경의 이중지배를 받고 있다. 교감신경은 제1~4척추에서 나오고 경부 교감신경간을 거쳐 전두 신경절에 달하여 뉴런을 바꾸어 각 선의 혈관이나 분비세포에 분포한다. 부교감신경의 절전섬유는 연수의 후타액핵에서 설인신경(舌咽神經)을 거쳐 이신경절(耳神經節)에 달하여 뉴런을 바꾸어 이하선에 도달하는 것과, 같은 연수의 전타액핵(前唾液核)에서 고색신경(鼓索神境), 설신경을 거쳐, 하악신경절에 달하여 뉴론을 바꾸어 설하선, 하악선에 분포하는 것이 있다(그림 8·4).

교감신경의 자극으로 개나 사람에서는 하악선에서 소량의 타액이, 고양이에서는 상당한 량의 타액이 분비된다. 한편 부교감신경을 자극하면, 하악선에서 mucin을 포함한 타액과 이하선에서 수분이 풍부한 타액이 다량으로 분비된다. 아드로핀은 부교감신경의 작용을 저해한다. 이같은 길항적이지 않은 이중신경지배가 있는 이유는 충분히 알려져 있지 않지만, 부교감신경은 주로 분비세포의 활성에 영향을 주어, 교감신경은 혈관운동에 영향을 주는 것 일 것이다.

타액분비의 구심경로는 구강에 분포하는 지각신경, 기타. 식도나 위에 존재하는 구심성신경의 흥분에 의한다.

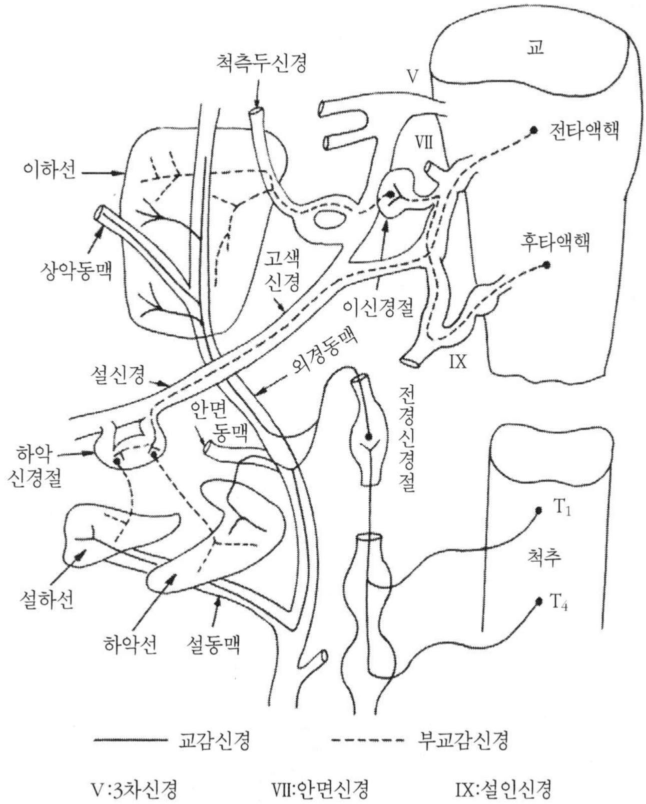

그림 8 · 4 타액선으로의 신경지배모식도

② **무조건 반사와 조건 반사** : 사료가 구강내로 들어오면, 구강점막이나 혀에 있는 수용기가 화학적, 기계적, 온열적 자극으로 흥분하고, 타액분비 반사가 일어난다. 사료이외의 물질이라도 일어날 수 있다. 또한 식도나 위의 자극에 의해서도 타액분비가 일어나지만, 이 반사는 미주신경의 구심지(求心枝)를 거치는 것이다. 이들의 반사는 모두 연수의 타액분비중추를 경유하는 무조건 반사이다. 한편, 이것만으로는 아무런 효과도 없는 자극이 어느 특정의 반응을 일으키는 자극과 조합되어 반복되어 가해지면 결국에는 본래 효과가 없는 자극을 주는 것만으로 반응을 일으킬 수가 있게 된다. Pavlov는 개를 이용하여 고기를 준다는 자극의 직전에 벨을 울리는 자극을 반복하면 결국은 벨을 울리는 것만으로 타액이 분비되는 것을 알았다. 이같이 일정의 조건을 주는 것에 의해 형성된 반사를 조건반사라 한다. 조건이 되는 자극이 시각, 청각, 미각 등을 통해 대뇌피질에 미쳐 새로이 형성된 신경로를 거쳐 무조건반사 중추의 흥분을 초래한다고 생각된다. 조건반사가 형성되는 정도는 동물 종에 따라 다르고 사람이나 개에서는 용이하다.

③ **타액의 생성** : 타액선 소엽을 둘러싼 혈관중의 혈액에서 물, Na^+, K^+, Cl^-, HCO_3^-가 선세포내로 들어와 이어 타액선관내로 분비된다. 분비된 원타액은 전술한 각 이온을 함유, K^+은 능동수송되기 때문에 혈장중 농도보다 높지만, 전체적으로는 거의 등장성이다. 그러나 도관부를 흐르는 과정에서 Na^+와 Cl^-이 재흡수 되고, K^+와 HCO_3^-가 분비된다. 도관중의 유속이 느릴 때는 이온의 재흡수가 크게 작용하지만, 물

의 이동은 적기 때문에 저장성 타액이 얻어진다. 한편, 유속이 빠르면 재흡수나 분비되는 시간이 적게 되기 때문에 타액의 삼투압은 등장성에 가깝다.

f) 반추가축의 타액 : 반추가축의 타액은 몇 가지 점에서 타동물과는 다른 특징을 가지고 있다. 우선 분비량이 다량으로 끊임 없이 유출되고 있다. 사람이나 개의 경우 자극의 유무와 관계없이 얼마의 타액이 구강내를 습윤시키기 위해 협점막(頰粘膜)에 있는 소타액선에서 계속 분비되고 있지만, 반추가축에서는 주로 이하선에서 상당량의 타액이 끝임 없이 분비되고 있다. 성분적으로는 양이온으로 Na^+가 많고 K^+는 적다. 음이온은 HCO_3^-와 HPO_4^{2-}가 주된 것이다. 이하선이나 복협선에서 분비되는 알칼리성 타액은 혈액과 거의 같은 등장성이지만, 하악선, 설하선에서 분비되는 점액성 타액은 저장성이다. 하악선의 개재부 도관에는 염류의 재흡수에 관계한다고 생각되는 주상(柱狀) 세포의 존재가 보여진다. 일반적으로 분비속도

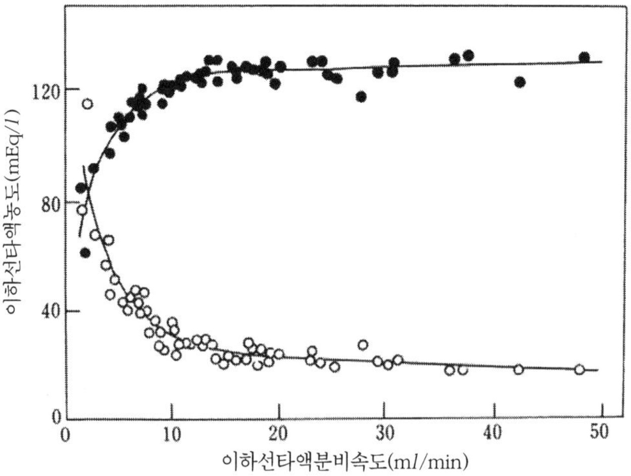

그림 8 · 5 소의 이하선 타액분비속도와 중탄산염 및 인산염농도의 변화

(Bailey & Balch, Brit. J. Nutr)

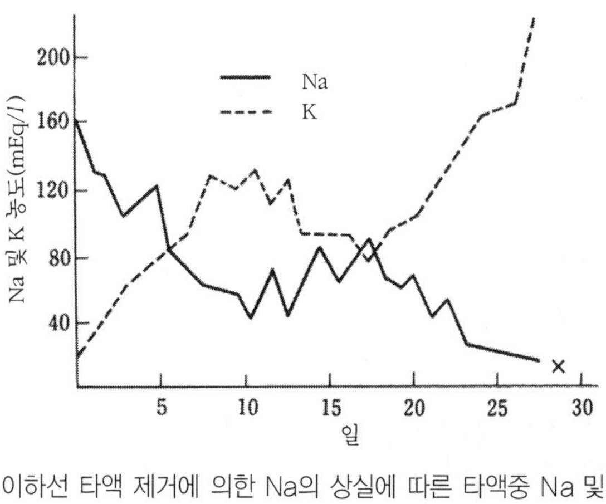

그림 8 · 6 면양의 한측 이하선 타액 제거에 의한 Na의 상실에 따른 타액중 Na 및 K 농도의 변화 × : 사망

(五味(亨))

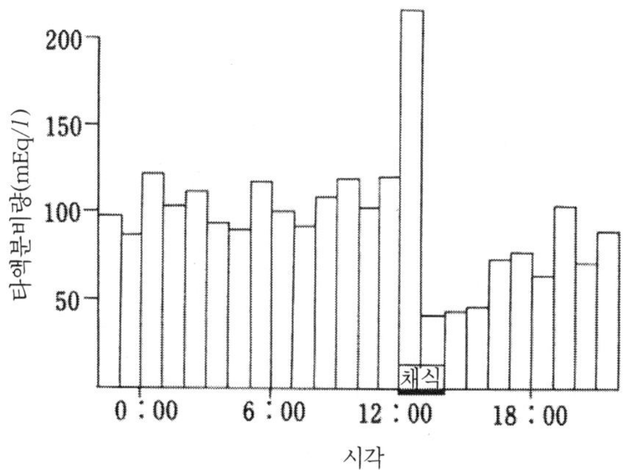

그림 8 · 7 면양의 한측 이하선 타액 분비량의 일내변동

(佐藤(良))

가 증가하면, HCO_3^-농도는 상승하고 HPO_4^{2-}농도는 저하한다(그림 8 · 5). 그러나 Na^+나 K^+농도는 그다지 변화하지 않는다. 이하선 타액을 체외로 제거하면 동물은 쉽게 Na부족(Na depletion)에 빠지고, 정상시에 Na/K치는 18~20정도의 것이 역전하여 0.1~0.05가 된다. 이때 Na를 급여하지 않으면 식욕을 잃어 사망에 이른다(그림 8 · 6). 이 타액에 있어서 Na농도는 저하, K농도의 상승은 aldosterone의 작용에 의한 것이 증명되어 있다. 채식에 따른 타액유량은 크게 증가하지만, 분문부, 제1 · 2위벽이 사료의 조악한 입자에 의해 자극되어 생긴 흥분이 미주신경의 구심지에 의해 중추에 전달되는 것에 의한다. 또한 하부식도의 자극이나 가볍게 확장하면 제1위 내압을 5~20mmHg정도로 상승시키는 것도 타액분비를 증가시킨다. 타액분비가 채식종료 직후에 현저하게 감소하지만, 그 이유는 주로 타액 유출에 따른 혈액수분의 감소에 유래하는 혈액삼투압의 상승 결과로 이해되고 있다(그림 8 · 7). 또한 제1위가 과도하게 확장하면 타액 분비는 감소한다.

소에서 부교감신경의 자극에 의해 이하선 타액의 분비가 증가하는 것은 혈류량의 증가에 의한 것이고, 또한 경부 교감신경간의 자극에 의한 이하선 타액의 순간적인 증가는 근상피세포의 수축에 의한 것이다.

타액의 주된 작용은 앞에서 기술한 일반적인 작용 이외에 제1위에 수분을 공급하고, 또한 연속적으로 행해지는 제1위내 발효의 결과 생기는 휘발성지방산(volatile fatty acids, VFA, 혹은 short-ahain fatty acids, SCFA)에 의한 제1위내 pH의 산성화를 완충하여 양호한 발효를 지속시키는 것에 있다. 그러나 제1위내 발효가 왕성하게 되고, 휘발성 지방산의 생성량이 증대하여 pH가 저하했다고 하여 타액분비량이 증가한다고는 할 수 없다. 프로피온산이나 낙산의 증가에 의해 pH가 6이하로 저하하는 경우 타액 분비는 오히려 감소하는 것이 실험적으로 증명되어 있다. 이 원인은 혈액을 통한 체액성의 것보다도 신경성의 분비억제인 듯하다.

4) 연하

구강내에서 저작되어 타액과 혼합된 식괴(food bolus)와 체액은 인두(구강과 식도간의 팽대부)에서 식도를 거쳐 위내로 들어간다. 이 운동을 연하(deglutition, swallowing)이라 한다. 식괘가 혀와 하악근의 운동에 의해 인두 쪽으로 보내지면 인두에 분포하는 지각신경이 자극되고, 그 흥분이 연수에 있는 연하중추에 전달되어 불수의적인 연하 반사가 일어난다. 우선 연구개가 끌어 올려지고 인두후벽에 밀어붙여져 비강과의 사이를 차단한다. 게다가 혀가 구개에 붙고 설구개궁이 혀의 양측을 강하게 둘러싸 구강과 인두와의 사이가 폐쇄되고 또한 인두(기관의 입구부)가 위쪽으로 움직여 설골(舌骨)에 접근하여 성문은 닫히고 인두의 입구도 폐쇄된다. 이들의 운동에 의해 인두부의 내압이 올라가고 인두의 운동에 의해 식도의 입구가 넓혀지고 식괘는 식도내로 들어간다. 이때 호흡도 반사적으로 멈추게 된다(그림 8 · 8).

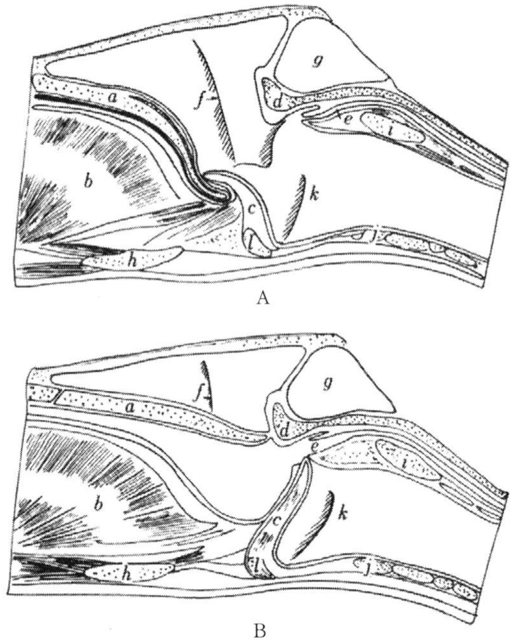

그림 8 · 8 인두부에 있어서 연하운동(말)

A:기도개방, 식도폐쇄 B:기도폐쇄, 식도개방
a:연구개 b:설근 c:후두개
d:parserbund隆起 e:식도 f:이관후두개
g:이관식실 h:설골 i:윤상연골
j:윤상연골 k:후두 l:갑상연골
(Scheunert & Trautmann, Lehrbuch der veterinärphysiologie)

식도는 4층으로 점막, 점막하층, 근층, 외막으로 구성된다. 개 및 반추가축에서는 위에 이르는 곳 까지 횡문근이지만, 돼지에서는 위의 직전에서, 말에서는 폐근부에서, 사람에서는 하반부에서 평활근으로 대치된다. 휴식시는 식도와 인두는 괄약근에 의해 닫혀져 있다. 식도와 위의 접합부에는 해부학적인 괄약근은 존재하지 않지만, 생리학적으로는 괄약근과 같은 작용이 존재한다.

식괴가 식도에 들어오면 연동이 시작되어 식괴는 위로 보내진다. 식괴가 위에 접근하면 위, 식도 접합부는 이완하여 식괴는 위내로 들어간다. 이 연동은 연하반사의 일부를 구성하고 있다.

식도에는 미주신경이 또한 인두와 식도상부에는 그 가지인 반회신경(反回神經)이 분포한다. 경추(후경)신경절에서 발하는 교감신경이 식도에 분포하고 있지만, 그 작용은 불명하다. 식도하부에 분포하는 교감신경을 자극하면, 식도하부의 생리적 괄약근이 이완한다.

식도의 연동은 동물의 종류나 신경분포 방식에 따라 다르지만 개에서 2~5cm/sec 속도로 전달되고 식괴가 식도를 통과하는데 4~5초, 고양이에서 9~12초 걸리지만 돼지는 2~3초로 빠르다. 말에서는 35~40cm/sec의 속도로 전달되고 소도 대체로 같은 속도이다. 액체의 통과속도는 고형물의 5배 이상이다.

2. 단위(simple stomach)내 소화

위에는 위의 내부가 단일의 강인 단위(simple stomach)와 2개 이상의 구획으로 되는 복위(complex stomach)등이 있다. 단위에서의 소화와 4개의 강으로 되는 반추가축의 위내에서의 소화는 그 양상이 크게 다르다.

1) 단위의 구조

단위는 생물학적으로 분문부(cardiac region), 위저부(fundic region), 유문부(pyloric region)로 나뉘고 각 부위에 선이 있다. 이외에 식도에서 위로 연결되는 부분에 무선부(無腺部)가 있는데 말은 넓고, 돼지는 좁고, 개에는 없다.

분문부 및 유문선에서는 점액이 분비된다. 위저부의 점막에는 주세포(chief cell, peptic cell), 벽세포(방세포, parietal cell, oxyntic cell) 및 경점액세포(mucous neck cell, 부세포)가 있어, 주세포에서 pepsinogen, 벽세포에서 염산(HCL), 경점액세포에서는 점액이 분비된다(그림 8 · 9).

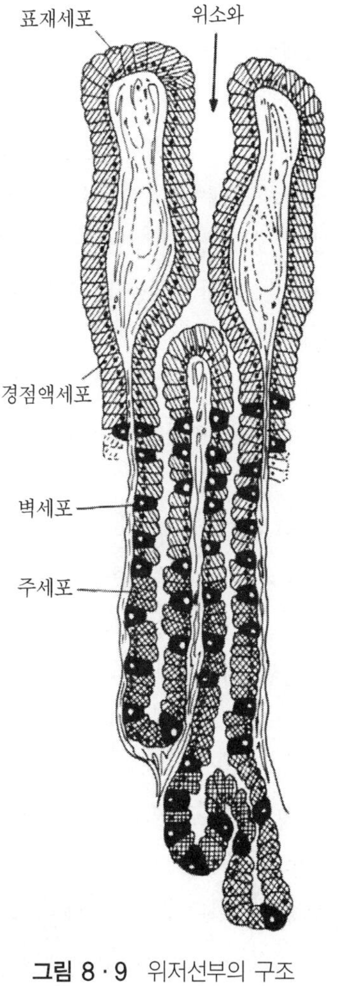

그림 8 · 9 위저선부의 구조
(Grollman, The Human Body)

2) 위운동

위 내용물이 없는 경우는 연동(peristalsis)이 때로는 일어나지만, 평상시는 정지 상태에 있다. 식괴가 위내로 들어오면 위벽의 근섬유는 신장(伸張)되어 그 용적은 증대되지만, 위내압에는 거의 변화가 없다. 식괴가 섭취한 순서로 위저에 층을 이루어 겹쳐지지만 무거운 식괴는 아래로 하강하는 경향이 있다. 이것은 위저부의 위벽이 얇고, 운동도 미약하기 때문인 것으로 생각된다. 식괴로 위벽이 어느 정도 이상으로 신장되면 그 자극에 의해 3~6회/min의 연동운동이 시작된다. 이 운동은 분문부로부터 유문부로 전달되고 위내용물의 교반을 행하게 된다. 소화가 진행됨에 따라 연동운동은 왕성하게 되고 위 내용물은 유문부로 소량씩 운반된다. 연동파가 유문에 까지 달하면 유문괄약부는 일시적으로 폐쇄되어 십이지장 내용물이 위내로의 역류를 막음과 동시에 위내용물은 밀어 뒤집어져 다시 혼합되어, 소화가 진행된다.

유문부에 있어서 강한 수축에 의해서 내압이 상승하고 십이지장과의 거대한 압력차가 생기면 위내용물은 십이지장내로 배출된다.

위내용물의 유출 : 위내용물의 유출은 식괴가 유문부를 통과할 수 있을 정도로 유동화되어 죽상태가 되었을 때 시작된다. 위액으로 소

화되어 반 액상이 되고 하부소화관으로 들어간 사료물질은 미즙(chyme)이라 한다. 위내용물의 유출은 십이지장내의 미즙의 성질에 의해 조절된다. 미즙이 산성일 때는 미주신경이 구심지를 거쳐, 또한 지방이나 peptide 등이 존재하면 십이지장 점막에서 Amino Acid 43개로 이루어진 위 억제 Peptide(gastric inhibitory polypeptide ,GIP)가 분비되어 위운동을 억제한다. 위내용물이 없어지는 속도는 동물 간의 차이가 있어 육식동물에서는 4−6시간 ,말이나 돼지에서는 24시간이나 걸린다고 한다. 위내용물이 없어지면 강한 연동운동이 일어나 공복감을 초래한다고 한다. 이를 기아수축(hunger contraction) 이라 한다. 이 현상은 말에서 채식 후 5시간에서 위내에 식괴가 존재하여도 일어난다. 그러나 이것에는 위내에 풍선을 불어 위 운동을 계측할 때의 인공적인 자극에 의한 것이 포함된 것이기도 하다.

신경지배 : 위는 내장신경(교감신경)과 미주신경(부교감신경)의 이중지배를 받는다. 교감신경의 자극은 연동운동을 억제하고 부교감 신경은 이를 항진시킨다. 양신경의 활성은 한쪽이 높아지면 다른 쪽은 낮아진다. 위벽의 평활근 세포 그 자체로도 자동성(自動性)이 있지만, 연동과 같은 협조성을 갖는 운동은 위벽에 있는 근층간 신경총의 작용이 필요하다. 교감신경이나 부교감신경은 더욱이 외래신경으로써 그 작용을 조정하고 있다.

구 토 : 소장 상부 내용물을 포함하여 위 내용물을 입으로 토출하는 것을 구토(vomiting)라 한다. 초식동물보다 육식동물에서 잘 나타난다. 구토는 구역질과 타액분비를 시작, 깊은 호흡 후 성문이 닫힌다. 횡경막 및 복근의 강한 수축으로 위는 압박되어 분문부가 이관하여 위내용물이 인두를 거쳐 입안으로 되돌아온다. 연개구가 올라가 비강과의 사이를 폐쇄하여 비강 측으로의 유출을 막는다.

구토는 복잡한 반사운동이어서 구토중추가 연수에 존재하고 있다. 구심자극은 위 또는 다른 소화기관에서 배멀미 등에서 일어날 수 있다. 또한 구토중추의 부근에 화학수용기가 있어 혈중의 이상물질에 의해 자극되어 중추를 흥분시킨다고 한다.

3) 위액의 분비

위의 각부에 존재하는 선에서의 분비물은 곧바로 혼합되어 위액이 된다. 그 내용과 성질은 상당히 변동한다. 위액은 염산, pepsin, rennin, 이외에 Na^{+}, K^{+}, Ca^{2+}, Mg^{2+}등의 전해질, 위 lipase, 점액 등을 함유한다. 벽세포에서의 분비가 많을 때는 산성이 강하고(pH 1) 수분함량이 많지만, 절식시에는 점성이 늘고 산성이 낮은 위액이 된다.

a) 주세포로 부터의 분비 : pepsin은 주세포에서 pepsinogen 형태로 분비되어(그림 8 · 10A) 산 혹은 pepsin 자신의 작용으로 pepsin으로 된다. Pepsinogen (분자량 39000) 및 pepsin (분자량 약 34500)은 한종류가 아니라 동물 종에 따라 다르다는 것으로 알려져 있다. pepsinogen활성체는 염산산성하(pH 2부근)에서 잘 일어나고, pepsinogen에서 pepsin 억제인자가 분리되는 것에 의한다.

Pepsin은 단백질의 방향족아미노산에 연결되는 peptide결합에 작용하여 polypeptide, peptone까지

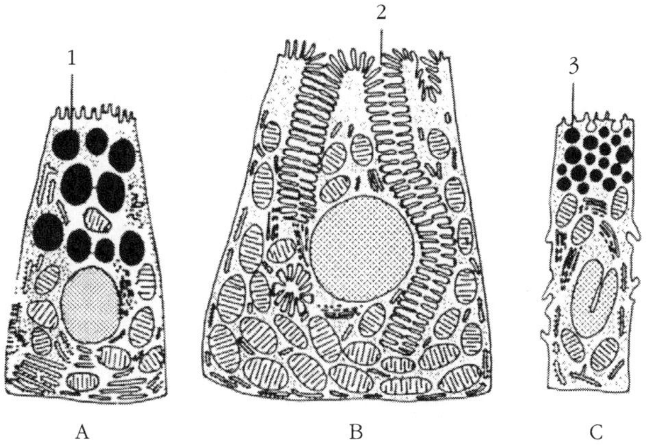

그림 8 · 10 위선세포

A:주세포 B:벽세포 C:경점액세포
1. 효소원과립 2. 분비세관 3. 점액
(星野, 축산을 위한 형태학)

가수분해 한다.

Rennin(chymosin)은 어린 반추동물이나 기타 어린동물의 주세포에서 분비되는 단백질 분해효소이다. 유즙 중의 casein에 작용하여 유즙을 응고시킨다. Rennin을 함유한 효소제를 rennet라 한다.

b) 벽세포에서의 분비 : 벽세포에서는 염산이 분비된다. 벽세포가 활동을 시작하면 형태 변화를 일으켜 세포내의 소관상소포는 세포내 분비세관 (secretory canaliculi)라 불리는 소구(小溝)가 있어 선강(腺腔)과 합쳐져 있다(그림 8 · 10, B). 벽세포의 세포질은 중성의 적색으로 염색됨에도 불구하고, 세관부(細管部)는 강산성을 나타내기 때문에 H^+의 생성은 세포질과 세관의 경계부에서 이루어진다고 생각된다. 벽세포내에는 다량의 탄산탈수효소가 함유되어 있어, 혈중에는 확산해도 CO_2는 H_2O와 작용하여 H^+와 HCO_3^-를 생성한다. HCO_3^-는 간질액측의 장막에 있는 수송체에 의해서 Cl^-와 교체하여 혈중으로 배출된다. 한편, 생성된 H^+는 세관측의 막부에 존재하는 H^+/K^+ATPase에 의해서 위내강 측으로 배출된다(그림 8 · 11). 혈중으로 들어간 HCO_3^-에 의해 혈액은 알칼리측으로 기울지만 알칼리뇨의 배설과 호흡에 의한 CO_2 의 배출억제에 의해서 완충된다. H^+와 K^+의 능동수송에 이용되는 energy는 ATP의 분해에 의해 공급된다. 혐기적 상태하에서는 산의 분비는 억제된다.

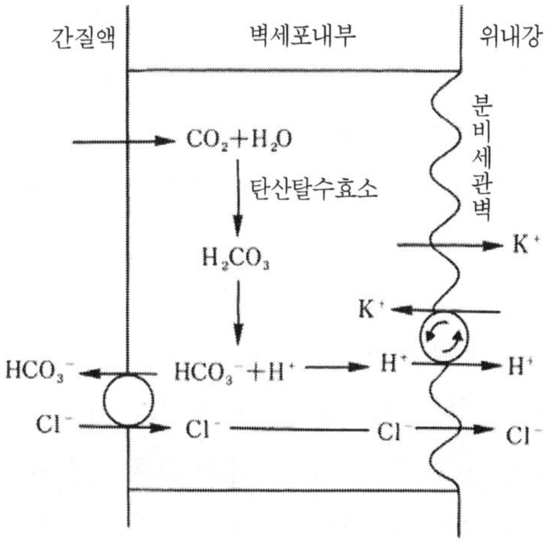

그림 8 · 11 벽세포에 있어서 염산의 분비기구

벽세포는 또한 내인자(內因子, intrinsic factor)를 분비한다. 코발트(Co)를 함유한 Vitamin B_{12}(Cyanocobalamine)는 염산과 함께 적아구(erythroblasts)의 핵산합성에 관여하고 이들의 결여되면 거대한 적아구가 발생한다. 내인자는 장에서 B_{12}와 강하게 결합하여 회장에 있는 특별한 수용기에 결합하여 B_{12}의 세포내로의 음작용에 의해 흡수를 돕는다. 위의 절제 후나 위점막의 대부분이 위축되었을 때 나타나는 악성빈혈은 내인자의 결핍에 의한 것이다.

c) 경점액세포, 상피세포, 분문선 및 유문선 세포에서의 분비 : 이들세포에서는 주로 점액이 분비된다(그림 8 · 10, C). 점액은 당단백질이나 muco다당류를 함유하고, 알칼리성의 층을 이루어 위점막 표면을 덮어 위벽을 보호한다.

4) 위액분비의 조절

a) 소화액 분비 일반 : 위액분비에 국한되지 않고, 소화액의 분비는 다음과 같은 세가지 방법에 의해 조절된다.

① **신경에 의한 분비** : 사료가 구강내로 들어오면 구강점막에 있는 지각신경의 말단이 자극되어 타액, 위액, 체액 등의 분비중추에 흥분이 전달되어, 각 분비신경을 거쳐 각 분비세포의 흥분이 일어나 무조건 반사로서의 소화액 분비가 일어난다. 한편, 후천적으로 형성된 조건반사에 의한 정신성 분비도 있다. 분비신경은 자율신경계에 속하고 부교감 신경성의 것과 교감신경성의 것이 있다. 타액선에서 대한 것과 같이 양자가 함께 분비신경인 경우도 있지만, 일반적으로는 부교감신경(Ach)이 주로 분비작용을 담당한다. 위나 췌장에 분포하는 미주신경(부교감신경)에는 분비억제 신경도 포함되어 있다.

② **Hormone에 의한 분비** : 소화액의 분비를 특이적으로 일으키는 Hormone이 소화관에서 분비된다. 위액은 Gastrin이나 Histamine에 의해 분비가 일어난다. 이들의 화학물질은 소화관 점막이 화학적 혹은 기계적으로 자극되었을 때에 분비되어 혈중으로 들어가 각 소화액 분비세포에 작용한다.

③ **기계적 및 화학적 자극에 의한 분비** : 사료가 위점막이나 장점막을 직접 자극하는 것에 의해 국소 반사적으로 분비 신경의 흥분이 일어나 위액이나 장액이 분비된다.

b) 위액의분비 : 조절기구는 분비자극이 작용하는 부위로부터 편의상 3개로 구별된다.

① **두상**(cephalic phase) : 사료에 대한 시각, 후각 혹은 청각을 통한 조건반사와 미각이나 저작, 연하의 자극에 의한 무조건 반사에 의해 분비중추의 흥분이 일어나 미주신경을 통해 위액분비의 항진이 일어난다. 이 위액분비의 양상을 두상(혹은 뇌상)이라 한다.

② **위상**(gastric phase) : 사료가 위에 도달하여 유문부가 확장되거나, 단백질이나 polypeptide가 위에 존재하거나, 또는 미주신경이 자극되거나하면 유문부에 있는 세포(G세포)에서 gastrin이라는

Hormone이 분비된다. Gastrin은 아미노산 17개로 되는 polypeptide(그림 8 · 12)이다. 12번째의 tyrosine에 황산기가 붙는 gastrin II와, 붙지 않는 gastrin I 이 있지만, 양자의 작용 차이는 없다. Gastrin성 물질은 이외에도 있지만, 그 구조에서 활성부위는 14~17의 아비노산 배열에 있다는 것이 알려져 있다. 분비된 gastrin은 일단 혈중으로 들어가 위저선세포에 작용하여 염산이 풍부하고 pepsin함량이 적은 위액을 분비한다. 또한 위점막에 대한 자극에 의해 국소반사에 의해서도 위액은 분비된다.

(pyro)Glu-Gly-Pro-Trp-Val-Glu-Glu-Glu-Glu-Ala-
1 2 3 4 5 6 7 8 9 10

SO_3H (12번째 Tyr에 결합)

Ala-Tyr-Gly-Trp-Met-Asp-Phe-NH_2
11 12 13 14 15 16 17

그림 8 · 12 Gastrin II의 아미노산 배열(소, 면양)

Gastrin I 에서는 12번째에 황산기기 없다.
돼지에서는 5번째:Met 10번째:Glu, 개에서는 5번째:Met 8번째:Ala 10번째: Glu, 고양이에서는 5번째:Leu, 사람에서는 5번째:Leu 10번째:Glu

③ **장상**(intestinal phase) : 위내용물이 십이지장에 들어가면 위액분비가 일어난다. 단백질 분해산물에 의한 효과가 크다. 이는 십이지장에서 신경을 통한 기구와 십이지장 점막에서도 gastrin이 분해되기 때문에 이 hormone을 통한 기구와의 2가지가 작용하는 듯하다. 또한 ACTH, glucocorticoid도 위액분비를 촉진한다.

④ **분비억제기구** : 공포 등의 스트레스는 위액분비를 억제한다. 위에 있어서 혈류량의 저하나, 뇌로 부터의 미주신경에 대한 억제에 의한 것이다. 지방이나 Glucose가 십이지장내로 들어오면 위액분비가 저하한다. 이는 십이지장과 공장점막에서 분비되는 GIP(gastirc inhibitory peptide)의 작용으로 보여진다. GIP는 위액분비와 위운동 억제, Insulin의 분비증가를 일으킨다.

3. 반추가축의 위내 소화

반추동물은 우제목의 반추아목으로 분류되고 사슴에서 기린까지 속해 있지만, 가축화되어 있는 것에는 소, 면양, 산양, 물소 등이다.

아리스토텔레스는 모든 반추동물의 위가 4개로 구분되어 있다는 것을 기재하고 있다. Peyer(1685)는 제1위에서 발효가 일어나는 것을 알고 Tiedeman 등(1831)은 acetate의 존재를 밝혔다. 제1위에 있어서 propionate의 존재는 Elsden(1945) 등에 의해 확인되었다. Haubner(1855)는 cellulose가 소화과정에서 소실되는 것을 알았지만, 그것이 제 1위내 미생물의 작용에 의한 것이 확인된 것은 Zuntz(1879), Tappeiner(1884)등의 연구에 의한 것이다. 1940년대에 이르러 영국의 Cambridge대학에서 정열적인 연구가 행해져 제 1위내 발효의 양상, 발효산물의 종류, 이들의 흡수와 체내에 있어서 이용 등의 개요가 거의 밝혀지게 되었다. 한편 미국의 Hungate(1942) 등의 제 1위내 미생물의 배양 연구 등도 진행되어, 제 1위내 미생물과 숙주와의 사이에 공생관계가 주목되어 왔다.

1) 반추가축의 위의 구조

반추가축의 위는 제1위(rumen), 제2위(reticulum), 제3위(omasum) 및 제4위(abomasum)로 되어 있다. 제1위는 가장 크고, 그 용적은 전소화기관의 50%이상, 전위의 70%이상을 차지하며, 소에서 100~150ℓ, 면양에서 15ℓ 정도이다(그림 8 · 13). 제1위의 외부는 구(groove)이고 내부는 이에 대응하는 근주(pillar) 또는 주름(wrinkle)에 의해 7개로 구분된다. 위벽은 점막층, 점막하조직, 근층, 장막층으로 되어 있다. 제1위 점막내면에는 특징적인 유두가 밀생하여 그 높이는 10mm이상이다. 부위에 따라 발달정도가 달라, 1 · 2위벽부나 제1위 함묘전위 등에서 가장 발달하여 있고, 배낭상부나 근주부에서 미약하다. 통상 암록-흑갈색을 띠고 있지만 사료조건에 따라 다르고, 철 이온이 부족하면 퇴색된다.

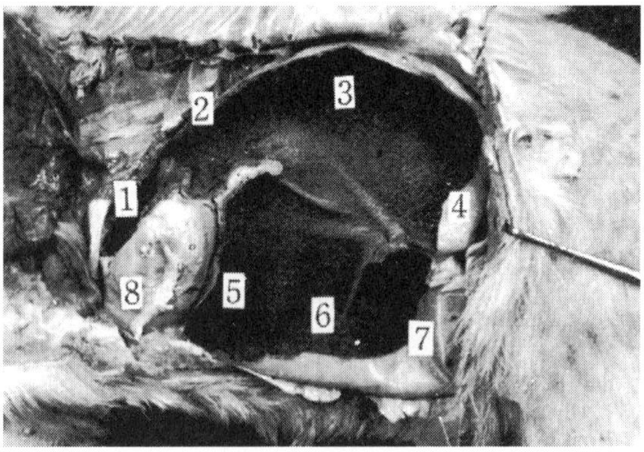

그림 8 · 13 제1위 우벽내면(산양)

1:제2위 2:제1위전방 3:배랑체
4:후배맹랑 5:제1위함요 6:복랑체
7:후복맹랑 8:제4위위저부 (玉手(英))

제2위는 위 전체의 약 5~8%를 점하고 제1위와는 제1 · 2위벽으로 구별되며 제3위와는 제2 · 3위구로 통해있다. 점막내면은 4~6각형을 한 특유의 제2위벽으로 덮여있다. 각각 소실의 저부에는 2차적인 작은 주름이 있다.

제3위의 크기는 위 전체의 2~7%를 점하며 다수의 제3위엽(lamina)으로 되어 있다. 엽의 크기는 체내의 제1차엽부터 제5차엽까지 있고, 제1차엽의 수는 10~14매이다. 각 엽에는 유두가 무수히 많다. 제4위는 위 전체의 8~11%를 점하여 단위 동물의 위에 해당하는 것이다. 위저부의 전반에는 발달한 나선상의 주름이 있다. 제1, 2위를 총칭하여 반추위(reticulorumen), 제1, 2, 3위를 전위(forestormach)라고도 한다. 전위의 내부는 모든 중층편평상피로 덮여져, 분비선은 존재하지 않는다. 또한 전위는 식도가 팽대한 것으로 되었지만, 현재는 위의 일부가 확대된 것으로 인식되고 있다.

제1위와 2위에서 일어나는 현상은 각각 구별하기가 쉽지 않기 때문에 본 책에서는 이들 모두를 제 1위에서 일어나는 현상으로 기재한다.

2) 위의 생후 발육

성축의 제1위는 극히 크지만 신생아에서는 작아, 제1 · 2위의 전위에 대한 비율은 약 30%에 불과한다. 성축의 비율에 도달하는 데는 통상의 사양조건하에서는 소에서 약 12주, 면양에서 3주를 요한다(표 8 · 5). 이 일수는 사료조건에 따라 변화한다. 전유(全乳)만으로 사육하면 동물은 정상으

표 8 · 5 소의 위발달

소	제1위+제2위	제3위+제4위
신생아	33%	67%
10~12주	67	33
4개월	80	20
1~1.5년	85	15

로 발육하지만, 제1위의 발달은 현저하게 느려진다. 제1위의 발달을 촉진하는 물질은 조사료 또는 그 물리적 성질만에 있는 것은 아니고 제1위 발효산물인 프로피오산(propionate)나 낙산(butyrate)에 있다는 것이 알려지고 있다. 이들 물질은 또한 제1위 유두의 발육을 촉진한다. 이외에도 발육촉진물질로서 propyleneglycol이나 인슐린(insulin) 등이 있다.

위는 단순히 해부학적인 발달뿐만 아니라 생화학적으로 발달한다. 즉 신생아에 있어서는 마치 단위동물과 같은 대사를 나타내지만 일수가 경과함에 따라 반추가축으로서의 특징을 나타내게 된다.

3) 제1 · 2위 운동

제1위와 제2위의 운동은 협조하여 일어나는 경우가 많다(그림 8 · 14). 먼저 제2위의 크기가 반으로 될 정도로 수축하고 이어 일단 이완하여 재차 보다 강하게 수축한다. 이를 제2위의 이상성수축(biphasic contraction)이라 한다. 제2위의 2회째의 수축의 과정에서 제1위의 수축이 시작된다. 전근주부가 강하게 수축하여 제1위를 전부와 후부로 나눌 정도로 되지만, 이 수축은 급속하게 배낭으로 부터 복낭으로 진행, 전부에서 후부로 파급하는 교반운동 (mixing contraction)이 된다. 이 제2위의 수축을 시작으로 후방으로 진행하는 운동을 A형(type A) 또는 제1차(primary)운동이라 한다. 이 수축에 이어 배낭이 수축하고 이어 복낭이 수축하는 운동이 일어난다. 복낭의 수축은 일어나지 않는 경우도 있다. 이 경우 제2위의 수축은 나타나지 않는다. 즉 제1위만의 운동으로 후부에서 전부로 파급되는 수축을 B형(typeB)또는 제2차(secondary)운동이라 한다. 양자가 연속해서 일어나는 경우를 AB형 운동이라 한다. B형 운동의 경우, 배낭 및 전근주의 수축 시에 트림의 배출이 나타나기 때문에 배출운동(evacuation contraction)이라고도 한다.

제1 · 2위 운동은 반드시 이 같은 규칙적으로 일어나는 것은 아니다. 어느 운동의 중간에 어딘가의 수축이 일어나지 않거나, 한쪽의 운동만이 일어나거나, 위운동이 나타나지 않고 트림의 배출이 일어나는 등 여러 경우가 있다.

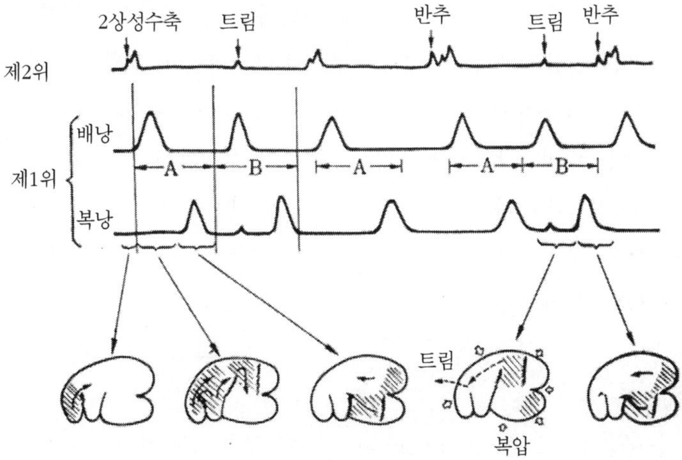

그림 8 · 14 제1 · 2위 운동의 모식도

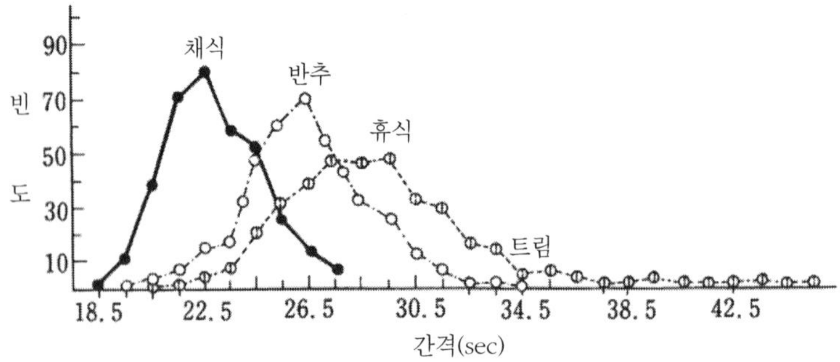

그림 8 · 15 소의 제1위 수축간격의 도수분포

(Morillo & Dealba, Cornell Vet.)

운동의 횟수는 채식중이 가장 많고 다음은 반추시이고 휴식시는 최소가 된다. 그림 8 · 15에 의하면 채식시, 반추시, 휴식시에 각각 2.7회/min, 2.3회/min, 2회/min의 운동을 하는 빈도가 가장 많다. 동물의 자세(서있거나 앉거나)의 차이는 거의 없다.

운동 횟수는 제1위 내액의 pH가 저하하는 rumen acidosis 등의 제1위내 이상 발효 시에는 감소한다. 실제적으로 프로피온산이나 낙산을 제1위내로 대량 투여하면 제1위 운동은 쉽게 정지한다. 위벽에 분포하는 신경말단에 직접 혹은 혈중으로 흡수된 후 운동중추에 작용하는 것일 것이다. 고온조건에서도 또한 제1위 운동은 저하한다.

제1위의 용적 발달과 같이 제1위의 운동 발달도 사료조건에 따라 좌우된다. 송아지를 정상적으로 사육하면 생후 5–6주에서 성우와 같은 운동을 나타내게 되지만, 우유만으로 사육하면 10주를 경과해도 충분한 발달을 하지 않는다.

4) 신경지배

교감신경과 미주신경이 분포하고 있다. 미주신경은 기관지부에서 배복으로 위치를 바꾸어 기관지를 따라 분포하고, 복측 복부미주신경과 배측 복부미주신경으로 나누어진다. 복측 복부미주신경은 제2, 3, 4위에 분포하고, 배측 복부미주신경은 제1위에 분포함과 동시에 제2, 3, 4위의 대만(大彎)에도 분지하고 있다. 교감신경은 복강신경절 및 전장간막동맥(前腸間膜動脈) 신경절에서의 절후섬유가 제1~4위에 분포하고 있다. 미주신경의 자극은 제1 · 2위 운동을 촉진하는 콜린(choline) 작동성 약물은 유효하지 않다. 양측의 미주신경을 절단하면, 제1, 2, 3위 운동은 소실하고 반추도 멈추게 되고 급기야는 사망한다. 그러나 제4위 운동은 감소하지만 소실되지는 않는다.

5) 반추(Rumination)

제1 · 2위 내용물을 구강내로 토출(regurgitation) 후 재저작을 하고 타액과 혼합시켜 다시 연하하는 것을 반추(rumination)이라 한다. 반추시에 식도내로 유입하는 위내용물은 반액상 상태로서(면양에서 건물

함량은 6%), 조악하고 큰 사료입자는 포함되어 있지 않다. 1회에 토출하는 양은 일정하지 않지만, 평균 체중 1kg당 1g 정도이다. 반추의 기전은 먼저 A형운동에 따른 제2위의 2상성수축으로 선행하는 수축(그림 8 · 14)에 의해 제2위 내용물이 분문쪽으로 이동하고, 흡기적 노력에 의해 흉강내압의 저하와 성문의 폐쇄에 의해 식도내로 음압이 발생하고, 분문이 이완하여 위 내용물이 식도 하부로 들어온다. 식도내로 들어온 식괴는 식도의 역연동에 의해(속도는 소에서 약 1m/초)구강내로 되돌아온다. 그러나 반추가 일어나는 기점은 이들 모두가 동시에 요구되어지는 것은 아니다. 예로 기관 캐뉼라(cannula)를 장착한 동물에서도 반추가 가능하고, 또한 제2위 운동을 아트로핀(atropin)으로 억제 하여도 반추는 일어난다. 이들 사실로부터 식도의 횡문근의 급속한 수축과, 늑골부의 근수축이 중요하다고 하는 설도 있다. 다른 동물의 구토시에 나타나는 복근의 수축은 없다.

반추에 있어 식도내 음압은 반드시 나타나지만, 위 운동에 의한 장압과의 사이에 큰 압차이는 필요하지 않은 듯하다. 구강내로 도달한 식괴로 부터는 우선 수분이 섭취되고 재저작이 시작되고 타액과 혼합되어 다시 연화되어 1회에 반추가 끝난다. 반추는 제2위벽이나, 제1 · 2위벽 또는 분문 주위로의 촉자극에 의해 유도되는 반사이다. 반추 중추는 구토중추의 부근에서 연수의 망양체내에 있고 대뇌피질로 부터도 지배를 받고 있다. 구심 및 원심성신경은 어느 것이나 미주신경에 포함되어 타액선, 인두, 식도, 호흡근 및 전위와의 사이에 각각 연락하고 있다. 조악한 사료나 제1위벽의 장력 증가는 반추를 일으키는 자극이 되는 것으로 알려져 있다.

사료의 종류에 따라 채식시간과 반추시간이 각각 다르다. 표 8 · 6은 조악한 형상의 사료가 감소함에 따

표 8 · 6 사료의 종류와 채식 및 반추시간(min/사료건물 1kg당)

	채식시간	반추시간	합계시간
보리짚	41~58	94~133	145~191
양질목건초	27~31	55~74	87~105
그래스사일리지	31~58	60~83	99~120
보리짚과 배합사료			
60 : 40	18	44	62
40 : 60	17	36	53
20 : 80	16	20	36
0 : 100	21	0	21
목건초와 배합사료			
67 : 33	19	47	66
31 : 69	15	37	52
17 : 83	11	24	35
8 : 92	21	19	40
0 : 100	10	0	10
인공건조목초	8~18	33~39	44~53
보리짚 분쇄	15~18	0~22	15~37

(Balch, Brit. J. Nutr.)

라 반추시간이 짧아진다는 것을 나타내고 있다.

6) 트림배출

제1위내에서 사료의 발효 및 타액유입의 결과, 대량의 gas가 발생한다. 이 gas를 제1위내에서 배출하는 것을 트림(eructation)이라 한다. 통상은 B형 운동시, 분문부 부근이나 제1 · 2위벽과 제2위구의 접합부 부근에 존재하는 압력 및 장력을 느끼는 수용기가 자극되어 미주신경의 구심지를 거쳐 연수에 있는 트림반사중추가 자극된다. 이 중추에 생긴 흥분은 미주신경 원심지를 거쳐 트림반사에 관여하는 각부로 전달된다. 식도는 역연동하여 gas를 수송한다. 비인두괄약근(鼻咽頭括約筋)은 폐쇄되어 있고 성문은 닫혀있기 때문에 대부분의 gas는 기관지내로 유입된다. 그리고 호흡기 가스와 혼합되어 일부는 호기와 함께 배출되지만. 다른 부분은 폐의 혈류에 흡수된다. 따라서 트림배출이 있을 때는 기관지내 gas압이나 그 내용은 바뀌고 동맥혈의 CO_2함량은 높게 된다.

분문 부근이 위 내용물, 물, 거품, 기름 등으로 덮이면 gas의 배출이 되지 않게 되어 고창증(bloat)을 일으킬 수 있다.

7) 제 2위구 반사

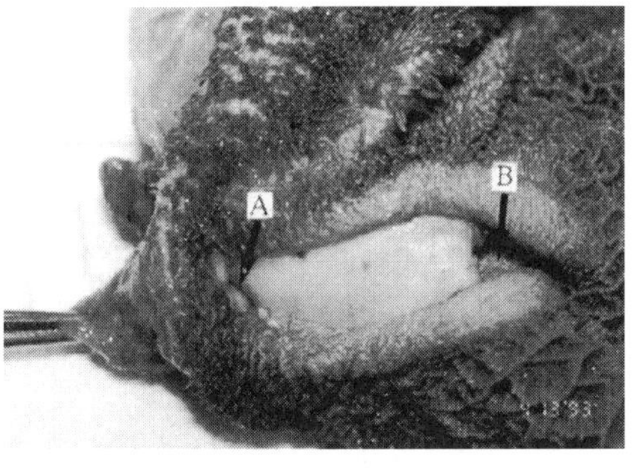

그림 8 · 16 제2위구

A:분문 B:제2 · 3위구

분문부에서 제2 · 3위구에 걸쳐 종주하는 2매의 두툼한 순상돌기(唇狀突起)로 둘러 싸여진 부분을 제2위구(reticuilar groove, 이전에는 식도구라 하였다)라 한다(그림 8 · 16). 어린동물이 모유나 물을 마시면, 순상부(唇狀部)가 강하게 수축하여 짧게 되고, 또한 말려들어가 관상(管狀)으로 되어 마신 액체는 제1위로 들어가지 않고 직접 제 3위로 들어간다. 이 반사를 제 2위구 반사(reticuilar groove reflex)라 한다. 반사 수용기는 구강내와 인두에 있고, 원심성 섬유는 배측 복부미주신경에 포함되어 있다. 또한 이 반사는 일령이 증가함에 따라 소실하여 이유 후는 통상 나타나지 않는다. 모유가 반사를 일으키는 가장 좋은 물질이고, 식염이나 황산동을 함유한 용액도 유효하다는 것이 알려져 있다. 또한 버켓수유보다 유두에서 먹는 쪽이 보다 반사가 일어나기 쉽다고 한다. 이 반사는 모유가 제1위에 들어가 미생물에 의해 발효되고, 영양가가 저하하는 것을 방지하는 데에 유효한 반사라고 생각되고 있다. 제2위구의 폐쇠반사는 무조건 반사이지만, 훈련에 의해 조건적으로 될 수 있다는 것이 밝혀졌다. 즉, 액상사료의 급여 방법을 일정하게 훈련하면, 시상(또는 청각 및 후각)을 통하여 반사중추가 자극되어 제2위구 폐쇠가 이유 후에도 계속 될 수 있다는 것이 알려지고 있다. 따라서 액체가 모유 혹은 물이라면 유두 혹은 버켓으로 먹이면, 이것들과는 무관하게 급여방식에 대한 조건반사가 성립된다는 것이 판명 되었다. 이 반사를 이용하여 혹은 제1위내에서 소화를 받지 않도록 사료를 처리하여 동물에 급여하는 방법을 Rumen bypass 법이라 한다.

8) 소화관 내의 사료 통과 속도

소화관내 사료의 통과속도를 제1위에서 제3위까지와 제4위 이후, 분이되어 배출 될 때까지의 2단계로 나누어 고려하면 각종 실험결과로부터 제4위 이하에 있어서는 보통의 경우 사료는 24~30시간에서 통과하여 단위동물과 비슷하다는 것을 알 수 있다. 그러나 각종 사료를 염색하여, 불소화 염색입자의 분중에의 배출 비율로부터 계측하면, 구강에서 섭취한 사료의 90%정도가 분중에 나타나는데 약 100시간을 요구한다. 이는 사료가 상당한 시간 제 1위내에 체류 한다는 것을 나타낸다(그림 8 · 17).

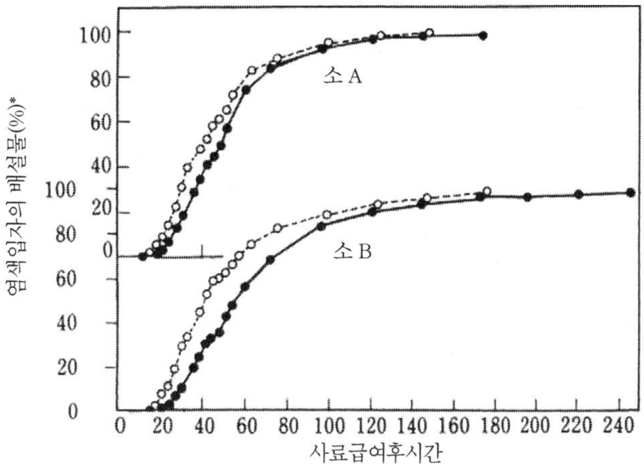

그림 8 · 17 사료의 소화관 통과속도

소에 긴 건초●, 분쇄건초○를 급여한 경우

*240시간에 배설된 총입자수에 대한 %

(Balch, Brit. J. Nutr.)

사료의 입자가 가늘수록 또한 밀도가 클수록 제1위의 통과속도는 빠르다. 또한 조사료의 채식량이 많을수록 통과속도는 빠르게 되고 역으로 소화율은 저하한다. 그러나 사료의 질에 의해서도 이 경향은 크게 변동한다.

9) 제 1위내 발효

a) 미생물과의 공생 : 제1위에는 다수의 미생물(세균, 진균, 원생동물 등)이 공존해 있고 주로 숙주가 섭취하는 사료를 영양원으로서 생활하고 있다. 미생물의 대사산물 일부는 제 1위벽에서 흡수되고 일부는 하부소화기관으로 유출되며 일부는 가스로서 체외로 배출되고, 또한 일부는 미생물에 재이용된다. 제1위에서 일어나는 미생물에 의한 각종 물질의 이화 및 동화작용을 합하여 제1위내 발효(rumen fermentation)라 한다. 제1위에 있어서 미생물은 상호 공존관계에 있어 동물측에서 사료 · 물 · 타액 등의 공급받을 뿐아니라 위운동 · 위벽에서의 물질 흡수 등에 의해 숙주와의 공생(symbiosis)관계에 있다. 이들의 모든 인자에 의해서 제1위내에는 복잡한 생태계(ecosystem)가 형성되어 있고, 연속 발효조로서 항상성이 유지되고 있다.

b) 세균(bacteria) : 제1위내에 존재하는 세균의 종류와 수는 대단히 많고 복잡하여 사료의 종류나, 채식후의 시간 혹은 동물의 생태에 따라서도 변한다. 세균의 수나 종류는 현미경에 의한 관찰, 각종 배양법

표 8·7 주요 제1위내 세균과 그 에너지원 및 생성물

세균종	주요작용	에너지	주요생성물
그램양성균			
Streptococcus bovis	C, D, I	전분	lactate (formate) acetate
Sarcina ventriculi		glucose	acetate, ethanol, lactate
Ruminococcus flavefaciens	A, B	cellulose	succinate, acetate, (formate) lactate
Ruminococcus albus	A, B	cellulose	acetate, formate, ethanol
Ruminococcus bromii	E	전분	ethanol
Lactobacillus ruminis	G	glucose	L-lactate, D-lactate, acetate
Lactobacillus vitulinus	G	glucose	D-lactate, acetate
Lactobacillus acidophilus		glucose	DL-lactate
Propionibacterium acnes		glucose	propionate, acetate, lactate, succinate, formate, Isovalerianic acid
Eubacterium ruminantium	K	glucose	lactate, formate, butyrate (acetate)
Eubacterium cellulosolvens	K	cellulose	L-lactate, formate, acetate
Bifidobacterium Pseudolongum		glucose	L-lactate, acetate
Bifidobacterium thermophilum		glucose	L-lactate, acetate
Methanobrevibacter ruminantium	F	acetae	methane
그램음성균			
Methanobrevibacter ruminantium	F	acetate	methane
Methanobacterium formicicum	F	CO_2의 환원	methane (그램 不定)
Clostridium cellbioparum		glucose	acetate, lactate, formate, succinate
Clostridium clostridiiforme		glucose	acetate, lactate, formate, succinate
Desulfotomaculum rumins		lactate	H_2S
Oschillospira guilliermondi		glucose?	
Veillonella parvula		lactate	propionate, acetate,
Megasphaera elsdenii	H, J	lactate	capronic acid, butyrate, Isovalerianic acid, isobutyrate
Ruminobacter amylophilus	D, I	전분	succinate, acetate, propionate
Bacteroides ruminicola	B, C, D, E, I, J		
subsp. ruminicola		glucose	succinate, acetate, (lactate) (formate)
subsp. brevis		glucose	succinate, acetate, (lactate) (formate)
Fibrobacter succinogenes	A		
subsp. succinogenes		cellulose	succinate, acetate, propionate, Isovalerianic acid (formate)
subsp. elongate		cellulose	succinate, acetate, propionate, Isovalerianic acid (formate)
Fusobacterium necrophorum		glucose	butyrate, acetate
Desulfovibrio desulfuricans		acetate	H_2S
Butyrivibrio fibrisolvens	A, B, C, E, I, K	cellulose	butyrate, formate, lactate
Succinivibrio dextrinosolvens	E, C	glucose	succinate, acetate, (formate) (lactate)
Succinimonas amylolytica	D	전분	succinate, acetate, propionate
Lachnospira multiparus	C	전분	formate, acetate, lactate, ethanol
Selenomonas ruminantium	E, J, H	glucose	propionate, acetate, lactate (butyrate)
Anaerovibrio lipolytica	K	지질	acetate, propionate
Wolinella succinogenes		glucose	succinate (acetate) (lactate)
Treponema bryantii micoplasma micoplasmat	C, E, G, K	glucose	formate, acetate, succinate
Anaeroplasma bactoclasticum		glucose	formate, acetate, lactate, propionate
Anaeroplasma abactoclasticum		glucose	acetate, formate, lactate, succinate

생성물에 은 100ml의 배지에 1백금침의 세균을 접종하였을 때 1mEq이상의 생성량이 있다는 것을 나타낸다.
( )는 균주에 따라 생산되는 물질.
각 균의 주요작용 : A) cellulose 분해성, B) hemicellulose 분해성, C) pectin 분해성, D) 전분 분해성, E) 요소 분해성, F) 메탄 생성성, G) 당 이용성, H) 산 이용성, I) 단백 분해성, J) 암모니아 생성성, K) 지질 이용성(扇元 (敬))

표 8 · 8 대맥와 건초의 급여비를 대맥만으로부터 건초만으로까지 순차 변화시킨 경우의 균종의 변천

우선 박테리아	대맥		건초
전분 분해성 박테리아	*Selenomonas ruminantium* *Bifidobacterium sp.* *Bacteroides ruminicola* *Rusobacterium* sp.	*Succinivibrio dextrinosolvens* *Streptococcus* sp. *Bacteroides amylophilus*	*Bacteroides ruminicola*
Cellulose 분해성 박테리아		*Bacteroides succinogenes* *Ruminococcus* sp.	*Ruminococcus* sp. *Butyrivibrio fibrisolvens* *Bacteroides succinogenes*

(押尾 (秀))

에 의한 연구, 형광항체법에 의한 동정 등의 방법으로 확인할 수 있다. 세균의 종류는 연구자에 따라 상당히 다르지만, 그 총수는 제 1위 내용물 1g당 10^9~10^{11}개이다. 제1위내 발효에 관여하는 세균의 대부분은 비 아포성 혐기균 이지만, 통성 혐기균(예:streptococcus bovis)도 존재한다. 표 8 · 7에 주요세균의 energy원과 주요 생성물을 나타내었다. 이들 세균의 대부분은 사료중의 탄수화물의 하나 내지 여러 종류를 energy원으로 사용 하지만, 이들 탄수화물을 이용할 수 없는 세균은 lactate와 같은 대사산물을 이용한다. 이용할 수 있는 energy원이 극히 한정되어 있는 세균도 있지만, 일반적으로 많은 세균이 여러 종류의 물질을 이용할 수도 있다. 따라서 1종 혹은 수종의 세균이 결합되어 있어도 제1위 발효에는 그다지 큰 영향을 주지 않는다고 생각된다.

어린 가축은 어미나 사료, 토양과의 접촉에 의해 제1위내로 세균을 받아들인다. 사료조건과 다른 요인에 따라 다르지만, 소에서는 생후 9~13주에 거의 성축과 같은 세균의 종류와 수가 얻어진다. 균의 총수는 사료조건 사료급여 후 시간 등에 의해서 변하지만, 수 그 자체는 균이 나타나는 활성과 그다지 큰 관계는 없다. 생초나 농후사료를 급여하면 균수는 증가하는 경향을 나타낸다. 표 8 · 8에 보리와 건초의 급여 비율을 바꾸었을 때의 균 변이의 일례를 나타내었다.

c) 원생동물(protozoa) : 많은 종류의 원생동물이 제1위내에 서식하고 있고, 그 수도 제1위 내용 1g당 10^5~10^6개에 달한다. 그 대부분은 섬모충 이지만, 극히 소수의 편모충이 포함되기도 한다. 섬모충은 크게 2종류로 분류된다. 그 하나는 섬모충(Isotrichidae)에 속하는 것이고, 다른하나는 빈모충(Ohryoscolecidae)에 속하는 것이다(표 8 · 9). 전자는 전신이 섬모로 덮여있지만, 후자는 몸의 전반부 에만 섬모가 존재한다. 크기는 20~25㎛×10~15㎛ 정도의 작은 것에서 부터 150~250㎛×100~180㎛ 정도의 큰 것까지 있다(그림 8 · 18, 19). 제1위내 섬모충은 혐기성이고, 입자상 물질을 선호하여 포식하지만, 액상물질을 섭취할 수도 있다. 탄수화물을 섭취하여 저장 다당인 amilopectin을 형성하는 한편, 이들을 대사하여 초산, 낙산, lactate, CO_2, H_2등을 생성한다. 또한 casein이나 기타 단백질을 분해하여 peptide, amino acid, ammonia를 생성한다. Amino acid는 또한 이들 미생물 내에 흡수되어 미생물 단백질

중에 나타나지만, 섬모충류의 주요 질소원은 amino acid 보다도 세균 등의 입자상 단백질일 것으로 생각된다. 섬모충은 다수의 세균을 포식하는 것으로 알려져 있다. 세균막의 mucopeptide에 함유되는 α-ε-diaminopimeric acid로 부터 섬모충은 lysine을 합성할 수 있다고 한다.

제1위 세균 중에는 아포를 형성하는 종류가 있는 것과는 달리, 제1위내 섬모충은 낭포(cyst)를 형성하

표 8 · 9 제1위내 섬모충의 분류

[문] 섬모충류 Ciliophora
- [강] Kinetofragminoforea류 Kinetofragminoforea
  - [아강] 나구류 Gymnostomata
    - [목] 원구류 Prostomatida
      - [과] Buetschlia류 Buetschliidae
        - [속] *Buetschlia*
        - [속] *Parabundleia*
        - [속] *Polymorphella*
  - [아강] 전연류 *Vestibulifera*
    - [목] 모구류 Trichostomatida
      - [아목] 모구류 Trichostomatina
        - [속] *Isotricha*
        - [속] *Dasytricha*
        - [속] *Oligoisotricha*
        - [속] *Microcetus*
      - [아목] Blepharocoryth류 Blepharocorythina
        - [과] Blepharocoryth류 Blepharocorythidae
          - [속] *Charonina*
    - [목] Entodiniomorpha류 Entodiniomorphida
      - [과] Ophryoscolex류 Ophryoscolecidae
        - [아과] Entodinium류 Entodiniinae
          - [속] *Entodinium*
          - [속] *Campylodinium*
        - [아과] Diplodinium류 Diplodiniinae
          - [속] *Diplodinium*
          - [속] *Eodinium*
          - [속] *Eudiplodinium*
          - [속] *Metadicium*
          - [속] *Polyplastron*
          - [속] *Elytroplastron*
          - [속] *Ostracodinium*
          - [속] *Enoploplastron*
        - [아과] Ophryoscolex류 Ophryoscolecinae
          - [속] *Ophryoscolex*
          - [속] *Epidinium*
          - [속] *Epiplastron*
          - [속] *Opisthotrichum*
          - [속] *Caloscolex*

今井(壯)

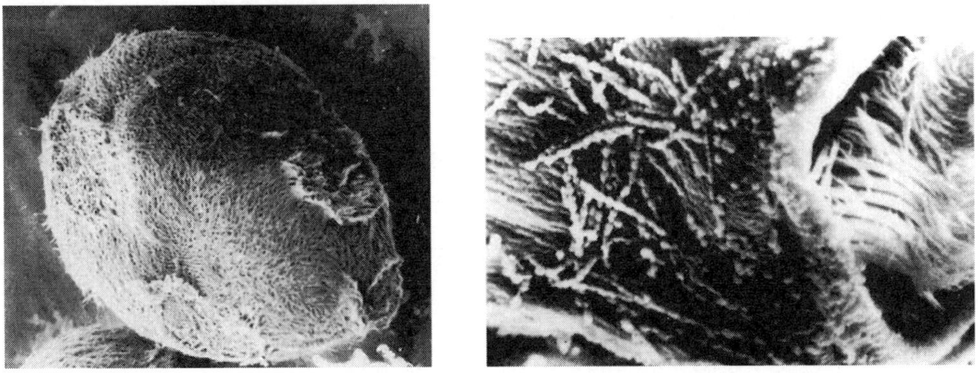

A B

그림 8 · 18 원생동물의 예

A : *Isotrica intestinalis* 체표에 무수한 섬모가 나와 있다(×1,000).

B : *Entodinium maggi* 구부에 다수의 세균이 부착하여 있다(×4,600). (今井(壯))

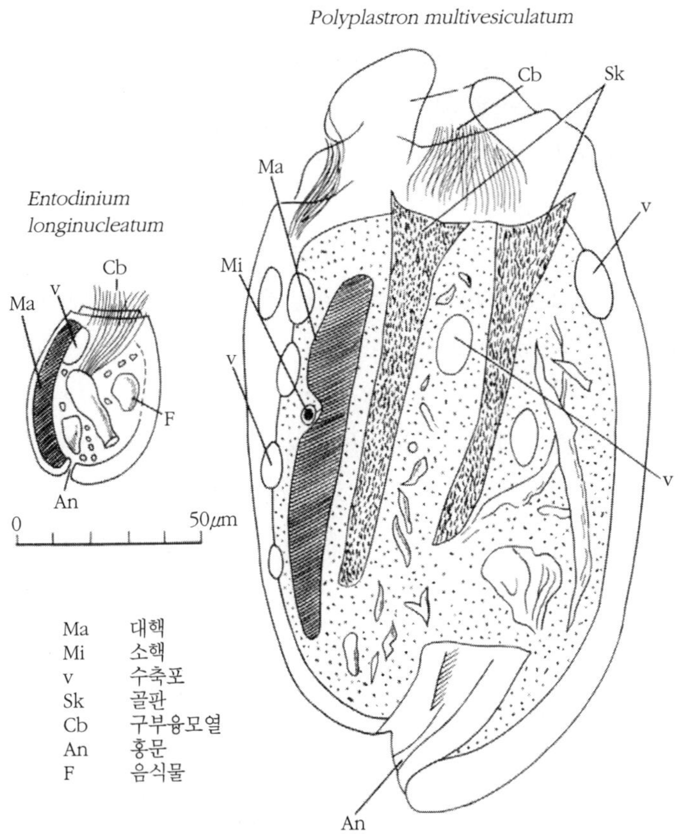

그림 8 · 19 원생동물의 모식도

지 못하고, 또한 제 1위에 밖에 존재하지 않는 것으로부터 자축으로의 감염은 어미의 제1위 내용물이나 이것이 혼합된 타액과 자축과의 접촉에 의해서만 성립된다고 생각된다. 따라서 생후 자축을 즉시 어미로부터 떼어 놓으면 쉽게 무섬모충동물(defaunated animal)이 된다.

제1위내 섬모충의 숙주에 대한 역할은 아직 충분히 해명되지 않고 있다. 유섬모충동물(faunated animal)의 성장은 무섬모충동물보다 좋은 것으로 알려져 있다. 또한 유섬모충동물의 제1위내의 ammonia 농도나 휘발성지방산은 일반적으로 높다. 건물의 소화율도 질소의 축적율도 높지만, 여기에서는 사료의 종류와도 관련성이 있다. 섬모충의 체 단백질 생물가(91%)는 세균(74%)보다 높고 제1위내 섬모충은 동물의 단백질 요구량의 약 20%를 담당할 수 있다고 한다. 또한 원생동물은 수가 적지만 몸이 크기 때문에 제1위내 세균이 점유하는 질소량과 섬모충의 질소량과 거의 같다는 것이 알려져 있다.

d) 진균(fumgi) : 제1위내에는 효모나 호기성 내지는 혐기성 진균이 서식하고 있어 lignocellulose의 분해에 관여하고 있다는 것이 밝혀져 있다.

e) 탄수화물의 소화 : 사료중의 탄수화물에는 각종 형태의 것이 함유되어 있지만, 가용성당(6탄당, sucrose 등), 전분, cellulose, Hemicellulose, lignin (phenylprophane의 고분자화합물로 cellulose 내에 침작된다) 등이 주된 것이다. 이들 함량은 사료의 종류나 식물의 육성시기에 따라 크게 변동한다. 가용성 당이나 전분은 단위동물에서도 소화기관에서 분비되는 효소에 의해 분해되지만 cellulose, hemicellulose는 분해효소가 분해되지 않기 때문에 소화되지 않는다. 그러나 제1위에서는 미생물이 갖는 효소에 의해 이들 탄수화물은 분해 발효될 수 있다. 발효산물로는 휘발성지방산(또는 단쇄지방산, short-chain fatty acid, SCFA), lactate, methane, CO_2 등이 주된 것이다. 그림 8 · 20, 21에 그 분해 경로를 모식적으로 나타내었다. 발효정도는 가용성당이 가장 좋고, 전분, cellulose나 Hemicellulose 순으로 열약하다. Lignin은 분해되지 않는다.

생성된 휘발성 지방산의 비율(mol%)은 초산 60~70%, 프로피온산 15~20%, 낙산 10~15%이고, 여기에 탄소수가 많은 발레리안산 등도 약간 함유되어 있다. 사료 중에 조사료의 비율이 높으면 초산의 비율이 늘게 되지만, 가용성 지방산이나 전분을 함유한 농후사료가 많게 되면 프로피온산, 낙산의 비율이 증가한다.

휘발성 지방산의 생성량은 사료의 양과 질 그리고 동물의 상태에 따라 상당히 달라진다(표 8 · 10). 이들은 제1위 벽에서 대부분이 흡수되어 energy원이 된다. 휘발성 지방산이 주요 energy원이 되는 것은 반추동물의 가장 큰 특징 중 하나이다(표 8 · 11).

f) 단백질의 소화 : 반추동물에 있어서 미단백질소화합물(non-protein nitrogen compound, NPN)은 제1위 미생물의 작용에 의해 분해되고, 다른 질소화합물로 재합성되어 숙주에 공급되는 것이다.

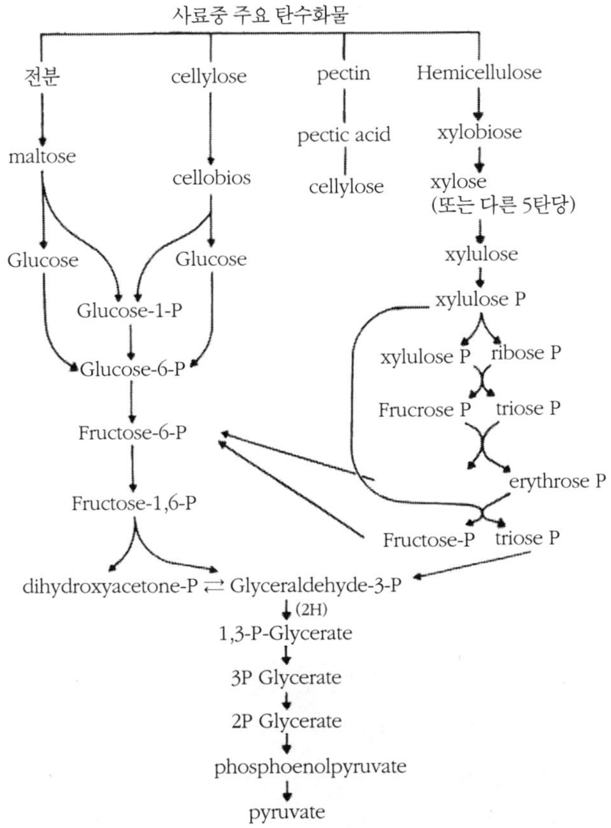

그림 8 · 20 제1위에 있어서 주요 탄수화물의 pyruvate로의 발효 (P=phosphate)

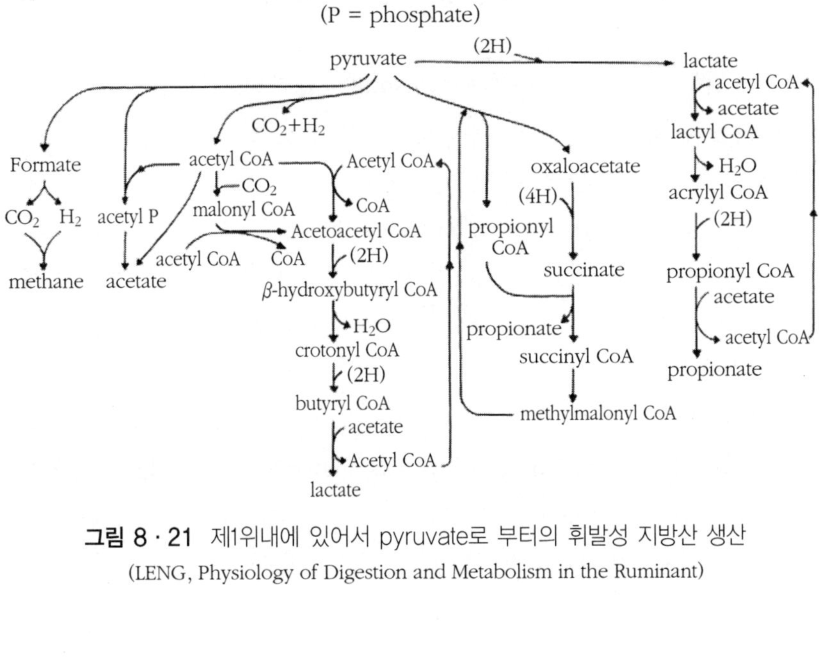

그림 8 · 21 제1위내에 있어서 pyruvate로 부터의 휘발성 지방산 생산

(LENG, Physiology of Digestion and Metabolism in the Ruminant)

표 8 · 10 제1위내에 있어서 휘발성 지방산의 생산량

동물	사료	일생산량			
		acetate	propionate	butyrate	총칼로리(×4.184J)
		mol	mol	mol	kcal
면양	소맥건초	2.4	1.06	0.504	1154.6
소	건초	14.4	5.05	4.44	7189.5
	방목	9.6	3.72	2.64	4755.0
비유우	건초+농후사료	40.1	12.8	10.5	18580.5
건유우	건초	28.5	7.2	4.1	10747.3

표 8 · 11 휘발성지방산과 glucose의 연소열(1mol당)(×4.184J)

acetate	$CH_3COOH + 2O_2 \rightarrow 2CO_2 + 2H_2O + 209kcal$
propionate	$CH_3CH_2COOH + 3\frac{1}{2}O_2 \rightarrow 3CO_2 + 3H_2O + 367kcal$
butyrate	$CH_3CH_2CH_2COOH + 5O_2 \rightarrow 4CO_2 + 4H_2O + 524kcal$
Glucose	$C_6H_{12}O_6 + 6O_2 \rightarrow 6CO_2 + 6H_2O + 686kcal$

제1위 미생물은 단백질 분해효소를 갖고, 사료중 단백질은 ammonia, peptide, amino acid로 분해된다. 단백질 분해효소의 성질은 비특이적으로 다른 사료를 급여함에 따라 균상이 바뀌어도 그다지 크게 변화를 받지 않는다. 그러나 수용성이 높은 단백질은 쉽게 분해되고, 낮은 단백질은 그 반대이지만, ammonia 생성량은 일반적으로 단백질의 용해성에 비례하는 것으로 알려져 있다. 제1위내의 amino acid나 peptide는 채식 후에 증가하지만, 통상의 농도는 amino acid 0.5~10mg/dL, peptide 0.2~5mg/dL 정도이다. 생성된 peptide 에는 amino acid를 거쳐, CO_2, ammonia, 혹은 휘발성 지방산으로 변화하는 것이 있다.

아미노산으로부터 휘발성 지방산의 생성에는 stickland반응을 고려할 수 있다. 2개의 amino acid중 하나가 수소 공여체, 다른 하나가 수용체가 되어 다음 반응이 일어난다.

$$2RCH(NH_2)COOH+2H_2O+R'CH(NH_2)COOH$$
$$\rightarrow 2RCH_2COOH+R'COOH+3NH_3+CO_2(R=\text{Alkyl기})$$

Peptide나 amino acid 및 ammonia는 직접 미생물에 이용되어 균체 단백질 등의 질소화합물이 합성된다(표 8 · 22). 따라서 성숙 반추동물에서는 제1위 미생물의 합성작용에 의해 단위동물에 있어서와 같은 필수아미노산의 급여는 필요하지 않는다.

Ammonia는 제1위내의 주요한 수용성 질소화합물로서 그 농도는 사료 단백질의 양과 성질, 요소의 타액으로 부터의 유입이나 혈액에서 제1위내로의 확산 및 ammonia의 제1위벽에서의 흡수 등에 의해 좌우된다. 제1위내 세균은 강한 Urease 활성을 갖기 때문에 요소는 쉽게 ammonia와 CO_2로 분해된다. 요소를 단백질 대체물질로서 대량으로 급여한 경우 등에 요소 중독이 발생할 수 있다는 것은 생성된 ammonia

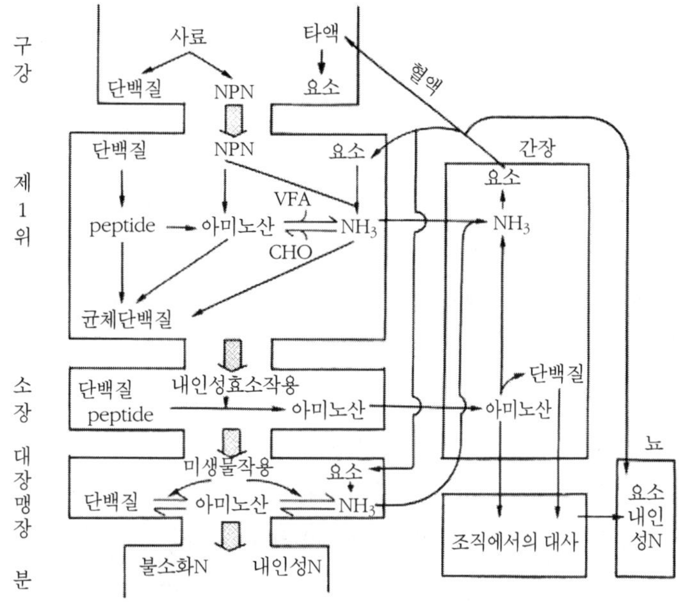

그림 8 · 22 질소대사의 모식도

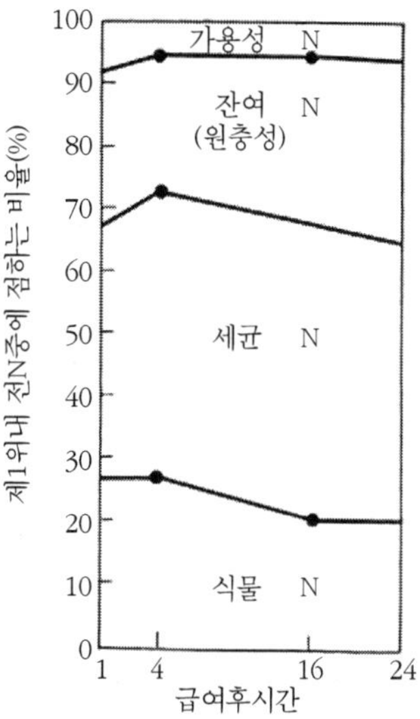

그림 8 · 23 제1위내의 N분포의 예

(板橋(久))

가 혈중으로 흡수되어 ammonia 중독증이 되는 것에 의한 것으로 되어 있다. 또한 쉽게 발효되는 탄수화물이 상당량 공존하면 ammonia농도는 낮게 유지할 수 있다는 것이 알려져 있다.

제1위내의 N의 분포 또는 사료의 질이나 공급량에 의해서도 다르지만, 건초와 농후사료를 급여하고 있는 소에서 사료, 세균, 원생동물, 가용성 N이 차지하는 비율은 20, 40, 30, 10%로 하여 제1위 내용을 50 ℓ라 할 경우 그 중 165g의 N이 있다면 각 분획이 차지하는 N함량은 각각 33, 66, 50, 16g이 된다(그림 8 · 23).

g) 지방의 소화 : 지방은 사료중의 큰 부분을 차지하지 않지만, 축적 지방이나 유지방원으로서 중요하다. triglyceride는 제1위내 미생물의 작용에 의해 가수분해되어 glycerol과 지방산이 된다. Glycerol의 일부는 프로피온산이 된다. 제1위내에서 생기는 커다란 변화는 불포화 지방산이 수소첨가를 받아 포화지방산으로 변하는 것이다(표 8 · 12). 단위동물에서는 체지방이 36% 이내가 포화지방산이지만, 반추동물에서는 55~62%에 달한다고 한다. 한편, 미생물체 지질 중에는 필수지방산이나 홀수개 사슬의 지방산이 포

표 8 · 12 Clover가 함유된 목초와 이를 채식한 면양의 제1위 내용의 지방산 조성 비교(중량%)

	포화지방산				불포화지방산				
	C_{14}	C_{16}	C_{18}	C_{20}	$C_{14:1}$	$C_{16:1}$	$C_{18:1}$	$C_{18:2}$	$C_{18:3}$
Clover목초	–	8.9	2.8	3.9	–	7.9	9.5	8.1	58.9
제1위내용물	1.2	16.9	48.5	5.8	0.2	1.8	19.4	2.9	3.3

함되는 것이 알려져 있다.

h) 비타민의 합성 : 제1위내 세균은 비타민 B군(비타민 B_1, 비타민 B_2, 비타민 B_6, 비타민 B_{12}, nicotinamid, pantothenic acid, biotin, folic acid, inosit, paraaminobenzoic acid 등)이나 비타민 K를 합성할 수 있다. 따라서 성숙 동물에서는 이들 비타민 결핍증이 발생하는 경우는 없다. 그러나 제1위가 충분하게 발달하여 있지 않는 어린 동물에서는 부족 될 수 있다. 또한 사료 중에 Co가 부족하면 vitamin B_{12}의 합성이 불가능하게 된다. Vitamin A나 vitamin D는 성숙 동물에서도 합성할 수 없다. Vitamin C는 경구로 급여해도 제1위에서 분해되어 무효하다.

i) Gas의 생성 : 제1위 gas의 주된 성분은 CO_2와 methane이다. 또한 N_2가 소량 함유되어 있다. H_2, O_2 혹은 H_2S가 미량으로 포함되는 경우가 있다. CO_2는 탄수화물의 발효, 아미노산의 대사과정 등에서 생성된다. 또한 타액중의 탄산염의 분해에의해서도 생성된다. Methane은 CO_2의 환원, 또는 개미산으로부터 생성된다.

표 8 · 13 제1위내 gas의 조성

	채식직후	4시간 후	24시간 후
O_2	5	0	0
N_2	15	1	35
CO_2	55	70	20
Methane	25	29	45

가스의 생성량은 사료나 사료 급여 후의 시간에 따라 달라진다(표 8 · 13). 지금 유우의 제1위내에서 6탄당이 발효하여 다음과 같은 생성물을 만들었다고 하면

$$58\text{mol}(C_6H_{12}O_6) \rightarrow 62\text{mol acetate} + 22\text{mol propionate}$$
$$+ 16\text{mol butylate} + 16^1/_2\text{mol } CO_2 + 33^1/_2\text{mol methane} + 27\text{mol } H_2O$$

섭취한 가소화 탄수화물량을 6㎏라 하면, 상기 식에서 gas 생성량을 구하면 CO_2가 778ℓ, maethane 431ℓ가 된다. 더욱이 타액이 100ℓ분비되고, 제1위의 산으로 중탄산염(100mEg/ℓ)가 모두 CO_2로 된다면 224ℓ가 생성되기 때문에 CO_2의 총량은 1,002ℓ가 된다.

표 8 · 14 각종 사료의 가소화양분의 제1위에서의 소실비율

급여사료	유기물	조단백질	조지방	조섬유	NFE	조회분
농후사료와 건초	80.0	11.7	2.6	97.4	81.2	−19.0
청예호밀	81.1	52.1	73.2	97.7	92.9	−46.0
건초	85.4	−0.4	61.9	99.4	96.9	−2.2
건초	75.2	−20.0	66.3	93.0	84.3	13.4

NFE : 가용무질소물 (龜岡 (暄))

j) 제1위내에서의 사료 소화 비율: 섭취한 사료의 가소화양분이 제1위에서 소실되는 비율은 표 8 · 14에 나타나 있다. 사료의 종류에 의해서 서로 다르지만 가소화 조섬유의 거의 대부분이 제 1위내에서 소화되는 것으로 알려져 있다. 조단백질이나 조회분에서 마이너스(−)의 수치가 있는 것은 타액으로부터 공급되는 N이나 회분량이 흡수량을 능가하는 경우가 있기 때문이다.

10) 제 3위 및 제 4위의 기능

제3위의 기능은 (1) 제2 · 3위구의 운동과 함께 제2위 운동이 동조하여 제2위의 내용물이 제3위로의 이동을 조절함과 더불어 제3위에서 제4위로의 이동을 제어하고, (2) 각화(角化)된 소돌기를 갖는 제3위엽에 의해 내용물을 흔들어 조악하고 큰 사료 입자를 제 2위로 되돌리고, (3) 제3위의 운동에 의해 산이나 무기물 등을 흡수하는 것이다. 중탄산염도 흡수되기 때문에 제3위액의 완충능력은 저하하고, 제4위에 있어서 염산분비 필요량을 감소시킨다. 한편 Cl^-는 혈중으로부터 분비된다. 그러나 제3위에서 제4위로 유출하는 내용물의 수분량은 상당히 높다(표 8 · 15). 육성우에서 제3위에서 제4위로 이행하는 내용물의 양은 32~44kg/일 이다. 또한 제3위를 확장시키면 제2위 운동이 억제되는 것으로 알려져 있다.

제4위의 기능은 단위동물의 것과 거의 같지만, 어린동물에서는 rennin이 분비된다. 위액 분비는 제3위액의 유입이 지속적이며, 휘발성 지방산은 위액분비의 촉진효과가 있다.

표 8 · 15 제1위액과 제3위액의 비교

		제1위액	제3위액	
Acetate	(mmol/ℓ)	77.6	28.4	牛
Prpionate	〃	23.4	7.4	〃
Butyrate	〃	13.7	4.1	〃
Na	(mEq/ℓ)	108.1	71.1	〃
K	〃	38.5	42.0	〃
Cl	〃	18.1	69.2	〃
무기 P	〃	19.1	19.7	〃
NH_3	〃	14.2	9.9	〃
완충능	(mmol/ℓ)	170	60	pH를 3으로 하는데 필요한 HCl량
pH		6.4	6.6	면양
삼투압	(mOsm/ℓ)	247	229	〃
총 CO_2	(mmol/ℓ)	36	22	〃
HCO_3	〃	21	17	〃
수분	(%)	90	93	〃

4. 소장 내 소화

위에서 부분적으로 소화된 물질은 소장에서 췌액, 장액에 함유된 효소 및 담즙으로 소화되고, 여기에 맹장, 대장에서 세균의 작용을 받아 최후로 분으로 배설된다. 장의 길이는 동물에 따라 달라 사람의 경우 신

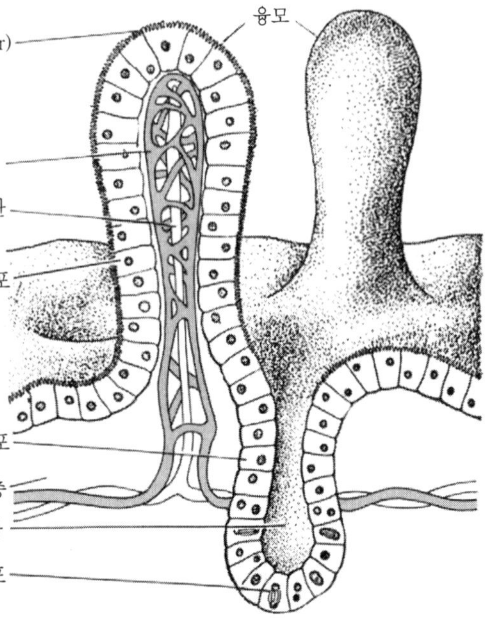

그림 8 · 24 소장벽의 구조

상피세포는 선와(crypt)중에서 생성되고 분화하여 융모부로 이동한다. (Kretchmer, Science)

장(身長)의 6배, 말:10배, 돼지:15배, 소:20배, 면양:25배이다.

1) 소장의 구조

소장(small intestine)은 십이지장(duodenum), 공장(jejunum) 및 회장(ileum)으로 되어 있다. 소장벽은 점막층, 근층 및 장막층으로 구성된다. 소장의 점막은 주름을 형성하여 그 표면은 융모(villi)로 덮여 있다. 융모의 표면은 원주 상피로 되고, 그 표면에서는 무수한 미세융모(microvilli)가 나와 있다. 미세융모는 brush상으로 배열되어 있기 때문에 brush border라 불린다. 이것에 대해 소장 점막의 면적은 극히 넓어져 흡수되어 적합한 구조가 된다. 융모의 내부는 모세혈관과 림프관이 망상을 이루고 있다(그림 8 · 24).

2) 소장 운동

3개의 기본적인 운동형태가 있고 이들이 운동에 의해 장내용이 혼합되고, 소화, 흡수되어 대장으로 보내진다.

분절운동(segmentation contraction)은 일정한 간격으로 장에 끊김이 생겨 많은 분절을 만들지만, 이어 이 끊김이 소실하고 끊김의 전후에 새로운 끊김이 생기는 운동이다(그림 8 · 25). 이 운동에 의해 장내용은 연속적으로 교반되어 소화효소와 혼합, 소화가 행해짐과 동시에 융모와 접촉하여 흡수가 행해진다.

진자운동(pendular movment)은 장의 장축을 따라 수축, 이완이 연속하여 일어나는 운동이다. 이 운동은 장내용물의 교반에는 약간 유효하지만, 이동에는 영향이 없다.

연동운동(peristalsis)은 장내용을 수송하는 주요한 운동이다. 장의 장축을 따라 수축파가 대장축을 향하여 진행한다. 장의 어느 부분에 내용물이 있고, 그 부분이 수동적으로 확대되면 홍문측은 이완하고 입측은 수축하여 내용이 수송된다. 일반적으로 소장에서는 역연동운동(antiperistalsis)은 일어나지 않지만, 예외적으로, 닭에서는 일어날 수 있다.

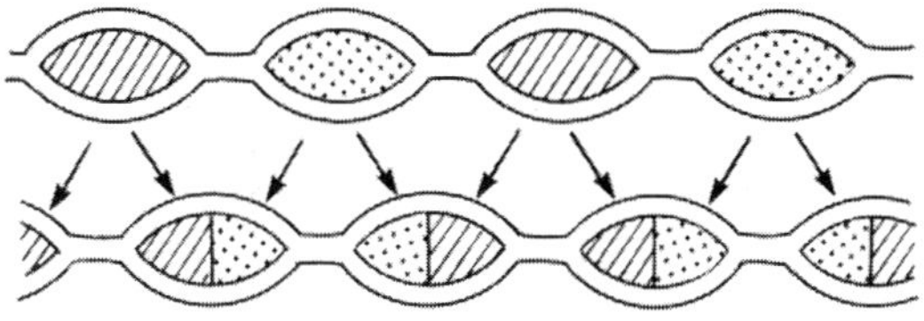

그림 8 · 25 장의 분절운동

어느 시점에서의 이완부위가 다음 수축부위가 되어 내용물의 교반이 행해지는 것을 나타낸다.

3) 소장 운동의 조절

소장점막 하부조직에 존재하는 점막하신경총(submucous plexus)과 평활근층에 있는 근층간신경총(myenteric plexus)은 상호 서로 연락하여 복잡한 신경망을 형성하고 있다. 이들의 내재성 신경망은 근층에 기계 수송기를, 점막층에 화학 수용기를 갖고, 각각 장벽의 신전과 장내 화학적 변화를 감지하고 있다. 또한 내재성 신경망은 choline성 및 비choline의 원심성 신경을 갖고 있다. Choline성 neuron에서 acetylcholine이 분비되어 근수축이나 선에서의 분비를 촉진 한다. 비choline성 neuron으로 부터는 VIP(vasoactive intestinal polypetide, 혈관 작동성 소장 peptide)를 주로 하는 각종 peptide가 분비되어 평활근의 이완을 초래한다. 교감신경은 절후섬유가 분포하여 acetylcholine 분비를 억제하지만, 한편 미주신경은 절전 섬유가 내재 신경망의 세포와 synapse를 형성하여 소화관 운동을 촉진 한다.

4) 소화액의 분비

a) 장액 : 장벽에서 분비되는 액을 종합하여 장액이라 한다. 장액은 알칼리성으로 mucin, 전해질을 함유 한다. 소량의 효소도 함유되어 있지만, 이들은 점막표면의 세포막에 함유 되어 있던 것이 탈락하여 장액에 더해진 것으로, 분비된 것은 아니라고 생각 된다. 장액의 분비는 채식에 의해 증가 한다. 미주신경은 장액 분비를 촉진하고, 내장신경은 분비를 억제한다.

b) 췌액 : 췌장에는 내분비선과 외분비선이 포함된다. 외분비선의 선방은 소화효소(zymogen(효소원) 과립)를 함유하는 세포로 되고, 선방은 다시 개재 도관에 이어지고, 개재도관은 모여 췌관을 만들어 십이지장에 분비 된다(표 8 · 16).

췌액(pancreatic juice)은 무색투명한 용액으로 알칼리성이다. 알칼리성은 중탄산 이온에 의한 것이고, 분비속도가 증가함에 따라 HCO_3^-농도는 증가하고, Cl^-농도가 감소한다. 이 알칼리성은 십이지장 내로

표 8 · 16 면양 소화액의 무기염 조성

		췌 액	장액(공장상부)	담 즙
pH		7.2 ~ 7.8	7.1	
Na	(mEq)	135 ~165	136	150
K	〃	3.9 ~ 5.4	8.1	4.4
Cl	〃	110 ~126	134	118
HCO_3	〃	15 ~ 30	11.8	23
Ca	〃	4.0 ~ 1.5	1.2	
Mg	〃	0.7 ~ 1.5	0.5	
N	(mg/dl)	0.48~ 0.72		

표 8 · 17 소장내 소화효소와 그작용

	효소명	활성화 물질	기질	분비산물
췌액	trypsin(trypsinogen)	enterokinase	단백질, polypeptide	arginine, lysine부위에서 peptide결합을 절단
췌액	chymotrypsin (chymotrypsinogen)	trypsin	단백질, polypeptide	방향족 아미노산부위에서 peptide결합을 절단
췌액	elastase(proelastase)	trypsin	elastin, 외	지방족 아미노산부위에서 절단
췌액	carboxypeptidase A (procarboxypeptidase A)	trypsin	단백질, polypeptide	C말단에서 중성 및 산성 아미노산을 절단
췌액	carboxypeptidase B (procarboxypeptidase B)	trypsin	단백질, polypeptide	C말단에서 염기성 아미노산을 절단
췌액	췌 lipase	표면활성물질	triglyceride	monoglyceride와 지방산
췌액	췌 amylase	Cl^-	전분	α-1,4 slucoside 결합을 절단. maltose, maltotriose, α-limit dextrin을 생성
췌액	ribonuclease		RNA	nucleotide
췌액	deoxyribonuclease		DNA	nucleotide
장점막	enterokinase		trypsinogen	trypsin
장점막	aminopeptidase		polypeptide	N말단 아미노산을 절단
장점막	dipeptidase		dipeptide	dipeptide를 절단
장점막	maltase		maltose, maltotriose	glucose
장점막	lactase		lactose	glucose와 galactose
장점막	sucrase		sucrose	glucose와 fructose
장점막	α-limit dextrolylase		αlimit dextrin	glucose

( )안은 전구물질을 나타낸다.

유입하는 죽상태의 액의 산성을 중화하고, 췌액중 효소의 활성을 높인다.

췌액중 효소에는 다음과 같은 것이 있다. Trypsin과 chymotrypsin은 불활성의 trypsinogen, chymotrypsinogen으로 분비된다. Trypsinogen은 enterokinase에 의해 trypsin으로 되고 trypsin은 chymotrypsinogen을 chymotrypsin으로 바꾼다. 이들 단백질 분해효소는 단백질을 polypeptide, peptide까지 분해한다. Carboxypeptidase는 peptide를 더욱 가수분해 한다. 췌장 amylase는 전분을 lipase는 triglyceride를 분해한다. 소장내로 분비되는 주요 소화효소와 그 작용을 표 8 · 17에 나타내었다.

췌액의 분비는 주로 secretin과 cholecystokinin(CCK)라 하는 2가지의 hormone에 의해 조절된다. secretin은 십이지장에 산, 지방, 단백질의 분해산물이 유입하면, 소장 상부의 점막에서 분비되어 혈류를 거쳐 췌장의 개재도관의 상피세포에 작용하여 수분과 HCO_3^-가 풍부하고 효소가 적은 알칼리성의 췌액을 분비 한다. 한편 cholecystokinin은 지방이나 단백질 분해산물의 존재에 의해 소장의 상부점막에서 분비되지만, 선방을 자극하여 효소가 풍부한 췌액을 분비 시킨다. Cholecystokinin에는 담낭을 수축시키는 작용도 있다. Cholecystokinin은 예전에 pancreozymin(PZ)라 칭하던 물질과 동일한 것이다. 사료의 구강내로의 섭취나 위저부의 신장에 의해 췌액의 분비는 증가한다. 이들은 어느 것이나 미주신경을 통한 반사이다. 미주신경의 자극에 의해 분비되는 acetylcholine은 선방세포에 작용하여 효소가 풍부한 췌액을 소량분비 한다.

소화관에서는 hormone성 작용을 나타내는 peptide가 존재해 있고, 주된 것으로, gastrin, secretin, cholecystokinin, GLP−1, GIP, VIP 등이 있다. GIP는 위 운동이나 위액 분비를 억제하고, GLP−1과 함께 췌장에서의 insulin 분비를 증가시킨다. VIP는 소화기관의 평활근을 이완시켜, 혈류량을 증가시키지만 위산 분비는 억제한다.

c) 담즙 : 담즙(bile)은 간세포에서 생성되어 모세담관, 담관을 거쳐 간관(hepatic duct)으로 들어간다. 담낭을 갖는 동물에서는 담낭관(cystic duct)을 통해 담낭(gall bladder)에 모인다. 담낭의 수축에 의해 담즙은 총담관(common bile duct)으로 흘러, 십이지장에 주입된다. 십이지장 개구부에는 괄약근이 있어, 육식동물에서는 잘 발달되어 있지만 초식동물에서는 떨어진다. 담낭은 반추가축. 돼지, 닭, 개, 고양이, 사람에는 있지만, 말, 낙타, 쥐에는 없다. 담즙은 담낭에 축적되어 있는 동안 물이나 무기염이 흡수되어 농축된다.

담즙은 녹색의 알칼리성 액으로 담즙산, 담즙색소, 무기염외, 약간의 cholesterol, 레시틴, 지방산 등을 함유 한다. 담즙색소는 빌리루빈, biliberdin이 Glucuronate와 합해져 수용성으로 되고, 담즙중으로 분비된다. 담즙산에는 cholic acid, deoxycholic acid, chenodeoxycholic acid, lithocholic acid가 있고, 이들이 glycine 또는 그 유도체와 포합하여 glycocholic acid나 taurocholic acid로 되고, 더욱이 이들은 Na^+나 K^+와 결합하여 담즙산염을 형성하고 있다.

담즙색소에는 소화 작용은 없지만, 담즙산염은 소화, 흡수에 관해서 중요한 역할을 가지고 있다. 담즙산염은 1) 지질과 결합하여 micell을 형성하여, 수용성으로서 흡수를 용이하게 한다. 2) 지방산이나 glyceride와 결합하여 유상(乳狀)화하여 표면장력을 낮춘다. 3) 담즙의 생성과 분비를 촉진한다. 4) 지용성 비타민(A, D, E, K)나 cholesterol 흡수에 필수적이다.

담즙의 분비는 지속적이며, 체액성 및 신경성 지배를 받고 있다. 절식에 의해 분비는 감소하고, 채식에 의해 증가한다. 분비량은 개에서 1일에 100~400mℓ, 면양에서 500~1500mℓ이다. 사료가 구강내로 들어오거나 혹은 죽상태의 소화물이 십이지장 내로 들어오면 반사적으로 미주 신경의 흥분이 일어나 담낭을 수축시켜 담즙이 소장내로 들어간다. 지방이나 단백질 분해산물의 의해서 분비되는 cholecystokinin에는 담낭수축 뿐만 아니라 십이지장 개구부에 존재하는 괄약근을 이완시키는 작용도 있기 때문에 담즙의 배출이 촉진된다. 장내로 들어온 담즙산염의 대부분은 재흡수되어 간장에 도달, 다시 답즙산염의 합성에 기여한다. 이를 장간순환이라 한다.

반추가축에 있어서도 분비의 양상은 단위동물과 거의 같은 것으로 인정되고 있다. 채식의 빈도가 증가하거나 방목시에 있어서와 같이 채식 시간이 길어질 때는 담낭의 수축에 따른 답즙의 장내로의 유입도 그 빈도가 증가한다. 담낭을 갖지 않은 동물의 담관은 확장하기 쉬워 일정량의 담즙을 모을 수 있지만 담즙의 장내로의 배출은 거의 지속적이다.

5. 대장내 소화

1) 대장의 구조

대장(large intestine)은 맹장(cecum), 결장(colon), 직장(rectum)으로 이루어진다. 점막에 융모는 없고, 결장에 존재하는 선에서는 장내용과의 접촉에 의해 점액이 분비된다.

2) 대장의 운동

회장과 결장 또는 맹장 사이에 사람에서는 괄약근이 있어 장내용물의 급속한 이동을 막고 있지만, 가축에는 명확한 구조는 나타나지 않는다. 채식 후에는 회장에 일련의 연동이 일어나 이 결과, 장내용이 대장으로 이동한다. 맹장은 단위 초식동물 에서는 매우 크다. 맹장 내용물은 맹장 운동에 의해 교반, 혼합되어 맹장에 존재하는 미생물에 의한 발효나, 물, 무기질 등의 흡수가 일어난다. 닭이나 토끼에서는 맹장 내용물에 유래하는 분(맹장분, cecal feces)과 직장분을 구별할 수 있다.

결장은 동물에 따라 크기 등이 다르지만 그 작용은 1) 물과 전해질의 흡수 2) 분의 저류 3) 유기물의 발효이다. 결장에는 분절운동을 포함한 장운동이 일어나 내용물을 교반, 혼합하여 발효나 흡수를 돕는다. 또한 역운동이 일어나 대량의 결장 내용물이 이동하지만 배변(defecation)과는 직접 관계가 없다. 직장 벽의 장력이 높아지면, 점막의 지각 수용기의 흥분은 골반신경(부교감신경)을 거쳐, 선수(S_3~S_4)에 있는 배변중추에 이른다. 이 중추는 더욱이 상위의 중추에 의해 통제되고 있다. 배변중추의 흥분은 원심적으로 골반신경을 거쳐, 결장의 유동과 직장의 수축 및 평활근인 대홍문 괄약근의 이완을 초래한다. 한편, 척수신경의 지배를 받고 있는 수의근인 외홍문 괄약근이 이완하여 배변이 일어난다.

3) 대장의 소화

대장에서의 소화효소는 분비되지 않는다. 소화는 대장 내에 존재하는 미생물에 의해 행해진다. 미생물은 회장에도 있고, 맹장, 결장에 있어서 수는 많다. 단위의 초식동물이나 잡식동물에서는 반추동물의 경우와 같이, 섬유소의 분해가 특히 맹장이나 결장에서 행해져 휘발성 지방산이 생성된다. 그러나 이들의 미생물류는 동물에 대해 불리한 작용도 있어 비타민류를 분해하거나 유해물질을 생성하는 것이 알려지고 있다. 분변 중 단백질의 상당부분은 이들 미생물에서 유래하는 것이다. 결장 중에 존재하는 gas는 HCO_3^-의 분해나 발효의 결과에 의한 것으로 CO_2나 N_2가 그 대부분을 차지하고 있다. 대장에서의 흡수 능력은 매우 크다. 무기염, 특히 Na^+는 능동적으로 흡수되고, 동시에 물이 흡수 된다.

Ⅲ. 흡 수

모든 세포막은 생물학적 반투막으로, 어떤 물질은 통과하지만. 어떤 물질은 통과시키지 않는 성질을 가지고 있다. 소화관 점막을 통해 각종 물질이 혈액 또는 림프 중으로 흡수 된다.

생체막을 통해 물질이 이동하는 것을 수송(transport)라고 하지만, 수송의 기전은 크게 수동수송(passive transport)과 능동수송(active transport)의 2가지로 나눌 수 있다. 수동수송은 막을 경계로 2개의 용액 간에 압력차, 농도차, 전위차 등이 있고, 여기에서 유래하는 potential의 균배가 물질을 이동시키는 힘이 된다. Potential이 높은 쪽에서 낮은 쪽으로 향해 흘러가 단순한 물리적 구동력에 따르는 것이기 때문에 downhill transport라고도 한다. 능동수송이란, 막 내외의 전기 화학적 potential의 균배에 따른 물질의 이동으로는 설명할 수 없고, 세포의 대사에 의해 발생한 energy를 사용하여 물질의 이동이 행해지는 경우를 말한다. Potential 균배에 역행하여 흐르는 것이기 때문에 uphill transport라고도 한다. 수동수송에는 물질의 지용성이나 분자의 크기 등에 영향을 받는 것으로 원칙적으로는 1) 확산의 법칙에 따르는 것, 2) 전위 혹은 ligand 의존성 channel을 통하는 것, 3) 막내에 특정의 물질과 결합하여 복합체를 만드는 운반체(carrier)가 존재하고, 이 복합체에 의해 물질의 투과가 크게 촉진되어 촉통확산에 의한 것이 있다. 능동수송은 Na^+/K^+ATPase등의 energy 공급기구와 밀접하게 관련되어 있고, 이 공급을 제어하면 수송은 일어나지 않게 된다. 능동수송은 또한 활성흡수(active absorption)라고 하는 경우가 있다.

1. 장관에서의 흡수

1) 물 및 무기물

물은 소장, 대장 점막을 사이에 두고, 또는 위에 있어서도 정도는 떨어지지만, 양방향으로 이동할 수 있다. 그러나 대부분의 물은 소장에서 흡수된다. 소장 내용물과 혈장의 삼투압은 거의 같지만 소화결과, 삼투압 활성물질이 발생, 이들이 흡수된 후 장관 내와 조직사이에 삼투압차가 발생하면 물도 수동적으로 흡수된다. 물의 흡수는 주로 삼투압차이에 의한 이동이라 할 수 있다. 장내의 물질이 흡수되지 않고, 고장이라면 물도 흡수되지 않아 설사를 일으킨다. $MgSO_4$와 같은 흡수되기 어려운 물질이 설사제로 이용되는 것은 이 같은 이유에서 이다. 분의 수분은 약 면양 68%, 말 75%, 돼지 80%이다.

장점막은 Na^+에 대하여 극히 높은 투과성을 갖는 점막을 사이에 두고 양방향으로 수동적으로 이동할 수 있지만, 또한 장내강으로 부터 능동적으로 흡수된다. 이 Na^+의 흡수는 물이나 당의 흡수와도 밀접하게 관계하고 있다. 또한 Na^+는 Cl^-와 함께 운반체를 이용하여 공역흡수(coupled absorption)된다. 그러나 K^+의 흡수는 대부분 확산에 의하고 있다. Ca^{2+}도 비교적 잘 흡수된다. Ca^{2+}는 산성에서 용해성이 높기 때문에 소장이 상부에서 능동적으로 흡수된다. Ca^{2+}의 흡수는 vitamin D나 상피소체 hormone등에 의해 촉진된다. Fe는 사료 중에 3가지 형태로 함유되어 있는 경우가 많지만, 2가의 Fe로 환원되어 능동적으로 주로 소장 상부에서 흡수된다. 여분의 Fe는 ferritin으로서 축적되는 부분이 있고, 부족한 경우는 혈중으로 나온다. Cl^-는 상기의 Na^+와의 공역흡수 외에 세포 간을 통해 수동적으로 흡수된다. 또한 HCO_3^-와 교환하여 흡수 되는 것도 알려져 있다.

2) 당

장관 내에서 일어나는 당의 소화는 2당류까지로(중간소화, intermediate digestion), 단당으로의 소화는 소장의 brush border(미융모)(표 8 · 17참조)에 의한다. 이들을 막 소화(membrane digestion 또는 종말소화, terminal digestion)라 한다.

사료 중 주요 다당류인 cellulose나 hemicellulose는 미생물의 작용에 의하지 않으면 소화되지 않지만, 전분으로부터 생긴 2당류인 maltose나 lactose는 막 소화에 의해 단당으로 된다. 생성된 glucose나 galactose는 특수한 기구로 흡수된다. Brush border에는 표층에 glucose와 Na^+을 특이적으로 결합하는 운반체(SGLT 1, sodium-dependent glucose transporter 1)가 있어, 먼저 glucose-transporter- Na^+라 하는 삼중 복합체가 만들어진다. 세포내 Na^+ 농도는 낮기 때문에 운반체와 분리되어 농도 균배에 의해 세포내로 확산된다. 동시에 glucose도 세포내로 유입된다. 세포내로 들어온 Na^+는 혈액 측, 세포막에 있는 Na^+/K^+ ATPase (pump)의 작용에 의해 다시 Na^+농도는 낮게 유지되고, SGLT-1은 다시 Na^+와 glucose

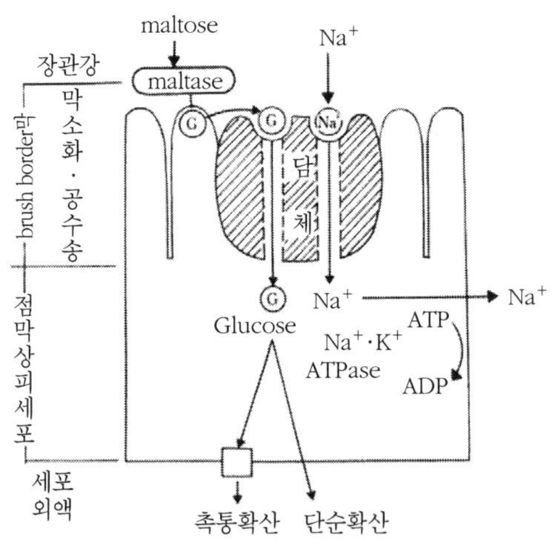

그림 8 · 26 소장에 있어서 Na의존성 glucose 수송

표 8 · 18 단당류(D형)의 상대적 흡수속도

glucose	100	galactose	110	Fructose	43
mannose	19	xylose	13	arabinose	9

를 세포내로 수송한다. 세포내 Glucose 농도가 장 내강측 농도보다 높아져도 이 수송은 계속 되기 때문에 glucose는 세포내로 능동수송 되는 것이 된다(2차성 능동수송, secondary active transport) (그림 8 · 26). 세포내에 축적된 glucose는 단순확산 혹은 촉진확산에 의해 흡수된다. 간질 측으로 나아가 혈중에 들어간다. Galactose도 같은 기구로 흡수되지만, Fructose는 glucose나 galactose와는 무관하게 촉진확산에 의해 흡수된다. 그러나 glucose나 galactose에 비하면 그 흡수속도는 상당히 느리다. 5탄당의 흡수는 단순확산에 의한다(표 8 · 18).

3) 단백질

어린 새끼(신생자)에서는 단백질이 그대로의 형태로 음작용에 의해 장벽에서 흡수되는 것이 알려져 있지만, 성숙 동물에서는 단백질이 흡수되기 위해서는 막 소화에 의해 amino acid 또는 di-및 tripeptide까지 되어야 한다. D-amino acid는 수동 수송만으로 흡수되지만, 천연의 L-amino acid는 glucose와 같이 운반체에 의한 Na^+와의 공동수송에 의해 능동적으로 흡수된다. 여기에는 4종류의 수송계가 알려져 있다. 1) 중성 amino acid 수송계 : 가장 강력한 계이다. Histidine을 포함한다. 2) 염기성 amino acid 수용계 : lysine, arginine, ornithine을 수송한다. Cysteine은 1)의 계 이외에 이 계로도 수송 된다. 3) 산성 amino acid 수송계 : glutamine산 이나 asparagine산의 흡수는 이 계에 의한다. 4) imino acid (Proline, hydroxy proline) 수송계 : 이 둘의 아미노산은 1)의 계로도 수송된다. 또한 di-및 tripeptide는 먼저 brush border 막에 있는 운반체(PEPT1)을 통해, H^+ 의존성으로 그대로 세포내로 흡수되어 세포내에 있는 peptidase에 의해 amino acid로 분해된다. 세포내에 축적된 amino acid는 세포 외액 중으로 단순확산 혹은 촉통확산으로 들어간다. 어린 반추 동물의 제 3위 상피에도 PEPT1이 존재한다.

4) 지방

사료 중의 지질로서 양이 많은 triglyceride는 십이지장에서 담즙산염과 인지질의 작용으로 유화(emulsification)한다. 유화한 triglyceride는 췌장 lipase의 작용에 의해 유리지방산과 monoglyceride를 생성하고, 이들은 담즙산염과 결합하여 micell을 만든다. micell은 확산에 의해 점막 상피 세포내에서는 들어가지만, 담즙산염은 떨어져 회장에서 재흡수 된다. 점막 세포내에서는 지방산과 monoglyceride는 다시 ester화 되어 triglyceride를 만든다. 이는 lipoprotein, cholesterol, phospholipid의 막으로 덮여져 1㎛ 이하의 소구인 유상지립(chylomicron)이 되고, exocytosis에 의해 세포외로 나와 림프관내로 흡수된다. 한편, 췌장 lipase 작용에 의해 생긴 glycerol(glycerine)은 양적으로는 극히 적지만, 그대로 흡수되어 점

막 세포내에서 α−glycerophosphate를 거쳐 triglyceride로 합성된다(그림 8 · 27).

단쇄 지방산(탄소수10~12이하)은 점막세포에서 직접 문맥계에 흡수되어 간장으로 운반된다. cholesterol은 천천히 소장점막에서 흡수되어 유상지립(chylomicron)의 성분으로서 운반된다. 십이지장의 pH는 일반적으로 6.5 정도의 pH에서 담즙산염은 가장 유효하게 작용한다.

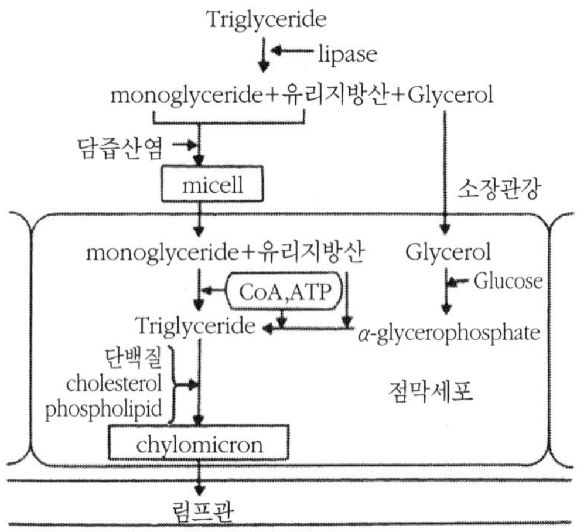

그림 8 · 27 소장에 있어서 지방의 흡수

5) 비타민

지용성 비타민인 A, D, E, K는 장 점막으로부터 확산에 의해 흡수된다. 이들의 흡수는 지방의 흡수와 관계가 있고, 지방의 흡수가 저하 하면 감소된다. 수용성 비타민인 B 및 C는 확산에 의해 급속하게 흡수된다. 비타민은 주로 소장 상부에서 흡수된다. 단, B_{12}는 예외로 회장에 있는 수용체와 결합하는 것에 의해 흡수된다. 이 흡수는 위의 내인자(8 II 2 3참조)에 의해 촉진된다.

단백질 등의 거대 분자를 세포막을 통하지 않고 세포내로 들어오게 하거나 혹은 내보내는 능력을 갖는 세포가 있다. 거대분자가 세포내로 들어갈 때는 endocytosis, 분비될 때는 exocytosis라 한다(그림 8 · 28). 이같이 세포막의 형태 변화를 초래하며 거대분자의 세포내 혹은 외로의 수송을 cytosis라 한다. 능동수송의 일종으로 간주한다. Endocytosis의 하나는 세포의 식작용(phagocytosis)으로서, 중성호성구가 세균 등의 이물을 세포내로 들이는 것이 그 한 예이다. 이물질 대신에 액체를 세포내로 들여보낼 때는 세포의

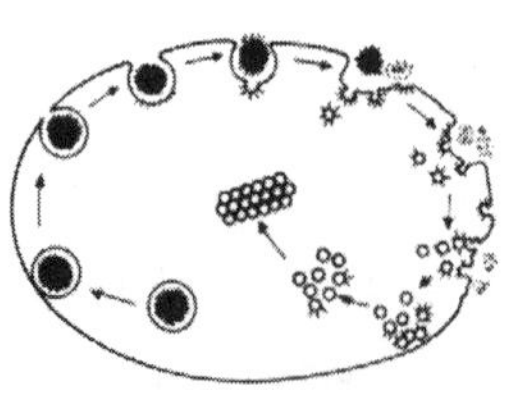

그림 8 · 28 exocytosis와 endocytosis의 모식도

분비과립이 세포막에 접근, 접착하면 여기에 小孔이 만들어져 과립내용은 방출된다. 남은 과립의 限界膜은 세포막의 일부로 된다. 그러나 다시 갈라져 세포내로 흡수된다.

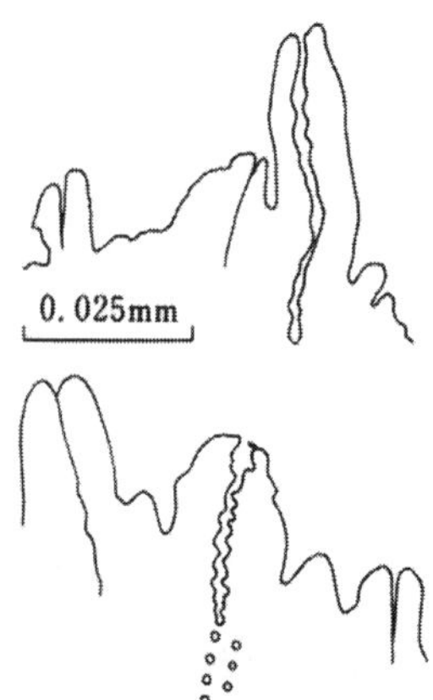

그림 8 · 29 세포(*Amoeba proteus*)의 음작용

세포막의 일부에 도랑이 생기고, 이어 이 도랑은 작은 소포로서 세포내로 유리된다.

음작용(pinocytosis)라 한다(그림 8 · 29). Exocytosis는 또한 emiocytosis라고도 불리는 세포의 토출작용이다. 공포 혹은 분비과립의 막이 세포막과 융합하여 이어 그곳이 개구하여 공포 등의 내용물이 외부로 방출된다.

2. 전위(前胃)에서의 흡수

제1위 점막은 중층편평상피로서 물질의 흡수는 이루어지지 않는다고 생각되고 있었지만, 많은 실증에 의해 적극적으로 흡수가 행해지는 부위라는 것이 밝혀졌다. 제1위 유두의 존재는 제1위 표면적을 약 6~7배로 늘려 흡수표면적을 넓히는 기능을 담당한다.

1) 물

제1위액과 혈액간의 삼투압차에 의해 물의 이동이 일어난다. 그러나 혈액의 삼투압을 295mOsm/ℓ H_2O로 하고 제1위액이 265~325mOsm/ℓH_2O의 범위에 있을 때는 어느 방향으로도 이동하지 않는다. 제1위액의 삼투압은 채식 후에 혈액보다 고장성이 되고, 이후 저하하는 경우가 많지만 생리적 조건에서는 물의 이동은 거의 없다.

2) 무기물

제1위액의 Na^+농도는 혈액보다 낮고, 또한 제1위액은 혈액에 대하여 부의 전위차를 나타내기 때문에 혈액 속으로 능동수송 된다. 이는 제1위 점막을 구성하는 세포에 있는 Na^+pump의 작용에 의한 것일 것이다. K^+도 제1위 점막을 통해서 양방향으로 이동할 수 있지만, 보통은 제1위액의 농도가 혈액보다도 높기 때문에 농도 균배에 따라 혈액 속으로 흡수된다. Cl^-은 농도 균배에 역행하여 제1위액에서 혈중으로 흡수된다. 이 경우 제1위액-혈액간의 전위차가 이 이동을 돕는다. 또한 Cl^-를 이동시키는 활성흡수기구가 존재한다는 실험사실도 있다. Ca^{2+}나 Mg^{2+}의 제1위액 농도는 혈액보다 높고, 혈액 속으로 흡수된다. 그러나 Ca^{2+}의 주요 흡수 부위는 소장이다. 인산은 중요한 음이온을 구성하고 있지만, 투과성이 나쁘다. ammonia(NH_3)의 제 1위내 농도는 높고, 단순확산에 의해 혈중으로 흡수된다. Ammonium ion(NH_4^+)보다 빠르게 흡수되기 때문에 제1위액의 pH가 높을수록 ammonium ion은 감소하기 때문에 ammonia의 흡수량은 증가한다.

3) 유기물질

Acetate, propionate, butyrate 등의 휘발성지방산은 용이하게 흡수된다. 제1위액의 pH가 낮을수록 잘 흡수되지만, 이는 미해리된 산이 해리된 산보다도 흡수되기 쉽기 때문이다(그림 8 · 30).

제1위액의 pH가 5정도로 저하하면 휘발성 지방산의 약 반 정도가 미해리 상태로 존재하게 되고 butyrate > propionate > acetate 순으로 흡수된다. 이 순서는 각각 물질의 친유성(親油性)에 비례하고 있다. 그러나 제1위내 pH가 중성에 있을 때에는 전술한 3가지 휘발성지방산의 대부분은 해리상태로 되어 어느 산이나 거의 같은 속도로 흡수된다. 제1위 점막상피는 흡수에 적합한 구조를 하고 있고, 휘발성지방산은 제1위내 농도가 높기 때문에 혈액과의 농도균배에 의해 흡수된다고 생각 된다. 유산도 흡수되지만, 그 정도는 휘발성지방산에 비하면 극히 작다. Amino acid의 흡수율도 낮지만, 제1위벽을 사이에 두고 혈액 측으로도 제1위 측으로도 흡수될 가능성은 있다. 요소는 제1위액과 혈액간의 농도 균배에 따라 제1위 측으로 흡수된다. 제1위내에서 요소는 세균의 작용에 의해 amino acid나 단백질로 재합성 되어 N의 재순환이 행해진다. Acetone나 alcohol은 잘 흡수된다. Glucose도 약간 흡수된다. 이 이유는 제1위 상피세포에 SGLT 1이 존재하기 때문이다. 또한 제3위 상피세포에는 PEPT 1이 존재하는 것이 보고되고 있다. 그러나 이들 운반체의 발현 정도나 생리적 의미는 불분명하다. 제 1위내에 생성된 gas도 일부는 흡수되지만, 트림에 의해 폐에서도 흡수된다.

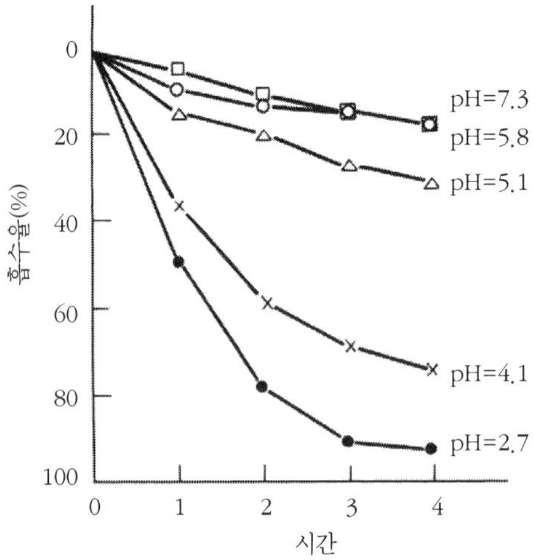

그림 8 · 30 acetate의 흡수율과 pH의 관계

제1위 중에 가성소다로 pH를 조정한 acetate용액(0.2M 용액)을 0시에 주입하였다.

4) 제1위 점막에서의 대사

제1위를 흐르는 정맥 중에 acetate는 존재하지만, propionate는 약간, butyrate는 거의 존재하지 않는다. 이는 제1위내에서 생성된 acetate의 비율이 다른 2개산에 비해 많은 것에도 기인하지만, 일부는 제1위를 통과하는 과정에서 다른 물질로 변환되기 때문이다. 세 가지 산 모두 산화되어 CO_2를 생성하는 외에 acetate는 일부분, butyrate는 거의 모두가 ketone body로 변화한다. Propionate로 부터는 lactate을 생성한다. 또한 3가지산은 상호 변환도 가능하다는 것이 알려져 있다.

반추가축의 제1위는 거대한 연속발효조로서, 여기에서 사료의 발효가 미생물의 작용과 가축의 생리기능과의 협동에 의해 순조로이 진행하는 것이 가축의 건강을 유지하며, 생산성을 유지 또는 증강을 위해 우선적으로 요구되어 진다. 순조로운 발효에 의해 발효산물, 온도, pH, 혐기도, gas생성 등이 어느 일정의 범위에 있을 때, 제1위내의 항상성(rumen constancy)이 유지된다고 한다. 제1위내의 항상성의 파괴는 많은 대사성 질병의 원인이 된다.

제 9 장 신장의 기능

신장(kindney)은 뇨(urine)을 생성하고, 체액과 그 조성, 삼투압, pH를 조정하여, 체내에 생긴 대사산물과 해독된 물질을 배설한다. 또한, 호르몬(레닌과 신조혈인자)을 분비하고, 혈압의 조절과 적혈구의 형성에 관여한다.

I. 신장의 구조

뇨의 생성은 신장에 존재하는 기능적 단위인 네프론(nephron)에서 이루어진다. 네프론은 사구체낭(glomerular capsule, 보우만 낭, Bowman's capsule)와 사구체(glomerulus)로 된 신소체(renal corpuscle, 말피기안 소체, Malpighian corpuscle)(그림 9 · 1)와 근위세뇨관(proximal tubule, 네프론 근위부), 네프론 루프(loop of Henle, 헨레의 고리) 및 원위세뇨관(distal tubule, 네프론원위부)로 된 세뇨관으로 구성된다. 사구체와 근위 및 원위세뇨관의 곡부는 신장피질(cortex)에 존재하고, 원위세뇨관은 기본가가 집합하여 집합관(collecting duct)이 되어, 수질(medulla)내를 흐른다(그림 9 · 2).

신동맥은 엽간, 궁상동맥을 지나 소엽간동맥으로 분리되어 이것이 직경이 두꺼운 수입사구체세동맥으로 된 신소체의 내부에 들어가, 가는 갈래로 나뉘어 사구체를 만들고, 또다시 직경이 가는 하나의 수출사

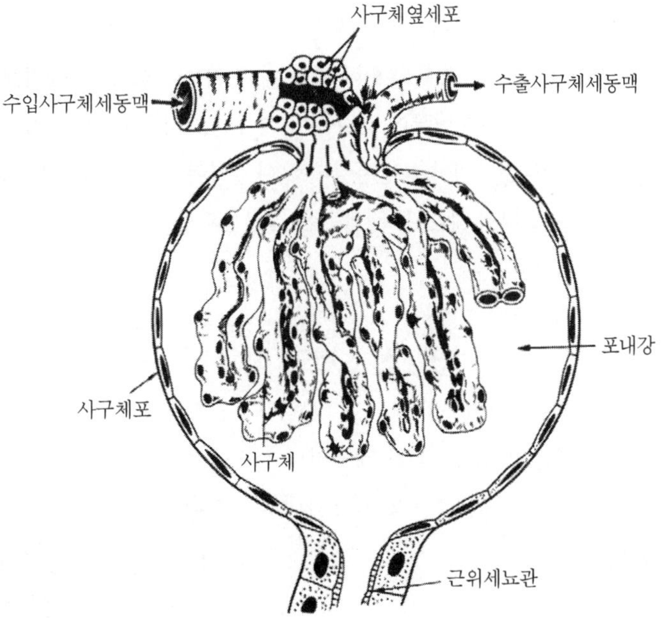

그림 9 · 1 신소체

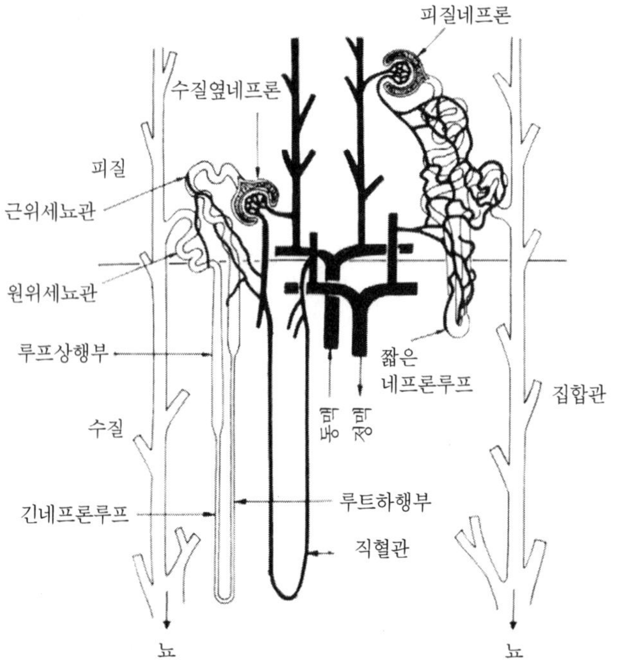

그림 9·2 네프론과 혈관계의 모식도

구체세동맥으로 되어 밖으로 나간다. 수출사구체세동맥은 또 한번 모세혈관으로 분리되어 세뇨관에 분포하여서 정맥이 된다. 신소체 수는 양측의 신장을 합하여 550만(말), 200만(돼지), 125만(산양), 100만(면양), 299만(사람)이라 불린다. 신소체의 직경은 가축에서 110~150㎛의 범위이다.

세뇨관은 복잡하게 구부러진 둥근 관으로 부위에 따라 각각 기능이 다르다. 근위세뇨관은 한 층의 세포로 되어 있고, 각각의 세포는 서로 짝을 이루어 관강측에 쇄자연을 갖추고 있다. 이 곳부터 표면적은 현저히 커지고 있다. 기저부에는 미토콘드리아가 방사상태로 나열되어 있다. 원위세뇨관도 거의 같은 모양인 구조로 되어 있으나, 쇄자연은 보이지 않는다. 집합관은 입방상피로 된 비교적 간단한 구조로 미토콘드리아 수도 적다.

II. 신소체의 작용

보우만(BOWMAN, 1842)은 신장기능의 단위로 네프론의 구조를 명확하게 하였지만, 그 물리적 여과 작용에 대해서는 리차드(RICHARDS, 1921)가 개구리의 신장에서 미세피펫(micropipet)을 사용하여 모세관혈액, 사구체낭내강액(보우만낭내강액) 및 세뇨관내액을 채취하는 일(micro puncture법)에 성공하여 비로소 명백하게 밝혀졌다.

1. 신소체의 여과작용

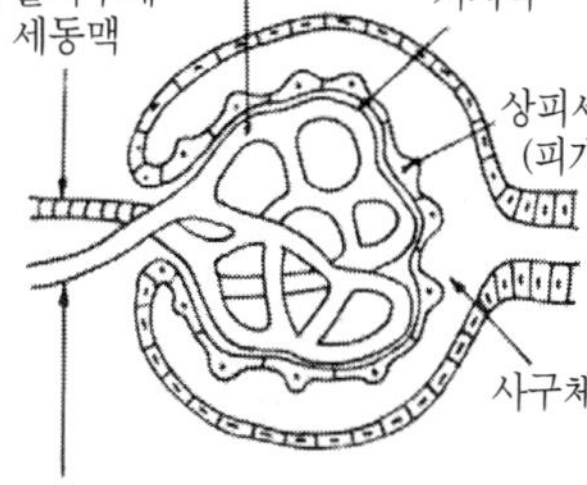

그림 9 · 3 사구체여액여과면의 조직모식도
(표준조직학, 각촌)

사구체여과액(glomerular filtrate)의 조성은 단백질을 거의 함유하고 있지 않지만, 다른 성분은 혈장의 성분과 거의 같다. 이것으로 보아 사구체낭에서는 사구체의 혈압과 사구체낭내강내액의 압력의 차이로 사구체여과액이 여과에 따라 생성되는 것을 알 수 있다. 여과는 사구체모세혈관벽의 내피세포층과 사구체낭의 내벽을 이루는 상피세포층, 양쪽 사이에 존재하는 기저막(basement membrane)으로 된 3층의 여과막으로 이루어져 있다(그림 9 · 3). 여과는 사구체 혈관내의 혈압, 약 85mmHg에 대한 사구체낭내강내액의 압력이 15~20mmHg에 불과하므로 그 압력 차이에 의해 이루어진다. 그러나, 혈압은 교질삼투압 약 30mmHg을 가지고 있어, 혈액수분의 혈관 밖으로의 여출을 방해하므로, 실제 여과압은 (85−30) − 15=40mmHg이 된다. 이 압력을 유효여과압(effective filtration pressure)이라고 한다.

2. 사구체여과량

단위시간당 신장 전체의 사구체를 흐르는 혈장 중에서 여과된 액량(液量)을 사구체여과량(glomerular filtration rate, GFR)이라 한다. 만약 사구체를 흐르는 혈액에서 쉽게 여과되어, 세뇨관에서 재흡수도 되지 않고, 분비도 되지 않는 물질이 있다고 하면, 그 물질의 단위시간내 뇨안에 배설된 양은 그 시간에 사구체에서 여과된 혈장양 속에 포함되었다고 생각되므로, 이 물질을 혈중에 주입하여, 뇨 안에 나타난 양과 농도의 측정에서 GFR을 계산할 수 있다. 이러한 물질로는 이눌린(inulin)이 사용된다. 이눌린은 과당(fructose)이 중합된 다당류로 분자량은 약 5,000이다. 이눌린을 정맥내로 계속 주입하여, 동맥혈장내의 농도가 일정치를 유지하도록 한다. 이 경우, 이눌린은 생체내에서 대사되지 않으므로 정맥혈장농도로써 대신 사용해도 지장이 없다. 이눌린은 혈장농도 P가 일정해졌을 때에 일정시간의 뇨분비량 V와 이눌린의 뇨중농도 U를 측정한다. 만일, 단위시간에 사구체에서 여과된 액량을 υ라 하면 단위시간에 혈장에서 여과된 이눌린량은 $\upsilon \times P$로 나타낼 수 있다. 이 양은 단위시간에 뇨중에 배설된 이눌린량 V × U로 동일하다.

$$\upsilon \times P = V \times U$$

사구체여과량 GFR = υ는 다음 식으로 구할 수 있다.

$$\upsilon = \frac{V \times U}{P}$$

만일 P = 2mg /dl, V = 2mℓ/min, U = 80mℓ/dℓ이라 하면 υ = 80mℓ/min이 된다. GFR측정물질로는 이눌린 외에, 만니톨(mannitol), 크레아티닌(creatinine), 티오황산소다 등이 사용된다. GFR은 혈압의 저하에 의해 감소하고, 혈장의 교질삼투압의 저하에 의해 서로 증가한다.

3. 클리어런스

단위시간 내에 신장을 흐르는 혈액에 함유된 물질 x가 뇨 중으로 배설되어 완전하게 청소되었을 때, 그 물질이 어느 정도의 혈장 중에 함유되어 있는 것인가를 표시하는 값을 그 물질의 클리어런스(clearance, 청소율)라고 한다. 만일 물질x의 혈장농도를 P_x, 뇨중농도를 U_x, 뇨량(尿量)을 매분 Vmℓ이라 하면, $U_x \times V$는 x의 매분배설량이고, 이만큼의 양을 배설하므로 신장을 통과하는데 필요했던 혈장량은 $U_x \times V/Px$이다. 즉 물질 x의 클리어런스 c는

$$c = \frac{Ux \times V}{Px}$$

로 나타낸다. 만일 물질 x가 세뇨관에서 재흡수도 분비도 되지 않는 물질이라고 하면, 클리어런스는 GFR을 나타내게 된다. 먼저 서술한 이눌린을 사용하여 얻은 GFR의 값은 이눌린의 클리어런스밖에 되지 않는다.

클리어런스의 값은 물질에 따라 크게 다르며, GFR보다 작은 값을 나타낼 때는 세뇨관에서 재흡수를 받은 물질이며, 반대로 큰 값을 나타낼 때는 세뇨관에서 분비된 물질이다. 따라서, 클리어런스 값은 배설된 물질이 여과된 후, 세뇨관에서 재흡수와 분비된 정도를 나타내기도 하며, 재흡수와 분비 되는 물질간의 값은 어느 쪽의 기능을 보다 강하게 받는 가를 나타낸다.

신장을 통과하는 사이에 일부가 여과되고, 남은 것은 분비되어 뇨중에 배설되는 물질로 파라아미노 마뇨산(para-aminohippuric acid, PAH)이 있다. 이 물질은 신장에서 대사도 축적도 되지 않음과 동시에 혈장농도가 높지 않을 때는 신장을 1회 통과하면 신정맥혈중 농도는 거의 0이 된다. GFR을 측정할 경우에 사용하는 이눌린 대신 PAH를 사용하여 같은 형태의 방법으로 단위시간에 뇨중에 배설된 PAH양과 정맥혈장농도에서의 PAH의 클리어런스를 알 수 있다. 이 클리어런스는 동시에 신장을 흘러간 혈장유량을 나타내게 된다. 이것을 신혈장유량(renal blood flow, RBF)라고 한다. 이러한 각 가축에서의 값은 그 동물의 대소에 관계하므로 체표면적에 따라 환산한 값을 표 9 · 1에 나타냈다.

표 9 · 1 각종 동물의 신기능

	사구체여과량(GFR) (Inulin · Clearance) (ml/min/m²)	신혈류량(RBF) (PAH · Clearance) (ml/min/m²)	신혈장류량(RPF) (PAH · Clearance) (ml/min/m²)	여과비(FF) (%)
말	56.7± 5.6	461.8±68.0	331.8±64.2	17.2± 2.0
소	72.3± 8.5	654.7±32.5	472.8±29.0	15.4± 1.2
돼지	72.0± 5.8	421.1±86.5	296.0±53.6	24.3± 2.4
면양	59.4± 4.5	594.8±39.2	424.8±36.0	14 ± 1.3
개	104.0±15.0	530 ±80	295 ±60	27 ~32
고양이	40(60~90)	200(130~230)	120(78~140)	28
토끼	50(60~90)	490(290~690)	296(178~414)	28 ~37
흰쥐	35(60~90)	410(270~520)	250(163~312)	17 ~25
사람	75(60~90)	620(430~670)	370(260~403)	19 ~21

(Scheunert & Trautmann, Lehrbuch der Vetevinär-physiologie)

사구체여과량(GFR)과 신혈장유량(RPF)과의 비율을 여과비(filtration fraction)라고 한다. 표 9 · 1을 보면 여과비는 대략 20%이다. 즉, 신장을 흐르는 혈장유량 가운데, 약 20%가 사구체에서 여과되어 세뇨관으로 나가게 된다. 소의 GFR을 800㎖/min이라 하면 하루 여과량은 대략 1,100ℓ이나, 실제 뇨량은 약 10ℓ이므로, 99%의 물은 세뇨관에서 재흡수된다.

III. 세뇨관의 작용

1. 재흡수

사구체에서 여과된 물질은 세뇨관을 통과하는 과정에서 재흡수(reabsorption)되기도 하고, 재흡수되지 않기도 하며, 어떤 물질(PAH등)은 세뇨관벽에서 분비되기도 한다. 재흡수된 물질로는 글루코스, 아미노산, 전해질, 수분 등이 있다. 세뇨관에서의 재흡수기구는 수동적확산 또는 능동적수송에 의한다.

1) 글루코스의 재흡수

이제 소에서 GFR을 800㎖/min라 하고 글루코스의 혈장농도를 55㎖/dL로 하면, 글루코스의 여과량은 440㎖/min이 된다. 1분간의 뇨량을 30㎖/min이라 하면, 뇨중 글루코스 농도는 1,467mg/dL이 되지만 실제는 20㎖/dL 이하이다. 즉, 이 여출량(濾出量)과 배설량(排泄量)과의 차이가 재흡수되는 것이 된다. 혈장 글루코스 농도가 증가하여 사구체에서의 여과량이 늘어나면 세뇨관에서의 재흡수량도 늘어난다. 그러나, 거기에는 한도가 있어서 어느 양 이상은 흡수되지 않는다. 그 한도량을 최대수송량(transport maximum, Tm)이라 한다(그림 9 · 4). 모든 포유동물에서는 정상시에도 적은 글루코스가 뇨로 배설된다. 사람인 경우는 30~40mg/일이 배설된다. 그러나 면양인 경우는 200~300mg/일의 글루코스가 배설된다. 따라서 면양의 글루코스 재흡수능력은 사람보다 떨어진다고 볼 수 있다. 반추가축에 있어서는 휘발성지방산이 주요한 에너지원이며, 혈중농도는 0.7~1.2mmol/ℓ이다. 면양의 휘발성지방산사구체여과량은 140mmol/일에 이르나, 거의 대부분은 근위세뇨관에서 재흡수된다.

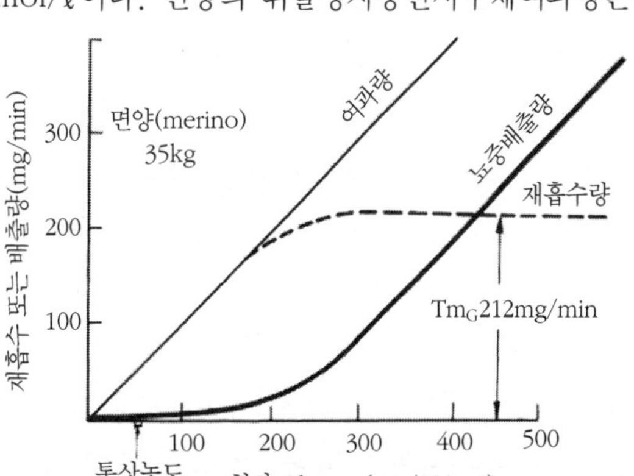

그림 9 · 4 Glucose의 재흡수와 Tmg. 면양에 대한 예를 표시했음. (Ohillis, Veterinary physiology)

이런 경우 글루코스의 재흡수와 경합이 일어나, 글루코스의 재흡수가 감소한다고 알려져 있다. 이것은 아마 세뇨관이 휘발성지방산을 보다 선택적으로 흡수하기 때문일 것이다. 글루코스의 흡수는 근위세뇨관에서 이루어지나, 그 수송기구는 소장점막에서의 흡수과정과 같은 것으로 사료된다. 즉, 글루코스는 세뇨관강측의 세포쇄자연막(細胞刷子緣膜)인 Na^+와 공통인 담체(担体)(SGLT1과

2)에 결합하여 세포내에 수송되며, 다음으로 간질액 내에서는 확산에 의해 이동한다. 배설뇨 내의 글루코스량이 정상치보다 많을 때, 이것을 당뇨라 한다. 당뇨는 신장의 재흡수능력이 저하되어 있을 때, 또는 혈장농도가 현저히 상승하고 있을 때에 발생한다.

2) 요소의 재흡수

요소의 흡수와 분비는 혈장농도에 비례하나, 수분의 이동에 따른 수동적 재흡수를 한다. 면양에서 GFR(사구체여과량)이 70~75㎖/min일 때 요소의 클리어런스는 23~28㎖/min으로 GFR의 약 70%가 재흡수 된다. 단백질 사료를 주고 있는 소에서 GFR이 700㎖/min일 때 요소의 혈중농도가 낮아지면, 90% 이상이 재흡수된다. 반추가축에서의 혈중요소는 타액 및 제1위내에 들어가 미생물의 작용에 의해 단백질로 재합성되거나 하부 소화관에도 분비되어 재이용되는 것으로 알려져 있다.

3) Na^+의 재흡수

Na^+의 재흡수는 세뇨관의 전체에 걸쳐 이루어지나, 그 중에서도 근위세뇨관에서의 재흡수가 두드러진다. 세뇨관의 관강내액과 세뇨관세포내액에는 Na^+의 농도균배가 있어 Na^+은 수동적으로 세포안으로 들어간다. 세포의 간질액과 접하는 측에는 Na^+를 간질액 방향으로 이동시키고, 그것과 교환으로 K^+를 배출하는 Na^+/ K^+ ATP펌프가 있어 Na^+를 능동적으로 간질액 쪽으로 배출한다(일차성능동수송, primary active transport). 펌프작용에 의해 세포내로 들어간 K^+는 농도균배에 따라 간질액 쪽으로 나오므로 세포내의 K^+농도는 일정하게 유지된다. 이런 경우, 글루코스와 아미노산 외에 황산염과 유기산 등이 Na^+와 함께 각각의 담체(운반체)를 사용하여 수송된다. 이것은 공수송성이차능동수송(共輸送性二次能動輸送)(제8장 III−1−2)이라 불린다. 세뇨관내액의 Cl^-는, Na^+ 및 다른 용질의 재흡수에 작용이 가해져 수분도 흡수시켜서, 간질액에 대해 고농도로 된다. 더욱이 Na^+의 재흡수는 양이온을 간질액 쪽으로 옮기게 되므로 세뇨관내의 음이온 사이에 전위차를 일으킨다. 이러한 화학적, 전기적 균배가 Cl^-를 수동적으로 확산시킨다. 세포간 연결부위인 밀착접합(tight junction)은 Cl^-에 대해 높은 투과성을 가지고 있으므로, 주로 이 부위에서 Cl^-는 간질액 쪽으로 수송된다 (그림 9 · 5).

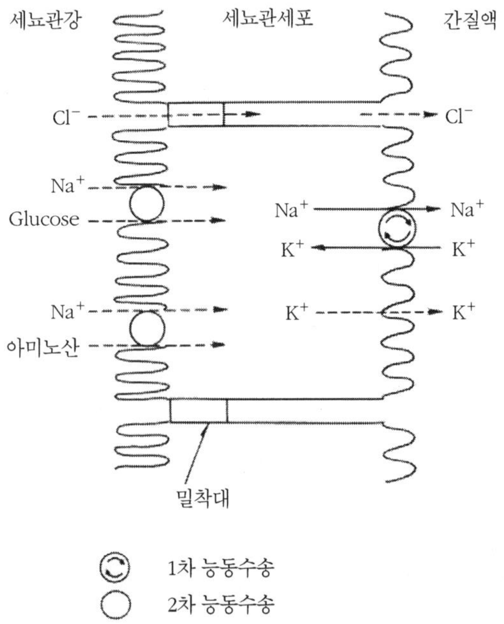

그림 9 · 5 근위세뇨관에 있어서 Na^+ 등의 재흡수기전

aldosterone은 Na^+의 집합관 및 원위세뇨관에서의 재흡수를 촉진하고, K^+의 분비를 촉진한다. K^+는 사구체에서 여출(濾出)된 대부분이 근위세뇨관에서 능동적으로 재흡수된다. 그러나 세포가 필요로 하는 이상의 K^+이 있을 때는 원위세뇨관에서 분비된다.

4) 물의 재흡수

GFR의 약 75%는 근위세뇨관에서 흡수된다. 이곳에는 전해질(특히 Na^+)의 능동 흡수에 유래하는 뇨의 삼투압 저하가 혈장과의 사이에 삼투차를 일으키게 되는데, 이러한 차이를 없애기 위해 물이 수동적으로 흡수된다. 따라서 근위세뇨관 내의 뇨의 삼투압은 약 300mOm/l · H_2O로 혈장의 삼투압과 같다.

네프론 루프(nephron loop)는 근위세뇨관으로 이어지며, 네프론루프에는 피질에 존재하는 피질 네프론을 구성하는 짧은 루프와 수질 가까이에 존재하는 방수질(傍髓質)네프론(juxtamedullary nephron)을 구성하는 긴 루프가 있다(그림 9 · 2). 동물의 종류에 따라 양 네프론의 구성비율이 다르며 긴 루프를 가진 방수질네프론의 수가 많은 동물일수록 뇨의 농축률이 높다(표 9 · 2). 긴 네프론루프는 먼저 피질에서 수질로 하행(下行)하여 신유두(腎乳頭)의 선단(先端) 가까이에 이르러 헤어핀 모양으로 구부러져 원위세뇨관으로 이어진다. 세뇨관액이 네프론루프에 흘러 들어온 부위에서는 세뇨관액과 혈장은 같은 삼투압이나, 헤어핀부위에 가까워지면서 고장(高張)이 되며 상행부 내에서는 반대로 차츰 삼투압은 내려가고, 원위세뇨관 부위에서는 저장(低張)상태로 된다. 네프론루프를 둘러싼 간질액은 세뇨관액과 거의 등장(等張)상태이긴 하나 부위에 따라 매우 다를 수도 있다. 네프론루프와 평행으로 직혈관계(直血管系)가 흐르고 간질액의 삼투압균배를 유지하는 역할을 한다. 이 균배의 존재에 따라 뇨가 농축되므로, 이 균배의 유지는 대향류기구(countercurrent mechanism)에 의해 설명할 수 있다. 즉, 네프론루프가 대향류증폭기(countercurrent multiplier)로서, 직혈관이 대향류교환기(countercurrent exchanger)로 작용하고 있기 때문이다.

대상류계(역류계라고도 함)란 U자관이 일정한 길이에 걸쳐 평행으로 흐르고 그 관벽은 서로 접해 있어 관내에 흐름이 서로 반대방향인 상태를 말한다. 온도의 경우 오른쪽 그림 9 · 6에서 유입관으로부터 30℃의 물이 들어오면 관내로 이르기까지 서로 인접한 유출관에서 열이 전도되어 90℃로 된다. 따라서 관 아래

표 9 · 2 네프론루프의 비율과 뇨의 농축

긴루프의 비율	동물명	물의 대사 회전속도 (ml/kg$^{0.82}$ · 24hr)	뇨의 삼투압 최대농도 (Osm/l)	뇨/혈장농도
0~약간	돼지, 코끼리, 순록, 비버, 조류, 사람	400~500	1.4	4
20~40%	말, 곰, 소, 너구리	250~350	2.5	7
40~80%	면양, 산양, 낙타, 고양이, 개	100~200	3.5	10
100%	sandrat, Kangaroorat	40~80	7.0	17

긴루프의 경우의 작은 동물은 수분의 대사회전속도(turnover율)이 높고, 비율이 많은 동물은 그 역이다.

(Phillis, veterinary physiology)

에서는 30℃의 물을 40℃로 만들지 않고 90℃의 물을 100℃로 만드는 것이 되므로, 높은 온도를 유지할 수 있다. 그림의 왼쪽은 같은 100cal/min의 열을 가해도 30℃의 물은 40℃밖에 되지 않는 것을 나타낸 것이다. 온도를 삼투압온도로 옮겨 놓아도 같은 상태가 된다.

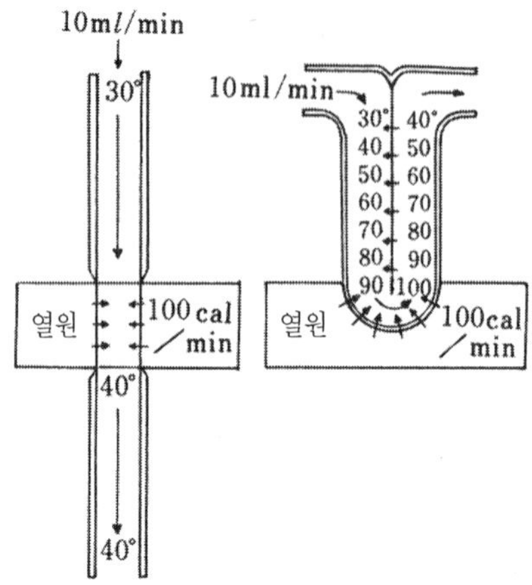

그림 9·6 역류교환계

네프론루프에서는 간질액을 사이에 두고 상행부와 하행부가 서로 접해 있다. 세뇨관 내의 수동적으로 수분이 간질액 쪽으로 수송된다. 따라서, 뇨는 점점 고장상태가 된다. 상행부에서의 세뇨관벽은 수분에 대하여 거의 불투과성 이어서 Na^+가 능동적으로 간질액 쪽으로 수송되므로, 뇨는 점점 저장상태로 되어, 네프론루프의 끝부분에서는 혈액보다도 저장상태가 된다. 간질액 내에 수송된 Na^+는 간질액을 고장상태로 유지하는 역할을 하는 동시에 하행부 내에 수동적으로 흡수되어, 하행부 내의 뇨의 고장성을 유지하는 역할을 하고 있다. 이러한 네프론루프는 구조적으로 대향류교환기로서 작용하고 있는 것 뿐만 아니라 Na^+의 능동수송이 있으므로, 그 효율은 더욱 증강된다. 이로 인해 네프론루프는 또한 대향류증폭기로도 보여진다(그림 9·7).

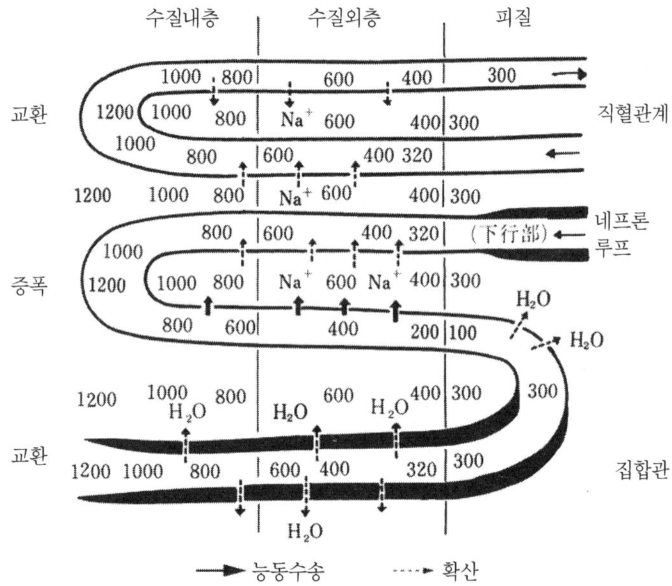

그림 9·7 세뇨관과 직혈관계에 있어서 역류교환계
숫자는 삼투압(mOsm/l·H_2O)

네프론루프와 나란히 직혈관계가 흐르고 있다. Na^+은 하행하는 혈관계에서는 확산(擴散)해서 들어가고, 상행하는 혈관에서는 확산해서 나간다. 한편, 수분은 하행혈관에서는 나오고, 상행혈관 내로 들어간다. 이러한 Na^+ 등의 용질은 간질액 내에서 순환하고, 그 고장성이 유지되나, 간질 내의 수분은 혈관 내로 들어가, 혈류속도가 세뇨관 내의 유속(流速)보다 빠르므로, 간질 내에 저류(貯留)하지 않고, 체순환(体循環)으로 돌아가는 것이 가능하다(그림 9·7).

원위세뇨관에서는 Na^+의 간질액 쪽에서의 능동수송이 일어남과 함께 수분도 수동적으로 수송된다. 이 부위에서의 물의 이동은 항이뇨호르몬(antidiuretic hormone; ADH)에 의해 변화한다. ADH는 수분만을 선택적으로 관강(管腔) 밖으로 이동시킨다.

집합관은 피질에서 수질을 지나 신우(腎盂)에서 개구(開口)한다. 집합관 입구 부분에서는 뇨와 혈장이 거의 등장상태이나, 집합관 내의 뇨가 수질 안을 통과하는 과정에서 개구부(開口部)로 가까워짐에 따라 상승하는 삼투압균배를 가진 간질액과 접하는 것에 의해, 물은 수동적으로 흡수되고 뇨는 농축된다. 이 물의 흡수는 ADH에 의해 조절되어 있고, ADH가 증가하면, 물의 흡수량은 늘어난다. 반대로 ADH의 분비가 억제되면, 집합관에서 물은 거의 흡수되지 않는다.

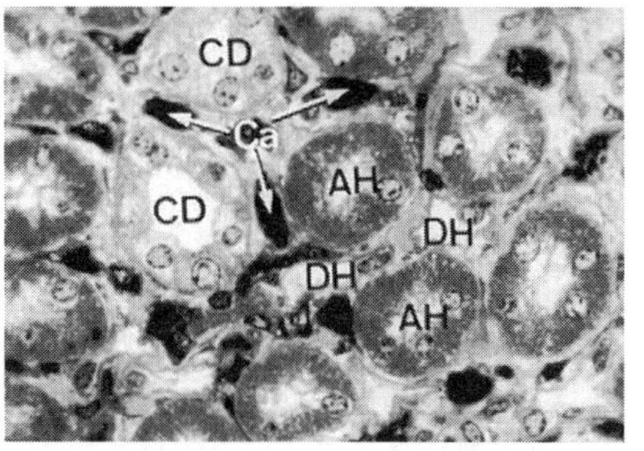

그림 9·8 면양의 신수질외층 부횡단면 (toluidine blue 염색)

DH: 네프론루프의 하행부
AH: 네프론루프의 상행부
CD: 집합관
Ca: 모세혈관

2. 분 비

혈장에서 세뇨관으로 분비된 물질은 동물 종류에 따라 다르다. 예를 들면, 크레아티닌은 영장류(靈長類), 조류(鳥類), 설치류(齧齒類)에서는 분비되지만, 면양, 소, 육식동물에서는 대부분, 혹은 전혀 분비되지 않는다.

1) H^+의 분비

생체내에서 생긴 산과 알칼리는 주로 폐와 신장에서 배설되는 것으로 말미암아 혈장의 pH는 거의 일정하게 유지된다.

대사의 결과, 생성된 CO_2는 세뇨관세포벽에 존재하는 탄산탈수효소(炭酸脫水酵素, CA)의 작용에 의해

$$CO_2 + H_2O \underset{}{\overset{(CA)}{\rightleftharpoons}} H_2CO_3 \underset{(CA)}{\rightleftharpoons} H^+ + HCO_3^-$$

의 반응을 오른쪽 방향으로 진행하고, 발생한 H^+는 Na^+의 흡수와 교환으로 뇨중에 분비된다. H^+는 원위세뇨관과 집합관에서도 분비되지만, 전체의 85%는 근위세뇨관에서 분비된다. 근위세뇨관에서의 H^+의 분비양식은 교환수송성이차성능동수송(交換輸送性二次性能動輸送)의 일례로서, 세뇨관세포측면에 존재하는 Na^+/ K^+ATPase에 의해 Na^+이 간질액 쪽으로 배설되면, 세포내Na^+농도가 낮아져,

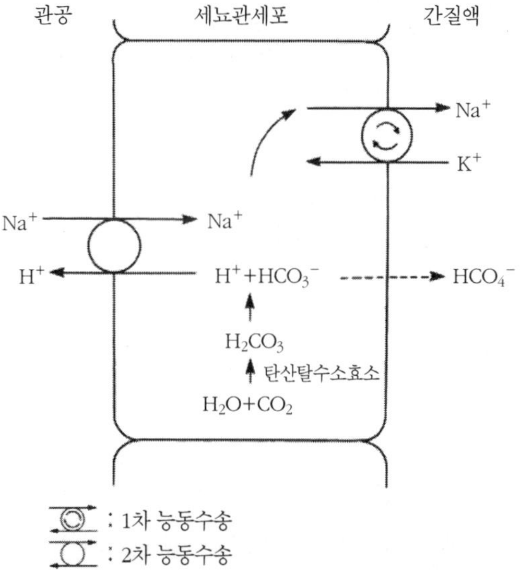

그림 9·9 근위세뇨관에 있어서 H^+의 분비

세뇨관벽에서 Na^+가 유입하고, 동시에 H^+가 발생한다(그림 9 · 9). 이 에너지도 $Na^+/K^+ATPase$에 의해 공급된다. 한편, HCO_3^-는 간질액 쪽으로 확산한다.

다음으로 (1) 뇨중에 나온 H^+는 HCO_3^-와 반응하여 H_2O+CO_2가 되며, CO_2는 확산하여 세뇨관세포에 들어가 CO_2가 HCO_3^-로 변하여 혈중으로 유입된다. 이 반응의 대부분은 근위세뇨관에서 일어난다. (2) 또 분비된 H^+는 $HPO_4^{2-}(Na_2HPO_4)$와 반응해서 $H_2PO_4^-(NaH_2PO_4)$를 만든다. (3) 또, H^+는 NH_3와 반응하여 NH_4^+의 형태로 배설된다. NH_3는 주로 원위세뇨관에서 글루타민으로부터 세뇨관 세포내에 존재하는 글루타미나아제(glutaminase)의 작용으로 발생하고, 또 글루타민산을 함유한 각종 아미노산의 탈아미노반응에 의해 발생한다(그림 9 · 10).

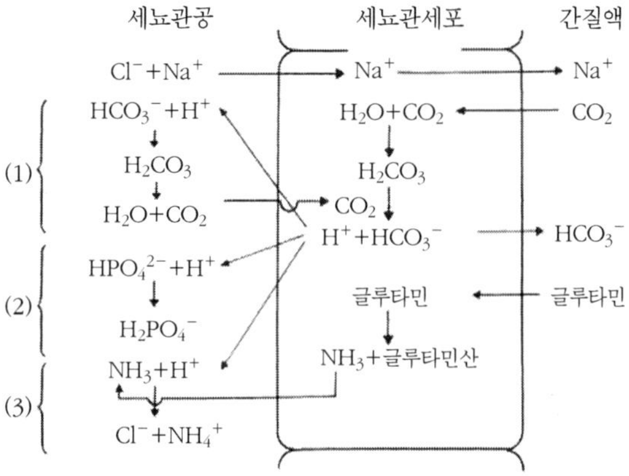

그림 9 · 10 산(H^+)의 분비
(1), (2), (3)은 본문의 설명참조

H^+의 분비와 함께 되고 (1)에서는 HCO_3^-의 CO_2로 흡수 (2)에서는 적정산의 생성, (3)에서는 NH_4^+의 생성을 수반한다.

육식동물에서는 단백질 대사 결과 발생하는 인산과 황산이 많으므로, 원위세뇨관에서는 뇨의 pH가 5까지도 내려갈 수 있다.

반추가축에서는 조사료(粗飼料) 급여시, 뇨의 pH는 알칼리성이나, 절식일 때와 농후사료(濃厚飼料) 급여 시의 뇨는 산성이 된다. 또한 채식시에는 많은 양의 알칼리성 타액이 분비되는 결과, 혈액의 산성화가 일어나 뇨도 산성이 된다. 식물세포 안에는 K^+가 많아, 이것을 사료로 섭취하면 뇨는 알칼리성으로 된다. K^+는 중탄산염, 또는 염화물로서 근위세뇨관을 내려오는 과정에서 재흡수된다. 또 필요한 이온인 Cl^-가 필요성이 적은 HCO_3^-보다 많이 재흡수된다. K^+는 다음으로 원위세뇨관 내에 분비되어, K^+의 탄산염과 중탄산염을 형성하고 알칼리성을 나타내기에 이른다. 이런 경우 NH_3의 생성은 적어 인산염은 대부분이 K_2PO_4로 존재하므로, KH_2PO_4는 적다. 여과된 K^+보다도 뇨중에 나타난 K^+가 많은 경우는, 반추가축에서는 흔히 있는 일이며 K^+와 교환하여 H^+이 혈액 속에 재흡수된다.

2) 호르몬의 작용

원위세뇨관 내의 Na^+농도가 감소하거나, 혹은 혈압이 저하했을 때에 레닌이 분비되어, 안지오텐신(angiotensin)이 발생한다. 안지오텐신은 혈관의 평활근(平滑筋)을 수축시켜 혈압을 상승시키고, 또한 알도스테론을 분비시켜 Na^+의 재흡수를 촉진시켜 결과적으로 혈압량의 증가, 혈압의 회복을 가져온다. 한편 심방(心房)에서는 Na^+의 배설증가를 가져와 나트륨 배설증가 펩티드(atrial natriuretic peptide, ANP)가 분비된다. Na^+의 섭취가 늘고 세포외액이 증가할 때에 이 ANP의 분비가 많아져, 혈관을 확장시키고 혈압을 저하시킨다. 동시에 레닌분비를 억제하여 안티오텐신 농도를 낮춘다. 상피소체호르몬은 Ca^{2+}의 흡수를 촉진하는 한편, 인산을 배출 촉진시킨다. 또한, 이 호르몬에 의한 신장에서의 cAMP 생성을 통하여 비타민 D의 활성화형인 1, 25-지히도로키시코레카루시페롤이 생성되며, 장관(腸管)으로 운반되어 Ca^{2+}의 흡수가 촉진된다. 아울러 신장에서 생성된 프로스타그란딘(prostaglandin)도 Na^+의 배설 등을 통해 뇨의 생성에 관여한다. 또한 신장은 에리트로포이에틴(erythropoietin)을 분비하여, 적혈구 생성에 관여한다.

IV. 뇨량의 조절

신동맥의 혈압이 올라도 어느 범위 내에서는 혈류량이 일정한 것처럼 조절된다. 그 결과 사구체여과량도 일정하게 조절되지만, 사구체여과면의 확장, 사구체모세혈관의 혈압 증가와 혈액교질삼투압의 감소로 여과량이 증가했을 때와 세뇨관내 뇨에서의 수분의 재흡수가 억제되었을 때는 뇨량이 증가한다. 뇨량이 증가하는 것을 이뇨(diuresis)라고 한다.

1) 물이뇨(water diuresis)

개와 사람이 물을 상당량(1ℓ) 섭취하면 혈액의 교질삼투압은 저하하고, 혈액량은 증가한다. 그 결과, 뇨량이 증가하나, 45분 후에 뇨량은 최대에 달하고 3시간 후에는 섭취한 물은 모두 배설된다. 반추가축은 제 1위가 있으므로, 예를 들면 면양에게 2ℓ의 물을 주어도, 2시간은 이뇨가 일어나지 않는다. 소는 면양에 비해 물의 이용속도가 빠르므로 이뇨가 나타나는 시간은 면양보다 빠르다.

2) 삼투압이뇨(osmotic diuresis)

세뇨관 내에 재흡수되지 않은 물질이 있으면 물의 수동적재흡수가 방해를 받아 이뇨가 일어난다. 마니톨(mannitol)과 자당(sucrose)과 같은 물질을 혈중에 투여하면 삼투압이뇨가 일어난다, 또한, NaCl과 글루코스 등도 대량으로 주게되면 같은 현상이 일어난다. 면양에 1kg의 벼종류의 건초를 주게되면, 하루에 500mEq의 K와 50mEq의 Na를 섭취하게 되어 800~1,000mOsm/ℓ·H_2O의 뇨를 1~1.5ℓ배설한다. 알팔파(alfalfa)건초를 같은 양을 급여하면, K(600mEq)와 Mg의 섭취량이 늘어날 뿐만 아니라 단백질의 섭취량이 늘어 요소의 생성이 증가하므로, 물을 많이 마시게 되어 약 2배의 뇨를 배설한다. 이때, 뇨삼투압은 약간 오를 뿐이다. 육식동물에서는 염류에서 유래하는 이뇨는 일어나지 않지만, 단백질대사의 결과 발생하는 요소에서 유래하는 이뇨가 일어난다.

3) 이뇨제

심장, 신장, 간장의 기능장애로 인해 세포외액량이 증가할 경우, 이뇨제(diuretic)로 치료할 때가 있다. 유기수은제(有機水銀劑)는 주로 Na^+의 재흡수억제에 의해, 아세타졸아미드(acetazolamide)는 탄산탈수효소의 억제에 의해 이뇨작용을 나타낸다. 카페인류는 혈관확장에 의해 GFR을 증대시켜, 이뇨효과를 나타낸다.

4) 뇨량의 감소

뇨량의 감소는 신장의 기능적, 병적 혹은 약물적인 요인에 의해 발생한다. 뇨의 배설량은 시간적으로도 동일하지 않고, 낮과 밤, 혹은 계절에 따라서도 변한다. 면양의 GFR은 하절기엔 동절기에 비해 거의 2배가 된다고 한다. 방목되어 있는 가축은 수분, 단백질 및 K함량이 높은 풀을 섭취하므로, 건초 등을 섭취할 때보다 뇨량이 많다.

운동과 출혈의 경우에 신장의 소동맥의 수축에 의해 뇨량이 감소하는 경우가 있다. 또한 불안 등의 원인으로 인한 아드레날린의 분비가 늘어 혈관이 수축하고, 여과면(濾過面)이 현저히 축소하면 뇨량이 감소한다. 그러나, 뇨량은 사구체여과량과는 어느 정도 병행하나, 혈류량과는 병행하지 않는다. 신장에는 교감신경과 미주신경이 분포하고 있지만, 평상시는 어느 쪽의 신경도 뇨의 생성에는 직접적인 관계가 없다. 호르몬에 의한 조절로서는 항이뇨호르몬에 의한 것을 들 수 있다. 또한 알도스테론도 Na^+의 재흡수량 증가작용을 통해 뇨량의 조절에 영향을 준다.

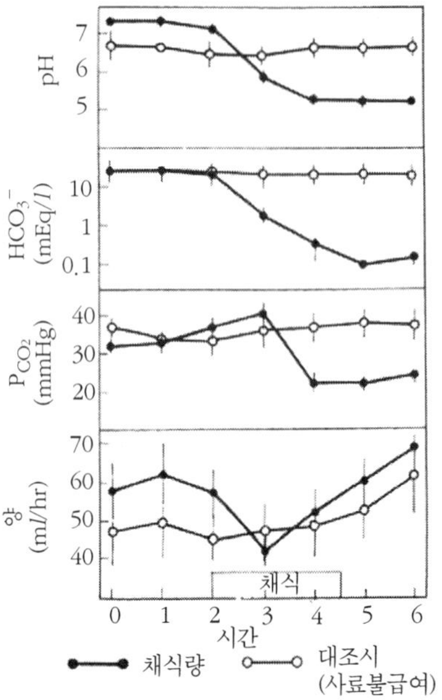

그림 9 · 11 면양의 채식시 요성상과 배뇨량의 변화

5) 채식과 뇨량

육식동물에서는 채식시에 타액분비량이 비교적 적고, 분비되는 무기이온도 K^+이나 Cl^-가 주가 된다. 그러나 위(胃)에서는 H^+가 HCl로서 상당량 분비되므로 HCO_3^-가 혈중에 남는다. 이것은 인산염과 탄산에 의해 완충되지만 신장은 혈액 pH의 변화에 따라 여분의 HCO_3^-를 K^+와 함께 분비하여, 일시적인 알칼리성 뇨를 나타낸다. 마찬가지로 소화관 내용은 장에 있어서는 알카리성의 췌액을 분비시키므로, 혈중에 남아있던 산은 뇨중에 배설되어 일시적인 산성뇨를 나타낸다.

반추가축에서는 채식에 따른 대량의 타액이 분비된다. 이 때문에 혈액에서 수분과 Na^+ 및 HCO_3^-를 빼앗긴다. 따라서 혈액은 산성화되고, 뇨도 산성이 되어 평상시 pH7.5나 그이상을 나타내던 뇨가 pH 5.5 혹은 그 이하로 저하된다. 또한 시간을 제한하여 사료를 줄 경우는 혈중 수분의 감소로 인해 발생하는 삼투압의 증가로 항이뇨호르몬의 증가를 촉진하여 뇨량이 감소한다(그림 9 · 11). 포유동물 중 암면양에서도 일어나, 옥시토신(oxytocin)과 함께 항이뇨호르몬이 분비되어 뇨량이 감소한다.

V. 배 뇨

각 집합관을 지나 신우(腎盂, renal pelvis)에 모인 뇨는 3층의 평활근으로 둘러싸인 요관(ureter)으로 들어간다. 요관의 신우측 말단에는 연동운동을 일으키는 페이스메이커(pacemaker)부위가 있어서, 뇨는 그 운동에 따라 방광으로 흐른다. 두 개의 요관은 방광벽을 구성하는 근육의 내부를 어느 정도의 거리(距離)에 걸쳐 통과하므로, 방광근은 뇨의 역류를 막는 괄약근의 역할을 다하고 있다. 방광은 배뇨근으로 불리는 나선모양, 종주(縱走) 및 윤주(輪走)의 3층의 평활근(平滑筋)으로 되어 있다. 방광저(膀胱底)의 내면에는 방광삼각이 있어 그 2개의 정점에 요관이 개구(開口)하고, 다른 하나에 요도(urethra)가 개구(開口)한다. 요도는 안과 밖의 방광괄약근에 의해 둘러싸여 있다. 이러한 근육의 협동작용에 의해 방광내에 모인 뇨가 요도로 배설되는 것을 배뇨(micturition)라고 한다.

1) 신경지배

요관에는 교감신경과 부교감신경이 분포하고 있다. 그러나 이러한 신경지배를 차단해도 요관의 기능장

표 9·3 각종 가축의 뇨 및 혈액성분의 비교(평균치)

동물	물질	요농도(g/dl)	요중배설량(g/일)	혈장농도(g/dl)	뇨/혈장
말	물	–	6.0 l	–	–
	크레아틴	0.360	22.0	0.002	180
	Na^+	0.050	3.0	0.310	0.2
	K^+	0.900	54.0	0.017	53
	Cl^-	0.060	3.6	0.360	0.2
	Ca^{2+}	0.010	0.6	0.012	0.8
	무기P	0.015	0.9	0.003	5.0
소	물	–	8.0 l	–	–
	크레아틴	0.155	12.4	0.0015	103
	Na^+	0.048	3.8	0.320	0.2
	K^+	1.360	109	0.016	85
	Cl^-	0.330	26	0.370	0.9
	Ca^{2+}	0.001	0.1	0.009	0.1
	무기P	–	–	0.004	–
돼지	물	–	6.0 l	–	–
	크레아틴	0.150	22.0	0.0015	100
	Na^+	0.010	3.0	0.315	0.03
	K^+	0.350	54.0	0.018	20
	Cl^-	0.230	3.6	0.360	0.6
	Ca^{2+}	0.009	0.6	0.009	1.0
	무기P	0.034	0.9	0.004	8.5
면양	물	–	1.0 l	–	–
	크레아틴	0.056	0.56	0.0014	40
	Na^+	0.130	1.3	0.330	0.4
	K^+	0.350	3.5	0.018	19.4
	Cl^-	0.330	3.3	0.380	0.9
	Ca^{2+}	0.003	0.03	0.010	0.3
	무기P	0.018	0.18	0.004	4.5
산양	물	–	1.0 l	–	–
	크레아틴	0.120	1.2	0.0018	67
	Na^+	0.042	0.4	0.320	0.1
	K^+	0.650	6.5	0.020	32
	Cl^-	0.510	5.1	0.380	1.3
	Ca^{2+}	0.002	0.02	0.010	0.2
	무기P	–	–	0.004	–

해는 일어나지 않으므로, 요관운동을 보조적으로 지배하고 있는 것에 지나지 않는다고 생각된다. 요관을 구성하는 평활근세포에는 흥분을 연속적으로 전달해 가는 기능이 있어, 이것에 의해 연동운동이 일어난다. 연동운동은 포유류 가축에서 1~4회/min의 빈도로 발생하고, 30mm/sec의 속도로 요관에 전해진다. 뇨가 방광에 모여 방광벽에 분포하는 신장수용기가 자극되면, 골반내장신경내의 지각신경을 지나 척수의 배뇨중추(천수 S_2-S_4에 있음)에 흥분이 전해져, 다시 교감신경인 하복신경, 부교감신경인 골반신경에 전도되고, 방광은 수축한다. 동시에 내방광괄약근이 이완되어 배뇨가 일어난다. 외방광괄약근은 수의근으로, 체성신경인 음부신경의 지배를 받기 때문에 수의로 수축시키는 것도 가능하다. 배뇨는 다수의 반사가 연달아 일어나는 일련의 반사의 결과다. 돼지와 개에서 이런 반사는 간헐적으로 일어나며, 1~2초간의 뇨 배설이 계속된다. 소와 말의 경우는 끊임없이 배뇨된다.

방광과 요도에 분포하는 지각신경의 흥분이 대뇌피질로 전해져 뇨의(尿意)가 발생한다. 대뇌피질과 척수(脊髓)의 배뇨중추 사이에는 신경의 연락이 있기 때문에 수의(隨意)로 배뇨할수 있다. 면양, 산양, 소에서는 이상사태나 공포가 있으면 배뇨를 중지한다.

요도의 어느 부분에도 요석(urinary calculus)이 형성될 가능성이 있다. 크고 작은 여러 가지의 요석이 세뇨관, 신우, 요관, 방광에 침착하고, 동통(疼痛)과 배뇨장해 등을 주된 증상으로 하는 요석증(urolithiasis)이 발병한다. 육식가축에서는 요산염 또는 시스테인(cysteine)결석이 주된 것이지만, 초식가축에서는 인산, 수산(蓚酸), 탄산의 Ca, K 또는 Mg염결석이 가장 많다. 우리 나라의 사육우에 발생하는 요석의 성분은 인산 Mg염을 주성분으로 하는 것이 많다.

VI. 뇨

뇨의 성분과 양은 사육조건에 따라 현저히 다르다. 뇨의 성분은 주로 물이며, 단백질 대사산물, 무기물 및 색소를 함유한다(표 9 · 3). 말의 뇨는 신우와 요관에서의 점성분비물을 함유하므로 약간 농후하다. 또한 말이나 소의 뇨는 $CaCO_3$를 함유하므로 혼탁하다. 육식동물이나 돼지의 뇨는 담황색에서 적색을 띤다. 초식동물의 뇨는 방치되면, 표층(表層)에서부터 갈색화된다. 이것은 페놀, 특히 카테콜이 알칼리용액 내에서 공기에 의해 산화되기 때문이다. 뇨색소에 단백질 대사산물로서 요황색소원(urochromogen), 담즙색소에 기초하는 것으로서, 우로빌린(urobilin)이 존재한다.

뇨의 삼투압은 1,000mOsm/ℓ · H_2O로 혈장(300mOsm/ℓ · H_2O)의 약 3배이나, 대량의 물을 섭취한 경우는 혈장보다도 낮아질 수 있고, 또한 물이 결핍되었을 때는 면양이나 개에서 3,000mOsm/ℓ · H_2O에까지 이를 수 있다.

뇨의 pH는 초식동물에서 대략 6~9, 육식동물에서는 5~7의 범위이다. 뇨중의 단백질 대사산물 중, 주요한 것으로는 요소, 마뇨산(초식동물에 많음, 말, 소에서 150g/일, 개에서 0.2g/일의 배설이 있다), 알란토인(allantoin), 크레아티닌(creatinine)등이 있다.

제 10 장 대사

대사(metabolism)란 어원적으로 “변화”를 의미하는 것처럼 생체 내에서 일어나는 모든 화학변화와 에너지 변환을 의미한다. 동물체는 당질, 단백질, 지질을 주로하여 CO_2와 H_2O까지 산화 분해하여 생명현상의 유지에 필요한 에너지를 얻고 있다. 생체내 산화반응은 연소와 같은 폭발적인 반응이 아니라 이화작용(catabolism)이라 하는 복잡한 생체내 산화로서, 반응속도가 느리고 이용하기 쉬운 형태로 에너지를 방출할 수 있다. 이 에너지는 고에너지 인산화합물로서 저장된 후 이용되거나, 저장 단백질, 지질, 탄수화물의 형태로 생체내에 저장된다. 후자와 같이 생체내에 물질을 합성하는 과정을 동화작용(anabolism)이라 한다. 본장에서는 에너지의 산생 및 탄수화물, 지질, 단백질의 대사에 대하여 기술한다.

Ⅰ. 에너지 대사

1. 에너지 교환

1) 에너지 대사의 개요

동물은 생명의 유지, 성장 등을 위해 많은 에너지를 필요로 하고, 그 모두를 섭취한 사료에서 얻고 있다. 동물이 섭취 · 흡수한 사료는 체성분의 구축이나 우유 등의 생산에도 이용되지만, 그 대부분은 생명을 유지하기 위한 에너지로서 이용된다. 섭취한 사료로부터 생명유지에 필요한 에너지를 생산해내는 과정을 에너지 대사라 한다. 체내 대사의 대부분은 이러한 에너지 대사를 목적으로 행해지고 있다.

동물의 에너지원은 탄수화물, 단백질, 지질이며 먼저 소화관내에서 소화된 후 흡수된다. 이어서 간장이나 다른 조직에서 중간대사경로에 들어가 각각에 특유한 경로로 분해된다. 즉 탄수화물은 당으로서 흡수되어 중간 대사 경로인 해당계를 거쳐 pyruvate, Acetyl−CoA를 생성한다. 지방산은 β산화에 의해 Acetyl−CoA로 분해되고, glycerol은 해당계 혹은 당신생계로 들어간다. 단백질이 분해되어 얻어지는 아미노산은 대사되어 해당계 혹은 TCA 회로로 들어간다. 최후로 중간대사경로에서 생성된 pyruvate, Acetyl−CoA등은 TCA 회로에서 분해되고, 산화적 인산화 경로 반응에 의해 에너지를 산생한다. 이렇게 하여 동물은 섭취한 사료로부터 생체의 유지에 필요한 에너지를 도출하여 이용하지만, 이 에너지는 최종적으로는 열로서 방출된다. 이 열산생은 사료를 체외에서 연소시켰을 때 발생하는 열량과 동일하기 때문에 사료가 갖는 화학에너지도 열량으로 나타낼 수 있다. 따라서 동물이 섭취한 영양소의 종류와 량, 체내에서 산화 분해되어 생긴 물질(CO_2, 요소 등)의 배출량으로부터 체내에서 발생한 열량을 계산할 수 있다.

2) 열량의 단위

에너지의 단위는 통상 joule이지만, 생리학에 있어서는 kilocalorie(kcal, 간단히 Calorie라고 하는 경우도 많다. 이 경우 Cal로 C는 대문자로 표기된다)가 많이 이용되어 왔다. 1calorie는 1g의 물을 15℃에서 16℃로 상승시키는데 필요한 열에너지로 정의 되어 있고, 1kcal(Cal)는 그 1000배이다. 에너지의 국제단위는 생물학에 있어서도 joule이고, 축산분야에 있어서도 최근은 joule로 표가하는 경우가 증가하고 있다. 이 경우 kJ이나 MJ이 단위로서 이용되고 있다. 본서에서는 J로 표기하지만 kcal도 병용한다.

1calorie ≒ 4.184J

1MJ ≒ 239.0kcal(Cal)

3) 대사율(metabolic rate)

이화작용의 각 과정에서 산생된 에너지(=방출된 에너지)는 생체의 유지, 음식물의 소화나 대사, 체온조절이나 에너지의 저장, 운동 등에 이용된다. 이 에너지의 형태는 외부에 대한 일, 열 및 저장에너지이다.

에너지 산생량 = 외부에 대한 일 + 저장에너지 + 열

단위시간당 산생에너지를 대사율이라 한다.

2. 에너지 대사량의 측정

1) 직접 열량 측정법과 간접 열량 측정법

음식물이 갖는 에너지량은 연소시켜 직접 측정할 수 있다. 이것은 통상 bomb calorimeter가 이용된다. 사료로서 급여하는 단백질, 지질, 당질을 1g씩 bomb calorimeter에서 측정한 경우의 연소열은 각각 23.6kJ(5.65kcal), 39.5kJ(9.45kcal), 17.2kJ(4.1kcal)이다. 단, 단백질의 생체내 산화가 불충분하여 이화작용의 최종산물로서 CO_2, H_2O, 기타 요소등의 질소화합물을 생성하는 것이나, 소화, 흡수율 등의 영향도 받기 때문에 생리적 이용 calorie는 단백질:16.7kJ(4.0kcal), 지질:37.7kJ(9.0kcal), 당질:16.7kJ(4.0kcal)로 되어 있다.

동물 생체내에 있어서 열량산생의 직접 측정은 용이하지 않지만, 그 목적으로 동물을 실내에 넣어 측정할 수 있는 열량 측정 장치가 만들어져 있다. 단열한 작은 방에 동물을 넣으면 실내의 온도가 동물체로부터 발생하는 열 때문에 상승하지만, 라디에이터를 부착하여 실내로 물을 통과시키면 냉각되어 실내의 온도를 높이지 않고 그대로 유지할 수 있다. 물이 흐르는 양을 조절하여 실온을 일정하게 유지하고 이때의 물의 유입온도, 유출온도 및 물의 유량을 측정하여 물의 온도차를 유량에 제곱하면 유수와 함께 운반된 열량을 측정할 수 있다. 또한 호기나 피부에서 증발하는 수분량은 실내의 환기회로의 수증기를 포집하는 것으로 측정할 수 있다. 이 수분량에 의해 증발잠열을 계산한다. 전술한 열의 유출량에 잠열량을 더하여 약간의 보정을 가해 동물체의 총 발생열량을 측정할 수가 있다. 가축에서 이 장치를 갖고 있는 데는 세계적

으로 몇 개소에 불과하다.

동물체내에서는 물질의 이화작용에 의해 에너지를 산생하기 때문에, 산화과정의 최종산물인 CO_2, H_2O 및 단백질 이화작용의 최종산물인 요소량을 측정하는 것, 또는 소비된 O_2량을 측정하는 것으로 계산할 수 있다. 이 같은 방법을 간접열량 측정법(indirect calorimetry)이라 한다.

2) 호흡상에 의한 열량측정

정상상태에 있어서 호흡에 의해 배출된 CO_2량과 소비된 O_2량의 비율을 호흡상(respiratory quotient : RQ)이라 한다. 이것은 동물을 호흡실에 넣어 그 전 공기의 조성의 변화량을 측정하든가, 동물에 마스크를 부착하여 호기를 채취하여 흡기와 호기를 분석하여 구할 수 있다. 호흡상은 체내에서 산화되는 당질, 지질, 단백질의 비율에 의해 변동한다.

a) 탄수화물의 RQ : 1mol의 glucose 산화할 때 O_2 6mol(22.4ℓ×6 = 134.4ℓ)을 소비하여 CO_2 6mol을 산생하여 그 결과 2.87MJ(686kcal)의 열을 발생한다.

$$C_6H_{12}O_6 + 6O_2 \rightarrow 6CO_2 + 6H_2O + 2.87MJ$$

따라서 탄소화물의 호흡상은 RQ = 6mol/6mol = 1.0이다. 또한 glucose 1mol당 O_2소비량은 6mol(22.4ℓ×6=134.4ℓ)이기 때문에 O_2소비량 1ℓ당의 열산생량은 2.87MJ/134.4ℓ=21.4kJ/ℓ(5.104kcal/ℓ)가 된다. 이것을 열당량(heat equivalent)라고 한다.

b) 지방의 RQ : 지방은 산소함량이 탄소함량에 비하여 대단히 낮기 때문에 RQ는 낮은 수치를 나타낸다. Tripalmitic acid를 예로 들면

$$C_{51}H_{98}O_6 + 72.5O_2 \rightarrow 51CO_2 + 49H_2O + 32.0MJ(7,657kcal)$$

이 되어 호흡상은 51/72.5=0.704, 열당량은 19.7kJ/ℓ(4.716kcal/ℓ)가 된다. 지방의 혼합물의 경우는 일반적으로 RQ=0.707, 열당량 19.6kJ(4.686kcal)로 되어 있다.

c) 단백질의 RQ : 단백질 분자에는 산소, 탄소 이외에 질소 이온이 포함되어 있으며 또한 인이 포함되는 경우도 많다. 더욱이 질소는 완전히 산화되지 않고 뇨중으로 배설되기 때문에 탄수화물이나 지방과 같이 단순히 계산할 수 없다. 포유류에 있어서 단백질의 RQ는 0.801, 열당량은 18.7kJ/ℓ(4.465kcal)로 되어 있다. 조류에 있어서 단백질의 RQ는 0.705이다.

d) 혼합사료의 RQ : 통상의 사료는 탄수화물, 지방, 단백질을 다양한 비율로 함유하고 있지만, 호흡상은 약 0.85로 되어 있다. 에너지 대사에 있어서 당질대사의 비율이 증가하면 호흡상은 1에 가까워지고 절식 시에는 0.7에 가깝다. 경우에 따라서 호흡상이 1을 넘는 경우도 있지만, 이는 O_2의 함량이 높은 탄수화

표 10 · 1 비단백질성 호흡상에 대한 열당량 및 탄수화물과 지방의 연소 비율

비단백질성 호흡상	O_2 1ℓ에 대한 열당량 kJ/l(kcal/l)	연소비율(%)	
		탄수화물	지방
0.707	19.61(4.686)	0.0	100.0
0.75	19.83(4.739)	45.6	84.4
0.80	20.09(4.801)	33.4	66.6
0.85	20.35(4.863)	50.7	49.3
0.90	20.60(4.924)	67.5	32.5
0.95	20.86(4.985)	84.0	16.0
1.00	21.12(5.047)	100.0	0.0

물이 O_2의 함량이 낮은 지방으로 전환할 때에 산소가 생기기 때문이다. 예로 glucose가 stearic acid로 변하면 $3C_6H_{12}O_6 \rightarrow C_{18}H_{36}O_2 + 8O_2$가 되어 1분자의 stearic acid 합성당 8분자의 O_2가 방출되어 대사에 사용되기 때문에 이 만큼 외부에서의 O_2흡수가 감소하여 호흡상이 저하한다. 이 현상은 탄수화물로 부터의 지방합성이 왕성한 시기, 즉 가축에서는 비육시에 일어나고, 비육돈에서는 호흡상이 1.4를 나타내는 예도 있다. 또한 반축가축에서는 CO_2 발생량은 폐에서 배출되는 CO_2와 제1위내 발효로 생성된 CO_2가 혼합된 것으로 호흡상 산출에 있어서 보정이 필요하다.

호흡상에 의한 열량측정과 동시에 뇨중으로의 질소배설량을 측정하여 단백질대사로 유래하는 gas대사량을 빼면 탄수화물과 지방의 대사에 의한 가스 대사량을 알 수 있다. 뇨중 배설 N량 1g에 상당하는 단백질의 연소에서는 5.923ℓ의 O_2를 소비하여 4.754ℓ의 CO_2를 산생한다. 따라서 전O_2 소비량−뇨중 N(g)×5.923이 탄수화물과 지방의 연소에 필요한 O_2량이고 전CO_2 산생량−뇨중 N(g)×4.754가 탄수화물과 지방의 연소로 유래하는 CO_2량이다. 이 CO_2/O_2가 비단백질성 호흡상(non−protein respiratory quotient)이다. 비단백질성 호흡상에서 체내에서 이화된 탄수화물과 지방의 비율 및 이때의 열당량을 구할수 있다(표 10 · 1). 이상과 같이 생체내에서의 이화작용에 대한 탄수화물, 지방, 단백질의 기여율 및 각각에 유래하는 열발생량을 구할 수 있다.

3. 기초대사

동물을 절식시켜 소화흡수가 행해지고 있지 않는 상태로 두고, 또한 안정한 상태에서 측정된 발생열량은 그 동물의 생명유지에 필요한 최소 에너지량에 상당한다. 이를 기초대사(basal metabolism)라 한다. 기초대사를 측정하기 위해서는 「안정상태」 또한 「흡수후 상태」이고 「최적환경온도」이어야 한다.

1) 기초대사 측정을 위한 조건

안정상태란 문자 그대로 운동을 하고 있지 않는 안정한 상태이지만, 가축을 횡와(横臥)의 안정 상태로 두

는 것은 곤란하기 때문에 기립, 횡와의 횟수나 근육운동의 정도를 기록하여 보정하는 방법이 일반적이다.

동물이 절식한 후, 소화관에서 소화흡수가 행해지지 않게 되고, 이에 기인하는 열발생이 없는 상태를 「흡수 후 상태」라 한다. 사료섭취를 중지하고 나서 흡수 후 상태로 되기까지의 시간은 동물 종류에 따라 상당히 다르다. 사람이나 육식동물에서는 12~18시간, 닭은 30~40시간이지만, 초식동물에서는 소화관 내에 체류하는 내용량이 많기 때문에 보다 장시간을 필요로 한다. 소나 산양에서는 발생열량, 메탄발생량, RQ의 변화로부터 보면 조사료 급여시에는 4~5일, 생초 · 농후사료 급여 시에는 2~3일에서 흡수 후 상태가 얻어질 수 있다고 한다.

동물의 발생열량은 환경온도에 따라 영향을 받기 때문에 대사량 측정 시에는 그 동물을 최적 환경온도 범위에 두지 않으면 안된다. 일반적으로 소동물은 대동물보다도 최적온도범위가 좁고, 또한 온도가 높다. 닭에서는 16~28℃, 양에서는 21~25℃, 돼지 20~23℃, 소 15~18℃로 되어 있다.

2) Metabolic body size

단위체중당 기초대사량은 소동물 쪽이 훨씬 크다. 열교환이 체표면에서 이루어지기 때문에 체표면적에 비례할 것으로 생각되지만, 실제로는 그렇지 않다. 체표면적은 체중의 0.67승에 비례하지만, 기초대사량은 체중의 0.75승에 비례한다. 체중의 0.75승이라는 것을 metabolic body size라 한다. 각종 동물의 기초대사량을 표 10 · 2에 나타내었다. Metabolic body size당 기초대사량은 약 300kJ/kg$^{0.75}$ · 일로 거의 일정하다.

3) 특이 동적 작용(specific dynamic action : SDA)

동물이 사료를 섭취하면 이에 동반하여 대사율이 상승한다. 이를 특이 동적 작용 혹은 열량증가(heat increment)라고 한다. 특이 동적 작용은 그 식품이 체내로 흡수되는데 있어 일어나는 불가피적 에너지 소

표 10 · 2 각종동물의 기초대사량

동물	체중(kg)	기초대사량	
		MJ/일	kJ/kg$^{0.75}$ · 일
소(육우)	401	31.05	349
소(유우)	463	30.18	302
말	675	40.76	307
양	46.0	4.887	274
산양	36.0	3.347	228
토끼	2.2	0.515	286
닭	2.0	0.469	279
mouse	0.021	0.0201	336
rat	0.226	0.0987	302
사람(남)	70	7.112	294

비이고, 단백질에서 약 30%, 당질 약 6%, 지질 약 4%라 한다. 이 특이 동적 작용은 사료섭취에 따른 저작, 소화, 흡수, 소화관 운동, 소화액 분비, 기타 간장에 있어서 아미노산의 처리 등에 따른 대사량의 증가라고 하지만, 상세한 것은 불명확하다. 이 여분의 발생열량은 체온의 유지에 이용되지만, 사료에너지의 손실로 생각되고 있다.

4. 이화작용과 에너지 생산

음식물의 분해와 에너지생산 과정은 대단히 많은 화학반응의 연쇄에 의해 일어나지만, 전체로서 파악하는 데는 대단히 복잡하기 때문에 보다 이해하기 쉽게 하기 위해 이 반응을 3단계로 나누어 고찰한다.

1) 음식물의 분해와 흡수

제1단계는 음식물중의 거대분자가 작은 구성단위 분자로 분해되는 과정으로, 단백질은 아미노산으로 다당류는 glucose등의 단당류로, 지방은 glycerol과 지방산으로 각각 가수분해 된다. 이들은 주로 소화관 내에서 행해지는 반응으로 생체가 이용할 수 있는 에너지는 생산되지 않는다. 상세한 내용은 "소화와 흡수" 항을 참조하기 바란다.

2) 중간대사

제2단계는 제1단계에서 생성된 분자를 분해 · 변환하여 제3단계로 보내기 위한 반응계로서 중간 대사라 한다. Glucose는 해당계에 의해 분해되어 pyruvate를 생성한다. 혐기적 조건에서는 pyruvate는 lactate로 변환되고, 호기적 조건에서는 Acetyl-CoA의 acetyl기가 변환되어 TCA회로로 진행된다. 지방산은 β산화에 의해 분해되어 Acetyl-CoA를 산생한다. Glycerol은 인산화 되어 해당계 혹은 당신생계로 들어간다. 아미노산은 탈아미노화 등의 대사를 거친 후 Acetyl-CoA로 변환되거나 TCA회로로 들어간다. 이 단계에서는 ATP분자가 생성되지만, 제3단계에 비하면 훨씬 적다.

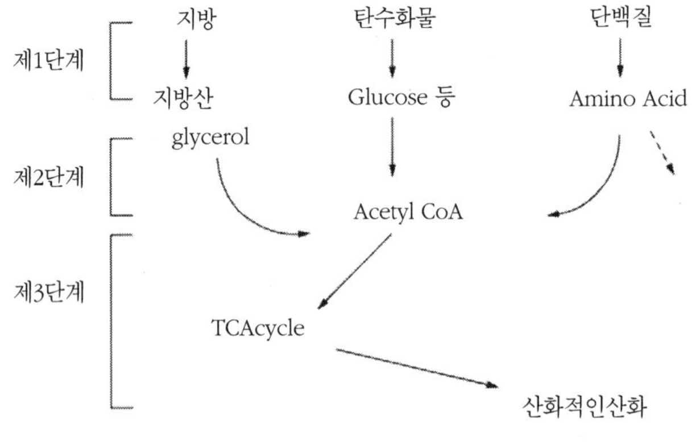

그림 10 · 1 음식물로 부터 energy를 도출하는 단계

3) 산화적 인산화

제3단계는 TCA회로와 산화적 인산화 반응으로 되는 경로이다. 이 단계는 에너지 기질을 분해하는 최종 단계이다. Acetyl-CoA가 TCA회로에 acetyl기를 갖고 들어가 이것이 완전히 산화되어 CO_2로 된다. 이 단계에서 4쌍의 전자가 NAD^+, FAD^+로 전이되고 이어 이들의 전자가 산화적 인산화라 하는 과정에서 ATP를 산생한다. 이들의 과정에 대해서는 탄수화물대사 부분에서 상세하게 검토한다.

4) 세포내에 있어서 에너지 운반체

Adenosine triphosphate(ATP)

영양분의 산화로 유래하는 자유에너지의 일부는 이용하기 쉬운 형태인 ATP로 된다. ATP는 adenine, ribose 및 triphosphate로 구성되는 분자로(그림 10 · 2), 활성형은 일반적으로 Mg^{2+}, Mn^{2+}와의 복합체로 되어 있다.

ATP 및 ADP는 AMP의 인산에 인산이 2 및 1분자 결합한 것으로 이들의 결합은 고에너지 인산결합(high-energy phosphate bond)이라 부르고 생체 내에서 에너지의 전환 · 저장에 중요한 역할을 하고 있다.

ATP가 에너지 공급체가 될 수 있는 것은 그 삼인산부분에 2개의 인산 무수결합이 있기 때문이다. ATP가 adenosine diphosphate(ADP)로 가수분해 되면 대량의 자유에너지가 방출된다. 역으로 이화작용에 의해 발생한 자유 에너지에 의해 ADP와 Pi로부터 ATP가 합성된다. 이 ATP-ADP교환은 생체 내에 있어서 에너지 교환의 기본양식이다. ATP이외의 nucleoside triphosphate도 에너지원으로 되는 것이 있다. 이것들에는 Guanine triphosphate(GTP), uridine triphosphate(UTP), cytosine triphosphate(CTP)가

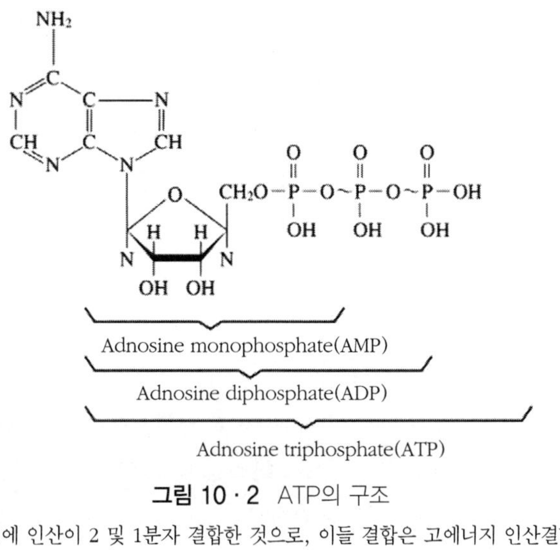

그림 10 · 2 ATP의 구조

ATP 및 ADP는 AMP의 인산기에 인산이 2 및 1분자 결합한 것으로, 이들 결합은 고에너지 인산결합(high-energy phosphate bond)이라 하고 생체내 에너지의 전환 · 저장에 중요한 역할을 하고 있다.

있다. 각각 2인산형은 GDP, UDP, CDP이다. nucleotide에서 다른 nucleotide로의 말단 인산기의 전이는 효소가 촉매한다.

$$ATP + GDP \rightleftarrows ADP + GTP$$

예를 들면, ribosome에서 단백질 합성에 있어서 신장인자 Tu(elongation factor-Tu)에 의한 polypeptide chain의 伸長에는 GTP가 이용된다.

5) Creatine phophate

근육에는 전이능이 높은 인산기를 갖는 creatine phosphate(혹은 phosphocreatine)가 함유되어 있다. 이 물질은 그 인산기를 용이하게 ATP로 전이할 수 있다. 이 반응은 creatine kinase가 촉매 한다. 즉 creatine phosphate는 근육에 있어서 에너지 저장 물질이고 더욱이 에너지를 용이하게 ATP로 전이할 수 있다.

$$\text{creatine phosphate} + ADP + H^+ \rightleftarrows ATP + \text{creatine}$$

II. 탄수화물 대사

1. 해당(Glycolysis)

해당은 glucose를 pyruvate로 바꾸는 과정으로 이 때에 비교적 소량의 ATP를 산생하는 일련의 반응이다. 호기적 조건에서는 해당은 TCA회로와 전자전달계의 전단계이다. Pyruvate는 mitochondria에서 완전하게 산화되어 이산화탄소와 물로 된다. 산소공급이 불충분한 조건, 예를들면 활발하게 수축하고 있는 근육에 있어서는 pyruvate는 lactate으로 변환된다. 효모는 혐기적 조건하에서는 pyruvate를 ethanol로 변환한다. 해당은 선구자의 이름으로부터 Embdenmeyerhof pathway라고도 부른다.

해당계	최종산물
glucose → pyruvate →	1. lactate(근육, 산소공급이 불충분할 때)
	2. ethanol(효모등, 혐기적 조건)
	3. 이산화탄소 + 물(호기적 조건)

1) Coli 회로

근육에서 glucose로부터 lactate생성은 혐기적 해당반응으로서 산소공급이 불충분할 때에 일어난다. 이 반응은 주로 백색 근섬유 내에서 glycogen이 glucose를 거쳐 lactate로 분해하는 것이다. Lactate는 혈액을 통해 간장으로 보내져 당신생의 기질로서 사용된다. glucose는 혈류를 타고 다시 근육내로 운반되어 glycogen으로 저장된다. 이 혈액을 통한 근육-간장간의 glucose · lactate 순환회로는 Cori회로라 부르고 catecholamine에 의해 촉진되고, insulin에 의해 억제되는 제어를 받고 있다. Pyruvate는 아미노기 전

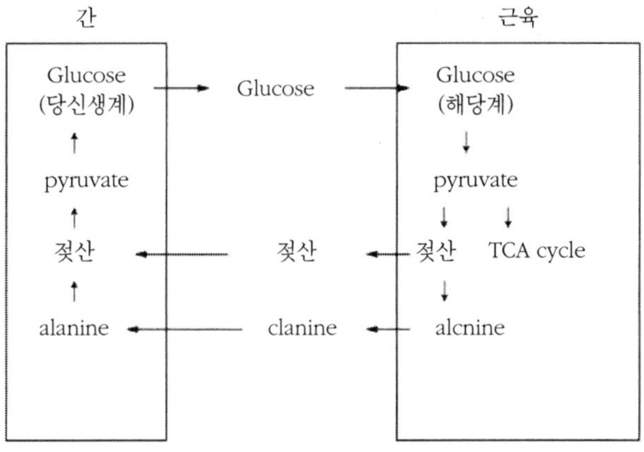

그림 10 · 3 Cori회로

이에 의해 alanine으로 되기 때문에 alanine이 lactate의 대신이 되는 경우도 있다.

2) 해당계(그림 10 · 4)

해당계의 중간체는 6개 혹은 3개의 탄소로부터 된다. 대사경로의 최초의 화합물의 단위구조는 탄소 6개로부터 되는 glucose 혹은 fructose의 유도체를 생성한다. 6탄당이 분해되어 dihydroxyacetone, glyceraldehyde, glyceric acid, pyruvic acid의 유도체를 생성하는데, 이때 glucose와 pyruvate사이의 중간체는 모두 인산화되어 있다.

a) Glucose의 인산화

해당계의 최초 단계는 glucose로부터 fructose 1,6-bisphosphate로의 변환이고, 이는 인산화 반응 및 이성질화 반응에 의해 행해진다. 세포내로 흡수된 glucose는 hexokinase에 의해 인산화되어 glucose 6-phosphate가 된다. 이 반응에는 1분자의 ATP가 필요하다. glucose 6-phosphate는 이성질화효소(glucose phosphate isomerase)에 의해 fructose 6-phosphate로 변환된다. 이것은 다시 phosphofructokinase에 의해 인산화를 받아 fructose 1,6-bisphosphate가 된다. 이 반응에도 ATP가 필요하다.

b) 6탄당의 분해와 혐기적 에너지 생산

해당계의 다음 단계는 6탄당의 분해 및 이것에 이어지는 반응이다. Fructose 1,6-bisphosphate는 aldolase에 의해 분해되어 dihydroxyacetone phosphate와 glyceraldehyde 3-phosphate를 생성한다. Dihydroxyacetone phosphate는 그대로 해당계에 들어갈 수 없지만, 이 2개의 화합물은 이성질체이기 때문에 isomerase에 의해 쉽게 glyceraldehyde 3-phosphate로 변환되어 해당경로에 들어간다. 여기까지의 반응은 ATP는 생성되지 않고, 인산화를 위해 2분자의 ATP를 소비하고 있다. 이후의 반응에서 energy를 생성하게 된다. Glyceraldehyde 3-phosphate dehydregenase에 의해 glyceraldehyde 3-phosphate는 1,3−bisphosphoglycerate로 변환된다. NAD^+는 이 반응의 전자수용체이다. Phosphoglycerate kinase는 1,3−bisphosphoglycerate의 인산기를 ADP로 전이시켜 3−phosphoglycerate와 ATP를 생성한다. 3−phosphoglycerate는 phosphoglycerate mutase에 의해 2−phosphoglycerate로 되고, 이어 enolase에 의해 phosphoenolpyruvate로 변환된다. 최후의 반응으로 pyruvate kinase의 촉매에 의해 phosphoenolpyruvate는 pyruvate가 된다. 이때 ATP가 생성된다. 분해까지의 반응으로, glucose 1 분자당 2분자의 ATP를 소비하고, 개열이후의 반응에서 glucose 1분자당(3탄당 2분자당) 4분자의 ATP를 생성하기 때문에 반응전체로서는 glucose 1분자당 2분자의 ATP를 생성하는 것이 된다.

1. 분해까지 glucose + 2ATP → 2glyceraldehyde 3−phosphate + 2ADP

2. 분해후 2glyceraldehyde 3−phosphateycerate + 4ADP + 4Pi +NAD^+ →
2pyruvate + 4ATP +2NADH +$2H^+$ + $2H_2O$

3. 합 계 glucose +2ADP +2Pi +$2NAD^+$ →
2pyruvate + 2ATP +2NADH +$2H^+$ + $2H_2O$

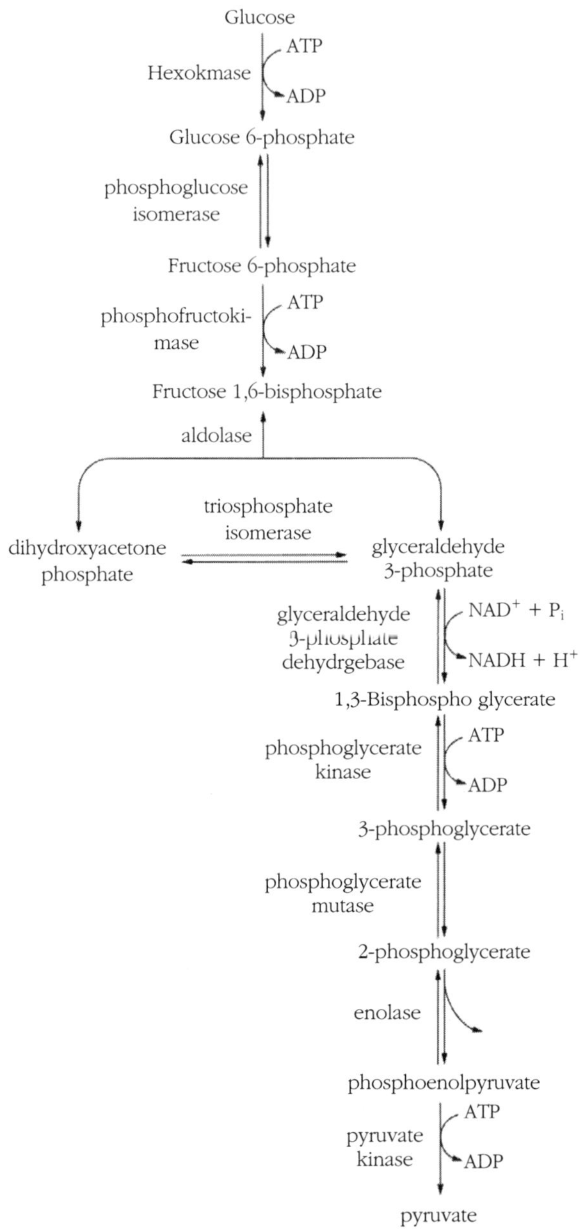

그림 10 · 4 해당계의 모식도

3) Citric acid cycle(그림 10 · 5)

해당계 일련의 반응에 의해 glucose는 pyruvate로 분해된다. 호기적 조건하에서는 pyruvate는 산화적 탈탄산반응에 의해 Acetyl−CoA가 된다. 이 활성화된 acetyl기는 Citric acid cycle에 의해 완전히 CO_2까지 산화된다. Citric acid cycle은 tricarboxylic acid cycle(TCA cycle), Krebs cycle이라고도 한다. TCA cycle은 아미노산, 지방산, 당질 등의 연료 분자를 산화하는 최종의 공통경로이다. 대부분의 연료분자는 Acetyl-CoA가 되어 TCA cycle내로 들어간다. 또한 TCA cycle은 생합성에 필요한 중간체를 공급한다. 해당반응은 세포질에서 일어나는 것에 비해 TCA cycle의 반응은 mitochondria내에서 일어난다.

Pyruvate로부터 생성된 Acetyl-CoA는 탄소 4개원자(C4)를 함유한 oxaloacetate와 비가역적으로 축합하여 citrate(C6)와 HS-CoA를 생성한다. citrate는 이성화에 의해 cis-aconitate를 거쳐

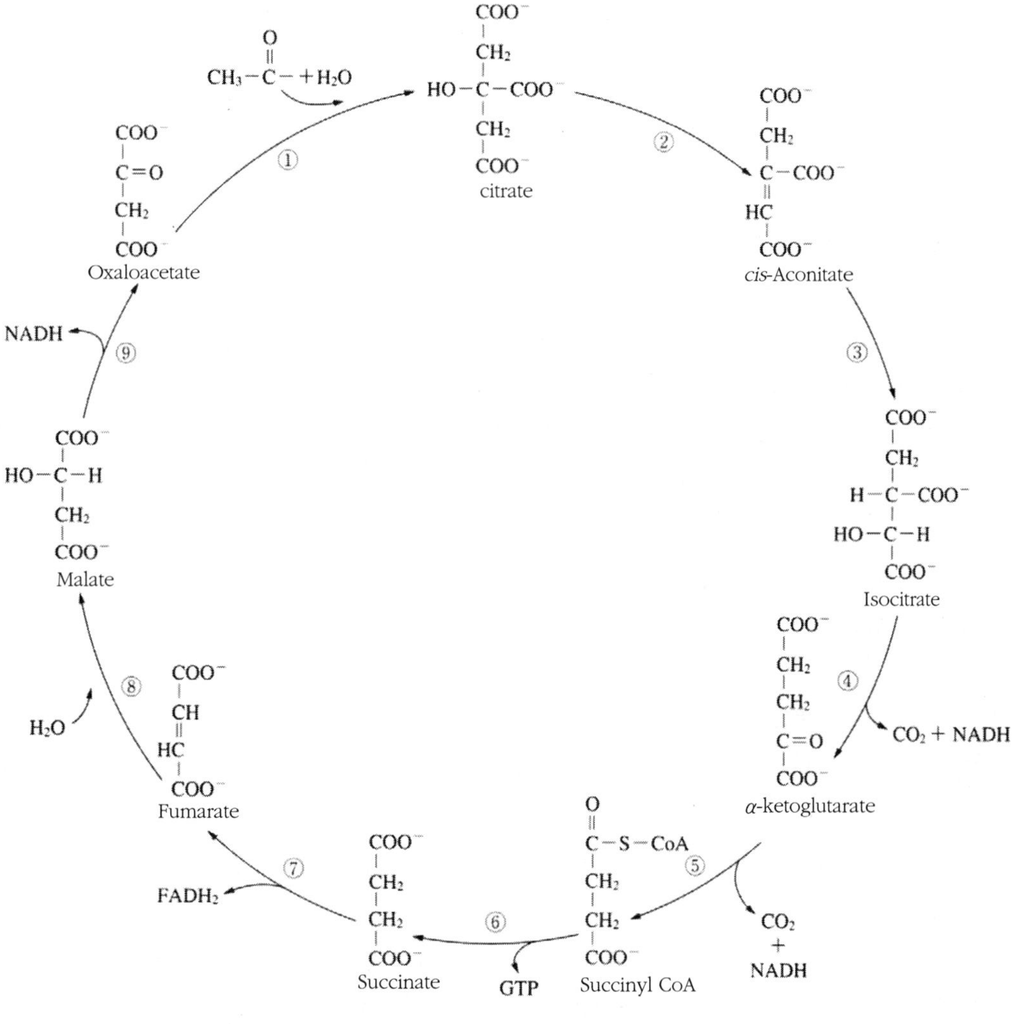

그림 10 · 5 TCA Cycle의 개략도

TCA Cycle. 일련의 반응은 이하의 효소가 촉매한다. 각효소는 그림중에 번호로 나타내었다.
1:citrate synthetase 2:aconitase 3:aconitase 4:isocitrate dehydrogenase
5:α-ketoglutarate dehydrogenase complex 6:succinyl-CoA synthetase
7:succinate dehydrogenase 8:fumarase 9:malate dehydrogenase

isocitrate(C6)로 변환된다. isocitrate는 산화 및 탈탄산되어 α-ketoglutarate(C5)를 생성한다.

citrate(C6) ⇄ cis-aconitate(C6) + $2H_2O$ ⇄ isocitrate(C6)

isocitrate(C6) + NAD^+ ⇄ oxalosuccinate(C6) +NADH + H^+

oxalosuccinate(C6) +H^+ ⇄ α-ketoglutarate(C5) +CO_2

α-ketoglutarate는 이어 산화적 탈탄산 반응에 의해 succinyl-CoA가 된다.

α-ketoglutarate(C5) + NAD^+ + CoA → succinyl-CoA(C4) + CO_2 +NADH

succinyl-CoA는 가수분해에 의해 에너지를 방출하여 GDP를 GTP로 변환한다. GTP의 γ인산기는 쉽게 ADP로 전이되어 ATP를 생산한다.

succinyl-CoA(C4) + Pi + GDP ⇄ succinate(C4)+ GTP + CoA

GTP +ADP ⇄ GDP + ATP

TCA cycle의 최종의 단계는 succinate가 산화, 가수에 의해 malate로 변환되고, 이어 산화되어 oxaloacetate로 바뀌는 과정이다. Succinate는 succinate dehydrogenase에 의해 산화되어 fumarate로 된다. 이 반응의 수소수용체는 FAD이다. Fumarate는 fumarase에 의해 가수분해 반응에 의해 L-malate로 변환된다. 최후로 malate가 malate dehydrogenase에 의해 산화되어 oxaloacetate가 된다. 이때 수소수용체는 NAD^+이다. malate-oxaloacetate의 변환은 당신생경로에 있어서도 중요하다.

succinate(C4) + FAD ⇄ fumarate + $FADH_2$

fumarate(C4) + H_2O ⇄ malate(C4)

malate(C4) +NAD^+ ⇄ oxaloacetate(C4) NADH + H^+

이상의 일련의 반응에 의해 citrate로부터 2분자의 CO_2가 분리 · 방출되고, 다시 oxaloacetate로 돌아온다. 회로를 1회전하는 사이 4쌍으로 총 8개의 H원자가 생성된다.

4) 산화적 인산화(그림 10 · 6)

산화적 인산화는 에너지대사의 최종단계이고 해당계나 TCA cycle에서 생성된 고에너지 분자(NADH, $FADH_2$)로부터 에너지를 도출하여 ATP를 합성하는 일련의 경로이다. 즉 NADH나 $FADH_2$로부터 분자상 산소로 전자가 전달되어 이때 방출된 에너지를 이용하여 ATP를 합성한다. 이 반응은 호기적 조건에서의 주요한 ATP공급원이 된다.

NADH의 고에너지 원자는 NADH-Q환원효소, cytochrome 환원효소, cytochrome 산화효소의 3개의 거대한 단백질 복합체로 이루어진 호흡사슬을 경유하여 O_2로 전달된다. 이들의 막관통 효소복합체 내부에서의 전자의 흐름이 mitochondria 내막을 횡단하는 proton의 도출을 구동한다.

a) 제1단계 : NADH-Q 탈수소효소

NADH의 전자는 NADH-Q 탈수소효소를 거쳐 호흡쇠로 들어간다. 최초로 NADH의 전자는 flavin

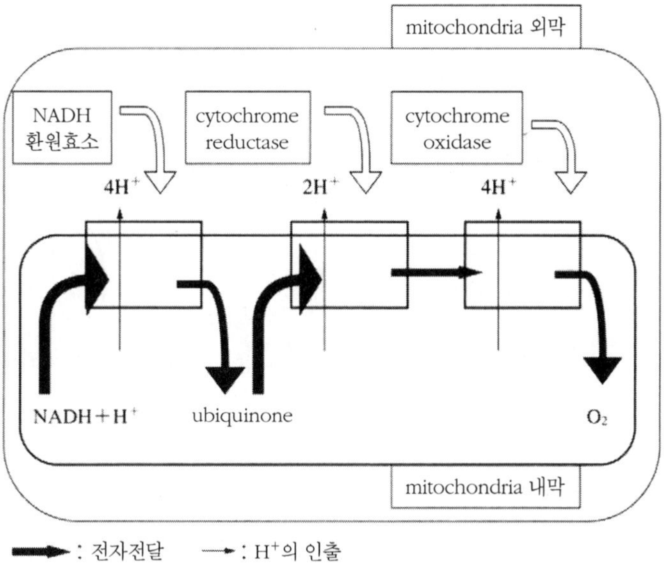

그림 10 · 6 전자전달계와 H^+의 도출

mononucleotide(FMN) 보결분자족에 전달되어 $FMNH_2$를 만든다. 전자는 이어 제2의 보결분자족인 iron−sulfur cluster로 전달되고, 최후에 ubiqiunone(coenzyme Q)으로 전달된다. 2개의 전자에 의해 환원된 ubiqiunone은 ubiquinol(QH_2)로 된다. 이 반응에 동반하는 4개의 H^+를 matrix측에서 내막외로 도출한다. TCA cycle에서 생성된 $FADH_2$의 전자는 succinate−Q reductase 복합체(complex II)에 의해 iron−sulfur cluster를 거쳐 ubiqinone으로 전달된다. 단, 이 반응의 자유에너지 변화는 작기 때문에 proton pump로는 되지 않는다.

b) 제2단계 : cytochrome 환원효소

호흡사슬의 2번째의 proton pump는 cytochrome 환원효소(cytochrome reductase, ubiqinol−cytochrome reductase, cytochrome bc_1 complex)이다. 이 효소는 cytochrome b_1, cytochrome c, iron−sulfur protein을 함유하는 복합체이고 cytochrome bc는 heme을 포함하고 있다. ubiqinol의 전자는 cytochrome b_1, iron−sulfur protein을 거쳐 cytochrome c에 전달된다. 이때 2개의 H^+가 도출된다.

c) 제3단계 : cytochrome 산화효소

Cytochrome c의 전자는 3번재 proton pump인 cytochrome 산화효소에 의해 O_2로 전달된다. cytochrome 산화효소는 cytochrome a, a_3를 함유하는 복합체이다. 이 반응에 있어서도 4개의 H^+가 도출된다.

d) F_0F_1–ATPase에 의한 ATP의 합성(그림 10 · 7)

전자전달계의 구동에 의해 H^+가 mitochondria의 내막과 외막의 막간공간으로 퍼내어지면 막간 공간과 matrix의 사이에 proton 균배가 발생한다. 이 구동력에 의해 ATP의 합성이 행해진다. Mitochondria의 ATP합성효소는 F_0F_1–ATPase라 부르고, proton channel인 F_0부분과 ATP 합성부분인 F_1부분으로 되어 있다. ATP 1분자를 생성하기 위해서는 약 3개의 H^+를 수송할 필요가 있다.

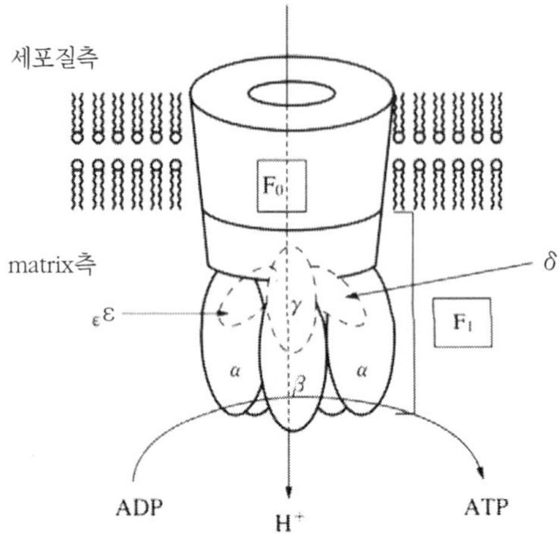

그림 10 · 7 F_0F_1–ATPase

e) 세포질에서 mitochondria내로의 고에너지 전자의 전달

Mitochondria의 내막은 NADH에 대한 투과성이 없다. Pyruvate 이후의 TCA cycle은 mitochondria 내에서의 반응이지만, 해당계의 glyceraldehyde 3–phosphate의 산화에 의해 발생하는 NADH는 그대로는 mitochondria내로 수송되지 않는다. 그러나 그 전자만을 전달하는 것에 의해 이 문제를 해결하고 있다. Mitochondria막을 통과하는 전자전달체의 하나는 glycerol 3–phosphate이고 glycerol 3–phosphate는 mitochondria내에서 전자를 FAD에 전달한다. 심장이나 간장에서는 malate–asparagine 전자 운반기구가 이 역할을 담당하고 있다. ATP, ADP도 mitochondria 내막을 통과 할 수 없어서 특이적 수송 단백질인 ATP–ADP translocase에 의해 수송된다. ATP와 ADP의 수송은 공역하여 있어 ATP가 mitochondria에서 운반되어 나오는 동시에 ADP가 mitochondria내로 수송된다.

f) ATP 생산 수지

산화적 인산화로 생성된 ATP는 proton 약 3개당 ATP 1분자이고, 이어서 matrix에서 세포질로 수송하는데 1개의 H^+가 필요하여 합계 약 4개의 H^+의 수송이 필요하다. Mitochondria내 NADH는 10개의 proton을 퍼내기 때문에 NADH 1분자당 약 2.5개의 ATP를 생산한다. FADH의 경우는 6개의 proton을 퍼내기 때문에 1.5개의 ATP를 생성한다. Mitochondria 밖의 NADH는 mitochondria 내로 수송되어 $FADH_2$로 되기 때문에 역시 1.5개의 ATP를 생산한다. 이상에서 glucose 1분자가 완전하게 산화될 때의 ATP 생성수를 계산하면 아래와 같이 약 30분자가 된다. 이전에는 1분자의 glucose에 의해 약 36분자의 ATP가 생산된다고 하였지만 최근의 연구에서는 약 30분자가 되는 것으로 밝혀졌다. 30분자의 ATP중 26분자는 산화적 인산화에 의해 생산된다.

표 10 · 3 glucose 1분자가 완전히 참가할 때 생산되는 ATP수

세포질					
ATP				2분자	
NADH	2분자	→	ATP	3분자	
mitochondria내					
NADH	2분자	→	ATP	5분자	pyruvate → Acetyl-CoA
NADH	6분자	→	ATP	15분자	TCA Cycle
$FADH_2$	2분자	→	ATP	3분자	
GTP				2분자	
합계				30분자	

g) Themogenine(탈공역 단백질, uncoupling protein : UCP)

전자전달과 인산화의 공역을 부정하는 즉 탈공역하는 단백질이 themogenine이다. themogenine은 산화적 인산화에 의해 mitochondria 내막과 외막사이에 운반되어 나온 protein을 ATP산생과 공역시키지 않고 mitochondria 내로 수송하여 열을 발생한다. 이 반응은 대량의 열을 발생시킬 수 있기 때문에 체온의 유지에 중요한 역할을 하고 있다. 예를 들면, 갈색 지방조직은 mitochondria가 풍부하고 더욱이 대량의 thermogenine을 함유하고 있어 열을 발생하는 기관으로 되어 있다.

5) 5탄당 인산회로 (pentose phosphate pathway) (그림 10 · 8)

5탄당 인산회로는 해당계의 glucose 6−phosphate에서 ribose 5−phosphate를 경유하여 glyceraldehyde 3−phosphate에 이르는 경로로 다른 말로 hexose monophosphate shunt라고도 부른다. 여기에서 생성된 5탄당은 ATP, CoA, NAD^+, FAD, RNA, DNA등 중요한 생체분자의 구성요소가 된다. 또한 이회로에서는 ghlucose 6−phosphate → 6−phosphogluconate 및 6−phosphogluconate → ribu-

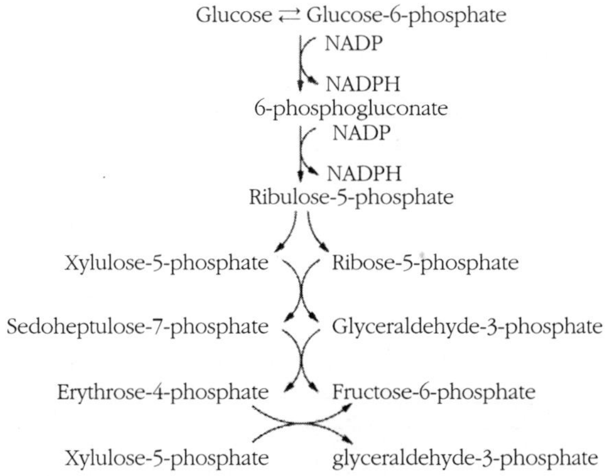

그림 10 · 8 5탄당 인산 회로

lose 5-phosphate의 탈수소반응에 있어서 NADPH가 생성된다. NADH가 호흡사슬에 의해 산화되어 ATP를 생성하는데 비하여 NADPH는 환원적 생합성에 있어서 전자 공여체의 역할을 하기 때문에 생합성이 활발한 세포에 있어서는 특히 중요하다. 사실 5탄당 인산 회로는 생합성이 왕성한 조직인 비유기의 유선, 지방조직, 간장, 부신피질, 정소에 있어서 활성이 높고, 건유기의 유선이나 골격근에서는 활성이 낮다. 또한 NADPH는 glutathione의 환원에도 필요하다.

2. 당신생(Gluconeogenesis) (그림 10 · 9, 10 · 10)

당질이 아닌 전구체로 부터의 glucose생성을 당신생이라 한다. 당신생은 해당계와는 역으로 pyruvate로부터 glucose를 생성하는 경로이지만 단순히 해당계의 역행은 아니다. 해당에서의 자유 energy감소의 대부분은 3개의 비가역적 반응, 즉 hexokinase, phosphofructokinase, pyruvatekinase에 의해 촉매되는 반응에서 나타난다. 당신생에서는 이들의 반응이 아래와 같이 치환되어 있다. 이외에는 해당계와 역반응이다.

1) Pyruvate → phosphoenol pyruvate(그림 10 · 9)

해당계에서는 pyruvatekinase에 의한 1단계의 반응이지만, 당신생계에서는 2단계의 반응으로 되어 있다. pyruvate는 mitochondria내에서 pyruvate carboxylase(PC)에 의해 oxaloacetate로 변환된다. oxaloacetate는 mitochodria막을 통과할 수 없기 때문에 일단 TCA cycle의 malate 탈수소효소에 의해 가역반응에 의해 malate로 변환된다. malate는 세포질로 이동하여 다시 oxaloacetate로 변환된 후 phos-

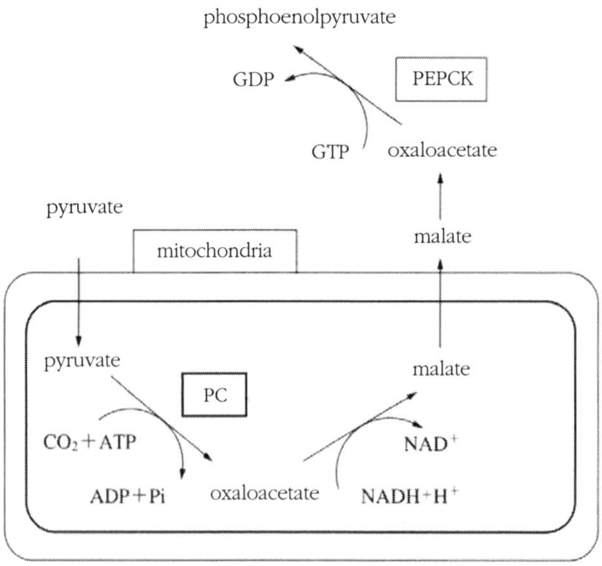

그림 10 · 9 당신생경로에 있어서 pyruvate로부터 phosphoenol pyruvate의 생성경로
PC:pyruvate carboxylase PEPCK:phosphoenol pyruvate carboxykinase

phoenol pyruvate carboxykinase(PEPCK)에 의해 phosphoenol pyruvate를 생성한다. pyruvate carboxylase, phosphoenol pyruvate carboxylase의 반응에는 각각 1분자의 ATP, GTP가 필요하다. 단, 닭이나 토끼, 햄스터 등에 있어서는 phosphoenol pyruvate carboxylase가 mitochondria내에 존재하기 때문에 oxaloacetate → phosphoenol pyruvate의 반응은 mitochpondria내에서 일어나고 phosphoenol pyruvate가 세포질로 운반되어 당신생계에 들어간다.

2) Fructose 1,6-bisphosphate → fructose 6-phosphate

해당계에서는 ATP를 필요로 하는 phosphofructokinase에 의한 반응인 것에 대하여 당신생계에서는 Fructosel, 6-bioghosphatase에 촉매하는 가수분해 반응이다.

3) Glucose 6-phosphate → Glucose

해당계에서는 ATP를 필요로 하는 Hexokinase 혹은 Glucokinase에 의한 반응인 것에 대하여 당신생계에로서 Glucose 6-phosphatase가 촉매하는 가수분해 반응이다.

4) 당신생의 기질

당신생의 주된 기질은 lactate, 아미노산, Glycerol이다. 반추동물에 있어서는 제1위내에서 생산된 propionate가 가장 중요하다. lactate, Glycine, serine, alanine, cysteine은 pyruvate를 경유하여 당신생의 기질이 된다. histidine, proline, glutamine, arginine, glutamic acid는 α-ketoglutarate를 경유하여 propionate, methionine, valine은 suceinyl CoA를 경우하며 TCA cycle로 들어가 Oxaloacetate로부터 Phosphoenol pyruvate를 거쳐 당신생 경로로 들어간다.

Glycerol은 인산화되어 Glyceroldegyde 3-phosphate로 되어 당신생 경로로 들어간다.

반추가축에서는 사료중의 탄수화물이 대부분 제 1위내에서 발효를 거쳐 단쇄지방산으로

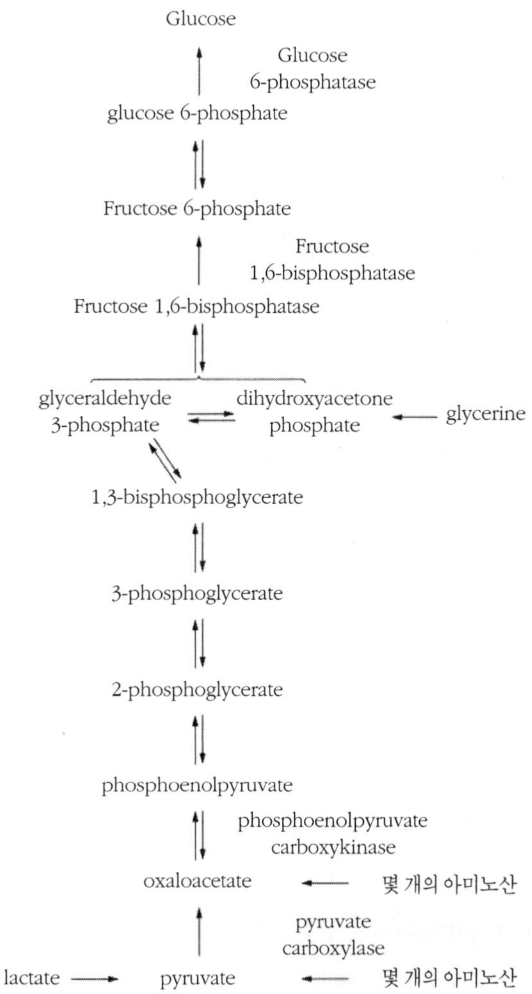

그림 10 · 10 당신생계의 개략도

서 흡수되기 때문에 Glucose 흡수량이 대단히 적어 체조직이 필요로 하는 대부분의 Glucose를 당신생에 의해 의존하고 있다. 반추가축에 있어서 당신생의 기질은 propionate 50~60%, Amino acid 20~30%, lactate 5~10%, Glycerol ~5%정도이다.

3. Glycogen

Glycogen은 동물에 있어서 Glucose의 저장 형태이고, 주로 골격근과 간장에 저장된다. 사람의 경우 Glycogen의 저장량은 혈액 중 Glucose의 수십배에서 100배까지 달한다. 즉 체내에 함유된 당질의 대부분은 Glycogen으로서 존재하고 있다.

간장에서는 주로 흡수된 당이 축합하여 저장되어 필요에 응하여 분해하여 Glucose로 되어 혈액을 통하여 각 조직에 공급된다. 간 Glycogen함량은 통상 3~7%이고, 절식시에는 빠르게 저하하지만 0.1%이하로는 되지 않는다. 이것은 당 이외의 물질로 부터도 Glycogen이 합성되기 때문이다.

골격근에서는 혈액에서 흡수한 Glucose만이 Glycogen합성에 이용된다. 또한 Glycogen은 근육자신의 energy원으로서만 이용되며 혈액 중으로 Glucose를 방출하는 경우는 없다. 골격근의 Glycogen함량은 1%이지만, 전 골격근중의 Glycogen 함량은 간장보다도 많다.

1) Glycogen의 분해

a) Glycogen분해효소

Glycogen은 phospholylase에 의해 가인산분해(phosphorolysis)되어 Glucose 1−phosphate를 생성한다. Glucose 1−phosphate는 phosphoglucomutase에 의해 Glucose 6−phosphate로 되어 해당계에 들어가거나, Glucose 6−phosphatase에 의해 탈 인산화되어 Glucose로 되어 혈액 중으로 방출된다. 골격근에는 Glucose 6−phosphatase가 없기 때문에 Glucose를 생성할 수 없다. Glycogen은 분기되어 있기 때문에 분해에는 phospholylase외에 α1,6−Glucosidase도 필요하다.

Glycogen → glucose 1−phosphate (phosphorylase)
Glucose 1− phosphate → Glucose 6−phosphate (phosphoglucomutase)
Glucose 6−phosphate → Glucose (Glucose 6−phosphatase, 간장에서만)

b) 단백질 인산화에 의한 phospholylase의 활성조절

phosphorylase의 활성은 allosteric인 상호작용과 가역적인 인산화에 의해 조절되고 있다. 골격근의 phosphorylase는 불활성형인 b형이 serine잔기의 인산화에 의해 활성형의 a형으로 된다. 이 반응은 phosphorylase kinase가 촉매한다. phospholylase kinase도 또한 인산화 되는 것에 의해 활성이 상승하지만, 이 인산화는 cAMP에 의해 활성화되는 proteinkinase A에 의한 것이다.

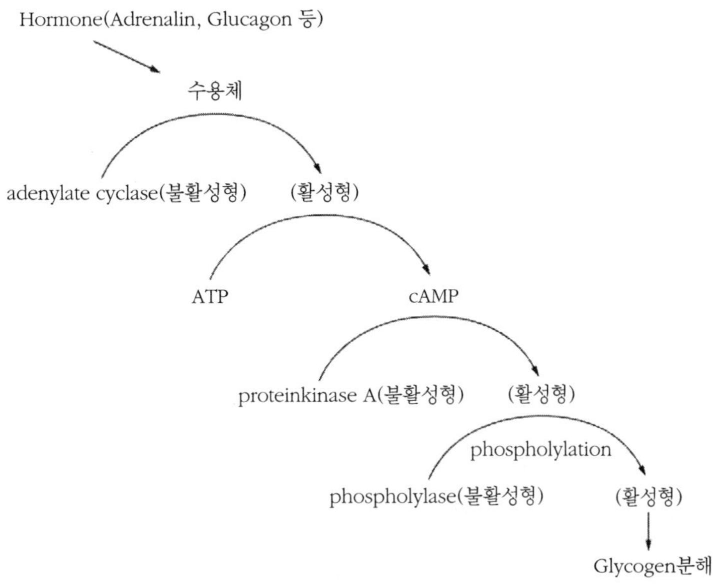

그림 10 · 11 hormone에 의한 phosphorylase의 활성화 기구

Adrenaline이나 Glucagon은 이 경로를 통하여 Glycogen의 분해를 촉진한다(그림 10 · 11).

c) Ca에 의한 phosphorylase의 활성조절(그림 10 · 12)

phosphorylase kinase의 S subunit는 칼슘 결합단백질인 calmodulin이다. Ca의 농도 상승에 민감하게 반응하여 활성화 된다. 근육에서는 근수축시에 소포체에서 Ca이 방출됨과 동시에 phosphorylase kinase의 활성이 상승한다. 또한 Vasopressin등의 Hormone은 protein kinase C를 통해 활성화된다. Hormone이 수용체에 결합하면 수용체에 결합한 G protein이 활성화되고, protein kinase C의 활성화를 통해서 inositol 1,4,5−trisphosphate(IP_3)의 양이 증가하고 최종적으로 소포체로부터의 Ca^{2+} 방출을 일으킨다. 이경로는 간장에 있어서 중요하다.

근육의 phophorylase는 고농도의 AMP가 존재할 때만 활성화 한다. ATP와 Glucose 6−phosphate는 AMP와 경합하는 것에 의해 phosphorylase를 불활성화 한다. 안정한 상태에서는 ATP와 Glucose 6−phospate 때문에 phosphoryalse는 불활성된다. 그러나 근육의 energy가 소비되어 ATP, Glucose 6−phosphate가 감소하여 AMP가 증가하면 phosphorylase가 활성화되고, Glycogen분해가 촉진된다. 간장의 phosphorylase는 골격근과는 달라서, AMP에 의해 활성화되지 않는다.

또한 phophorylase는 Glucose와 결합에 의해 불활성화 된다.

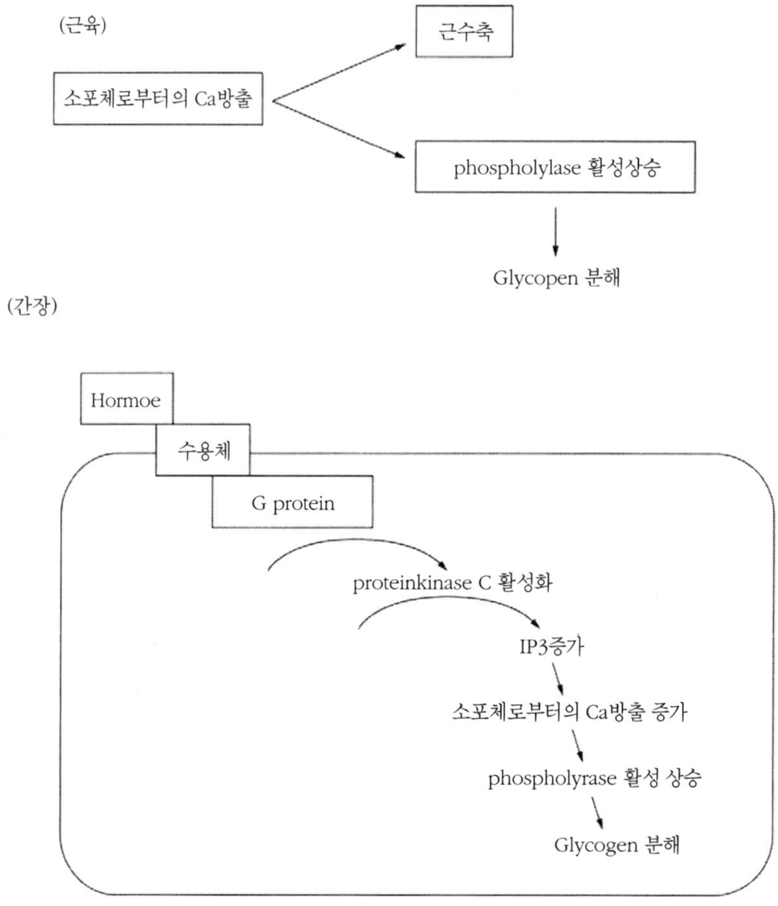

그림 10·12 근육과 간장에 있어서 Ca^{2+} 이온을 통한 phosphorylase의 활성기구

2) Glycogen의 합성

a) Glycogen합성효소

Glycogen의 합성은 분해와는 다른 경로로 행해진다. Glucose는 Uridine 3-phosphate와 반응하여 활성형의 Uridine diphosphate glucose(UDP-glucose)가 합성된다. 이것이 glycogen synthase에 의해 glycogen에 결합한다. Glycogen합성의 개시와 분지사슬(branch chain) 형성에는 각각 glycogenine, 분지효소가 필요하다.

$$\text{Glucose 1-phosphate} + \text{UTP} \rightarrow \text{UDP} \cdot \text{Glucose} + \text{PPi}$$

$$\text{Glucogen}_{n} + \text{UDP-Glucose} \rightarrow \text{Glycogen}_{n+1} + \text{UDP}$$

b) Glycogen 합성효소의 활성조절기구

Glycogen합성효소는 phospholylase와는 역으로 인산화를 받는 것에 의해 불활성형으로 된다.

Glucagon이나 Adrenalin은 phospholylase에 대해서와 같은 경로로 Glycogen 합성효소를 인산화하고, 그 활성을 저하시켜 glycogen 합성을 억제한다.

Insulin은 protein phosphatase 활성을 상승시켜, Glycogen 합성효소를 탈 인산화 하는 것에 의해 이 효소를 활성화하여 Glycogen 합성을 촉진한다.

4. 혈당

순환 혈중의 혈당치는 각종 동물에 있어서 거의 일정하다. 사람이나 Rat에서는 80~110mg/dl, 반추동물은 급여사료에 의해서 다르지만 이보다 낮아 50~70mg/dl이다. 혈당치는 장에서 흡수, 간 Glycogen분해, 당신생 등의 당 공급과 각 조직에 있어서 당의 분해, 지방으로의 전환, 간장 및 근육에 있어서 Glycogen 합성 등의 당 이용에 의해서 변화한다. 이들 과정은 신경인자나 Hormone에 의해서 조절되고 있고, 혈당치를 일정하게 유지하는 기구로 체내에서 가장 정밀하게 조절되고 있는 것 중의 하나라 할 수 있다.(내분비항 참조)

III. 단백질 대사

1. 단백질

단백질은 Amino Acid가 peptide 결합에 의해 사슬형태로 결합한 물질이다. 어떤 종의 단백질은 여기에 탄수화물(당단백질, glycoprotein)이나 지방(지질 단백질, lipoprotein)을 함유하고 있다. 작은 Amino Acid사슬은 peptide나 polypeptide라 부르고, 아미노산 잔기수 10개 이하를 peptide, 100개 이하를 polypeptide, 이 이상을 단백질이라 부르는 경우가 많지만 각각 구별은 명확하지 않다.

1) 단백질의 구조

단백질은 Amino Acid가 이어져 있어 그 아미노산 배열을 1차구조(primary structure)라 한다. 2차구조란 단백질 분자의 꺾이고 굽혀지거나 회전등의 공간적 배열로서 대표적인 구조가 α-나선구조(α-helix)나 β-병풍구조(β sheet)라 부르는 것이다. 3차 구조는 1차배열이 떨어진 장소에 어느 아미노산 잔기의 상호작용이나 S-S결합 등에 의해 3차원 구조 형성을 말하지만 2차 구조화의 차이에 대해서는 명확하지 않다. 또한 단백질이 몇 개의 subunit으로 이루어진 경우가 있어 이들의 공간배치나 상호작용의 경우를 4차 구조라 한다. Hemoglobin은 2개의 α chain과 2개의 β chain으로 되어 있지만, 이 4량체 단백질의 submit 접촉면은 떨어진 위치에 있는 O_2, CO_2 결합 부위간의 정보전달에 관여하고 있다.

2. 아미노산

단백질에 함유되어 있는 아미노산을 표 10 · 4에 나타내었다. 이외에 Ornithine, 5-Hydroxytryptophan, L−dopa, Thyroxine 등도 생체 내에서는 중요한 역할을 하고 있지만 단백질 중에는 포함되어 있지 않다. 아미노산은 분자 내에 유리 산이나 염기를 함유하고 있는 것이 있기 때문에 산성, 중성, 염기성 아미노산으로 나눌 수 있다.

1) 아미노산의 대사 회전

사료로서 섭취한 단백질은 대부분 아미노산 혹은 peptide로서 흡수된다. 또한 체내 단백질도 항상 분해와 재합성을 반복하고 있으며 그 속도는 조직에 따라 다르다. 아미노산의 대사회전 속도(turmover rate)는 소장점막에서 가장 높고, collagen이 가장 낮다. 이들의 소장에서 흡수된 외인성 아미노산 및 체내 단백질 분해나 간장에서 대사된 내인성 Amino Acid는 공통의 아미노산 pool을 형성하여 체내 수요를 담당하고 있다. 아미노산의 대부분은 근육 등의 조직에서 단백질 합성이나 간장에 있어서 대사에 사용된다.

2) 아미노산의 특이적 대사

Amino acid는 Hormone이나 중간대사에 필요한 물질의 합성에도 사용된다. 갑상선 Hormone, catecholamine, histamine, serotonin, melatonin 및 요소 회로중의 대사물질은 각각 특정 아미노산으로부터 합성된다. Methionine, cysteine은 단백질, CoA, taurine등에 함유되어 있는 황(S)의 공급원이다. 또한 methionine은 methyl기의 공급원이기도 한다.

표 10·4 생체 단백질을 구성하는 아미노산

중성 아미노산	
분자내에 치환기를 갖지 않는 것	산성기 측쇄를 갖는 아미노산 혹은 그 아미드
Glycine	Aspartate
Aalanine	Asparagine
Valine	Glutamine
Proline	Glutamate
Isoleucine	γ-Carboxyglutamate *
수산기를 치환기로서 갖는 것	염기성 측쇄를 갖는 아미노산
Serine	Arginine
Threonine	Lysine
함유황 아미노산	Hydroxylysine *
Cysteine	Histidine
Methionine	Imino acid
방향족 측쇄를 갖는 아미노산	Proline
Phenylalnine	4-Hydroxyproline *
Tyrosine	3-Hydroxyproline *
Tryptophane	Selenocysteine **

* 이들 4종의 아미노산에는 tRNA가 없다. 번역후에 수식된다.

** Selenocysteine은 Cysteine의 S가 Se로 치환된 것이다. codon TGA는 통상 정지 codon이지만, 어느 상태일 때는 시에는 Selenocysteine을 codon한다.

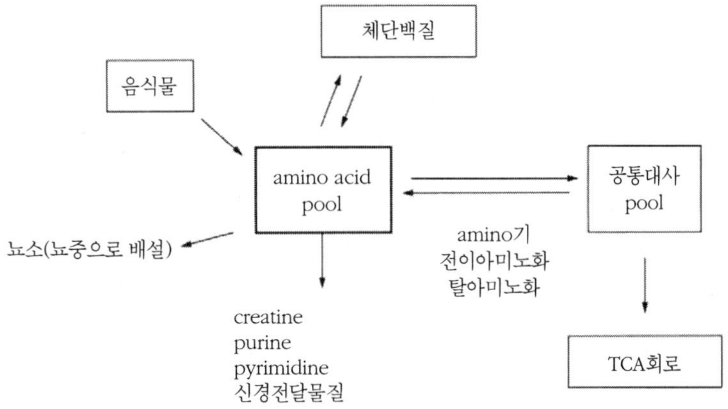

그림 10 · 13 아미노산 대사의 개략

3) Amino acid대사(중간대사)

탄수화물이나 지방의 중간대사 pool, TCA cycle의 대사산물과 Amino Acid의 교환은 Amino기의 전이나 분리에 의해 행해진다.

a) 아미노기 전이

아미노기 전이란 어느 아미노산의 아미노기를 제거하여 ketone을 형성함과 동시에 다른 Keto Acid에 Amino기를 결합시켜 새로운 아미노산을 생성하는 반응이다. 이 반응은 많은 조직에서 나타나지만 Amino기 전이의 주요 부위는 간장이다.

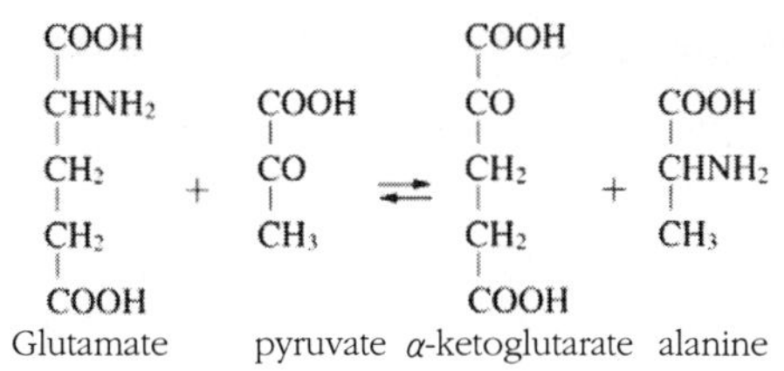

그림 10 · 14 아미노기 전이 반응

b) 아미노산의 산화적 탈 아미노화

아미노산의 산화적 탈 아미노화는 간장에서 행해진다. 아미노산의 탈수소 반응에 의해서 Imino acid가 생성, 이것이 가수분해 되면 Ammonia를 방출하여 keto acid가 된다.

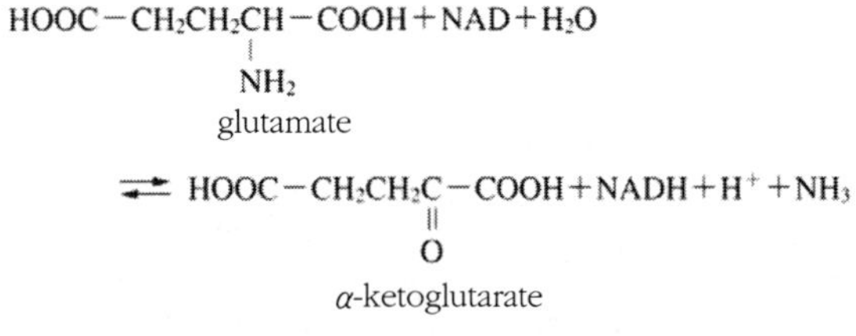

그림 10 · 15 산화적 탈 아미노 반응

c) 아미노산의 분해

아미노산의 분해는 주로 간장에서 일어난다. 많은 아미노산의 α-Amino기는, α-ketoglutarate으로 전이되어 Glutamate를 생성한다. 이것이 다음으로 산화적 탈 아미노화되어 Ammonium ion이 분리된다. 아미노기전이효소(aminotransferase, transaminase)는 α-아미노산으로부터 α-keto acid산으로의 아미노기 전이를 촉매하는 효소이고, alanine aminotransferase나 asparagine aminotransferase 등이 있다. NH_4^+생성은 주로 gutamate dehydrogenase에 의해 행해진다. 이 효소의 활성은 ATP, GTP에 의해 억제되어 ADP, GDP에 의해 촉진된다. 즉, energy Level이 낮을 때는 아미노산의 산화가 촉진된다. 여기서 생긴 Ammonium ion은 요소회로로 들어간다.

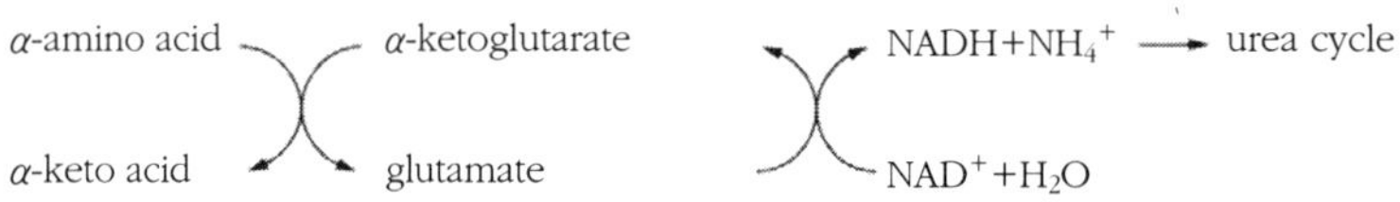

그림 10 · 16 Amino Acid 로부터 Ammonia의 생성

아미노산은 또한 NH_4^+와 결합하여 Amide로 되는 경우도 있다. 예로 뇌에서는 Glutamate와 NH_4^+가 결합한다. 신장에서는 역반응이 일어나 뇨중으로 NH_3를 배설한다.

아미노산의 탄소부분은 중간대사나 TCA cycle에 들어가 대사된다. 20종류의 아미노산의 탄소골격 부분은 Pyruvate, Acetyl-CoA, Acetoacetyl-CoA, α-ketoglutarate, Succinyl-CoA, Fumarate, Oxaloacelate의 7종류의 분자를 통해 대사경로에 들어간다. Acetyl-CoA나 Acetoacelyl-CoA로 분해되

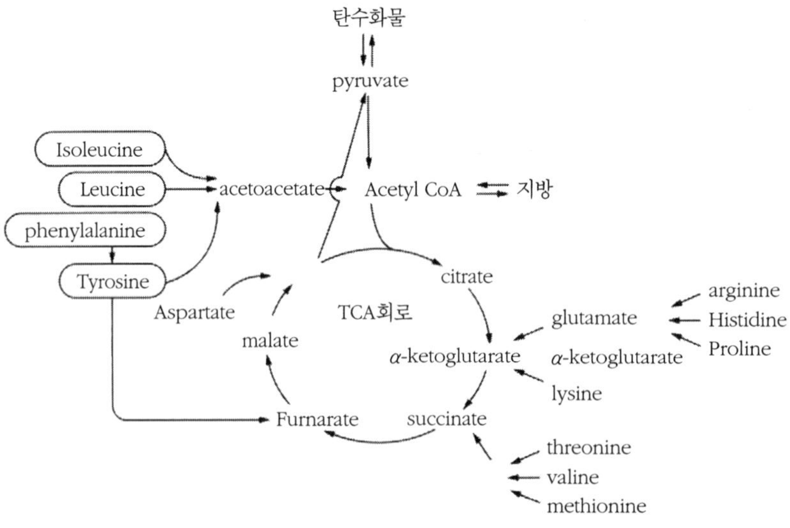

그림 10 · 17 각 아미노산과 탄수화물, 지질대사의 관련

는 아미노산은 케톤체(아세트 환산)를 생성하기 때문에 케톤체 산생성(Ketogenic) 아미노산이라 한다. 다른 5종류의 분자는 당신생의 재료가 되기 때문에 이들이 분자를 생성하는 아미노산은 당원성(glycogenic) 아미노산이라고도 한다.

4) 요소의 생성(그림 10 · 8)

아미노산 분해로 생긴 NH_4^+의 일부는 질소화합물의 합성에 사용되지만, 대부분은 요소로 변환되어 배설된다. 포유류에서는 질소의 대부분은 요소의 형태로 배설되지만 조류에서는 뇨산의 형태로 배설된다. 요소는 요소회로(또는 krebs-Henseleit 회로)에서 합성된다. 요소의 합성원료는 2개 질소원자내 중, 하나는 Arginine에 의해 다른 하나는 Ammonium 이온에 의해 공급되고 탄소원자는 CO_2에 의해 공급된다.

mitochondria내에서 NH_4^+와 CO_2에 의해 carbamoyl phosphate 가 합성된다. 이때 2분자의 ATP가 소비된다. carbamoyl phosphate은 ornithine과 결합하여 citrulline을 생성한다. citrulline은 세포질로 수송되고, aspartate와 결합하여 argininosuccinate를 생성한다. Argininosuccinate가 개열하여 arginine과 fumarate를 생성한다. Arginine은 가수분해에 의해 ornithine과 요소를 생성한다. Ornithine은 mitochondria내로 운반되어 다음 cycle들어간다.

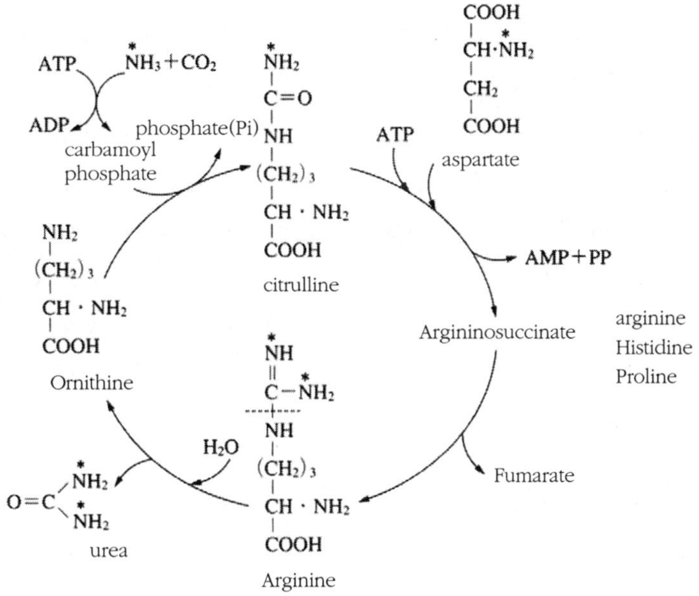

그림 10 · 18 요소회로

* 뇨소생성에 관여하는 질소원자를 나타낸다.

3. 질소평형

동물이 섭취한 질소와 배설된 질소의 정미 증감이 질소출납이다. 질병에 의한 쇠약시나 절식 또는 감식시 질소평형은 부(−)가되고, 성장기에는 정(+)이 된다. 전자에서는 단백질의 분해량이 합성량을 상회하고 후자에서는 합성량이 분해량을 상회한다. 축산의 목적은 가축 · 가금을 통해 양질의 단백질인 고기, 우유, 계란, 털 등을 효율성 있게 생산하는 것이기 때문에 정의 질소출납 즉, 질소축적과 그 제어기구를 파악하는 것이 중요하다. 일반적으로 양질의 단백질(아미노산 구성이 우수한 단백질)을 충분하게 섭취하면 동물 단백질 동화량이 크게 되어 축적이 증가하는 것이 알려져 있다. 단백질 대사는 Insulin, IGF, Glucagon, Glucocorticoid, 갑상선 Hormone 등의 많은 Hormone에 의해 제어되고 있다.

4. 단백질 대사 회전의 내분비제어

단백질의 대사회전은 Hormone에 의해 제어를 받고 있다. 일반적으로 Insulin, IGF, GH, Androgen은 단백질 합성을 촉진하고 Glucocorticoid, Glucagon 갑상선 Hormone은 단백질 분해를 촉진한다. 그러나 이들 Hormone은 반드시 단백질의 영양상태, 흡수 아미노산의 조성이나 양의 변화에 응답하여 있는 것은 아니고, 단백질 대사 회전의 내분비 제어 기구에 대해서는 불명확한 점이 많이 남아 있다.

Insulin은 말초 조직으로의 Amino Acid 수송과 단백질 합성을 촉진하여 단백질 분해를 억제하는 것이 알려져 있다. 또한 Insulin은 ribosome S6단백질의 인산화를 촉진한다. S6단백질이 인산화 되면 ribosome은 mRNA와의 결합이 촉진되어 polysome으로 흡수된다. 더욱이 Insulin은 새로이 합성된 mRNA를 안정화나 번역개시 인자(eIF−2B) 활성화를 나타내는 것도 알려져 있다. 이같이 Insulin은 단백질 합성의 제어에 있어서도 중요한 역할을 하고 있지만, 혈장 Insulin농도와 성장속도는 반드시 일치하지는 않는다.

IGF−I은 영양상태, 특히 단백질(아미노산)의 흡수량과 관련되어 있어 영양상태가 좋으면 혈중 IGF−I 농도도 상승한다. 또한 혈장 IGF−I농도와 성장사이에는 정의 상관이 인정되기 때문에 단백질 합성 제어에 있어서 중요한 역할을 하고 있다고 생각된다. Insulin과 IGF−I 모두 단백질 동화작용을 갖는 것으로, IGF−I의 분비가 섭취 단백질(아미노산)의 양과 조성의 영향을 받고, 그 주된 작용이 세포증식 촉진인 것에 대하여 Insulin 분비는 주로 당 등의 energy기질의 영향을 받아 energy 축적에 중요하다고 생각된다. 단백질 합성의 내분비제어에 대해서는 이와 같이 다른 인자와도 밀접하게 연관하여 있지만, 그 자세한 것에 대해서는 아직 불명확한 점이 많다.

5. 단백질 분해의 제어기구

단백질 분해의 제어기구에 대해서는 단백질 합성이 생화학적으로 상세하게 조사되어 있는 것에 비하여 거의 알려지지 않고 있다. 생체내의 단백질은 ubiquitin−Proteasome계 혹은 Autophagy에 의해 분해된다.

1) Ubiquitin−proteasome계

생체 단백질은 단수명의 것과 장수명의 것으로 나눌 수 있다. 세포내의 불필요한 단백질이나 많은 단수명 단백질은 ubiquitin−proteasome계에서 분해된다. Ubiquitin은 모든 진핵 생물에 존재하는 분자량

8500의 단백질이고 단백질 분해의 분자식별 marker로서 작용한다. Ubiquitin화된 단백질은 protease복합체인 proteasome에 의해 분해된다. 단백질의 Amino말단의 아미노산 잔기의 종류에 의해 ubiquitin 결합효소의 친화성이 다르기 때문에 단백질의 안전성이 다르다(Amino 말단측). 단백질을 안정화하는 아미노산 잔기는 alanine, cysteine, Glycine, methionine, proline, serine, isoleucine, leucine, lysine, phenylalanine, tryptophan, tyrosine이다. Amino말단이 Aspartate, Asparagine, Glutamate, Glutamine의 경우는 이 들의 중간이다. 이외에 단백질의 수명의 결정 인자로서는 PEST설(proline P, Glutamine E, Serine S, threonine T가 단단해진 배열을 갖는 단백질은 단수명이라는 설)도 있다. PEST를 많이 함유하는 배열은 ubiquitin-proteasome계에 의해 분해를 받기 쉽다고 한다.

2) Autophagy (자가포식작용)

대부분의 세포 구성 단백질, 장수명단백질은 lysosome계에서 분해되어 아미노산 pool로 들어간다. 아미노산 pool로의 기여는 장수명단백질이 크다. 세포가 세포자신의 구성성분을 lysosome내로 흡수 소화하는 것을 Autophagy라 한다. 장수명단백질은 격리막(isolation membrane)에 의해 싸여져 소포를 형성하고 이것이 lysosome과 결합하여 단백질이 분해된다. 이것은 macroautophagy이고 영양조건 등에 의해 영향을 받고, 절식시에는 이경로에 의해 분해가 촉진된다. 또한 특정의 motif(ribonuclease A에 존재하는 KFERQ 배열 등이 알려져 있다)를 lysosome이 인식하여 직접 분해하는 경로도 있다(peptide motif설)

6. 반추동물의 질소대사 특징

반추동물에 있어서는 질소대사의 최종산물인 요소가 제1위 미생물체 단백질 합성에 이용된다. 이것은

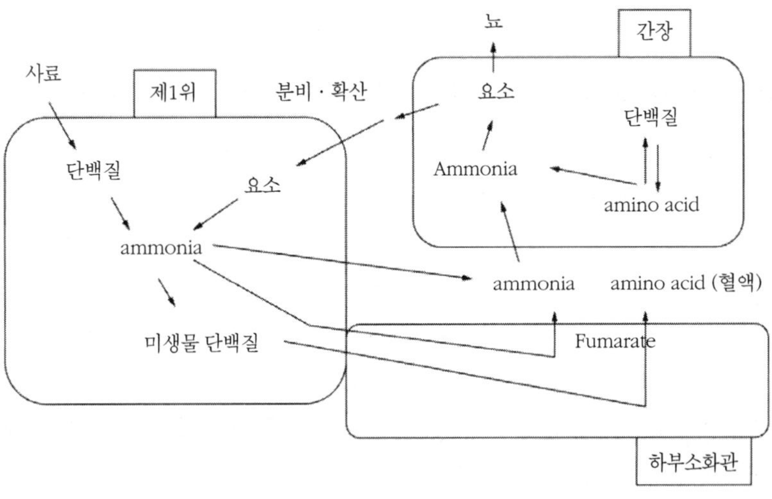

그림 10 · 19 반추동물에 있어서 요소의 재순환

다른 동물에서는 나타나지 않는 반추동물 특유의 기구이다. 제1위내에서 생성된 Ammonia는 미생물체 단백질의 합성에 이용되지만, 나머지는 제 1위 및 하부소화관에서 흡수되어 간장에서 요소로 변환된다. 체내의 질소 대사의 최종단계에 있어서도 똑같이 요소가 생성된다. 이들 요소는 단위동물에서는 그대로 뇨중으로 배설되지만 반추동물에 있어서는 타액이나 제1위벽에서 제1위내로 공급되어, 제1위 미생물의 단백질 합성에 이용된다. 이 질소의 재순환 system은 사료중의 질소가 부족할 때에는 특히 중요하고 뇨중으로의 질소 배설이 억제되어 소화관내로의 이행이 증가한다.

7. 핵산의 대사

Purine 혹은 pyrimidine에 Ribose가 결합한 nucleoside는 여러 가지 보효소나 이에 관련하는 물질(NAD^+, $NADP^+$, ATP, UDPG등)의 구성요소일 뿐만 아니라 ribonucleic acid와 deoxyribonucleic acid의 중요한 성분이다.

음식물 중의 핵산은 소화되어 그 성분인 purine, pyrimidine도 흡수되지만 생체 내에서 이용되는 purine, pyrimidine의 대부분은 간장에서 합성된다. purine은 glycine, glutamine, tetrahydrofolic acid로부터 합성되어 pyrimidine 환은 carbamoyl phosphate와 aspartate로부터 합성된다.

Purin환은 최종적으로는 분해되어 요산으로 변환된다. 사람의 경우는 요산이 purine분해의 최종산물이고 뇨중으로 배설되지만, 다른 동물에서는 purine체의 최종산물은 allantoin이다. pyrimidine은 분해되면 NH_3와 CO_2가 된다. 반추동물의 경우는 제1위 미생물 유래의 핵산이 대장으로 흡수되어 최종적으로 allantoin량은 제1위 미생물량의 지표로서 이용된다.

Ⅳ. 지질대사

1. Triacylglycerol

Triacylglycerol(triglyceride)는 환원된 무수물이기 때문에 energy를 고밀도로 저장하고 있다. 또한 극성이 없기 때문에 수화되어 있지 않고 2배량의 물과 수화하고 있는 glycogen에 비하여 극히 고밀도인 상태로 저장되어 있다. Triacylglycerol은 세포질에서 hormone 감수성 lipase에 의해 가수분해되어 지방산과 glycerol로 된다. Adrenalin이나 glucagon 등의 지방 분해를 촉진하는 hormone은 G단백질 공역형 수용체를 활성화하고 지방세포의 adenylate cyclase를 활성화한다. 이 kinase에 의해 cAMP가 증가하고, protein kinase A가 활성화 된다. protein kinase A는 lipase를 인산화 함에 따라 활성화되고 triacylglycerol분해를 촉진한다. Insulin은 역으로 지방분해를 억제한다.

Glycerol은 간장에서 흡수된 후 인산화되어 glyceradehyde 3-phosphate로 되고 중간대사경로에 들어가 해당계 혹은 당신생의 기질로서 이용된다.

2. 지방산

1) 지방산의 역할

지방산은 탄화수소의 사슬로 이루어진 말단에 carboxyl기를 갖는 화합물의 총칭이다. 지방산은 저장지질인 Triacylglycerol의 성분이 될 뿐만 아니라 생체막 성분인 인지질의 재료가 되고, 또한 단백질에 공유결합에 의해 결합하여 그 단백질이 어느 막으로 보내질까를 나타내는 표식이 된다. 게다가 hormone이나 세포내 정보전달물질의 전구체로서도 대단히 중요하다.

2) 지방산의 산화(β산화)

지방산은 보효소A(CoA)에 결합하는 것에 의해 활성형이 된다. 이 반응은 mitochondria 외막상에 있는 acyl−CoA합성효소(acyl−CoA synthetase)에 의해 촉매된다.

$$R-COO^{-} + CoA + ATP + H_2O \rightarrow acyl\ CoA + AMP + 2Pi + 2H^{+}$$

다음으로 carnitine에 의해 mitochondria 내로 운반되어 β산화에 의해 분해된다. mitochondria내에서

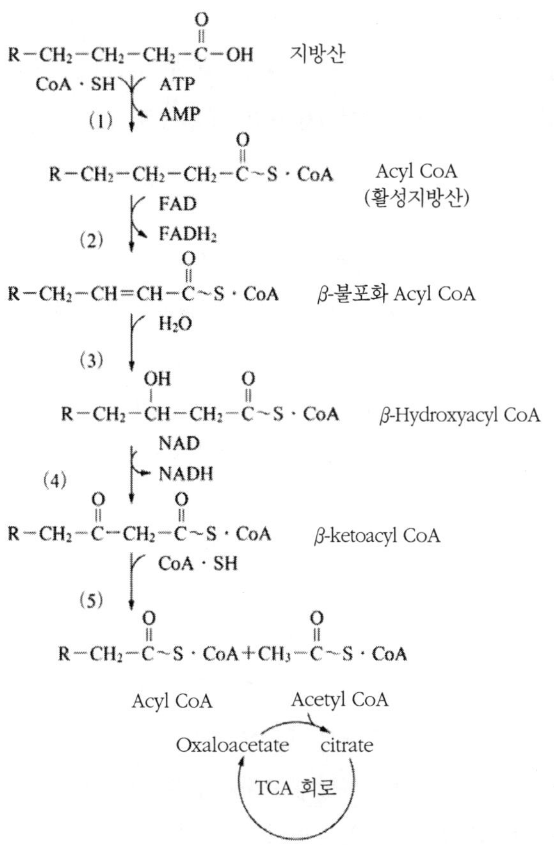

그림 10 · 20 지방산의 β산화

다시 CoA와 결합한 acyl−CoA는 acyl−CoA 탈수소효소에 의해 trans −Δ2−enoyl CoA가 된다. 이때 수소 수용체는 FAD이다. trans−Δ2−enoyl CoA는 가수분해 반응에 의해 L−3−hydroxyacyl−CoA가 되고, 이어 산화되어 3−ketoacyl−CoA를 생성한다. 이산화 반응의 전자수용체는 NAD^+이다. 3−ketoacyl−CoA는 CoA−SH 존재 하에서 thiol 개열에 의해 탄소원자 2개만 짧아진 acyl−CoA와 acetyl−CoA를 생성한다. 이 일련의 반응에 의해 acyl−CoA로부터 탄소 2개가 acetyl−CoA로서 분리된다. 이 반응을 반복하는 것으로 지방산의 분해가 이루어진다. 1 cycle의 반응을 정리하면 다음과 같다.

$$C_n\text{−acyl−CoA} + FAD + NAD^+ + H_2O + CoA$$
$$\rightarrow C_{n-2}\text{−CoA} + FADH_2 + NADH + H^+ + \text{acetyl−CoA}$$

palmitate(C16)을 완전히 산화하는데는 7단계의 반응이 필요하다. 완전히 산화되었다면 다음과 같다.

$$\text{palmitoyl−CoA} + 7FAD + 7NAD+ \; + 7CoA + 7H_2O$$
$$\rightarrow 8\text{acetyl−CoA} + 7FADH_2 + 7NADH + 7H^+$$

호흡사슬에 의해 NADH, $FADH_2$는 산화되어 각각 2.5분자, 1.5분자의 ATP를 생성한다. TCA cycle에 의해 acetyl−CoA의 산화에서 16분자의 ATP가 생성된다. 따라서 palmitoyl−CoA의 산화로 생성된 ATP 수는 $FADH_2$ 7분자로부터 10.5분자, NADH 7분자로부터 17.5분자, acetyl−CoA 8분자로부터 80분자 합계 108분자가 된다. palmitate의 활성화로 2개의 고에너지 인산 결합이 소비(ATP→AMP+2Pi)되기 때문에 palmitate 1분자의 완전 산화에 의해 ATP생산량은 106분자가 된다.

3. Ketone체 생성

Ketone체란, acetoacetate, 3−hydroxybutyrate, acetone의 총칭이다. Ketone체는 간장에 있어서 지질대사의 중간대사산물인 Acetoacetyl−CoA로부터 만들어 지는 것으로 정상상태에서도 혈액 중에는 소량 함유되어 있다. 그러나 저영양 상태가 장기간에 걸친 경우나 당뇨병 등에서 지방산의 분해가 항진하거나, 지방산의 분해산물인 acetyl−CoA가 TCA cycle에 들어가 산화되는 과정에 장해가 있는 경우에는 acetyl−CoA로부터 대량의 ketone체가 생성된다. 이것은 당질이 결핍되어 있는 경우나 당신생이 항진하고 있는 경우에는 citrate생성을 위한 Oxaloacetate가 부족하기 때문에 acetyl−CoA가 TCA cycle로 들어가지 못하기 때문이다. 이 같은 조건에서는 acetyl−CoA로부터 acetoacetate, 3−hydroxybutyrate가 생성된다. Ketone체가 혈중에 증가하면 각종 임상증상을 나타내며, 이 상태를 ketosis라 한다. Ketosis가 된 동물은 식욕감퇴, 유량저하를 일으키고, 중증이 되면 경련, 마비, 혼수 등의 신경증상을 나타내고 사망에 이르는 경우도 있다. Ketosis는 반추가축, 특히 분만 후 1개월 이내의 고비유우나 임신말기의 다태 면양에서 많이 발생한다. 반추가축에서는 제1위에서 생산된 다량의 acetate, butyrate로부터 ketone체가 생성되는 것과 체내의 glucose가 비유나 태아 성장에 사용되기 때문에 해당계가 기능하지 않고 oxaloacetate의 공급이 저하하기 때문에 TCA cycle이 회전 할 수 없게 된다. 따라서 지방산 분해에 의해 공급되는 acetyl−CoA는 TCA cycle로 들어가지 못하고 ketone체를 생성한다. 제1위 발효 산물인 propionate나

기타 당원성 물질은 ketone체 생성을 억제한다. Ketone체는 일부는 뇌, 골격근, 심근, 신장 등에서 energy원으로서 이용된다.

4. 지방산의 생합성

지방산의 합성은 β산화와는 역반응이지만, 분해경로를 역전시킨 것이 아닌 완전히 별개의 경로이다. 지방산의 β산화가 mitochondria내에서 행해지는 것에 비하여 합성은 세포질에서 행해진다. 또한 지방산 분해의 중간체는 CoA와 결합하는 것에 비하여 지방산 합성의 중간체는 acyl기 운반 단백질(acyl carrier protein : ACP)과 결합한다. 지방산합성의 최초단계는 maloyl-CoA의 생성이다.

Acetyl-CoA +ATP +HCO_3^- → maloyl-CoA +ADP +Pi +H^+

Maloyl기는 ACP에 결합하여 지방산 사슬의 연장에 이용된다. 이 반응에서 maloyl기의 탄소원자 3개 중 2개가 지방산 사슬의 연장에 이용되고 나머지 1개는 CO_2로써 배출된다. 지방산 합성은 다효소 복합체인 지방산 합성효소에 의해 행해진다. 먼저 지방산 합성효소의 acetyl기 전이 효소활성 부위에 acetyl-CoA의 acetyl기가 결합하고 maloyl-CoA의 maloyl기는 전이효소를 거쳐 ACP에 결합한다. 이어 축합효소의 acetyl기가 ACP의 maloyl기에 결합하여 acetoacetyl기가 된다. 이 때 maloyl기 말단의 탄소원자가 CO_2로써 방출된다. Acetoacetyl기는 환원되어 butyryl기가 된다. 환원반응에서는 NADPH가 소비된다. 이 반응을 반복하여 지방산 합성이 행해진다.

지방산 합성의 주된 산물은 palmitate(C16)이다. 여기에 소포체막의 세포질 측에 있는 효소에 의해 지방산은 더욱 연장 할 수 있다. 또한 이중결합을 지방산에 도입할 수도 있어, palmitoleic acid($C_{16:1}$)이나 oleic acid($C_{18:1}$)가 합성된다. 그러나 linoleic acid($C_{18:2}$)와 linoleinic acid($C_{18:3}$)는 생체 내에서 합성할 수 없으므로 음식물로부터 섭취하지 않으면 안되므로 필수지방산이라 한다. linoleic acid, linolenic acid로부터 유도되는 arachidonic acid($C_{20:4}$)는 prostaglandin, prostacyclin, thromboxane, leucotriene 등의 전구물로서 중요하다.

5. 혈장중의 지질과 지질수송

혈액중에 있어서, 지방산은 albumin과 결합하고 cholesterol, triglyceride, 인지질은 lipoprotein복합체로서 운반된다. 이 같은 복합체 형성에 의해 지질의 용해도는 현저하게 높아진다. Lipoprotein은 표 10 · 5에 나타낸 바와 같이 6종류이고 크기와 지질 함유량으로 구분하고 있다. Lipoprotein의 단백질 성분을 apoprotein이라 한다. 주된 것은 apo E, apo C, apo B이다.

1) Chylomicron

Chylomicron(乳狀脂粒)은 지방을 흡수할 때에 소장점막에서 형성되는 대형의 lipoprotien 복합체로 임파관을 거쳐 순환계로 들어간다. 혈중 chylormicron에 함유되는 triglyceride는 모세혈관 내피에 존재

표 10 · 5 주요 Lipoprotein

Lipoprotein	크기(nm)	조 성 (%)					기원
		단백질	유리 cholesterol	cholesterol ester	triglyceride	인지질	
Chylomicron	75~1000	2	2	2	90	3	장
잔여 Chylomicron	30~80						모세혈관
초저밀도 lipoprotein(VLDL)	30~80	8	4	16	55	17	간과 소장
중간밀도 lipoprotein(IDL)	25~40	10	5	25	40	20	VLDL
저밀도 lipoprotein(LDL)	20	20	7	46	6	21	VLDL
고밀도 lipoprotein(HDL)	7.5-10	50	4	16	5	25	장과 소장

하는 lipoprotein lipase에 의해 지방산과 glycerine으로 분해되어 지방세포에 흡수된다. 혈액 중에 남은 지방산은 Albumin과 결합한다. Heparin을 보조 인자로 하는 lipoprotein lipase도 혈액중의 초저밀도 lipoprotien(VLDL)으로부터 triglyceride를 제거한다. Triglyceride가 제거된 chylomicron은 cholesterol이 풍부한 직경 30~80nm의 lipoprotein이 되고 잔여 chylomicron이라 부른다. 이것은 간장으로 운반되어 잔여 chylomicron수용체 혹은 LDL수용체를 통해 세포내로 흡수된다. 흡수된 잔여 chylomicron의 일부는 담즙과 함께 소장 내로 분비되어, 외래성 지질의 수송계를 형성한다.

2) 지질의 수송

체내 조직 간의 triglyceride, cholesterol의 수송은 VLDL, LDL, IDL, HDL에 의한 내재성 지질 수송계에 의해 이루어진다. VLDL을 간장에서 만들어져 triglyceride를 말초조직으로 수송한다. Lipoprotein lipase에 의해 triglyceride가 제거 되면 VLDL은 IDL로 바뀐다. IDL은 인지질을 HDL에 전이하고, 혈장중 lecithin−cholesterol acyltronsferase(LCAT)에 의해 HDL내의 cholesterol로부터 만들어진 cholesterol ester를 흡수한다. IDL은 간장에서 triglyceride와 protein을 잃고 LDL로 된다. LDL은 조직에 cholesterol을 공급한다. Cholesterol은 세포막성분이나 steroid hormone의 원료가 된다. 간장이나 지방조직은 LDL 수용체를 통해 LDL을 세포내로 흡수한다. 혈중의 유리지방산은 수동수송에 의해서도 세포내로 흡수되지만, 대부분은 세포막에 존재하는 CD36/FAT(cluster of differentiation 36/fatty acid transporter), FATP(fatty acid transporter protein), FABPpm(fatty acid binding protein of plasma membrane)등의 지방산 수송단백질(fatty acid transporters)에 의해서 능동적으로 수송된다.

6. 반추동물에 있어서 단쇄 지방산의 대사

반추동물에 있어서 사료는 제1위 미생물에 의한 발효를 받기 때문에 소화관에서 탄수화물의 흡수는 거의 없고, 미생물의 발효산물인 단쇄 지방산(short-chain fatty acids, 또는 휘발성 지방산(volatile fatty acids:VFAs), acetate, propionate, butyrate등)의 형태로 흡수된다. 단쇄 지방산은 반추동물의 energy의 약 70%를 점한다. 제1위에서 생산된 단쇄 지방산은 acetate가 60~80%, propionate가 10~30%, butyrate가 약 10%, 기타(isobutyrate, valeric acid, isovaleric aicd등) ~5%이지만, 동물종이나 급여사료에 따라서도 다르다. Acetate는 거의 그대로 제1위 벽에서 흡수되어 acetly-CoA가 되어 대사경로에 들어가 energy원이 된다. 또한 반추동물은 지방산 합성의 기질로서 단위동물이 glucose를 이용하는데 대하여 대부분을 acetate에 의존하고 있다. Propionate는 일부는 제1위 벽 통과 시에 butyrate나 pyruvate로 변환되지만, 거의는 그대로 흡수되며 간장, 신장에서 해당계나 당신생의 기질로서 이용된다. 반추동물이 필요로 하는 glucose의 상당부분은 propionate를 원료로 하는 당신생에 의해 의존하고 있다. Butyrate는 흡수시에 거의가 ketone체인 acetoacetate와 3-hydroxybutyrate로 변환된다.

이와같이 반추동물의 energy 대사의 대부분은 단쇄 지방산, 주로 acetate와 propionate이고 glucose를 energy원으로 하는 단위동물과는 energy대사의 관점에서 현저하게 다르다. 반추동물에서는 소화관으로부터의 glucose 흡수가 거의 없기 때문에 propionate, amino acid, lactate 등으로 부터의 당신생이 단위동물에 비하여 중요하다. 또한 단쇄 지방산의 대부분을 점하는 acetate의 이용에 대해서도 단위동물과는 다르다.

V. 무기질 대사

생체 mineral은 체중의 4~5%를 점하고, 많은 순으로 Ca, P, K ,S, Na, Cl, Mg의 macromineral(다량원소)과 Fe, Mn, Cu, I, Co, Zn, Si, Se, Cr 등의 micromineral(미량원소)로 되어있다. 이 둘은 상호 영향을 미치면서 삼투압이나 pH의 조절, 산 · 염기 평형유지, 세포막의 전위차 형성 등, 물리화학적 항상성 유지에 중요한 역할을 담당하고 있다. 또한 mineral은 골, 세포막, 염색체, 보효소 등의 성분이나 milk의 성

표 10 · 6 주요 Lipoprotein

필수 무기원소				필수로 추정되는 미량원소
macromineral(%)		micromineral(ppm)		
Ca	1.5	Fe	20-80	F
P	1.0	Zn	10-50	Br
K	0.2	Cu	1-5	Ba
Na	0.16	Mn	0.2-0.5	Sr
Cl	0.11	I	0.3-0.6	
S	0.15	Co	0.02-0.1	
Mg	0.04	Mn	1-4	
		Se	-	

분으로서 뿐만아니라 혈액응고인자, 신경자극 전달, 근수축의 생리활성물질, 세포내 signal 전달물질로서 다양한 작용을 하고 있다.

1. Macromineral

1) Na, K, Cl

Macromineral 중 Na, K, Cl은 주로 생체의 물리화학적 환경의 유지(pH, 산염기평형, ionbalance, 삼투압 등)를 위해 이온으로서 작용한다. Na^+는 세포외액농도(약 145mM)가 높고, 끊임없이 세포내(12mM)로 유입하기 쉬운 상태이지만, 유입된 Na^+는 Na^+/K^+ATPase에 의해 K^+와의 세포내외의 농도 균배(外 : 4−5mM, 內: 약 150mM)를 형성한다. 이 Na^+와 K^+와의 교환에 대사에너지의 20~30%가 소비된다. Cl^-는 Na^+와 같이 세포외액농도가 높고(100~110mM), 세포내는 낮게(약 4mM) 유지된다.

Na^+는 Vasopressin, 심방성 나트륨 이뇨 펩타이드(atrial natriuretic hormone : ANP), aldosterone에 의해 신장에서의 뇨중 배설이 엄밀하게 조절되고 있다. K^+가 Na^+의 배설을 촉진하기 때문에 K함량이 높은 식물사료를 다식하는 초식동물에서는 NaCl의 급여가 필요하다. 현저한 발한 등에 의해 NaCl이 단시간 내에 다량으로 잃게 되면 근육의 경련, 구토, 하리 등이 발생한다. 유우에 있어서는 장유박 사료 등에 의한 과잉 급여와 풍미이상유가 보고되고 있다.

2) Ca, Mg, P

Ca, Mg, P는 거의가 뼈와 치아 등의 경조직에 함유되어 있으며, 또한 생리활성물질(보효소등)로서도 중요하다. Ca^{2+}는 channel, 교환수송에 의한 세포 내로의 신속한 유입, 유출 및 소포체로부터의 방출과 흡수에 의해 근수축이나 세포내 정보전달에 기능을 발휘하고 있다. Ca^{2+}농도는 세포외가 약 2.5mM에 대하여 세포내는 약 10^{-7}M로 매우 낮게 유지되고 있다. Mg^{2+}는 역으로 세포외 약 1mM, 세포내 약 30mM로 되어 있다. P는 인지질이나 인산화 단백질 등의 세포구성성분이 되는 이외에 ATP등의 고에너지 인산화합물이나 각종 보효소등으로서 생체 기능의 유지에 불가결하다.

소화관에서의 Ca흡수는 Vitamin D에 의해 촉진되며, 또한 P 혹은 Mg와의 비에 의해서도 영향을 받는다. P의 증가는 Ca의 흡수를 저하시키고, Ca의 증가는 P, Mg의 흡수를 저하시킨다. 혈중 Ca, P의 농도는 각종 hormone에 의해 조절되고 있다. 혈중 Ca농도가 저하하면 상피소체 hormone(parathyroid hormone, PTH) 분비가 증가하여 뼈로부터의 Ca용출(골흡수)을 증가시키는 것과 함께 소장에서의 Ca흡수를 촉진하여 혈중 Ca농도를 증가시킨다. 역으로 혈중 Ca농도가 증가하면 갑상선에서의 calcitonin분비가 증가하여 혈중 Ca을 뼈로 이행시켜 (골형성), 혈중 Ca농도가 저하한다. Estrogen, Vitamin D도 골형성을 촉진한다.

乳牛의 분만 전후에는 저 Ca혈증이 일어나 심한 경우에는 유열이나 산후기립불능증이 발생하는 것이 알려져 있다. Mg는 엽록소의 구성성분이기 때문에 부족되는 경우는 적지만, 반추동물에 있어서는 Mg결핍에 의한 tetany가 보고되고 있다. Mg대사는 Ca대사와 밀접하게 연관 되어 있고, Mg는 생체 내에 있어서 Ca과 길항적으로 작용하고 있다고 생각된다. 따라서 Ca/Mg비가 저하하면 Ca에 의한 신경전달, 근수축 작용에 영향을 주어 tetany 증상이나 유열 등의 신경 · 근수축/이완의 변조가 일어난다고 생각된다. P는 각종 사료 중에 함유되어 있어 부족되는 경우는 없다. P는 골이나 핵산 등의 구조성분이나 각종 생리활성물질의 구성성분이 되어 있는 이외에 체액 중에서는 인산이온으로서 존재하고 있다. 그 대사는 Ca, Mg의 대사와 밀접하게 관련하고 있다. 인산의 분/뇨중으로의 배설은 농지의 과영양화나 하천 등의 부영양화를 초래하기 때문에 자연환경에 대한 공해요인으로 되어 있어 그 대책이 시급하다.

3) 황(S)

S는 일반적으로 무기형태로는 거의 흡수되지 않고 대부분 황함유아미노산의 형태로 흡수된다. 생체 내에서는 대부분 단백질, 함유황 amino acid, 함유황 비타민(Vitamin B_1, Biotin, ribo acid), 함황 지질로서 존재한다. 이들이 대사되어 SO_4^{2-}로 된 것이 세포외액이나 세포내액 중에 존재하고, 콘드론이틴황산의 황산화에도 이용되지만 최종적으로는 phenol등과 포합하여 배설된다.

2. Micromineral

1) 철(Fe), 동(Cu), 코발트(Co)

체내의 Fe의 70%는 Hemoglobin으로서 나머지는 myoglobin, cytochrome계의 효소, ferritin 등으로서 존재하고 있다. 사료중의 Fe^{3+}는 소화관내에서 환원되어 Fe^{2+}로서 흡수된 후 다시 산화되어 Fe^{3+}(transferrin)으로서 혈장 중에 함유된다. Transferrin은 장기에서 환원되어 hemoglobin합성에 사용되거나(골수), Ferritin으로서 저장된다(간, 비장 등). Hemoglobin의 합성에는 미량의 Cu가 Cu함유효소의 형태로 또는 Co가 미량의 Co를 함유한 Vitamin B_{12}의 형태로 필요하고 이들이 부족하면 hemoglobin 합성이 저해되어 소혈구성 빈혈이 나타난다. Fe결핍성 빈혈은 포유자돈에서 발생하기 쉽고, Co, Cu결핍증은 토양 중에 이들이 결핍되어 있는 지역의 소나 양에서 나타난다. 돼지나 닭은 Co로부터의 Vitamin B_{12}합성능력이 낮기 때문에 Vitamin B_{12}로서 급여할 필요가 있다.

2) 요소(I)

갑상선의 I농도는 근육의 약 1000배나 높고, 주로 thyroxine, triiodothyronine등의 갑상선 Hormone으로서 존재한다. I의 결핍은 갑상선종이나 갑상선 기능저하와 같은 효과로 발육장해를 일으키고 번식용 가축에서는 무모의 새끼나 허약한 새끼가 태어나거나 사산이 된다. I는 많은 사료에 함유되어 있기 때문에 일반적으로는 결핍되지 않지만 지역적인 결핍이 있다.

3) 아연(Zn)

Zn은 생체의 모든 조직에 존재하지만, 특히 피부나 털에 많이 존재하고 골에 축적하는 경향이 있다. Zn은 탄산탈수소효소 등, 많은 효소의 보효소로서 작용하고 그 결핍은 돼지에서는 성장불량, 식욕감퇴, 부전각화증(parakeratosis) 등을 일으키고, 병아리에서는 성장지연, 곱슬 털 , 부전각화증, 비절종장증 등 날개나 골에 이상을 일으킨다. Zn의 과잉은 식욕부진, Ca결핍증을 일으킨다.

4) 망간(Mn)

미량이면서 체액 및 조직에 널리 분포한다. Mn은 Mg와 같이 phosphotransferase, decarboxylase 등 많은 효소를 활성화하는 작용을 갖고, 결핍되면 성장 정체나 female(빈축)의 성주기 혼란, male(웅축)의 정소변성에 따른 무정자증 등의 번식장해를 일으킨다. Mn과잉은 Mn중독증을 초래한다.

5) 몰리브덴(Mo)

Mo는 purine염기의 대사에 중요한 효소(xanthine oxydase)의 성분이고, 초산환원효소나 세균의 dehydrogenase의 성분으로서도 중요하다. 소에서는 Mo가 결핍되면 빈혈증상을 나타내 과잉되면 원기상실, 하리를 특징으로 하는 Mo중독(molybdenosis, 타토병)을 일으킨다.

6) 셀레니움(Se)

Se는 당초, 셀렌중독(탈모, 발굽 탈락, 파행 등)을 일으키기 때문에 독극물로 취급되었지만 현재는 glutathione peroxidase의 구성성분으로서 필수적이라는 것이 알려져 있다. Se의 결핍은 성장지연 근위축증, 간장해, 불임증, 면역저하 등, Vitamin E 부족과 같은 증상을 나타낸다.

제11장 체온조절 및 적응

생물이 존재하고 있다는 것은 생물과 그생물을 둘러싸고 있는 외계(surroundings)가 동시에 존재하고 있다는 것을 의미한다. 이 외계에서 생물에 무엇인가의 영향을 주는 요인을 총칭하여 환경(environment)라 한다. 생물은 환경에 작용하거나 작용을 받아 상호 밀접한 관계를 계속 유지하며 생활하고 있다.

Ⅰ. 가축과 환경

1. 환경

환경을 구성하는 요인을 분류하면 무생물적 및 생물적 요인으로 나눌 수 있다. 무생물적 요인을 구성하는 요소로서, 물, 대기, 토양, 광, 열, 중력, 우주선 등이고, 생물적 요인의 구성요소로서, 미생물, 동식물등을 들 수 있다. 가축을 대상으로한 환경요인을 대별하여 분류한 예를 표 11 · 1에 나타내었다. 가축은 인간이 사육하는 것이기 때문에 가축의 환경은 모두 인위적으로 주어져 있다고 할 수 있다. 사료도 인간이 가축에게 급여, 가축에게 영향을 미치기 때문에 환경요소의 하나로서 간주할 수 있다. 또한 생물개체의 생리를 고려한 경우, 생물의 내부환경과 외부환경을 대립시켜 이해하려고 하는 입장이 있다(제2장 Ⅰ-1 참조).

표 11 · 1 가축과 관련된 환경 요인

요 인		요 소
무생물적 요인	기상적	기후, 온도, 습도, 빛, 기압, 바람, 소리 등
	지리적	물, 위도, 고도 등
	토양적	토성, 토질
	인위적	축사, 사료 등
생물적 요인	동물적	가축, 미생물, 기생충, 사료
	식물적	가축 이외의 동물

2. 변온동물과 항온동물

가축과 같이 고도로 진화한 동물은 외기온이 크게 변할 때에도 혹은 운동 등에 의해 체열 발생이 현저히 증가할 때에도 어느 일정범위로 체온(body temperature)을 유지하는 능력을 갖추고 있다. 이같은 동물을 항온동물(homeotherms) 또는 온혈동물(warm-blooded animal)이라 한다. 항온동물(포유류와 조류)은 체내물질의 산화에 의해 열을 발생하고, 신경계를 포함한 복잡한 기구에 의해 체온을 일정하게 유지한다. 한편 체내에 있어서 열생산이 적고, 외계와의 열전도성이 높기 때문에 그체온이 외기온과 거의 동일한 동물을 변온동물(poikilotherms) 혹은 냉혈동물(cold-blooded animal)이라 한다. 냉혈동물에는 무척추동물, 어류, 양서류, 파충류 등이 포함된다. 가축으로서 항온동물이 이용되고 있는 것은 환경온도의 변화에 대하여 체온을 일정하게 유지하고, 생산성을 유지하여 사람에게 생산물을 공급할 수 있기 때문일 것이다. 포유동물 중에는 현저한 저체온기간동안 높은 대사능을 유지하지 않고 대사량을 낮추고, 체온도를 저하시켜 체내 물질소비를 막는 동물이 있으며, 이를 동면동물(hybernator)이라 한다. 포유동물의 동면은 변온동물과는 달라 체온조절이 불가능하게 된 결과는 아니고 대사수준이 잘 조절된 일종의 생리적 상태라 할 수 있다.

3. 체온

동물체의 온도를 체온이라 한다. 항온 동물이라 해도 체온이 모든 부위에서 일정한 것이 아니라, 몸의 심부에서 외부로 향함에 따라 저하한다. 간장의 온도는 직장온도보다 1-2℃ 높고, 반추가축의 제1위내 온도는 미생물에 의한 사료의 발효 때문에 역시 1-2℃ 높다. 피부온도 부위에 따라 다르고, 또한 외기온도에 의해서도 영향을 받는다(그림 11 · 1). 그러나 몸의 심부온도는 거의 일정에 가까운 핵심온도(심부온도, core temperature)를 갖는다. 이 심부온도를 나타내기 위하여 직장온도(rectal temperature)가 종종 이용된다. 이는 주로 측정이 용이하다는 것에 의하지만, 직장온도는 타부위의 온도보다 비교적 변화가 적다는 것에

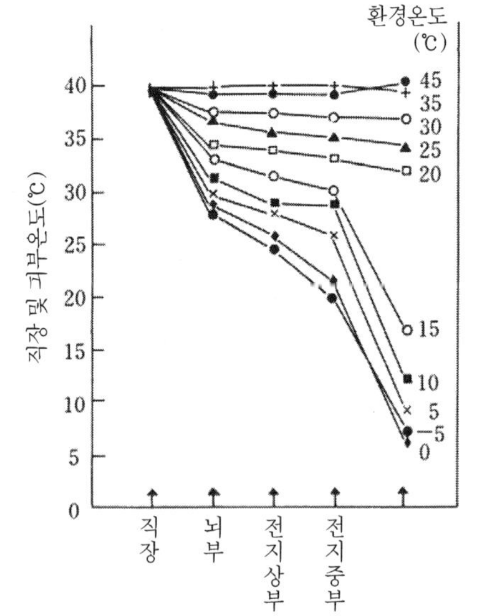

그림 11 · 1 소의 각 부위의 온도와 환경온도
각 환경온도(우측)에 7시간 폭염시 각 부위의 온도
직장온도는 38.12~41.03℃ 임.

표 11 · 2 각종 동물의 직장 온도

동물	평균(℃)	범위
말(암)	37.6	37.2~38.1
(수)	37.8	37.3~38.2
낙타	37.5	34.2~40.7
육우	38.3	36.7~39.1
유우	38.6	38.0~39.3
면양	39.1	38.3~39.9
산양	39.1	38.5~39.7
돼지	38.9	37.9~39.9
닭	41.7	40.6~43.0
개	38.9	37.9~39.9
고양이	38.6	38.1~39.2
토끼	39.5	38.6~40.1
사람	36.9	36.4~37.4

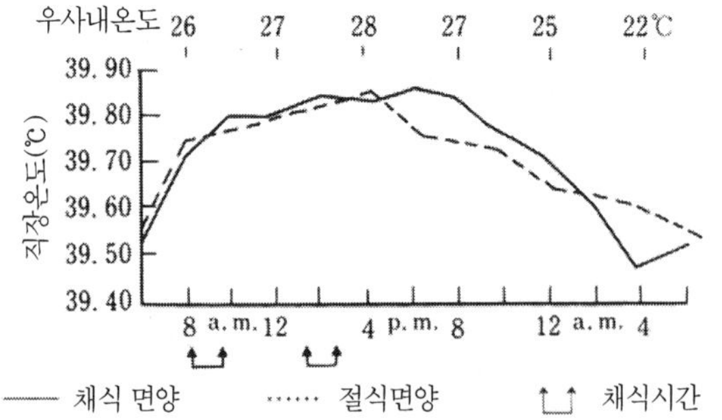

그림 11 · 2 면양의 직장온도의 일내 변동

도 의존한다. 그러나 직장온도가 반드시 핵심온도의 평균을 나타내는 것은 아니다. 표 11 · 2에 각 가축의 직장온도 평균과 그 변동범위를 나타내었다.

체온은 각종 조건에 의해서 변화한다. 주행성 동물의 체온은 오후에 높고, 아침에 낮은 일내변동(diurnal variation)을 나타낸다. 야행성 동물은 이 반대가 된다. 변동범위는 0.5–1.5℃ 정도이다. 섭식운동은 체온을 상승시킨다. 암수차는 확실하지는 않지만 암컷에서 성주기에 따른 변동이 나타난다. 소에서 발정 2–4일전에 체온이 저하하고, 발정중에 다시 상승하지만 배란후에는 다시 약간 저하한다. 임신 중에 가축의 체온은 상승하지만, 소에서 분만 2–4일전에 고온이 보여지는 경우가 있다. 분만중에는 사람, 개, 면양에서는 약간 상승, 말, 소에서는 하강, 돼지에서는 여러변화를 보인다.

4. 온도환경과 생산성

표 11 · 1에 기술한바와 같이 가축에 영향을 주는 환경요인이 현저하게 변화하는 경우에는 생산성에도 영향을 미치게 된다. 기상적 환경중에서는 특히 온도의 영향이 크다. 가축이 직장온도가 42–45℃ 정도면 사망하는 경우가 있지만 정상체온과의 차이는 불과 3–6℃에 불과하다. 그러나 저온에서는 심부온도가 15–20℃ 될때까지 사망하지 않는다. 따라서 정상체온과의 차이는 약 20℃나 되는 것으로 가축은 저온에 잘 견딜 수 있지만 고온에는 매우 약하다는 것을 나타낸다. 생산성에 대한 영향도 전반적으로 고온에서 크게 나타난다.

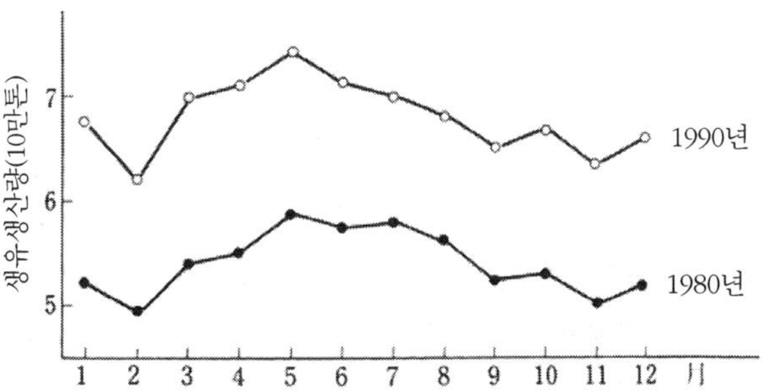

그림 11 · 3 생유생산량의 월별 변화

1) 우유생산성에 대한 영향

표 11 · 3, 4 및 5에 각월별 및 일본 각지에 있어서 유생산량과 온도의 관계를 나타내었다. 온도가 어느정도 이상으로 상승하면 유생산이 저하하는 경향을 알 수 있다. 가장 유생산이 저하하는 경우는 사료조건의 악화, 계절번식의 영향 등의 요인도 고려해야 한다. 유우의 품종이나 비유량 등에 따라

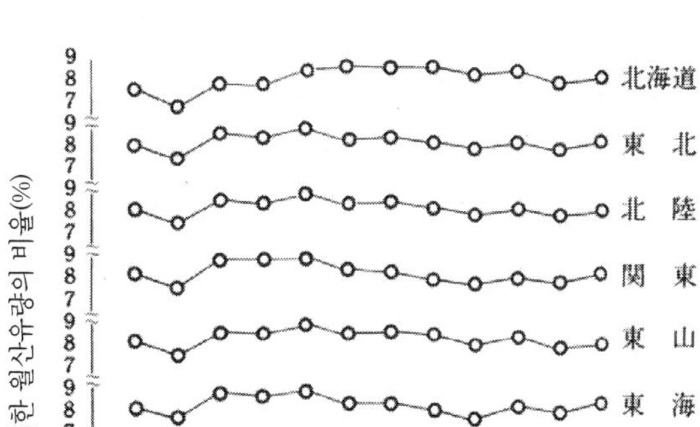

그림 11 · 4 지역별 유생산량의 월별 변화

다르지만 27℃를 넘으면 유량 저하가 일어난다. 저온에서는 −10℃ 이하로 저하하면 영향이 나타난다. 유질에도 변화가 있어 고온에서는 비단백질소, palmitic acid, stearic acid 등은 증가하지만, 총고형분, 지방, 무지고형분, 유당, 단쇄지방산, oleic acid 등은 감소하는 것으로 알려져 있다.

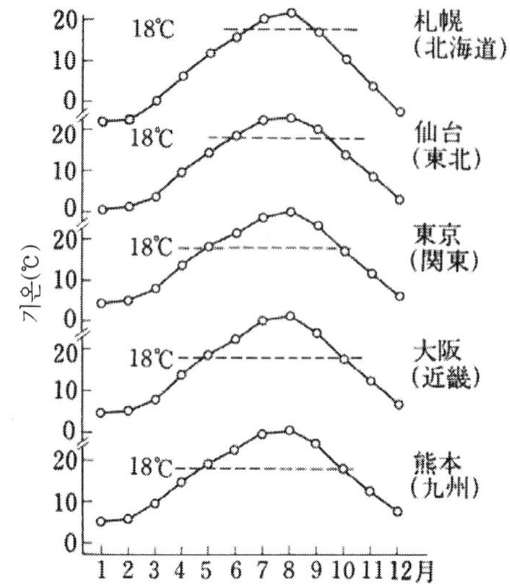

그림 11 · 5 일본 각 지역의 대표도시의 월별 평균기온

2) 성장에 대한 영향

고온환경에서의 임신한 가축에서 생산된 새끼 가축은 종종 허약하고 쉽게 사망하기 때문에 모체를 통해 태아에 악영향을 미치고 있다는 것을 추정할 수 있다. 생후에도 포유중 혹은 이유후에서 현저한 고온 혹은 저온은 발육에 악영향을 미친다. 고온하에서는 사료섭취량, 장에서 흡수성 등이 저하하고, 또한 hormone 분비량도 변화한다. 증체량의 저하는 사료에만 영향이 있는 것이 아니라 질소 축적능력 자체도 저하한다.

저온환경에서 사료를 충분하게 급여해도 발육을 저해하는 경향이 있다. 포유 및 이유자우는 성우보다 악영향을 받기 쉽다. 이것은 돼지에 대해서도 동일하게 신생돈은 지방층이나 피모가 적은 것 등에 의해 단열성이 작은 것이 원인의 하나이다.

3) 번식에 대한 영향

수컷에서 정자의 형성이 고온하에서 악화한다. 여름의 고온다습기에 일시적으로 수태율이 저하하는 경우가 있어 이를 하계불임증(summer sterility)이라 한다. 음낭의 온도는 면양에서 직장온도보다 6−7℃, 소에서 2℃ 정도 낮고, 외기온의 변화에 따라 거고근(擧睾筋)의 운동이나 혈관계의 작용으로 일정의 온도를 유지하려고 하고 있지만, 현저한 고온이나 장기에 걸친 고온은 정자형성을 약화시킨다.

암컷에 있어서도 고온은 발정주기를 흐트러뜨리고 발정강도가 감퇴하고 기간도 단축시킨다는 것이 알려져 있다. 성호르몬의 분비 변화가 초래하는 결과일 것이다. 또한 고온기에 있어서 수태율의 저하와 배아의 사망아 나타난다. 돼지와 같은 다태동물에서도 배아 사망이 있어 산자수의 감소로 이어진다.

4) 산란성에 대한 영향

산란성은 9−29℃의 범위에서는 변화가 적다고 한다. 그러나 고온에서는 난중은 감소하고 난각두께도 얇아지는 것이 알려져 있다. 각 가축이 비교적 쾌적하게 생활하고 효율적으로 생산을 행할 수 있는 온도 범위로서 표 11 · 3에 지표를 나타내었다.

표 11·3 가축의 적정온도구역과 생산환경 한계(단위℃)

	적온영역	생산환경한계		비고
		저온	고온	
착유우(홀스타인종)	0~20	−13	27	저온 : RH 70이하 풍속 : 1m/sec이하
〃 (저지종)	5~24	−5	29	고온 : RH 80이하 풍속 : 1m/sec이상
포유송아지	13~25	5	30~32	〃
육성우	4~20	−10	32	〃
비육우(거세)	10~15	−10	30	〃
면양	−3~23	−13	27	〃
육성돈	15~27	0	27~30	동일, 체중에 의해 구별됨
성돈	5~20	−10~0	25	동일, 야외조건과 우사조건에 한계차가 있음
산란계(백색레그혼)	13~28	1	30~32	〃
〃 (육용종)	15~25	−5	30	〃
브로일러	19~23	8	28	〃

생산환경의 한계: 안정한 경제정서하에서 생산이 경영적으로 성립하는 온도환경의 한계

II. 열생산

항온동물의 체온이 일정하게 유지되기 위해서는 열생산과 열방산량이 같지 않으면 안된다. 따라서 열생산량이 증가하면 체온은 상승하고, 열방산량이 증가하면 체온은 저하한다.

1. Shivering과 non-shivering thermogenesis

체내에서 열생산 방식은 두 가지로 대별할 수 있다. 골격근의 불수의적 수축에 의한 shivering thermogenesis과 non−shivering thermogenesis이다. 그러나 이 분류는 한랭시에 있어서 열생산량이 증가한 경우 그 내용을 구별하기 위하여 사용하는 경우가 많다.

Shivering은 수축과 이완 근육을 지배하는 운동신경이 자극되어 불수의적으로 매초 10회의 속도로 수축 이완을 반복하는 운동이다. 이에 의한 열생산량은 보통 2−5배 증가한다. 이 경우 골격근의 hexokinase나 phosphofructokinase의 활성증가가 있고, 근육 glycogen이나 ATP분해도 촉진된다. Shivering을 일으키는 자극은 중추 및 말초온도변화에 의해서 생기는 것으로 뇌의 온도 변화가 없어도 체표를 냉각시키는 것에 의해 또는 체표의 온도 변화가 없어도 시상하부를 냉각시키는 것에 의해 생길 수 있다. 또한 역으로 이들의 조건이 없어지면 shivering은 소실된다. Shivering는 한랭에 대한 응급적 반응이기 때문에 열생산반응으로서 충분히 적당한 것이라고는 말하기 어렵다. 열은 체표면에서 만들어지기 때문에 용이하게 체외로 소실되고, 또한 피부표면의 공기층을 요동시키는 것에 의해 그 단열성을 감소시키기 때문이다.

Non−shivering thermogenesis의 기구는 상시 작동하고 있어 기초대사량을 형성한다. 이 기구는 기온

의 저하등에 의해 증강되거나 혹은 새로운 기구가 더해진다. 사료로서 섭취된 화학에너지는 체내에서 생화학적 변화를 받아 유지나 생산에 이용되거나 혹은 ATP와 같은 화학에너지로 이용되지만, 나머지는 열에너지로서 체온원이 되어 체표면 등에서 방산된다. 또한 외기온이 현저하게 높은 경우에는 외부로부터 열공급을 받는 경우도 있다.

체열은 주로 골격근(50%)에서 생기고, 간장(20%), 소화기, 호흡기, 심장, 신장 등의 순이다. 열의 생산은 근육 운동시에는 그 정도에 따라 증가하지만, 타장기에는 큰변화는 없다. 이외 열생산을 증가시키는 요인으로서 다음과 같은 것이 있다.

사료섭취후 특이 동적작용(SDA)이 나타난다[제10장 I −3−3 참조]. SDA는 아미노산을 경구투여해도 정맥내 주사해도 동일하게 생성되기 때문에 체내의 대사 과정에 원인이 있고 소화관에서 일어나는 일에 관계없이 생길 수 있다. 그러나 각종 사료의 급여량을 바꾸어 실험 결과로부터 정도의 차는 있는 것으로 소화관에서 발생하는 열도 포함되는 것을 알 수 있다. 반추가축에서는 제1위내 발효 결과 생긴 열도 열량 증가에 원인이 있다. 또한 동물이 서있을 때는 앉아있을 때보다 열생산량이 많지만, 이는 근육의 긴장성의 증가에 원인이 있다. 똑같이 한랭하의 근육에도 나타나지만, 열생산 증가의 큰원인은 될 수 없다.

2. Hormone과 체내대사

열생산량 증가는 hormone의 작용을 경유, 체내 화학적 대사량 증대에 의해 초래되는 것이 크다. 저온환경하에서는 갑상선 기능은 증진한다. 갑상선이 없는 동물은 한랭에 견디기 어렵다고 한다. 갑상선 hormone은 세포의 산소 소비량을 증가시켜 열생산을 촉진한다. 부신피질과 교감신경말단에서 분비되는 catecholamine도 열생산 증가작용이 있다(표 11 · 4). Catecholamine은 glycogen과 지방의 분해을 증가시켜 glucose와 유리지방산을 생성하고 이들의 산화에 의해 열을 생산한다.

부신피질호르몬 중 glucocorticoid는 단백질 분해를 촉진하고 간장glycogen의 합성 및 당신생작용을 증대시킨다. 그러나 열생산량은 저하시키는 작용이 있다.

Non−shivering thermogenesis이 증가하는 데에는 갑상선호르몬, catecholamine, 부신피질호르몬의 협동작용이 필요하다. 저온시에 glucose의 대사 회전속도는 증가하고, 또한 당신생에 관여하는 효소계의 활성도 증대된다. 단백질대사도 촉진되어 뇨중에 질소 대사 산물로서 urea나 creatinine의 증가가 나타

표 11 · 4 환경온도와 면양의 체내대사상태와의 관계(0℃ 폭염후 4일, 온도 70%)

		20℃	0℃
열생산량(kcal/hr)		51.9	87.5
뇨중배설량 (μg/일)	노르아드레날린 아드레날린	11.4 4.8	91.93 3.8
대사회전속도 (mg/kg$^{0.75}$ · min)	Glucose 초산	3.51 7.75	5.98 6.97

난다. 또한 아미노산의 대사효소인 transaminase의 활성증대가 알려져 있다. 지방은 중요한 열원으로 1g의 연소결과 발생열량은 지방(9kcal, 37.7kJ)이 탄수화물(4kcal, 16.7kJ), 단백질(4kcal, 16.7kJ)에 비해 가장 높다. 지방조직중에 축적되어 있는 triglyceride는 호르몬 감수성 lipase(HSL)에 의해 용이하게 분해되어 유리지방산으로 되어 혈중 albumin과 결합하여 각 조직에서 산화된다. 심장 및 뇌를 포함한 모든 조직은 유리장쇄지방산을 완전 산화할 수 있다. 면양의 사료량을 일정하게 하고 한랭에 폭로된 경우 장쇄지방산과 glucose의 대사회전속도는 증가하지만, acetate의 대사에는 변화가 없다(표 11 · 4).

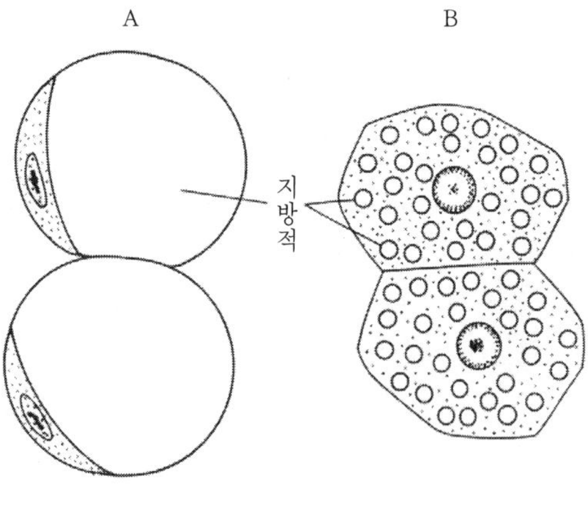

그림 11 · 6 백색지방세포(A)와 갈색지방세포(B)
(玉手 (英))

설치류나 영장류를 포함한 어떤종의 포유동물의 새로 태어난 새끼는 특징있는 열원으로서 갈색지방(brown fat)을 갖고 있다. 갈색지방세포에서는 핵은 세포의 거의 중앙에 있고, 다수의 지방소포가 존재하고 미토콘드리아수도 많다. 보통의 백색지방(white fat)에서는 핵은 세포막에 접근하여 있고, 지방소포는 하나이다(그림 11 · 6). 갈색지방조직에는 혈관이 밀접하게 교감신경과 함께 분포하여 있다. 갈색을 나타내는 것은 다량의 cytochrom과 hemoglobin 때문이다. 갈색지방조직은 한랭환경에 처해지면 교감신경이 홍분된 결과 noradrenalin이 방출되어 혈류량을 증대시키는 동시에 지방적내의 지방의 산화가 촉진되어 마치 전기폭포에 스위치를 켠 상태가 되어 열산생은 증가하고 생산된 열은 체 중심부로 이동된다. 이때 지방은 분해 뿐만아니라 합성도 왕성하게 일어난다. 토끼에서는 갈색지방이 대량으로 존재하여 체중의 약 5%에 달한다. 면양에서는 어깨부위 근층간 및 신장주위에 갈색지방이 존재한다. 새로 태어난 새끼소에서는 후복벽에 다량의 백색지방조직이 있어 갈색지방조직과 비슷한 열산생을 행한다. 자돈에서는 약간 존재하는데 진화학적으로 이조직은 동면동물의 좌우 편갑골간에 선같은 형태로 존재하여 동면선이라 하였다.

3. 반추가축 제1위내 발효열

반추가축이 사료를 섭취하면 제1위내 미생물작용에 의해 발효가 일어나는데, 이때 열이 발생한다. 절식시에는 제1위내와 직장온도가 거의 동일하지만 사료섭취후는 제1위내 온도가 높아져 약 1℃의 차이가 난다. 사료의 질, 양에 따라서도 차이가 있지만, 발효용이성 사료일수록 빠른 시간에 높은 온도에 도달한다.

R. E. Hungate는 화학량론적 입장에서 제1위내 발효열량을 계산하였다. 제1위에서 다음과 같은 발효가 일어난다고 한다.

58mol 6탄당 → 62mol acetate + 22mol propionate + 16mol butylate
(163,076kJ) (54,392kJ) (33,765kJ) (34,895kJ)

$$+ 60.5\text{mol } CO_2 + 33.5\text{mol methane} + 27\text{mol } H_2O$$
$$(29{,}414\text{kJ})$$

즉 163,076 − (54,392 + 33,765 + 34,895 + 29,414) = 10,611kJ (2,536kcal)

육탄당이 원래 가지고 있던 연소열에서 생성물이 유지하는 연소열을 뺀 10,611kJ(2,536kcal)은 주로 발효열로서 잃게 되며 이 양은 처음 energy양의 6.5%에 상당한다.

발효열은 각종 생리기능에 영향을 주고, 저온환경 하에서는 체온유지의 열원으로서 유효하게 작용하지만, 고온환경 하에서는 반대가 된다.

Ⅲ. 열방산

체열은 체표면으로부터 크게 두 가지의 물리적인 방법으로 외계로 잃게 된다. 그 하나는 방사(radiation, 복사), 대류(convection), 전도(conduction)에 의한 방법으로 sensible heat loss라 한다. 다른 하나는 증발(evaporation)에 의해 잃는 것으로 증발성 열방산(evaporative heat loss 또는 잠열방산, latent heat loss)라 한다. 또한 체열의 일부는 사료 등을 데우는데, 일부는 분 및 뇨중으로 소실된다. 이들 기구는 생리적인 조절이 가해져 열방산이 조장되거나 혹은 억제되기도 한다.

1. 물리적 기구

1) 방사(radiation, 복사)

어떤 물체가 전자파을 방출하는 것을 방사하고 하고, 파장에 의해 적외선, 가시광선 등으로 구별한다. 동물이 방사에 의해 방산하는 열량은 동물의 표면온도와 이를 둘러싼 환경 중에 있는 물체 사이의 온도차와 표면적에 비례한다. 공기는 열의 흡수성이 나쁘기 때문에 동물은 공기가 아닌 환경 중의 고체물질에 대하여 방사한다.

어떤 동물의 방사에 의한 열방산은 다음식으로 표현된다.

$$H_R = A_R E_A E_E \sigma (T_S^4 - T_W^4)$$

여기서 H_R=방사(장파장)에 의해 소실되는 열량, A_R=방사면적, E_A=동물의 방사율(emissivity), E_E=환경의 방사율, σ=Stafan-Boltzmann, T_S=표면온도, T_W=환경의 평균 방사온도(절대온도)이다. 또한 이 식은 t를 섭씨온도로 하면, 보통의 환경하(0−40℃)에서는 $(T_S^4 - T_W^4)(t_s - t_w)$ 로 볼 수 있다. 방사율과는 다음과 같이 정의된다. 즉 흑체(black body)의 표면은 그것에 해당하는 방사를 모두 흡수한다. 완전한 방사체는 모든 방사를 반사한다. 방사를 흡수하는 물체는 또한 동시에 방사체이다. 방사를 흡수, 혹은 반사하는 능력의 것을 방사율이라하고, 방사를 완전히 반사하는 경우를 0, 완전하게 흡수하는 경우를 1.0으로 한다.

동물은 저온의 물질에 열을 방사하여 냉각하지만, 한편, 태양과 같은 고온의 물체로 부터의 방사열을 흡

표 11 · 5 방사의 파장과 물체의 색조 방사율과의 관계

	물체	색조	방사율
적외선	순록	갈색	1.00
	여우	담회색	0.99
	사람의피부	복숭아색	0.99
	풀	녹색	0.99
태양광	사람의 피부	복숭아색	0.65
	면양의 피모	회색	0.60
	심벤탈	우유색	0.50
	앵거스	흑색	0.89
	풀	녹색	0.70

(Blaxter, The Energy metabolism of Ruminants)

수하여 따뜻해 진다. 물체로부터 방사되는 전자파의 파장은 그 물체의 온도에 의한다. 태양으로 부터의 방사의 파장은 최대부분이 0.4−0.7㎛이지만, 37℃부근의 물체로 부터의 파장은 최대부분이 8−10㎛의 적외부에 있다. 표 11 · 5에는 파장에 따라 물체의 방사율이 다르다는 것을 나타내고 있다. 동물의 피부나 피모의 색은 적외선에 대해서는 모두 흑체로 볼 수 있지만, 태양광에 대해서는 흑체는 아니다.

태양광의 동물로의 방사는 1) 그림자로부터 측정되는 직접적인 것, 2) 태양광이 공중으로의 분산에 의한 것, 3) 지면으로부터 반사되는 것으로 나눌수 있지만, 직접 부분이 점하는 비율이 크다. 열대지방에서 면양에 주입되는 방사량은 1,257kJ/m^2 · hr이 된다. 면양의 대사량 251 kJ/m^2 · r의 5배나 된다. 그러나 그 일부는 반사되고 또한 피모의 표면에서 열로 되기 때문에 동물에게 직접 주어지는 영향은 상당히 작게 된다. 대기온 32℃, 피모의 길이 4cm의 면양에서 바람이 없는 무풍하에서 피모의 방사율을 약 0.6으로 하면 동물로의 유입량은 712kJ/m^2 · hr가 되지만, 직접 피부면에 도달하는 양은 63kJ/m^2 · hr이라 한다. 이때 피모선단의 온도는 59℃에 달한다. 염색으로 광택이 있는 피모와 그 두께는 태양에 의한 방사를 막는데 좋다. 4−8cm의 피모장은 동물에 유입하는 방사량을 거의 1/10으로 감소시킬 수 있다.

2) 대류(convection)

피부에 접하는 공기는 따뜻해지면 밀도가 내려가 상승하여 차거운 공기가 치환된다. 이같이 대류가 일어나 피부와 그에 접한 공기와의 사이에 온도 균배가 일어난다. 대류에 의해 소실되는 열량은 피부와 공기사이의 온도 균배와 피부표면에 있어서 공기의 흐름에 의해 좌우된다. 소실되는 열량은 풍속의 평방근에 비례하여 증가한다. 대류에 의해 소실되는 열량을 H_K로 하면

$$H_K = K\sqrt{V} \cdot A_K(T_H - T_A)$$

V = 풍속, A_K = 대류가 일어나는 체표면적, T_H = 피부온, T_A = 외기온(℃), K = 동물에 따라 다른 정수

한랭환경시 바람의 영향은 매우 크게 작용한다. 또한 이에 관계되는 요인으로서 습도와 기압 등에 의해 변화하는 공기의 성질, 동물의 형상이나 자세, 풍향 등이 더해진다.

3) 전도(conduction)

열이 고온부에서 저온부로 이동하는 현상으로 정도는 피부와 접촉물질의 온도차 및 접촉면의 크기에 의한다. 공기는 열전도성이 나빠 보통은 동물체와 타물질과의 접촉으로 한정되어 있기 때문에 열손실의 경로로서의 중요성은 일반적으로 작다. 그러나 물에 젖는다든지, 차거운 지면이나 물질과 접하는 경우는 예외이다. 또한 공기의 열전도성은 작기 때문에 따뜻해진 공기는 대류에 의해 이동하여 전도를 돕는다. 대류와 전도를 함께하여 열의 이동을 고려할 때가 많다.

4) 증발(evaporation)

30℃ 부근의 피부표면에서 1g의 물질이 증발하면, 2.43kJ(0.58kcal)의 열이 소실된다. 증발에는 2가지 방식이 있어 그 하나는 피부나 기도로 부터 끊임없이 증발하는 불감증산(insensible persipiration)이고, 다른 하나는 발한(sweating) 및 천속호흡(panting)과 같은 생리적 조절에 의해 능동적으로 행해지는 수분손실이다. 호기는 거의 수분으로 포화되어 있기 때문에 증발에 의한 열방산 경로로서 중요하다.

2. 생리적 기구

1) 피부에 있어서의 혈류

피부혈관의 혈류량은 외계온도에 의해서 변화하고, 피하조직의 열전도율(thermal conductivity)를 변화하는 것에 의해 심부체온을 거의 일정하게 유지한다(표 11 · 6). 심부체온이 저하되려는 경우는 피부혈관은 수축하여 심부에서 체표로의 열의 이동은 감소하여 피부온도는 저하하고, 방사나 대류에 의한 열방산은 감소한다. 한편, 심부체온이 상승하는 경우는 피부로 부터의 열방산을 증가시키기 위해 혈관은 확장되어 대량의 혈액이 피부표면을 흐른다. 그결과 피부온도는 상승하고 열방산은 증가된다.

피부표면에 있어서 혈류의 변화는 주로 교감신경의 작용에 의한다. 혈관확장에 대해서는 3가지의 기구

표 11 · 6 한 · 난 양환경하에서 각종 동물의 피하조직에 있어서 열 전도율 및 열 절연율

동물	한냉시(혈관수축)		서열시(혈관확장)	
	조직열전도율 (kcal/m^2 · 일 · ℃)	조직열절연율 (℃×10^{-3} · m^2 · 일/kcal)	조직열전도율 (kcal/m^2 · 일 · ℃)	조직열절연율 (℃×10^{-3} · m^2 · 일/kcal)
면양	290	3.5	840	1.2
송아지	227	4.4	556	1.8
거세우	150	6.7	500	2.0
사람	288	3.5	910	1.1
자돈	984	1.0	–	–
성돈	140	7.1	–	–

열전달율은 단위온도 균배, 단위시간 단위면적당 흐르는 열량을 나타낸다.
열절연율은 그 역수이다.(1kcal=4.184KJ)

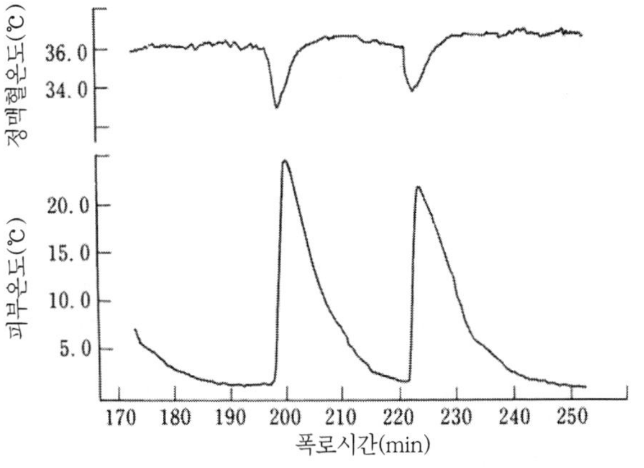

그림 11 · 7 소(160kg)의 이하정맥 혈액온과 피부온에 나타나는 한랭혈관확장작용

가 있다. 첫째로 혈관수축신경(교감신경)의 흥분저하는 피부혈관의 확장을 초래한다. 둘째로 교감신경성 혈관확장신경의 흥분성 증가이다. 세째로 간선 등의 활동 결과 globulin에서 생성되는 bradykinin은 혈관을 확장시킨다. 이들 작용은 각종 외계온에 반응하고, 상응하는 혈관운동을 초래한다. 교감신경에 의한 혈관운동 또한 시상하부의 체온조절 중추에 의해 제어된다.

말초에 있어서 혈관의 수축은 동상의 원인이 된다. 빈혈에 대해서 혈관운동은 마비되어 현저한 조직의 손상을 초래한다. 이같은 장해를 막기위해 귀등의 체 말단에 한랭혈관확장작용(cold-induced vasodilatation, 또는 hunting phenomenon이라 한다)이 일어난다(그림 11 · 7). 이는 사람, 성돈, 자우의 귀, 혹은 닭의 벼슬 등에 나타난다. 아마 혈관의 극도의 수축결과 생기는 polypeptide에 의해 온도의 상승이 있어 혈류가 재개되고 그 결과 이물질이 씻겨 흐르면 재차 혈관의 수축이 일어나는 것일 것이다.

2) 대향류(對向流) 열교환

대향류 열교환(countercurrent heat exchange)이란 체중심부로 부터 따뜻한 동맥혈과 말초에서의 찬 정맥혈이 방향을 역으로 하고 또한 서로 인접하여 흐르는 것에 의해 열이 교환되는 것을 말한다(p. 196). 그림 11 · 8은 체 말단에 있어서 이 기구가 모식적으로 나타내고 있다. 그림의 (a)는 한랭시에 나타나는 것이고, 중심부에서 동맥에 의해 운반되어온 열은 평행하여 역방향으로 달리고 있는 정맥내의 말단부를 흘러 냉각된 혈류에 이동된다. 따라서 동맥혈은 말단부에 도달할 때 까지 이미 냉각되어 있고, 정맥혈은 중심부로 환류하기 전에 이미 따뜻해져 있다. 따라서 심부체온의 방산은 억제되어 체온의 유지가 도모된다. 말초부에서 혈액은 비교적 저항이 높은 혈관을 통과, 저항이 낮은 동정맥문합을 거의 흐르지 않는다. 이와 같이 혈류량을 감소시키는 것에 의해서도 열의 방산이 방지된다. 그림의 (b)는 외기온이 높은 경우로 열교환의 양상은 (a)와 반대가 된다. 표재정맥은 확장하고 평행정맥은 수축한다. 대향류열교환의 정도는 교감신경을 거쳐 중추의 지배를 받고 있다.

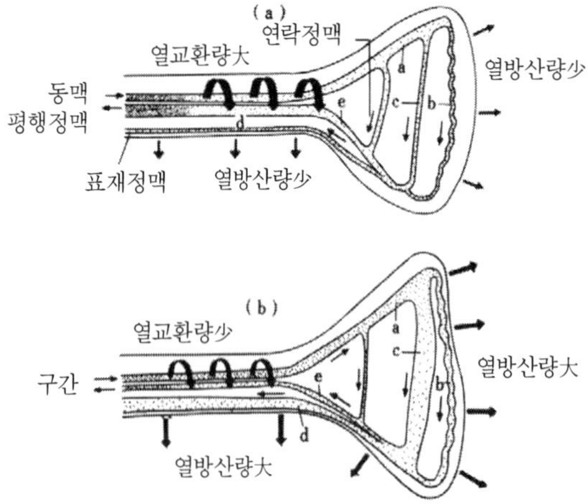

(a) 한랭시; a, 표재조직에 대한 혈류의 절대량少
b, 피부에 모세 혈관 혈류량少
c, 동정맥 문합 내 혈류량少
d, 표재 정맥 혈류량少
e, 차가운 혈액의 평행정맥으로의 환류,
동맥혈로부터의 대향류 열교환에 의해 따뜻해진다.

(b) 서열시; a, 표재조직에 대한 혈류의 절대량大
b, 모세혈관 혈류량大
c, 동정맥문합 내 혈류량大
d, 표재정맥 혈류량大
e, 평행 정맥으로의 환류량少
(음영의 정도는 혈액온도를 나타내고, 혈관의 굵기는 혈류량을 나타낸다.)

(Hardy, Temperature and Animal life)

그림 11 · 8

3) 발한(發汗)

피부의 한선(sweat gland)은 eccrine gland와 apocrine gland의 2종류가 있다. 개, 돼지, 산양, 면양, 소, 말 등의 유모부 피부에는 apocrine gland이, 또한 개, 고양이, 쥐 등의 다리의 육지에는 eccrine gland가 있다. 사람에서는 eccrine gland가 피부 전면에 존재해 있고, apocrine gland는 모근부에 존재하고, 겨드랑이에 잘 발달하고 이외 유두나 외음부에도 있다.

온열적 자극에 의해 발한이 일어나지만, 여기에는 두 가지 요인, 즉 외적 및 내적요인이 있다. 외부의 온도가 높아 피부온이 높아지는 경우와 체열생산이 많아 핵심온도가 상승하는 경우이다. 한편 이들의 조건이 역으로 되면, 발한은 억제된다. 보통은 이 두 가지 조건이 서로 관련되어 가장 적합한 열방산이 행해지도록 발한이 일어난다. 사람에서는 고통, 수치 등의 정신적 긴장이나 흥분으로 발한이 일어나지만, 체열방산과는 관계가 없다. 정신적 발한은 피부온도가 낮은 경우에도 일어난다. 동물에서도 흥분하면 정신성 발한이 일어난다.

땀은 극히 엷은 묽은 액체로서 99%이상이 수분이다. Na, K, Cl, 젖산이나 질소화합물 등을 함유한다. 땀 분비시의 이온 조성은 혈장과 거의 동일하지만, 분비속도가 늦은 때는 NaCl은 도관을 통하는 과정에서 거의 재흡수 된다. 말은 몸의 모든 표면에서 발한하고, 피부로 부터의 증산이 열방산의 주경로이다. 소에서는 한선의 발달은 떨어져 체표면에 균일하게 분포하지 않는다. 땀의 Na/K비는 소나 면양에서는 작지만(표 11 · 7), 사람이나 말에서는 크다.

발한의 상위 중추는 시상하부에 있고, 하위중추가 연수나 척수에 있다. 한선에 분포하는 발한신경은 교감신경이지만, 사람에서는 절후섬유의 말단에서는 acetylcholine이 분비된다. 산양, 면양, 소에서는 adrenaline성 물질이 분비된다. 발한신경의 성질에 관계없이 eccrine gland도 apocrine gland도 인위적인 adrenaline이나 noradrenaline의 자극에 의해 발한한다. 한편 acetylcholine을 유리하는 신경에 지배

표 11 · 7 각종 온동환경하에 있어서 소(Ayser)의 발한량(g/m^2 · hr)과 이온성분(mg/m^2 · hr)

온도(℃)	습도(%)	Na	K	Mg	Ca	Cl	P	젖산	증감량	pH
15	62	3.13	2.25	0.14	2.68	3.94	0.14	1.14	5.75	5.3 (4.5~7.6)
25	59	4.49	8.56	0.14	1.45	5.94	0.14	4.01	25.50	
35	60	9.46	15.18	0.40	3.86	9.74	0.09	2.87	66.00	

땀(피부분비물)은 소의 등부위를 10%메탄올면으로 닦아보았다.(Jenkinson & Nabon, Brit. Vet. J)

표 11 · 8 말과 반추가축의 간선 기능의 비교

	말	소	면양
adrenaline에 대한 감수성	10^{-7}	10^{-7}	10^{-7}
acetylcholine에 대한 감수성	10^{-6}	없음	없음

adrenaline 및 acetylcholine의 피하주사에 의한 발한을 일으킬수 있는 최저농도(g/ml)을 나타낸다.

되고 있는 한선은 한선의 종류에 관계없이 acetylcholine에 의해 땀의 분비가 일어난다. 그러나 산양, 면양, 소의 한선은 acetylcholine에 의해 반응하지 않는다(표 11 · 8). 말이나 개의 유모부 피부한선에는 발한 신경이 분포하고 있는지에 대해서는 명확하지 않지만, adrenaline, acetylcholine의 어느것에도 반응한다.

발한에 의한 체열방산효과는 수분증산량에 의존하기 때문에 공기의 습도가 크게 관계한다. 또한 땀 1g을 생성하는 데에 약 10ml의 O_2소비가 있어, 잠열로서 소실되는 열량의 약 10%는 열생산에 이용된다.

4) 천속호흡(Panting)

고온환경에 일어나는 다호흡을 천속호흡(panting)이라 한다. 빠른 호흡에 의해 체열은 현열방열과 증산에 의해 호기중으로 방산된다(그림 11 · 9). 따라서 호기의 온도는 흡기온보다 높지만, 현열방열에 의해 소실되는 열은 작은 부분이고, 대부분은 증발에 의해 소실된다. 심한 고온환경하에서는 노력성 개구형 panting을 하는 동물이 있다. 개는 이 기능이 잘 발달된 동물로서 상부 호흡기도와 더불어 설면으로부터 열방산이 행해진다.

호흡수의 증가는 호흡근의 운동에 의한 것으로 열생산량의 증가를 수반하지만, 그양은 크게 되지 않도록 조절되고 있다. 호흡이 다는 것은 과환기를 막는데 유효하여 1회의 호흡에 의해 비공 등의 상부호흡기도의 공기는 신선한 공기와 치환되지만, 폐공기는 충분히 교환되지 않는다. 발한과 같이 천속호흡에 의한 열방산 효율은 공기중의 습도에 크게 영향을 받는다. 표 11 · 9는 온도를 일정하게 하고 습도만을 상승시켰을 때의 면양의 호흡수의 증가 등을 나타낸 것이

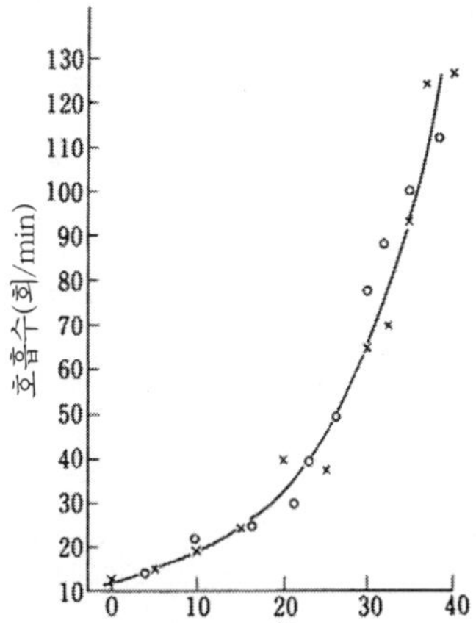

그림 11 · 9 소의 호흡수와 온도

표 11 · 9 온도(32.5℃)를 일정하게 하여 온도만을 상승시킬 때 면양의 호흡수 등의 변화

습구온도 상대습도	22℃ 38%	24℃ 48%	26℃ 58%	28℃ 69%	29℃ 75%
호흡수(회/min)	111	144	177	221	253
매분 호흡기량(*l*/min)	16.5	17.0	22.1	25.1	26.1
일회 호흡기량(*l*)	0.194	0.197	0.199	0.192	0.199
직장온도(℃)	39.1	39.3	39.4	39.6	39.7

호흡기량 채취용 마스크를 장착하면 호흡수는 감소한다. 본 표의 호흡수는 마스크를 하지 않았을 때의 수치임.

다. 습도의 상승에 따라 호흡수는 증가하지만, 1회 호흡기량은 거의 같고, 직장온의 상승도 약간이라는 것을 알 수 있다.

5) 타액분비

Panting과 함께 수분이 풍부한 타액이 대량으로 분비되어 열방산을 조장한다. 쥐는 현저한 서열환경하에서 타액을 체표면에 도포하여 증발을 늘린다. 그러나 소나 양에서는 35℃ 이상(습도 70%)에서는 타액분비량은 오히려 저하하는 것으로 알려져 있다(그림 11 · 10). 이는 제1위의 운동저하에 의해 제1위의 분문부 부근에 존재하는 미주신경의 구심지에 대한 촉자극이 감소하는 것에 유래되는 것일 것이다.

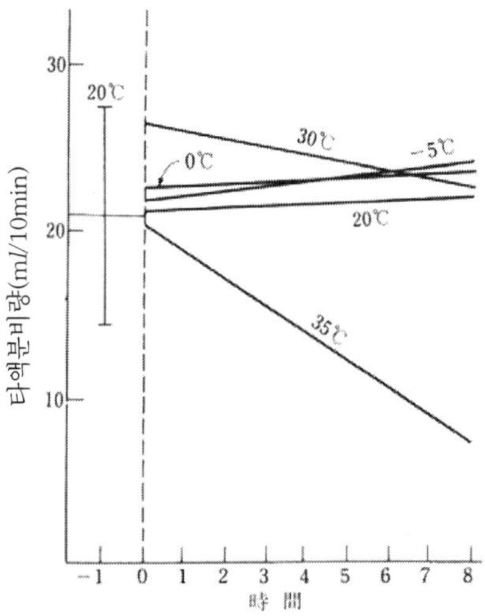

그림 11 · 10 각 온도환경아래 있어서 면양의 편측이하선 타액분비량

습도70%: 35℃에서 명백한 분비량 저하가 일어난다. 좌측은 각온도 감작전 2시간의 20℃시 평균 분비량과 표준편차이다.

6) 입모

피모가 있는 동물에서는 한랭조건하에서 입모(piroerection, 기모)가 일어나 피모가 포함하는 공기층을 두껍게 하여 체표면에 단열성을 증대시킨다. 예로 12mm의 두께를 갖는 자우의 피모가 입모에 의해 23mmdml 두께가 되었을 때 그 열절연율은 5.5℃ $\times 10^{-3} \cdot m^2 \cdot$ 일/kcal(4.184kJ)에서 7.7℃ $\times 10^{-3} \cdot m^2 \cdot$ 일/kcal(4.184kJ)로 증가한다. 그러나 입모는 피모내에 포함된 공기를 대류에 의한 이동을 용이하게 하는 결점도 있다. 입모는 각 모공에 부착하고 있는 교감신경지배의 평활근 수축에 의해 생긴다.

7) 행동적 변화

한랭 또는 서열조건하에서 가축은 열방산의 필요성에 응해 몸을 움츠리거나 혹은 늘이는 등의 자세를 취한다. 한랭시에는 풍우가 닿지 않는 장소, 따뜻한 장소를 찾아 무리지어 서로 모인다. 서열시에는 통풍이 양호한 그늘을 찾는다. 운동량은 감소하고 채식량도 저하한다. 돼지나 물소는 몸을 진흙이나 물을 묻혀

체열을 직접 전도에 의해, 또는 수분의 증산에 의해 방산한다.

3. Hormone과 체내대사

서열조건하에서 각종 hormone의 분비에 대해서는 온도의 높이 뿐만아니라, 습도, 폭로기간의 길이, 동물의 상태(성장, 비유기 등)등 조건에 좌우되어 반드시 동일의 결과가 얻어지지 않는다.

갑상선호르몬은 고온조건하에서 분비량이 저하하는 것이 소, 면양, 닭에서 알려지고 있다. 갑상선자극호르몬의 갑상선에 있어서 이용성 및 tyroxine 자신의 체내에 있어서 이용성의 어느것이나 저하하고 있는 듯하다. 성장호르몬은 현저한 고온(36℃ 이상)에서는 증가하지만, 일반적으로 저하하는 경향이 있다. 부신피질호르몬에 대해서도 거의 같다. Cathecholamine은 30-35℃ 부근에서 소에서는 증가하지만, 면양에서는 변화가 나타나지 않는다. Insulin도 약간 저하하든가 혹은 변화가 없다고 한다.

항이뇨호르몬은 한랭하에서 분비량이 감소하지만, 서열폭로에 의해 증가한다고 한다. 항이뇨호르몬은 체내의 수분량을 조절하기 때문에 수분의 손실을 초래하는 상황하에서는 그 분비량이 증가한다.

Ⅳ. 체온 조절 작용

항온동물에 있어서 일정의 핵심온도가 유지되기 위해서는 열생산량과 열방산량이 같아야 한다. 이러한 평형을 유지하기 위해서 핵심온도에 대한 정보를 모아 열생산과 열방산을 적당하게 조절하는 체온조절중추가 존재하고 있다. 한편 환경온도가 변화하여 열손실이나 열획득이 일어났을 때 핵심온도의 변화가 발생하지 않도록 정보를 중추에 보내, 미리 열생산이나 방산을 조절하기 위한 체표에 온도수용기가 존재하고 있다. 체온조절중추는 제2장에 기술한 바와같이 [제2장(Ⅳ-1-1) 참조] 시상하부의 전부 및 후부에 있다.

1. 온도수용기

체표의 전면에 걸친 온도 수용기(thermoreceptor)가 존재한다. 그러나 수용기로서 특수한 구조물은 아니고 특별하게 분화한 자유신경종말(free nerve endings)에서 행해진다고 한다. 피모로 덮여진 피부의 온도수용기는 온도 변화를 직접 받기 어렵기 때문에 비강, 구강, 유방, 음낭(그림 11 · 11)에 있는 수용기가 열방산에 특히 유용하

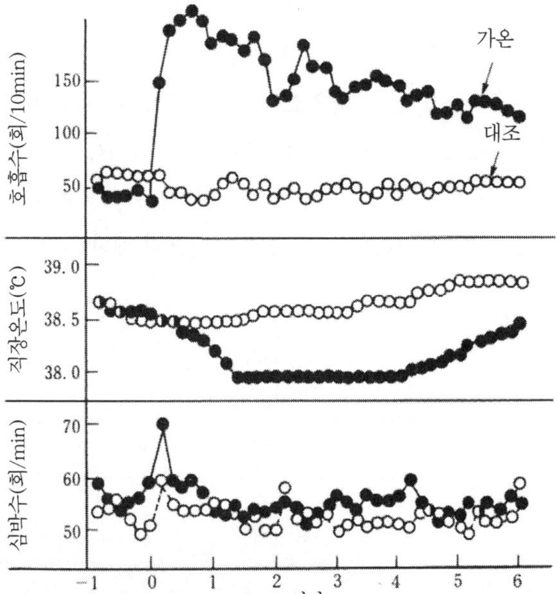

그림 11 · 11 면약의 음양기온에 의한 호흡수, 직장온도, 심박수 변화
(40~45℃의 온수로 가온했음)

다고 한다. 온도 수용기는 체표 뿐만아니라 호흡기도, 심장, 혈관 등 이외에 소화관에도 존재한다. 면양에서는 제1위벽이나 소장, 장간막 정맥에 온도 수용기가 있고, 내장신경을 거쳐 inpulse를 중추로 보내고 있다. 중추신경계에도 존재하여 척수, 연수 및 시상하부에 있는 것이 실증되고 있다. 미소전극(microelectrode)법나 열극(thermode)법 등에 의한 최근의 연구에 의해 전시상하부와 시색전야에 가온 및 냉각에 의해 inpluse의 발사수가 증가하는 neuron을 각각 갖는 온감수계(warm-sensing system)과 냉감수계(cold-sensing system)이 존재한다는 것이 밝혀졌다. 즉 시상하부에는 온도수용기와 체온조절 중추가 함께 존재한다는 것이 된다.

2. 체온조절중추

생물이 어떤 생리적 요인의 항상성을 유지하기 위해서는 무엇인가의 feedback system이 관여하는 것이 알려져 있다. Feedback system이란 일정의 얻어진 제어량을 희망하는 목표치와 같게하기 위해 제어량을 목표치측으로 돌려 양자의 차를 없애려고 하도록 제어장치를 작동시키는일련의 계열을 말한다. 체온조절을 예로들면(그림 11 · 12) 제어량(체온)에 영향을 주는 여려가지 요인(방해, disturbance)에 의해 변화한 제어량은 검출부(온도수용기)에 의해 검지되고, feedback 신호로 되어 희망하는 핵심온도로서의 설정치(set-point)와 비교된다. 그 결과는 조절부(체온조절중추)나 조작부(신경계, 내분비계)의 작용을 통해 제어대상(근육, 혈과운동, 발한 등)의 활동을 제어하여 체온을 설정치에 접근시킨다. 몸 전체에 걸친 온도조절은 각각의 단일계가 다수 모여, 이들이 상호 관련하여 통합되어 희망하는 체온을 얻을 수 있도록 조절된다. 설정치란 개념상의 것이지만, 발열현상이나 해열제의 작용을 설명하는데 중요한 개념이다. 시상하부에는 온감수성 신경과 냉감수성 신경이 있어 각각의 활동성의 교점에 의해 설정치는 결정된다는 가정에 근거하고 있다. 체온조절의 경우 어떤 현상의 발전을 제어하도록 일련의 계열이 작동하고 있기 때문에 negative feedback control계라 한다. 한편, 어떤 현상을 더욱 조장하도록 feedback계가 작동할 때는 positive feedback control계라 하지만, 생체내에서는 거의 나타나지 않는다. 그러나 발정주기중에 estrogen이 증가하여 LH surge를 일으켜 배란을 유발하는 현상은 positive feedback 제어의 일예이다

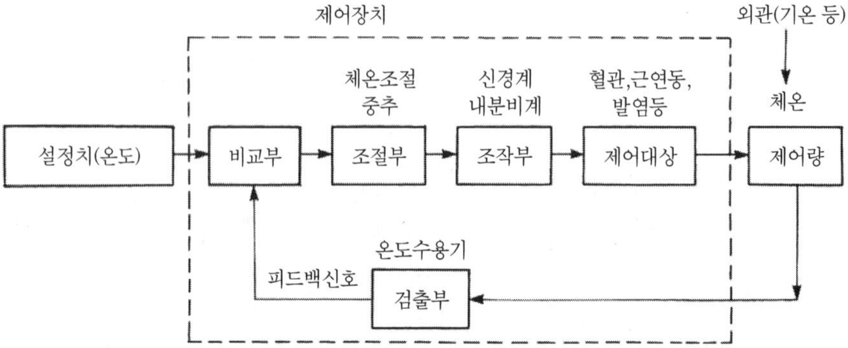

그림 11 · 12 체온의 피드백 조달

[제12장(I −3−3)참조].

체온조절 중추는 전시상하부의 방열중추와 후시상하부의 열생산 · 유지중추로 된다[제2장(Ⅳ−1−1)참조]. 이들 중추는 feedback 기구중에 있어서 설정치를 감지하여 수용기로 부터의 feedback 신호를 판단하여 효과기에 명령을 한다. 열생산 · 유지중추는 항상 흥분하여 있다. 열생산을 제어하거나 열방산을 촉진하거나 하는 체온조절 본래의 중추는 방열중추에 있다고 생각된다.

체온조절 중추에 대한 몇 가지의 신경전달물질이나 체액의 이온구성은 설정치의 설정이나 스트레스에 대한 반응에 관계가 있다고 한다. 그러나 동물에 따른 차이 혹은 환경에 의해 반응의 방향이 다르다는 것이 알려지고 있다. Monoamine인 noradrenaline 및 5−hydroxytryptamine(serotonin)을 전시상하부에 주입하면 각각 온열 및 한랭자극에 상당하는 반응이 생긴다. Acetylcholine을 시상하부에 주입하면 온열 및 한랭의 양 자극에 대한 반응을 발생시킬수 있다. 또한 후시상하부의 Na/Ca농도비는 원숭이에서 체온을 일정하게 유지하는데에 필요하고, 그 농도비나 설정치의 수준과의 사이에도 관계가 있다는 것이 알려져 있다. 이들로부터 전시상하부는 noradrenaline이다.

5−hydroxytryptamine, 후시상하부는 acetylcholine을 전달물질로서 방열이나 열생산을 행하고, 또한 온도조절을 위한 설정치는 후시상하부에 있어서 Na/Ca농도비에 영향을 받는 듯 하다.

3. 체온조절

체온조절중추는 고 혹은 저체온을 초래하지 않도록 체성신경 및 자율신경을 통하여 온도를 수용하여 얻어진 정보를 각 효과기에 영향을 미치고 있다(그림 11 · 13). 더욱이 갑상선 호르몬, 부신피질 호르몬, 항이뇨 호르몬 등의 호르몬이 동시에 협동하여 작용한다.

자율신경계중 체온조절에는 교감신경계가 크게 관여하고, 부교감신경계는 타액분비에만 관여하고 있다.

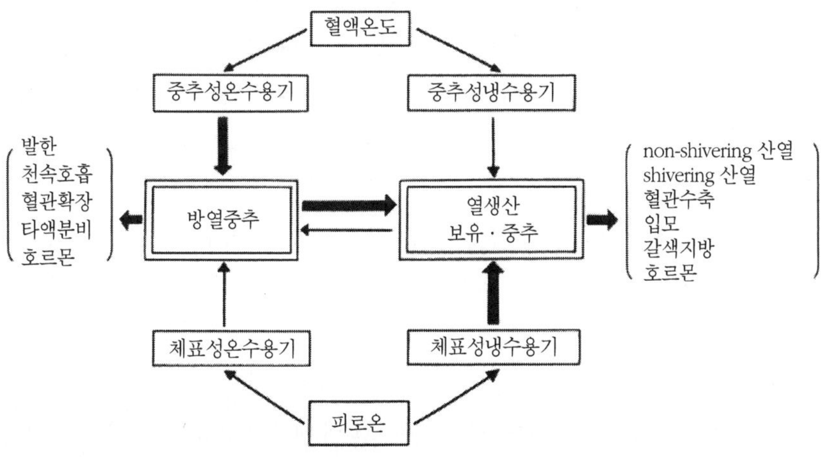

그림 11 · 13 체온조절 중추와 온도수용기와 효과의 관계
주요경로는 굵은선으로 나타내었다.

환경온도가 심하게 저 혹은 고온이 되면, 동물의 체온조절기구의 한도를 넘어 한랭사 혹은 열사하게 된다. 환경온, 체온 및 대사량의 관계를 그림 11 · 14에 나타내었다. 어느 온도 범위에서 한서(寒暑)의 감각이 발생하지 않고, 체온 조절기구의 최소의 작동으로 체온이 유지되는 온역을 쾌적온역(zone of thermal comfort)라 하고, 또한 쾌적온역과 같은 대사 수준에서 혈관운동이나 약간의 발한 및 천속호흡(panting) 등으로 체온의 항상성이 유지될 수 있는 온역을 열적중성권(zone of thermoneutrality)

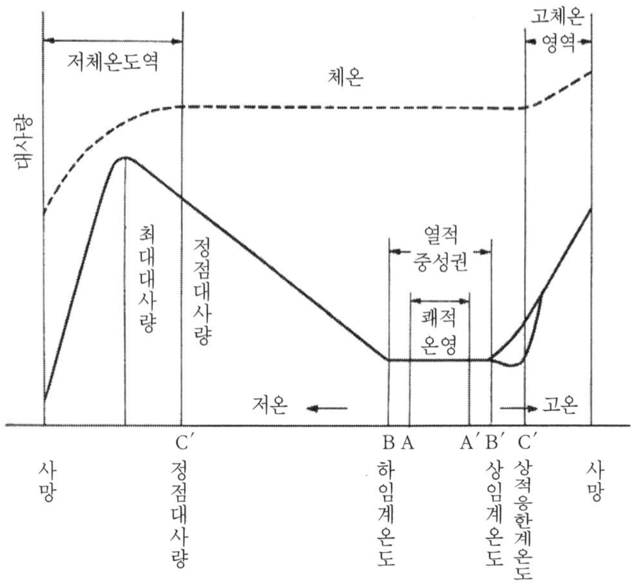

그림 11 · 14 환경온도와 대사량, 체온과의 관계

라 한다. 온도저하에 의해 발열량이 증가하고 체온을 유지하기 위해서는 대사량을 증가시키지 않으면 안 되는 온도를 하계임계온도(lower critical temperature) 또는 간단히 임계온도라 한다. 온도상승에 의해 물리적으로 대사량을 증대하는 온도를 상임계온도(upper critical temperature)라 한다. 정상체온하에서 나타날 수 있는 최대 산소 소비량으로부터 구해지는 대사량을 정점대사량(summit metabolism), 체온이 저하하여 열생산량도 결국에는 저하하기 직전에 얻어지는 대사량을 최대대사량(maximum metabolism)이라 한다. 한편 고온영역에 있어서도 급기야 체온이 상승하기 시작하는 온도가 있지만 상계임계온도와의 사이에 대사량이 오히려 저하하는 좁은 온도 영역이 나타나는 경우가 있다.

열적 중성권은 가축의 생산에 가장 적합한 온도 범위로 볼수 있지만, 이범위는 동물의 종류는 물론, 동물상태(비유, 성장, 피모장, 사료 등)에 의해서도 상당한 차이가 있다. Holstein牛의 하계임계온도는 건유시에 −14℃, 유량 9kg 혹은 22kg의 비유시에 각각 −24℃, −32℃하 한다. 기타 많은 예를 표 11 · 10에 나타내었다.

모든 포유류나 조류는 출생시에 이미 체온조절기능을 갖고 있다. 자우, 자면양, 자마, 병아리는 환경온도의 변화에 응하여 체온을 일정하게 유지할 수 있다. 병아리는 체열생산기구가 미발달하여 체중에 대하여 체표면적이 큰 것 등으로부터 용이하게 체온이 변동한다.

자돈의 체온은 출생시는 39℃로 높지만, 그후 1−3℃ 저하하여 적어도 2일 이내에는 다시 39℃로 회복한다. 자돈은 대사량을 단기간에 증대시켜, 낮은 환경온도에 대하여 일정한 체온을 유지하는 능력을 갖추게 된다. 그러나 이 기간에 체내 저장 영양소를 잃게 되기 때문에 환경온도에 대한 배려가 필요하다. 출생시에 충분히 피모가 낳아 있지 않은 동물(개, 고양이, 쥐 등)에서는 비교적, 좁은 온도범위에서만 체온조절이 가능하다.

4. 실효온도(Effective temperature)

사람이 실제로 신체에 느끼는 온도는 단순히 한난계가 표시하는 기온에 의한 것만 아니라, 습도, 풍속 혹은 태양 방사량에 의해 영향을 받는다. 온도가 일정해도 습도가 높으면 덥고, 풍속이 크면 춥게 느낀다. 방열량의 대소에 의해 감지하는 법이 다르다. 온도, 습도, 풍속이 달라도 결과적으로 방열량이 같다면 동일의 온도로서 감지한다. 이것으로부터 감각으로서 받아들여진 온도를 방열량에 의해 치환할 수 있다. 이를 실효온도(effective temperature, 또는 감각온도)라 한다. 가축에서도 동일하다고 생각되지만, 가축의 감각을 측정하는 것은 쉽지 않다. 소, 면양, 돼지, 닭에서 어느온도의 범위내에서는 직장온이나 호흡수가 열생산과 방산의 균형을 나타내는 것이기 때문에 직장온이나 호흡수를 목표로 해서 온습도환경을 체감온도(sensible temperature, 또는 effective temperature)로서 표시하는 것이 시도되고 있다.

사람에서는 온도, 습도, 풍속을 조합하여 몸이 느끼는 온도를 각종 수식이나 도표로 나타내는 시도가 행해지고 있다. BoSEN 등은 건구온도(DBT)와, 습구온도(WBT)로부터 불쾌지수(discomport index, DI. 또는 온습도지수, temperature-humidity index, THI)를 산출하는 것을 시도하였다.

$$\text{불쾌지수} = 0.72(\mathrm{DBT}+\mathrm{WBT}) + 40.6$$

일본에서는 불쾌지수 75에 9%, 77에서 65%, 85에서 93%의 사람이 불쾌를 호소한다고 한다.

山本(禎) 등은 가축의 호흡수나 체표온도 등의 측정으로부터 온습도, 풍속 등과 체감온도와의 관계를 수

표 11·10 각종 가축의 하임계온도

종류	가축의 상태				하임계온도(℃)
돼지	유지		체중	2(kg)	31
				60	24
				100	23
	바육(사료양은 유지의 3배)			2	29
				60	16
				100	14
면양	모장 0.1(cm)		유지		28
	0.5		〃		25
	1.0		〃		22
	5.0		〃		9
	10.0		〃		-3
육우	모장 1.4(cm)	일당증체량 1.0(kg)	체중	150(kg)	-12
	〃	1.3		〃	-15
	2.0	0.8		450	-36
	1.4	1.5		〃	-36

식화하였다. 온습도에 대해서 호흡수를 지표로 해서 측정하면, 체감온도 Ssms 다음식으로 나타낼 수 있다.

소 : S = 0.35 DBT + 0.65 WBT, 면양 : S = 0.1 DBT + 0.9 WBT

돼지 : S = 0.65 DBT + 0.35 WBT, 닭 : S = 0.75 DBT + 0.25 WBT

여기에서 소를 예로 들면 DBT 30℃, WBT 29℃ 일 때와 DBT 35℃, WBT 26.3℃ 일 때와의 체감온도는 어느 것이나 같게 된다.

$$29.35 = 0.35 \times 30 + 0.65 \times 29 \text{ (습도 93\%)}$$

$$29.35 = 0.35 \times 35 + 0.65 \times 26.3 \text{ (습도 48\%)}$$

이 2개의 환경은 소에게 있어서 같은 온습도 환경으로 볼 수 있다. 상기의 가축별 식으로부터 소나 면양은 DBT보다는 WBT가 크게 작용하고, 돼지나 닭에서는 반대가 된다. 이것은 소나 면양에서는 체온의 방산에 습도가, 또한 돼지와 닭에서는 온도가 크게 영향을 미치고 있다는 것을 나타내고 있다. 즉 소나 면양에서는 열방산을 주로 증산으로, 돼지나 닭에서는 기타의 방법으로 의존하고 있다는 것이다. 이 경우 체감온도는 거의 온도 10℃ 이상의 경우에 적용된다.

5. 이상체온

순화되어 있지 않은 동물을 급속히 냉각시키면 각종 기능이 소실되고, 체온을 유지할수 없게 되어 저체온(hypothermia)을 나타낸다. 체온저하에 의해 대사속도도 저하하기 때문에 열발생량은 감소한다. 신경계 기능의 저하는 체온조절을 불가능하게 하고 근육, 순환, 호흡기능이 소실된다. 일정 체온이하에서는 생존할 수 없다. 조직은 0℃ 부근에서도 활성을 유지할 수 있지만, 세포의 동결은 치명적이다.

저체온법은 심장이나 혈관 등의 수술시, 순환을 차단할 필요가 있을 때 이용하는 방법으로 20℃ 부근까지 체온을 저하시킨다. 이에 의해 조직의 대사능을 저하시켜 혈류도절에 의한 조직장해를 최소로 막을 수 있다.

체열의 생산이나 외부로 부터의 열의 흡수에 대하여 방산이 적으면 고체온(hyperthermia)이 초래된다. 고체온의 영향은 먼저 장해를 받기 쉬운 신경계에 미치고 경련을 일으키고, 결국에는 열사하게 된다.

각종 병적 원인으로 체온조절기능에 변조가 일어나 정상체온 이상으로 체온이 상승하는 것을 발열(fever)라 한다. 뇌출혈 등의 원인으로 체온조절 중추가 기계적으로 자극내지 압박되거나 혹은 세균감염, 외상 등에 의한 독소가 체온조절 중추를 화학적으로 자극하는 것에 의해 발열한다.

미생물에 의해 혹은 혈중 생성된 발열물질을 총칭하여 pyrogen이라 한다. 일부 gram 음성세균이나 곰팡이는 균체내 독소를 함유, 혈중에서 백혈구나 다른 조직에 작용하여 내인성 pyrogen을 생성시킨다. 체외에서 혈중에 외인성 pyrogen을 투여해도 내인성 pyrogen이 생성된다. 내인성 Pyrogen이란 현재 interleukin- I 으로 생각되어지고, 이것에 prostaglandin의 국소적 방출이 발열을 초래한다고 한다.

Pyrogen에 의한 발열은 체온조절중추의 set-point가 고온 쪽으로 이동한 상태로서 열의 발생과 유지의 기능을 증가시키도록 효과기에 대하여 신호를 내고 새로운 고체온 상태가 얻어지는 상태에서 안정한다. 이상태는 혈중 pyrogen이 정상으로 돌아오면 다시 신호를 내어 방열이 일어나고, 체온은 회복한다(그림 11 · 15). 발열이 동물에 있어서 유익한 반응인지는 명확하지 않지만, 미생물의 증식억제, 항체생산의 증가 등으로부터 생각하면 아마 유익한 것이다.

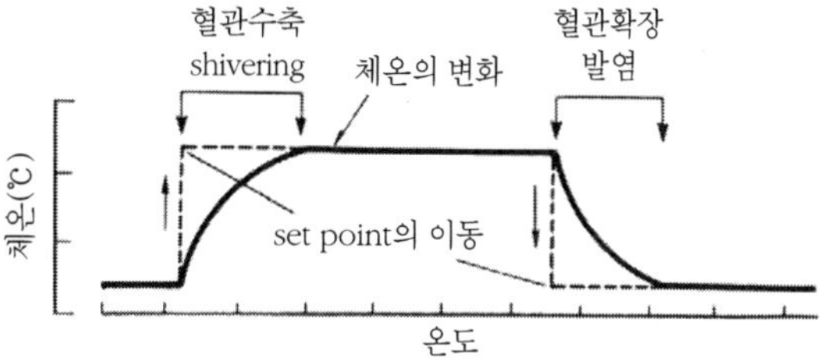

그림 11 · 15 발열시 set point의 이동
체온, 열생산, 열방산의 시간적 경과의 모식도

하절기의 고온다습기에 체온조절기구가 장해를 받아 체열의 생산과 방산의 균형이 무너져 이상한 울열상태를 나타내는 경우가 있다. 이를 열사병(Heat stroke)이라 한다. 일광의 직사에 의해 같은 상태를 나타날 때를 일사병(Sun stroke)이라 하지만, 일사병과 열사병의 두 가지 질병 사이에는 본질적으로 차이는 없다. 방목 동물에서 때때로 이와같은 질병이 일어나는 것이 보고되고 있다.

V. 적 응

1. 적응

적응(adaptation)이란 말은 생물학적으로 많은 의미를 갖고 있다. 즉 "적응이란 환경요인의 변화에 대응하여 생체의 생존을 용이하게 하도록, 그 변화에 의한 자극을 완충하여 체내 항상성을 유지하려하여 일어나는 기계적 혹은 형태적 변화를 말한다. 이 경우 환경요인으로서 기상조건 뿐만 아니라 사료, 사육조건, 사회 환경 등 외적 생활조건 등 모두가 포함된다"라고 정의할 수 있다. 환경요인을 물리적 환경으로 한정한 경우, 기후순화(acclimatization)란 "환경요인으로서 계절이나 지리적 조건 등에 의한 기후변화에 대한 적응"이고, 기상순화(acclimation)란 "환경요인으로서 특정의 기상요소(기온, 습도 등)을 실험적으로 변화시킨 경우의 적응"이다

적응이란 말은 또한 좁은 의미에서 "주어진 환경하에서 집단이 생존에 유리하도록 획득한 유전적 성질(유전적 적응, genetic adaptation)"로서 사용되는 경우도 있다. 그러나 생리적으로 중요한 것은 개체에 있어서 기계적 적응(생리적 적응, physiological adaptation)의 획득 기구이다.

또한 반복된 자극이 주어짐에 따라 반응이 소실되어, 결국 전혀 반응하지 않게 되는 경우가 있다. 이를 습관(habituation)이라 한다. 예로 쥐의 꼬리를 냉수에 담그면 심박수가 증가하나 차츰 감소한다. 이같은 전신적인 습관과, 국소적에 반복적으로 주어진 자극에 대해 감각이 차차 소실되어 가는 특이적인 습관이 있다. 습관은 생리적 변화뿐만아니라 생화학적으로도 인정된다. 토끼에 한랭폭로를 반복하면 부신피질 호르몬 생성량의 증가 정도는 차차 감소하지만, 부신피질자극 호르몬에 대한 반응성은 크게 된다. 또한 간장에 있어서 지방산 대사상의 변화도 한랭폭로 횟수를 증가시킴에 따라 감소하는 것이 알려져 있다. 습관은 과거의 경험으로부터 배우는 능력을 필요로 하기 때문에 충분히 발달한 중추신경계가 필요하다. 대뇌 피

질을 파괴하면 습관의 현상은 소실된다. 학습(learning)은 동물 행동이 반복에 의해 경험으로 바뀌어 새로운 형태의 통제적 행동이 가능하도록 되는 것을 말한다. 이 과정에서 타당한 반응이 선택적으로 고정되고, 기타의 반응은 소실되어 간다.

2. 온도에 대한 적응

고온 혹은 저온에 대한 생리적인 반응은 일반적으로 다음과 같은 과정으로 일어난다. 먼저 온도변화에 대한 반응이 초, 분 혹은 시간단위로 일어난다. 추위를 예로 들면 혈관수축, 입모, shivering 등 신경계에 의한 조절 작용이 시작된다. 이어 거의 만성적인 변화로서 갑상선 hormone의 분비증가에 의한 열생산 증가등, 주로 hormone에 의한 조절작용이 시간 또는 날짜단위로 생긴다. 이 단계에 이르면 shivering에 의한 열생산은 차차 감소한다. 계속 한랭조건이 지속되면 hormone분비도 차츰 원상태로 돌아오는 한편, 피모의 신장, 피하지방의 축적 등이 일어나고, 열의 절연성을 증가한다. 이와 같이 새로운 환경에 적응하게 된다(그림 11 · 16). 이와같은 상태에 달하는데 요하는 기간은 다양한 조건에 따라 좌우된다. 온도의 변화가 단계적이냐, 일회성이냐, 단속적이냐, 혹은 자연조건하에서 나타나 듯이, 이들의 조합에 의하느냐에 따라 변화한다. 더욱이 광, 습도, O_2 분압 또는 사료조건 등도 관여한다. 한편, 동물의 연령, 비유 등의 조건도 가해진다. Rat이 한랭조건에 처해진 경우, shivering 열생산이 비shivering 열생산으로 치환되는 데에는 3-4주간을 요한다고 한다.

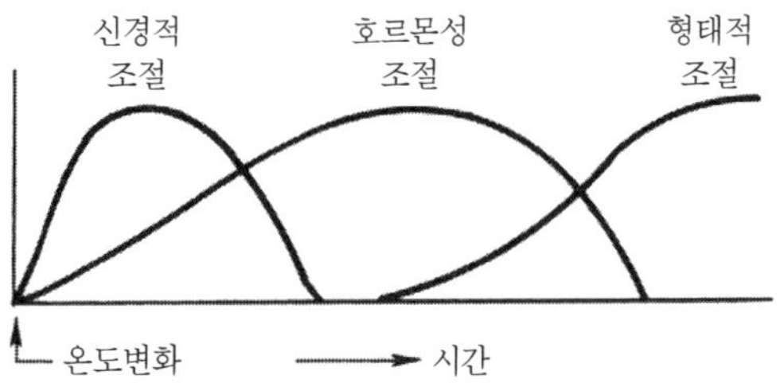

그림 11 · 16 온도변화에 대한 생리적 적응의 시간적 경과를 표시하는 모식도

주로 발한에 의해 체온조절을 하는 동물이 장기에 걸쳐 고온환경하에 처해지면, 발한능력이 증가하는 것이 알려져 있다. 동시에 aldosterone의 분비증가에 의해 땀의 Na함량은 감소하고, 전해질의 상실을 막는다. 천속호흡(panting)에 의해 체온조절을 행하는 동물에서는 호흡양식을 달리하여 alkalosis가 되는 것을 방지하고 있다. 고온하에서는 피부는 얇게 되고, 혈관이 충분히 발달하고, 피모의 상태도 바뀐다. 외모나 체형도 수척한 상태가 된다.

동물의 종류에 의해서도, 또한 개체간에서도 고온 혹은 열대 환경에 적응하는 능력은 모두 같지는 않다. 인도소는 열대환경하에 적응하여 서식하고 있지만, 유럽소에 비해 열발생량은 작다.

환경온도가 피부온도보다 높은 경우는 통상의 경우와 반대로 열은 환경으로부터 체내로 유입되게 된다. 이와같은 열은 동물자신이 생성하는 열과 함께 증산에 의해서만 확산할 수는 없다. 따라서 습도의 고저가 크게 영향을 미치게 된다. 또한 고온 건조지대에서는 물의 유무가 중요하게 된다. 증산에 의해 잃은 수분의 보급과, 사료섭취에 따른 물이 필요하게 된다. 일정시간, 단위체중당 대사되는 물의 양을 물의 대사회전 속도로 나타내게 되면, 이 값은 속이나 품종에 따라 상당히 다르다. 산양도 면양보다 물을 필요로 하지

표 11·11 고온환경아래 있어서 면양과 소의 열발산효과와 수분대사상의 비교

	면양	유럽소(*Bos taurus*)	인도소(*Bos taurus*)
물의 대사회전속도(ml/kg$^{0.82}$ · 24hr)	220	530	400
열발산에 의한 냉각 효과			
발염/호흡비	0.12	4	6
수분재흡수			
결장	+++	+	++
신장	+++	+	++
네프론루프	장	단	단

않고, 면양도 소의 반정도 밖에 필요로 하지 않는다. 소중에서도 인도소는 유럽소보다 값이 작다(표 11 · 11).

한랭에 대한 가축의 기후 순화에 관한 연구는 사람이나 rat에서 행해지고 있는 정도로 많지는 않지만, 피모에 의한 열전연성의 증대나, 주어진 사료의 양이나 질, 번식에 미치는 영향 등에 대하여 조사가 진행되고 있다. 소나 면양의 피모의 신장은 온도보다 일장에 좌우된다. 일장이 짧아짐에 따라 그 변화가 가장 큰 가을에 있어서 신전도는 최대가 된다. 적도부근과 같이 일장의 계절적 변화가 없는 곳에서는 양모신장의 계절차도 나타나지 않는다고 한다. 소에서는 실외에서 사양되면 사내사육보다 피모가 두꺼워지지만 이는 추위가 탈모를 감소 시키는 결과이다. 돼지의 피모는 적고, 절연성도 적지만, 한랭환경하에서는 털이 많게 된다.

피하지방량의 증가도 열절연성을 증가시키지만, 한랭정도와 섭취energy량에 의해 축적의 정도는 영향을 받는다. 지방의 지방산 조성도 부위에 따라 다르고, 말초의 피부온이 낮은 부분일수록 융점이 낮은 불포화지방산이 증가한다. 동절기의 심한 한랭조건에 순화된 소는 채식량과 단열성의 변화에 의해 하임계온도는 약 20℃까지 저하할 수 있다. 또한 이 경우, 상임계온도도 같은 정도로 저하한다고 한다.

20℃에 기상순화되어 있는 면양을 0℃로 1주간 폭로시키고, 다시 20℃로 환원시키면, 수일간은 0℃에서 상승한 심박수는 상승된 상태로 있고, 약간 저하한 호흡수는 현저하게 증가한다(그림 11 · 17). 이는 한랭조건에서 순화한 교감신경성 신경활동은 곧바로 탈순화되지 않고 높은 수준을 유지하고, 또한 열생산량도 증가된 상

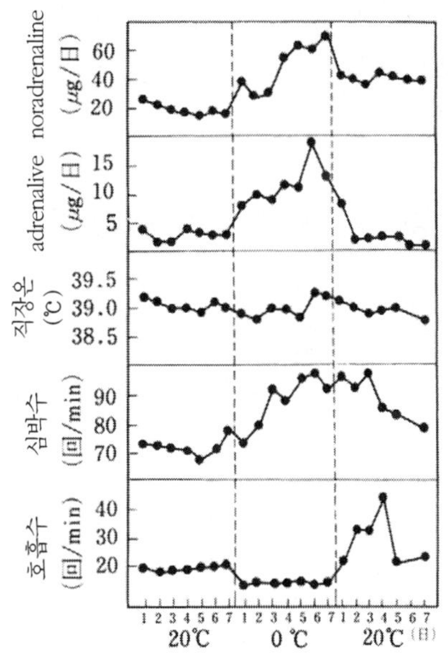

그림 11 · 17 면양을 다른 환경온도에서 연속적으로 방치했을 때의 생리반응

면양을 20℃→0℃→20℃(습도 70%)에 각 1주일간 방치시켰다. 요중 노르아드레날린 배설량과 심박수는 0℃부터 20℃로 하더라도 증가한채 있지만 호흡수는 현저히 증가했다.

태를 지속하기 때문에 그결과, 체온상승을 막기 위해 호흡수의 증가를 나타낼 것이다.

가축이 어느 온도 환경에 적응하는 과정에 있어서 체온조절중추가 차지하는 역할은 크다. 말초에 있는 수용기는 온도가 일정하게 유지되고 있을 때는 일생동안 일정한 흥분을 중추에 보내며, 온도의 변화에 따라 그 빈도는 증감하지만, 적응적 impulse의 발사 빈도를 바꾸는 것은 없다. 이것은 생체에 대한 경보장치로서 유익한 성질이다.

한편, 중추는 말초 수용기로부터 일정한 impulse를 지속적으로 받음으로서 비로소 적응적 반응을 할 수 있다. 습관의 실험에 있어서 차가운 자극을 수일간 반복하여 주면, 반응은 서서히 없어지지만, 말초의 한랭 수용기는 국소적인 반응을 나타내지 않는다. 만약 말초 수용기가 완전하게 적응하였다면, 어떠한 impulse도 중추에 달하지 않게 되고, 그결과 적응의 상태는 소실될 것이다.

제 12 장 번식 및 비유

Ⅰ. 번식기능의 발현

1. 성성숙

동물이 생후 일정시기에 달하면 숫컷에서는 정소(testis)에서 정자(spermatozoon, *pl.* spermatozoa)가 출현하고, 암컷에서는 배란(ovulation)이 개시된다. 동시에 생식선(gonad)에서 분비되는 steroid 호르몬의 작용에 의해 성욕이 높아져, 수컷의 승가(mounting)행동이나 암컷의 발정(estrus, heat)에 따른 허용행동이 나타나게 된다. 이들 현상은 생식기계의 기능이 활동을 개시하여 번식 가능한 상태에 달한 것을 나타내는 것으로서, 이 시기를 춘기발동기(puberty)라 한다. 가축의 춘기발동기는 사람에 비하여 빨라, 생후 1년이내에 나타나는 것이 많다. 단, 이 시기의 동물은 아직 발육중에 있기 때문에 성숙개체와 같은 번식성적을 얻기에는 바람직하지 않다. 즉 성성숙(sexual maturation)이 완료될 때까지는 수개월 혹은 수년을 필요로 하기 때문에 가축이 실제로 번식에 사용되는 시기는 춘기발동기 보다 훨씬 늦어진다. 그러나 실험동물을 포함하여 넓은 의미에서는 춘기발동과 성성숙과는 같은 의미로 이용되는 경우가 많다.

춘기 발동의 발현기구에는 시상하부 및 뇌하수체가 관계하고 있다. 이를 나타내는 예로서 아직 이 시기에 도달하지 않은 동물에서도 성선자극 호르몬(gonadotropin) 또는 성선자극호르몬방출호르몬(gonadotropin-releasing Hormone, GnRH)을 투여하면 정자형성(spermatogenesis) 혹은 배란반응이 나타난다. 이것은 춘기발동기보다 상당히 이전에 생식선은 기능발현의 준비가 되어 있지만, 시상하부 및 뇌하수체 호르몬 분비기구가 준비되어 있지 않다는 것을 의미한다. 춘기발동 내지 성성숙에 달하는 시기는 품종, 사양환경, 영양 등의 요인에 의해 좌우된다.

2. 번식의 주기

번식기능이 유지되는 사이, 포유동물은 종 특유의 주기에 따라 번식현상을 반복한다. 이에 대해서는 발정에 관한 주기나 계절에 따른 주기가 잘 알려져 있지만, 정상 암컷동물이 임신을 반복하는 경우는 분만도 일정 간격으로 나타나게 된다. 닭 등 조류의 산란에도 고유의 주기가 존재한다. 또한 외부에서는 관찰되지 않지만, 정소의 정세관(seminiferous tubule) 내에서는 정자형성이 주기적으로 이루어지고 있다. 가축, 가금의 번식효율을 높이기 위해서는, 원칙으로서 이들 주기를 흐트러뜨리지 않는 것이 중요하지만, 적극적인 증식을 계획하거나, 사양관리의 간소화를 도모하는 경우는 호르몬 처치 등에 의한 주기의 제어도 필요하게 된다. 표 12 · 1에 자축의 번식주기에 관계가 있는 데이터를 나타내었다.

표 12·1 암가축의 번식 데이터

동물	성성숙		배란·발정			배 발육·착상		임신·분만		번식계절
	춘기발동기	번식공용 개시기	발정주기	발정지속 시간	배란시간	배반포	착상	임신기간	산자수	
소	10~12 개월	14~22 개월	21일	16~20 시간	발정종료후 10~12시간	배란후 7~8일	30~35일	275~290일	1	없음
말	15~18 개월	3~4년	22일	4~8일	발정종료전 1~2일	5~6일	8~9주	330~345일	1	춘~하
돼지	5~8개월	8~10개월	21일	2~3일	발정기후반	교배후 5~6일	11일	112~115일	8~12	없음
면양	5~7개월	12~18 개월	17일	24~48 시간	발정발기	6~7일	15~16일	145~155일	1~3	추~동

1) 발정주기(estrous cycle)

가축을 포함한 많은 포유동물에서는 교배기가 되면 암컷에서 발정의 징후가 나타난다. 여우나 곰 등 야생동물은 발정이 1년에 1번 밖에 나타나지 않기 때문에 단발정 동물(monoestrous animal)이라 하며, 개도 이에 속한다. 한편 발정이 1년간 또는 1번식 계절을 통해서 주기적으로 나타나는 동물은 다발정 동물(polyestrous animal)이라 부르고, 소, 말, 돼지, 면양, 산양 등의 가축이나, 마우스, 흰쥐, 몰모트 등의 설치류가 이에 속한다. 다발정 동물에 있어서 발정주기의 길이는 동물에 따라 일정하지 않고, 가축에서는 20일 전후이다. 발정주기는 발정전기(proestrus), 발정기(estrus), 발정후기(metestrus), 발정휴지기(diesturs)의 4기로 구분되고, 이에 따라 난소, 자궁, 질의 형태 및 기능이 주기적으로 변화한다. 예로 흰쥐나 마우스에서는 vaginal smear에 특징이 있는 세포상이 출현하고, 발정기는 각화세포의 출현에 의해 판별된다. 발정기의 길이 또는 발정지속기간은 동물 종에 따라 상당히 달라서, 소의 18시간 전후에 비해 말의 경우는 5-6일간이나 지속된다.

발정주기는 난소기능의 주기적 변화를 반영하고 있기 때문에 가축을 포함한 많은 동물에서는 1주기를 난포기(follicular phase)와 황체기(luteal phase)로 구분할 수 있다. 난포기 중에는 전술한 발정전기와 발정기가 포함되는데 이때 난소의 여포(난포)가 발육, 성숙한다. 발정 1주기에 있어서 성숙 난포수는 소와 같은 단태동물에서는 통상 1개, 돼지와 같은 다태동물에서는 수십개가 관찰된다. 난포의 성숙에 따라 estrogen의 분비가 증가하여 발정 징후가 나타나고 이어서 난자가 방출, 즉 배란이 일어난다. 가축의 배란은 발정기 중에 일어나는 경우가 많지만, 소는 예외로 발정종료 후가 된다. 그러나 어느 경우에서나 발정과 배란과는 밀접한 관계가 있기 때문에 수정적기의 판정에는 발정징후의 확인이 중요하다. 황체기는 배란후 황체가 형성되어 기능을 유지하는 시기로서, 전술한 발정후기와 발정휴지기가 포함된다. 가축에서는 난포기가 수일로 끝나는 것에 비하여, 황체기는 수십일도 지속된다. 따라서 발정주기의 대부분을 황체기가 차지하고 있다고 말해도 과언은 아니다.

포유동물 중에는 가축의 발정주기와는 다른 형태를 나타내는 것도 있다. 예로 흰쥐나 마우스에서는 교미자극에 의해 비로소 황체가 본래의 기능을 발휘하게 되어, 임신하지 않아도 자궁 및 유선에 임신기와 같은 변화를 초래하는 것이 알려져 있다. 이것은 가임신(pseudopregnancy)이라 하는 현상으로 비임신 개의 황체기 출현 현상도 같은 의미로 해석된다. 또한 토끼, 흰족제비, 고양이 등은 교미자극에 의해 비로소 배란이 유기되는 동물에서, 자연배란동물(spintaneous ovulator)에 대해 교미배란동물(copulatory ovulator)이라 부르고 있다. 한편, 사람이나 원숭이 등의 영장류에서는 황체기 끝에 월경(자궁내막의 박리에 따른 혈액의 유출)이 있고, 이것이 가축의 발육과 같이 주기의 지표가 된다. 따라서 영장류의 주기는 월경주기(menstrual cycle)라 부르고, 배란기와 황체기가 거의 같은 길이를 갖는다. 발정주기 및 월경주기는 일반적으로 성주기(sexual cycle)라고도 부른다.

2) 계절주기(seasonal cycle)

소나 돼지의 발정주기는 1년간 반복되지만, 말, 면양, 산양의 경우는 발정주기가 특정의 계절에 제한되어 있다. 후자의 그룹은 계절번식 동물(seasonal breeder)라고 부르고 있고, 번식계절(breeding season)의 출현시기에 의해, 말과 같은 춘하형 또는 장일형과 면양, 산양과 같은 추동형 또는 단일형으로 구분되어진다. 이들 계절번식 동물에서는 비번식 계절(non−breeding season) 중, 난소기능이 활동을 정지하고, 무발정(anestrus)을 지속한다. 이 같은 계절주기는 야생동물 전반에 나타나는 현상으로 일반적으로 산자의 발육에 최적의 시기에 분만할 수 있도록 번식계절이 정해져 있다. 따라서 가축화가 진행될 경우 산자의 발육에 미치는 계절요인의 영향이 작게 되는 것에 따라 계절주기는 부정확하게 된다. 또한 면양에서 나타나듯이 고지나 한냉지등 계절 변화가 심한 지방에서 사육되는 품종은 비교적 번식 계절이 길게 되어 연간 번식형에 가깝게 된다.

계절주기의 발현에는 주로 일장(day length)이 관계하고 있지만, 환경온도의 영향도 무시할 수 없다. 예로 고온환경하에서는 일반적으로 정자 생성 기능의 저하나 배의 조기사망이 일어나기 쉽게 된다.

3) 분만간격(delivery interval, 소의 경우는 calving interval)

동물의 번식이 지속되어 행해지는 경우, 분만은 거의 일정 주기로 반복되게 된다. 이 주기는 분만 간격이라 부르고, 번식 성적의 지표의 하나가 되어 있다. 예로 소의 경우, 분만간격이 12개월이라면 1년 1산의 목표를 달성한 것이 된다. 분만간격은 분만으로부터 다음 회의 수정성립 까지의 기간과 이에 이어지는 임신기간을 가산한 것이기 때문에 이를 단축하기 위해서는 분만후의 수태 촉진이 중요하게 된다. 그러나 분만후의 번식기능의 회복에는 생리적으로 상당한 일수를 요한다는 것이 알려져 있다. 소에서는 일반적으로 발정회귀가 분만후 35일 정도 되지만, 육우에서는 유우보다도 지연되는 경향이 있다. 또한 포유기간이 긴 것과 착유회수가 많은 것도 분만간격이 길어진다. 이외 품종, 사양환경의 영향도 알려져 있고, 제브계의 소는 온대종의 소에 비해서 일반적으로 분만간격이 길다. 말은 분만후의 발정회귀가 비교적 빨라서 7일

전후에서 나타나 이때 교배하면 수태도 가능하다. 돼지에서도 분만 후 수일내 발정이 나타나지만, 배란을 동반하지 않기 때문에 수태할 수 없고, 정규의 발정회귀는 이유후가 된다. 계절 번식 동물의 면양이나 산양에서는 통상 분만후의 발정회귀가 다음번 번식계절까지 넘기게 된다. 이 결과 가축의 분만 간격을 비교하면 돼지가 가장 짧고, 소, 말, 면양, 산양은 거의 같게 된다. Rat나 마우스의 경우는 임신기간이 약 20일로 분만후 24~48시간에 배란을 동반하는 후분만발정(postpartum estrus)이 나타나, 이 때 교배하면 임신할 수 있다. 따라서 예로 착상지연에 의한 임신기간의 연장이 있다 해도, 가축과는 비교되지 않을 정도로 분만간격이 짧고, 번식효율은 극히 높다는 것을 알 수 있다.

3. 생식 호르몬

1) 종류

시상하부, 뇌하수체, 생식선의 3기관은 번식기능의 발현에 관계된 중요한 호르몬을 생산, 분비하고 있다. 3기관의 호르몬 분비에는 촉진 또는 억제 관계가 존재하여 이것에 의해 번식기능이 유지, 조절되고 있다(그림 12 · 1). 이 중 생식선 호르몬은 이것을 지배하는 시상하부 또는 뇌하수체에 역작용하여 이들 상위기관으로부터의 호르몬분비를 촉진 또는 억제한다(호르몬 피드백 기구).

시상하부 및 뇌하수체 호르몬은 제4장에 상술되어 있고, 이중 번식현상에 직접적으로 관계가 있는 호르몬은 시상하부의 성선자극호르몬방출호르몬(GnRH), 하수체 전엽의 난포자극호르몬(FSH), 황체형성호르몬(LH) 또는 간질세포자극호르몬(ICSH), prolactin(PRL) 및 시상하부에서 생산되어 하수체 신경엽(뇌하수체 후엽)에서 분비되는 oxytocin등이다.

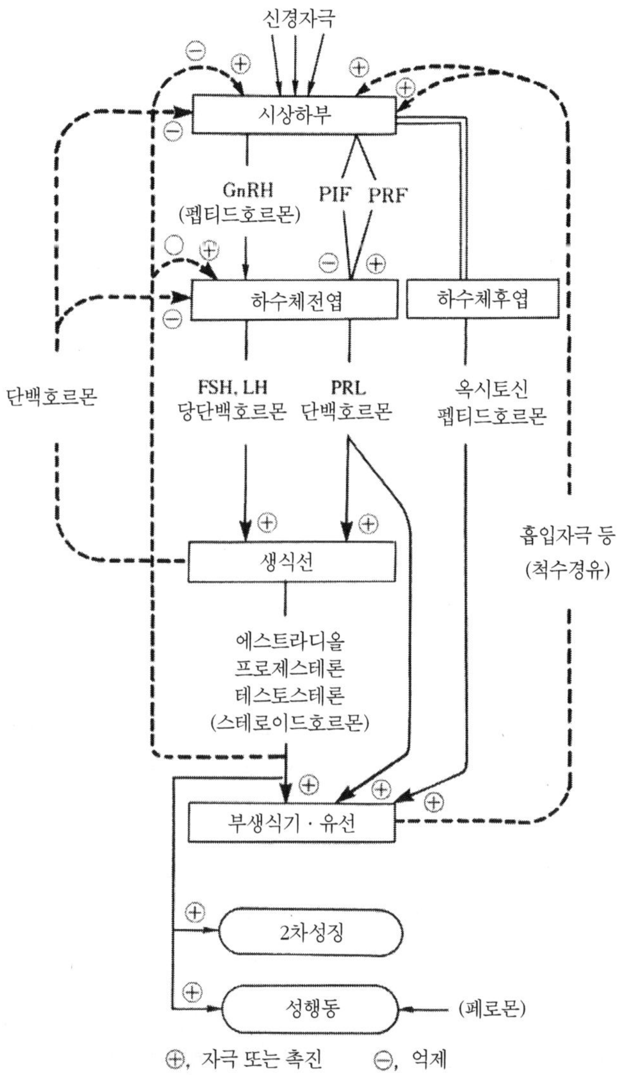

그림 12 · 1 시상하부, 뇌하수체, 생식선호르몬의 상호작용

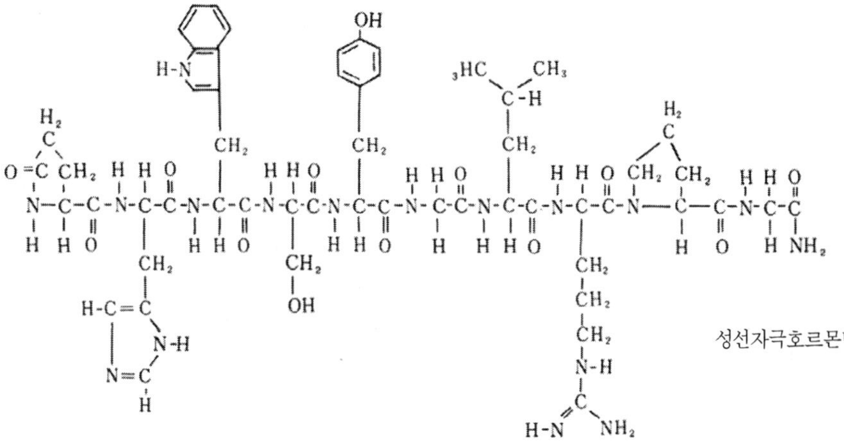

성선자극호르몬방출호르몬 (GnRH)

(pyroGlu − His − Trp − Ser − Tyr − Gly − Leu − Arg − Pro − Gly − NH_2)

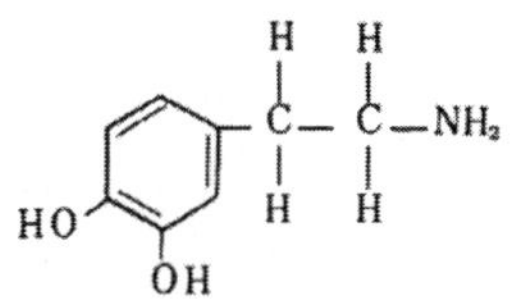

도파민(dopamine)

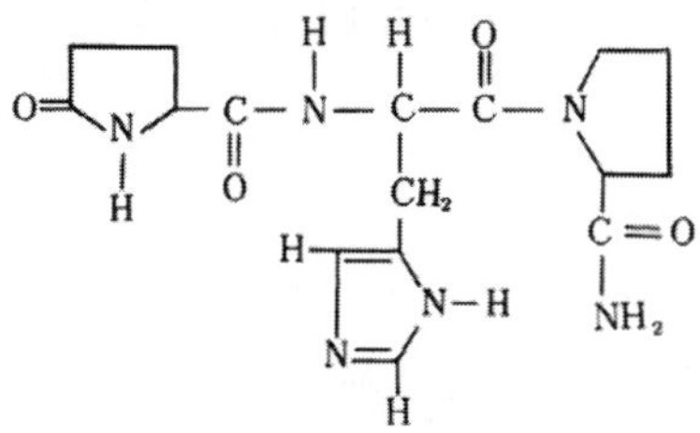

갑상선자극호르몬방출호르몬 (TRH)

pyroGlu-His-Pro-NH_2

그림 12 · 2 뇌하수체전엽을 지배하는 시상하부호르몬(또는 인자)

시상하부 호르몬중 GnRH는 아미노산 10개로 된 peptide로(그림 12 · 2) 현재로서는 유사관련물질도 합성되고 있다. 뇌하수체 전엽에 작용하여 LH 및 FSH를 방출시키는 작용이 있어, LHRH, LRH, LH/FSH−RH로도 알려져 있다. 한편 뇌하수체 전엽에서의 prolactin의 방출은 시상하부에서 생산되는 억제인자(PIF) 및 자극인자(PRF)에 의해 조절되고 있고, 억제인자로서 dopamine, 자극인자로서 갑상선자극호르몬방출호르몬(TRH)등을 들 수 있지만(그림 12 · 2), prolactin방출호르몬이 최근 발견되었다(제4장, II−6). Peptide 호르몬 또는 단백 호르몬의 표적세포에 있어서 작용기구는 steroid 호르몬의 경우와 달리, 스스로는 세포질내로 들어가지 않고, cAMP를 통해서 호르몬작용을 발현한다.

생식선에서 분비되는 호르몬은 steroid구조를 가지고 있기 때문에 성steroid hrmone 혹은 성호르몬이라 한다. 이들 성호르몬은 생물학적 작용에 의해 androgen, estrogen, progestin으로 크게 구별된다. Androgen은 주로 정소의 간질세포(Leydig cell)에서 분비되는 웅성화 작용을 갖는 호르몬의 총칭으로 대표적인 것은 testosterone이다. Estrogen은 주로 난포에서 분비되는 발정호르몬의 총칭으로 주된 것에 estradiol이나 estron이 있다. Progestin은 주로 난소의 황체에서 분비되는 임신유지 작용을 갖는 호르몬의 총칭으로 progesteron이 대표적이다. 이들 호르몬은 수컷 혹은 암컷에 고유의 것은 아니기 때문에 수컷의 혈중에도 estrogen이 출현하거나, 암컷의 혈중에 androgen이 출현되어도 이상한 것은 아니다. 이들 성호르몬은 합성경로를 볼 때 상호 밀접한 관계가 있지만(그림 12 · 3), 생산, 분비기관은 반드시 생식선만이 아니라, 부신피질이나 태반에도 그 기능이 밝혀지고 있다. Steroid 호르몬은 지용성이지만, 혈중에서는 유리형으로 되어 들어가고, 세포질에 존재하는 수용체(receptor)와 결합하여 복합체를 만들어, 핵으로 운반되어 DNA와 결합한 후 호르몬작용을 발휘한다.

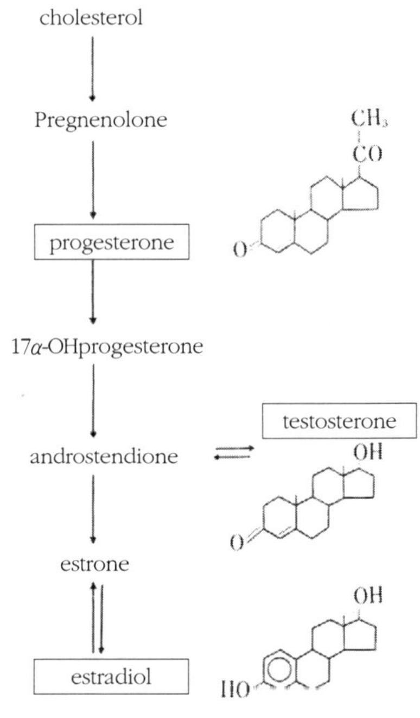

그림 12 · 3 성스테로이드 호르몬의 합성경로

2) 역 할

Androgen은 수컷의 특징 및 성욕의 발현과 부생식기의 발육을 지배하고, 정자형성에도 관여하고 있다. 정소에 있어서 testosteron의 동태를 보면, LH(또는 ICSH)의 자극에 의해 간질의 Leydig cell에서 생산된 뒤, 일부가 정세관내로 들어가 sertoli cell에서 생산된 androgen binding protein(ABP)와 결합하여 이용부위로 운반된다. ABP는 FSH의 자극에 의해 생산된다. 수컷에 있어서 FSH 및 LH 분비는 각각 inhibin(숫컷에서는 정세관내의 sertori cell에서 분비) 및 testosterone에 의해 억제되고 있다. 이외에 androgen은 직접 혹은 간접적으로 정소상체에 있어 정자 성숙, 수컷 생식도에 있어 정자수송, 웅성생식기계의 분비기능 및 사정행동에 관계하고 있다. 흰쥐의 전위선에서는 testosterone이 세포질내에 존재하는 5α-reductase에 의해 5α-dihydrotestosterone(5α-DHT)로 전환되는데, 후자가 세포질의 receptor와 복합체를 만든 후 핵으로 운반되어 강력한 androgen 작용의 발현을 초래하는 것으로 알려져 있다(그림 12 · 4).

Estrogen은 암컷 생식 및 유선을 자극하는 것 이외에 발정행동을 유발시킨다. 자궁에 대하여는 내막 및 근층을 두껍게 함과 동시에 자궁의 수축운동을 촉진시킨다. 또한 progesterone의 receptor를 증가시키는 작용이 있다. 기타 난관에 대해서는 발육 및 근운동을 촉진시키고, 질에 대해서는 상피의 증식을 촉진한다. 또한 유선에 작용하여 유선관을 발달시킨다. 성선자극호르몬에 대한 feedback작용도 강하다.

Progestin은 먼저 estrogen의 작용을 받은 자궁에 대하여 배반포(blasocyte)가 착상할 수 있도록 준비

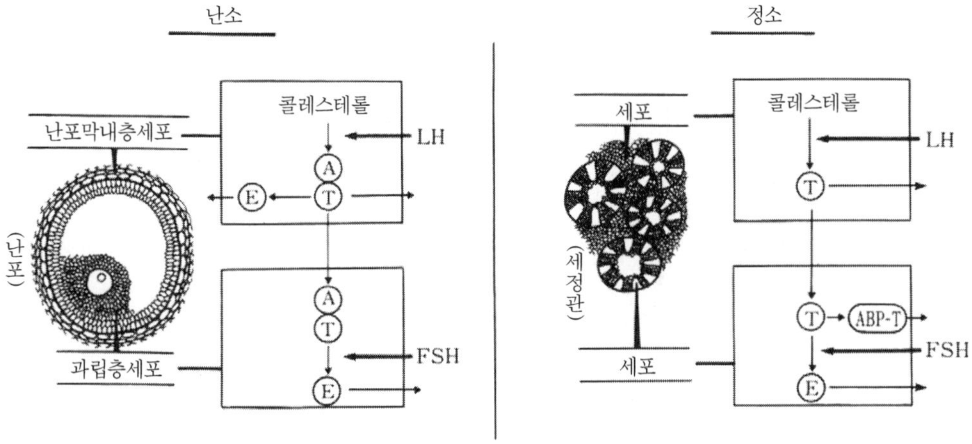

그림 12 · 4 난소 및 정소에있어서 스테로이드 호르몬의 생산 · 분비
(A) Androstendion (E) estradiol (T) testosterone ABP−T androgen 결합단백질 · 테스토스테론복합체

를 갖추게 한다. 임신중은 자궁운동을 억제하여, 태아의 정상적인 발육을 돕는다. 또한 estrogen의 작용을 받아 유선관이 발육한 유선에 대하여 유선포의 형성을 촉진한다. 기타 estrogen과의 협동으로 발정행동의 발현에도 관계하고 있다는 것이 알려져 있다.

3) 분비감소

춘기발정기에도 달한 동물에서는, 성선자극호르몬과 성steroid 호르몬이 분비 및 양자의 상호 관계가 명확하게 된다. 그러나 호르몬분비는 이시기에 시작되는 것은 아니다. 예로 testosterone은 태생기에 있어서 자웅생식기의 분화 및 발육의 중요한 열쇠를 쥐고 있어, testosterone이 존재하면 수컷의 특징이 나타나는 구조가 된다.

야생동물의 대부분은 수컷에도 번식계절이 있어, 비번식 계절중에는 일반적으로 정소가 퇴행하고, 정자형성도 androgen분비도 거의 정지된다. 면양, 산양과 같은 계절 번식 가축의 수컷에서는 년간을 통해 정액채취가 가능하지만, 비번식 계절중에는 혈중 LH 및 testosterone수치가 명확하게 저하한다. 이들 호르몬의 분비에는 일내 변동도 관찰되고 있고, 계절주기도 발정주기도 없는 수소의 경우에도, LH 및 testosterone에는 1일 수회의 peak를 갖는 변동이 나타나고 있다. 또한 심리적 형향이 호르몬 분비에 관계하는 예로서 암소의 존재하에 수소의 사정행동을 억제하면 혈중 LH 및 testosterone수치가 급증하는 것이 알려져 있다.

연령증가에 따른 혈중 성호르몬의 분비감소에 대하여, 가축에서는 거의 알려져 있지 않지만, 사람에서는 남성의 혈중 androgen이 10세 전후에 증가하기 시작하여 20~30세에서 최고에 달하고, 이후 감퇴하지만, 80세를 넘어도 분비는 지속된다. Androgen의 지배를 받고 있는 정액중의 fructose의 농도 역시 동일하게 분비감소 현상이 일어나는 것으로 알려져 있다.

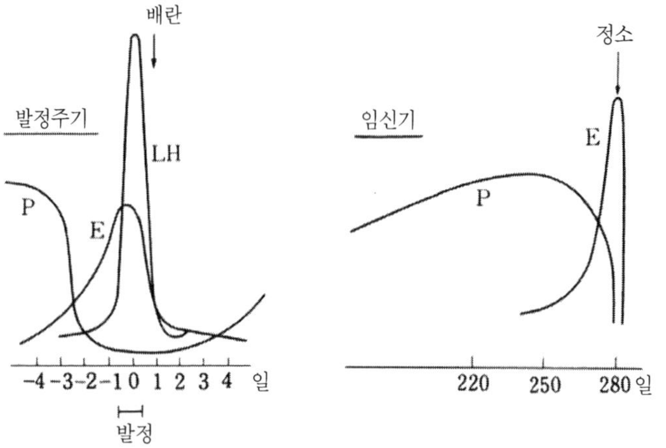

그림 12 · 5 소혈중LH, 에스트로겐(E) 프로게스테론(P)의 소장(消長)

암컷 동물에서는 발정주기 및 임신기의 성호르몬의 분비감소에 대해서 상세하게 관찰되어 있다(그림 12 · 5). 발정주기중의 변화중에서 각 동물에 공통적인 것은 LH surge라 불리는 혈중 LH의 일시적 급격한 증가로서 배란 유발의 요인이 된다. 사람이나 원숭이에서는 혈중 FSH와 LH도 거의 같은 시기에 증가하는 것이 알려져 있지만, LH만큼 현저하지는 않다. 혈중 estrogen은 FSH 및 LH의 지배를 받아 난포기에 증가하기 시작, 어느정도에 달하면 LH surge를 일으키는 것으로 보여진다. LH의 작용을 받아 배란 후 황체가 형성되면 황체기에 들어가 혈중 progesterone이 증가한다. Progesterone은 negative feedback에 의해 LH의 분비를 억제하고 그 결과 progesterone이 감소한다. 동물에 따라서는 progesterone의 분비감소에 prolactin 혹은 prostaglandin이 관여한다. 또한 발정주기중의 FSH분비억제 인자로서 난포로 부터의 inhibin의 작용이 알려져 있다.

성선자극호르몬 및 이를 지배하는 시상하부의 GnRH는 맥동성(pulsatile)의 분비를 하는 것이 알려져 있다. 이 같은 양식은 난포기의 LH분비에 잘 나타나고 있다. 생식선으로부터의 steroid 호르몬은 feedback에 의해 상위기관의 호르몬의 맥동성 분비에 영향을 미치고 있다.

임신기에 필요한 호르몬은 난소 이외에, 태반으로부터도 분비된다. 태반으로부터의 호르몬분비는 일반적으로 임신중기에서 후기에 왕성하게 되지만, 난소호르몬과 어느쪽이 중요한가에 대해서는 동물종에 따라 같지는 않다. 예를 들면, 말이나 면양에서는 임신 후반에 난소를 적출해도 유산이 일어나지 않기 때문에, 이들 동물에서는 태반 호르몬이 난소 호르몬에 대신하여 임신유지에 작용하고 있다는 것을 알 수 있다. 가축의 임신중에 있어서 혈중 estrogen과 progesterone의 분비감소는 대조적이다. 즉, progesterone은 일반적으로 임신중 높은 수치를 유지하고 분만전에는 감소하지만, estrogen은 분만시에 급격한 증가를 나타낸다(그림 12 · 5). 이것은 자궁운동에 대한 이들 호르몬의 작용의 차이로부터 보아도 당연한 분비감소 현상으로 생각된다. 말에서는 임신 약 60일을 피크로서 임마 혈청성 성선자극 호르몬(PMSG)이 혈중에 출현하지만, progesterone 분비도 거의 이 시기에 높아지고 임신 120일경까지 피크를 유지한다.

II. 정자와 난자

1. 정자(spermatozoon, pl. spermatozoa)

1) 정자의 형성과 성숙

정자는 정소의 정세관내에서 형성되어, 정소상체에서 성숙 변화를 받은 후 방출된다(그림 12 · 6). 정자로 분화할 수 있는 생식세포는 태생기의 정소내에 이미 존재하고 있지만, 성성숙의 개시기까지는 정자형성이 진행하지 않는다. 정자형성에 따른 정세관에 출현하는 생식세포는 정조세포(spermatogonium, *pl.* spermatognia), 정모세포(primary spermatocyte), 정낭세포(secondary spermatocyte), 정자세포(spermatid)로, 정모세포에서 정낭세포가 생길 때에 감수분열이 행해지고, 염색체수가 반감한다. 또한, 정자세포에서 정자를 생성하는 과정에서 핵 및 세포질이 변형하여, 정자의 두부 및 중편, 미부가 완성된다. 정자 형성이 진행되고 있는 정자관내에서는 상피에서 만들어지는 세포상이 주기적으로 변화하고, 분화가 진행된 생식세포는 순차 내강의 방향으로 이동해 간다. 이 주기의 길이는 동물 종에 따라 다르고, 가

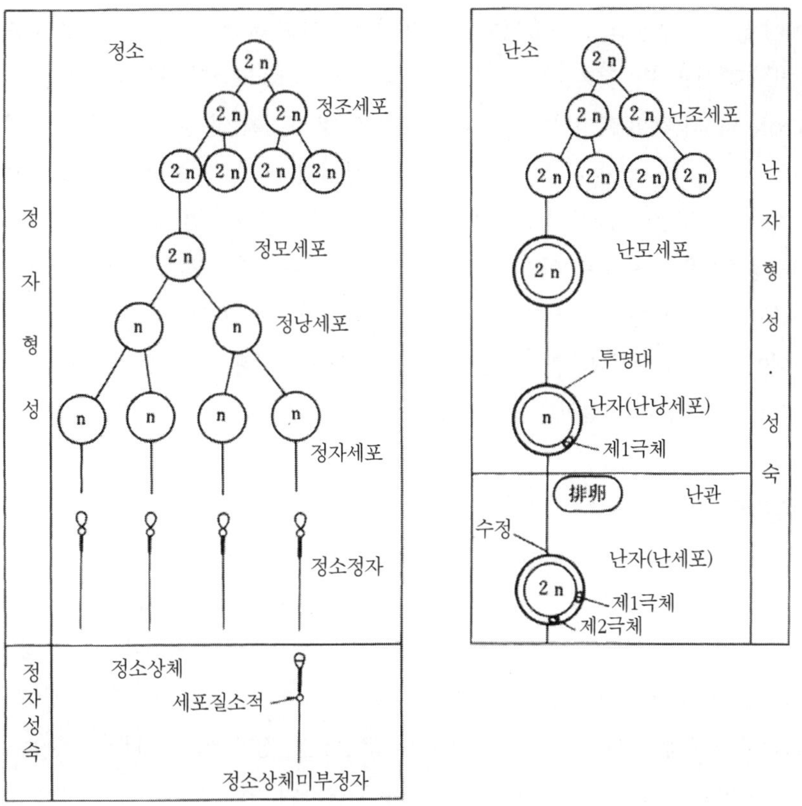

그림 12 · 6 생식세포의 분화와 성숙

축에서는 9~14일이다. 소에서는 정소에 있어 정자 형성 소요 일수가 약 60일로 1일당 생산 정자수는 약 100억 정도이다.

정세관 및 정소망(rete testis)에서는 혈장이나 림프액과 조성이 다른 액이 분비되고 있어, 이것이 정소액이 되고 정소정자의 생존 및 정소상체로의 수송 역할을 하고 있다. 정세관에 나타나는 액은 아마도 sertori cell로부터 분비된 것이다. 인접하는 sertori cell 간에는 혈액 · 정소관문(blood-testis barrier)에 관계가 있다고 생각되는 밀착결합이 존재한다. 이 구조는 정조세포를 주로하는 기저부와 정자 형성의 중기~말기까지의 세포군을 포함한 선행부간의 관문으로서 작동하고, 정자형성의 환경 만들기에 역할을 하고 있다고 보여진다.

정소상체(epididymis)는 두부, 체부, 미부로 되고, 정자가 통과하는 정소상체관의 전장은 수십m에 달한다. 정소수출관에서 정소상체두부관으로 유입한 시점의 정자농도는 각 가축을 통해 1×10^8/ml정도이지만, 정소상체 미부에서는 약 40×10^8/ml로 농축된다. 이는 정소상체 두부에서 대부분의 수분이 재흡수되기 때문이다. 이에 따라 정소상체액중의 무기이온의 농도도 변하여 Na^+ 및 Cl^-이 저하하고 K^+이 상승한다. 한편 정소상체액중에는 glycerylphosphorylcholine(GPC)나 carnitine이 다른 체액중에 비하여 고농도로 존재하기 때문에 특이한 분비기능이 있다고 보여진다. 정자는 정소상체의 통과에 8~14일을 요하지만, 이 사이에 성숙 변화를 받고, 사출정자와 거의 같은 정도의 운동능과 수정능를 갖도록 된다. 성숙변화의 지표의 하나로 이용되는 것은 세포질 소적(cytoplasmic droplet)의 위치의 이동이다. 이 소적은 후술의 선체(acrosome)과 같이 골지체에서 분화한 것으로, 정소 정자 및 정소상체 두부정자에서는 중편부의 선단에 위치하지만, 정소상체 미부 정자에서는 중편부의 말단으로 이동하고, 사출정자에서는 소실한다. 정소상체 미부는 성숙한 정자를 저류하는 역할도 하고 있고, 토끼 정자의 경우는 이 부위에 30~60일간 저류되어도 생존성을 유지할 수 있다. 정소상체 정자의 생존환경은 정소 androgen에 의해 지배되고 있지만, 정소상체 미부에서는 특히 정자밀도가 높은 것과 환원당이 결핍되어 있는 것 등이 정자의 대사억제에 도움이 되어, 이것이 장기생존의 한 원인이 되고 있다고 보인다. 또한 정자 생존의 energy원으로서는 정자내에 저류되어 있는 인지질이 주된 것으로 보인다.

2) 사출정액중의 정자

정자는 음경(penis)의 발기(erection) 및 방출(emission) 반응에 의해 숫컷의 생식도로부터 사출된다. 사정(ejaculation)에는 지각신경, 중추신경 등의 신경계 외에 testosterone, oxytocin 등의 호르몬이 관계하고 있다. 사정에 요하는 시간은 반추동물과 같이 순간적인 것으로부터 돼지와 같이 통상 5분 이상을 요하는 것까지 있다. 사출된 정자는 주로 정소상체 미부에 저류되어 있던 것으로, 부생식선액이 혼합한 정장(seminal plasma)과 함께 정액(semen)을 구성한다. 정액의 량, 정자 농도 및 화학적 성상은 동물 종에 따라 현저하게 다르지만(표 12 · 2), 정자의 형태는 매우 비슷하여 가축 정자의 길이는 50~60㎛이다(그림 12 · 7). 정자 두부는 세포의 핵에 상당하는 부분으로 체세포의 반량의 DNA 및 성 결정의 요인이 되는 X

표 12 · 2 가축정액의 성상

정액	소	말	돼지	면양
양(m*l*)	4(2~10)	70(30~300)	250(150~500)	4(2~10)
정자농도(× 10^8m*l*)	10(3~20)	1.2(0.3~8)	1(0.3~3)	10(3~20)
Na	⧺	+	⧻	⧺
K	⧻	+	⧻	+
Cl	⧻	⧻	⧻	+
fructose	⧻		±	⧻
sorbital	+	±	±	+
inosital	±	±	⧻	±
citrate	⧻	+	⧺	⧺
GPC	⧻	+	⧺	⧻
ergothionein		±	±	
인지질	⧻	+	⧺	⧻
단백질	⧻	⧻	⧻	⧻

⧻ 200mg/100ml 이상, ⧺ 100~199mg/100ml, + 50~99mg/100ml, ± 5~49mg/100ml

또는 Y염색체를 포함하고 있다. 정자두부의 전반은 선체로 덮여 있다. 여기에는 수정시에 난구세포(cumulus cell)의 이산이나 투명대(zona pellucida)의 융해에 의해 정자의 진로를 만드는 효소군이 함유되어 있다. 포유동물 정자의 중편 · 미부의 내부에는 중심에 2쌍의 미소관(microtuble)이 달리고, 이를 둘러싼 원주상에 9개의 미소관이 배열되어 있다. 더욱이 이 외주에 미소관보다 굵은 9개의 섬유가 존재하여 이른바 9+9+2의 배열을 하고 있다. 이들 축사의 성상은 근섬유와 비슷하고, 정자운동 및 추진에 도움을 주고 있다. 또한 중편부에는 축사를 감는 mitochondria sheath가 존재하고, 물질대사에 필요한 성분을 축적하고 있다. 사출 직후의 정자는 활발한 전진운동을 나타내지만, 이 에너지원은 주로 정자중의 fructose, sorbitol, lactate, 정자중의 인지질이라 보여진다. 또한 glyceroylphosphocholine과 같이 자궁내의 효소로 분해된 후 이용할 수 있는 것도 존재하고 있다. 이 중 fructose는 혈중의 glucose에 상당하는 환원당으로 혐기적 조건하에서도 정자에 이용되기 때문에 특히 중요한 성분의 하나로 생각되지만, 돼지 정액에서는 적고, 말 정액에서는 거의 검출되지 않는다.

2. 난자(ovum, *pl.* ova)

1) 난자의 형성과 성숙

난소는 수컷 동물의 정소와 대비되는 암컷동물의 생식선으로 난자의 생산과 성steroid 호르몬의 생산, 분비를 한다. 난자형성(oogenesis)은 암컷 동물의 생식세포가 난조세포(oogonium, *pl.* oogonia), 난모세포(primary oocyte)를 순차적으로 거쳐, 분화, 발육, 성숙하여, 수정 능력을 갖는 난자가 만들어지기까

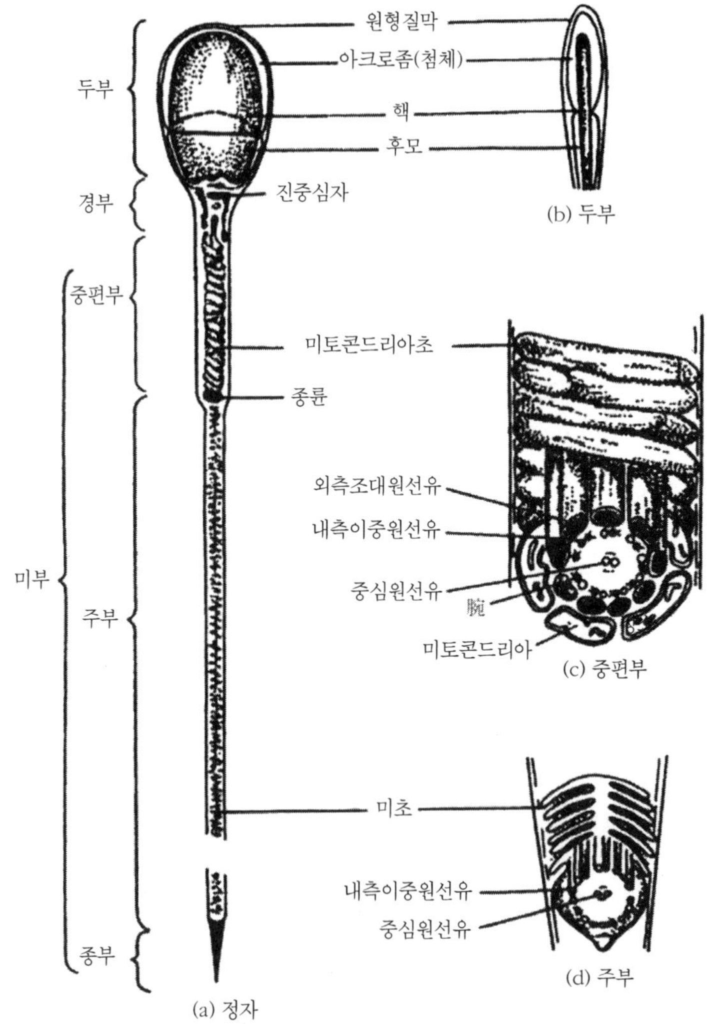

그림 12·7 가축정자의 기본구조

지의 변화를 가리킨다(그림 12 · 6). 성숙분열(meiosis)에 의해 염색체수가 반감하는 점은 정자형성의 경우와 같지만, 생식세포의 분화, 증식의 시기나 성숙변화 관련 내용은 다르다. 많은 포유동물에서는 난조세포의 증식이 통상, 태생기에 종료되고 있기 때문에 출생 시 난소에 존재하는 것은 난모세포이다. 그 수는 2개의 난소를 합하여 6~10만개에 달하지만, 장래 성숙하여 난자로 될 수 있는 것은 극히 얼마 되지 않는다. 난모세포는 난포 내에 1개씩 포함되어 있다. 따라서 난소에는 수많은 난포가 존재하게 되지만, 그 대부분은 한층의 상피세포로부터 되는 원시난포(primordial follicle)이다. 이 중에서 발육하는 난포가 나타나, 제1차 난포, 제2차 난포를 거쳐, 내강액을 축적한 그라프난포(Graafian follicle)로 성숙한다(그림 12 · 8). 배란을 유기하는 호르몬의 작용이 더해지면, 그라프난포는 파열하여 많은 포유동물에서는 제1성

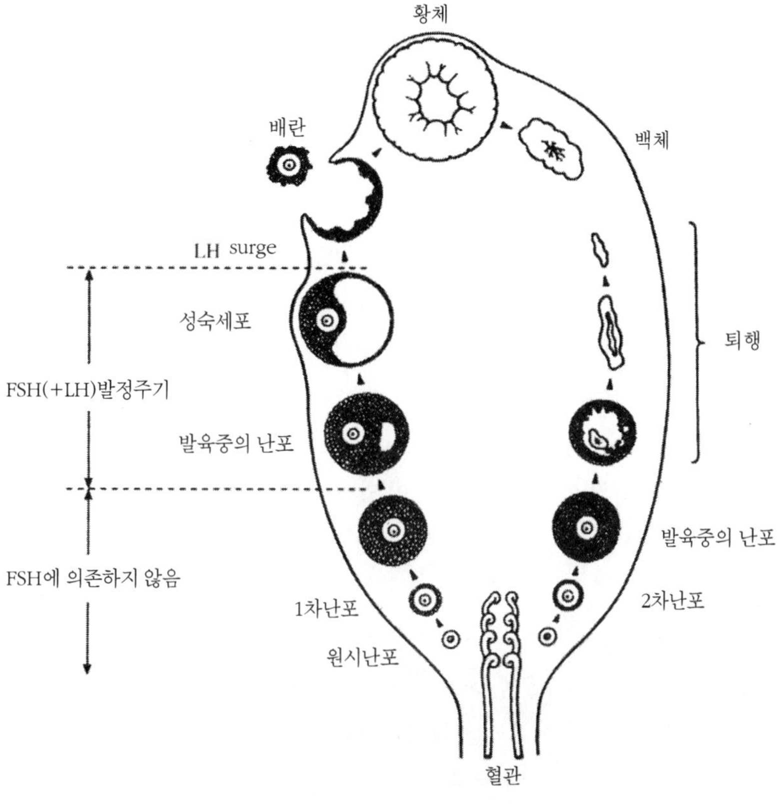

그림 12 · 8 난포의 발육과 퇴행

숙 분열이 끝난 난낭세포(secondary oocyte)에 상당하는 난자와 제1극체(first polar body)가 방출된다. 이 배란 난자가 정자 침입을 받으면 제2성숙 분열이 진행, 난자세포(ootid)에 상당하는 난자와 제2극체(secondary polar body)가 생성, 난자 형성이 완성된다. 이와 같이 난자 형성의 전과정은 정자 침입후에 완료하게 되지만, 제1성숙 분열후의 난포내 난자나 배란난자가 수정능을 갖는 점에서 정소내의 정자보다도 휠씬 성숙이 진행되어 있다 할 수 있다. 또한 난자 형성에서는 난모세포 1개에서 난자 1개와 수정능을 갖지 않는 제1, 제2극체가 만들어지는 점에서도 정자 형성의 경우와 현저하게 다르다.

난모세포의 성장 및 성숙변화는 난포발육과 관련하여 진행한다. 난포발육은 호르몬 지배의 유무에 의해 다음 2단계로 나눌 수 있다. 최초의 단계는 뇌하수체 호르몬의 지배를 받지 않고 진행하는 변화로 원시난포의 발육개시에 따라 난모세포의 크기가 증가하고, 투명대가 형성되고, 난포의 과립층세포(granulosa cell)가 증식하고, 이어 그 외측에 두층의 난포막이 형성된다. 다음 단계는 성주기의 개시와 관계가 있고, 뇌하수체로 부터의 성선자극호르몬에 의해 난포 발육이 진행한다. 이 과정에서 과립층 세포의 증식이 현저하게 증가됨과 동시에 내강이 만들어져 난포액을 저류하도록 된다. 이 시기의 난포가 그룹난포로서 난자는 내강의 한측에 난구세포로 둘러 싸여진 상태로 존재한다. 1성주기 중에 이 상태까지 발육할 수 있는 난포수는 이를 지배하는 호르몬의 양에 의해 결정되고, 각 동물종에서 거의 일정하다. 그러나 소와 같이 1성 주기에 1배란밖에 하지 않는 동물에서도 FSH제제나 성선자극호르몬작용을 갖는 PMSG(임마혈청성 성선자극호르몬) 투여에 의해 다수의 난포를 발육시켜, 배란을 유기시킬 수 있다. 난모세포의 성숙분열은 난포가 호르몬지배를 받는 이 제2단계에서 개시된다. 그림 12 · 4에 나타낸 바와 같이 뇌하수체로부터의 성선자극호르몬의 자극을 받으면, 난포막 내층세포(theca interna cell)은 LH의 지배하에서 cholesterol로부터 testosteron을 생합성한다. 이 testosteron이 과립층 세포에 운반되어지면, FSH의 지배 하에서 estradiol로 변화되고, 그 결과 난포액 중에는 estrodin과 androgen이 공존하게 된다.

난소에 있어서 steroid 호르몬의 생합성 과정은 정소의 그것과 공통점이 많다. 즉, 후자에서는 간질의 leydig cell이 LH의 지배를 받아 cholesterol로부터 testosterone을 생성하고 이것이 정세관내에 있는 sertori cell로 운반된다. FSH지배하에서 일부가 estradiol로 변환된다. 난소의 과립층 세포와 정소의 sertori cell은 inhibin을 생산할 수 있는 점에서 유사성이 있다.

2) 난자의 구조

투명대를 제외한 가축의 성숙 난자는 직경 120~150㎛의 구상을 하고, 핵, 세포질, 유막으로 구성되어 있다. 성숙분열 전 난모세포에서는 핵중에 1~수개의 핵소체(nucleolus)가 관찰되지만, 성숙분열이 시작하면 소실한다. 세포질중에는 일단 세포에 나타나는 mitochondria, 골지체, 소포체외에 난황립(yolk granule)이나 표층립(cortical granule)이 존재한다. 난황립의 화학조성은 동물종에 따라 다르지만, 주성분은 단백질, 인지질, 중성지방이다. 난황립은 세포질 중에 거의 균일하게 분포하고 있지만, 포유동물 난자에서는 함량이 적다. 표층립은 원형질막의 아래에 일렬로 배열하고 있는 과립으로 화학적으로는 산성 muco다당류와 단백질을 함유한다. 세포질은 원형질막에 상당하는 난황막(vitelline membrane)으로 싸여져 그 외측을 투명대가 덮고 있다. 투명대는 단백질과 muco다당류로 구성되고, trypsin과 비슷한 단백질 분해효소에 의해 분해된다. 성숙분열 때에 방출되는 극체는 투명대와 난황막의 사이에 생긴 위난강(圍卵腔, perivitelline space)라 불리는 간극에서 나타난다. 난포내 난자으 표면에는 미세융모(microvilli)가 빽빽하게 나있다. 이들의 일부는 주위를 둘러싼 난포세포의 돌기와 연락하고 있기 때문에 난자로의 영양공급의 통로로서 역할하고 있는 것으로 생각된다.

III. 수정 · 임신 · 분만

1. 수정(fertilization)

1) 배우자의 수송

수정은 정자와 난자가 접합하여 새로운 생명을 탄생시키는 현상이다. 이 결과 수정란의 염색체는 배수로 회복한다(그림 12 · 6). 가축의 경우, 수정은 통상 난관팽대부에서 행해진다. 난자는 배란 후 난관 융모와 근의 운동에 의해 수정 부위로 운반된다. 이들의 운동은 estrogen 및 progesterone의 지배를 받고 있다. 배란된 난자의 수정능 보유시간은 비교적 짧아 일반적으로 24시간 이하이다. 노화가 진행된 난자는 수정할 수 없지만, 노화가 진행중의 난자 중에는 수정되어도 다정자 침입 등에 의해 배의 정상발육을 할 수 없는 것도 있다.

한편, 정자는 자연교배의 경우 질 또는 자궁내에 정액의 일부로서 사정된다. 이 단계의 정자는 활발한 운동능력을 갖지만, 난관내의 수정 부위에는 주로 암컷 생식도의 수축운동에 의해 운반된다. 암컷 생식도의 수축운동을 자극하는 인자중에는 oxytocin이나 정액중의 prostaglandin도 함유되어 있다. 교배 후, 정자가 수정부위에 도달할 때까지의 시간은 비교적 짧아, 많은 동물에서 30분 전후이다. 암컷 생식도 내에 있어서 정자의 수정능 보유시간은 일반적으로 난자의 경우보다 길어 24~48시간 정도의 것이 많다.

2) 정자의 수정능 획득

사출된 정자는 수정능을 갖추고 있지만, 실제로는 준비가 갖추어져 있지 않으면, 난자내로는 침입할 수 없다. 이것은 정자가 암컷 생식도 내에서 받는 수정 준비를 위한 생리적 변화로 수정능 획득 또는 capacitation이라 한다. 이 현상은 모든 동물에서 확인된 것은 아니지만, 토끼에서는 교배후 약 5시간, rat나 hamster에서는 약 3시간, 면양에서는 약 1.5시간을 요한다. 수정능 획득의 기능은 충분하게 밝혀져 있지 않지만, 관련된 변화로서 선체반응(acrosome reaction)이 나타나 더욱 정자운동이 질적으로 변화한다. 선체 반응은 선체막의 붕괴에 의해 선체 성분인 수정관련 효소의 방출이 용이하게 되는 변화이다. 또한 정자운동성의 변화로서 비교적 단순한 전진운동으로부터 좌우로 격렬하게 흔드는 운동을 나타내게 된다. 선체의 효소중 작용이 확실한 것은 hyaluronidase와 acrosin이다. 어느 것이나 정자의 진로를 여는 역할이 있고 hyaluronidase는 주로 난자를 둘러싼 난구세포의 이산(離散)이고, acrosin은 투명대의 부분적 융해에 작용한다. 수정능 획득은 in vitro에서도 일으킬 수가 있지만, 이 조건은 동물종에 따라 다르다.

3) 수정현상

수정능 획득을 마친 정자가 난자에 도달하면, 투명대에 가는 통로를 열고 두부부터 침입하여 위난강으로 들어간다. 정자는 두부 측면을 난세포질 표면에 접촉시킨뒤, 내부로 흡수된다. 많은 포유동물에서는 정자 미부도 동시에 들어가지만, 수정에는 관계없고 후에 분해된다. 난자가 세포질내로 정자를 흡수하면 각종 변화가 나타난다. 그 하나는 다정자 침입(polyspermy)의 저지반응이다. 이것은 투명대 및 난세포질의 표면구조가 변화하여 후속의 정자가 침입할 수 없게 하는 반응이다. 표층립의 붕괴도 관련이 있는 것으로 보여진다. 또한 이단계에서 제2 성숙 분열이 재개되고 제2 극체가 방출된다. 정자 및 난자의 핵은 각각 웅성전핵(male pronucleus) 및 빈성전핵(female pronucleus)으로 발달하여 난자의 거의 중앙에서 접합하여 수정이 완료된다.

2. 임신

1) 임신의 성립

수정이 완료되면, 수정란의 분할이 개시되고 배(embryo)의 발육이 시작된다. 배는 난관에서 자궁내로 하강하여 발육을 지속, 기관 형성 후에는 태아(fetus)라 불리게 된다. 이 시기가 되면 태아는 태반(placenta)을 경유하여 모체로부터 영양을 섭취하고 급속하게 성장한다. 임신기간은 수정의 성립부터 분만까지의 기간으로 동물 종류에 의해 거의 일정하다. 가축에서는 약 소 280일, 말 336일, 돼지 114일, 면양 및 산양 150일이지만 품종, 모친의 연령, 한배의 태아 수, 태아의 성 등에 의해 어느정도 차이가 있다. 포유동물을 통해 보면, 모체가 성장함에 따라 임신기간이 길어지는 경향을 나타낸다. 임신중, 모친의 발정, 배란은 원칙으로 정지하고, 배 및 태아의 성장에 적합한 자궁환경이 준비된다. 태반으로 부터는 steroid 호르몬외에 하수체의 성선자극 호르몬, prolactin 및 성장 호르몬과 작용이 매우 비슷한 단백 호르몬이 분비된다. 이외, 임신동물의 혈중에는 배 또는 수태산물(conceptus) 유래의 조기 임신인자 (early pregnancy factor, EPF)라 불리는 물질이 출현한다. 또한 소, 산양의 유즙중에는 임신의 조기진단에 이용될 정도의 고농도의 프로게스테론(progesteron)이 검출된다.

포유동물 중에는 1임신기에 1태아 밖에 발육하지 않는 단태동물과 복수의 태아가 발육하는 다태동물이 있다. 가축에서는 소, 말이 단태, 돼지가 다태이다. 면양이나 산양에서도 종종 다태가 된다. 어느 것에 속하는가는 배란된 난자의 수와 수정란을 받아 들이는 자궁의 수용 능력에 의해 결정되기 때문에 소와 같은 단태동물에서도 호르몬투여에 의한 과배란 처치나 수정란 이식 기술의 도입에 의해, 다태를 유도시킬 수 있다.

2) 배의 발유과 착상

수정란은 난관내에서 분할을 시작, 거의 3~4일에 자궁내로 하강한다. 1세포란은 2, 4, 6, 8세포란으로 순차적으로 분할하여, 쌍실배(morola)를 거쳐 내강을 갖는 배반포(blastocyst)로 진행한다(그림 12 · 9). 배반포의 세포는 내세포괴(內細胞塊, inner cell mass)와 영양막(trophiblast)의 2종류로 분화하고, 전자는 체조직으로, 후자는 태아의 융모막(chorion)으로 발전한다. 수정란의 대사능은 분할이 진행됨에 따라 변화하고, 세포외 기질의 이용성이 변한다. 즉 1세포기의 난자에서는 대사할 수 있는 기질이 한정되어 있고 pyruvate는 이용되지만, glucose는 8세포가 될 때까지는 거의 이용되지 않는다. 쌍실배를 거쳐 배반포로 진행되면, 산소소비, RNA합성, 단백합성이 현저하게 높아진다.

배가 모체의 자궁에 접착하는 현상을 착상(implatation)이라 한다. 착상은 배반포의 영양막이 자궁상피로 침입하는 것에 의해 개시된다. 이러한 자극에 의해 부근의 세포가 비대, 증식하고, 탈락막(decidua)이 형성된다. 이 반응에는 progesteron이 반드시 필요로 한다. 탈락막은 다량의 glycogen을 함유, 강한 대사활성을 가지고, 설치류, 육식류, 영장류 등에서는 분만시에 박리, 탈락한다. 많은 포유동물에서는 수정 후

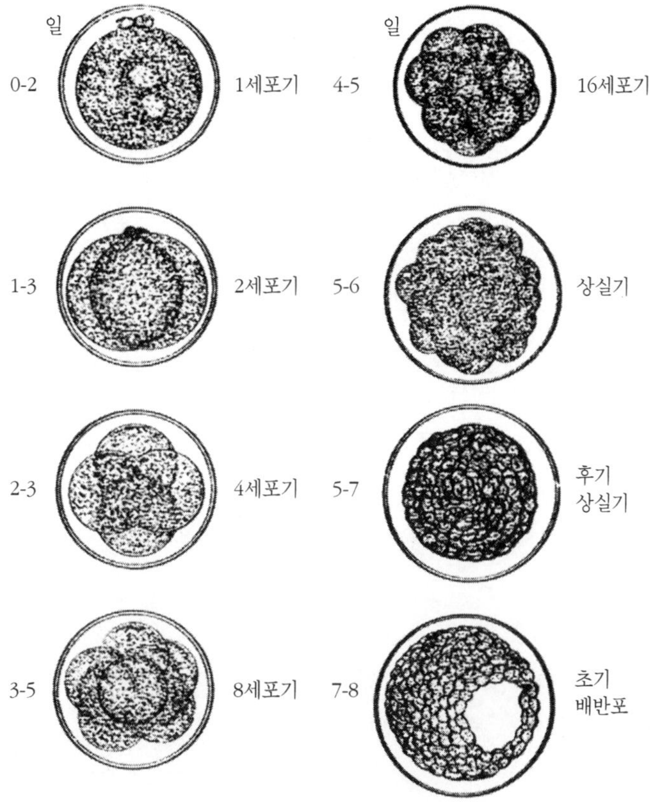

그림 12 · 9 소의 배의 발육 단계

수일에서 착상변화가 나타나지만, 주요 가축을 포함한 유제류에서는 십수일 내지 수십일을 거쳐 착상이 시작된다. 돼지 등의 다태동물에서는 배가 이 사이에 자궁내를 이동하여 거의 일정 간격으로 착상위치를 정하게 된다. 투명대는 착상전에 박리된다. 착상이 성립하기 위해서는 배반포의 성장과 자궁의 기능적 변화가 동조되지 않으면 않된다. 호르몬은 이를 위한 중요한 요인으로 가축에서는 progesterone이 중요하지만, rat나 mouse에서는 여기에 estrogen을 필요로 한다. 야생동물중에는 최적 계절에 분만할 수 있도록 착상시기가 정해져 있는 것이 있다. Rat나 mouse가 후분만 발정시에 수정한 경우는 포유의 영향에 의해 착상지연(delayed implantation)이 일어난다. 착상지연 증은 배의 대사능이나 자궁의 기능이 저하한다. 가축에서는 배의 약 25~40%가 착상 전후에 사망하고, 흡수된다고 한다. 그 원인은 똑같지는 않지만, 내분비 요인, 모친의 연령, 모친의 사양환경, 수정시 배우자의 상태 등이 관계하고 있다.

3) 태반 형성(placentation)

태반은 태아와 모체의 생리적 물질교환을 행하기 위해 신생된 기관으로 태아를 둘러싼 태막(fetal membrane)과 여기에 접착하는 모체의 자궁내막 조직으로 구성된다. 태막은 외부의 융모막, 내부의 양막

표 12 · 3 태반의 분류

동물	모체조직(모체태반부)와 태아 조직(태아태반부)의 결합양식	융모막 융모의 분포형태
A. 말, 돼지	결합조직융모태반(epitheliochorial placenta)	산재태반(diffuse placenta)
B. 반추류	상피융모태반(syndesmo- choral placenta)	타태반(multiplex placenta) 또는 자엽상태반(cotyledonary placenta)
C. 개, 고양이	내피융모태반(endotheliochorlal placenta)	대상태반(zonary placenta)
D. 사람, 원숭이, 설치류	혈융모태반(hemochorial placenta)	반상태반(discoid placenta)

(amnion) 및 양자의 사이에 존재하는 뇨막(allantois)으로 구성된다. 고등 포유동물의 태반 형성에 관여하는 태막은 융모막과 이에 접하는 뇨막으로, 융모막 · 뇨막태반(chorioallantoic placenta)이라 한다. 양막 및 뇨막의 내부에는 각각 양수(amniotic fluid) 및 뇨막수(뇨막액, allantoic fluid)를 저장한다. 이들 액은 태아를 보호하는 역할도 하고 있다. 또한 분만시에는 태막의 파열에 의해 유출하여 산도를 축축하게 적셔 태아의 배출을 돕는다.

태반은 모체 조직과 태아조직의 결합 양식, 또는 기게막 융모의 분포형태에 따라 각각 표 12 · 3에 나타낸 4종으로 분류하고 있다. 표중 C 및 D의 동물에서는 출산시에 자궁내막 고유층의 일부가 박리, 탈락하지만, A 및 B의 동물에서는 이같은 탈락은 나타나지 않는다.

4) 태아의 성장

태반은 모체로부터 태아로의 영양공급, 역으로 태아 배설물의 모체로의 운반 및 가스 교환 등의 중계역할을 하고 있다. 또한 내분비 기관으로서 임신시에 필요한 호르몬도 분비하고 있다. 특히 사람, 원숭이, 말, 면양, 몰모트 등은 태반 호르몬에 대한 의존도가 높기 때문에, 태반의 내분비 기능이 개시된 후에는 난소를 적출해도 유산은 일어나지 않는다.

태아는 양수(양막액)중에 부유한 상태로 모체로부터 영양을 공급받아 성장을 지속한다(표 12 · 4). 영양은 주로 glucose이지만, 태아 혈중에는 태반에서 합성된 fructose도 검출되고 있다. 태아의 성장에는 영양뿐만 아니라 태아 자신의 내분비 기관도 관계하고 있다. 태아의 시상하부, 하수체, 갑상선, 췌장, 부신, 생식선(특히 정소)은 이미 호르몬의 생산 · 분비를 개시하고 있고, 특히 갑상선의 thyroxine, 췌장의 insulin, 부신피질의 cortisol, 정소의 testosteron은 태아의 성장에 직접 관계가 있다고 보여진다. 즉 thyroxine은 태아의 뇌, 골, 털의 발육을 촉진하고, insulin은 태아의 주된 영양인 glucose의 대사를 조절하고 있다. 또한 cortisol은 태아의 모든 기관의 발생, 분화에 관여하는 효소군을 활성화하고, testosterone은 성분화의 완성에 역할을 하고 있다.

표 12 · 4 가축태아의 체중 및 체장

임신의 시기	소	말	돼지	면양
초기	2개월 8~15g, 6~7cm	2개월 7g, 5cm		
	3개월 100~200g, 10~17cm	3개월 100g, 10cm	4주 1.2g, 2cm	1~2개월 50g, 6cm
	3개월 500~800g, 25~30cm	4개월 1,000g, 15cm		
중기	5개월 2,000~3,000g, 30~40cm	5개월 3,000g, 25cm	6주 16.7g, 5.9cm	
		6개월 4,000g, 35cm		3개월 500g, 12cm
	6개월 5,000~8,000g, 50~60cm	7개월 5,000g, 60cm	8주 80g, 11cm	
말기	7개월 8,000~12,000g, 60~80cm	8개월 8,000g, 75cm	10주 240g, 16cm	
		9개월 12,000g, 80cm		4개월 2,000g, 35cm
	8개월 15,000~30,000g, 70~90cm	10개월 20,000g, 120cm	12주 520g, 20cm	
분만시	9개월 25,000~50,000g, 70~95cm	25,000g, 140cm	1,200g, 25cm	4,500g, 45cm

3. 분 만

임신 종료 혹은 분만의 개시가 무엇에 의해 기인되는 가는 분명하지만, 혈중 호르몬의 분비감소가 일어나는 것을 볼 때 수종류의 호르몬이 관계하고 있다고 생각된다. 소나 면양에서는 임신 말기에 혈중 progesteron농도가 저하하고, 분만시 estrogen 농도가 급상승 한다(그림 12 · 5). Estrogen은 자궁근층의 수축운동을 촉진하고 progesterone은 이를 억제하기 때문에 이들 호르몬의 소장(消長)이 분만개시에 관계하고 있는 것은 명백하다. 또한 소나 면양에서는 태아의 혈중 cortisol 농도가 분만시 급상승하기 때문에 태아의 부신피질도 분만개시에 관계하고 있다고 보인다. 즉 모체 혈중의 estrogen 증가, progesterone의 감소 및 $PGF_{2\alpha}$의 증가는 어느 것이나 태아 혈중 cortisol의 증가와 연동하고 있는 것으로부터 후자가 분만의 방아쇠 역할을 하고 있다고 생각된다. 이 경우의 $PGF_{2\alpha}$는 뇌하수체 신경 엽으로 부터의 oxytocin과 함께 자궁근을 수축시켜 분만 진행을 돕는다.

분만은 일반적으로, 3기로 구분된다. 제1기는 개구기 또는 준비기로서 3기중에서는 시간이 가장 길어, 소, 면양에서는 2~6시간, 말에서는 1~4시간, 돼지에서는 2~12시간을 필요로 한다. 태수가 충만한 태막은 자궁의 수축에 의해 차츰 자궁경관 측으로 밀어내어 진다. 제2기는 만출기로 태막이 뇨막, 양막의 순으로 파열되고, 산도로부터 태아의 일부가 출현하고, 복근의 수축도 더해져 만출이 완료된다. 제3기는 후산기로 태아 태반이 만출 되는 시기를 말한다.

Ⅳ. 번식기술

가축을 증식시키기 위해 번식기능을 파악하여 번식 적기에 교배시키는 것이 중요하지만, 그 목적으로 동결 정액에 의한 인공수정, 체외수정, 배이식 등의 번식기술이 개발되고 있다. 더욱이 이들 기술은 가축의 증식 뿐만 아니라, 개량이나 야생동물의 보존에도 응용되고 있다.

1. 동결보존

생식세포인 정자 및 난자, 여기에 수정란(배)를 체외에서 보존하는 기술은 우량 가축의 증산이나 육종개량의 목적으로 개발되고 있다. 유우에서 거의 100%, 육우에서 약 90%가 동결정액에 의한 인공수정으로 자축을 생산하고 있다. 정자의 동결보존(cryopreservation)은 1950년 전후에 영국의 Polge 등에 의해 glycerine을 사용한 방법이 개발된 것에 의한다. 소에서는 사출정액을 1차 희석액으로서 난황 citric acid 완충액으로 수배로 희석 후, 4℃까지 온도를 하강시켜 glycerine을 함유한 2차 희석액에 1straw내의 정자농도가 3,000~5,000만 정도가 되도록 희석하여 동결까지 6~10수시간 평형화 시킨다. 이 평형을 glycerine평형이라 부르고, 동결보호제인 glyceine이 정자 세포내에 투과하는데 필요한 시간이다. 이후 program freezer로 온도를 하강시켜 최종적으로 액체 질소중에 보존한다. 더욱이 자웅의 선별을 목적으로 정자를 X정자와 Y정자로 분별하여 동결보존하는 기술은 IVMFC나 수정란 이식 기술의 발달화 함께 개발·개량되고 있다. 동결보호제로서, DMSO를 이용, program freezer로 온도 하강을 천천히 행하는 완만 냉각법이, 소, 산양, 양, 말 등에서 확립되어 있다. 아울러 급속하게 동결하는 vitrification(glass화법)이 개발되어 이를 통한 산자가 얻어지고 있다.

2. IVMFC(in vitro maturation, fertilization and culture)

체외 수정기술(in vitro fertilization, IVF)은 배란된 난자를 사출정자 혹은 실험동물에서는 정소 상체정자에서 얻은 정자와 incubator 내에서 체외에서 수정시키는 것이다. 이 경우, 정자 그대로는 수정능을 가지고 있지 않기 때문에 수정능을 획득시키는 처리가 불가결하다. 아울러 도살장에서 채취한 난소를 실험실로 운반, 난포에서 흡인 채취한 난자를 체외에서 성숙 배양하여(in vitro maturation, IVM), 체외 수정시키는 것이 소, 돼지, 양 등에서 가능하다. 이와 같이 하여 얻어진 수정란(배)을 체외에서 배양하여 배반포기까지 발육시켜(in vitro culture, IVC), 배이식하는 것으로 산자가 생산되고 있다. 일반적으로 난소내에 있는 각 발육단계의 난포의 대다수는 퇴행하고, 배란되지 않는다. 체외에서 난자를 발육시켜, 수정하여 배를 생산하는 기술(IVMFC)은 우량 암소의 난소로부터 다수의 난자를 이용하는 기술로서 응용되고 있다. 이 기술로 얻어진 난자나 배는 동결보존 하는 것에 의해 수송이 가능하고, 자축생산의 효율화 뿐만 아니라 발생공학에 필요한 난자·배를 생산한다고 하는 면에서도 응용범위가 넓다.

3. 발생공학

가축의 경제 형질을 개량하는 목적으로 각종 유전자를 배에 도입하여 유전자 도입(transgenic, Tg) 가축이 돼지, 소, 산양 등에서 만들어지고 있다. 이 기술은 수정 후 자성 및 웅성 전핵이 있는 1세포기 배를 micromanupulator를 부착한 도립 현미경으로 조작하여 목적 유전자를 직접, 자성 혹은 웅성 전핵에 주입하는 방법이다. 더욱이 이 유전자 도입 기술을 이용하여 유중으로 도입 유전자 유래 물질을 생산시키는 것에 의해 의약품을 만드는 공장으로서의 Tg 가축이 고려되고 있다. IVMFC를 이용하여 대량의 배를 만드는 것이 가능하게 되고 있지만, Tg 가축의 생산효율은 대단히 낮고 실용단계에 도달해 있지 않다.

우량 가축과 동일의 유전 형질을 갖는 coron 개체의 생산이 양, 소, 산양, 돼지 등에서 가능하다. 이 기술은 미리 핵을 제거한 난자(recipient cell)에 목적한 세포 혹은 세포핵(donor cell)을 이식하는 것이다. Donor cell로서 수정란(배) 유래의 세포를 사용한 수정란 coron 개체의 생산이 1980년대에 보고되어, 유선세포 등의 체세포 유래의 세포핵을 사용한 체세포 coron이 1990년대 후반에 생산되었다. 이와같은 핵이식 기술로 생산된 coron 개체는 생식능력을 가지고 있다.

V. 비 유

포유동물에 있어서 신생송아지의 영양은 모축의 유선에서 만들어지는 유즙에 의존된다. 비유는 임신, 분만과 함께 포유류를 특징지어지는 가장 중요한 생리기능의 하나이다. 비유는 유선에있어서 영양소의 공급아래 여러 호르몬의 제어를 통하여 유즙을 합성분비라고하는 복잡한 생리현상이다. 유선상피세포에서의 유즙의 합성과 이들이 세포질로부터 유선포강 및 유조(乳槽)내로의 이행에서 유두로의 배출되는 일련의 과정과 유선포내의 유즙배출 현상을 비유라고 한다.

1. 유방. 유선의 구조

유선은 외배엽에 유래하는 외분선으로 실질과 간질(間質)로 되어있고, 실질은 유선포와 유관으로부터 형성되고 간질은 결합조직과 지방조직으로 실질은 구분하고 있다. 가축의 유두수는 소 4, 말 2, 돼지 10~14, 면양 및 산양은 2개이다. 가축 중에서 가장 대표적인 소의 유방의 구조를 보면 소의 유방은 기능적으로 독립된 4개의 방으로 구분되어져 있고, 각유방은 각각 독

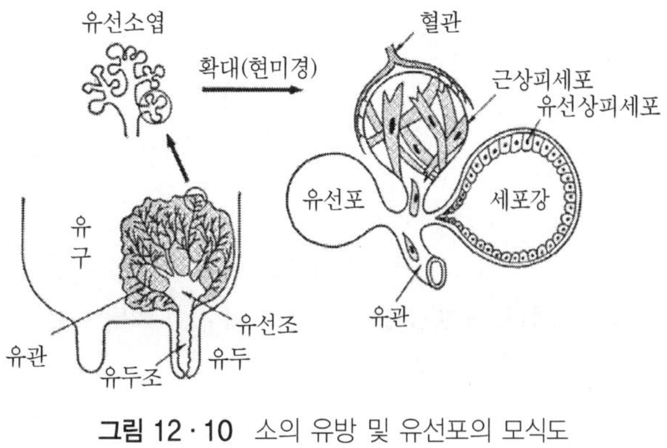

그림 12·10 소의 유방 및 유선포의 모식도

립된 유선포계, 유선관계, 유선조, 유두를 가지고 있다. 그림 12 · 10에 유방및 유선포의 모식도를 나타내었다. 유선포는 단층의 분비 상피세포가 유선강을 둘러싸고 있는 직경 0.1~0.2mm의 구형형태로 되어있고, 혈액의 영양소를 이용해서 젖 합성을 수행하는 유선실질조직의 최소단위라 할 수 있다. 유선포 주위는 근상피로 둘러싸여져 있고 송아지에 의한 흡입과 착유시 유방과 유두의 자극에 의해 하수체후엽으로부터 분비되어지는 옥시토신의 작용으로 유선포내의 유즙을 배출하게 된다. 유선포가 모여서 유선엽을 형성하는데 그 모양은 포도송이 형태와 유사하다. 유선포에서 분비하는 유즙은 유관을 따라 내려오게 되지만 유관은 세뇨관으로부터 이후 커다란 유관으로 보내지고 이후 유선조(약 100~450cc)에 도달하게 되며, 유두의 유두관을 경유하여 배출된다.

2. 유선 상피세포의 구조와 역할

유선을 형성하는 유선세포는 기본적으로 외분비선과 유사한 구조를 가지고 비유하고 있는 유선상피세포의 전자현미경 사진으로 관찰한 우유성분인 유지방과 카제인의 생성과정을 모식화하면 그림 12 · 11과 같다. (Ⅰ)의 경로로는 지방구가 세포질내를 이행해서 세포 정단(頂端)으로부터 떨어져 나와 세포막으로 둘러싸인 채 분비되어진다. (Ⅱ)의 경로는 지방이외의 유단백질, 유당 그리고 그 이외 많은 성분이 골지체로부터 분비액포막에서 포장되어 분비되고 비로소 세포막과 합류하여 방출되어진다. 소포체에는 막의 표면에 구상 리보좀의 부착한 조면 소포체와 리보좀이 없는 활면소포체가 있다. 리보좀은 단백질합성 그리고 분비시 상피세포의 소포체에서 발달된다. 골지체는 유당합성, 카제인의 인산화와 함께 유당, 단백질 등의 지방 이외의 성분을 가지런히 포장하여 분비하는 역할을 가진다. 미토콘드리아는 산화적 인산화에 의해서 ATP를 생산하는 역할을 가지고 비유개시시 급격히 증가한다. 리조소옴은 많은 가수분해효소를 가지고 세포내의 소기관의 소화 분해를 담당하는 세포내 소기관으로 건유기와 유방염감염시 유선조직의 붕괴와 퇴행에 관여한다. 세포질에서는 포도당의 산화, 지방산합성, 아미노산의 활성화가 일어난다.

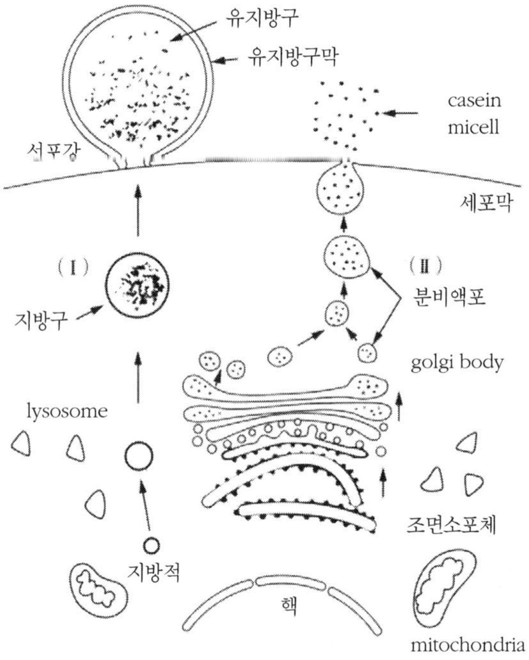

그림 12 · 11 유선세포에 있어서 우유성분의 생성흐름 모식도

3. 유량

젖소의 유량은 분만후 3~6주간 최고수준에 도달하고 서서히 감소한다. 또한 산차로 보면 5~7산차에 최고에 도달한다. 소는 분만 후 일정기간 경과하면 비유중에서도 정상적인 발정이 보이고 임신이 가능하게 된다. 그렇지만 착유회수가 많을 경우 발정회귀가 늦어진다거나 비유중에 임신한것이 임신하지 않은 것에 비하여 비유량감소시기가 빨라지는 것으로 알려져 있다. 착유우가 임신한경우에는 일반적으로 분만전 50~60일간 착유를 정지하고 건유(dry-up)을 행한다. 이러한 조치는 차기 비유를 위하여 유선의 정비에 도움이 되는 것 외에 모체의 체력회복과 태아의 발육완성을 위해서 필요한 시기이기도 하다. 돼지에서는 분만 후 약 2주간에서 유량이 최고에 도달하게 되고, 비유기는 소에 비하여 매우 짧고 비유중 배란과 함께 발정은 나타나지 않는다. 이와 같이 비유와 번식은 일반적으로 길항적으로 밀접한 관련성이 있다. 유량을 결정하는 중요한 생리기능의 하나로써 유방에서의 혈유량은 분만 후 급격히 증가하며 유량의 증가에 비례한다. 비유량 최고기의 산양에서는 유량 1kg 생산하기 위하여 400*l*의 혈액을 필요로 한다. 소에서도 산양과 마찬가지로 비슷한 수치가 보고되고 있다.

4. 유성분

주된 유성분인 유단백질, 유당, 유지방은 소화관으로부터 흡수된 대사산물유래의 전구물질을 혈액을 매개로해서 유선에 동원시키고 이것을 원료로 해서 유선에서 합성되어져 분비된다. 표 12 · 5는 비유우에

표 12 · 5 소화산물, 혈액전구물질과 우유성분

소화산물	혈액성분(%)		유성분(%)	
물	물	(91)	물	(86)
프로피온산 유산 아미노산	글루코오스	(0.05)	유당	(4.6)
아미노산	아미노산	(0.02)	단백질	
			카제인	(2.8)
			β-락토글로불린	(0.32)
			α-락토알부민	(0.13)
	혈청알부민	(3.2)	혈청알부민	(0.07)
	면역글로불린	(2.6)	면역글로블린	(0.05)
			지방	
장쇄지방산	장쇄지방산		장쇄지방산	
초산	초산		단쇄지방산	
낙산	β-hydroxybutyrate		단쇄지방산	
	글루코오스		글리세롤	
	글레세롤			
무기물	무기물		무기물	
비타민	비타민		비타민	

있어서 소화관으로 부터의 소화산물의 흡수와 혈액중의 전구물질, 유성분과의 관계를 나타내었다. 소의 경우 소화관에서 생산된 프로피온산, 유산, 아미노산을 이용하여 간장에서 당신생에 의해 포도당을 만들어 낼 수 있다. 이러한 포도당을 재료로 해서 유선에 있어서 유당합성효소에 의해 갈락토즈와 포도당에 의해 유당을 합성한다. 유당은 유즙중의 삼투압을 조절하고, 유선내에 있어서 수분의 이동에 관여하는 것에 의해서 유즙생산을 제어한다. 카제인, α-락토알부민 및 β-락토글로블린 등의 단백질은 소장에서 흡수되거나 조직에서 대사되는 유리아미노산으로부터 혈액 순환을 매개로해서 유선에서 합성된다. 유지방의 단쇄지방산은 낙산 및 β-히드록시낙산 또는 유지방의 장쇄지방산의 대부분은 혈장 중의 키로미크론 및 저밀도 리포단백질으로부터 각각 유선에서 만들어진다. 한편 혈청 알부민, 면역 글로블린, 무기질, 비타민 등 혈액 중 성분은 유선 세포에서 변화를 받지 않고 그대로 통과하여 유성분이 되기도 한다.

분만 후 최초에 분되는 유즙은 초유(colostrum)라고 하며, 일반유(normal milk)와 성분이 다르다. 초유는 일반유에 비하여 고형물이 많다. 특히 단백질 비타민 무기질이 많지만 유당(lactose)은 적다. 초유단백질의 대부분을 차지하고 있는 성분은 γ-글로블린으로 신생축에 면역력을 부여하는 역할에 중요하다. 소, 말, 돼지 등의 주요 가축에서는 태생기에 항체가 얻어지지 않기 때문에 초유에 의한 면역획득은 중요하다.

5. 유선발육

유우에 있어서 유선발육 최고 시기는 임신기이고 이러한 임신에 유즙분비를 담당하는 유선포의 형성이 시작된다. 즉 임신 3개월까지에 유선관계의 신장(伸張)과 분기가 일어나고 4개월 전후부터 유관에 유선포가 형성되게 된다. 유선포의 발육에 혈관계, 림프계의 발달과 함께 유선포의 수는 그 후 증가된고 임신 9개월에서 유즙분비가 개시되고 유방용적도 급격히 증가한다. 유선의 발육에는 에스트로겐, 프로게스테론, 글루코코르티코이드, 프로락틴, GH가 반드시 필요로 한다. 유선관계의 발육에는 주로 에스트로겐이 유선소엽의 발육에는 에스트로겐과 프로게스테론이 필요로 한다. 임신중기 이후의 흰쥐와 산양에서는 프로락틴과 GH보다도 태반성 락토겐이 중요하게 관여하는 것으로 보인다.

6. 비유개시

소의 상피세포는 임신말기에 있어서 유즙분비 기능을 가지기 시작함과 동시에 유즙이 유선내에 축적을 시작한다.

더욱이 분만 전후부터 유선세포의 분비기능이 뚜렷하게 항진되어 비유를 시작하게 된다. 비유개시에 필요한 호르몬은 마우스, 면양, 소에 있어서 인슐린, 당질코르티코이드, 프로락틴으로 알려져 있다. 비유를 시작하면 영양소의 흐름이 자궁, 태아, 태반으로부터 유선으로 이행되고 체내 프로게스테론분비 저하 현상이 관찰된다.

7. 비유의 유지

비유는 흡유와 착유의 자극에 의해 유지된다. 흡유 및 착유의 자극은 하수체 후엽으로부터 분비된 옥시토신이 전엽으로부터 프로락틴과 ACTH가 방출되어 비유를 유지하게 된다. 또한 비유유지에 필요한 호르몬은 프로락틴, 당지코르티코이드, 갑상선호르몬, GH로 알려져 있다. 비유를 유지하기 위해서는 다량의 글루코스, 아미노산, 초산, 장쇄지방산 및 무기물이 수분과 함께 우선적으로 유선으로의 이송을 필요로하는데 이러한 작용을 GH 등 호르몬이 제어하고 있다. 소에 있어서 가장 중요한 호르몬은 GH이다. GH증유증가효과 기구로는 지방조직에 있어서 지방분해작용, 글루코스 등의 유선으로의 우선적 동원과 분배, 간장에 있어서 IGF-I을 매개로하는 간접적 작용과 유선에 있어서 GH수용체를 자극하는 직접작용이 있는 것으로 알려져 있다.

8. 유합성 억제

착유회수를 증가하면 유합성이 촉진되고 착유를 정지하면 유즙이 유방내 충만하면 유합성이 억제된다고 알려져 있다. WIDE 등(1995)은 이러한 조절인자인 feedback inhibitor of lactation(FIL)을 산양의 유즙 중에서 발견하였다. 이러한 FIL은 분자량 약 7.6kDa의 당단백질로 유선상피세포에서 합성되어 유선포내로 분비된 후 유선상피세포에 작용하는 것으로 매우 이상한 방식의 autocrine feedback기작을 보인다.

또한 FIL은 유선세포의 분화를 억제하는 작용을 가지고 있지만 이것은 만성적 호르몬 수용체의 down regulation에 의한 것으로 생각되어진다.

9. 유선세포의 프로그램 세포사멸(Apoptosis)

유선은 일정의 비유기가 지나면 퇴행이 일어나고 다수의 유선상피세포는 프로그램 세포사멸에 의해 없어지게 된다. 세포사멸의 비율은 마우스 등과 비교해서 매우 작고 유선포구조를 유지할 수 없는 세포가 apoptosis를 일으키는 것으로 알려져 있다. 마우스에서 이유 후 apoptosis는 프로락틴 투여로 억제되어진다. 또한 산양에서는 apoptosis의 발견에 프로락틴과 GH의 다른 국소적 인자도 관여하고 있는 것으로 되어져 있다. IGF-I은 유선세포, 유선간질세포로 합성되어 유선세포의 apoptosis 억제작용을 가진다. Apoptosis를 일으키는 유선세포는 IGFBP5를 합성분비하여 IGF-I의 작용을 차단함으로 유선세포의 자살을 촉진시키는 것이 확인되었다.

제13장 감 각

Ⅰ. 감각과 그 종류

1. 감 각

동물은 스스로 존재하는 환경(외부환경)의 상황을 정확하게 포착하여 그 생존에 유리한 방향으로 인도하는 능력을 가지고 있다. 동시에 스스로 체내상황(내부환경)을 검출하여 여기에 대응하는 기능을 갖추고 있다. 체내 · 외에서 일어나는 이들의 환경변화를 자극으로서 받아들여, 대뇌에서 처리하여 얻어지는 결과를 감각(sensation)이라 한다. 감각이 과거의 체험이나 학습에 의해 의미 있는 것으로서 해석된 경우는 지각(perception)이라 한다.

체내외에서 발생한 자극은 물리적 혹은 화학적 energy로서 특별하게 분화한 수용기에 포착되고, 여기에 이어서 각종의 신경효소 및 자극수용의 효율을 높이기 위해 부속기관에 전달된다. 이들의 일련의 기관을 합하여 감각기(sense organ)라 한다.

2. 감각의 종류

시각 혹은 청각 등과 같이 자극의 종류가 아닌 감각기의 종류의 차이에 의해 발생하고 상호 비교 할 수 없는 감각의 차이를 종류(modality)가 다르다고 하고, 적, 황 등 동일 종에 속해서 유사한 내용을 갖지만 또한 구별할 수 있는 감각의 차이를 성질(quality)이 다르다고 한다.

감각의 종류는 다양하여 표 13 · 1과 같이 대별할 수 있다. 체성감각은 피부감각과 심부감각으로 나눌 수 있다. 피부 감각 중 촉, 압각(壓覺)은 주로 유수 신경섬유의 말단에 특수한 구조를 갖는 기계수용기가 자극되는 것에 의해 발생한다. 한편 통각이나 온도감각을 각각 지각신경의 말단이 무수로 된 자율신경 말단이 특수하게 분화한 수용기에 의해 느끼고 받아 들여 진다. 심부감각이란 근, 건, 관절 등의 심부조직에서 일어나 신체의 위치를 지각하는 감각이다. 이들 감각은 체성 신경계에 의해 전달된다. 한편 대동맥이나 경동맥의 압수용기, 경동맥 소체나 대동맥체에 있어서 화학수용기 등은 자율신경계에 의해 제어 되고 있고, 정보는 통상 대뇌 피질에 달하는 경우는 없고, 따라서 의식으로 올라가는 경우는 없다. 그러나 방광의 충만감이나 만복감 등, 혹은 내장에 일어나는 통각은 명백하게 감각으로서 감지된다. 또한 몸의 국한된 부위에 있는 수용기가 자극되어 생기는 감각을 특수감각이라 한다.

표 13 · 1 감각의 종류

1. 체성감각
   1) 피부감각(촉각, 통각, 압각, 온도감각)
   2) 심부감각(근, 건, 관절)
2. 내장감각
3. 특수감각(시각, 청각, 후각, 미각, 평형감각

3. 수용기의 구조

감각 수용기는 구조의 특징으로부터 2종류로 분류할 수 있다. 즉 제1차 감각세포와 제2차 감각세포로 나뉜다. 제1차 감각세포에는 침해, 기계수용기, 시세포나 후세포가 속하고, 신경종말 자체가 감각수용기가 되어있는 것으로 직접적으로 물리적, 화학적 energy를 전기적 energy로 변환하여 중추로 정보를 전달한다. 제2차 감각세포에는 미각이나 청각 등의 유모세포가 속하고, 수용기 세포와 신경과의 사이에 synapse를 형성하고 있다. 자극에 의한 수용기 전위는 일단 화학적 전달물질을 통해 신경의 흥분이 되어 중추에 전보를 전달한다.

II. 시 각

시각(vision sight)은 사료를 찾거나, 혹은 외적으로부터 몸을 지키는 등, 동물의 생활양식에 대응하여 진화하여 왔다. 동물의 종류에 따라 시각의 기능은 각각 다르다고 생각되고 있다. 가축은 그 사육형식이나 육종에 의한 선발 때문에 야행성 동물보다 시각의 발달이 떨어진다고 생각된다.

1. 눈의 구조

1) 안구의 구조

시각 수용기인 안구(eye, eyeball)는 빛을 수용하는 렌즈계와 수용기 전위를 대뇌에 전달하는 전도계 및 부속기관으로 되어 있다(그림 13 · 1). 안구는 3층의 막으로 덮여 최외층(안구의 중심에 가까운 쪽을 내측, 먼쪽을 외측이라 한다)의 막은 안구를 보호하고, 그 강도와 형상을 갖는 강막(sclera)과 각막(cornea)로 되어있다. 강막은 안구의 5/6을 덮는 백색의 섬유성 막이고, 각막은 안구의 전부에 위치하여 투명하고 혈관은 없고, 빛이 안구에 들어오는 것을 돕는다. 중막은 맥락막(choroid), 모양체(ciliary body), 및 홍채(iris)로 구성된다. 맥락막은 혈관이 풍부하여 암갈색을 하고 있고, 효소나 영양소를 망막에 공급하고 있다. 많은 가축에서 맥락막의 일부에 독특한 광택을 나타내는 휘반(tapetum)이 존재하고, 암수에서 빛을 비추면 반사하여 빛나게 보인다. 휘반은 돼지나 사람에는 없다. 모양체는 맥락막의 전방, 비후부(肥厚部)로 이중에 포함된 모양체근은 눈의 원근조절을 행한다. 홍채는 색소가 풍부하고, 불투명하기 때문에 빛은 중앙에

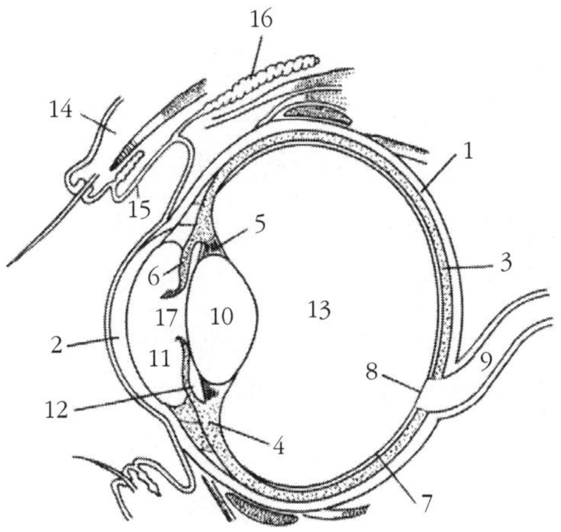

그림 13 · 1 안구의 구조(말)

1. 강막 2. 각막 3. 맥락막 4. 모양체 5. 모양소체 6. 홍채 7. 망막 8. 시신경원반 9. 시신경 10. 수정체 11. 전안방 12. 후전방 13. 초자체 14. 안검 15. 결막 16. 누선 17. 동공 (加藤 · 山內, 家畜比較解剖圖說)

있는 동공(pupil)으로부터만 들어간다. 홍채에는 동공을 윤상(輪狀)으로 둘러싸 동공괄약근(부교감 신경지배)과 방사상으로 달리는 동공산대근(교감신경지배)의 2개의 평활근이 있어, 동공에 들어오는 빛의 양을 조절하고 있다. 동물에 따라 동공의 형태나 수축의 정도가 다르다. 동공은 개에서는 둥글고, 다른 가축에서는 횡타원형이다. 눈의 색은 홍채에 함유된 색소의 양에 따라 말, 소에서는 황-흑갈색, 면양에서는 청색을 나타내는 등 다양하다. 최내층은 망막(retina)이고, 광의 수용과 고도의 정보처리가 행해지는 가장 중요한 부위이다. 복잡한 다층 구조를 하고 있어 안구의 후반부를 덮고 선단은 모양체부에 달한다. 망막의 최외층에는 광수용 기능을 담당하는 시세포가 있고 그 형상으로부터 이름 붙여진 간상체(桿狀体, rod)와 추상체(錐狀体, cone)를 포함한다. 세포는 이어 중간층의 쌍극 세포에 이어져 다음으로 최내층의 신경절 세포와 synapse를 만든다(그림 13 · 2(A)). 신경절 세포의 축색은 시신경 섬유로 되어 망막내면을 덮는 시신경원판(optic disk)에서 나와 시신경(optic nerve)이 된다. 이 부위에는 망막이 없어, 빛을 감지할 수 없기 때문에 맹반(blind spot, 맹점)이라 한다. 시신경원판에서는 망막에 분포하는 혈관이 존재한다(그림 13 · 2(B)). 안구는 수정체(lens)와 홍채, 모양체에 의해 전부, 후부로 나눈다. 수정체는 양면 볼록렌즈로 눈에 들어오는 빛의 굴절을 행한다. 수정체의 전부와 각막간극은 홍채로 전안방(anterior chamber), 후안방(posterior chamber)으로 나누어지고, 투명한 안방수(aqueous humor)로 채워져 있다. 안방수의 유공이 방해를 받으면, 안내압이 높아진다. 수청체의 후부와 망막과의 사이는 젤리상의 초자체(液)(vitreous humor)로 채워져 있다.

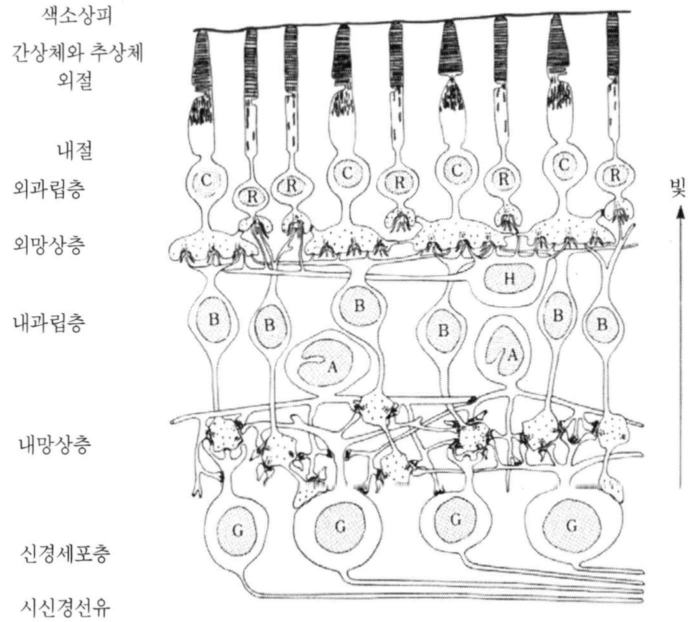

그림 13 · 2(A) 망막의 세포구조

C : 추상체　R : 간상체　B : 쌍극세포
H : 수평세포　A: 무축색세포　G : 시신경세포
(松田등, 의학생리학전망)

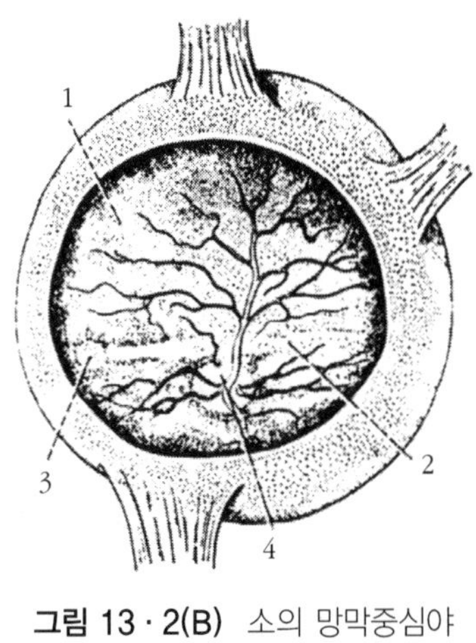

그림 13 · 2(B) 소의 망막중심야

1 : 망막　2,3 : 망막중심야　4 : 시신경원판
(加藤 · 山內, 가축비교해부도설)

2) 눈의 부속장치

안검은 동안신경지배근에 의해 개폐되고, 눈에 이물질이 침입하는 것을 방지하고 있다. 눈에 급격하게 강한 광이 들어오거나, 이물질이 접근할 때는 안검반사(eyelid reflex 또는 순안반사, blink reflex)가 일어나 안검을 닫는다. 안검의 내면은 결막(conjunctiva)로 덮여, 혈관이 표면 가까이를 달리고 있기 때문에 황달 등의 질병 진단에 유용하다.

각막 혹은 결막의 자극에 의해 일어나는 안검 폐쇠는 각막반사(corneal reflex)라 부른다. 각막의 표면은 누막이라 불리는 3층의 막으로 덮여져, 최내층은 mucin, 중간층은 누선(lacrimal gland)분비물, 최외층은 유성의 층이다. 눈물(tear)은 각막을 씻어낸 후 비강으로 들어간다. 가축에는 각막의 내측을 따라 연골을 포함한 결막의 주름인 제 3안검(third eyelid, 또는 순막, nictitating membrane)이 있어 닭이나 개에서 잘 발달해 있고 각막의 보호나 눈물의 분비를 행하고 있다.

2. 눈의 원근조절

수정체는 이를 우산 모양으로 둘러싸는 모양체와 모양체에 연결되는 모양소체로 보정되고 있다. 모양체에 포함되는 모양체근이 이완하고 있을 때, 모양소체는 감겨 매어져 있고, 수정체는 곡률(굽어진 정도)가 작고 편평한 모양을 하고 있다. 이 상태의 눈에 평행광선이 들어오면, 물체의 상(像)은 망막상에 초점을 맺는 것이 가능하다(그림 13 · 3, A). 그러나 물체가 보다 가깝게 되면 상은 망막외에 맺혀져 불선명하게 된다(그림 13 · 3, B). 이 경우 모양체근은 수축하고 모양체의 양끝을 접근시키기 때문에 모양소체는 이완한다. 그 결과 수정체는 스스로의 탄성으로 곡률이 큰 볼록 렌즈가 되어, 올바르게 망막상에 상을 맺게 된다(그림 13 · 3, C). 이간이 수정체의 곡률을 변화시켜 망막상에 상을 맺게 하는 것을 원근조절(accommodation)이라 한다. 원근조절에 관여하는 근은 모양체중 부교감신경의 수상근이다.

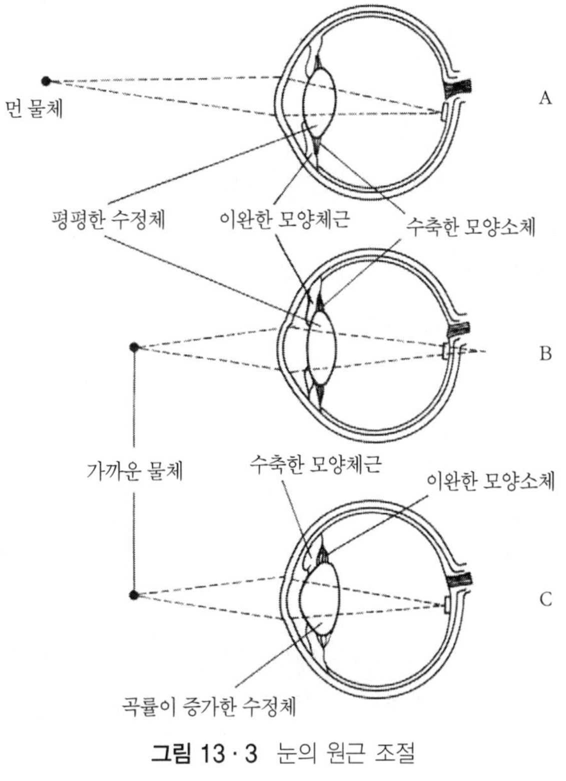

그림 13 · 3 눈의 원근 조절

사진기에서는 렌즈와 필름사이의 거리를 바꾸는 것에 의해 원근조절을 행하고 있지만, 양서류나 어류 등에서는 사진기와 같은 원리로 수정체와 망막간의 거리를 바꾸어 조절이 행해지고 있다. 말의 안구는 구형이 아닌 평평한 망막(ramp retina)을 갖고 있어, 먼 곳의 물체를 볼 때는 망막상에 초점이 맺혀지지만, 가까운 물체를 볼 때는 빛을 아랫방향으로부터 유입시켜 수정체에서 떨어진 부위의 망막에 명료한 상을 맺는다고 한다.

3. 동공반사

동공에 들어간 광량은 서로 길항하는 2개의 평활근에 의해 조절되고 있다(p 296). 강한 빛이 눈에 들어오면 동공이 수축하고, 약한 빛에서는 동공을 확대하는 반사를 대광반사(pupillary light reflex)라 한다. 이 경우 한쪽의 눈에 빛이 들어오는 것만으로 다른 눈에도 같은 반사가 일어나는 것을 공감성 동공반사(consensual pupillary reflex)라 한다.

4. 시각의 화학

1) 망막의 구조

간상체(rod)와 추상체(cone)는 각각 외절과 내절로 된다. 외절은 얇은 편평한 원판이 중첩된 층상구조를 하고 있고, 각 원판의 표면에는 감광세색소의 분자가 함유되어 있다. 내절은 mitochondria가 풍부하고, 외절과는 결합선모에 연결되고, 다른 끝은 연장되어 종족(終足)이 되고 쌍극세포나 수편세포의 돌기와 synapse를 만든다(그림 13 · 4). 쌍극세포의 축색은 신경절 세포와 synapse 연락을 하고, 수평세포는 시세포간을, 또한 무축색세포(amacrine cell)는 신경절세포간을 연결, 망막중에서 정보를 횡으로 연락하는 기능을 갖고 있다(그림 13 · 2(A)).

간상체는 얇은 주상을 하고 있고, 추상체는 선단이 뾰족한 flask상이다. 간상체는 추상체에 비하여 광감수성이 높은 반면, 색에 대한 반응성은 작다. 시신경원반에서 약간 떨어진 부분에 황색의 색소를 포함한 황반이라는 부분이 있고, 그 중앙을 중심와(fovea entralis)라 한다. 추상체는 중심와에 밀도 높게 존재하고, 추상체에 연결되는 세포는 옆으로 밀려 있기 때문에 광선은 직접 추상체에 달하여 선명한 상을 만들 수 있다. 사람이나 가금에는 중심와가 있지만 포유류 가축에는 없고, 기능이 유사한 중심야(area centralis)가 존재한다. 중심야의 형상은 원형(개, 면양 등) 또는 횡선상(말, 소, 괘지 등)이다(그림 13 · 2(B)).

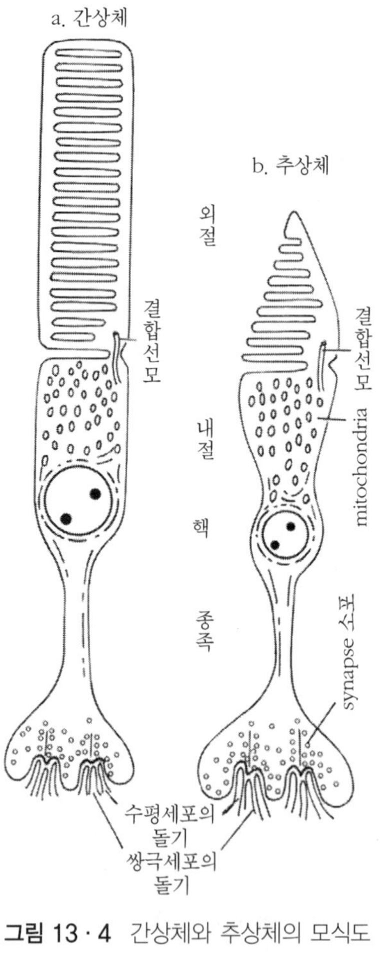

그림 13 · 4 간상체와 추상체의 모식도
(山本 · 岩間, 標準生理學 I)

2) 광화학 반응

빛은 망막을 구성하는 세포층을 통과하여 시세포층에 달한다. 맥락막에 접하는 최외층은 색소상피층이고, 시세포에 의해 흡수되지 않은 광을 흡수하여 그 분산을 방지하고 있다. 이 층은 맥락막에서 망막으로서의 영양 공급의 중개를 하고, 또한 감광색소(視物質)의 공급원이라 생각되고 있다.

간상체에는 rhodopsin(시홍, visual purple)라 하는 시물질이 함유되어 있다. rhodopsin은 opsin이라는 지질단백질(분자량, 4만)로 비타민 A_1의 aldehyde인 $retinene_1$이 발색단으로서 결합한 것이다.

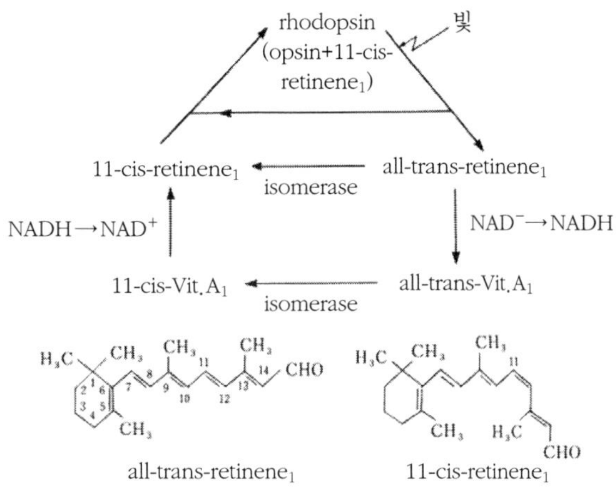

그림 13 · 5 rhodopsin의 합성과 분해

빛이 조사되면 rhodopsin은 분해하여 11-cis형이었던 $retinene_1$이 all-trans형으로 바뀐다. All-trans형 $retinene_1$과 opsin의 결합은 불안정하여 즉시 분해한다. Opsin에서 $retinene_1$이 분리하면 opsin의 입체구조가 바뀌고, 그 결과 시세포에 수용기전위가 발생하고 그 inpulse가 뇌에 전달된다(그림 13 · 5). All-trans형 $retinene_1$은 isomerase에 의해 cis형 $retinene_1$으로 되어 opsin과 결합하여 rhodopsin을 재합성한다. $Retinene_1$중 약간의 것은 비타민 A_1으로 환원되어 rhodopsin의 재합성에 이용된다. 빛은 retinene의 형을 all-trans형으로 바꾸는 것만으로 다른 반응은 자연적으로 진행된다.

담수어의 간상체의 시물질에는 비타민 A_2의 산화물질인 $retinene_2$가 함유되어 있다.

추상체의 시물질로서는 닭의 망막에서 분리된 iodopsin이 있다. Rhodopsin과 같이 레치넨$_1$을 함유하지만 결합하는 단백질이 다르다. 다른 가축의 망막에서 추상체의 시물질은 추출하는 시도는 아직 성공하고 있지 않다.

3) 명암 순응

간상체는 빛에 대한 역치가 낮아 암소시(暗所視, scotopic vision)로 작용, 색각(色覺)에는 관계하지 않지만, 추상체에는 역치가 높아 명소시(明所視, photopic vision)에 관여, 색각에 관계한다. 이 같이 망막의 기능은 간상체와 추상체에 의해 2원적으로 영위된다고 하는 개념을 이원설(二元說)이라 한다.

동물이 밝은 곳에 처해지면 rhodopsin은 opsin과 retinene으로 변화, 시물질량이 감소하기 때문에 망막의 빛에 대한 감수성은 저하한다. 이 상태를 명순응(light adaptation)이라 한다. 이때 동공도 축소하여, 눈에 들어오는 광량을 감소시킨다. 한편 동물은 밝은 곳에서 어두운 곳으로 옮기든가, 혹은 차차 어둡게 되는 경우, 망막의 rhodopsin이 증가하고, 시물질량이 증가하기 때문에 매우 낮은 광도를 감지할 수 있도록 된다. 이 상태를 암순응(dark adaptation)이라 한다.

5. 망막의 전기현상

1) 수용 전위

감각기의 수용세포가 자극되면 수용기 전위(receptor potential)가 발생한다. 시세포의 정지막 전위는 −30mV 정도이지만, 빛을 조사하면 그 부위에 과분극성 수용기 전위가 발생한다. 통상의 감각기나 무척추동물의 시세포의 수용기 전위는 탈분극성이지만, 척추동물의 시세포에 과분극성의 수용기 전위가 발생하는 것은 특이한 현상이다. 발생한 수용기 전위의 형태는 간상체나 추상체에서 거의 같지만, 간상체 쪽이 훨씬 감수성이 높다.

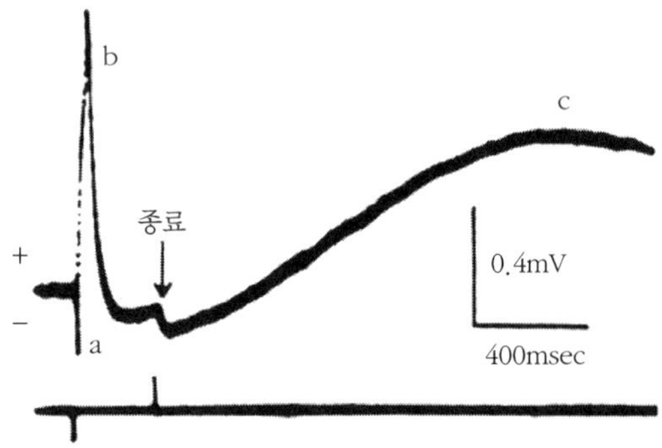

그림 13 · 6 망막전도의 일례(고양이)
초자체내에 있어서 전극으로 기록하였다. 양성의 진동을 위로 향해 나타내었다. 자극의 개시와 종료는 선에 수직선으로 나타내었다. (松田등, 醫學生理學展望)

시세포막에는 Na^+ channel이 존재하고, 어두운 곳에서는 동일하게 세포내에 존재하는 cGMP(cyclic guanosine monophosphate)가 Na^+ channel로 작용하여 이를 개방상태로 유지하고 있다. Na^+는 세포내외의 농도차 및 전위차에 따라 세포내로 유입하고 탈분극된 상태로 되어 있다. 빛을 조사하면 rhodopsin의 분해에 의해 탈인산화 효소가 활성화 하여 cGMP를 환원하여 Na^+ channel을 닫기 때문에 Na^+의 투과성이 저하하여 과분극 상태를 초래한다. 그 결과 synapse 전달물질의 방출 감소가 일어나고, 시세포에 synapse 결합하는 쌍극세포 등의 반응이 차례로 연속하여 최종적으로 신경절세포에서의 inpulse가 되어 시신경을 통해 뇌에 보내져 처리된다.

망막전위 : 각막과 눈의 근처에 전극을 두고, 눈에 빛을 비추면 일련의 복잡한 전위 변동을 얻을 수 있다. 이를 기록한 것을 망막전도(electio retinogram, ERG)라 한다(그림 13 · 6). 망막전도는 세 개의 파로 되어 a파는 시세포와 시물질의 활성화에 유래하는 것이고, b파는 주로 쌍극세포의 반응에 대응하고, c파는 색소상피의 활동에 기인하는 것으로 생각되고 있다. 명순응, 암순응을 한 눈을 이용한 경우에 ERG는 각각 다른 형태의 파형을 나타낸다.

2) 색 각

적, 록, 청의 빛을 적당한 비율로 혼합하면, 모든 색이 얻어지기 때문에 3원색이라 한다. 영장류에는 상기 3종의 광색을 각각 흡수하는 3종의 추상체 감광물질이 존재하여 각각의 추상체는 그 1종만을 함유하고 있는 것이 알려져 있다. 색각(color vision)은 각각의 추상체가 여러 비율로 자극되는 것에 의해 발생한다는 설을 Young-Helmholtz의 3색설(trichromatic theory)라 한다.

그러나 많은 포유류는 단파장 및 장파장의 색에 감도 높은 2종의 감광물질 밖에 갖고 있지 않기 때문에 가축이 어떠한 색각을 갖고 있는가에 대해서는 여러 논의가 있다. 한편, 조류, 파충류, 어류 등은 색각을 갖는다고 하지만, 사람과 반드시 동일한 것은 아니다.

6. 시각전도로

망막에서 처리된 시각정보는 시신경을 통해 대뇌피질로 보내져, 재처리되어 시각상을 생기게 한다. 망막의 외측(귀측)에서 온 신경절세포의 축색은 시신경이 되어 시(신경)교차(optic chiasm)에서 교차하지 않고, 시색을 통해 외측 슬상체에서 synapse를 바꾸어 같은 쪽으로 진행한다. 한편, 망막내측(코측)에서의 신경섬유는 시교차의 곳에서 교차하여 반대 측으로 이동 똑같이 외측 슬상체에서 synapse를 바꾼다. 교차성과 비교차성의 섬유는 서로 섞이는 경우는 없다(그림 13 · 7).

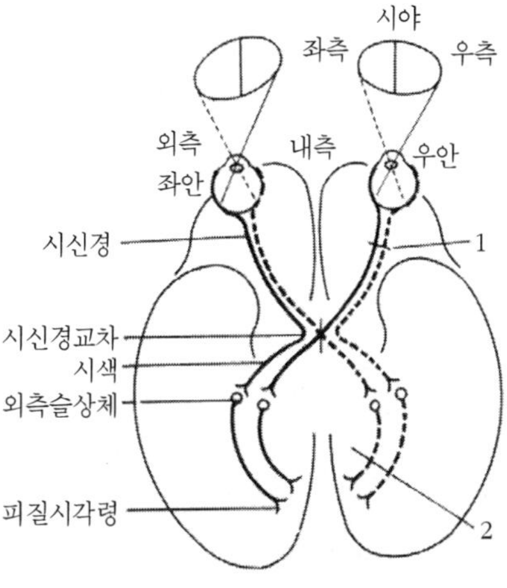

그림 13 · 7 시각전도로

1 또는 2의 부위에서 경로가 상해를 받으면 각각 다른 시야의 결손을 초래한다.

시신경에 함유되는 섬유의 수는 동물에 따라 달라, 사람에서 100만개, 고양이에서 20만개, 쥐에서 10만개 정도라고 한다. 시신경교차에서 교차하는 섬유의 수의 비율도, 동물의 종류에 따라 크게 다르다. 양안시(兩眼視)를 행하여, 시야의 중첩이 많은 동물일수록 비교차성 섬유가 많게 된다. 그러나 어류, 양서류, 조류 등 눈이 머리의 옆에 있어서 각각의 눈의 시야가 독립하고 있는 동물에서는 양안으로 부터의 시신경은 완전하게 교차해 있다.

각각의 눈에서 보이는 외계의 범위를 시야(visual field)라 한다. 시야는 볼록렌즈로 되어 있는 수정체에 의해서 상하와 좌우가 반대로 되어 망막상에 투사된다. 시야 오른쪽 반은 각각의 눈의 왼쪽 반에 대응하여, 각각의 시신경을 거쳐 시교차에 달하고 이어 좌의 시색을 거쳐 왼쪽의 외측 슬상체에 투사되고, 이어 왼쪽의 대뇌피질 시각영역에 간다. 같은 관계로 시야의 왼쪽 반은 오른쪽의 피질 시각영역에 대응하게 된다.

따라서 시각전달로의 일부가 손상되는 것에 생기는 시야의 결손은 상해 부위에 따라 다르다. 그림 13 · 7의 1이 상해를 받으면 오른쪽 눈의 시야가, 2에서는 양쪽 눈에서 좌측시야가 소실되게 된다.

Ⅲ. 청각과 평형감각

청각(audition, hearing)는 음파(sound wave)에 대한 감각으로 그 수용기는 귀에 존재 한다. 귀는 또한 평형감각을 유지하는 수용기를 갖고 있다. 포유류는 2개의 귀를 갖고 그 주요 부분은 측두골 암양부(側頭骨 岩樣部) 중에 존재 한다.

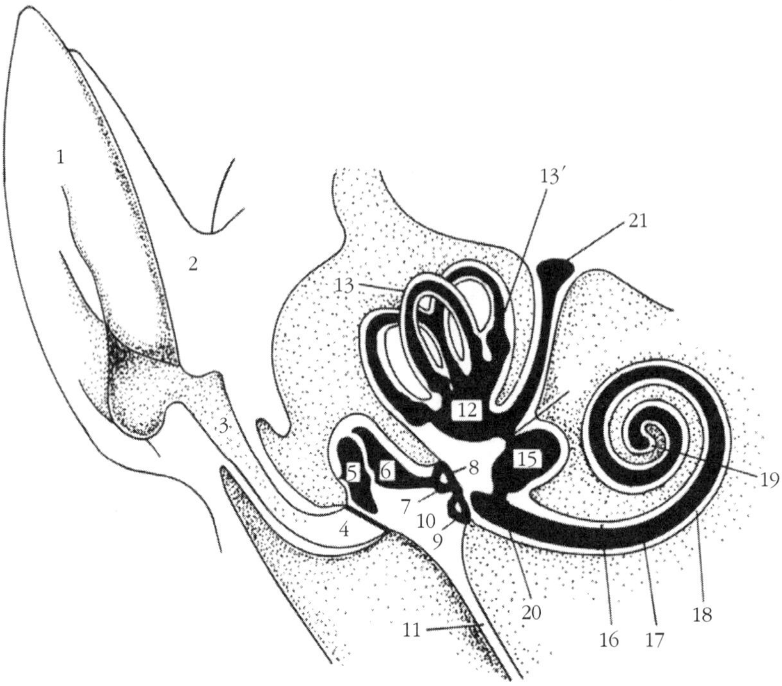

그림 13 · 8 귀의 구조(모식도)

외이 1: 이개 2: 이개연골 3: 외이도 4: 고막
중이 5: malleus 6: incus 7: stapes 8: 전정창 9: 달팽이창 10: 고실 11: 이관
내이 12: 난형낭 13: 반규관 13′: 팽대부 14: 원낭관 15: 반규관 16: 전정계 17: 달팽이관 18: 고실계 19: 달팽이공
20: 결합관 21: 내림프관(내이의 흑색부분은 막미로로 내림프를 포함한다)

(Bone, Animal Anatomy and Physiology)

1. 귀의 구조

귀(ear)는 외이(外耳, external ear), 중이(中耳, middle ear) 및 내이(內耳, inner ear)로 되어 있다(그림 13 · 8). 이개는 외이의 체외부분에서 누두상의 피부와 연골로부터 되고, 동물에 따라 차이가 있지만, 이개근에 의해 여러 방향으로 움직일 수 있다. 외이도는 이개에 이어져 있고, 이구(귀밥)를 만드는 분비선을 갖고 있다. 외이도의 말단에는 고막(tympanic mevnbrane, ear drum)이 있고, 전내방으로 기울어져 붙어, 중이와의 경계를 이루고 있다.

중이는 외이와는 고막에 의해서, 또는 내의와는 전정창(난원창)과 달팽이창(정원창)에 의해 구획되어, 곡실(tympanic cavity)을 형성하고 있다. 고실에는 3개의 이소골(malleus(추골), 침골(incus), 등골(stapes)이 있고 서로 연락하고 있고, 고막에 달한 음진동을 내이로 전달하고 또한 증폭한다. 중이의 한쪽에는 이관(auditory tube, eustachian tube)이 있고, 인두와 통해 있다. 통상 막혀있지만, 연하, 하품 등에 의해 열리고, 중이의 압을 외이 압과 같게 유지할 수 있다.

내이(內耳)는 복잡한 구조를 하고 있기 때문에 미로(labyrinth)라 한다. 미로는 막미로(membranous labyrinth)와 골미로(osseous labyrinth)로 되어 있다. 골미로는 막미로와 거의 같은 형태이지만, 조금 크고 외측으로부터 막미로를 싸고 있는 형상을 하고 있다. 골미로내는 외림프(perilymph)로 채워져 있다. 마김로는 일련의 막성구조물이어서, 그 내부는 내림프(endohymph)로 채워져 있다. 내림프와 외림프가 서로 교류하지는 않는다. 막미로의 중앙부(前庭)에는 난형낭과 구형낭이 있어 양자는 연낭관으로 서로 연락하고 있다.

난형낭과 반규관의 내벽의 일부분은 비후하여 평형반으로 되어 지지세포와 유모세포가 점막상피를 형성한다. 이 상피는 젤라틴성 물질로 된 평형사막으로 덮여져 막중에는 탄산석회와 인산석회로 된 평형사(statoconia, 또는 이석, otolith)가 포함되어 있다. 유모세포에는 전정신경의 말단이 분포해 있고, 평형감각 수용세포로서 기능하고 있다(그림 13 · 9).

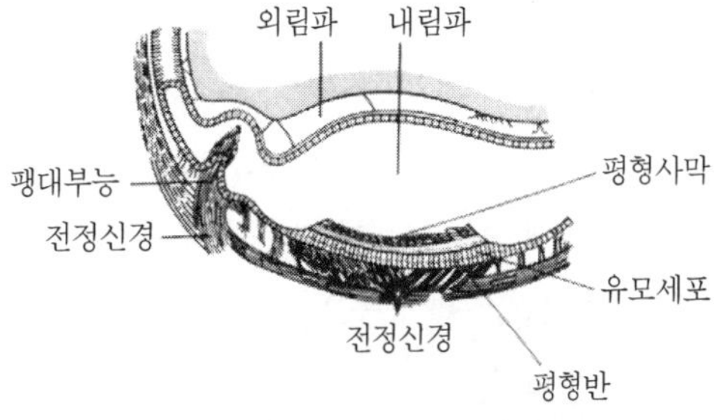

그림 13 · 9 평형반과 팽대부능

(鈴木 등, 大學課程의 生理學)

난형낭은 반원상의 막관인 반규관(sem-circular canal)에 연결된다. 반규관은 3개 있고, 서로 직각이 되도록 위치하고 있다. 난형낭과 반규관의 연락부에는 팽대부가 있어, 그 내막은 현저하게 융기하여 팽대부능으로 된다. 이능은 평형반의 상피와 비슷한 감각상피를 갖추고 있어, 키가 크고, 털이 긴 유모세포가 존재하고 있다. 여기에 평형반과 같이 전정신경이 분포해 있고, 평형감각 수송기로 되어 있다.

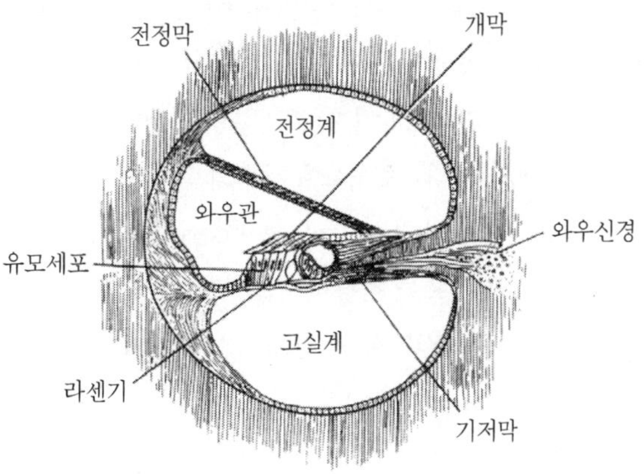

그림 13 · 10 와우의 횡단면(모식도)

(Houssay, Human physiology)

와우(달팽이, cochlea)는 소용돌이상의 폐관으로 가축에 따라 각각 조금씩 형상이 다르며, 회전수도 면양, 산양이 2 · 1/2, 말이 2 · 1/2, 개가 3, 소가 3 · 1/2, 돼지가 4이다. 닭에서는 회전이 없이 직선상이다. 달팽이는 청각기로 그 횡단면은 3단으로 나뉘어져 있고, 상부로부터 전정계, 와우관(달팽이관, cochlear duct, 또는 중앙계), 고실계로 되어 있다(그림 13 · 10). 전정계는 전정창에서 끝나 stapes(등골) 밑으로 덮여 있다. 와우관은 구형낭이 고도로 분화된 것으로 전정계와는 전정막으로, 고실계와는 기저막으로 나뉘어 지고 또한 구형낭과는 결합관에 연결되어 있다. 기저막 위에는 청수용기인 라센기(organ of corti)가 있고, 청수용 세포인 유모세포(hair cell)을 갖추고 있다. 고실계는 얇은 탄성막으로 덮여져 있는 달팽이창에서 끝나고, 중이와 구분되어 진다. 전정계와 고실계는 외림프에 잠겨져, 달팽이정에 있는 달팽이공에서 양자는 통하고 있다. 한편 달팽이관은 내림프로 채워져 있다.

2. 귀의 기능

1) 청각 mechanism

이개는 그 형상으로 부터 집음기로서 작용하며 또한 그 가동성으로부터 음원의 탐지기로서도 작용하고 있다. 음파가 고막에 달하면 고막을 내측 및 외측으로 진동시킨다. 음파가 중지됨과 동시에 고막의 진동도 정지된다. 고막에는 추골(malleus) 병이 부착되어 있어 그 골두부는 침골(incus)과 관절을 만들고 침골(incus)는 이어 등골(stapes)두와 관절을 만든다. 등골 밑은 전정창에 끼워져 있다. 이 3소골은 일체가 되어 작동하고, 지레대의 역할을 하고 있다. 고막으로 전달된 압력은 이 지렛대의 작용에 의해 증강되어 전정창에 가해지지만, 고막의 면적보다 전정창의 면적이 작기 때문에 압력은 더욱 증폭되어 결과적으로 20배 전후가 되어 전정창을 거쳐 내이로 전달된다.

고막에서 이소골을 거쳐 음파가 내이로 전달되는 경우를 이소골 전달(ossicular conduction)이라 하고, 두개골에 직접 가해진 진동이 내이로 전달되는 경우를 골전도(bone conduction)라 한다.

전장창에 전달된 진동은 전정계안의 외림프를 거쳐 달팽이관에서 고실계로 전해지고, 달팽이창에 달하여 압력이 소실된다. 이사이 외림프의 진동은 와우관에 있는 기저막을 진동시켜 그위에 있는 라센기(corti 기관)로 전달된다. 라센기 위의 유모세포의 선단에 있는 털은 막의 아랫면에 매몰 고정되어 있기 때문에 라센기의 진동은 유모세포의 털에 비뚤어짐을 부여, 흥분을 일으킨다.

기저막을 음자극에 의해 진동시키면, 진행파가 발생 달팽이정부로 향한다. 진행파는 고음에서는 달팽이저부(달팽이창에 가까운 부분)에 국한되어, 저음에서는 달팽이정부에 달하여 각각의 부위의 기저막을 최대로 진동시킨다. 그 결과, 편위부의 라센기의 유모세포가 자극되어 흥분이 달팽이 신경에 전달되어 음의 수용이 행해진다. 즉 어느 주파수의 음은 달팽이의 어느 특정부위의 유모세포를 자극하는 것이 되기 때문에 이를 음수용의 장소설(place theory)이라 한다.

달팽이의 표면 또는 전정개나 고실개의 내부로 부터는 음자극에 따라 자극파형과 매우 비슷한 전위변동이 도출된다. 다수의 유모세포로 부터 발생한 수용기 전위가 집합한 것으로 달팽이 microphone 전위(cochlear microphonics)라 한다. 이전위의 특징은 잠시(潛時)가 거의 없고, 불응기가 없고, 피로하기 어렵고, 한랭, 마취, 허혈 등에 대한 저항이 높고, 진폭이 자극의 강도에 비례하는 등, 활동전위와는 전혀 다른 것이다. Microphone전위는 달팽이저부에서 고음, 저음의 어느 것으로도 발생하지만, 달팽이정부에서는 저음에 대해서만 발생한다.

한편, 달팽이신경의 순음자극에 대한 반응(그림 13 · 11)은 음의 강도가 크면 주파수의 넓은 범위에 걸쳐 응답하지만, 음의 강도가 작아짐에 따라 응답하는 주파수의 범위가 좁게 되어 역자극에서는 특정의 주파수(특징주파수, characteristic frequency)의 음밖에 응답하지 않는다(그림에서 7Hz부근). 자극음의 주파수가 특징 주파수보다 높거나, 낮아도 자극 역치는 상승하지만, 높은 경우에 뚜렷하게 나타난다(그림의 점선 경사가 급하다). 달팽이 각부에서 단일 달팽이 신경섬유의 반응성을 조사하면, 달팽이저부에서는 고음부터 저음에 걸쳐 넓은 범위에서 응답하지만, 달팽이 저부에서는 저음밖에 응답하지 않는다. 이 현상은 microphone 전위와 함께 수용장소설을 뒤집는 것이다.

달팽이신경의 흥분은 내이신경(VIII뇌신경)에 전달 대뇌피질 청각령에 이른다.

음에는 몇 개의 성질이 있다. 음의 크기(loudness) 또는 강도는 음파(외계에 일어난 파동을 말한다. 수중도 포함하지만, 일반적으로 공기의 파동을 가리킨다)의 진폭과 관계하고, 음의 높이(pitch) 또는 조사는 음파의 주파수(진동수)와 관계한다. 또한 음색(timbre) 또는 음질(quality)은 기본음과 이것과 조화관계에 있는 진동수의 음으로 구성되어 있다.

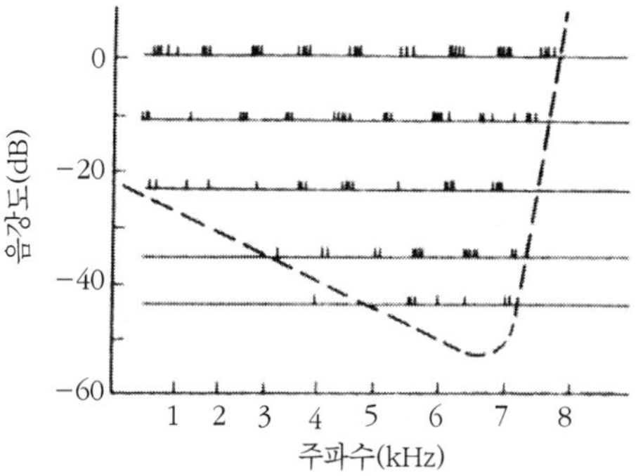

그림 13 · 11 단일 달팽이신경섬유의 음의 강도와 주파수에 대한 응답야

점선은 역치를 연결하는 선 (田崎 등, 生理學通論 II)

음의 강도를 나타내는 단위로서 bel이 이용된다. Bel은 기준음의 강도에 대한 피검자의 강도의 비율의 대수로 표현된다. 또한 음의 강도은 음파의 압력의 제곱에 비례하기 때문에

$$\text{bel} = 2\log \frac{\text{피검자의 압력}}{\text{기준자의 압력}}$$

1decibel(dB)는 0.1bel(B)이다. 사람이 들을 수 있는 음의 강도의 역치는 주파수에 따라 다르지만, 1,000~3,000Hz의 범위에서는 0.0002dyne/cm^2이다. 이 값이 기준음의 압력으로서 이용된다. 주파수가 달라지면 음압이 같더라도 감각으로서 음의 크기는 달라진다. 일본에서 이용되고 있는 소음등의 크기를 나타내는 phone은 청감 보정회로를 갖는 소음계의 측정치의 단위이다.

동물이 들을 수 있는 주파수의 범위는 동물에 따라 크게 다르다. 또한 동물은 자신이 들을 수 없는 주파수의 음은 내지 않는다는 것을 알 수 있다(표 13 · 2). 가축의 청각 기능에 관해서는 비교적 연구가 많지 않다. 소의 최소 가청역치(가청 주파수중 가장 작은 음을 들을 수 있는 주파수)는 8,000Hz, 면양 7,000Hz부근에 있다고 한다. 조류에서는 종에 따라 2,000~6,000Hz로 차이가 있지만 2,000~3,000Hz부근의 값이 많다. 가축의 발생음은 개체간의 정보전달의 수단으로서 중요하다. 소, 면양, 말, 돼지, 닭에 비하여 각종

표 13 · 2 각종동물의 가청 및 발생음의 주파수(Hz)

동물	개	소	고양이	박쥐	돌고래
가청주파수	15~50,000	20~20,000	60~6,500	1,000~120,000	150~150,000
발생음의 주파수	452~1,080	85~1,100	760~1,520	10,000~130,000	7,000~120,000

(田崎 등, 生理學通論 II)

조건하에서 발생음의 분석이나 행동으로 부터 정보의 내용을 알고, 또한 각종 음을 이용하여 동물의 반응이나 행동을 제어하려고 하는 시도가 이루어지고 있다.

2) 평형감각 mechanism

전신의 위치, 운동에 관한 감각을 평형감각(equilibrium sensation)이라 한다. 여기에는 시각, 근, 건, 관절에 있는 심부감각, 피부감각도 관여하고 있지만 내이에 있어서 감각이 가장 중요하다.

평행만상(그림 13 · 9)에 있는 평행사는 이를 적시고 있는 내림파보다 무겁고, 끊임없이 평형반에 압력을 주어, 전정신경으로 부터 impulse의 발사을 행하게 하고 있다. 만일 머리의 위치가 바뀌어 어느 방향으로 기울어지면, 압력의 방향도 바뀌어 유모세포를 자극하여 impulse 발사의 양상을 바꾼다. 머리가 상하로 움직이면, 압력의 증감, 측방운동에서는 압력의 방향 변화가 있지만, 평형반은 운동의 가속도에 대하여 반응하기 때문에 직진 운동에서는 속도가 일정하게 되면 자극 효과가 없어진다.

반규관 중의 내림파는 머리를 회전시키면 관성 때문에 머리의 회전 방향과는 반대로 흘러 팽대부능의 감각상피중의 유모세포를 굽혀서 자극을 준다. 회전이 일정속도에 달하면, 내림파도 동일 속도로 흐르기 때문에 유모세포는 정규의 위치로 돌아오지만, 회전이 정지하면 림파는 그대로의 방향으로 흘러, 유모세포를 자극한다. 발생한 흥분은 중추신경계(網樣体)에 보내져, 반사적으로 운동신경을 통해 몸의 평형을 유지한다. 속도의 변화가 클 때, 또한 회전운동 정지 후에 반규관은 강하게 자극되어, 현기증, 구토, 안구의 요동이 일어날 수 있다. 반규관은 서로 교차하는 3개의 평면내에 있기 때문에 어느 방향으로 머리가 회전하여도 자극은 일어날 수 있다. 내이에 있는 평형감각의 수용기를 파괴하면 동물은 직진운동을 할 수 없게 되고, 회전운동을 행하게 된다.

Ⅳ. 후 각

후각(smell, olfaction)은 동물의 섭식, 개체인식, 성행동 등 종족보존을 위한 모든 행동을 규정하는 중요한 본능적 감각이다. 후각과 미각은 어느 것이나 과학적 물질을 특수하게 분화한 수용기에서 자극으로서 수용하기 때문에 화학감각(chemical sensation)이라고 부른다.

감각은 기화한 화학물질이 직접 수용기에 자극되는 것이 아니라, 최종적으로는 비점막에서 분비된 점액 중에 녹은 후에 자극된다.

1. 비강의 구조

비강은 외비공에서 외계와 통하고, 후방에서는 후비공에 의해서 인두, 후두에 연결된다. 비강의 내부는 점막으로 덮여진 비골에 의해 배, 중, 복비도로 나뉘고, 이들은 모여 총비도가 된다. 후기능을 나타내는 후부는 배비도 후부, 중비갑개 및 그 부근의 비중격벽을 포함한 비강후부의 작은 범위를 점하고 있다(그림 13 · 12). 후부의 색조는 동물에 따라 다르며, 말, 소에서는 황색, 돼지에서는 갈색, 개에서는 회색이다. 후부의 점막은 후상피(olfactory epithelium)라고 부르고, 현저하게 두껍다. 후상피(그림 13 · 13)는 지지세포(supporting cell)과 후세포(olfactory cell) 및 기저세포(basal cell)로 이루어진다. 지지세포는 원통상으로, mitochondria가 풍부하고, 황갈색의 과립을 함유한다. 또한 점막면에는 다수의 미융모를 갖는다. 후세포는 양끝이 현저하게 긴 쌍극신경세포이고, 점막면은 수상돌기로서 팽융하여 후소포(olfactory vesicle)가 된다. 후소포의 표면으로부터는 수개의 긴 후선모(olfactory cilia)가 방사상으로 돌출하여 있다(그림 13 · 14). 다른 끝의 돌기는 가늘고 무수신경으로 되어 다른 후세포로부터의 신경과 작은 다발을 만들어 대뇌저에 있는 후구에 달한다. 기저세포는 분화하여 후세포가 된다고 한다. 점막고유층중에는 후선(olfactory gland 혹은 Bowman's gland)라 불리는 다수의 소선이 존재하고 있고, 도관이 상피표면에 개구하고, 점액을 분비하여 후점막면을 축축하게 한다. 후선모는 이 점액중에 존재하여 점액에 녹은 화학물질을 감지한다. 동물에 따라 후상피의 구조는 다소 달라, 개에서는 후세포가 길고, 후선모는 미융모와 교차하고 있다.

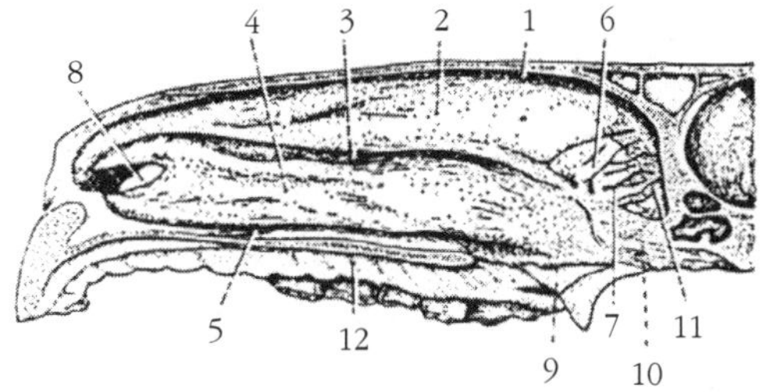

그림 13 · 12 말의 비강 종단(비중격을 제외한 후측 비강)

1: 배비도	2: 배비갑개	3: 중비도	4: 복비갑개
5: 복비도	6: 중비갑개	7: 사골도	8: 외비공
9: 후비공	10: 인두	11: 비점막후부	12: 경구개

(加藤 · 山內, 家畜比較解剖圖說)

후구에 달한 후세포의 축색은 승모세포(mitral cell)라 불리는 신경세포와 synapse를 만들어 후사구체(olfactory glomerulus)가 된다. 승모세포의 섬유는 게다가 후색을 통해 대뇌로 들어가 변연피질에서 끝난다.

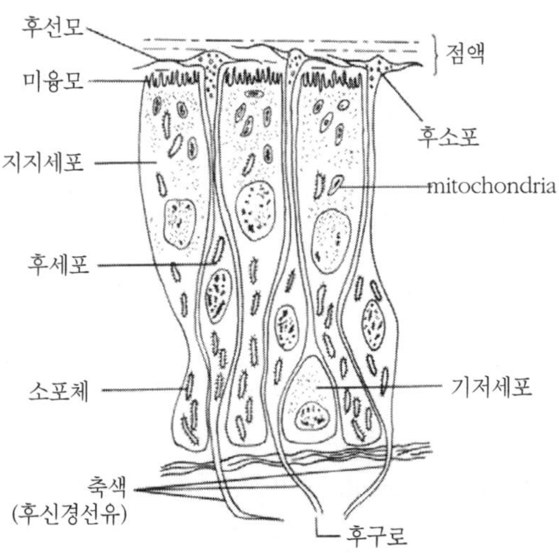

그림 13 · 13 후상피의 구조

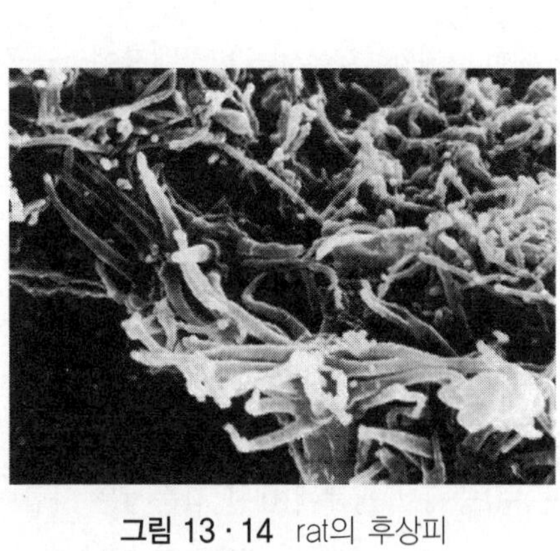

그림 13 · 14 rat의 후상피

후세포의 후소포에서 나온 후선모, 가는 모는 지지세포의 미융모(×26,000) (濱崎 (正))

2. 냄새의 수용

1) 후각의 전기현상

후상피에 전극을 대고 냄새 물질을 점막에 불어 넣으면, 점막표면이 표면에 대하여, 부가되는 완만한 전위를 발생한다는 것은 오래전부터 알려져 있다. 혹은 후신경으로부터 단일 spike를 도출할 수도 있다. 이들은 후세포에도 다른 감각세포와 같이 냄새 분자에 대한 수용기가 있어 양자의 결합에 의해 GTP(guanosine triphosphate), ATP, cAMP가 차례로 활성화 되어 막전위가 변화하는 것에 의한 것이라고 한다. 그러나 이들의 현상은 어느 것이나 냄새의 종류에 대해서 특이성이 있는 것이 아니어서, 냄새의 식별 mechanism에 대하여 유력한 단서가 되지는 않는다. 냄새의 식별은 후세포가 유향물질의 물리화학적 성질을 구별하는 것에 의해 행해지고 있는 것이 아니라, 상위의 후각 중추에 그 기구가 존재하고 있는 듯하다. 후구에는 냄새의 자극이 없는 상태에서도, 자발성의 전위변동이 일어나고 있다. 냄새자극을 주면, spike방전이 발생하고, 몇 개의 냄새에 대하여 그 정도가 다르다는 것이 알려져 있지만, 냄새 종류의 크기를 고려하면 충분한 설명으로는 될 수 없으며, 또한 상위의 중추와의 연관도 포함하여 연구해야 할 점이 많다.

적은 양의 냄새를 오랫동안 맡으면 결국에는 느끼지 못하게 된다. 이러한 후각계에서 일어나는 빠른 순응은 어느 특정한 냄새에 대해서만 일어나고, 다른 냄새에 대한 역치는 불변이다. 이 현상은 어느 후세포가 흥분하면 세포외 Ca^{2+}가 세포내로 침입하여 농도가 상승하고, 그 결과 세포의 반응성이 저하하는 것 뿐만아니라 후각의 고위 중추로부터의 후구로의 억제에 의해 후세포로 부터의 impulse를 받아들일 수 없게 되는 것에 의한 것으로 이해되고 있다.

2) 서비기(鋤鼻器)

양서류 이상의 동물에서, 비중강의 전부에 망관상의 구조가 있는 것이 있어, 서비기(vomeronasal organ, 또는 Jacobson기관)이라 한다. 그 개구는 동물에 따라 다르고, 설치목에서는 비강내 혹은 구강에 개구하여 있지만, 소에서는 비구개관에서 구강으로 개구하여 있다. 서비기의 내측면은 후세포와 유사한 세포로 덮여져(그림 13 · 15), 그 축색은 부후구에 투영하고 있다. 서비기는 특히 동물의 성행동에 관계가 있다는 것이 알려져 있다. 예로 mouse는 머리를 뇨(尿)에 접근, 뇨를 서비기 내로 흡수, 뇨중에 함유된 불휘발성분자를 수용기에 도달시켜, 발정물질의 유무를 감지한다. 이 행동은 또한 동물의 개체의 식별, 순위, 영양상태의 판별에도 유효하다고 한다.

3. 가축과 냄새에 대한 감수성

포유류중에서 냄새에 대한 감수성은 사람에서 낮지만(microsomatic), 가축에서는 잘 발달하여 있다(macrosomatic). 조류는 포유류와 같이 후각기관을 갖추고 있지만, 일반적으로 그 능력은 낮다고 한다. 그러나 예외도 있어 뉴질랜드에 서식하는 키위(kiwi)는 흙속의 지렁이를 포식할 수 있다고 한다. 흙속에

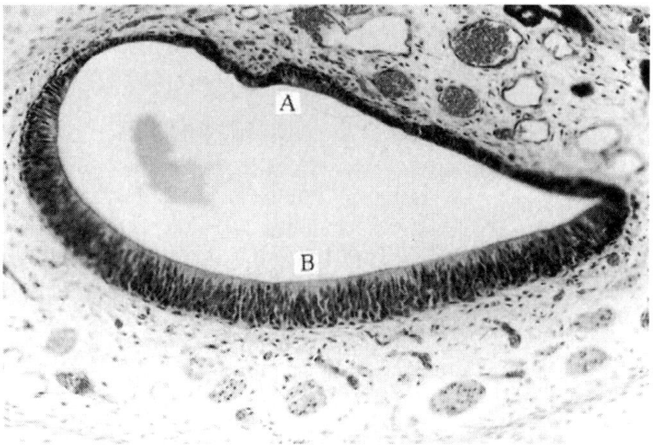

그림 13 · 15 고양이의 서비기 점막(×180)
A : 외측면은 호흡상피　　B : 내측면은 후상피로부터 된다
(濱崎 (正))

있는 물질을 냄새로 인식하는 능력은 돼지, 산양, 개에도 있다. 개는 후각이 뛰어난 동물로서 후상피의 면적은 사람의 50배나 된다. 초산을 예로 냄새를 느끼는 역치를 조사하면, 사람은 5×10^{13}분자/ml가 필요하지만, 개는 5×10^{5}분자/ml이고, 사람의 10^{8}배의 감도를 갖는다.

4. 냄새와 행동

동물은 종종 피부나 생식기에 있는 분비선이나 요도로 부터 pheromone을 방출하여 동종의 다른 개체의 후각을 통해 작용하여 특정의 행동을 유도하는 것이 알려지고 있다. Pheromone은 자신의 족적이나 세력권, 개체의 식별이나, 적과 아군의 판별에 이용되고, 또한 먹이의 존재 장소를 알기 위해 이용된다.

Pheromone의 개념은 원래, 곤충의 분야에서 인정된 것으로, 그리스어의 pherein(운반하다)와 hormone(흥분시킨다)으로부터 만든 합성어이다. Pheromone의 작용은 releaser효과와 primer효과로 대별된다. 전자는 중추신경계에 작용하여 직접적 행동을 변화시키지만, 후자는 생리적 변화를 일으키는 것에 의해 간접적으로 행동에 영향을 준다. Pheromone은 일반적으로 비교적 구조가 간단한 유기화합물로서 종 특이성이 높고, 극히 미량으로 작용한다.

집단 사육하여 비발정 상태에 있는 암컷 mouse중에 수컷을 넣으면, 3일후에는 발정이 동기화하고, 수컷과 교미를 한다. 이 경우는 수컷의 pheromone이 뇨중에 함유되어 있어 암컷의 gonadotropin의 합성과 분비가 이 pheromone에 의해 촉진된다는 것이 인정되고 있다. 이 현상은 발정기전의 자양군에 음양을 넣어 자양군의 난소주기의 개시를 촉진하거나 확실히 하거나하는 것에 이용된다. 또한 같은 현상이 돼지에서도 나타난다.

번식기에 있는 수산양은 강하고 특이한 냄새를 발산하지만, 그 성분은 4-ethyloctanoic acid, 4-eth-

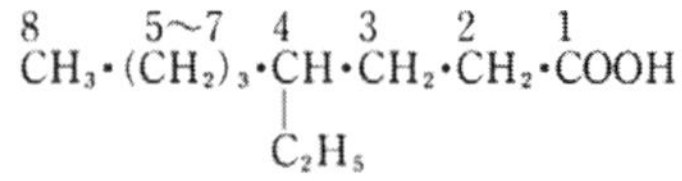

그림 13 · 16 4-ethyloctanoic acid

(성숙 웅산양 특이취의 주성분) (正木 등)

yldecanoic acid, 4-ethyldodecanoic acid, 4-ethytetradecanoic acid, 4-ethyhexadecanoic acid이다. 4-ethyoctanoic acid의 함유율은 적지만(1~2%), 가장 천연의 수산양 냄새에 가까운 것이라고 한다(그림 13 · 16).

이들 4-ethyl fatty acid는 수산양의 피지선에서 분비되어, 발정기의 암컷에 대하여 성페로몬으로서 효과를 나타내는 것으로 밝혀져 있다.

V. 미 각

미각(taste, gustation)은 화학감각의 하나로서 동물의 채식 시에 있어서 사료중의 유독물질의 유무, 영양물질의 과다. 혹은 기호성의 정도를 판단하는 중요한 감각이다.

1. 미각 수용기

미각 수용기는 포유류나 조류에 있어서는 미뢰(taste bud)에 있다. 미뢰의 대부분은 설표면에 있는 유두 중에 포함되어 있지만, 소수의 것은 구개, 인두 혹은 후두에도 존재한다. 그 수는 동물에 따라 다르며(표 13 · 3), 일반적으로 초식 포유류쪽이 육식보다 많다. 미뢰의 크기는 동물에 따라 다르지만 20-100㎛의 작은 기관으로 원형 혹은 타원형(그림 13 · 7(A, B))을 하고 있고 미세포(gustatory cell)와 기지세포로 구성되어 있다. 미세포의 선단에 가는 융모가 발생하여 있어 미뢰의 상피에 있는 미공(gustatory pore)에 이어져 있다. 모든 미물질은 용액으로서 미공을 통하여, 섬모를 거쳐 미세포를 자극한다. 미세포의 수명은 수백시간에 불과하여, 낡은 세포는 미뢰 주변에 생긴 새롭게 분화한 세포와 치환된다.

표 13 · 3 동물의 종류와 미뢰수

동물종	미뢰수/舌
소	35,000
돼지	15,000
산양	15,000
집토끼	17,000
산토끼	9,000
사람	9,000
닭	24

미세포에는 미신경이 분포하여 있고, 그 말단에는 과립이 다수 함유되어, 미세포의 형질막과의 사이에 15-30nm의 간극을 갖고 첩촉하고 있다. 이 구조는 마치 미신경섬유를 synapse 전요소로 하는 synapse의 구조와 비슷하다. 미세포에 분포한 신경은 모여져 미뢰저부의 기저막부근에서 신경총을 만들고, 이어 3개의 뇌신경을 통해 중추로 향한다. 혀 전부의 2/3 및 경개구의 미뢰에서 생긴 섬유는 고색신경을 거쳐 안면신경으로 들어간다. 또한 혀의 후부 1/3과 연개구에서 발생한 것은 설인신경에 들어간다. 한편, 인두, 후두에 있는 미뢰로 부터의 섬유는 미주신경으로 들어간다. 이들 3개의 뇌신경으로 부터의 섬유는 연수에

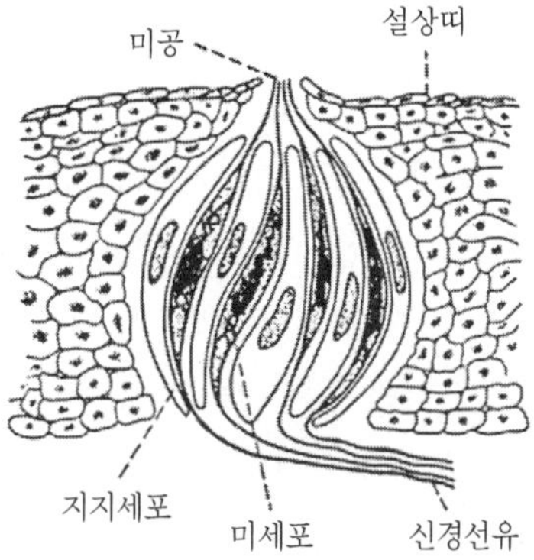

그림 13 · 17(A) 미뢰의 구조 그림
(星 · 林, 生理學)

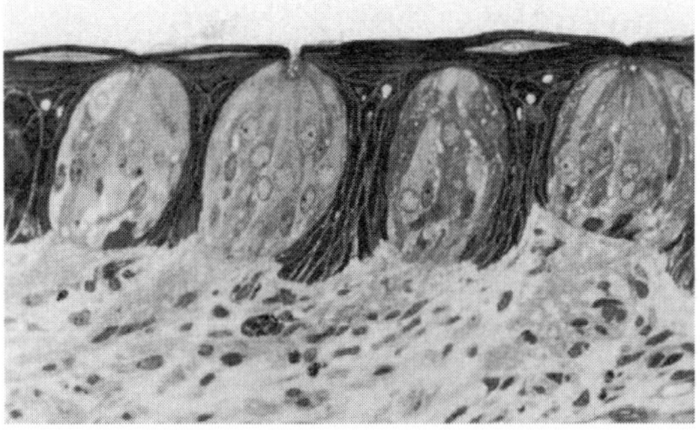

그림 13 · 17(B) 원숭이의 미뢰(×550)
(濱崎 (正))

들어가 연수내에서 고속을 만들고, 고속핵에서 끝난다. 여기에서 뉴런을 바꾸어 다음 뉴런은 상행하여 시상의 후내부 복측핵에 달한다. 게다가 제3차 뉴런은 대뇌피질의 미각령에 달한다. 미각령은 제1차 체성 감각야의 최하부 부근에 존재하고 있다.

2. 수용기 전위

미공으로부터 미소전극을 삽입하여 미세포의 전위를 측정하면, −30~−40mV정도의 정지전위가 얻어진다. 사람에서는 미물질로서 감(sweet), 산(acid, 혹은 sour), 염(salt), 고(bitter)의 4종을 기본 맛으로 하고, 각각 sucrose, 염산(혹은 구연산, 주석산), 식염 및 염산 quinine이 그 대표로서 선발되는 경우가 많다. 이들 물질을 미세포에 대면 수용기전위로서 농도와 함께 진폭이 크게 되는 정의 전위가 얻어진다(그림 13 · 18). Rat의 혀를 단백질 분해효소로 처리하면, 당(단맛)과 아미노산(좋은 맛)에 대한 전위변화는 소실하지만, 신맛, 짠맛, 쓴맛의 물질에 대해서는 영향이 없기 때문에 미세포막에는 당과 아미노산에 대해서는 수용단백질이 존재하고 있지만, 타물질은 막 표면의 적당한 부분에 흡착하는 것이라 생각되고 있다.

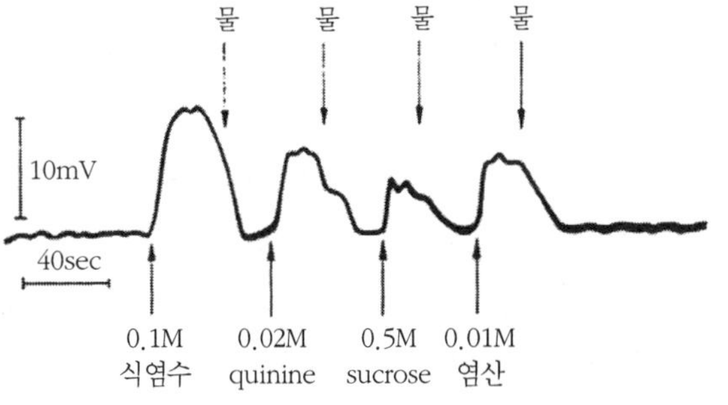

그림 13 · 12 미각 수용기 전위
(田崎 등, 生理學通論 II)

미물질에 의해 발생한 수용기 전위는 전기긴장적으로 synapse부위에 전파하여 Ca^{2+} channel을 활성화하고, 과립으로서 존재하고 있는 noradrenalin을 방출하여 미신경의 흥분을 일으킨다. 어떤 종의 동물(개구리, 원숭이, 토끼)에서는 증류수를 작용시켜도 미세포에 동일한 흥분이 나타난다.

3. 미신경의 응답

기본 맛이 감(sweet), 산(acid, 혹은 sour), 염(salt), 고(bitter)에 있다고 하면, 각각의 맛에 특이적으로 반응하는 신경이 존재한다고 생각된다. 맛을 감수하는 신경은 주로 고색신경과 설인신경이지만, 미뢰에 각종의 미자극을 주면, 이들의 신경간에서 분리한 단일 미신경섬유로부터 특유의 방전 패턴이 얻어진다. 이 특징은 미물질 농도의 증대에 따라 방전빈도가 증가하는 것, 또한 각각 특유의 방전빈도를 나타내는 것이다. 그러나, 단일의 섬유가 한 종의 맛에만 반응하는 것이 아니라 2종, 3종 혹은 4종의 맛 모두에 반응하고, 또한 그 반응의 정도는 고색신경과 설인신경에서 다르고, 또한 동물의 종류에 의해서도 다르다. 물에 대해 반응하는 섬유란 저농도의 식염에 응답하고, 식염농도가 낮을수록 방전 빈도는 크게 되어 증류수에서 최대 반응을 나타내는 것을 말한다.

하나의 맛에 대하여 그 맛에만 반응하도록 분화한 설신경섬유가 없기 때문에, 맛의 식별이란 다수의 섬유에 유사한 응답의 패턴을 일으키는 자극은 유사한 맛을 나타내고, 한편 다른 패턴을 일으키는 자극은 다른 맛을 나타내는 것에 의한다고 하는 설이 있다. 이를 총 뉴런 패턴설(across-fiber pattern theory)이라고 한다.

4. 사료의 선택과 미각

가축의 미각은 2종류 이상의 사료나 액체를 동물에 급여하여, 사료의 섭취상황으로부터 판단하는 경우가 많다.

송아지에게 물과 사람에서는 단맛을 감지하지 못하는 1% sucrose액을 급여하면 후자를 좋아하며 선택한다. 또한 3~4%의 lactose나 maltose액은 좋아하지 않지만, xylose, fructose, glucose 용액은 좋아하여 섭취한다. 고양이는 어느 당에도 선택호성을 나타내지 않지만, 개는 좋아하며 섭취하는 경향이 있다. 돼지는 sucrose를 매우 좋아하지만, glucose나 lactose는 소량을 섭취하는데 지나지 않는다. 가금은 glucose, maltose, sucrose를 구별할 수가 없고, xylose용액은 기피한다. 그러나 이들의 선택성 시험은 영양상태 그 이외의 요인에 의해서 좌우되는 경우가 많다. 하나의 동물종이 전혀 다른 반응을 나타내는 경우마저 있다.

온도는 사람에 있어서는 미각을 좌우하는 요인의 하나이지만, 가금은 명확하게 온도에 대한 선택성을 나타내어 고온을 싫어하는 것이 알려지고 있다.

미각의 본질적인 의의중 하나는 사료 중에 부족물질이 있을 때 그 조절을 할 필요가 있기 때문일 것이다. 만일 부신 제거에 의해 adrenalin부족이 체내에 생긴 경우, 동물은 그 손실을 보충하려고 식염을 섭취한다. 이 같은 반응은 혀로부터의 구심성 신경을 절단하면 소실된다. 면양에 충분한 나트륨과 물이 급여되고 있을 때, 식염과 탄산수소나트륨은 구별되지 않고 섭취되지만, 이하선 fistula에서 타액을 제거하면 타액 중에서 소실되는 탄산수소나트륨을 좋아하여 섭취하게 된다.

5. 사료에 대한 기호성

가축의 사료에 대한 기호의 정도는 기호성(palatability)으로 나타내게 된다. 기호성은 식물, 동물, 환경 요인의 복잡한 조합에 의해 결정된다. 향기, 형상, 수분함량, 물리적 성장, 영양물질 함량, 생육시기, 독물 함량, 초장, 토지의 비옥도 등의 요인이 열거되고 있다. 기호성의 좋고 나쁨에는 후각, 미각, 촉각, 때로는 색각의 관여도 고려되고 있지만, 각각의 관여의 정도는 밝혀지지 않고 있다.

또한 한 종류의 사료에서는 기호성이 낮은 경우도, 두 종류 이상의 혼합에 의해 개선되는 경우, 혹은 동물의 습관에 의해 다른 경우, 같은 동물종 내에서도 개체 간에서 상이하는 경우 등, 복잡하다.

혈액성분표

생화학적 혈액성분

	소	양	산양	돼지	말	개	고양이
알아닌아미노트란스퍼레이즈(U/I)	–	–	–	–	–	17–69	34–55
알카리포스파테이즈(U/I)	41–94	0–140	42–775	–	83–283	5–73	14–25
아밀레이즈(U/I)	–	–	–	–	9–34	700–1700	1000–1700
아스파라긴산아미노트란스퍼레이즈(U/I)	42–98	31–111	67–117	–	153–411	12–37	11–29
중탄산염(mmol/l)	20–30	21–28	26–30	18–27	23–32	17–24	17–24
제리루젠–총(mg/dl)	0–1.9	0–0.4	0–0.1	0–0.2	0.2–6.0	0–0.4	0–0.5
직접(mg/dl)	0–0.4	0–0.3	–	–	0–0.4	0–0.1	0–0.1
칼슘(mg/dl)	8.0–10.5	11.5–13.0	8.5–10.2	11.0–11.3	11.2–13.8	8.7–11.8	9.2–11.9
염소(mEq/dl)	95–110	98–110	99–110	100–105	98–110	99–110	117–123
콜레스테롤(mg/dl)	39–177	40–58	80–130	117–119	46–177	117–345	100–165
클레아틴포스포레이즈(U/I)	66–220	0–330	108–211	–	92–307	12–292	0–540
클레아티닌(mg/dl)	1.0–2.7	1.2–1.9	–	1.0–2.7	1.2–1.9	0.7–1.6	1.2–2.1
감마글루타미르 트란스퍼레이즈(U/I)	13–32	35–67	43–71	–	11–44	0–11	0–1
글루코스(mg/dl)	35–55	30–65	58–76	65–95	60–100	55–102	55–144
철(g/l)	57–162	166–222	–	91–199	73–140	94–122	68–215
라이페이즈(U/I)	–	–	–	–	40–78	52–305	–
마그네슘(mg/dl)	1.2–3.5	1.9–2.5	2.8–3.6	1.9–3.9	1.8–2.5	1.5–2.4	1.9–2.7
P_{CO_2}(mmHg)	34–45	–	–	–	38–46	–	–
pH	7.35–7.50	7.32–7.50	–	–	7.32–7.55	7.31–7.42	7.24–7.40
인(mg/dl)	4.0–7.0	4.0–7.0	7.5–12.3	4.0–11.0	3.1–5.6	2.8–7.6	4.6–7.1
칼륨(mEq/l)	3.9–5.8	4.8–5.9	3.5–6.7	4.7–7.1	3.0–5.0	3.7–5.6	4.0–4.5
나트륨(mEq/l)	132–152	145–160	142–155	140–150	132–150	137–149	147–156
다이솔비톨하이드로게네이즈(U/I)	18–46	14–41	35–80	–	0–15	–	–
뇨소질소(mg/dl)	6–27	8–20	15–33	8–24	10–20	7–21	18–34
총 단백질(g/dl)	5.7–8.1	6.0–7.9	5.9–7.4	7.9–8.9	6.0–7.7	5.4–7.1	5.4–7.8
알부민(g/dl)	2.1–3.6	2.4–3.0	2.7–3.9	1.8–3.3	2.9–3.8	2.6–3.3	2.1–3.3
α_1글로브린(g/dl)	0.7–1.2	0.3–0.6	0.5–0.7	0.3–0.4	0.7–1.3	0.2–0.5	0.2–1.1
α_2글로브린(g/dl)	–	0.3–0.6	–	1.3–1.5	0.7–1.3	0.3–1.1	0.4–0.9
β_1글로브린(g/dl)	0.6–1.2	1.1–2.6	0.7–1.2	0.1–0.3	0.4–1.2	0.7–1.3	0.3–0.9
β_2글로브린(g/dl)	–	–	0.3–0.6	1.3–1.7	–	0.6–1.4	0.6–1.0
γ_1글로브린(g/dl)	1.6–3.2	0.9–3.3	0.9–3.0	2.2–2.5	0.9–1.5	0.5–1.3	0.3–2.5
γ_2글로브린(g/dl)	–	–	–	–	–	0.4–0.9	1.4–1.9

(모든 효소는 37℃에서 측정했음)

주의 : 이 표의 수치는 동물의 품종, 성, 연령 그 밖의 조건에 의해 변화될 수 있다. 따라서 본 수치는 참고치임.

혈액학적 혈액성분

	소	양	산양	돼지	말	개	고양이
혈액소량(g/dl)	8.0–15.0	9.0–15.0	8.0–12.0	10.0–16.0	11.0–19.0	12.0–18.0	8.0–15.0
헤이토크리트(%)	24–46	27–45	22–38	32–50	32–53	37–55	24–45
적혈구수($\times 10^6/\mu l$)	5–10	9–15	8–18	5–8	7–13	6–9	5–10
평균적혈구용적(μm^3)	40–60	28–40	16–25	50–68	37–59	60–77	39–55
평균적혈구혈색소량(pg)	11–17	8–12	5–8	17–21	12–20	20–25	13–18
평균적혈구혈색소농도(g/dl)	30–36	31–34	30–36	30–34	31–39	32–36	30–36
망상적혈구(적혈구수중%)	0	0	0	0–1.0	0	0–1.5	0–0.4
백혈구수($/\mu l$)	4000–12000	4000–12000	4000–13000	11000–22000	5400–14300	6000–17000	5500–19500
중성호성구(감열)($/\mu l$)	600–4000	700–6000	1200–7200	3080–10450	2260–8580	3000–11500	2500–12500
중성호성구(미성열)($/\mu l$)	0–120	稀	稀	0–880	0–100	0–300	0–300
림프구($/\mu l$)	2500–7500	2000–9000	2000–9000	4290–13640	1500–7700	1000–4800	1500–7000
단구($/\mu l$)	25–840	0–750	0–550	200–2200	0–1000	150–1350	0–850
산호성구($/\mu l$)	0–2400	0–1000	50–650	55–2420	0–1000	100–1250	0–1500
염기호성구($/\mu l$)	0–200	0–300	0–120	0–440	0–290	稀	稀
혈소판($\times 10^5/\mu l$)	1.0–8.0	2.5–7.5	3.0–6.0	3.2–7.2	1.0–3.5	2.0–5.0	3.0–8.0
혈장단백질(g/dl)	6.0–8.5	6.0–7.5	6.0–7.5	6.0–8.0	5.8–8.7	6.0–8.0	6.0–8.0
피브리노겐(mg/dl)	300–700	100–500	100–400	100–500	100–400	100–500	50–300

주의 : 이표의 수치는 동물의 품종, 성, 연령 그 밖의 조건에 의해 변화될 수 있다. 따라서 본 수치는 참고치임.

$$\text{평균적혈구용적(MCV ; mean corpuscular volume)} = \frac{\text{헤마토크리트(\%)}}{\text{적혈구수}(10^6/\text{ul})} \times 10$$

$$\text{평균적혈구혈색소량(MCH ; mean corpuscular hemoglobin)} = \frac{\text{혈액소량(g/dl)}}{\text{적혈구수}(10^6/\text{ul})} \times 10$$

$$\text{평균적혈구혈색소농도(MCHC ; mean corpuscular hemoglobin concentration)} = \frac{\text{혈액소량(g/dl)}}{\text{헤마토크리트(\%)}} \times 10$$

참고문헌

제1장 생체의 기능조절기구와 세포의 정보전달기구

1) 青木 健：標準生理学 II 金原出版 (1985)

2) 星猛, 林曠：生理学 (標準看護学講座 3) 金原出版 (1981)

3) 星冬四郎：島村 家畜生理学 金原出版 (1966)

4) 星野忠彦：畜産のための形態学 川島書店 (1990)

5) 入来正躬, 外山啓介 編：生理学 I, II 文光堂 (1986)

6) 加藤嘉太朗：家畜比較解剖図説 上, 下 養賢堂 (1979)

7) 真島英信：生理学 文光堂 (978)

8) 本川弘一：一般生理学 三共出版 (1959)

9) 本川弘一, 和田正男：藤田・佐武 生理学講義 上, 下 南山堂 (1965)

10) Reece, W. O. 著, 鈴木勝士, 徳力幹彦監修：明解哺乳類の生理学 学窓社 (1999)

11) 鈴木泰三, 田崎京二, 中浜 博：生理学通論 I, II, III 共立全書 共立出版 (1972)

12) 鈴木泰三, 田崎京二, 星猛：一般生理学入門 南山堂 (1972)

13) 鈴木泰三, 田崎京二, 山本敏行：大学課程の生理学 南江堂 (1972)

14) 梅津元昌：家畜の生理学 養賢堂 (1958)

15) 山本長三郎, 岩間吉也：標準生理学 I 金原出版 (1985)

16) 山本敏行, 鈴木泰三, 田崎京二：新しい解剖生理学 南江堂 (1979)

17) Blood, D. C. & Studdert, V. P. : Bailliere's Comprehensive Veterinary Dictionary, Bailliere Tindall, London (1988)

18) Bone, J. F. : Animal Anatomy and Physiology, 2nd ed. Reston Pub. Comp., Reston (1982)

19) Breazile, J. E. : Textbook of Veterinary Physiology, Lea & Febiger, Philadelphia (1971)

20) Cunningham, J. G. : Textbook of Veterinary Physiology, W. B. Saunders Co., Philadelphia (1992)

21) Frandson, R. D. : Anatomy and Physiology of Farm Animals, 5th ed., Lea & Febiger, Philadelphia (1992)

22) Ganong, W. F. (松田幸次郎ら訳)：医科生理学展望 (8版, 15版) 丸善 (1978, 1992)

23) Giese, A. C. : Cell Physiology, Saunders, Philadelphia (1962)

24) Kolb, E. : Lehrbuch der Physiologie der Haustiere, Gustav Fisher, Jena (1962)

25) Phillis, J. W. : Veterinary Physiology, Saunders, Philadelphia (1976)

26) Reece, W. O. : Physiology of Domestic Animals, Lea & Febiger, Philadelphia (1991)

27) Scheunert, A. & Trautmann, A. : Lehrbuch der Veterinär-Physiologie, 7 Auflage, Paul Parey, Berlin (1987)

28) Schmidt-Nielsen, K. : Animal Physiology, Cambridge University Press, Cambridge (1975)

29) Sturkie, P. D. : Avian Physiology, 3rd ed. Springer, New York (1976)

30) Swenson, M. J. : Dukes' Physiology of Domestic Animals, 10th ed., Comstock Pub. Assoc, Ithaca (1984)

제2장 신경계의 기능

31) ギャンブル(高橋ほか訳)：水と電解質 医歯薬出版 (1962)

32) 時実利彦：目でみる脳 東大出版会 (1969)

33) Eccles, J. C.：Neuron Physiology in "Handbook of Physiology, Neurophysiology," vol. 1, Am. Physiol. Soc., Bethesda (1959)

34) Oncley, J. C. ed.：Biophysical Science, Wiley, New York (1959)

35) Rose, J. E. & Woolsey, C. N.：Electroenceph. Clin. Neurophysiol., Elsevier Science Pub. Amsterdam (1949)

제3장 혈 액

36) 水上茂樹：赤血球の生化学 東大出版会 (1977)

37) 大塚英司, 玉野井逸郎, 片桐千明：図説免疫生物学入門 朝倉書店 (1986)

제4장 내분비

38) Milligan, L. P., Grovum, W. L. & Dobson, A.：Control of Digestion and Metabolism in Ruminants, Prentice-Hall, Englewood Cliffs (1986)

제5장 근육의 기능

39) 中村良一, 米村壽男, 須藤恒二：牛の臨床検査法 農文協 (1973)

40) 澤崎 坦：比較心臓学 朝倉書店 (1980)

41) Delahunta, A.：Veterinary Neuroanatomy and Clinical Neurology, Saunders, Philadelphia (1977)

제6장 호 흡

42) 星猛, 伊藤正男編：消化と吸收の生理学 (新生理科学体系 18) 医学書院 (1988)

43) 神立誠, 須藤恒二 編：ルーメンの世界 農山漁村文化協会 (1985)

44) 津田恒之, 柴田章夫 編：新乳牛の科学 農山漁村文化協会 (1987)

45) 梅津元昌編：乳牛の科学 農山漁村文化協会 (1966)

46) Church, D. C.：Digestive Physiology and Nutrition of Ruminants, 2nd ed, O & B Books, Corvallis (1979)

47) Code, C. F. & Heidel, W.：Alimentary Canal, Handbook of Physiology, Section 6, Vol. V, Williams & Wilkins Co., Baltimore (1986)

48) Dougherty, R. W.：Physiology of Digestion in the Ruminant, Butterworths, London (1965)

49) Hungate, R. E.：The Rumen and its Microbes, Academic Press, New York (1966)

50) Mason, D. K. & Chisholn, D. M.：Salivary Gland in Health and Disease, Saunders, Philadelphia (1975)

51) McDonald, I. W. & Warner A. C. I.：Digestion and Metabolism in the Ruminant, Univ. of New England Pub. Unit, Armidale (1975)

52) Phillipson, A. T.：Physiology of Digestion and Metabolism in the Ruminant, Oriel Press, Newcastle upon Tyne (1970)

53) Sinclair, M.：Essential Fatty Acids, Butterworth Sci, Pub., London (1958)

제7장 순 환

54) 藤田尚男, 藤田恒夫：標準組織学 各論 医学書院 (1976)

55) Smith, H.,：The Kidney, Oxford University Press, Oxford (1951)

제8장 소화 및 흡수

56) 藤野安彦：家畜生化学 産業図書 (1968)

57) 三浦義彰訳：ハーパー 生化学, 原書 14版 丸善 (1975)
58) 志村憲助, 船津 勝, 小野寺幸之進, 船津三郎, 瓜谷郁三：生物化学 朝倉書店 (1970)
59) 田先威和夫, 大谷 勲, 吉原一郎, 松本達郎：家畜飼育学 朝倉書店 (1973)
60) 山本 清：ほるもんと糖質の代謝 —物質代謝の液性調節 I— 共立出版 (1979)
61) 吉川春寿, 阿部正和：代謝 —基礎と臨床— 朝倉書店 (1970)
62) 吉沢善作：生化学 金原出版 (1955)
63) Kaneko, J. J. (久保, 友田訳)：獣医臨床生化学 近代出版 (1991)
64) Maynard, L. A., Loosli, J. K., Hintz, H. F. & Warner, R. G. : Animal Nutrition, 7th ed, McGraw-Hill, New York (1979)

제9장 신장의 기능

65) 伊藤信次：適応のしくみ—寒さの生理学 北大図書刊行会 (1974)
66) 三村 耕, 森田琢磨：家畜生理学 養賢堂 (1980)
67) 中山昭雄, 入来正躬：エネルギ-代謝・体温調節の生理学 (新生理科学体系 22) 医学書院 (1988)
68) 野付 嚴, 山本禎紀：家畜の管理 (家畜の科学 6) 文永堂 (1991)
69) Bligh, J., Cloudsley-Thompson, J. L. & Macdonald, A. G. : Environmental Physiology of Animals, Blackwell Scientific, Oxford (1976)
70) Hafetz, E. S. E. : Adaptation of Domestic Animals, Lea & Febiger, Philadelphia (1968)
71) Hardy, R. N. : Temperature and Animal Life, Edward Arnold, London (1972)
72) Robertshaw, D. : Environmental Physiology, MTP Intl. Rev. Sci., Butterworth, London (1974)

제10장 대사

73) 入谷 明, 正木淳二, 横山 昭 編：家畜家禽繁殖学 養賢堂 (1982)
74) Austin, C. R., Short, R. V. eds. : Reproduction in Mammals, I~VII, Cambridge Univ. Press, London (1972~1979)
75) Cole, H. H. & Cupps, P. T. eds., : Reproduction in Domestic Animals, 3rd ed., Academic Press, New York (1975),
76) Hafetz, E. S. E. ed. : Reproduction in Farm Animals, 4th ed. Lea & Febiger, Philadelphia (1980)
77) Hogarth, P. : Biology in Reproduction, Blackie, Glasgow (1978)
78) Greep, R. O. ed. : Female Reproductive System, Handbook of Physiology, Section 7, Am. Physiol. Soc., Bethesda (1977)
79) Sörensen, A. M. Jr. : Animal Reproduction, Principles and Practices, McGraw-Hill, New York (1979)

제11장 체온조절 및 적응

80) 高木雅行：感覚の生理学 裳華房 (1989)
81) 田崎京二, 小川哲郎 編：感覚の生理学 (新生理科学体系 9) 医学書院 (1989)
82) Burton, M. (高橋景一訳) 動物の第六感 文化放送 (1975)
83) Stoddart, D. M. (木村武二, 林 進訳) 哺乳類のにおいと生活 朝倉書店 (1980)

색인

D

E

F

J

K

L

M

Q

R

가

라

마

자

착

카

타

파

하